Lunze/Wagner · Einführung in die Elektrotechnik

Prof. Dr.-Ing. habil. Klaus Lunze
Dr.-Ing. Eberhart Wagner

Einführung in die Elektrotechnik

Arbeitsbuch

7., stark bearbeitete Auflage

184 Aufgaben mit Lösungen und Computerprogrammen

Verlag Technik GmbH Berlin

Lunze, Klaus:
Einführung in die Elektrotechnik / Klaus Lunze;
Eberhart Wagner. – Berlin : Verl. Technik
NE: Wagner, Eberhart:
Arbeitsbuch : mit Computerprogrammen ; 184 Aufg.
mit Lösungen. – 7., stark bearb. Aufl. – 1991. –
344 S. : 343 Bilder, 34 Taf.
ISBN 3-341-00846-2

ISBN 3-341-00846-2

7., stark bearbeitete Auflage

VT 201 · 3/5048-7(1)
Printed in Germany
Gesamtherstellung: Offizin Andersen Nexö Leipzig GmbH, Graphischer Großbetrieb
Lektor: Dipl.-Ing. Sabine Wendav
Einband: Klaus Herrmann
LSV 3504

Vorwort

Das Arbeitsbuch „Einführung in die Elektrotechnik“ befolgt zwei Zielstellungen: Einerseits soll das physikalische Verständnis des im Lehrbuch[1]) dargestellten Stoffs durch eigene Arbeit gefestigt und vertieft werden. Dafür wird abschnittweise als Einleitung eine Stoffaufbereitung in Form eines Wissensspeichers angeboten, womit das Arbeitsbuch auch eine Eigenständigkeit erhält. Um ein bequemes Nachschlagen zu ermöglichen, erhalten die Gleichungen dieselben Nummern wie im Lehrbuch. Andererseits sollen durch Anwendung und Vergleich verschiedener Lösungsmethoden Erfahrung und Routine erworben werden. Die im Lehrbuch abgeleiteten Lösungsprogramme wurden in den Wissensspeicher übernommen und an Beispielen Punkt für Punkt „durchexerziert“, um den logischen Ablauf der Berechnungsverfahren einprägsam zu machen. Die zwischen Aufgabenstellung und Lösung angegebenen „Lösungshinweise“ sollen die selbständige Arbeit unterstützen.

Die inhaltliche Umarbeitung der 7. Auflage durch den erstgenannten Autor richtet sich insbesondere auf stärkere Praxisorientierung der Aufgaben (Bezüge auf bestimmte Bauelemente, Meßmethoden usw.), auf Einbeziehung numerischer Lösungen nichtlinearer elektrischer und magnetischer Kreise und auf konsequentere Anwendung der Vektorrechnung bei Feldberechnungen.

So wie der Anfänger sich die Fähigkeiten aneignen muß, in einem physikalischen Problem das Wirken physikalischer Gesetzmäßigkeiten zu erkennen und damit entsprechende Gleichungen für Lösungsansätze zu finden, muß er auch lernen, Lösungsalgorithmen in ein Computerprogramm umzusetzen bzw. ein vorhandenes allgemeines Programm an die spezielle Aufgabenstellung anzupassen. Dazu wird an vielen Stellen angeregt. Kleinere Auswerteprogramme sollen selbst aufgestellt werden. BASIC-Programme für allgemeine Lösungsalgorithmen (Gauß-Algorithmus, Newton-Iteration u.a.) werden mit ausführlichen Erläuterungen (Programmablaufplan usw.) angegeben und auf spezielle Beispiele angewandt.

Wir danken Prof. Dr. sc. techn. *Jan Lunze* für die fördernde Mitarbeit und dem Verlag Technik, insbesondere Frau Dipl.-Ing. *Monika Rumpf* und der Lektorin, Frau Dipl.-Ing. *Sabine Wendav*, für die verständnisvolle Zusammenarbeit.

Klaus Lunze
Eberhart Wagner

[1]) Das Buch „Lunze, K.: Einführung in die Elektrotechnik. 13. Aufl. Berlin: Verl. Technik 1991“ wird in diesem Arbeitsbuch mit LB bezeichnet.

Inhaltsverzeichnis

1 Elektrische Stromkreise bei Gleichstrom

1.1 Grundbegriffe und Grundbeziehungen

Die zur Berechnung elektrischer Gleichstromkreise notwendigen Grundbegriffe (Strom, Spannung, Widerstand) und Grundbeziehungen (Definitionsgleichungen und die beiden Kirchhoffschen Sätze) sind in Tafel 1.1 in logischem Zusammenhang dargestellt.
Von der Grundgröße der Elektrotechnik, der elektrischen Ladung, ausgehend, werden Strom [Gl. (1.2)], Spannung [Gl. (1.7)] und Widerstand [Gl. (1.9)] definiert. Unter Einbeziehung der physikalischen Eigenschaft des elektrischen Stromes, der Kontinuitätsgleichung [Gl. (1.5)], einerseits und des Energiesatzes für ein abgeschlossenes System andererseits erhält man die beiden Kirchhoffschen Sätze in Form der Knotengleichung [Gl. (1.6)] bzw. der Maschengleichung [Gl. (1.8)]. Die Beziehungen für Energie und Leistung an den Klemmen AB eines Zweipols [Gl. (1.15) und (1.18)] ergeben sich aus der Definitionsgleichung für die Spannung.
Zur Widerstandsdefinition [Gl. (1.9)] und zu der für homogenes Feld abgeleiteten Dimensionierungsgleichung [Gl. (1.12)] sollen 2 Ergänzungen angefügt werden:

a) Trägt man den Spannungsabfall eines passiven Zweipols als Funktion des durchfließenden Stromes auf, so sagt Gl. (1.9) aus, daß die Steigung der Linie zwischen einem Kurvenpunkt und dem Koordinatennullpunkt proportional dem Widerstandswert R ist. Ändert sich die Steigung mit der Änderung des Kurvenpunktes, so liegt ein *nichtlinearer Zweipol* vor. Für diesen Fall wird ein weiterer Kennwert, der *differentielle Widerstand* (er ist proportional der Steigung der Tangente im Kennlinienpunkt), eingeführt:

$$r = \frac{\mathrm{d}U}{\mathrm{d}I}. \tag{1.11a}$$

Bei linearen Zweipolen ist $r = R$.

b) Der spezifische Widerstand der Leiter ϱ ist von der Temperatur abhängig. Nähert man diese Abhängigkeit durch eine lineare Funktion an,

$$\varrho = \varrho_0 + \Delta\varrho = \varrho_0 (1 + \alpha \, \Delta\vartheta),$$

wobei $\Delta\varrho = \varrho_0 \alpha \, \Delta\vartheta$ die Änderung des spezifischen Widerstands bei Temperaturänderung $\Delta\vartheta$ ist, so ergibt sich aus Gl. (1.12)

$$R = R_0 (1 + \alpha \, \Delta\vartheta). \tag{1.12a}$$

Für den *Temperaturkoeffizienten des Widerstands* folgt dann:

$$\alpha = \frac{\Delta R / R}{\Delta\vartheta}. \tag{1.13}$$

Dieser ist positiv bei Leitern, Größenordnung 10^{-3}, negativ bei Elektrolyten und Halbleitern, Größenordnung 10^{-2} je Grad Temperaturänderung (1/K).

Tafel 1.1 *Grundbegriffe und Grundbeziehungen der Gleichstromtechnik*

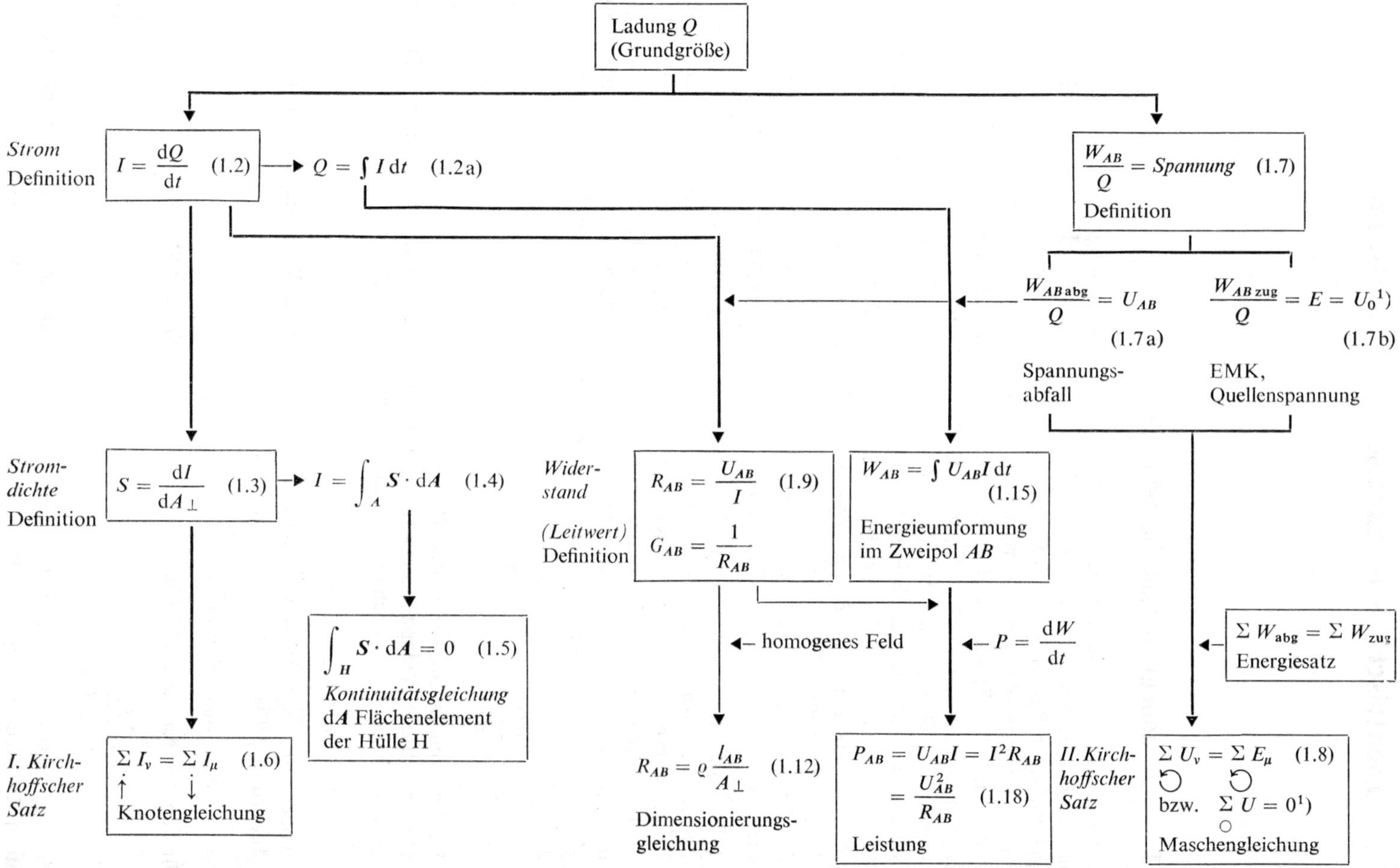

[1]) Physikalischer Richtungssinn der Quellenspannung U_0 (von + nach −) entgegen dem der EMK E

Beachte Tabelle der Naturkonstanten, der Materialkenngrößen und der Umrechnung von Einheiten im Anhang.

Aufgabe 1.1 Strom

In einem Kupferdraht von $d = 0{,}6$ mm Durchmesser fließt ein zeitlich konstanter Strom $I = 1{,}0$ A.

a) Wie groß ist die Stromdichte, gemessen in den Einheiten A/mm² bzw. kA/cm²?
b) Welche Elektrizitätsmenge durchfließt in $\Delta t = 1$ h den Querschnitt?
c) Wie viele Elementarladungen ($e = 1{,}6 \cdot 10^{-19}$ As)[1]) passieren in 1 s den Drahtquerschnitt?
d) Welche Strömungsgeschwindigkeit haben diese Elementarladungen, wenn für Kupfer je Kubikzentimeter $n = 8{,}6 \cdot 10^{22}$ freie Elektronen angenommen werden?

Lösungshinweis

Zu a) Wir benutzen Gl. (1.3). Wegen der Gleichverteilung des Stromes über den Querschnitt kann man für die differentiellen Größen die Gesamtgrößen von Strom und Drahtquerschnitt einsetzen.
Zu b) Man beachte bei Anwendung der Gl. (1.2), daß die je Zeiteinheit den Querschnitt passierende Elektrizitätsmenge immer dieselbe bleibt, d.h., während der betrachteten Zeit Δt schwankt der Strom nicht in seiner Größe. Die Elektrizitätsmenge ist dann das Strom-Zeit-Produkt.
Zu c) Die mit dem Strom im Zeitintervall transportierte Ladung durch den Leiterquerschnitt wird von N einzelnen Ladungsträgern der Elementarladung e (s. Anhang) gebildet.
Zu d) Ein Volumenteil $\mathrm{d}lA$ des Leiters mit der Teillänge $\mathrm{d}l$ und dem Querschnitt A ist mit einer berechenbaren Anzahl Elektronen, deren Dichte n gegeben ist, angefüllt, $\mathrm{d}l$ sei die Strecke, die sie bei gegebener Stromstärke I in der Zeit $\mathrm{d}t$ zurücklegen (driften). Die Geschwindigkeit dieses Vorgangs berechnet sich zu $v = \mathrm{d}l/\mathrm{d}t$.

Lösung

a) $$S = \frac{\mathrm{d}I}{\mathrm{d}A_\perp} \rightarrow S = \frac{I}{A_\perp} = \frac{4I}{\pi d^2} = \frac{4 \cdot 1{,}0\ \mathrm{A}}{\pi \cdot 36 \cdot 10^{-2}\ \mathrm{mm}^2} = 3{,}54\ \frac{\mathrm{A}}{\mathrm{mm}^2}$$

$$= 3{,}54\ \frac{10^{-3}\ \mathrm{kA}}{10^{-2}\ \mathrm{cm}^2} = 0{,}35\ \frac{\mathrm{kA}}{\mathrm{cm}^2}.$$

Die Stromdichte in Leitern ist durch die Erwärmung begrenzt. So ist die Strombelastbarkeit bei Spulen 2,5 bis 3 A/mm², bei Freileitungen aus Kupfer 10 bis 20 A/mm².

b) $$Q = \int_0^{\Delta t} I\,\mathrm{d}t = I\,\Delta t = 1{,}0\ \mathrm{A} \cdot 3600\ \mathrm{s} = 3{,}6 \cdot 10^3\ \mathrm{As}.$$

c) $$Q = Ne; \qquad N = \frac{Q}{e} = \frac{I\,\Delta t}{e} = \frac{1\ \mathrm{A} \cdot 1\ \mathrm{s}}{1{,}6 \cdot 10^{-19}\ \mathrm{As}} = 6{,}3 \cdot 10^{18}.$$

d) In einem Zeitintervall Δt mögen die Ladungen der räumlichen Dichte n mit der Geschwindigkeit v die Strecke $\Delta l = v\,\Delta t$ zurücklegen. Dann ist in dieser Zeit durch einen Querschnitt A die Ladung $\Delta Q = neA\,\Delta l$ hindurchgelaufen (Bild 1.1), d.h., nach Gl. (1.2) ist ein Strom $I = \Delta Q/\Delta t$ geflossen:

$$I = neA\,\frac{\mathrm{d}l}{\mathrm{d}t} = neAv.$$

[1]) Siehe Anhang!

Daraus ergibt sich die gesuchte Geschwindigkeit

$$v = \frac{I}{neA} = \frac{1{,}0\ \mathrm{A} \cdot 4}{8{,}6 \cdot 10^{22}\ \mathrm{cm}^{-3} \cdot \pi \cdot 36 \cdot 10^{-4}\ \mathrm{cm}^2 \cdot 1{,}6 \cdot 10^{-19}\ \mathrm{As}}$$

$$v = 2{,}6 \cdot 10^{-2}\ \frac{\mathrm{cm}}{\mathrm{s}} = 0{,}26\ \frac{\mathrm{mm}}{\mathrm{s}}.$$

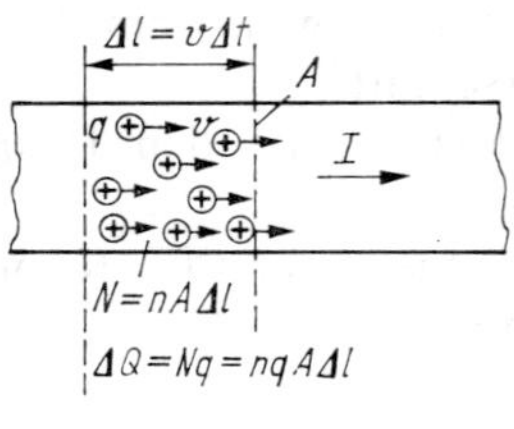

Bild 1.1

Aufgabe 1.2 Strom

In den Bildern 1.2a bis c ist die Ladung Q aufgetragen, die bis zur jeweiligen Zeit t durch den Leiterquerschnitt geflossen ist (dabei wird nur eine Ladungsart, z.B. Elektronen, angenommen).

a) Stelle für die 3 Zeitverläufe qualitativ die zugehörigen Stromverläufe dar, die diesen Ladungstransport bewirken!

„Qualitativ" heißt: grundsätzlicher Verlauf auf Grund der Ladungs-Strom-Beziehung.

b) Berechne die Stromstärken in den einzelnen Zeitabschnitten der Darstellungen 1.2a und 1.2b bzw. den Funktionsverlauf des Stromes für den Ladungsverlauf 1.2c!

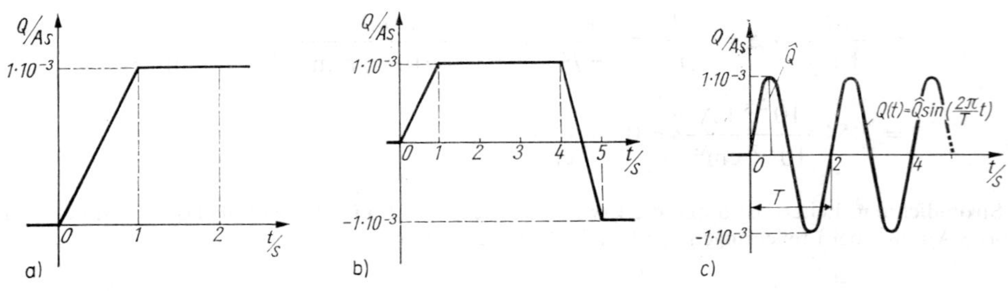

Bild 1.2

Lösungshinweis

In den grafischen Darstellungen der Bilder 1.2a bis c ist $Q(t)$ die Ladung, die vom Startzeitpunkt $t = 0\,\mathrm{s}$ ($Q = 0$ As) bis zur Zeit t einen Querschnitt in einer bestimmten Richtung durchflossen hat. Nimmt also die insgesamt durch den Querschnitt geflossene Ladung ab, was auch zur Vorzeichenumkehr von $Q(t)$ führen kann (Bilder 1.2b und c), so liegt eine Umkehr der Bewegungsrichtung (Änderung der Stromrichtung) vor (es wird nur eine Ladungsart angenommen). Erfolgt keine Ladungsänderung in einem Zeitbereich (horizontaler Verlauf bzw. horizontale Tangente an $Q(t)$-Verlauf), so existiert keine Ladungsbewegung (kein Strom). So erklärt sich anschaulich die Beziehung (1.2) zwischen Ladung und Strom.

Lösung

a) Der Differentialquotient $\mathrm{d}Q/\mathrm{d}t$ ist grafisch proportional der Steigung des $Q(t)$-Verlaufs. In den einzelnen Zeitintervallen der Verläufe 1.2a und 1.2b sind die Steigungen konstant (positiv, null bzw. negativ), wobei man sofort angeben kann, daß im Bild 2b der Strom zwischen den Zeitpunkten 4s und 5s doppelt so groß und negativ sein muß wie zwischen 0s und 1s (Bilder 1.3a und b).

Bild 1.2c zeigt einen kontinuierlichen Ladungsverlauf entsprechend einer Sinusfunktion. Der Stromverlauf ergibt sich also als Kosinusfunktion.

b)

	Zeitintervall	ΔQ in As	Strom $I = \Delta Q/\Delta t$
zu Bild 1.2a)	$0 \leqq t/\mathrm{s} \leqq 1$	10^{-3}	10^{-3} A = 1 mA
	$1 \leqq t/\mathrm{s} \leqq \infty$	0	0
zu Bild 1.2b)	$0 \leqq t/\mathrm{s} \leqq 1$	10^{-3}	10^{-3} A = 1 mA
	$1 \leqq t/\mathrm{s} \leqq 4$	0	0
	$4 \leqq t/\mathrm{s} \leqq 5$	$-2 \cdot 10^{-3}$	$-2 \cdot 10^{-3}$ A = -2 mA
	$5 \leqq t/\mathrm{s} \leqq \infty$	0	0

zu Bild 1.2c) Q-Verlauf: $Q(t) = \hat{Q} \sin(2\pi t/T)$

Strom $I = \mathrm{d}Q/\mathrm{d}t = \hat{Q}\, \mathrm{d}\,[\sin(2\pi t/T)]/\mathrm{d}t = \hat{Q}\,(2\pi/T) \cos(2\pi t/T)$.

Mit gegebenen Werten für $\hat{Q}$ und T ist

$I = 10^{-3}\,\mathrm{As}\,(2\pi/2\,\mathrm{s}) \cos(2\pi t/2\,\mathrm{s}) = \pi \cos(\pi t/\mathrm{s})$ mA.

Maximalwerte des Stromes: $\cos(\pi t/\mathrm{s}) = \pm 1$;

$\hat{I} = \pm \pi$ mA $= \pm 3{,}14$ mA.

Zeitpunkte der Maximalwerte (s. Bild 1.3c):

$\cos(\pi t/\mathrm{s}) = +1$ für $t = 0, 2, 4, 6 \ldots$ s

$\cos(\pi t/\mathrm{s}) = -1$ für $t = 1, 3, 5 \ldots$ s.

Diskussion

Der Vergleich der Bilder 1.2 und 1.3 veranschaulicht grafisch die Definitionsgleichung (1.2): Strom ist proportional der Ladungs ä n d e r u n g je Zeit. Eine periodische Ladungsänderung ist mit einer periodischen Stromänderung verbunden. Auf Grund des Differentialquotienten in (1.2) ergibt sich bei sinusförmigem Ladungsverlauf ein kosinusförmiger Stromverlauf. Aus der grafischen Darstellung (Bilder 1.3a bis c) erkennt man:

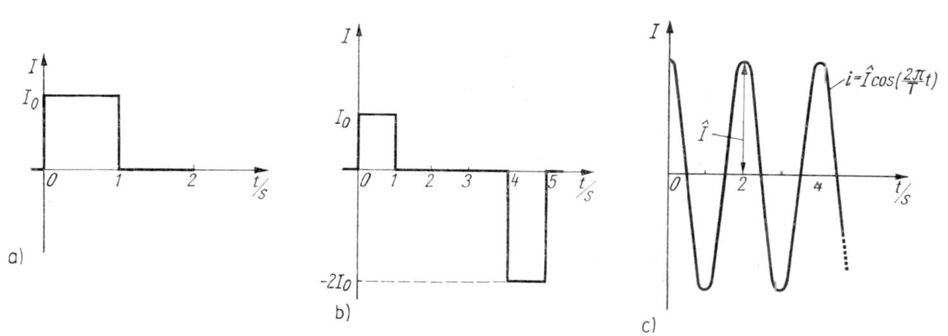

Bild 1.3 Qualitative Verläufe des Stroms proportional den Steigungsmaßen der zeitlichen Ladungsverläufe in den Bildern 1.2a, b und c

Wo sich die Ladung am stärksten *ändert* (bei den Nulldurchgängen), ist der Strom betragsmäßig am größten, und wo die zeitliche Ladungs*änderung* Null ist (an den Extremstellen), hat der Strom den Wert Null. Die Stromfunktion ist die gleiche wie die Ladungsfunktion, nur um eine bestimmte Zeit nach links, nach früheren Zeitpunkten zu verschoben; denn es ist

$$\cos \alpha = \sin (\pi/2 - \alpha).$$

Der Strom „eilt" der Ladung voraus.

Aufgabe 1.3 Stromdichte

Ein vom Strom I durchflossener kegelförmiger Leiter mit kreisförmigem Querschnitt A vergrößert seinen Durchmesser d von $x = 0$ bis $x = l$ linear von d_1 bis d_2 (Bild 1.4). Berechne die Stromdichte S als Funktion des Ortes x in normierter Form, und stelle das Ergebnis grafisch dar!

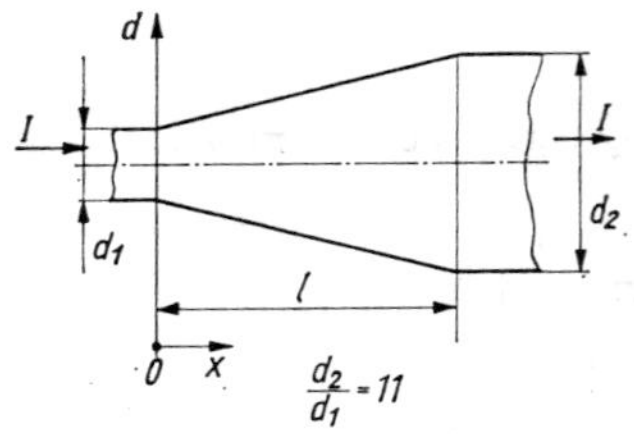

Bild 1.4

(Es wird angenommen, daß der Strom an jeder Stelle den Querschnitt senkrecht durchsetzt, was angenähert für $l \gg d_2 - d_1$ gilt.)

Lösungshinweis

Der Gesamtstrom ist in allen Querschnitten gleich. Folglich muß bei zunehmendem Leiterdurchmesser, d.h. mit zunehmendem x-Wert, die Stromdichte abnehmen. Bei Benutzung einer normierten Ausdrucksweise tritt das qualitative Verhalten der Stromdichte klarer hervor. Normieren heißt, die veränderlichen Größen, hier S und x, auf je eine bestimmte Größe dieser Art zu beziehen. Als Bezugsgrößen wählt man in vorliegender Aufgabe zweckmäßigerweise den Anfangswert der Stromdichte S_0 an der Stelle $x = 0$ für die Stromdichte S und den Endwert l für die Ortsveränderliche x. Die vom Strom senkrecht durchsetzten Querschnittsflächen (Teile von Kugelflächen) sind bei $l \gg d_2 - d_1$ näherungsweise Kreisflächen.

Lösung

An der Stelle x ist der Querschnitt $A_x = \pi d_x^2/4$, wobei d_x der Leiterdurchmesser an der Stelle x ist. d_x nimmt linear mit x zu. Damit wird

$$S_x = \frac{I}{A_x} = \frac{I}{\pi d_x^2/4}; \qquad d_x = d_1 + cx.$$

Bestimmung der Konstanten c:

Für $x = l$ wird $d_x = d_2$, also $d_2 = d_1 + cl$. Somit gilt

$$c = \frac{d_2 - d_1}{l}; \qquad d_x = d_1 + \frac{d_2 - d_1}{l}\,x = d_1\left[1 + \left(\frac{d_2}{d_1} - 1\right)\frac{x}{l}\right].$$

Damit wird

$$S_x = \frac{I}{\frac{\pi d_1^2}{4}}\,\frac{1}{\left[1 + \left(\frac{d_2}{d_1} - 1\right)\frac{x}{l}\right]^2}.$$

Für $x = 0$ ergibt sich $S_x = S_0$

$$S_0 = \frac{I}{\pi d_1^2/4}.$$

Damit wird S an der Stelle x, bezogen auf S_0,

$$\frac{S_x}{S_0} = \frac{1}{\left[1 + \left(\frac{d_2}{d_1} - 1\right)\frac{x}{l}\right]^2}.$$

Mit $d_2/d_1 = 11$ wird

$$\frac{S_x}{S_0} = \frac{1}{\left[1 + 10\,\frac{x}{l}\right]^2}.$$

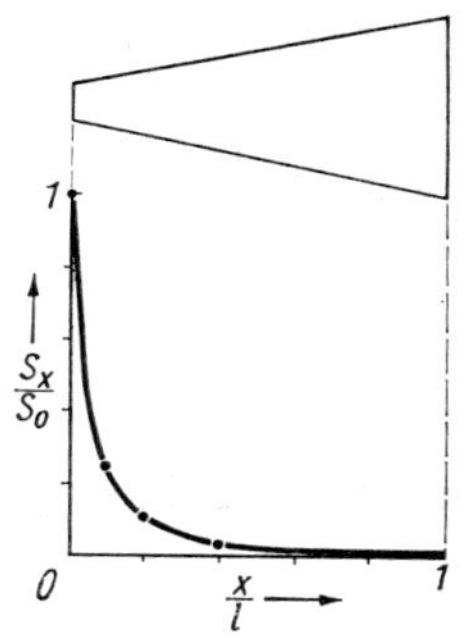

Bild 1.5

Wertetabelle zur Darstellung im Bild 1.5:

$\frac{x}{l}$	0	$\frac{1}{10}$	$\frac{1}{5}$	$\frac{2}{5}$	$\frac{1}{2}$	1
$\frac{S_x}{S_0}$	1	$\frac{1}{4}$	$\frac{1}{9}$	$\frac{1}{25}$	$\frac{1}{36}$	$\frac{1}{121}$

Diskussion

Denkt man sich den Strom I in viele gleich große Teilströme ΔI zerlegt und jeden Teilstrom durch eine Stromlinie dargestellt, so ist die Stromdichte proportional der Anzahl dieser Stromlinien, dividiert durch die senkrecht durchsetzte Fläche. In unserer Rechnung wurde angenommen, daß alle Stromlinien die Querschnittsfläche senkrecht durchsetzen

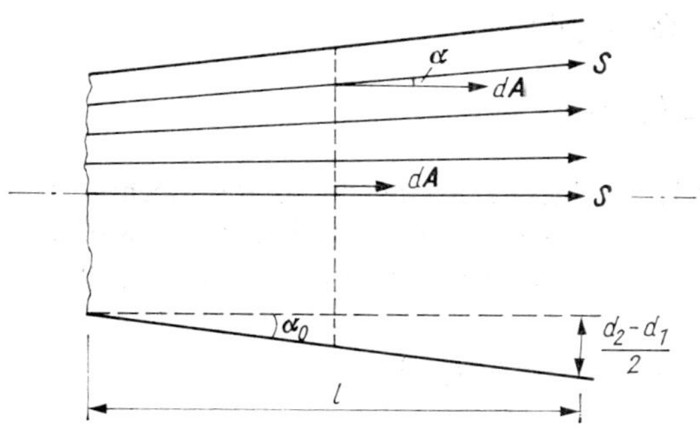

Bild 1.6
*Winkel α zwischen **S** und d**A**, abhängig vom Achsabstand r*

was infolge der konischen Leitergestalt nicht exakt gelingt (Bild 1.6). Nur für die Stromlinie längs der Achse gilt $\boldsymbol{S} \parallel \mathrm{d}\boldsymbol{A}$. Im Abstand r von der Achse entsteht jedoch ein von r abhängiger Winkel α zwischen $\boldsymbol{S}$ und $\mathrm{d}\boldsymbol{A}$. Der maximale Winkel ergibt sich aus $\tan \alpha_0 = d_2 - d_1/2l$, bleibt also sehr klein für $d_2 - d_1 \ll l$!

Aufgabe 1.4 Stromdichte

In einer Leitung mit kreisförmigem Querschnitt A fließt ein Strom I. Wie und um wieviel Prozent muß der Durchmesser D verändert werden, damit bei einer Stromzunahme von 3% die Stromdichte gleichbleibt? (Lösung zunächst allgemein ableiten.)

Lösungshinweis

In der Aufgabe wird nach der relativen Änderung des Durchmessers $\Delta D/D$ gefragt. Man kann sie auf 2 Wegen finden. Entweder man berücksichtigt die absoluten Abweichungen des Stromes (ΔI) und des Leiterdurchmessers (ΔD) in der Definitionsgleichung der Stromdichte und formt die Gleichung so um, daß sich relative Abweichungen ergeben. Der 2., meist auch kürzere Weg führt über die Logarithmierung der Ausgangsgleichung mit nachfolgender Differentiation. Die Berechnung durch Differentiation ist nur bis zu solchen Änderungen zulässig, bei denen der Unterschied zwischen dem Differentialquotienten (Steigung der Tangente) und dem Differenzenquotienten (Steigung der Sekante) im Rahmen der geforderten Genauigkeit liegt.

Lösung

Weg 1: $I = SA = S(\pi D^2)/4.$ (a)

Unter der Bedingung einer konstanten Stromdichte erfordert eine Stromänderung um ΔI eine Durchmesseränderung um ΔD:

$$I + \Delta I = S\frac{\pi}{4}(D + \Delta D)^2; \qquad I\left(1 + \frac{\Delta I}{I}\right) = S\frac{\pi D^2}{4}\left(1 + \frac{\Delta D}{D}\right)^2$$

$$1 + \frac{\Delta I}{I} = \left(1 + \frac{\Delta D}{D}\right)^2 = 1 + 2\frac{\Delta D}{D} + \left(\frac{\Delta D}{D}\right)^2.$$

Ist $\Delta D/D \ll 1$, so kann $(\Delta D/D)^2$ als kleine Größe höherer Ordnung vernachlässigt werden:

$$2\frac{\Delta D}{D} \approx \frac{\Delta I}{I} = +3\%; \qquad \frac{\Delta D}{D} \approx +1{,}5\%.$$

Weg 2: Es sei die Funktion $y = x^2$ gegeben. Durch Logarithmieren erhält man $\ln y = 2\ln x$. Die Änderung $\mathrm{d}(\ln y)$ berechnet sich aus $\mathrm{d}(\ln y)/\mathrm{d}y = 1/y$ zu $\mathrm{d}(\ln y) = \mathrm{d}y/y$. Man berechnet also die Änderung von $\ln y$ aus obiger Gleichung $y = x^2$:
$\mathrm{d}(\ln y) = 2\,\mathrm{d}(\ln x)$, d.h. $\mathrm{d}y/y = 2\,\mathrm{d}x/x$, das ist die prozentuale Änderung von y infolge einer prozentualen Änderung von x.
Dieser Gedankengang, angewandt auf Gl. (a), ergibt

$$\ln I/_A = \ln\left(S/_{A/\mathrm{cm}^2}\frac{\pi}{4}\right) + 2\ln D/_{\mathrm{cm}} = \eta.$$ [1]

Gesucht ist die relative Stromänderung $\mathrm{d}I/I$ infolge Änderung des Leiterdurchmessers ($\mathrm{d}D/D$), wobei S konstant bleiben soll ($\mathrm{d}S/S = 0$). Wir erhalten sie, indem wir wie oben ($y = x^2$) die Änderung des Logarithmus bilden und diese gemäß $\mathrm{d}(\ln y) = \mathrm{d}y/y$ ausrechnen:

$$\mathrm{d}\,[\ln(I/_A)] = \mathrm{d}\left[\ln\left(S/_{A/\mathrm{cm}^{-2}}\frac{\pi}{4}\right)\right] + 2\mathrm{d}\,[\ln(D/_{\mathrm{cm}})]$$

$$\frac{\mathrm{d}I}{I} = 0 + 2\frac{\mathrm{d}D}{D}.$$

[1]) Da man den Logarithmus nur von einem Zahlenwert bilden kann, muß man korrekterweise die physikalische Größe z. B. auf ihre Einheit beziehen; denn der Quotient aus physikalischer Größe und ihrer Einheit ist eine Zahl. Diese Zeile stellt aber in unserer Rechnung nur eine Zwischenstufe dar, so daß wir der Einfachheit halber und ohne weitere Folgen auf die Angabe der Einheiten verzichten wollen, wie wir es bei späteren Aufgaben auch tun werden.

Diskussion

Eine Stromzunahme bedingt bei konstanter Stromdichte eine Durchmesservergrößerung. Sie ist jedoch prozentual nur halb so groß wie die Stromänderung, da der Durchmesser in die Gleichung für die Stromdichte quadratisch eingeht. Den „eleganteren" Weg 2 kann man bis zu Änderungen von etwa 10% anwenden. Darüber hinaus wird der Unterschied zwischen Differentialquotientem und Differenzenquotientem (Weg 1) zu groß.

Aufgabe 1.5 Stromdichte

Durch einen Leiter mit kreisförmigem Querschnitt fließt ein Strom. Die Stromdichte S sei aus irgendwelchen Gründen (z. B. inhomogenes Leitermaterial) nicht an allen Stellen des Querschnitts gleich (Bild 1.7a), sondern ändere sich quadratisch mit dem Radius r (Bild 1.7b).

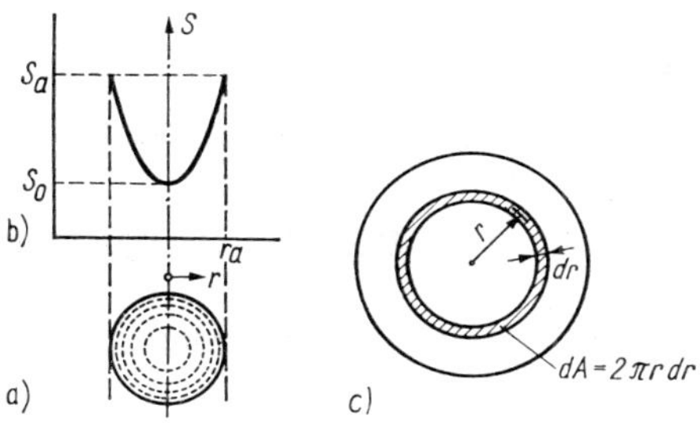

Bild 1.7
Die Strömungslinien erscheinen im Leiterquerschnitt (Bild a) als Punkte. Dichte der Strömungslinien ist ortsabhängig, $S = f(r)$

Berechne den Strom I aus den im Diagramm Bild 1.7b eingetragenen Funktionswerten S_0, S_a, r_a!

Lösungshinweis

Stromdichte und Strom sind durch die Definitionsgleichung (1.3) miteinander verknüpft. In dem hier angenommenen Fall ist die Stromdichte nur abhängig vom Radius. Deshalb weisen alle Teilflächen dA mit dem mittleren Abstand r vom Mittelpunkt des Kreisquerschnitts gleiche Stromdichte auf (Bild 1.7a). Diese Teilflächen konstanter Stromdichte sind gemäß der axialsymmetrischen Stromdichteverteilung Querschnitte von koaxialen Zylindern der Wanddicke dr und dem mittleren Radius r (Bild 1.7c). Um den Gesamtstrom zu erhalten, muß man den Teilstrom dI durch einen solchen schmalen Querschnittsring berechnen, dann alle Teilströme summieren. Das läuft nach Gl. (1.4) gemäß $I = \int \mathrm{d}I = \int \boldsymbol{S} \cdot \mathrm{d}\boldsymbol{A}$ auf eine Integration der ortsabhängigen Stromdichte $S(r)$ über die Fläche $A(r)$ hinaus. Die Funktion $S(r)$ muß aus den Angaben im Bild 1.7b aufgestellt werden.

Lösung

$$I = \int_{r=0}^{r=r_a} S(r) \cdot \mathrm{d}A\,(r); \qquad S(r) = cr^2 + S_0.$$

Für

$$r = r_a \quad \text{ist} \quad S(r) = S_a,$$

also

$$S_a = cr_a^2 + S_0, \quad \text{somit} \quad c = \frac{S_a - S_0}{r_a^2} \quad \text{und}$$

$$S(r) = \frac{S_a - S_0}{r_a^2} r^2 + S_0;$$

$$\mathrm{d}A\,(r) = 2\pi r\,\mathrm{d}r \quad \text{(Bild 1.7c).}$$

Damit wird

$$I = \int_{r=0}^{r=r_a} \left(\frac{S_a - S_0}{r_a^2} r^2 + S_0 \right) 2\pi r \, \mathrm{d}r = 2\pi \left[\frac{S_a - S_0}{r_a^2} \frac{r^4}{4} + S_0 \frac{r^2}{2} \right]_0^{r_a}$$

$$= \pi r_a^2 \frac{S_a + S_0}{2}.$$

Diskussion

Beziehen wir I auf πr_a^2, d.h. auf die gesamte stromdurchflossene Querschnittsfläche, so haben wir einen Mittelwert $\bar{S}$ der Stromdichte gebildet, der unter Voraussetzung der quadratischen Stromdichteverteilung gleich dem arithmetischen Mittelwert von S_0 und S_a ist, wie das Ergebnis zeigt.

Aufgabe 1.6 Stromdichte, Kontinuitätsgleichung

Gegeben ist ein homogenes Strömungsfeld (Stromdichte S unabhängig vom Ort, d.h. Stromlinien parallel und äquidistant, Bild 1.8).

a) Berechne den Strom durch die Fläche eines Halbzylinders $C - D$ (Achse des Zylinders mit Radius r ist senkrecht zu $\boldsymbol{S}$ gerichtet)!

b) Zeige, daß der Strom durch jede beliebig geformte Fläche zwischen den Linien C und D gleich ist!

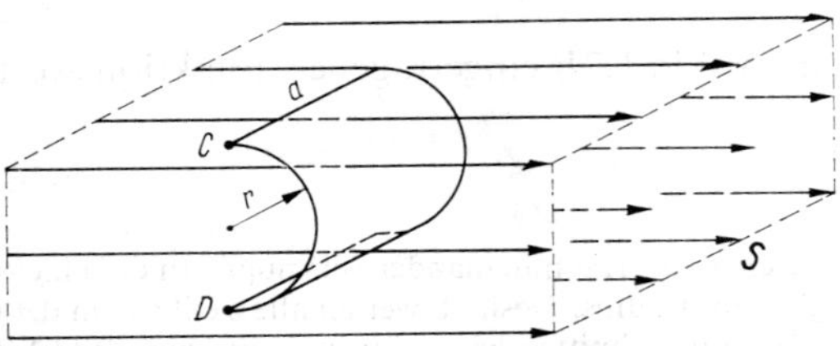

Bild 1.8

Lösungshinweis

a) Es ist nach Gl. (1.4) $I = \int \boldsymbol{S} \cdot \mathrm{d}\boldsymbol{A}$. Zwischen $\boldsymbol{S}$ und $\mathrm{d}\boldsymbol{A}$ existiert ein Winkel α, der sich zwischen 0 und $\pm$ 90° ändert.

b) Man betrachtet das Volumen zwischen 2 beliebigen Flächen und wendet die Kontinuitätsgleichung an.

Lösung

a) $I = \int_A \boldsymbol{S} \cdot \mathrm{d}\boldsymbol{A} = \int_A S \cos\alpha \, \mathrm{d}A$, wobei α der Winkel zwischen $\boldsymbol{S}$ und $\mathrm{d}\boldsymbol{A}$ ist (Bild 1.9b).

Aus Bild 1.9a ergibt sich $\mathrm{d}A = ar \, \mathrm{d}\alpha$, wobei α von $-90°$ bis $+90°$ läuft, also wird

$$I = arS \int_{-90°}^{+90°} \cos\alpha \, \mathrm{d}\alpha = arS \sin\alpha \Big|_{-90°}^{+90°} = S2ra.$$

Man erkennt: Der Strom durch die Zylinderfläche ist gleich dem Strom durch die Rechteckfläche $2ra$ zwischen den Linien C und D. Das ist auch verständlich, da diese Fläche die Projektion der Zylinderfläche in Richtung $\boldsymbol{S}$ ist. Mit dieser Erkenntnis kann man das Ergebnis sofort angeben.

b) Nimmt man 2 beliebig gekrümmte Flächen A_1 und A_2 zwischen den Linien C und D an, so gilt für die so entstandene Hülle die Kontinuitätsgleichung (1.5)

$$\int_{\text{Hülle}} \boldsymbol{S} \cdot \mathrm{d}\boldsymbol{A} = 0 = \int_{A_1} \boldsymbol{S} \cdot \mathrm{d}\boldsymbol{A} + \int_{A_2} \boldsymbol{S} \cdot \mathrm{d}\boldsymbol{A} = 0,$$

d. h., innerhalb der Hülle kann keine Stromlinie enden oder beginnen (Kontinuität).

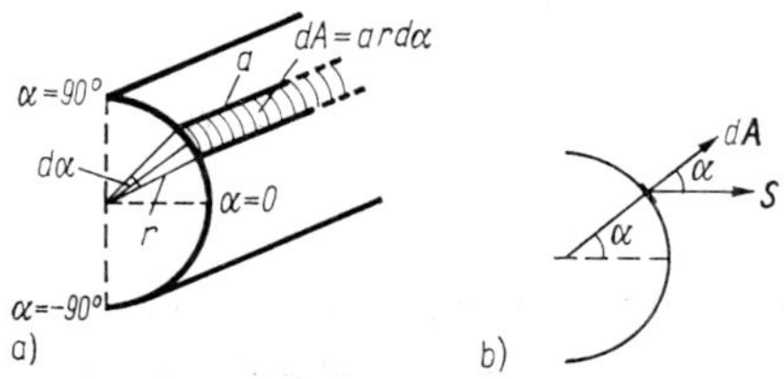

Bild 1.9

Daraus folgt

$$\int_{A_1} \boldsymbol{S} \cdot \mathrm{d}\boldsymbol{A} = -\int_{A_2} \boldsymbol{S} \cdot \mathrm{d}\boldsymbol{A},$$

d. h., der durch A_1 hineinfließende Strom ist gleich dem durch A_2 herausfließenden Strom. Da die Flächen beliebig geformt sein können (wenn sie nur gleiche Länge a längs C und D haben), kann z. B. A_1 auch die Rechteckfläche $2ra$ sein (vgl. a))!
Bemerkung: Die betrachteten Flächen im homogenen Feld sind Vorstellungen. Eine technische Ausführung (z. B. aus Metall) würde das Feld verändern (z. B. Lehrbuch, Bild 2.17).

Aufgabe 1.7 Knotenpunktsatz

Stelle in folgender Schaltung (Bild 1.10) sämtliche Knotenpunktgleichungen auf und zeige, daß bei 6 Knoten nur 5 Knotenpunktgleichungen voneinander unabhängig sind!

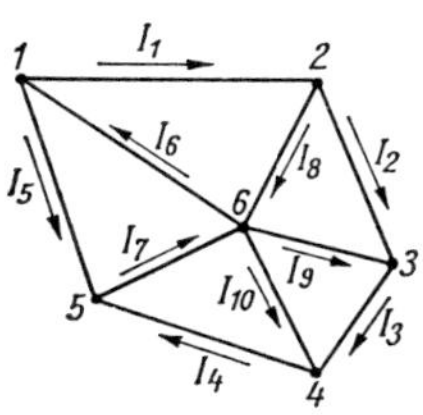

Bild 1.10

Lösungshinweis

Wende auf jeden Knoten die Gl. (1.6) an, und forme sie so um, daß alle Ströme auf einer Seite stehen! Zur besseren Übersicht ordnet man die Ströme mit gleichem Index untereinander an. Eine Gleichung ist von anderen unabhängig, wenn sie sich nicht aus diesen herleiten läßt. Dieser Umstand ist bei den 6 möglichen Gleichungen nachzuprüfen, wobei die vorgeschlagene Anordnung diese Arbeit wesentlich erleichtert.

Lösung

Für Knotenpunkt 1:	$-I_1$				$-I_5$	$+I_6$					$= 0$
Für Knotenpunkt 2:	$+I_1$	$-I_2$						$-I_8$			$= 0$
Für Knotenpunkt 3:		$+I_2$	$-I_3$						$+I_9$		$= 0$
Für Knotenpunkt 4:			$+I_3$	$-I_4$						$+I_{10}$	$= 0$
Für Knotenpunkt 5:				$+I_4$	$+I_5$		$-I_7$				$= 0$
Für Knotenpunkt 6:						$-I_6$	$+I_7$	$+I_8$	$-I_9$	$-I_{10}$	$= 0$

Gln. für Knotenpunkt 1 bis 5 addiert,
ergibt die Gleichung für Knotenpunkt 6: $+I_6 - I_7 - I_8 + I_9 + I_{10} = 0$

Diskussion

An dem Gleichungssystem fällt sofort auf, daß jeder Strom zweimal und mit verschiedenem Vorzeichen auftritt. Das muß so sein, da jeder Zweig die Verbindung zweier Knoten herstellt und somit jeder Strom beim Erfassen aller Knoten einmal zufließend (+) und einmal abfließend (−) genannt wird. Man kann die Vorzeichen auch umgekehrt anwenden, muß dies dann nur einheitlich in allen Gleichungen tun.
Addiert man alle 6 Gleichungen, so heben sich dabei alle Ströme auf, ein Zeichen für die Abhängigkeit von Gleichungen. Addiert man also 5 Knotenpunktgleichungen, so erhält man als neue Gleichung die sechste. Damit ist nachgewiesen, daß 6 Knoten 5 unabhängige Gleichungen, allgemein n Knoten $(n - 1)$ unabhängige Gleichungen ergeben.

Aufgabe 1.8 Knotenpunktsatz

In der Transistorschaltung, Bild 1.11, sind die Bezugspfeile aller Zweigströme eingetragen.

a) Stelle die Beziehung zwischen den äußeren Strömen I_1, I_2, I_3 und I_4 sowie zwischen den Strömen I_1, I_8 und I_{10} auf!
b) Gemessen wurden die Ströme $I_1 = 50\,\mu\text{A}$, $I_2 = 50\,\mu\text{A}$, $I_3 = 2\,\text{mA}$, $I_5 = 30\,\mu\text{A}$ und $I_{11} = 8\,\text{mA}$. Berechne den Kollektorstrom I_6, den Emitterstrom I_8, den Batteriestrom I_9 und den Strom I_4!

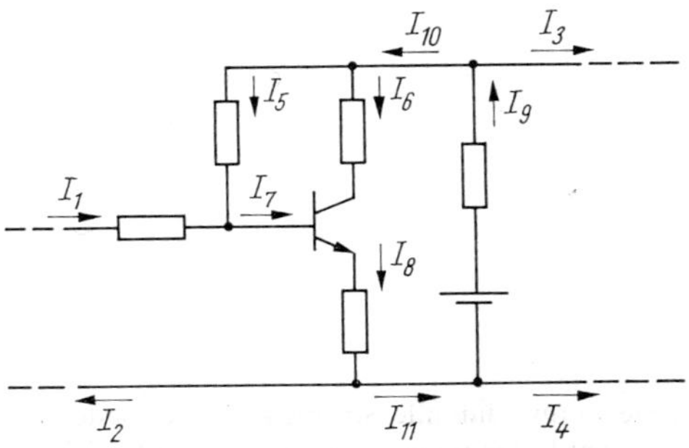

Bild 1.11

Lösungshinweis

Liegen die interessierenden Ströme im Netzwerk weit auseinander, so beachte man die allgemeine Stromkontinuität für willkürlich gewählte Hüllen um Schaltungsteile.

Lösung

a) Zur Beziehung zwischen den Außenströmen I_1, I_2, I_3, I_4 legen wir eine Hülle H_1 (Bild 1.12) und erhalten sofort $I_1 - I_2 - I_3 - I_4 = 0$ (I_1 zufließend; die anderen

Ströme wegfließend mit entgegengesetzten Vorzeichen). Die Hülle H_2 liefert die Beziehung zwischen I_1, I_8, I_{10}: $I_1 + I_{10} - I_8 = 0$.

b) Aus Hüllengleichung H_1 ergibt sich mit $I_1 = I_2$: $I_4 = -I_3 = -2$ mA.
Knotengleichung K_1 ergibt $I_9 = I_{11} - I_4 = (8 + 2)$ mA $= 10$ mA.
Knotengleichung K_2 ergibt $I_8 = I_{11} + I_2 = (8 + 0{,}05)$ mA $= 8{,}05$ mA.
Hüllengleichung H_2 ergibt $I_{10} = I_8 - I_1 = (8{,}05 - 0{,}05)$ mA $= 8$ mA.
I_{10} muß gleich I_{11} sein auf Grund der Gleichung für die Hülle um Knoten K_1–K_3.
Knotengleichung K_4 ergibt $I_6 = I_{10} - I_5 = (8 - 0{,}03)$ mA $= 7{,}97$ mA.
Der Basisstrom I_7 wird damit $I_7 = I_1 + I_5 = (50 + 30)\,\mu$A $= 80\,\mu$A.
Andererseits muß auch gelten: $I_7 = I_8 - I_6 = (8{,}05 - 7{,}97)$ mA $= 80\,\mu$A.

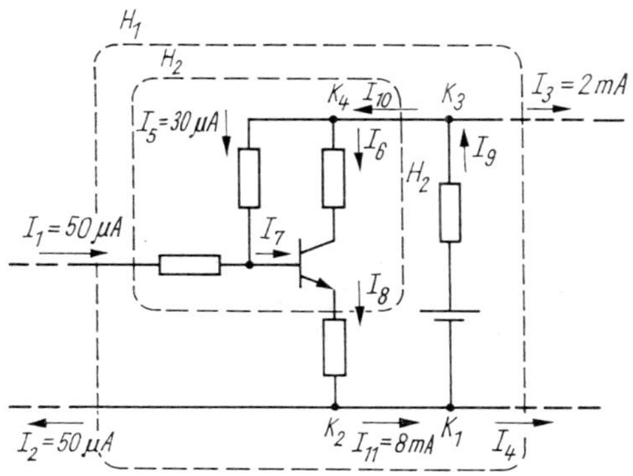

Minuszeichen im Ergebnis sagen aus: Die entsprechenden Ströme fließen entgegen der gewählten Zählpfeilrichtung.

Bild 1.12

Aufgabe 1.9 Brechung der Strömungslinien an einer Trennfläche

2 aneinandergefügte Leiter unterschiedlicher Leitfähigkeit bilden eine sog. Trennfläche. An einer solchen schrägen Trennfläche werden die Stromdichtelinien gebrochen (Bild 1.13). Beweise mit Hilfe der Kontinuitätsgleichung, daß die zur Trennfläche normalen Komponenten der Stromdichtevektoren $\boldsymbol{S}_{n1}$ und $\boldsymbol{S}_{n2}$ in beiden Medien gleich groß sein müssen!

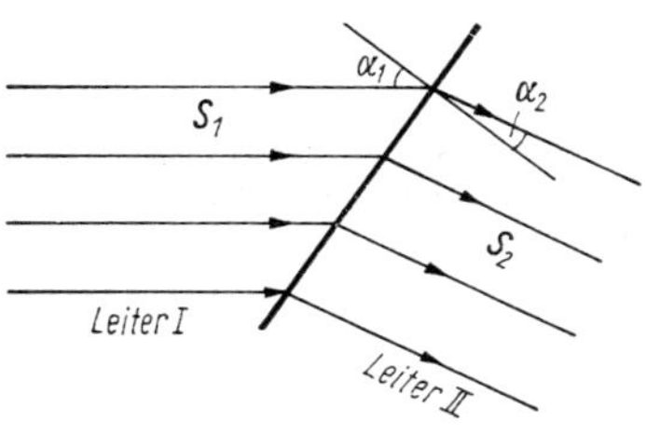

Bild 1.13

Lösungshinweis

Lege um ein Trennflächenstück ganz dicht eine Hülle, die die Oberfläche eines Quaders sein möge, und wende die Kontinuitätsgleichung an!

Lösung

Die Höhe der quaderförmigen Hülle um einen Punkt in der Trennfläche wird vernachlässigbar klein gewählt (Bild 1.14), so daß nur durch die zur Trennfläche parallelen Quaderflächen ein Strom fließt. Für dieses differentielle Volumenelement ergibt die Kontinuitätsgleichung (1.5)

$$\boldsymbol{S}_1 \cdot \mathrm{d}\boldsymbol{A} + \boldsymbol{S}_2 \cdot \mathrm{d}\boldsymbol{A} = 0.$$

Mit den Winkelangaben im Bild 1.14 wird daraus

$$S_1 \cos(180^\circ - \alpha_1)\,\mathrm{d}A + S_2 \cos\alpha_2\,\mathrm{d}A = 0$$

$$-S_1 \cos\alpha_1\,\mathrm{d}A + S_2 \cos\alpha_2\,\mathrm{d}A = 0$$

$$-S_{n1}\,\mathrm{d}A + S_{n2}\,\mathrm{d}A = 0$$

$$S_{n1} = S_{n2}.$$

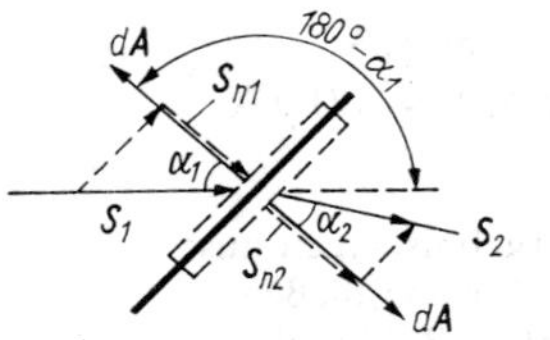

Bild 1.14
$\sphericalangle (S_1, dA) = 180^\circ - \alpha_1$;
$\sphericalangle (S_2, dA) = \alpha_2$;
$S_{n1} = S_1 \cos \alpha_1$;
$S_{n2} = S_2 \cos \alpha_2$

Aufgabe 1.10 Maschensatz

Stelle die Maschengleichung für die im Bild 1.15 angegebene Masche auf, wobei die Spannungsquellen a) durch die EMK (physikalischer Richtungssinn von − nach +), b) durch die Spannungsabfälle (Potentialdifferenz, Richtungssinn von + nach −) gekennzeichnet werden!

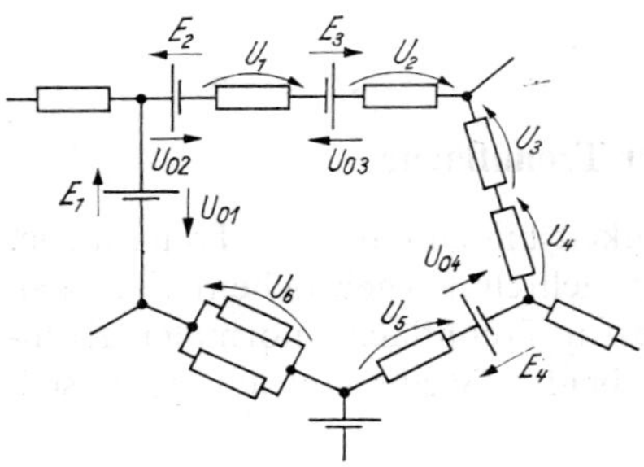

Bild 1.15

Lösungshinweis

Man gibt einen Umlaufsinn in frei gewählter Richtung vor und setzt in (1.8) EMK bzw. Spannungsabfälle, deren Richtungen mit der des Umlaufs übereinstimmen, mit positiven Vorzeichen ein. Bei entgegengesetzten Richtungen sind die Größen mit negativen Vorzeichen einzusetzen.

Lösung

Für Umlauf im Rechtssinn:

$$E_1 - E_2 + E_3 + E_4 = U_1 + U_2 - U_3 - U_4 - U_5 + U_6$$

bzw. mit Quellenspannungen $U_{0\nu}$ (EMK als Spannungsabfälle eingetragen, d.h., alle Spannungen werden auf die „Seite" der Spannungsabfälle geschrieben!):

$$0 = U_{02} + U_1 - U_{03} + U_2 - U_3 - U_4 - U_{04} - U_5 + U_6 - U_{01}.$$

Daraus wird

$$U_{01} - U_{02} + U_{03} + U_{04} = U_1 + U_2 - U_3 - U_4 - U_5 + U_6,$$

d.h. Übereinstimmung der Gleichungen, wenn man $U_{0\nu}$ für E_ν setzt.

Aufgabe 1.11 Unabhängige Maschengleichungen

a) Gib die Maschengleichungen für das Netz im Bild 1.16 an und zeige, daß von 7 möglichen Maschengleichungen nur 3 voneinander unabhängig sind!
b) Welche Methode(n) gibt es, um alle und ausschließlich unabhängige Maschengleichungen eines gegebenen Netzwerks zu finden?

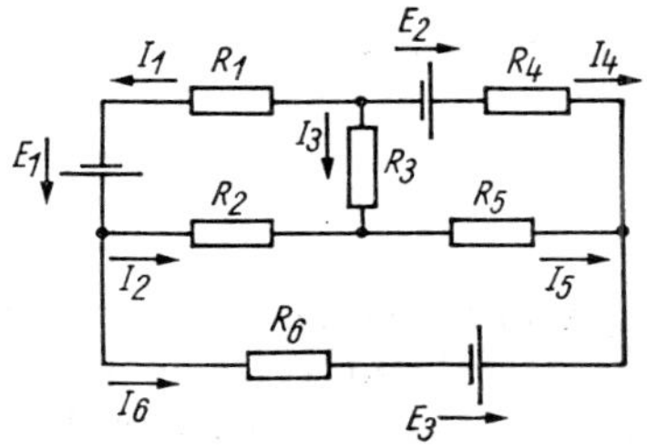

Bild 1.16

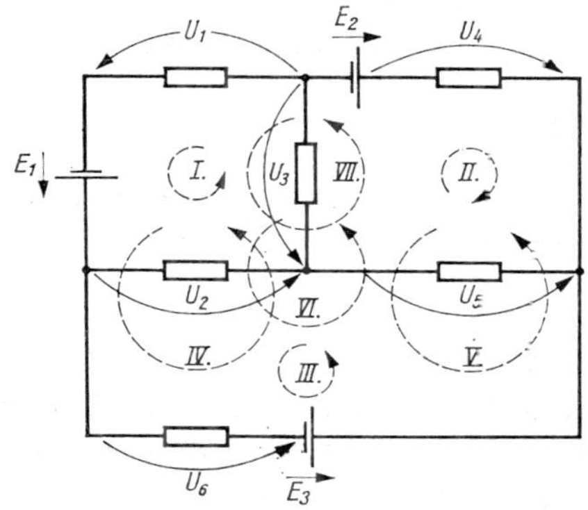

Bild 1.17

Lösungshinweis

Führe über jeden Widerstand einen Spannungsabfall in Richtung der vorgegebenen Bezugsrichtung des jeweiligen Stroms ein, ordne zunächst jeder der 3 „Fenstermaschen" I, II, III (Bild 1.17) einen beliebigen Umlaufsinn zu, und stelle gemäß Gln. (1.8) 3 Maschengleichungen auf, in die alle E und U positiv einzusetzen sind, deren Richtung mit dem Umlaufsinn übereinstimmt; anderenfalls erhalten sie Minuszeichen. Die 4 weiteren möglichen Maschengleichungen, für die ebenfalls eine frei gewählte Umlaufrichtung vorzugeben ist, ergeben sich aus Umläufen über Zweige, die Teile der 3 Einzelmaschen sind.

Lösung

a) Auf Grund der Zuordnungen gemäß Bild 1.17 ergeben sich folgende Maschengleichungen:

I. $+E_1 = +U_1 + U_2 - U_3,$

II. $+E_2 = -U_3 + U_4 - U_5$

III. $+E_3 = -U_2 - U_5 + U_6,$

IV. $+E_1 + E_3 = +U_1 - U_3 - U_5 + U_6$

(auch aus I + III zu erhalten)

V. $-E_2 + E_3 = -U_2 + U_3 - U_4 + U_6,$

(auch aus III − II zu erhalten)

VI. $+E_1 - E_2 + E_3 = +U_1 - U_4 + U_6,$

(auch aus I − II + III zu erhalten)

VII. $+E_1 - E_2 = +U_1 + U_2 - U_4 + U_5,$

(auch aus I − II zu erhalten).

b) Es gibt 2 Möglichkeiten:

1. *Vollständiger Baum*

Das ist der Linienzug im Streckenkomplex des Netzwerks, der alle Knoten verbindet, ohne geschlossene Schleifen zu bilden (Beispiel Bild 1.18). Die restlichen Zweige (dünn gezeichnet im Bild 1.18) schließen jeweils eine Masche. Die Gleichungen dieser Maschen sind unabhängig voneinander und bilden ein vollständiges Gleichungssystem. Gib weitere 10 vollständige Bäume für die Schaltung Bild 1.16 an!

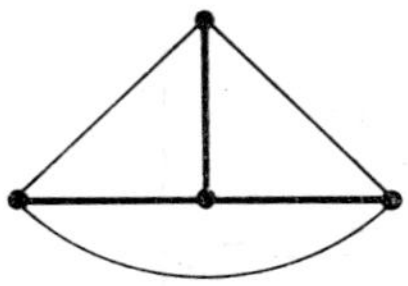

Bild 1.18
Streckenkomplex zur Schaltung Bild 1.16 mit Beispiel eines vollständigen Baums dick gezeichnet

2. *Auftrennmethode*

Wähle eine Masche aus, bilde ihre Maschengleichung und trenne sie in irgendeinem Zweig auf! Suche eine weitere Masche, ohne über die Trennstelle zu laufen, bilde deren Maschengleichung und trenne diese Masche auf! Man verfahre in dieser Weise so lange, wie man geschlossene Umläufe antrifft. Diese Gleichungen sind voneinander unabhängig und bilden ein vollständiges Gleichungssystem.

Diskussion

Zu a) Die Maschengleichungen I, II und III sind voneinander unabhängig, da in jeder von ihnen Glieder enthalten sind, die in den beiden anderen Gleichungen nicht auftreten. Die Gln. IV bis VII sind dagegen von den Gln. I bis III abhängig; denn sie ergeben sich aus Umläufen über Zweige, die sämtlich in den ersten 3 Gleichungen erfaßt wurden. Mithin können diese 4 Gleichungen ebensogut durch geeignete Kombination der Gln. I bis III erhalten werden, was auch bei jeder Gleichung nachgewiesen wird.

Aufgabe 1.12 Maschensatz

In der Transistorschaltung, Bild 1.19a, wurden die eingetragenen Spannungsabfälle gemessen. Berechne die Spannungen zwischen Kollektor und Emitter U_{CE}, zwischen Emitter und Basis U_{EB}, zwischen Kollektor und Basis U_{CB} sowie zwischen Basis und 0 U_{B0}!

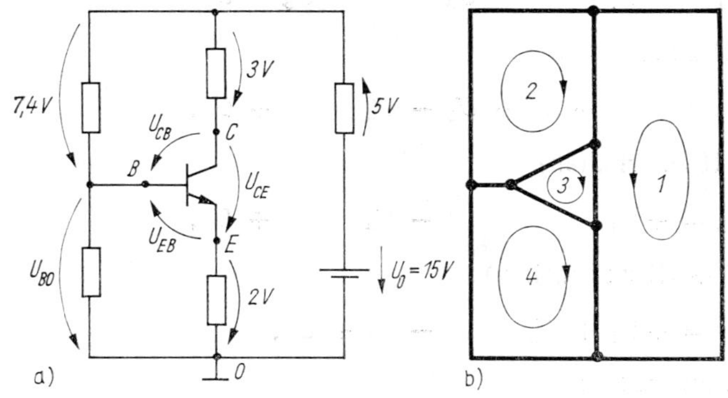

Bild 1.19

Lösungshinweis

Man berechnet aus den Maschengleichungen die gesuchten Spannungen, wobei eine Masche immer ein geschlossener Umlauf von Spannungspfeilen ist, z. B. auch der Umlauf mit den Transistorelektroden *C–E–B*.

Lösung

Im Bild 1.19 b ist der Streckenkomplex zur Schaltung, Bild 1.19 a, mit Maschenumläufen 1 bis 4 angegeben. Aus deren Maschengleichungen ergeben sich folgende Werte für die gesuchten Spannungen:

① $5\,\mathrm{V} + 3\,\mathrm{V} + 2\,\mathrm{V} - U_0 + U_{CE} = 0 \qquad U_{CE} = 5\,\mathrm{V}$

② $3\,\mathrm{V} + U_{CB} - 7{,}4\,\mathrm{V} = 0 \qquad U_{CB} = 4{,}4\,\mathrm{V}$

③ $U_{CE} + U_{EB} - U_{CB} = 0 \qquad U_{EB} = -0{,}6\,\mathrm{V}$

④ $-U_{EB} + 2\,\mathrm{V} - U_{B0} = 0 \qquad U_{B0} = 2{,}6\,\mathrm{V}$

Bemerkung: U_{B0} ergibt sich z. B. auch aus dem Umlauf längs der äußeren Umrandung der Schaltung.

Aufgabe 1.13 Widerstand, differentieller Widerstand

Über 2 Klemmen *A* und *B* einer Schaltung (Zweipol) wurden für verschiedene Ströme *I* die Spannungsabfälle U_{AB} gemessen (Tabelle). Ermittle den Gleichstromwiderstand und den differentiellen Widerstand als Funktion der Stromstärke!

I in *A*	0	0,25	0,5	1	1,5	2	3	4
U_{AB} in *V*	0	50	71	100	123	141	173	200

Lösungshinweis

Die Tabelle zeigt, daß es sich um einen passiven Zweipol handelt. Warum? Weiterhin erkennt man aus den Wertefolgen von Strom und Spannung, daß es sich um einen nichtlinearen Zweipol handelt. Begründe dies! Wir werden deshalb die Funktion $U_{AB} = f(I)$ als Diagramm auf Millimeterpapier zeichnen. Für jeden Stromwert können wir den zugehörigen Widerstandswert berechnen, indem wir nach Definitionsgleichung (1.9) den Quotienten U_{AB}/I bilden. Den Widerstandswert für $I = 0$ findet man aus der Steigung der Tangente an den U_{AB}/I-Verlauf im Punkt $I = 0$.
Der differentielle Widerstand kennzeichnet Steigung bzw. Gefälle der $U = f(I)$-Kennlinie in einem Kennlinienpunkt. Man berechnet ihn aus dem Quotienten einer sehr kleinen Spannungsänderung und der dazugehörigen Stromänderung in der Umgebung des betrachteten Kennlinienpunktes [Gl. (1.11 a)].

Lösung

Da für $I = 0$ auch $U_{AB} = 0$ ist, liegt ein passiver Zweipol vor. Da bei der Verdoppelung des Stromes die Spannungswerte sich nicht verdoppeln, liegt ein nichtlinearer Widerstand vor.
Bild 1.20 a, die Wiedergabe des gezeichneten Diagramms, zeigt in grobem Maßstab den Verlauf $U_{AB} = f(I)$: nichtlineare Kennlinie durch den Nullpunkt. Der punktweise berechnete Verlauf $U_{AB}/I = R$ und $\Delta U/\Delta I = r$ für verschiedene *I*-Werte ist im Bild 1.20 b angegeben.

Berechnung von R und r im Nullpunkt:

Im Bild 1.20a ist die Tangente an die Kennlinie im Nullpunkt gestrichelt eingezeichnet. Deren Steigung ergibt

$$(r)_{I=0} = (R)_{I=0} = \frac{125\ \text{V}}{0{,}5\ \text{A}} = 250\ \Omega.$$

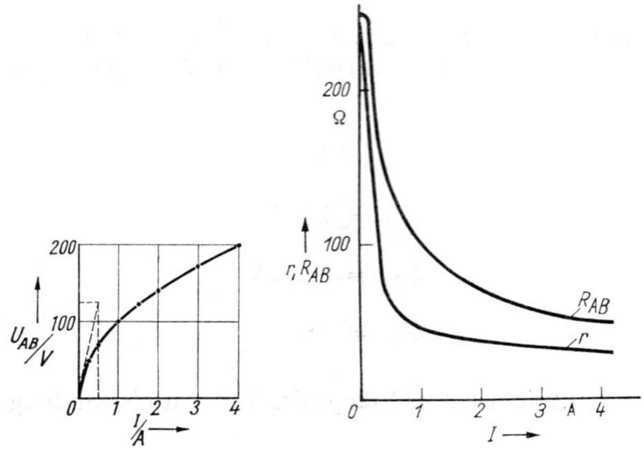

Bild 1.20

Aufgabe 1.14 Widerstand, differentieller Widerstand

Ein nichtlinearer Widerstand (z. B. ein Varistor) hat die Strom-Spannungs-Kennlinie $U = cI^{\beta}$ für beide Stromrichtungen. Die Kennlinie ist symmetrisch, d. h., die Spannung hat den gleichen Wert mit negativem Vorzeichen, wenn der Strom umgepolt wird (negatives Vorzeichen erhält). Dies kann man durch die Gleichungsform $U = (cI/|I|)\,|I|^{\beta}$ zum Ausdruck bringen. Wir wollen hier nur eine Stromrichtung beachten.
Es ist $\beta = 0{,}25$, und bei $U_1 = 20$ V fließt ein Strom $I_1 = 62{,}5$ mA.

a) Berechne die Konstante c und schreibe die Kennliniengleichung als zugeschnittene Größengleichung! Stelle diese durch punktweise Auswertung bis $I = 100$ mA dar!
b) Berechne die allgemeinen Beziehungen für den Gleichstromwiderstand R, den differentiellen Widerstand r und die Leistung P als $f(I)$!
c) Bis zu welchem Stromwert darf der Widerstand belastet werden, wenn die maximale Leistung $P = 2$ W betragen darf?
d) Berechne die Verläufe von U, R, r und P in Abhängigkeit von I mit Hilfe eines Rechenprogramms, in dem man für jeden Stromwert die geforderten Größen U, R, r und P in den gewünschten Einheiten erhält!

Lösungshinweis

Die zugeschnittene Größengleichung erhält man, indem jede Größe auf eine gewählte Einheit dieser Größe bezogen wird, z. B. $(I/A)^{1/4}$. Da hier c als Zahlenwert und Einheit eingesetzt wird, braucht man nur dessen zusammengesetzte Einheit auf die Größen U und I^{β} aufzuteilen.
Den Widerstand R und den differentiellen Widerstand r erhält man mit Hilfe ihrer Definitionsgleichungen. Deren zugeschnittene Größengleichungen ermöglichen eine leichtere Berechnung der Verläufe.
Man könnte dem Rechner die einzelnen in a) und b) ermittelten zugeschnittenen Gleichungen als Zahlenwertgleichungen eingeben und jedes Ergebnis durch eine PRINT-Anweisung ausgeben. Man kann jedoch die gesamte Rechnung in a) und b) bis auf die Differentiation zur Berechnung von r dem Rechner überlassen, indem man die Ausgangsgleichungen eingibt. Die Einheitenbetrachtung bleibt nicht erspart: Wenn man I in mA eingibt und U in Volt erhalten will, bekommt man R und r in kΩ und P in mW!

Lösung

a) *Spannung* $U = cI^{\beta}$; aus gegebenen Werten U_1, I_1 kann c berechnet werden:

$$c = U_1/I_1^{\beta} = 20\ \text{V}/(62{,}5\ \text{mA})^{1/4} = 7{,}1\ \text{V/mA}^{1/4}.$$

Also wird für U in V und I in mA

$$U = 7{,}1\ \frac{\text{V}}{\text{mA}^{1/4}}\ (I)^{1/4}; \qquad U/V = 7{,}1\ (I/_{\text{mA}})^{1/4}.$$

b) *Widerstand:* $R = U/I = cI^{\beta}/I = cI^{\beta-1}$.

Wir dividieren die zugeschnittene Ergebnisgleichung in a) durch I/mA und erhalten mit $\frac{U/_{\text{V}}}{I/_{\text{mA}}} = R/_{\text{k}\Omega}$

$$R/_{\text{k}\Omega} = 7{,}1\ (I/_{\text{mA}})^{-3/4}.$$

Diese Gleichung gilt für $I > 0$; für $I = 0$ wird auch $U = 0$ und damit $R = U/I$ unbestimmt.
Grafisch veranschaulicht ist der Widerstand proportional der Steigung der Sekante vom Nullpunkt zum Punkt der $U(I)$-Kennlinie, in dem der Widerstand bestimmt werden soll. Im Nullpunkt ist dies also die Steigung der Tangente, die proportional dem differentiellen Widerstand $r = \mathrm{d}U/\mathrm{d}I$ ist, d.h., $R(0) = r(0)$.

Differentieller Widerstand: $r = \mathrm{d}U/\mathrm{d}I$.

Durch Differentiation der Gleichung $U = f(I)$ ergibt sich $r = \beta c I^{\beta-1}$. Da nach b) $cI^{\beta-1} = R$ ist, wird

$$r = \beta R = \tfrac{1}{4}R; \qquad r/_{\text{k}\Omega} = \tfrac{1}{4}R/_{\text{k}\Omega}.$$

Mit kleiner werdendem Strom nimmt die Steigung (der differentielle Widerstand) immer mehr zu und strebt bei $I = 0$ gegen unendlich großen Wert (der Kehrwert – der Leitwert – wird bei $I = 0$ Null)

$$r(0) = R(0) = \infty.$$

Leistung: $P = UI$.

Um die zugeschnittene Gleichung für P zu erhalten, multiplizieren wir die Ergebnisgleichung in a) mit I/mA. Mit $U/\text{V} \cdot I/\text{mA} = P/\text{mW}$ ergibt sich

$$P/\text{mW} = 7{,}1\ (I/\text{mA})^{5/4}.$$

c) Aus b) folgt $I/\text{mA} = \left(\frac{P/\text{mW}}{7{,}1}\right)^{4/5} = \left(\frac{2000}{7{,}1}\right)^{0{,}8} = 91{,}2.$

d) Ein BASIC-Programm zur Berechnung aller gesuchten Größen für einzugebende Stromwerte (Zeile 30) ist im Bild 1.21 a angegeben. Die Auswertung für zweckmäßig gewählte Stromwerte ergibt folgende Tabelle und die Kurven in den Bildern 1.21 b und c.

I/mA	0	1	2	5	20	80	100
U/V	0	7,11	8,46	10,64	15,04	21,27	22,49
R/kΩ	∞	7,11	4,23	2,13	0,75	0,27	0,22
r/kΩ	∞	1,78	1,06	0,53	0,19	0,07	0,06
P/mW	0	7,11	16,9	53,2	300,8	1701,9	2249

```
10 REM ****  NICHTLINEARER WIDERSTAND  AUFGABE 1.14  ****
11 REM *********************************************
20 REM   BERECHNUNG DES WIDERSTANDES R
21 REM   DES DIFFERENTIELLEN WIDERSTANDES DR
22 REM   UND DER LEISTUNG P
23 REM   FUER GEGEBENEN STROM
24 REM
30 INPUT "STROM I IN MILLIAMP. "; I
35 U = 20/(62.5^(1/4)) * (I^(1/4))
40 PRINT "SPANNUNG U =";U;"V"
42 IF I=0 GOTO 65
45 R = U/I
50 PRINT "WIDERSTAND R =";R;"KOHM"
55 DR= R/4
60 PRINT "DIFFERENTIELLER WIDERSTAND DR =";DR;"KOHM"
65 P = U*I
70 PRINT "LEISTUNG P =";P;"MILLIWATT"
75 PRINT: INPUT "ENDE ODER WEITER ? <E/W> ";A$
80 IF A$="W" GOTO 10
85 END
```

a)

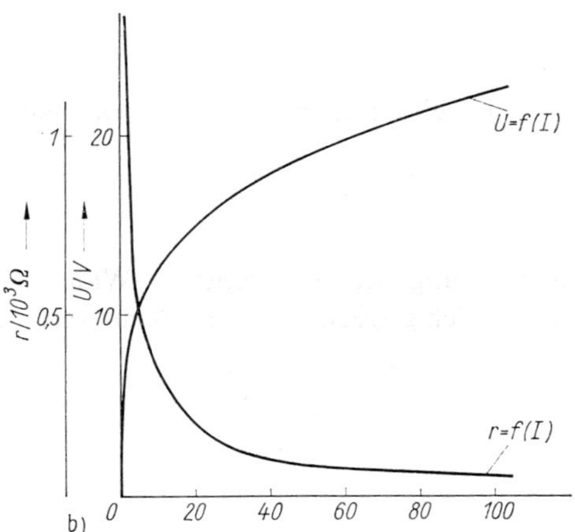

b)

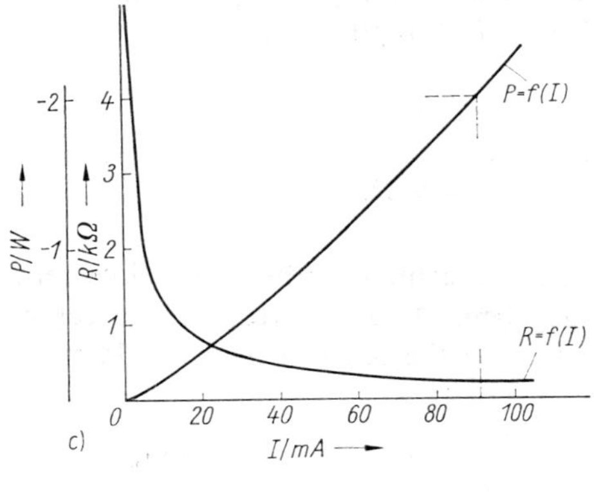

c)

Bild 1.21

Aufgabe 1.15 Widerstand einer Wicklung

Gegeben sei ein Relais mit 250 Windungen, die einen Widerstand von 50 Ω ergeben. Unter Beibehaltung des Spulenkörpers (Wickelfenster F konstant, s. Bild 1.22) soll es auf 1500 Windungen umgewickelt werden. Welchen Widerstand wird die Wicklung dann haben? Leite das zur Berechnung dieser Aufgabe notwendige allgemeine Gesetz ab, das zwischen Widerstand und Windungszahl bei gleichem Wickelraum besteht (Bild 1.22)!

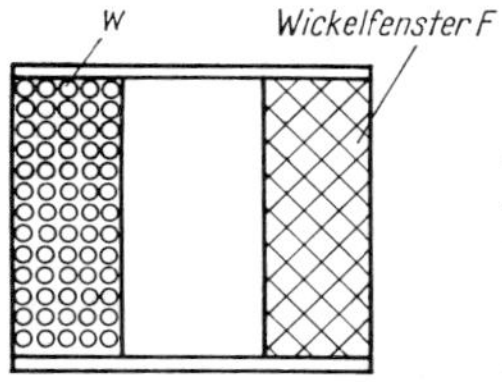

Bild 1.22
Insgesamt w Windungen, Drahtquerschnitt A ohne Isolierung
$wA < F$ *infolge Drahtisolation und Luftzwischenräumen*
$wA = kF$
Füllfaktor $k < 1$

Lösungshinweis

Bei lagenweiser Wicklung (Bild 1.22) ergibt sich für jede neue Lage eine größere Windungslänge. Wir definieren eine *mittlere Windungslänge* l_m. Sie ergibt sich durch Division der gesamten Drahtlänge l durch die gesamte Windungszahl w.
Die Berechnung des Drahtwiderstands erfolgt mit Hilfe (1.12), wobei berücksichtigt werden muß, daß für beide Wicklungen das Wickelfenster F (Wicklungsquerschnitt) gleichbleibt. Die beiden in (1.12) auftretenden geometrischen Größen l und A sind also durch l_m und F auszudrücken, wobei die Windungsanzahl w eingeht. Die Summe der Drahtquerschnitte aller Windungen einer Wicklung füllen das Wickelfenster F nicht völlig aus (vgl. Legende zu Bild 1.22), sondern es gilt $kF = wA$, wobei $k < 1$ der *Füllfaktor* ist. Wir nehmen k und l_m unabhängig von den Drahtdurchmessern an.

Lösung

$$R = \frac{\varrho l}{A}. \quad \text{Mit} \quad l = w l_m \quad \text{und} \quad wA = kF, \quad A = \frac{kF}{w} \quad \text{wird}$$

$$R = \frac{\varrho w^2 l_m}{kF} = \text{konst.}\, w^2.$$

Da also der Widerstand bei gleichem Wickelraum proportional dem Quadrat der Windungszahl ist, können wir nun in einfacher Weise ein Verhältnis bilden:

$$\frac{R_1}{R_2} = \frac{w_1^2}{w_2^2}; \qquad R_2 = \frac{w_2^2}{w_1^2} R_1 = \left(\frac{1500}{250}\right)^2 \cdot 50\ \Omega = 1800\ \Omega.$$

Aufgabe 1.16 Heißleiter

Den Verlauf des Widerstands eines Heißleiters R in Abhängigkeit von der Temperatur T (in K) kann man in Näherung durch die allgemeine Beziehung $R = a\,\mathrm{e}^{b/T}$ beschreiben, wobei a und b von Material und Technologie abhängige Kenngrößen sind. Bei einer Temperatur $T = T_0$ beträgt der Widerstand $R = R_0$.

a) Berechne mit den gegebenen Größen R_0, T_0 die Konstante a allgemein, und gib die bezogene Gleichung für R/R_0 an!
b) Berechne $R/R_0 = f(\vartheta)$ für $T_0 = 300$ K und $b = 4000$ K für ϑ-Werte von 0 bis 200 °C ($\vartheta = T - 273$ K in °C)!
Zeichne das Diagramm $R/R_0 = f(\vartheta)$! Auf Grund des großen Werteumfangs soll die R/R_0-Achse logarithmisch unterteilt werden.

c) Berechne den Temperaturkoeffizienten des Widerstands, und trage dessen Verlauf in Abhängigkeit von ϑ auf (linearer Maßstab)!

Lösungshinweis

Zu a) Einsetzen von $R = R_0$ und $T = T_0$ in die allgemeine Gleichung ergibt a. Dieser Ausdruck wird in die Ausgangsgleichung eingesetzt.

Zu b) Man berechnet am besten die Werte mit Hilfe eines kleinen Rechenprogramms, wobei man ϑ in °C eingibt. Logarithmische Unterteilung einer Koordinatenachse auf linear unterteiltem Papier ist leicht durchführbar, indem man in gleichen Abständen die Maßzahl um einen gewählten *Faktor* steigert,

z.B. 0,25 – 0,5 – 1 – 2 – 4 – 8 (Faktor 2)

0,1 – 1 – 10 – 10^2 (Faktor 10)

Eine Dekade kann man nochmals in 10 abstandsgleiche Teile unterteilen mit der Steigerung der Maßzahl um den Faktor $\sqrt[10]{10} = 1{,}26$ (also rund 25% Zunahme vom jeweiligen Wert):

1 – 1,26 – 1,6 – 2,0 – 2,5 – 3,2 – 4,0 – 5,0 – 6,4 – 8,0 – 10

Zu c) Definitionsgleichung (1.13) liefert die Rechenvorschrift: Differenziere $R(T)$ nach T und dividiere durch $R(T)$. Auswertung durch Ergänzung des Rechenprogramms zu b).

Lösung

a) $R = a\,e^{b/T}$ für $T = T_0$ ist $R = R_0$, also $a = R_0\,e^{-b/T_0}$ und damit $R = R_0\,e^{-b\left(\frac{1}{T_0} - \frac{1}{T}\right)}$; in bezogener Größengleichung

$$R/R_0 = \exp\left[-\frac{b}{T_0}\left(1 - \frac{T_0}{T}\right)\right]. \tag{a}$$

Interessiert der Widerstandsverlauf in Abhängigkeit von der Abweichung Δt der Temperatur T von der Bezugstemperatur T_0 ($T - T_0 = \Delta T$), so wird daraus

$$R/R_0 = \exp\left(-\frac{b}{T_0}\,\frac{T - T_0}{T}\right) = \exp\left[-\frac{b}{T_0}\,\frac{\Delta T}{T}\right].$$

Der Widerstand nimmt also exponentiell mit der prozentualen Temperaturzunahme ab. Bei Angabe der Temperatur T in °C ($\vartheta = T - 273$ K) lautet die Gleichung (a)

$$R/R_0 = \exp\left[-\frac{b}{T_0}\left(1 - \frac{T_0}{\vartheta + 273\text{ K}}\right)\right].$$

b) Mit $T_0 = 300$ K und $b = 4000$ K ergibt sich aus a)

$$R/R_0 = \exp\left[-\frac{40}{3}\left(1 - \frac{300}{\vartheta/°\text{C} + 273}\right)\right].$$

c) Der Temperaturkoeffizient ergibt sich gemäß (1.13) zu $\alpha = \dfrac{1}{R}\,\dfrac{dR}{dT}$.

$$dR/dT = R_0\,e^{-b/T_0} \cdot \frac{d(\exp b/T)}{dT} = -\frac{b}{T^2}\,R_0\,e^{-b\left(\frac{1}{T_0} - \frac{1}{T}\right)} = -\frac{b}{T^2}\,R.$$

Also

$$\alpha = \frac{dR/R}{dT} = -\frac{b}{T^2} = -\frac{4000}{(\vartheta/°\text{C} + 273)^2} = -4 \cdot 10^5/(\vartheta/°\text{C} + 273)^2\,\%.$$

Ein BASIC-Programm zur Berechnung des bezogenen Widerstands und des TK für einzugebende Temperaturwerte (Zeile 20) ist im Bild 1.23a angegeben. Das Ergebnis ist in Bild 1.23b gezeigt, wobei auf Grund der starken Änderung ein logarithmischer Maßstab für R/R_0 gewählt wurde.

```
9 REM ************************************************
10 REM ****  HEISSLEITER - WIDERSTAND  AUFGABE 1.16  ****
11 REM ************************************************
20 INPUT "TEMPERATUR IN GRAD CELSIUS ";T
25 T1 = T + 273
30 R = EXP (-40/3 * (1- (300/T1)))
35 TK = -400000/T1/T1
40 PRINT "BEZOGENER WIDERSTAND R/RO ";R
42 PRINT "TEMPERATURKOEFFIZIENT ALPHA ";TK
45 PRINT: INPUT "ENDE ODER WEITER ? <E/W> ";A$
50 IF A$="W" GOTO 20
55 END
```

a)

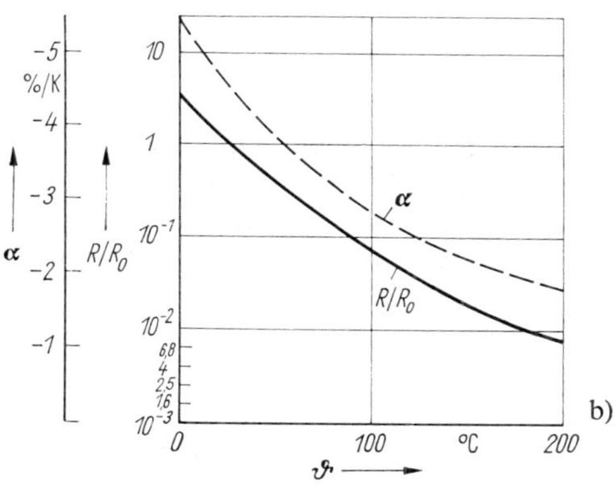

b) *Bild 1.23*

Aufgabe 1.17 Widerstand, Berechnung der Temperaturabhängigkeit

Es sei das Rähmchen für die Drehspule eines Drehspulinstruments gegeben (Bild 1.24).

a) Wie viele Windungen können bei vorgegebenem Wickelfenster $b\,\Delta c$ aufgebracht werden? (Drahtdurchmesser mit Isolation $d_2 = 0{,}12$ mm, ohne Isolation Cu $d_1 = 0{,}10$ mm). Berechne den in Aufgabe 1.15 erläuterten Füllfaktor k!

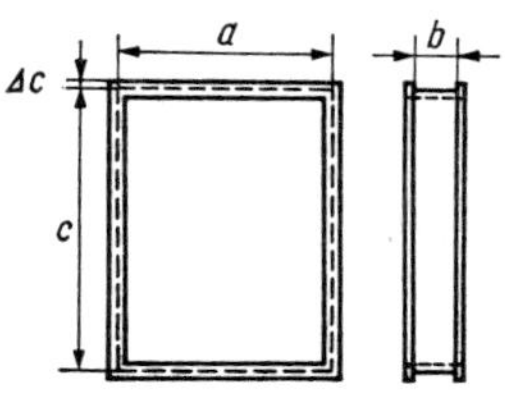

Bild 1.24

$a = 30$ mm
$b = 6$ mm
$c = 40$ mm
$\Delta c = 0{,}6$ mm

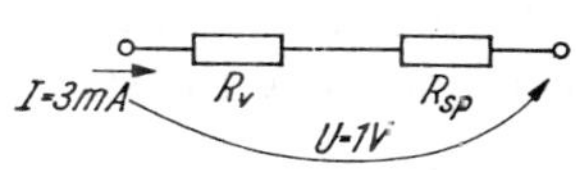

Bild 1.25

b) Wie groß ist der Widerstand R_{Sp} der Drehspule? ($\varrho_{Cu} = 17{,}8$ mΩ·mm/m)

c) Wie muß ein Vorwiderstand R_v bemessen werden, damit das Instrument bei Stromaufnahme von 3 mA Endausschlag bei 1 V anzeigt (Bild 1.25)?

d) Wie groß sind die prozentualen Widerstandsänderungen der Drehspule (Kupfer), des Vorwiderstands (Manganin) und des Gesamtwiderstands R_{ges} bei einer Temperaturerhöhung um $\Delta\vartheta = 20$ K? Die von der Temperatur unabhängig angenommenen Temperaturkoeffizienten betragen $\alpha_{Cu} = +0{,}4\,\%/K$ für Kupfer und $\alpha_M = +0{,}001\,\%/K$ für Manganin.

e) Gib den Temperaturkoeffizienten des Gesamtwiderstands zweier in Reihe geschalteter Widerstände R_1 und R_2 mit den Temperaturkoeffizienten α_1 bzw. α_2 in allgemeiner Form an!

Lösungshinweis

a) Die Anzahl der unterzubringenden Windungen wird durch die Größe des Wickelfensters $b\,\Delta c$ bestimmt.

b) Gl. (1.12) ermöglicht die Widerstandsberechnung bei vorgegebenen Leiterabmessungen. Dabei setzen wir für die gesamte Drahtlänge das Produkt aus Windungszahl w und mittlerer Länge einer Windung l_m ein (vgl. Aufgabe 1.15). Die elektrischen Daten des Instruments bestimmen den notwendigen Gesamtwiderstand.

c) und d) Gl. (1.13) beschreibt die Temperaturabhängigkeit des Widerstandsmaterials. (1.12a) ist auf beide Widerstände anzuwenden. Beide temperaturabhängigen Widerstände können durch einen einzigen Widerstand ersetzt werden, dessen Temperaturabhängigkeit sich mit (1.12a) angeben läßt: $R_{ers} = R_{ers0}\,(1 + \alpha_{ers}\,\Delta\vartheta)$. R_{ers0} und α_{ers} sind durch die Kennwerte der Einzelwiderstände auszudrücken.

Lösung

a) Der Drahtquerschnitt mit Isolation beansprucht bei einem Durchmesser d_2 eine Fläche d_2^2 vom Wicklungsfenster (bei Lagenwicklung, Bild 1.26). Aus der Legende zu Bild 1.26 ergibt sich der Füllfaktor k als Quotient des elektrisch wirksamen Drahtquerschnitts zum beanspruchten Querschnitt. Daraus folgt bei völlig geordneter Lagenwicklung

$$k = \left[\frac{d_1}{d_2}\right]^2 \frac{\pi}{4}; \qquad d_2 > d_1 \quad \text{infolge Isolation.}$$

Man erkennt: Der maximal mögliche Füllfaktor bei Runddrähten ist $\pi/4 \approx 0{,}8$, falls $d_2 \approx d_1$. Hier ergibt sich $k = 0{,}55$. Bei größeren Spulen (Transformatoren) ist k u. U. noch wesentlich kleiner, da Lagenisolationen zur Gewährleistung der Spannungsfestigkeit eingebaut werden.

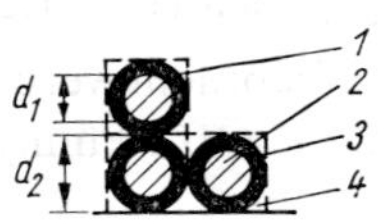

Bild 1.26
1 Isolation; 2 Kupferquerschnitt $d_1^2\pi/4$; 3 Drahtquerschnitt $d_2^2\pi/4$; 4 beanspruchte Fläche im Wickelfenster d_2^2

$$\text{Füllfaktor } k = \frac{\text{Kupferquerschnitt}}{\text{beanspruchte Fläche des Drahtes}} = \left(\frac{d_1}{d_2}\right)^2 \frac{\pi}{4}$$

Die Windungsanzahl w ergibt sich aus

$$w d_2^2 = b\,\Delta c; \qquad w = b\,\Delta c/d_2^2.$$

Mit den Werten aus Bild 1.24 und $d_2 = 0{,}12$ mm wird $w = 250$.

b) Der Spulenwiderstand ist (vgl. Aufgabe 1.15)

$$R_{Sp} = \frac{\varrho_{Cu} w l_m}{A},$$

wobei $A = d_1^2\pi/4$ der Drahtquerschnitt ohne Isolation und l_m die mittlere Windungslänge ist. l_m ergibt sich als mittlerer Umlauf im Spulenkörper mit der Höhe des Wicklungsfensters Δc:

$$l_m = 2\,(a + c) + 8\,\Delta c/2 = (a + c + 2\,\Delta c) = 142{,}4 \text{ mm}.$$

Damit wird

$$R_{\mathrm{Sp}} = \frac{17{,}8 \cdot 10^{-3}\ \Omega \cdot \mathrm{mm}^2 \cdot \mathrm{m}^{-1} \cdot 250 \cdot 142{,}4\ \mathrm{mm}}{\pi \cdot 10^{-2}\ \mathrm{mm}^2} = 80{,}7\ \Omega .$$

c) Soll bei 3 mA der Spannungsabfall 1 V betragen, so ist ein Widerstand von $R_{\mathrm{ges}} = 1\mathrm{V}/3\ \mathrm{mA} = 333{,}3\ \Omega$ erforderlich. Da die Systemspule nur einen Widerstand von 80,7 Ω hat, muß ein zum Instrument gehöriger Vorwiderstand $R_{\mathrm{v}} = 252{,}6\ \Omega$ angeschaltet werden (Bild 1.25). Da ϱ_{Cu} für 20 °C eingesetzt wurde, gelten diese Werte für diese Temperatur.

d) $$R_{\vartheta} = R_0\,(1 + \alpha_0\,\Delta\vartheta), \quad \text{daraus} \quad \frac{\Delta R}{R_0} = \alpha_0\,\Delta\vartheta$$

$$\frac{\Delta R_{\mathrm{Sp}}}{R_{\mathrm{Sp}_0}} = \alpha_{\mathrm{Cu}}\,\Delta\vartheta = 0{,}4\,\frac{\%}{\mathrm{K}} \cdot 20\ \mathrm{K} = 8\,\%$$

$$\frac{\Delta R_v}{R_{v0}} = \alpha_{\mathrm{M}}\,\Delta\vartheta = 10^{-3}\,\frac{\%}{\mathrm{K}} \cdot 20\ \mathrm{K} = 0{,}02\,\%$$

$$\Delta R_{\mathrm{ges}} = \Delta R_{\mathrm{Sp}} + \Delta R_v = 8 \cdot 10^{-2} \cdot 80{,}7\ \Omega + 2 \cdot 10^{-4} \cdot 252{,}6\ \Omega = 6{,}5\ \Omega$$

$$\frac{\Delta R_{\mathrm{ges}}}{R_{\mathrm{ges}\,0}} = \frac{6{,}5\ \Omega}{333{,}3\ \Omega} \mathrel{\hat{=}} 1{,}95\,\% .$$

e) $$R_1 + R_2 = R_{\mathrm{ers}}; \qquad R_{10} + R_{20} = R_{\mathrm{ers}\,0}$$

$$R_1 = R_{10}\,(1 + \alpha_1\,\Delta\vartheta), \qquad R_2 = R_{20}\,(1 + \alpha_2\,\Delta\vartheta),$$

$$R_{\mathrm{ers}} = R_{\mathrm{ers}\,0}\,(1 + \alpha_{\mathrm{ers}}\,\Delta\vartheta)$$

$$R_{10} + R_{20} + R_{10}\alpha_1\,\Delta\vartheta + R_{20}\alpha_2\,\Delta\vartheta = R_{\mathrm{ers}\,0} + R_{\mathrm{ers}\,0}\alpha_{\mathrm{ers}}\,\Delta\vartheta$$

$$R_{10}\alpha_1 + R_{20}\alpha_2 = (R_{10} + R_{20})\,\alpha_{\mathrm{ers}}; \qquad \alpha_{\mathrm{ers}} = \frac{R_{10}\alpha_1 + R_{20}\alpha_2}{R_{10} + R_{20}} .$$

Dividieren wir das Ergebnis von d) durch den Temperaturunterschied 20 K, so erhalten wir den Temperaturkoeffizienten $\alpha_{\mathrm{ers}} = 9{,}8 \cdot 10^{-2}\,\%/\mathrm{K}$, was man natürlich auch mit Ergebnis e) erhält. Man erkennt aus e), daß für α_{ers} jeder α-Wert entsprechend seinem Widerstandswert „gewichtet" wird. Bei Parallelschaltung gilt dies für die Leitwerte, s. nächste Aufgabe.

Aufgabe 1.18 Temperaturkoeffizient parallelgeschalteter Widerstände

Zwei Widerstände R_1 und R_2 mit den Temperaturkoeffizienten α_1 bzw. α_2 sind parallelgeschaltet. Gesucht ist der allgemeine Ausdruck für den Temperaturkoeffizienten des Kombinationswiderstands.

Lösungshinweis

Die Berechnung erfolgt analog der Reihenschaltung in Aufg. 1.17e, indem man bei Parallelschaltung mit Leitwerten rechnet. Dabei kann man mit Hilfe der Beziehung

$(1 + \varepsilon)^n \approx 1 + n\varepsilon$ für $\varepsilon \ll 1$ schreiben:

$G = 1/R = 1/[R_0\,(1 + \alpha\,\Delta\vartheta)] \approx G_0\,(1 - \alpha\,\Delta\vartheta)$, wobei für $1/R_0 = G_0$ gesetzt wurde und hier $n = -1$ ist.

Lösung

$$G = G_1 + G_2 = G_{10}(1 - \alpha_1 \Delta\vartheta) + G_{20}(1 - \alpha_2 \Delta\vartheta)$$

$$= (G_{10} + G_{20}) - (G_{10}\alpha_1 \Delta\vartheta + G_{20}\alpha_2 \Delta\vartheta)$$

$$= (G_{10} + G_{20})\left[1 - \frac{G_{10}\alpha_1 + G_{20}\alpha_2}{G_{10} + G_{20}} \Delta\vartheta\right]$$

$$= G_0(1 - \alpha \Delta\vartheta), \quad \text{wobei} \quad G_0 = G_{10} + G_{20} \quad \text{und}$$

$$\alpha = \frac{G_{10}\alpha_1 + G_{20}\alpha_2}{G_{10} + G_{20}} \quad \text{ist.}$$

Die Beziehung für α, auf Widerstandswerte umgeschrieben, lautet:

$$\alpha = \frac{\alpha_1 R_{20} + \alpha_2 R_{10}}{R_{10} + R_{20}} \quad \text{(vgl. Aufg. 1.17e).}$$

Aufgabe 1.19 Widerstand, Kompensation der Temperaturabhängigkeit

Das Rähmchen eines Drehspulinstruments trage eine Kupferwicklung, die einen Widerstand von 30 Ω hat. Welche Länge Konstantandraht ist als Widerstand in Reihe zu schalten, um den Gesamtwiderstand bei Temperaturänderung konstant zu halten? Welchen Gesamtwiderstand hat dann das Instrument?

Gegeben: Kupferdraht $\alpha_{Cu} = +0{,}4\,\%/\mathrm{K} = 4 \cdot 10^{-3}\,\mathrm{K}^{-1}$
Konstantandraht $d = 0{,}1$ mm; $\alpha_K = -0{,}005\,\%/\mathrm{K} = -5 \cdot 10^{-5}\,\mathrm{K}^{-1}$,
$\varrho_K = 0{,}5\,\Omega\mathrm{mm}^2 \cdot \mathrm{m}^{-1}$.

Die Temperaturkoeffizienten (TK) werden unabhängig von der Temperatur angenommen.

Lösungshinweis

Löse zur Übung zunächst Aufgabe 1.17e!

Lösung

Das Problem ist in Aufgabe 1.17e allgemein gelöst. Der Gesamtwiderstand soll hier unabhängig von der Temperatur sein, also muß

$$\alpha = \frac{R_{10}\alpha_1 + R_{20}\alpha_2}{R_{10} + R_{20}} = 0, \quad \text{d.h.} \quad R_{20} = -\frac{\alpha_1}{\alpha_2} R_{10}$$

werden, wobei R_{10} der Widerstand der Kupferwicklung (TK α_{Cu}) und R_{20} der Vorwiderstand aus Konstantandraht (TK α_K) ist. Also wird

$$R_{20} = -\frac{\alpha_{Cu}}{\alpha_K} R_{10} = -\frac{4 \cdot 10^{-3}\,\mathrm{K}^{-1}}{-5 \cdot 10^{-5}\,\mathrm{K}^{-1}} 30\,\Omega = 2400\,\Omega.$$

Drahtlänge:

$$l = \frac{R_{20}A}{\varrho_K} = \frac{2400\,\Omega \cdot \pi \cdot 10^{-2}\,\mathrm{mm}^2}{0{,}5\,\Omega\,\dfrac{\mathrm{mm}^2}{\mathrm{m}} \cdot 4} = 37{,}7\,\mathrm{m}$$

$$R_{\mathrm{ers}\,0} = 2400\,\Omega + 30\,\Omega = 2430\,\Omega.$$

Diskussion

Die Einzelwiderstände ändern sich mit der Temperatur (R_{10} wird größer, R_{20} wird kleiner), jedoch bleibt der Gesamtwiderstand unabhängig von der Temperatur, solange die TK sich nicht ändern.

Aufgabe 1.20 Energie einer Punktladung, Spannung

Ein Elektron möge in einem Punkt A eines elektrischen Feldes eine potentielle Energie $W_A = 1{,}6 \cdot 10^{-19}$ Ws und in einem Punkt B die doppelte potentielle Energie W_B besitzen.
Wie groß ist der Spannungsabfall zwischen den Punkten A und B, und welchen physikalischen Richtungssinn hat er?

Lösungshinweis

Wir benötigen die Beziehung zwischen Energie W, Ladung q und Spannungsabfall zwischen 2 Punkten. Wir führen eine willkürliche Bezugsrichtung, z.B. von A nach B, ein. Ergibt sich für diese ein positiver Wert der Spannung, so ist der Bezugspfeil in Übereinstimmung mit dem physikalischen Richtungssinn.

Lösung

Im Punkt B hat das Elektron (negative Elementarladung) die doppelte potentielle Energie wie im Punkt A. Bei Bewegung von A nach B wird also Energie der Ladung zugeführt. Führen wir von A nach B den Bezugspfeil der Spannung ein, so schreiben wir

$$U_{AB} = \frac{W_A - W_B}{q} \quad \text{mit} \quad W_B = 2W_A \quad \text{und} \quad q = q_- = -1{,}6 \cdot 10^{-19}\ \text{As}$$

$$U_{AB} = \frac{-W_A}{q_-} = \frac{-1{,}6 \cdot 10^{-19}\ \text{Ws}}{-1{,}6 \cdot 10^{-19}\ \text{As}} = +1\ \text{V}.$$

Der Spannungsabfall ist also von A nach B gerichtet.
Beachte: Der Spannungsabfall (die Spannung) ist definiert als Energieunterschied einer positiven Ladung, dividiert durch diese Ladung. Eine positive Ladung q_+ würde von A nach B eine entsprechende Abnahme potentieller Energie erfahren.

Aufgabe 1.21 Energie, Leistung

Ein elektrischer Energiezähler zeigt die vom angeschlossenen Verbraucher aufgenommene Energie durch die Anzahl der Umdrehungen des Drehsystems an. Zeige, daß dann die Winkelgeschwindigkeit des Drehsystems proportional der Leistung im angeschlossenen Verbraucher ist!

Lösungshinweis

Wir benötigen die Beziehung zwischen Energie und Leistung sowie zwischen Drehzahl N und Winkelgeschwindigkeit $\omega = \mathrm{d}\alpha/\mathrm{d}t$ (α Drehwinkel).

Lösung

Nach Voraussetzung ist $W = c_1 \cdot N$; c_1 Konstante, die sich aus der Angabe auf dem Zähler, z.B. 300 Umdrehungen/kWh, ergibt: Dann ist $c_1 = (1/300)$ kWh/Umdrehung.

Der Winkel α des Drehsystems bei N Umdrehungen ist $\alpha = 2\pi N$. Damit wird $W = (c_1/2\pi)\alpha = c_2\alpha$. Die Winkelgeschwindigkeit ist $\omega = \mathrm{d}\alpha/\mathrm{d}t$, und es gilt für die Leistung $P = \mathrm{d}W/\mathrm{d}t$. Damit ergibt sich

$$P = c_2 \frac{\mathrm{d}\alpha}{\mathrm{d}t} = c_2\omega .$$

Bemerkung: Ein Energiezähler ist ein kleiner Motor, dessen vortreibendes Drehmoment (M_v) proportional der Leistung ist (wie bei einem Leistungsmesser, vgl. z. B. Aufg. 3.62) und der durch ein zur Winkelgeschwindigkeit proportionales rücktreibendes Moment (M_r) gebremst wird. Dies wird durch eine Wirbelstrombremse (Aluscheibe zwischen den Polen eines Permanentmagneten, Aufg. 3.64) erreicht. Bei Gleichgewicht beider Momente ist $M_r = M_v$; $k_1\omega = k_2P$; $\omega = k_3P$ (k_v Konstanten).

Aufgabe 1.22 Stromdichte, Leistung

Längs einer 0,2 km langen 2adrigen Kupferleitung als Verbindung zwischen Generator und Verbraucher soll der maximale Spannungsabfall 9 V betragen.

a) Welche Stromdichte in $\mathrm{A/mm^2}$ herrscht dann in der Leitung?
b) Welcher Leistungsverlust P tritt auf der Leitung auf, wenn man den Drahtdurchmesser 1 mm wählt?
c) Wie müßte man den Drahtdurchmesser ändern, wenn bei gleichem Strom die Verlustleistung P_1 nur halb so groß wie P sein soll?

Lösungshinweis

a) Verknüpfe die Beziehungen zwischen Spannung und Strom und zwischen Strom und Stromdichte!
b) Da in a) die Stromdichte berechnet ist, können wir diese in die Leistungsgleichung einbeziehen.
c) Mit Änderung des Drahtdurchmessers ändert sich der Widerstand, bei gleichem Strom also die Spannung.

Lösung

a) Die gegebene Spannung $U = 9$ V ergibt sich aus $U = IR$; Dimensionierungsgleichung für den Leitungswiderstand R:

$$R = \frac{\varrho l}{A};$$

l Leiterlänge $= 2 \times$ Leitungslänge $= 400$ m, $\varrho = 17{,}5\ \mathrm{m\Omega \cdot mm^2/m}$, A Leiterquerschnitt.

Die gesuchte Stromdichte $S = I/A$.
Damit wird

$$U = SA\varrho l/A, \quad \text{d.h.,} \quad S = U/(\varrho l).$$

Setzt man die gegebenen Werte ein, so erhält man $S = 1{,}29\ \mathrm{A/mm^2}$.

b) Die Verlustleistung ist $P = UI = USA$; $A = d^2\pi/4$, $d = 1$ mm. Damit wird

$$P = 9\ \mathrm{V} \cdot 1{,}29\ \mathrm{A/mm^2} \cdot 1\ \mathrm{mm^2}\ \pi/4 = 9{,}12\ \mathrm{W}.$$

c) Leistung $P = UI = I^2R = c/A$ mit $I^2 = $ konst. und $R = c_1/A$ (s. a)). Mit $A = d^2\pi/4$ wird $P = c_2/d^2$; c_v sind Konstanten. Das ergibt $P_1 = c_2/d_1^2 = P/2 = c_2/2d^2$; $d_1 = \sqrt{2}d$. Soll also die Leistung halb so groß werden, so muß der Drahtdurchmesser $\sqrt{2}$mal größer werden.

Aufgabe 1.23 Leistung

2 Glühlampen für 110 V Betriebsspannung und 50 W bzw. 25 W Leistung werden in Reihe an 220 V geschaltet in der Annahme, damit eine Leistung von 75 W zu erhalten. Überprüfe, ob diese Annahme stimmt und welche Betriebswerte sich für beide Glühlampen einstellen!
Vereinfachung: Widerstände der Glühdrähte sind unabhängig von der Temperatur.

Lösungshinweis

Man berechnet den Widerstand der Reihenschaltung und daraus die Leistung bei 220 V. Berechne jedoch auch die Spannungen über jeder Glühlampe!

Lösung

Aus $P = U^2/R$ ergibt sich $R = U^2/P$:

$$R_{50} = \frac{110^2\ \mathrm{V}^2}{50\ \mathrm{W}} = 242\ \Omega$$

$$R_{25} = \frac{110^2\ \mathrm{V}^2}{25\ \mathrm{W}} = 484\ \Omega.$$

Die Reihenschaltung $R_{50} + R_{25} = 726\ \Omega$ an 220 V ergibt eine Leistung von $P_2 = 220^2\ \mathrm{V}^2/726\ \Omega = 66{,}7\ \mathrm{W}$ und einen Strom $I = 220\ \mathrm{V}/726\ \Omega = 0{,}303\ \mathrm{A}$. Dabei ist jedoch die Spannung über der 50-W-Lampe $U_{50} = IR_{50} = 73{,}33\ \mathrm{V}$ und über der 25-W-Lampe $U_{25} = IR_{25} = 146{,}67\ \mathrm{V}$.

Diskussion

Es würde gerade die 50-W-Lampe die kleinere Teilleistung $P_{50} = 0{,}3\ \mathrm{A} \cdot 72{,}6\ \mathrm{V} = 21{,}78\ \mathrm{W}$ und die 25-W-Lampe die größere Leistung $P_{25} = 0{,}3\ \mathrm{A} \cdot 145{,}2\ \mathrm{V} = 43{,}56\ \mathrm{W}$ aufnehmen – jedoch übersteht die 25-W-Lampe infolge Überlastung den Betrieb nicht!
Nur bei gleicher Leistung beider Glühlampen ist die Annahme der Leistungsaddition berechtigt, da sich die Spannung gleich aufteilt und jede Glühlampe an ihrer Nennspannung liegt.

Aufgabe 1.24 Wärmeenergie

Ein Tauchsieder (Anschlußleistung $P = 1\ \mathrm{kW}$ bei 220 V) erwärmt $m = 10\ \mathrm{l}$ Wasser $\Delta t = 20$ Minuten lang. Die elektrische Leistung P wird zu 98 % in Wärmeleistung des Wassers umgesetzt.

a) Wie groß sind der Tauchsiederwiderstand R und der Strom I?
b) Wie groß sind die Wärmeleistung und die in Wärme umgesetzte Energie im Wasser?
c) Welcher Temperaturanstieg des Wassers wird erreicht? (Die spezifische Wärmekapazität des Wassers ist 4,2 Ws/g·K; ein Wärmeaustausch des Wassers mit der Umgebung wird vernachlässigt.)

Lösungshinweis

a) Widerstand und Strom ergeben sich aus elektrischer Leistung und Spannung.
b) Beim Tauchsieder treten durch den guten „Wärmekontakt" geringe Abweichungen zwischen elektrischer Leistung (Wärmeleistung im Tauchsieder) und der Wärmeleistung im Wasser auf (hier sind es 2 %).
c) Die Temperaturerhöhung steigt bei den angenommenen Vereinfachungen linear mit der Zeit an und wird durch die spezifische Wärmekapazität bestimmt.

Lösung

a) Es ist $P = U^2/R$, $R = U^2/P = 220^2\,\mathrm{V}^2/10^3\,\mathrm{W} = 48{,}4\,\Omega$

$P = UI$, $I = P/U = 10^3\,\mathrm{W}/220\,\mathrm{V} = 4{,}55\,\mathrm{A}$.

b) $P_\mathrm{W} = 0{,}98\,P = 980\,\mathrm{W}$; Energie $W = P_\mathrm{W} \cdot \Delta t = 980\,\mathrm{W} \cdot 1200\,\mathrm{s} = 1176\,\mathrm{kWs}$.

c) $W = m \cdot c \cdot \Delta$; $c = 4{,}2\,\mathrm{Ws/g{\cdot}K} = 4{,}2\,\mathrm{kWs/kg{\cdot}K}$; $m = 10\,\mathrm{kg}$

Temperaturanstieg:

$$\Delta\vartheta = \frac{W}{mc} = \frac{1176\,\mathrm{kWs} \cdot \mathrm{kg} \cdot \mathrm{K}}{4{,}2\,\mathrm{kWs} \cdot 10\,\mathrm{kg}} = 28\,\mathrm{K}.$$

Bei größeren Temperaturdifferenzen zwischen Wasserbehälter und Umgebung wird ein Teil der Wärmeenergie an die Umgebung abgegeben und damit ein geringerer Temperaturanstieg auftreten (vgl. Aufg. 1.73 u.a.).

1.2 Berechnungsmethoden

Überblick: Lösungsprogramme linearer und nichtlinearer Netzwerke

Ein Netzwerk besteht aus Zweigen, die an Knotenpunkten zusammenlaufen und i.allg. geschlossene Maschen bilden. In sog. Widerstandsnetzwerken enthalten die Zweige Widerstände R als passive Zweipole und aktive Zweipole in Form der Spannungsquelle, die durch die EMK E (Orientierung von − nach +) oder durch die Quellenspannung U_0 (Potentialdifferenz mit Orientierung von + nach −) gekennzeichnet wird, oder in Form der Stromquelle (Einströmung) I_0 (Tafel 1.2).

Tafel 1.2 Grundzweipole für Widerstandsnetzwerke

	Widerstand R	EMK E	Einströmung I_0
Schaltsymbol	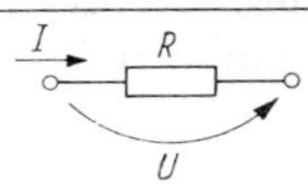	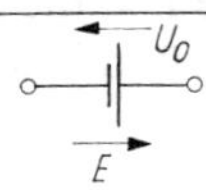	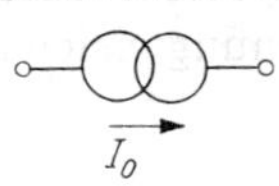
	Strom-Spannungs-Beziehung $U = RI$ (1.9)	Der Widerstand zwischen den beiden Klemmen (Innenwiderstand) ist Null	unendlich

Zur Berechnung eines beliebigen Zweigstroms oder Spannungsabfalls benötigt man die beiden Kirchhoffschen Sätze [Gln. (1.6) und (1.8)] und die Strom-Spannungs-Beziehung, Gl. (1.9). Damit erhält man immer ein vollständiges Gleichungssystem, indem man alle voneinander *unabhängigen Knoten- und Maschengleichungen* angibt:

> Bei k Knoten und z Zweigen gibt es $(k - 1)$ unabhängige Knotengleichungen und $z - (k - 1)$ unabhängige Maschengleichungen.

Die unabhängigen Maschengleichungen findet man nach der *Auftrennmethode* oder über den *vollständigen Baum* (s. Aufg. 1.11).

In Tafel 1.3 ist eine Übersicht über die Berechnungsmethoden mit evtl. einschränkenden Bedingungen (Linearität) gegeben. Die einzelnen im Lehrbuch abgeleiteten Verfahren werden im folgenden durch Angabe der Lösungsprogramme (RP) anwendungsbereit aufgeschlüsselt.

Tafel 1.3 Übersicht über Berechnungsverfahren von Netzwerken (Gleichstrom)
RP Lösungsprogramm; BP BASIC-Programm; KP Konstruktionsprogramm

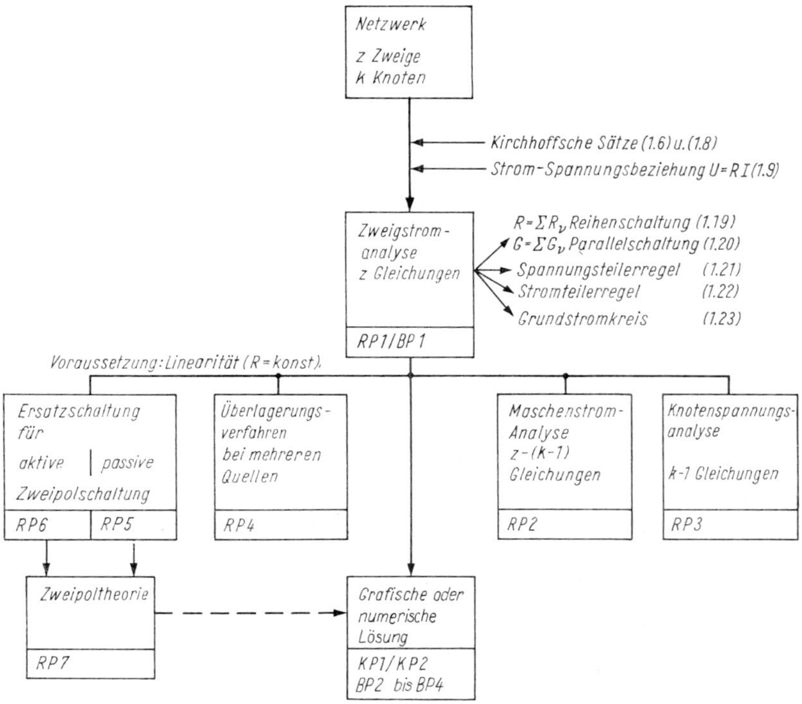

Lösungsprogramm RP 1: Zweigstromanalyse

1. Ordne jedem Zweig des Netzwerks einen Zweigstrom mit beliebiger Pfeilrichtung (Bezugspfeil) zu! Alle Spannungsabfälle werden in deren Richtungen positiv eingeführt und die Spannungs- bzw. Stromquellen mit Pfeilen versehen entsprechend ihrem definierten physikalischen Richtungssinn gem. Tafel 1.2.
2. Stelle die erforderliche Anzahl (z) unabhängiger Knoten- und Maschengleichungen fest! Man erhält bei z Zweigen und k Knoten $(k - 1)$ unabhängige Knotengleichungen und $z - (k - 1)$ unabhängige Maschengleichungen.
3. Wähle die unabhängigen Knotenpunkte und Maschen aus, und kennzeichne in den betreffenden Maschen einen beliebig gewählten Umlaufsinn! Spannungen, deren Pfeilrichtungen mit der Umlaufrichtung übereinstimmen, werden positiv gewertet, anderenfalls negativ.
4. Stelle das vollständige Gleichungssystem auf!

   Matrixschreibweise des Gleichungssystems
   Das nach den z Zweigströmen spaltenweise geordnete Gleichungssystem kann man als Matrizenprodukt schreiben:

   $$(A)(I) = (B).$$

   Dabei ist (A) die Koeffizientenmatrix der Ströme. Sie besteht in den $z - (k - 1)$ Maschengleichungen aus Widerständen und in den $(k - 1)$ Knotengleichungen aus $+1$, -1 bzw. 0. (I) ist der Spaltenvektor der Zweigströme und (B) der Spaltenvektor der aufgeprägten Größen (rechte Gleichungsseite).

Nach Einführung der Zweigströme und Maschenumläufe kann man die Koeffizienten für die einzelnen Matrixplätze von (A) und (B) leicht „ablesen". Es entsteht eine sog. „erweiterte" Matrix (A, B):

Masche (Knoten)	Zweigstrom I_1	I_2	I_3	I_z	Aufgeprägte Größen
$z-(k-1)$ Maschenzeilen	R_1	$-R_2$	0	…	$E_1 - E_2$
	0	R_3	$-R_4$	…	0
	.	.	.		.
	.	.	.		.
$(k-1)$ Knotenzeilen	+1	0	−1	…	I_{01}
	0	+1	+1	…	$-I_{02}$
	.	.	.		.
	.	.	.		.

Damit ergibt sich für die Aufstellung der erweiterten Matrix:

1. Koeffizientenmatrix (A)

1.1. Die Matrixplätze der Maschenzeilen enthalten die vom jeweiligen Zweigstrom durchflossenen Widerstände mit positivem (negativem) Vorzeichen, wenn der Bezugspfeil des Zweigstroms mit dem gewählten Umlaufsinn der Masche übereinstimmt (gegenläufig ist).
Die übrigen Plätze dieser Zeile erhalten eine Null, d. h., der entsprechende Zweigstrom fließt nicht in dieser Masche.

1.2. Die Matrixplätze auf den Knotenzeilen erhalten +1, −1 bzw. 0, je nachdem ob der entsprechende Zweigstrom am betrachteten Knoten zufließend, wegfließend bzw. nicht existent ist.

2. Die Spalte (B) enthält die aufgeprägten Größen:
in den Maschenzeilen die EMK (bzw. Quellenspannungen) mit positivem (bzw. negativem) Vorzeichen bei Übereinstimmung der entsprechenden physikalischen Orientierung mit dem Umlaufsinn der Masche; in den Knotenzeilen die Einströmungen zu- oder wegfließend mit entgegengesetztem Vorzeichen wie in Matrix (A).

5. Löse das lineare Gleichungssystem nach der gesuchten Größe auf: bei 2 und 3 Unbekannten vorzugsweise nach der
   - Substitutionsmethode
   - Gleichsetzungsmethode
   - Additionsmethode oder
   - Determinantenrechnung,

   bei $n > 3$ Unbekannten vorzugsweise nach dem Gaußschen Algorithmus!

BASIC-Programm BP 1 zur Lösung des linearen Gleichungssystems mit Hilfe des Gaußschen Algorithmus (Tafel 1.4)

Methode: Durch ein Eliminationsverfahren wandelt man die Matrix A (N, N) in eine Dreieckform um, in der unter (oder über) der Hauptdiagonalen nur Nullen stehen. Dafür erweitert man die Elemente einer Zeile K (Leitzeile) so, daß die Subtraktion von den Elementen einer anderen Zeile I an der Stelle (I, K) Null ergibt (wobei sich alle anderen

Tafel 1.4 a Programmablaufplan für Gauß-Algorithmus

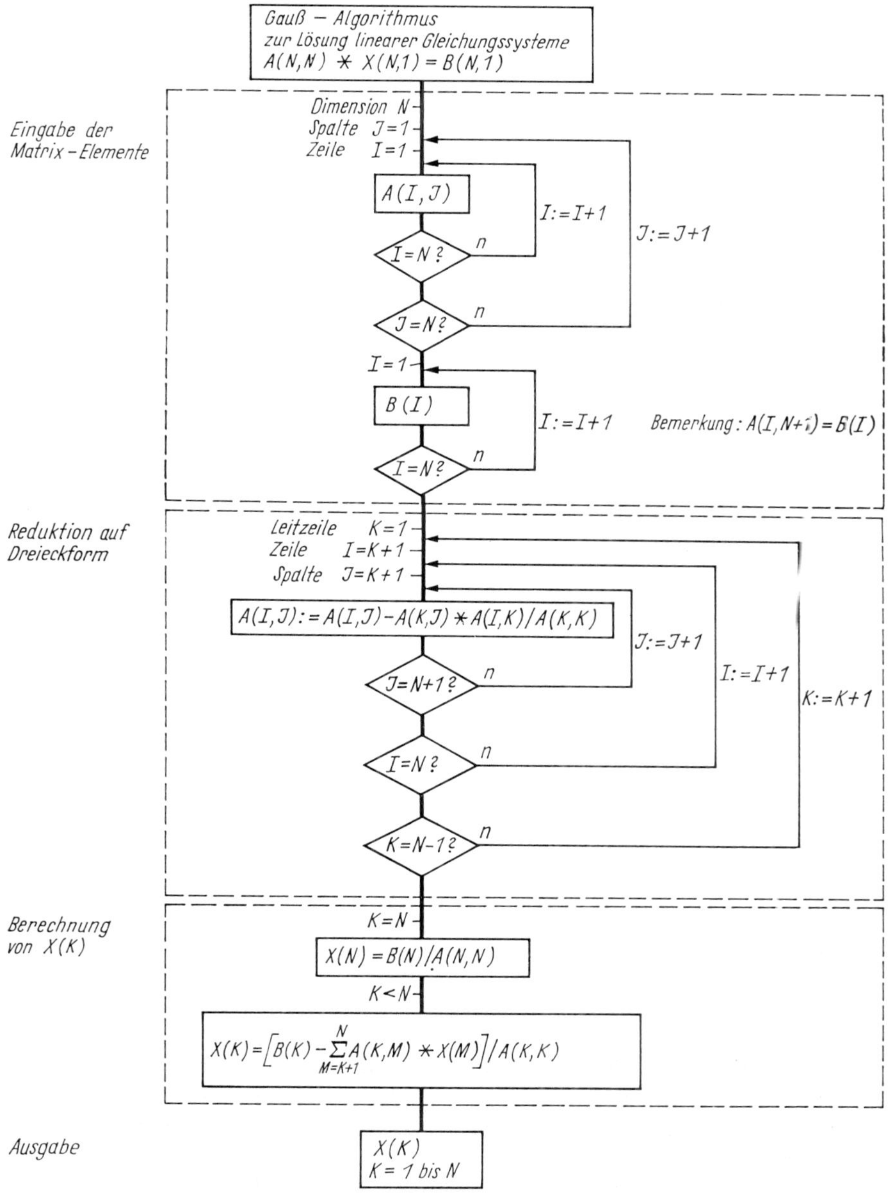

Elemente dieser Zeile ändern[1], Programmzeile 240). So setzt man durch entsprechende Multiplikationsfaktoren der Elemente von beispielsweise Leitzeile $K = 1$ alle Elemente der Spalte $J = K = 1$ unterhalb der Hauptdiagonalen (also ab Zeile $I = K + 1 = 2$) Null. Da diese Elemente voraussetzungsgemäß Null werden, braucht man sie nicht zu berechnen. Somit beginnt die Berechnung der Parameter also erst ab Spalte $J = K + 1$ ($= 2$) (Programmzeilen 220, 230) usw. mit den Leitzeilen $K = 2$ bis $K = N - 1$ (Programmzeile 180).

[1]) s. z.B. Lehrbuch LB, Anhang

Tafel 1.4b Programm BP 1

```
9 REM ************************************************
10 REM **** BP1: LOESUNG LINEARER GLEICHUNGSSYSTEME *****
11 REM ****          GAUSS - ALGORITHMUS             *****
12 REM ************************************************
15 CLEAR
16 DIM A(10,10)
20 INPUT "ORDNUNG N ";N
30 PRINT "EINGABE DER KOEFFIZIENTENMATRIX A(I,J) SPALTENWEISE"
60 FOR J=1 TO N
65     FOR I=1 TO N
70         PRINT "A(";I;J;")= ";
75         INPUT A(I,J)
80     NEXT I
85 NEXT J
100 PRINT "EINGABE DES VEKTORS B(I)":  REM AUF A(I,N+1)
110 FOR I=1 TO N
140     PRINT "B(";I;")=";
145     INPUT A(I,N+1)
150 NEXT I
170                               REM    REDUKTION AUF DREIECKSFORM
180 FOR K=1 TO N-1
190     IF ABS(A(K,K)) > .001 THEN 220
200     PRINT "HAUPTDIAGONALELEMENT A(";K;K;") GLEICH NULL"
210     END
220     FOR I=K+1 TO N
230         FOR J=K+1 TO N+1
240             A(I,J)=A(I,J)-A(I,K)*A(K,J)/A(K,K)
250         NEXT J
255     NEXT I
260 NEXT K
280                                        REM  AUFLOESEN NACH X(I)
290 FOR K=N TO 1 STEP -1
300     C=0
310     IF K=N THEN 350
320     FOR M=K+1 TO N
330         C=C+A(M,N+1)*A(K,M)
340     NEXT M
350     A(K,N+1)=(A(K,N+1)-C)/A(K,K)
360 NEXT K
370                                           REM   ERGEBNISAUSGABE
380 PRINT "ERGEBNIS"
390 FOR K=1 TO N
400     PRINT "X(";K;")= ";A(K,N+1)
410 NEXT K
420 END
```

Da diese Zeilensubtraktion eine Subtraktion entsprechender Gleichungen ist, muß man in dieses Verfahren die rechte Seite $B(N)$ des Gleichungssystems, also die „erweiterte" Matrix einbeziehen. Die Elemente $B(I)$ werden als $(N + 1)$-te Spalte $A\,(I, N + 1)$ abgespeichert (Programmschritte 110 bis 150).

Nach dem Eliminationszyklus folgt die Ausrechnung der Unbekannten $X(1)$ bis $X(N)$. Da die Nullelemente u n t e r der Hauptdiagonalen stehen, ergibt sich als erste Größe $X(N) = B(N)/A\,(N,N)$, wobei $B(N)$ und $A\,(N,N)$ die durch das Eliminationsverfahren berechneten Elemente sind. Daraus ergeben sich $X\,(N - 1)$, $X\,(N - 2)$ usw. bis $X(1)$. Die Gleichung der Zeile K lautet

$$A_{KK}X_K + A_{K,\,K+1}X_{K+1} + \dots + A_{KN}X_N = B_K.$$

Daraus ergibt sich $X_K = [B_K - \sum_{M=K+1}^{N} A_{K,\,M}X_M]/A_{KK}$, vgl. Programmzeilen 290 bis 350.

Voraussetzung ist, daß die Diagonalelemente $A_{KK} \neq 0$ sind. Bei Nichterfüllung muß das Gleichungssystem umgeordnet werden (Programmschritte 190 bis 210 weisen darauf hin).

Grundstromkreis

Einfacher Stromkreis, bestehend aus Generator (aktiver Zweipol: EMK E und Innenwiderstand R_i), der mit Außenwiderstand R_a (passiver Zweipol) belastet ist (Bild 1.27). Spannung und Strom an den Klemmen zwischen aktivem und passivem Zweipol für beliebigen Außenwiderstand R_a und für die charakteristischen Betriebszustände Leerlauf, Kurzschluß und Anpassung sind in der Tafel zu Bild 1.27 angegeben.

Allgemein	Leerlauf $R_a = \infty$	Kurzschluß $R_a = 0$	Bezogene Gleichung	Anpassung $R_a = R_i$
$U = E \dfrac{R_a}{R_i + R_a}$	$U \equiv U_l (= E)$ Leerlaufspannung	$U = 0$	$\dfrac{U}{U_l} = \dfrac{R_a/R_i}{1 + R_a/R_i}$ (1.23a)	$\dfrac{U}{U_l} = \dfrac{1}{2}$ (1.23c)
$I = \dfrac{E}{R_i + R_a}$	$I = 0$	$I \equiv I_k \left(= \dfrac{E}{R_i}\right)$ Kurzschlußstrom	$\dfrac{I}{I_k} = \dfrac{1}{1 + R_a/R_i}$ (1.23b)	$\dfrac{I}{I_k} = \dfrac{1}{2}$ (1.23c)

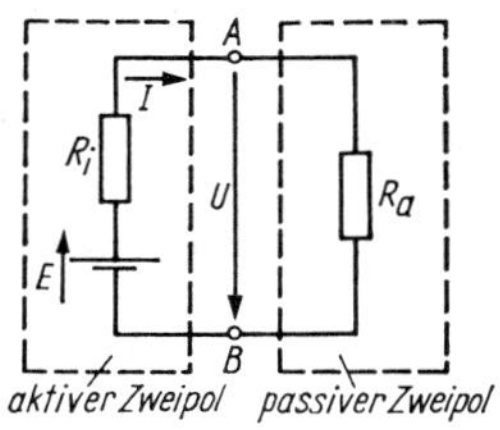

Bild 1.27
Grundstromkreis und charakteristische Belastungszustände

Vereinfachende Rechenregeln

Zusammenschaltung von Widerständen

$$\text{Reihenschaltung:} \quad R = \sum_{1}^{n} R_\nu. \tag{1.19}$$

$$\text{Parallelschaltung:} \quad G = \sum_{1}^{n} G_\nu. \tag{1.20}$$

$$\text{für } n = 2: \quad R = \frac{R_1 R_2}{R_1 + R_2}. \tag{1.20a}$$

Spannungsteilerregel

Die Spannungen über vom gleichen Strom durchflossenen Widerständen verhalten sich wie die zugehörigen Widerstandswerte:

$$\frac{U_1}{U_2} = \frac{R_1}{R_2}. \tag{1.21}$$

Stromteilerregel

Die Ströme in Widerstandszweigen, über die gleiche Spannung abfällt, verhalten sich wie die Leitwerte dieser Zweige:

$$\frac{I_1}{I_2} = \frac{G_1}{G_2}, \tag{1.22}$$

oder als Merkregel für eine einfache Verzweigung gilt:

In einer Parallelschaltung zweier Widerstandszweige verhält sich ein Zweigstrom zum Gesamtstrom wie der Widerstand des anderen Zweiges zum Ringwiderstand der Parallelschaltung:

$$\frac{I_1}{I} = \frac{R_2}{R_1 + R_2}. \tag{1.22a}$$

Lösungsprogramm RP 2: Maschenstromanalyse

1. Führe in jede unabhängige Masche einen Maschenstrom in beliebiger Richtung ein! Sind Einströmungen I_0 vorgegeben, so führe diese ebenfalls als Maschenströme ein! Wird nur ein Zweigstrom im Netzwerk gesucht, so wähle die Maschenströme zweckmäßigerweise so aus, daß durch den entsprechenden Zweig nur ein Maschenstrom fließt!
2. Stelle die Maschengleichungen für die im Punkt 1 gewählten Maschen nach Strömen (einschließlich evtl. gegebener Einströmung I_0) geordnet auf!
   Die Umlaufrichtung wählt man zweckmäßigerweise gleich der des jeweiligen Maschenstromes.
   Bei *gegebenen* Einströmungen benötigt man entsprechend weniger Gleichungen, als Maschenströme eingeführt wurden.
3. Löse das erhaltene lineare Gleichungssystem auf (s. RP 1, Punkt 5)!

Das System der Maschengleichungen, das man im Punkt 2 erhält, kann man in *Matrizenform*

$$(R)\,(I) = (E)$$

schreiben, wobei (R) die Widerstandsmatrix, (I) der Spaltenvektor der Maschenströme (einschließlich eventueller Einströmungen) bzw. (E) der Spaltenvektor der EMK in den Maschen ist. Die Widerstandsmatrix (R) kann man aus dem Netzwerk sehr bequem ablesen und hinschreiben, wodurch der Programmpunkt 2 vereinfacht wird:

– Man ordnet den Spalten der Matrix die Maschenströme (einschließlich eventueller Einströmungen) und den Zeilen in gleicher Reihenfolge die von den unbekannten Maschenströmen umfahrenen Maschen zu.
– Die Plätze der Hauptdiagonalen der quadratischen Matrix der unbekannten Maschenströme enthalten die Ringwiderstände der entsprechenden Maschen (positives Vorzeichen).
– Auf den übrigen Plätzen (einschließlich eventueller zusätzlicher Spalten bei vorgegebenen Einströmungen I_0) stehen die Koppelwiderstände zwischen den beiden durch Zeile und Spalte charakterisierten Maschen.
  Der Koppelwiderstand
  - ist Null, wenn der der Spalte zugeordnete Maschenstrom in der betrachteten Masche (Zeile) nicht fließt,

- erhält positives bzw. negatives Vorzeichen, wenn der Maschenstrom der betrachteten Masche (Zeile) und der Maschenstrom der Spalte gleiche bzw. entgegengesetzte Richtung durch den Koppelwiderstand haben.

Lösungsprogramm RP 3: Knotenspannungsanalyse

1. Wähle als Bezugspunkt 0, auf den man alle Knotenspannungen bezieht, einen Knoten im oder außerhalb des Netzwerks aus! Ist nur ein Zweigstrom gesucht, so ist es zweckmäßig, einen zu diesem Zweig gehörenden Knoten als Bezugspunkt zu wählen.
2. Führe von jedem Knotenpunkt ν eine Spannung $U_{\nu 0}$[1]) nach dem Bezugspunkt ein!
3. Drücke die Zweigströme durch die eingeführten Knotenspannungen aus (Zweigstrom von ν nach μ.[1]):

   Zweig ohne EMK: $I_{\nu\mu} = (U_{\nu 0} - U_{\mu 0})\, G_{\nu\mu}$.

   Zweig mit EMK: $I_{\nu\mu} = (U_{\nu 0} - U_{\mu 0} + E_{\nu\mu})\, G_{\nu\mu}$.

   Bei linearen Zweigelementen (R konstant) ist Umzeichnen in Stromquellenersatzschaltung vorteilhaft (Bild 1.29).
4. Stelle die unabhängigen Knotengleichungen, nach Knotenspannungen geordnet, auf!
5. Löse das Gleichungssystem nach der gesuchten Größe auf (s. RP 1, Punkt 5)!

Matrizenschreibweise

Das Knotengleichungssystem, das man im Programmpunkt 4 erhält, kann man in *Matrizenform* schreiben:

$$(I) = (G)\,(U).$$

Dabei sind (U) die Knotenspannungen und (I) die aufgeprägten Ströme, die sich bei gegebenen EMK nach Umrechnung gemäß Bild 1.29 zu $E_\nu G_\nu$ ergeben. (G) ist die Leitwertmatrix, die man – wie die Widerstandsmatrix der Maschenstromanalyse – aus der Schaltung „ablesen" kann:

- Man ordnet den Spalten in gleicher Reihenfolge die Knotenspannungen (U_{10}, $U_{20}\ldots$) zu, wie man die Zeilen nach Knoten (1, 2, ...) ordnet.
- Auf der Hauptdiagonalen steht jeweils die Summe aller Leitwerte, die mit dem zugehörigen Knoten direkt verbunden sind.
- Auf den übrigen Plätzen steht mit negativem Vorzeichen der Koppelleitwert zwischen den beiden Knoten, die durch Zeilen- und Spaltennumerierung festgelegt sind.
- Die Zusatzspalte (I) enthält die Einströmungen, wegfließend mit Minuszeichen und zufließend mit Pluszeichen.

Lösungsprogramm RP 4: Überlagerungsverfahren

Voraussetzung: linearer Stromkreis (R = konst.), mehrere Quellen (E, I_0), Berechnung des Stromes I_ν im Zweig ν.

1. Schalte alle Quellen bis auf eine aus, d.h., ersetze EMK durch Kurzschlüsse, Einströmungen durch Unterbrechungen!
2. Berechne den Stromanteil im Zweig ν, herrührend von der übriggebliebenen Quelle!

[1]) Die Reihenfolge der Indizes bei U, I, E gibt die Pfeilrichtung der Größe an. Dabei gilt z.B. $I_{\nu\mu} = -I_{\mu\nu}$; $U_{\nu\mu} = -U_{\mu\nu}$ usw.

3. Berechne auf gleiche Weise nacheinander die Stromanteile im Zweig ν, herrührend von den anderen Quellen!
4. Überlagere vorzeichenbehaftet die nach den Punkten 2 und 3 berechneten Teilströme im Zweig ν!

Ersatzschaltungen

Definition: Ein beliebiges Netzwerk zwischen 2 Klemmen (Polpaar) nennt man einen *Zweipol*. Ist das Netzwerk *linear* (Elemente unabhängig von Strom und Spannung), so ist das Strom-Spannungs-Verhalten an den Klemmen durch eine lineare Funktion $U = A + BI$ beschreibbar. Ist $A = U(I = 0) \equiv U_l$ (Leerlaufspannung) Null, so ist der Zweipol *passiv*, andernfalls ist er *aktiv*.
Jede Zweipolschaltung, die *gleiches Strom-Spannungs-Verhalten* wie die zu betrachtende Schaltung *an den Klemmen* aufweist, ist eine *Ersatzschaltung*.

Lösungsprogramm RP 5: Ersatzschaltung passiver Zweipole

Voraussetzung: Zweipolschaltung (Klemmen AB) mit konstanten Widerständen (R_ν = konst.).

a) Bei reiner Reihen- bzw. Parallelschaltung der Widerstände des Zweipols oder bei Kombination beider Schaltungsarten berechnet man den Ersatzwiderstand nach RP 1 [Gln. (1.19) und (1.20)].
b) Bei einem Zweipol AB, der eine überbrückte Schaltung von Widerständen darstellt, in der also jeweils 2 Widerstände weder unmittelbar in Reihe noch parallel liegen, berechnet man den Ersatzwiderstand, indem man
   b$_1$) einen Strom I in die Klemmen AB einspeist, die Klemmenspannung U_{AB} nach RP 1 bis 3 berechnet und den Quotienten $R_{AB} = U_{AB}/I$ bildet oder indem man
   b$_2$) eine Dreieck-Stern-Umformung im Inneren des Zweipols durchführt und dann nach a) weiterrechnet (Bild 1.28).

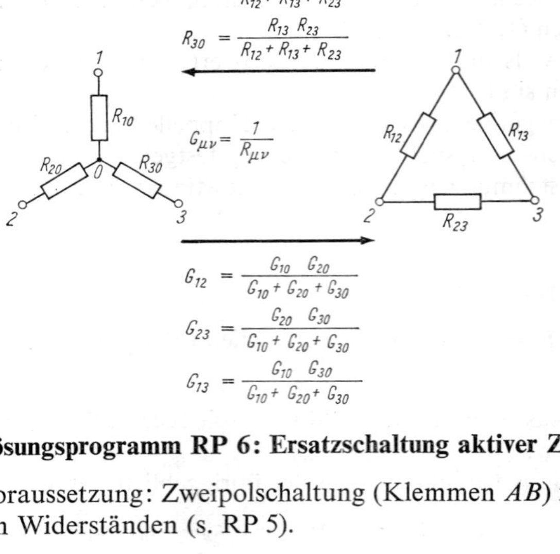

Bild 1.28
Stern-Dreieck-Umrechnung

Lösungsprogramm RP 6: Ersatzschaltung aktiver Zweipole

Voraussetzung: Zweipolschaltung (Klemmen AB) mit konstanten Quellen und konstanten Widerständen (s. RP 5).

Gesucht: die Zweipolparameter U_l, R_i, I_k, d.h. die Ersatzschaltelemente (Bild 1.29).

1. Berechne die Spannung U über den Klemmen AB bei Leerlauf des Zweipols ($U = U_l$, Leerlaufspannung)!
   Hierfür RP 1 bis 4 nach Wahl anwenden.
2. Berechne den Strom I durch die Kurzschlußleitung zwischen den Klemmen AB ($I = I_k$ Kurzschlußstrom)!
3. Berechne den Widerstand des Zweipols zwischen den Klemmen AB nach RP 5 (Quellen ausgeschaltet; s. RP 4 Punkt 1)!

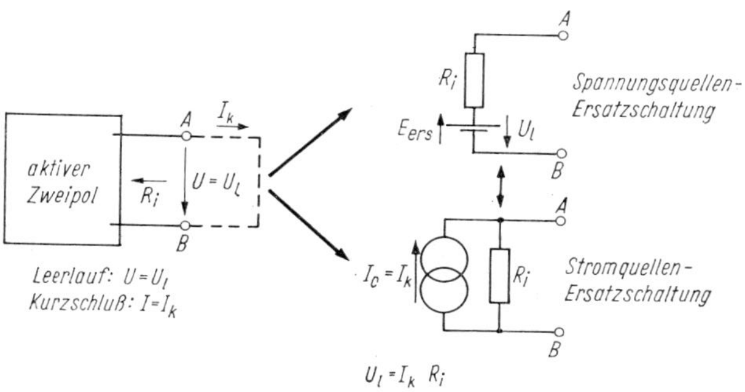

Bild 1.29
Ersatzschaltung eines aktiven Zweipols

Bemerkung: Zwischen den Parametern U_l, I_k, R_i besteht die Beziehung

$$R_i = \frac{U_l}{I_k}.$$

Lösungsprogramm RP 7: Zweipoltheorie

Voraussetzung: Linearität (s. RP 5). Die lineare Schaltung ist an den Stellen, an denen der gesuchte Strom oder die gesuchte Spannung auftritt, in 2 voneinander getrennte Zweipole zerlegbar.
Gesucht: ein Zweigstrom oder ein Spannungsabfall im Netzwerk.

1. Trenne das Netzwerk an den Stellen der gesuchten Größe so auf, daß 2 voneinander getrennte Zweipole entstehen!
2. Berechne die Zweipolparameter der beiden Zweipole nach RP 5 bzw. RP 6!
3. Berechne mit Hilfe der Parameter die gesuchte Größe! Sie ist Klemmenstrom bzw. Klemmenspannung in dem durch Zusammenschaltung der Ersatzschaltungen entstehenden unverzweigten Kreis.

Konstruktionsprogramm: grafische Lösung nichtlinearer Schaltungen

Voraussetzung: Die Strom-Spannungs-Kennlinien für die einzelnen Schaltelemente der Schaltung sind bekannt. Die Schaltung besteht nur aus Reihen- und Parallelschaltungen von linearen und nichtlinearen passiven Elementen und aus Strom- und Spannungsquellen.

Konstruktionsregeln (Bilder 1.30)

K 1: *Reihenschaltung* zweier passiver Schaltelemente: Kennlinie der Zusammenschaltung ergibt sich durch Überlagerung der Teilspannungen für jeweils gleichen Stromwert gemäß Maschensatz.

K 2: *Parallelschaltung* zweier passiver Schaltelemente: Kennlinie der Zusammenschaltung ergibt sich durch Überlagerung der Teilströme für jeweils gleichen Spannungswert gemäß Knotengleichung.

K 3: *Reihenschaltung einer EMK* mit passivem Schaltelement: Die Kennlinie des passiven Schaltelements wird um den Wert der EMK längs Spannungsachse gemäß Maschensatz verschoben.

K 4: *Parallelschaltung einer Einströmung* mit passivem Schaltelement: Die Kennlinie des passiven Schaltelements wird um den Stromwert der Einströmung längs I-Achse gemäß Knotengleichung parallel verschoben.

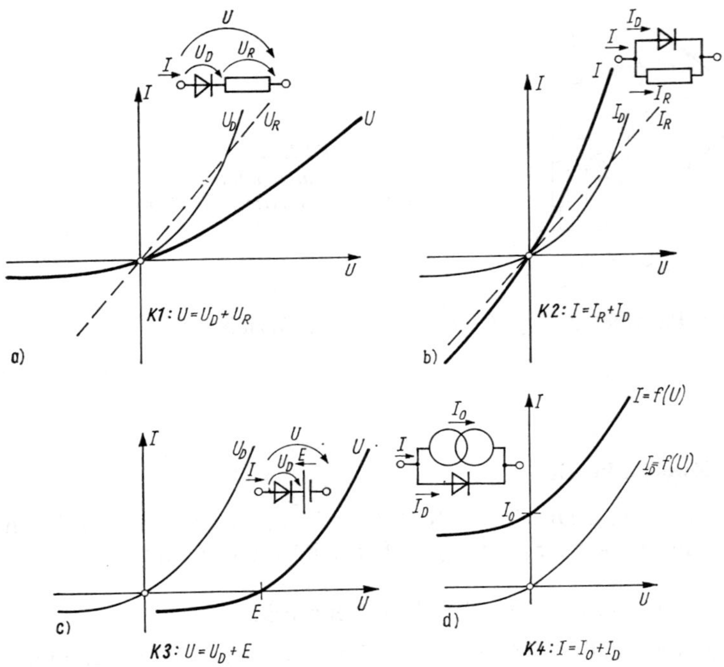

Bild 1.30 Konstruktionsregeln für Strom-Spannungs-Kennlinien von Reihen- und Parallelschaltungen zweier Elemente

Konstruktionsprogramm

KP 1: Zweipole

Gesucht: Strom-Spannungs-Kennlinie für die Klemmen des Zweipols.

1. Führe Zweigströme in allen Zweigen und Spannungsabfälle über allen Elementen ein (Gemäß RP 1, Punkt 1.)!
2. Beginne die Kennlinienkonstruktion mit der Kennlinie desjenigen „innersten“ Elements der Schaltung, von dem aus man durch jeweiliges Hinzufügen eines weiteren Elements entsprechend der vorgegebenen Struktur die Gesamtkennlinie der Schaltung an den Klemmen erhält.
3. Wende entsprechend der im Punkt 2 gewonnenen Reihenfolge die Konstruktionsregeln K 1 bis 4 an! Die Überlagerung der Kennlinien erfolgt vorzeichenbehaftet gemäß Maschen- bzw. Knotengleichung.

KP 2: Geschlossene Schaltungen

Gesucht wird Strom oder/und Spannung an einer oder mehreren Stellen der Schaltung, die eine oder mehrere Nichtlinearitäten mit gegebenen Kennlinien enthält.

1. Man zerlegt die Schaltung in 2 Zweipole. Ist in der Schaltung nur ein bestimmter Zweigstrom (bzw. nur eine Spannung) gesucht, so erfolgt die Auftrennung zweckmäßigerweise an dieser Stelle (s. RP 7, Punkt 1).
2. Konstruiere die Strom-Spannungs-Kennlinien beider Zweipole nach KP 1!
3. Überlagere beide Kennlinien! Der Schnittpunkt ergibt Strom und Spannung an der Trennlinie der Schaltung.
4. Von diesem Schnittpunkt ausgehend, kann man in jeder der beiden Zweipolkonstruktionen jeden Zweigstrom oder jede Teilspannung ermitteln.

Bemerkung: Ist nach Auftrennung einer der Zweipole linear und interessieren (zunächst) nur Strom und Spannung an den Klemmen, so kann man nach Berechnung der Zweipolersatzschaltung (RP 5, RP 6) die grafische Lösung u. U. wesentlich vereinfachen (Grundstromkreis).

Numerische Lösung nichtlinearer Schaltungen

Annahme: Die Schaltung enthält ein nichtlineares Element mit analytisch bekannter Strom-Spannungs-Kennlinie. Die übrigen konstanten Schaltelemente sind gegeben. Es wird (zunächst) Strom oder/und Spannung des nichtlinearen Elements berechnet, woraus sich alle anderen Ströme und Spannungen der Schaltung (mit Hilfe RP 1 bis 3) ergeben. Die lineare „Restschaltung" kann mit RP 5 und 6 vereinfacht werden.
Wir bezeichnen die zu berechnende Größe des nichtlinearen Elements (U bzw. I) mit X und stellen z. B. mit Hilfe RP 2 die Funktion für X in der Form $F(X) = X$ bzw. $F(X) - X = G(X) = 0$ auf. Durch Einsetzen der gegebenen Größen ergibt sich eine zugeschnittene Größengleichung.
Falls exakte Lösungsverfahren umständlich sind (z. B. Gleichungen 3. und 4. Grades) oder nicht existieren (transzendente Gleichungen), werden numerische Verfahren angewendet. Dabei versucht man, sich dem Lösungspunkt durch wiederholte Berechnung mit systematisch geänderten X-Werten zu nähern. Wird die Gleichung innerhalb einer vorgegebenen Ungenauigkeitsschranke ε erfüllt, so wird die Berechnung abgebrochen.
Im folgenden sind die BASIC-Programme (BP) für die 3 Berechnungsmethoden angegeben: punktweise Berechnung (BP 2), Iteration (BP 3) und Newton-Iteration (BP 4). Mit diesen wird die gleiche nichtlineare Gleichung $X = \ln(10X)$, d. h. $F(X) = \ln(10X)$ bzw. $G(X) = \ln(10X) - X$ gelöst. Diese Programme müssen an die jeweilige Aufgabenstellung angepaßt werden (Aufgaben 1.62ff.; die Programmbezeichnung erhält den Zusatz A, B usw.). Zur Übersichtlichkeit wurden die Programmteile „Eingabe", „Berechnung der Funktion $F(X)$ bzw. $G(X)$", „Lösung" und „Ausgabe" gleichen Zeilenblöcken zugeordnet.

BASIC-Programm BP 2 zur Lösung der Gleichung $F(X) - X = 0$ durch punktweise Berechnung der Funktion

Methode (Bild 1.31, Tafel 1.5a):
Wir setzen für X systematisch geänderte Werte in die gegebene Funktion $F(X)$ ein und beobachten, ob und wie sich $F(X) - X = G(X)$ dem Wert Null nähert. Zur Verringerung der Arbeit (Computerrechenzeit) müssen wir

- einen günstigen Startwert X_0 suchen (Abschätzen der Lösung z. B. durch grafischen Lösungsentwurf)

- zunächst mit größeren Schritten ΔX_1 den Bereich mit dem Nulldurchgang suchen, wobei $G(X)$ das Vorzeichen ändert, wenn der Nulldurchgang überschritten wird
- mit kleineren Schritten $\Delta X_2 < \Delta X_1$ den Nulldurchgang besser annähern, wobei eine Vorzeichenumkehr von ΔX auf Grund des Nulldurchgangs erfolgen muß.

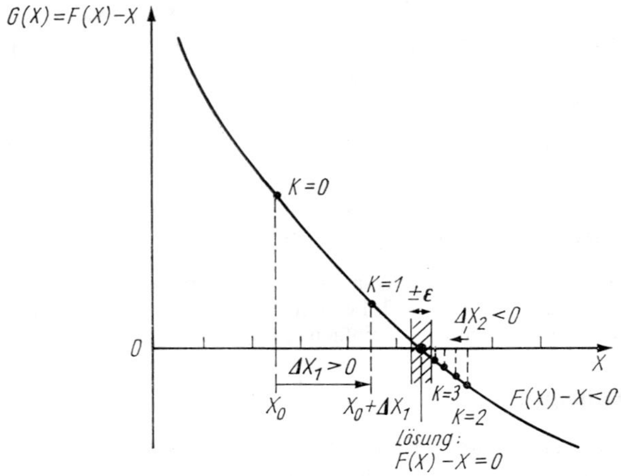

Bild 1.31
Punktweise Berechnung der Funktion $F(X)$ und Aufsuchen des Lösungspunktes $F(X) = X$

Tafel 1.5a Programmablaufplan Lösung $G(X) = 0$

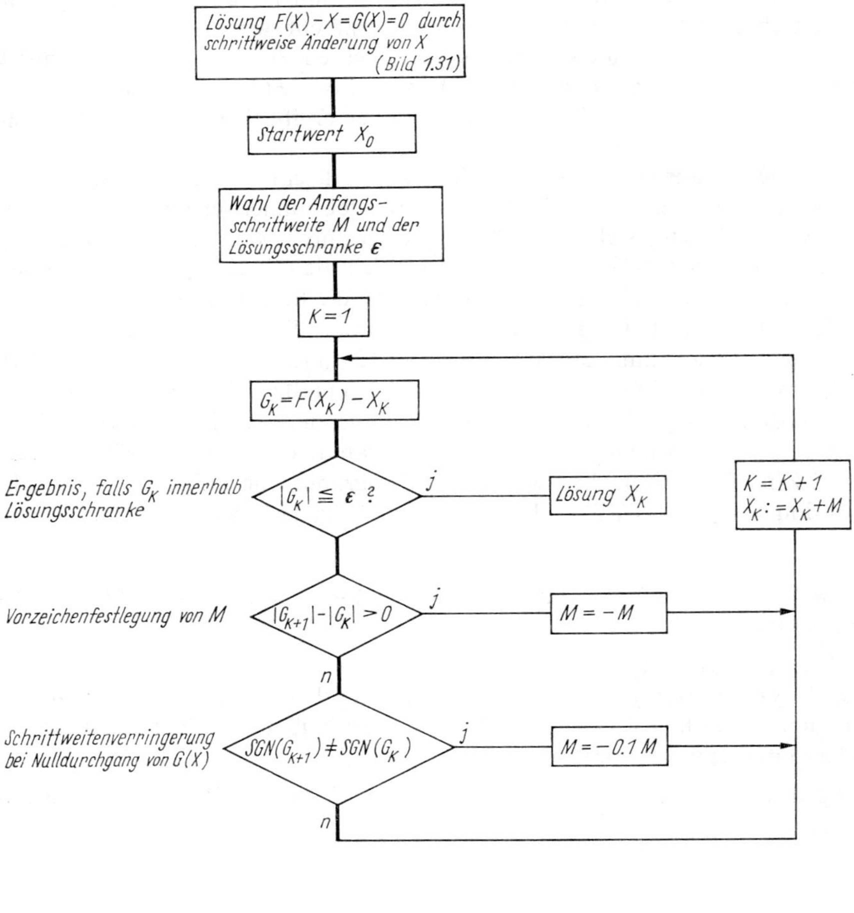

Tafel 1.5b Programm BP 2 (Beispiel: Lösung der Gleichung $G(x) = \ln(10X) - X = 0$)

```
9   REM  ************************************************
10 REM  ****  BP2: PUNKTWEISE BERECHNUNG VON G(X)=0  ****
11 REM  ************************************************
15 CLEAR
20 INPUT "STARTWERT XO ";X
25 INPUT "SCHRITTWEITE M ";M
30 INPUT "ABBRUCHSCHRANKE EPS ";EP
50 K=1
60 GOSUB 200:
90 IF ABS(G)<=EP GOTO 400
95 IF K>100 GOTO 300
100 IF K=1 GOTO 130
110 IF ABS(H)-ABS(G)<0 THEN M=-M
120 IF SGN(G)<>SGN(H) THEN M=-.1*M
130 H=G: X=X+M:  K=K+1: GOTO 60
200                                    REM   BERECHNUNG VON G(X)
210 G=LOG(10*X)-X
250 RETURN
300 PRINT "LOESUNG NACH";K;"SCHRITTEN NICHT GEFUNDEN"
310 END
400                                      REM    ERGEBNISAUSGABE
410 PRINT "LOESUNG X=";X;"NACH";K;"SCHRITTEN GEFUNDEN"
420 END


RUN
STARTWERT XO ? 7
SCHRITTWEITE M ? 2
ABBRUCHSCHRANKE EPS ? 0.001
LOESUNG  X=3.576  NACH 20 SCHRITTEN GEFUNDEN

RUN
STARTWERT XO ? 0.1
SCHRITTWEITE M ? 0.01
ABBRUCHSCHRANKE EPS ? 0.001
LOESUNG  X=0.1118  NACH 24 SCHRITTEN GEFUNDEN
```

Programmablaufplan und BASIC-Programm BP 2 s. Tafel 1.5.
Bemerkungen zu Tafel 1.5b:

- In Programmzeile 110 erfolgt eine Prüfung, ob das Vorzeichen von ΔX richtig gewählt wurde. Das ist erfüllt, wenn $G(X)$ sich dem Wert Null nähert, d.h., wenn $|G(X_{K+1})| < |G(X_K)|$.
  Annahme: monotoner Funktionsverlauf $G(X)$ im Berechnungsintervall.
- Nach Nulldurchgang des berechneten Wertes für $G(X)$, d.h., wenn SGN $(G(X_{K+1}))$ $\neq$ SGN $(G(X_K))$ ist, erfolgt eine automatische Schrittweitenverringerung auf jeweils $\frac{1}{10}$ mit Vorzeichenumkehr (Programmzeile 120).
- Ist $F(X_K) = X_K \pm \varepsilon$, d.h. $G(X_K) = \pm \varepsilon$, wobei ε die gewählte Abbruchschranke ist (Programmzeile 30), so gilt X_K als Lösung (Programmzeile 90).
- Wenn nach 100 Rechenzyklen eine Lösung nicht erreicht wurde, wird die Rechnung unterbrochen (Programmzeile 95).
- Diese elementare Methode benötigt relativ viele Rechenzyklen. Selbst bei günstigem Startwert und guter Staffelung der Schrittweiten kommt man i.allg. nicht unter 10 Rechenzyklen aus.

BASIC-Programm BP 3 zur iterativen Lösung der Gleichung $F(X) = X$

Methode (Bild 1.32): Ein gewählter Startwert X_0 wird in $F(X)$ eingesetzt und berechnet, dies ergibt einen Wert X_1, der i.allg. von X_0 abweicht, d.h., die Gleichung ist nicht erfüllt. An Stelle von X_0 setzt man nun den Wert X_1, berechnet $F(X_1)$ und erhält einen Wert X_2. Dieser Zyklus wird so oft wiederholt, bis $|F(X_K) - X_K| \leqq \varepsilon$ (zugelassene Abweichung). Dann wird X_K als Lösung ausgegeben. Aus der grafischen Veranschaulichung, Bild 1.32, kann man erkennen, daß die Bedingung für die Konvergenz der Näherungswerte lautet:

$$|F'(X)| < 1.$$

Andernfalls ergibt sich für den im Bild 1.32 eingetragenen rechteckigen Linienzug eine sich öffnende Spiralform. In dem Fall kann das Verfahren auf die *Umkehrfunktion* angewandt werden (s. Beispiel in Tafel 1.6b).

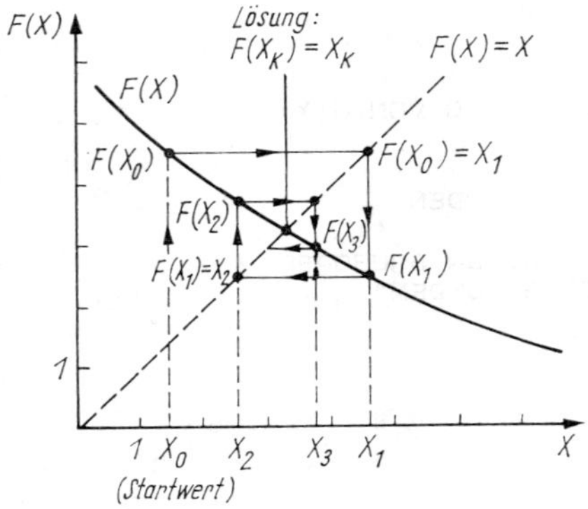

Bild 1.32
Lösung $F(X) = X$ durch Iteration
$X_0 \rightarrow F(X_0) = X_1 \rightarrow F(X_1) = X_2$ usw.,
bis $F(X_K) = X_K$ erfüllt ist

Programmablaufplan und BASIC-Programm BP 3 s. Tafel 1.6.

BASIC-Programm BP 4 zur iterativen Lösung der Gleichung $G(X) = 0$ mit Newtonschen Tangentenverfahren

Methode (Bild 1.33): Wir führen für die Funktion $G(X)$ im Punkt $[X_K, G(X_K)]$ eine Näherung mit Hilfe einer Geraden mit der Steigung der Tangente

$$m = \left.\frac{dG(X)}{dX}\right|_{X_K} \equiv G'(X_K)$$

durch:

$$G(X) \approx G(X_K) + m(X - X_K) = 0.$$

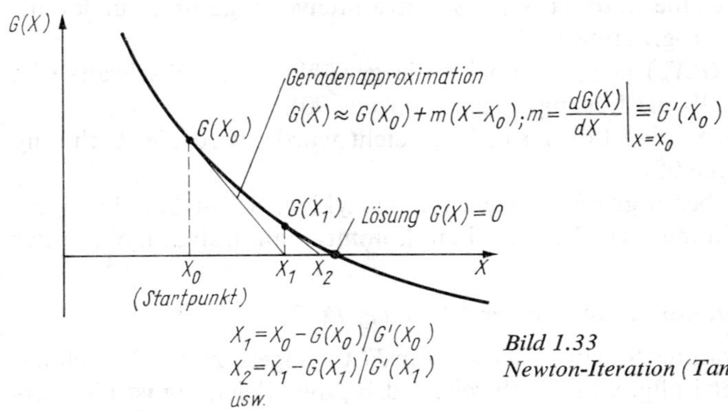

Bild 1.33
Newton-Iteration (Tangentenapproximation)

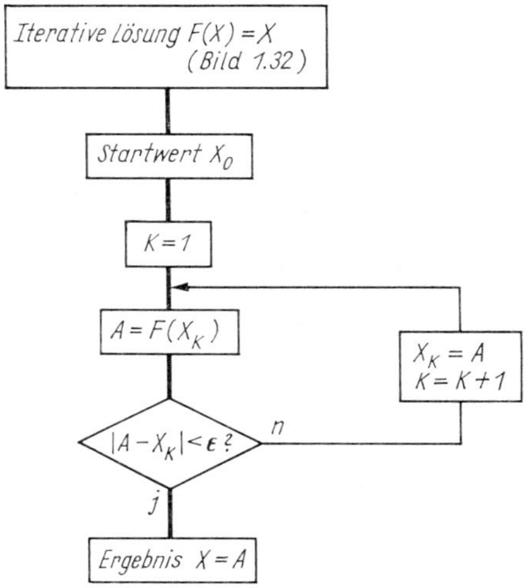

Tafel 1.6a
Programmablaufplan, iterative Lösung
F(X) = X

Tafel 1.6b Programm BP 3 (Beispiel: Lösung der Gleichung $F(X) = \ln(10X) = X$)

```
9  REM ************************************************************
10 REM ***** BP3: ITERATIVE LOESUNG VON F(X)=X  *************
11 REM ************************************************************
15 CLEAR
20 INPUT "STARTWERT XO ";X
30 INPUT "ABBRUCHSCHRANKE EPS ";EP
50 K=1
60 GOSUB 200:  REM BERECHNUNG VON F(X)
90 IF ABS((F-X)/X) < EP GOTO 400
95 IF K>100 GOTO 300
130 X=F:  K=K+1:  GOTO 60
200                                   REM   FUNKTION F(X)
210 F=LOG(10*X)
250 RETURN
300 PRINT "LOESUNG NACH";K;"SCHRITTEN NICHT GEFUNDEN"
310 END
400                                   REM   ERGEBNISAUSGABE
410 PRINT "LOESUNG X=";X;"NACH";K;"SCHRITTEN GEFUNDEN"
450 END


RUN
STARTWERT XO ? 7
ABBRUCHSCHRANKE EPS ? 0.001
LOESUNG  X=3.580  NACH 6 SCHRITTEN GEFUNDEN

(nach Änderung der Zeile 210:
210 F=0.1*EXP(X)    )

RUN
STARTWERT XO ? 0.1
ABBRUCHSCHRANKE EPS ? 0.001
LOESUNG  X=0.1118  NACH 5 SCHRITTEN GEFUNDEN
```

Die Lösung dieser linearen Näherungsgleichung ist

$$X_{K+1} = X_K - \frac{G(X_K)}{G'(X_K)}. \qquad \text{(a)}$$

Ist nun die Differenz zweier aufeinanderfolgender Lösungspunkte $|X_{K+1} - X_K| > \varepsilon$ (zugelassener Schwankungsbereich), so wird im berechneten Näherungspunkt $G(X_{K+1})$ erneut die Geradennäherung durchgeführt.
Dies ist also gewissermaßen ein Iterationsverfahren gemäß BP 3 für Gl. (a) mit X_K als Variable. Damit ergibt sich die Konvergenzbedingung von BP 3 hier zu

$$\left| \frac{G(X)\,G''(X)}{[G'(X)]^2} \right| < 1.$$

Programmablaufplan und BASIC-Programm BP 4 s. Tafel 1.7.

Aufgabe 1.25 Stromteilerregel

Berechne mit Hilfe der Stromteilerregel das Verhältnis der einzelnen Teilströme zum Gesamtstrom der Schaltung im Bild 1.34, ausgedrückt durch die Leitwerte G_ν und die Widerstände R_ν!

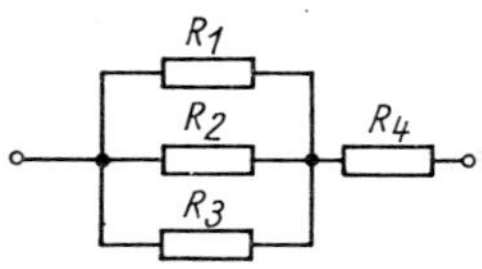

Bild 1.34

Lösungshinweis

Wir führen in die Schaltung alle Zweigströme und die Spannungen durch Bezugspfeile ein. Zur Berechnung der Teilströme in einer Stromverzweigung, über deren Zweigen die gleiche Spannung liegt, dient die Stromteilerregel (1.22). Überlege, ob R_4 die Stromaufteilung beeinflußt!

Lösung

Die Stromteilerregel gilt für die Zweige, über die gleiche Spannung abfällt. Das zeigt ihre Ableitung. Der Widerstand R_4 beeinflußt zwar den Gesamtstrom, aber nicht die Stromteilung an den Knotenpunkten, geht also in unsere Betrachtung gar nicht ein!

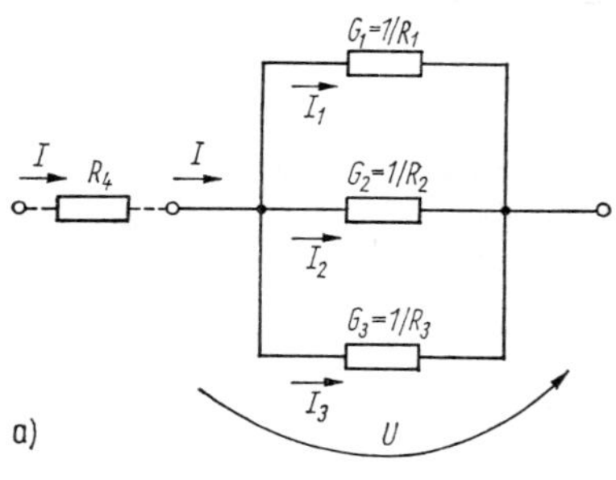

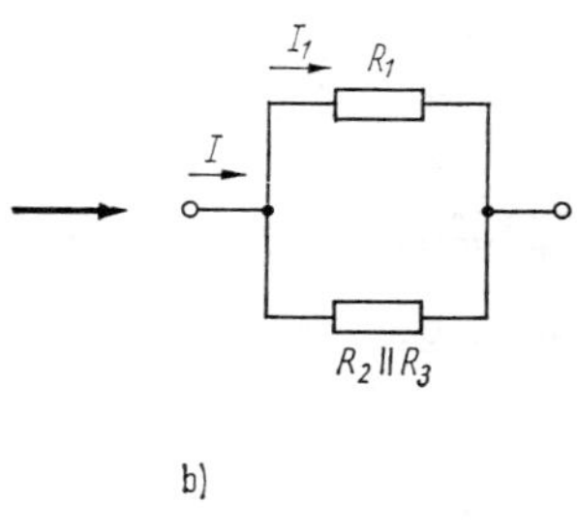

Bild 1.35
a) R_4 beeinflußt Stromteilung nicht
b) Vereinfachung zur Berechnung des Teilstroms I_1

Gl. (1.22), auf den Teilstrom I_1 im Bild 1.35a angewandt, lautet:

$$\frac{I_1}{I} = \frac{G_1}{G_{\text{ges}}}.$$

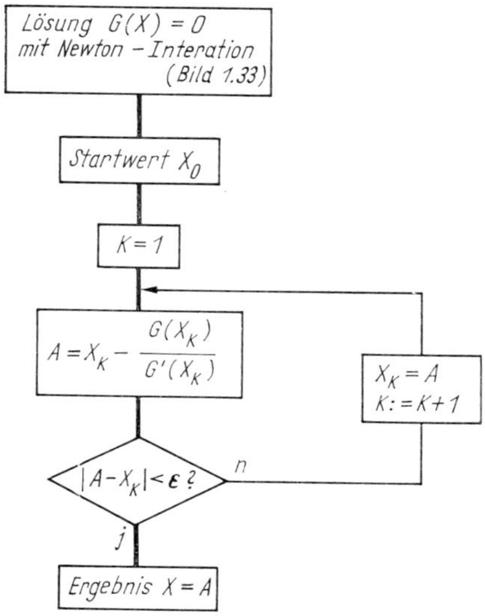

Tafel 1.7a
Programmablaufplan, Lösung G(X) = 0 mit Newton-Iteration

Tafel 1.7b Programm BP 4 (Beispiel: Lösung der Gleichung G(X) = ln (10X) = X = 0)

```
9   REM **********************************************************
10  REM **** BP4: LOESUNG VON G(X)=0 MIT NEWTON-ITERATION ****
11  REM **********************************************************
15  CLEAR
20  INPUT "STARTWERT XO ";X
30  INPUT "ABBRUCHSCHRANKE EPS ";EP
50  K=1
60  GOSUB 200
80  A=X-G/DG
90  IF ABS(A-X) < EP GOTO 400
95  IF K>100 GOTO 300
130 X=A: K=K+1: GOTO 60
200                             REM  BERECHNUNG VON G(X) UND DG/DX
210 G=LOG(10*X) - X
220 DG=1/X-1
240 IF ABS(DG) < .0001 GOTO 350
250 RETURN
300 PRINT "LOESUNG NACH";K;"SCHRITTEN NICHT GEFUNDEN"
310 END
350 PRINT "DG/DX = 0 - ANDEREN STARTWERT XO WAEHLEN !"
360 GOTO 20
400                                        REM  ERGEBNISAUSGABE
410 PRINT "LOESUNG X=";X;"NACH";K;"SCHRITTEN GEFUNDEN"
450 END


RUN
STARTWERT XO ? 7
ABBRUCHSCHRANKE EPS ? 0.001
LOESUNG  X=3.5771  NACH 4 SCHRITTEN GEFUNDEN

RUN
STARTWERT XO ? 0.1
ABBRUCHSCHRANKE EPS ? 0.001
LOESUNG  X=0.1118  NACH 3 SCHRITTEN GEFUNDEN
```

Nach Gl. (1.20) ist $G_{ges} = G_1 + G_2 + G_3$. Dann wird

$$\frac{I_1}{I} = \frac{G_1}{G_1 + G_2 + G_3}.$$

Mit $G_\nu = 1/R_\nu$ ergibt sich

$$\frac{I_1}{I} = \frac{R_2 R_3}{R_1 R_2 + R_1 R_3 + R_2 R_3}.$$

Entsprechend gilt für die Verhältnisse der beiden anderen Teilströme zum Gesamtstrom:

$$\frac{I_2}{I} = \frac{G_2}{G_1 + G_2 + G_3} = \frac{R_1 R_3}{R_1 R_2 + R_1 R_3 + R_2 R_3}$$

und

$$\frac{I_3}{I} = \frac{G_3}{G_1 + G_2 + G_3} = \frac{R_1 R_2}{R_1 R_2 + R_1 R_3 + R_2 R_3}.$$

Diskussion

Die Ausdrücke für die Stromverhältnisse lassen sich in folgender Weise umformen, z. B.

$$\frac{I_1}{I} = \frac{R_2 R_3}{R_1 R_2 + R_1 R_3 + R_2 R_3} = \frac{R_2 R_3}{R_1 (R_2 + R_3) + R_2 R_3}$$

$$= \frac{\dfrac{R_2 R_3}{R_2 + R_3}}{R_1 + \dfrac{R_2 R_3}{R_2 + R_3}} = \frac{R_2 \parallel R_3}{R_1 + (R_2 \parallel R_3)}.$$

Aus dieser Schreibweise erkennen wir sofort die für die Anwendung der Stromteilerregel aufgestellte Merkregel [Gl. (1.22a)] wieder (s. Bild 1.35b), wonach sich in Stromverzweigungen mit gleicher Zweigspannung der Teilstrom zum Gesamtstrom verhält wie der Widerstand des anderen Zweiges (hier z. B. $R_2 \parallel R_3$) zum Ringwiderstand der Masche [hier z. B. $R_1 + (R_2 \parallel R_3)$]. Entsprechend gilt

$$\frac{I_2}{I} = \frac{R_1 \parallel R_3}{R_2 + (R_1 \parallel R_3)} \quad \text{und} \quad \frac{I_3}{I} = \frac{R_1 \parallel R_2}{R_3 + (R_1 \parallel R_2)}.$$

Aufgabe 1.26 Stromteilerregel

Gegeben ist ein vom Strom I durchflossener Widerstand R (Bild 1.36).

a) Wie muß die Schaltung ergänzt werden, damit bei gleichbleibendem Strom zwischen AB der Strom durch R um $p = 5\%$ kleiner wird?

b) Wie ändert sich die Spannung über AB nach der Ergänzung?

Lösungshinweis

Beachte Gln. (1.22) und (1.21)!

Lösung

a) Bei gleichbleibendem Gesamtstrom kann der Strom durch R nur dadurch vermindert werden, daß man eine Stromverzweigung ($R_p \parallel R$) schafft (Bild 1.37).

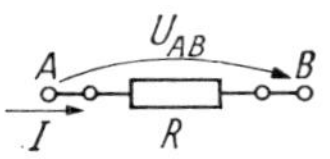

Bild 1.36

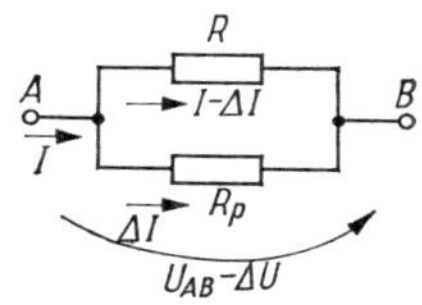

Bild 1.37

Nach Gl. (1.22) gilt:

$$\frac{\Delta I}{I} = \frac{R}{R + R_p}.$$

Mit

$$\frac{\Delta I}{I} = p \quad \text{wird} \quad R_p = R\,\frac{1-p}{p}, \quad \text{für} \quad p = \tfrac{1}{20} \quad \text{also} \quad R_p = 19R.$$

b) Da nach der Ergänzung der Gesamtwiderstand um 5% kleiner geworden ist, muß bei unverändertem Gesamtstrom I die Spannung U_{AB} zwischen AB gemäß Gl. (1.9) sich in gleicher Weise ändern; denn

$$U_{AB} = R_{AB} I, \qquad \frac{\Delta U_{AB}}{U_{AB}} = \frac{\Delta R_{AB}}{R_{AB}} = 5\%.$$

Die Spannung über AB wird wie der Gesamtwiderstand um 5% kleiner.

Aufgabe 1.27 Fehlerkorrektur eines Strommessers

Ein Strommesser mit einer gleichmäßig geteilten Skala (100 Teilstriche für Vollausschlag) zeigt statt halbem Ausschlag einen um 2 Skalenteile zu hohen Wert an. Bei einem Strom von 0,1 A entsteht ein Spannungsabfall von 50 mV.
Was muß man tun, um den falschen Ausschlag zu korrigieren?
Was müßte geschehen, wenn bei gleichem Strom der Ausschlag zu niedrig ist?

Lösungshinweis

Es liegt im Prinzip das gleiche Problem vor wie in der vorhergehenden Aufgabe.

Lösung

Da der (z. B. mit Eichinstrument eingestellte) Stromwert in unserem Instrument einen Ausschlag von 52 statt 50 Skalenteilen erzeugt, kann man durch einen Shunt R_p den Ausschlag bei gleichem Gesamtstrom verringern (Schaltung s. Bild 1.37). Es gilt nach Stromteilerregel

$$\frac{\Delta I}{I} = \frac{R}{R + R_p}.$$

$\Delta I/I$ ist gleich dem prozentualen Ausschlagfehler $\Delta I/I = p = 2/50 = 4\%$; R ist der Instrumentenwiderstand ohne Shunt. Dieser ergibt sich aus der Angabe der Spannung bei einem bestimmten Strom: $R = U/I = 50\,\text{mV}/100\,\text{mA} = 0{,}5\,\Omega$. Damit wird also

$$R_p = R\,\frac{1-p}{p} = 24 \cdot 0{,}5\,\Omega = 12\,\Omega.$$

Ist der Ausschlag zu niedrig, so könnte man (falls vorhanden) einen Parallelwiderstand entsprechend erhöhen. Existiert jedoch kein Shunt, so müßte man die Skale ändern, wenn man einen Eingriff in das System vermeiden will (z.B. Verringerung des Gegendrehmoments der Spiralfeder).

Aufgabe 1.28 Spannungsteilerregel

Berechne allgemein und für das Zahlenbeispiel die Teilspannungen über den Widerständen der Schaltung (Bild 1.38)!

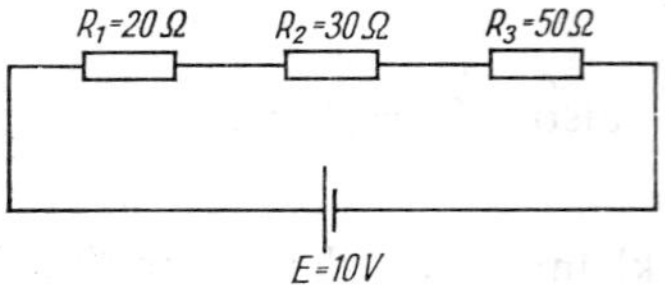

Bild 1.38

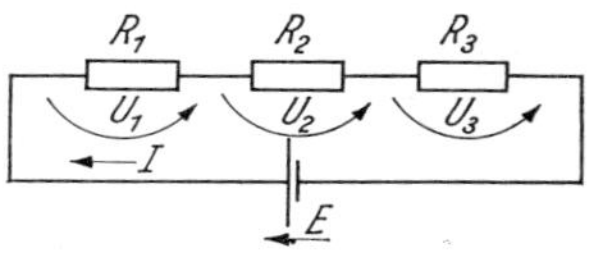

Bild 1.39

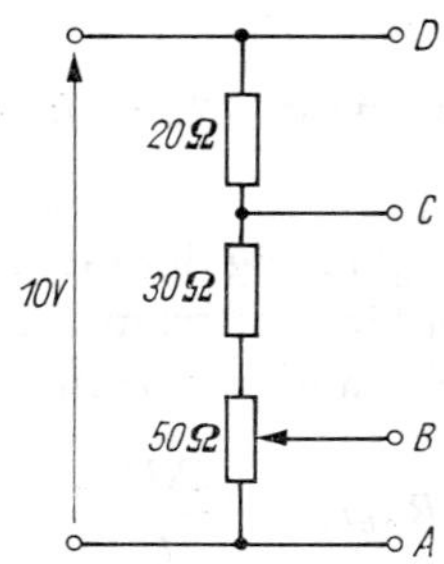

Bild 1.40

Lösungshinweis

Wir kennzeichnen in dem Schaltbild Strom und Teilspannungen durch Pfeile. Da alle Schaltelemente vom gleichen Strom I durchflossen werden, können wir die Teilspannungen unmittelbar durch Anwendung der Spannungsteilerregel [Gl. (1.21)] berechnen.

Lösung

Nach Gl. (1.21) und Bild 1.39 ist:

$$\frac{U_1}{E} = \frac{R_1}{R_1 + R_2 + R_3} = \frac{R_1}{R_{\text{ges}}} \quad \text{und ebenso} \quad \frac{U_2}{E} = \frac{R_2}{R_{\text{ges}}}, \qquad \frac{U_3}{E} = \frac{R_3}{R_{\text{ges}}}.$$

Mit $R_{\text{ges}} = R_1 + R_2 + R_3 = 100\,\Omega$ werden $U_1 = 0{,}2E = 2$ V, $U_2 = 0{,}3E = 3$ V und $U_3 = 0{,}5E = 5$ V.

Diskussion

Spannungsteiler werden sehr häufig benötigt. Für kontinuierlich einstellbare Teilspannungen benutzt man an Stelle der Einzelwiderstände Draht- oder Massedrehwiderstände. Im Bild 1.40 ist eine einstellbare Teilerschaltung angegeben. Überlege, welche Spannungen man je nach Schleiferstellung zwischen den Klemmen $A - B$, $B - C$, $B - D$ einstellen kann, wenn zwischen den Klemmen $A - D$ 10 V liegen!
Es sind dies

U_{AB} 0 bis 5 V, $\quad U_{BC}$ 3 bis 8 V, $\quad U_{BD}$ 5 bis 10 V.

Man muß beachten, daß die leicht berechenbaren Teilspannungen nur gelten, wenn der Spannungsteiler an den Klemmen der berechneten Teilspannung leerläuft, d.h. kein Widerstand parallelgeschaltet wird. Schon die Messung dieser Teilspannung bedeutet eine Fälschung des Spannungswertes, da i. allg. das Voltmeter einen endlichen Widerstand aufweist (s. z.B. Aufg. 1.54).

Aufgabe 1.29 Spannungsteilerregel

Gegeben sei der im Bild 1.41 dargestellte Spannungsteiler. Um wieviel Prozent ändert sich das Spannungsteilverhältnis $\alpha = U_2/U_1$, wenn a) R_2, b) R_1, c) R_1 und R_2 um je 2 % vergrößert werden? (Berechnung zunächst allgemein.)

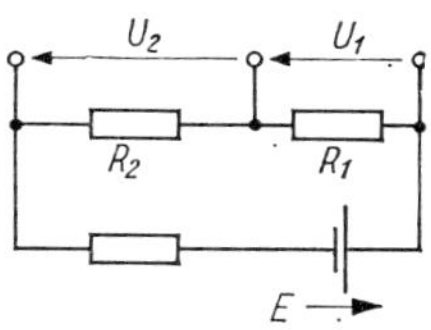

Bild 1.41

Lösungshinweis

Bei Benutzung der Spannungsteilerregel (1.21) läßt sich der Absolutwert des Spannungsteilverhältnisses sofort angeben. Da nach der relativen Änderung gefragt ist, berücksichtigen wir zunächst in der Gleichung für das Teilverhältnis die absoluten Abweichungen (z.B. ΔR_2 hat $\Delta\alpha$ zur Folge) und verfahren in der weiteren Rechnung gemäß Aufgabe 1.4, Weg 1.

Lösung

Es ist $\alpha = U_2/U_1 = R_2/R_1$. Ändern sich R_2 und R_1 um ΔR_2 bzw. um ΔR_1, so ändert sich i. allg. α um $\Delta\alpha$:

$$\alpha + \Delta\alpha = \frac{R_2 + \Delta R_2}{R_1 + \Delta R_1} = \frac{R_2}{R_1}\,\frac{(1 + \Delta R_2/R_2)}{(1 + \Delta R_1/R_1)}.$$

Mit $R_2/R_1 = \alpha$ wird

$$\alpha\left(1 + \frac{\Delta\alpha}{\alpha}\right) = \alpha\,\frac{1 + \Delta R_2/R_2}{1 + \Delta R_1/R_1}, \quad \text{d.h.}$$

$$\frac{\Delta\alpha}{\alpha} = \frac{1 + \Delta R_2/R_2}{1 + \Delta R_1/R_1} - 1 = \frac{\Delta R_2/R_2 - \Delta R_1/R_1}{1 + \Delta R_1/R_1}.$$

Bei kleinen Änderungen ($<10\,\%$) kann man $\Delta R_1/R_1$ gegen 1 vernachlässigen:

$$\frac{\Delta\alpha}{\alpha} \approx \frac{\Delta R_2}{R_2} - \frac{\Delta R_1}{R_1}.$$

Schneller leitet man dieses Ergebnis mit Hilfe der „logarithmischen Differentiation" (s. Aufg. 1.4) ab, die bei kleinen relativen Änderungen die prozentuale Abweichung ergibt:

$$\alpha = R_2/R_1; \qquad \ln\alpha = \ln R_2 - \ln R_1;^{1)} \qquad \frac{d\alpha}{\alpha} = \frac{dR_2}{R_2} - \frac{dR_1}{R_1}.$$

1) Siehe Fußnote Seite 20!

Ergebnis:

bei a) bleibt R_1 konstant: $\Delta\alpha/\alpha = \Delta R_2/R_2 = +2\%$,
bei b) bleibt R_2 konstant: $\Delta\alpha/\alpha = -\Delta R_1/R_1 = -2\%$,
bei c) ist $\Delta R_1/R_1 = \Delta R_2/R_2$: $\Delta\alpha/\alpha = 0$.

Während bei a) die Spannungsteilung α größer wird, da der abgegriffene Widerstand sich vergrößert, wird sie bei b) kleiner, da der Vorwiderstand R_1 zunimmt. Bei c) kompensieren sich beide Abweichungen.

Aufgabe 1.30 Spannungs- und Stromteilerregel

Berechne den Strom I_2 durch R_2 in der Schaltung Bild 1.42 mit Hilfe der a) Spannungsteilerregel, b) Stromteilerregel!

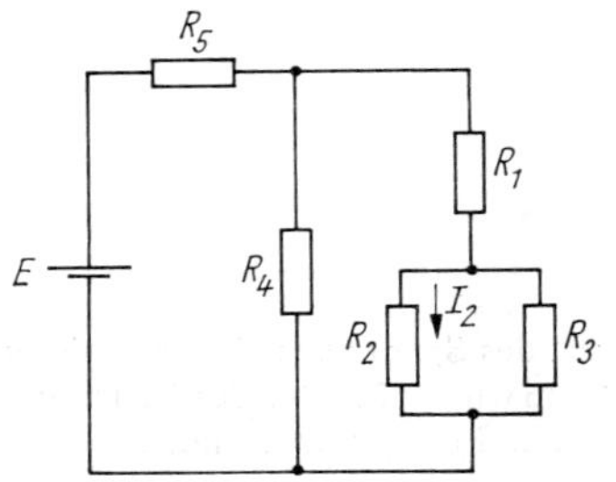

Bild 1.42

Führe zur Erleichterung der Schreibarbeit für Parallelschaltungen von Widerständen und Zweipolersatzwiderständen zunächst Abkürzungen ein, die im Ergebnis wieder ersetzt werden, um die Gleichheit der Ergebnisse von a) und b) zu erkennen!

Lösungshinweis

Es handelt sich hier durch die mehrfache Strom- und Spannungsteilung um mehrfache Anwendung der Regeln. Dabei sind deren Voraussetzungen zu beachten: gleiche Spannung für Stromteiler- bzw. gleicher Strom durch die Spannungsteilerabschnitte.

Lösung

a) Zur Ermittlung von I_2 durch R_2 berechnen wir die Spannung U_B (Bild 1.43a) über der Parallelschaltung $R_2 \parallel R_3$ mit Hilfe der Spannungsteilerregel. Die gegebene Gesamtspannung E wird zunächst an den Punkten $A - A'$ geteilt, und die sich daraus ergebende Teilspannung $U_{AA'}$ wird an den Punkten $B - B'$ geteilt. Dann ist also $I_2 = U_B/R_2$. Bezeichnen wir die Zweipolwiderstände zwischen $A - A'$ mit R_A und zwischen $B - B'$ mit R_B, so ergibt sich (Bild 1.43b)

$$\frac{U_A}{E} = \frac{R_A}{R_A + R_5}; \qquad \frac{U_B}{U_A} = \frac{R_B}{R_B + R_1}$$

(Beachte, daß R_4 für die letztere Spannungsteilung ohne Einfluß ist!).

Multiplizieren wir beide Gleichungen, so wird

$$\frac{U_B}{E} = \frac{R_A \cdot R_B}{(R_A + R_5)(R_B + R_1)}$$

mit $R_A = R_4 \parallel (R_1 + R_2 \parallel R_3) = R_4 \parallel R$, wobei $R_1 + R_2 \parallel R_3 = R$ gesetzt wurde.

Außerdem ist $R_B = R_2 \parallel R_3$, d.h., $R_B + R_1 = R$. Damit wird

$$\frac{U_B}{E} = \frac{[R_4 \cdot R/(R_4 + R)] \cdot [R_2 R_3/(R_2 + R_3)]}{[R_4 \cdot R/(R_4 + R) + R_5]\, R} = \frac{R_2 R_3 R_4}{[R_4 R + R_5 (R_4 + R)]\,(R_2 + R_3)}.$$

Also ist

$$I_2 = \frac{U_B}{R_2} = E \frac{R_3 R_4}{[R_5\,(R_4 + R) + R_4 R]\,(R_2 + R_3)}.$$

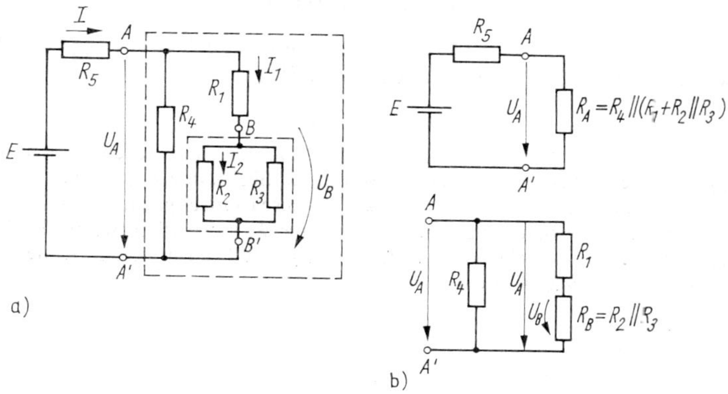

Bild 1.43 a) Schaltung zur Berechnung von I_2 durch R_2;
b) Ersatzschaltung an den Klemmen A und A' zur Berechnung der Spannungsteilungen U_A/E bzw. U_B/U_A

b) Es liegt eine zweifache Stromteilung (an $B - B'$ sowie an $A - A'$) vor, und es wird mit den Bezeichnungen im Bild 1.43a

$$\frac{I_1}{I} = \frac{R_4}{R_4 + R_1 + R_2 \parallel R_3},$$

wobei

$$I = \frac{E}{R_5 + R_4 \parallel (R_1 + R_2 \parallel R_3)}$$

ist.
Außerdem gilt

$$\frac{I_2}{I_1} = \frac{R_3}{R_2 + R_3}.$$

Damit ergibt sich mit $R_1 + R_2 \parallel R_3 = R$ (s. a)!)

$$I_2 = \frac{E}{R_5 + R_4 \parallel R} \cdot \frac{R_4}{R_4 + R} \cdot \frac{R_3}{R_2 + R_3}$$

$$I_2 = E \frac{R_3 R_4}{[R_5\,(R_4 + R) + R_4 R]\,(R_2 + R_3)}.$$

Das Ergebnis ist identisch mit a).

Diskussion

Bei Zweigstromanalyse müßten für die 5 Zweigströme 5 unabhängige Gleichungen aufgestellt werden. (Welche wären dies z.B.?). Bei Maschenstromanalyse wären es 3 Gleichungen. Man erkennt, daß in Schaltungen mit reinen Reihen- und Parallelschaltungen von Widerständen (keine Brückenschaltungen) die Strom- oder Spannungsteilerregel eine schnelle und übersichtliche Lösung ermöglicht, insbesondere wenn nur eine Quelle vorhanden ist.

Aufgabe 1.31 Wheatstonesche Brücke, Spannungsteilerregel

Leite die Bedingung für die Widerstände einer zu Instrumentenausschlag Null abgeglichenen Brückenschaltung (Wheatstonesche Brücke) her (Bild 1.44)!

Lösungshinweis

Unter einer „abgeglichenen Brücke" versteht man: $I_{Instr} = 0$, d.h. aber $U_{CD} = 0$. Wir stellen zunächst die allgemeine Gleichung für U_{CD} nach dem Maschensatz auf und setzen die Bedingung $U_{CD} = 0$ ein. Über den Zweigen *ADB* und *ACB* liegt eine gemeinsame Spannung U_{AB}. Für diese ist im abgeglichenen Zustand die Spannungsteilerregel zur Berechnung der Spannung über R_x bzw. über R_a anwendbar (warum?). Zum Ansatz der Maschengleichung, z.B. für die Masche *ADC*, in der wir U_{CD} Null setzen, kennzeichnen wir vorher die einzelnen Spannungen durch Bezugspfeile.

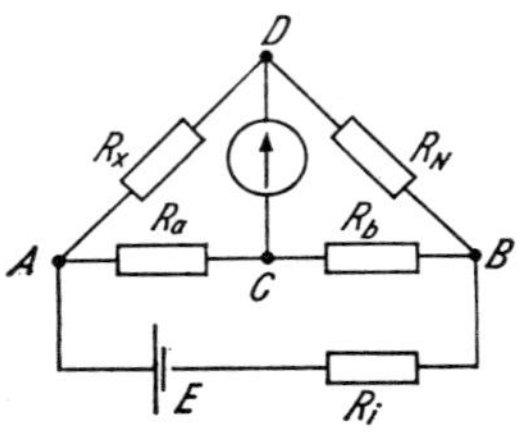

Bild 1.44

Lösung

Der Maschensatz wird auf Masche *ADC* (Bild 1.45) angewandt:

$$U_{AD} + U_{CD} - U_{AC} = 0. \quad \text{Für} \quad U_{CD} = 0 \quad \text{wird} \quad U_{AD} = U_{AC}.$$

Nach der Spannungsteilerregel gilt (Widerstände R_x und R_N bzw. R_a und R_B jeweils von gleichem Strom durchflossen):

$$\frac{U_{AD}}{U_{AB}} = \frac{R_x}{R_x + R_N} \quad \text{und} \quad \frac{U_{AC}}{U_{AB}} = \frac{R_a}{R_a + R_b},$$

damit

$$\frac{R_x}{R_x + R_N} = \frac{R_a}{R_a + R_b}.$$

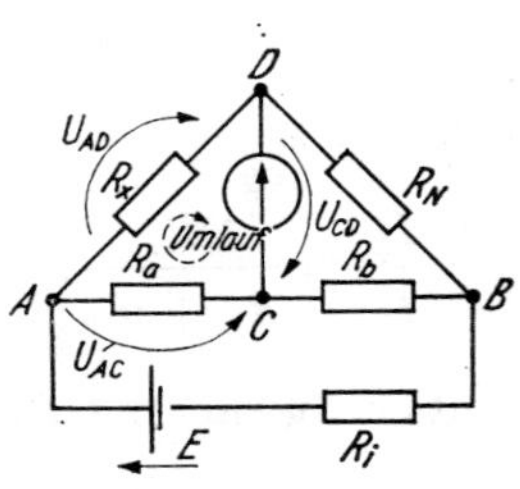

Bild 1.45

Daraus folgt als gesuchte Widerstandsbedingung:

$$\frac{1}{1 + \frac{R_N}{R_x}} = \frac{1}{1 + \frac{R_b}{R_a}}; \qquad \frac{R_x}{R_N} = \frac{R_a}{R_b}.$$

Diskussion

Die technische Ausführung einer solchen Brücke zur Messung unbekannter Widerstände R_x mit Hilfe eines genau bekannten Normalwiderstands R_N sieht zum kontinuierlichen

Abgleich für den Zweig *ACB* einen ausgespannten Widerstandsdraht vor, auf dem der Punkt *C* gleiten kann. Besitzt dieser Draht überall einen gleichen Querschnitt und gleiche Leitfähigkeit, so kann man das Widerstandsverhältnis mit Hilfe der Gl. (1.12) auch $R_x/R_N = a/b$ schreiben, wenn a die auf AC und b die auf CB entfallende Drahtlänge bedeutet. Jeder Schleiferstellung entspricht ein auf einer Skale angebbares a/b-Verhältnis, welches von 0 bis ∞ geht. R_x ergibt sich dann als Produkt dieses Zahlenwertes mit dem gewählten R_N-Wert. Günstigste Abgleichbedingungen liegen bei einem solchen R_N vor, bei dem der Schleifer etwa in der Mitte den Abgleich findet.

Aufgabe 1.32 Grundstromkreis

Stelle für den Grundstromkreis Bild 1.27 die Klemmenspannung U, den Strom I und die an den Verbraucher R_a abgegebene Leistung P als Funktion von R_a in normierter Form grafisch dar!
Die Darstellung soll mit 2 Maßstäben erfolgen: Das Koordinatensystem soll einmal eine lineare und zum anderen eine logarithmische Unterteilung erhalten.

Lösungshinweis

Die normierte Gleichungsform ergibt sich, wenn man die Veränderlichen der erhaltenen Beziehungen durch eine feste Größe (Bezugsgröße) gleicher Dimension dividiert. Diese Quotienten sind dann dimensionslos (s. Erläuterungen zu Aufgabe 1.4). Für U, I und R sind charakteristische Bezugsgrößen in der Tabelle zu Bild 1.27 angegeben. Für die Leistung ist eine solche zu finden.
Zum logarithmischen Maßstab s. Aufgabe 1.16.

Lösung

Aus Tabelle zu Bild 1.27 ergibt sich mit der bezogenen Variablen $R_a/R_i = x$

$$\frac{U}{U_l} = \frac{x}{1 + x}, \qquad \frac{I}{I_k} = \frac{1}{1 + x}.$$

Also wird die an den Verbraucher abgegebene Leistung

$$P = UI = U_l I_k \frac{x}{(1 + x)^2}.$$

Als Bezugsgröße für P bietet sich die von R_a unabhängige Leistung $U_l I_k$ an. Diese Leistung ist die vom Generator bei Kurzschluß erzeugte und in R_i verbrauchte Leistung. Wir definieren diese als *angebotene Leistung*

$$P_0 = U_l I_k = I_k^2 R_i \quad (\text{mit } U_l = I_k R_i).$$

Damit wird

$$\frac{P}{P_0} = \frac{x}{(1 + x)^2}.$$

Im Bild 1.46a sind die Verläufe U/U_l, I/I_k und P/P_0 in Abhängigkeit von x im linearen Maßstab angegeben. Es wird der gegenläufige Kurvenverlauf von Spannung und Strom deutlich. Beide weisen den halben Maximalwert bei $x = 1$ ($R_a = R_i$) auf, d.h. bei *Anpassung*. Die Leistung durchläuft ein Maximum bei $x = 1$. Die grafische Darstellung in dem linear geteilten Koordinatensystem (Bild 1.46a) hat hier den Nachteil, daß der Bereich großer Strom- bzw. Spannungsänderung auf ein kleines Abszissenintervall zusammengedrängt wird, während das Gebiet geringer absoluter Änderung übermäßig weit auseinandergezogen wird. Ein logarithmisch geteilter Maßstab gleicht diese Erscheinung aus, da in diesem gegenüber dem linearen Maßstab der untere Abszissenbereich gedehnt, der obere aber zusammengedrängt erscheint. Hierzu schreibt man an die linear geteilten Achsen eine nach einer geometrischen Reihe gestaffelte Zahlenfolge, deren Logarithmen gleichen additiven Zuwachs erfahren.

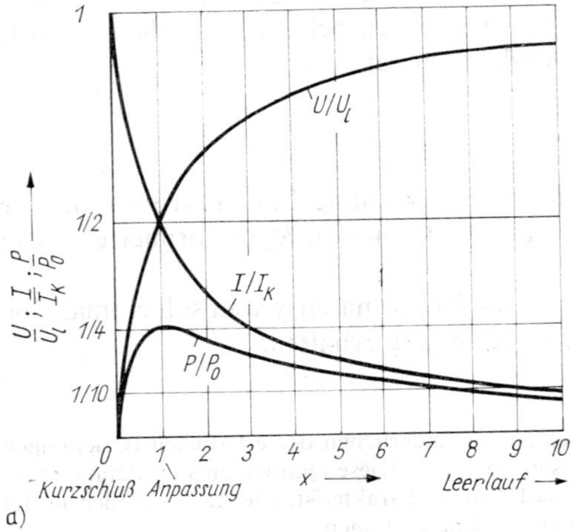

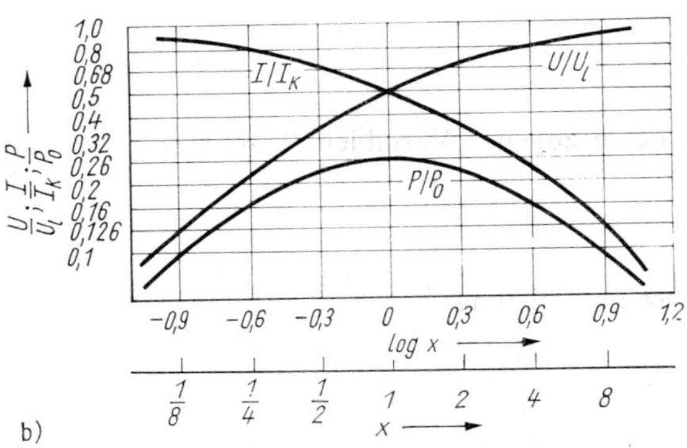

Bild 1.46

Eine derartige Zahlenfolge ist z. B. (mit Steigerungsfaktor 2) ... $\frac{1}{8}$; $\frac{1}{4}$; $\frac{1}{2}$; 1; 2; 4; 8 (ihre Logarithmen sind −0,9; −0,6; −0,3; 0; 0,3; 0,6; 0,9; ...). Sie wurde als zweckmäßig für die Abszisse x gewählt (Bild 1.46 b). Für die Ordinate y interessiert der Bereich zwischen 0,1 und 1. Deren Logarithmen laufen also von −1 bis 0. Diese Dekade wurde in 10 Teile unterteilt. Für die Folge $\log y = -1;\ -0{,}9;\ -0{,}8$ usw. bis 0 ergibt sich die jeweils um den Faktor $\sqrt[10]{10} = 1{,}26$, d. h. um etwa 25% gesteigerte Zahlenfolge

$$0{,}1 - 0{,}126 - 0{,}16 - 0{,}2 - 0{,}25 - 0{,}32 - 0{,}4 - 0{,}5 - 0{,}64 - 0{,}8 - 1{,}0.$$

Diese Unterteilung erfolgte für die Ordinate.

Aufgabe 1.33 Meßbereichumschaltung bei Strommesser

Die Änderung des Meßbereichs eines Strommessers wird durch Veränderung der Stromteilung zwischen Meßsystem und Shunt erreicht (vgl. Aufgaben 1.26 und 1.27). Ungünstig ist die Umschaltung im Shuntzweig (Bild 1.47 a), da der nicht vermeidbare und u. U. sich ändernde Übergangswiderstand des Schalters in Reihe zum Shunt liegt und damit die Meßgenauigkeit vermindert. Daher ist die Schaltung im Bild 1.47 b vorzuziehen, in der der fest eingebaute Shunt durch den Schalter stufenweise abgegriffen wird. Der Übergangswiderstand der Schaltkontakte liegt jetzt vor der Stromteilerschaltung, verändert also allenfalls den zu messenden Strom, aber nicht die Meßgenauigkeit.

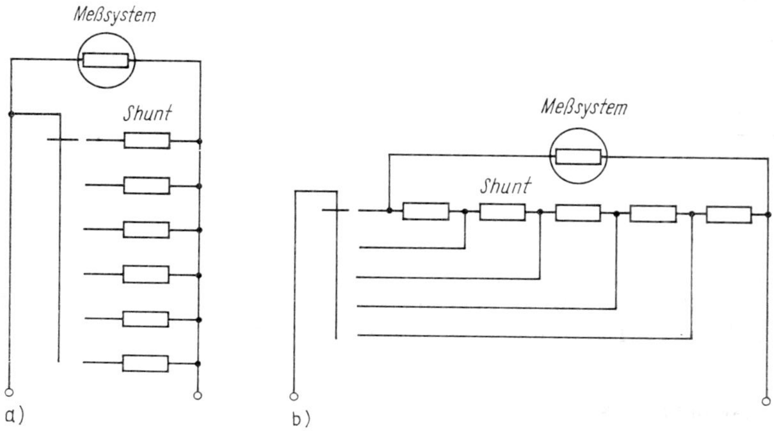

Bild 1.47

Berechne für 3 Meßbereiche $p_v = I_v/I_s$ die 3 Widerstände des Shunts nach Schaltung 1.47 b, wobei der Widerstand des Meßsystems $R_s = 10\,\Omega$ und $p_1 = 10$, $p_2 = 30$, $p_3 = 100$ gegeben sind!

Lösungshinweis

Im Gegensatz zur Schaltung im Bild 1.47 a beeinflussen in der zu berechnenden Schaltung (Bild 1.48) die 3 Widerstände alle 3 Meßbereiche, wobei z.B. R_1 in einem Meßbereich parallel zu R_s liegt, in einem anderen Meßbereich jedoch in Reihe zu R_s. In den 3 Gleichungen für die 3 Meßbereiche treten also alle Widerstände auf.

Lösung

Im Bild 1.48 ist die Schaltung mit Kennzeichnung der Ströme angegeben.

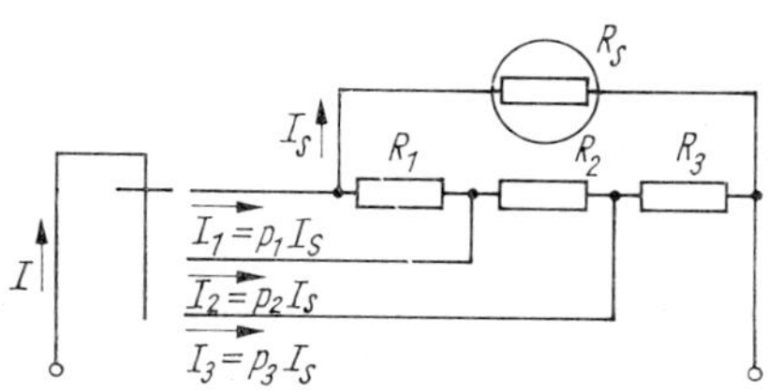

Bild 1.48

Nach der Stromteilerregel ist

$$(1)\quad \frac{I_s}{I_1} = \frac{1}{p_1} = \frac{R_1 + R_2 + R_3}{R_1 + R_2 + R_3 + R_s} = \frac{R}{R + R_s} \quad \text{mit} \quad R = R_1 + R_2 + R_3,$$

$$(2)\quad \frac{I_s}{I_2} = \frac{1}{p_2} = \frac{R_2 + R_3}{R + R_s},$$

$$(3)\quad \frac{I_s}{I_3} = \frac{1}{p_3} = \frac{R_3}{R + R_s}.$$

Aus (1) ergibt sich

$$R = R_s/(p_1 - 1).$$

Damit wird aus (3)

$$R_3 = \frac{R + R_s}{p_3},$$

aus (2)

$$R_2 = \frac{R + R_s}{p_2} - R_3,$$

und letztlich gilt

$$R_1 = R - R_2 - R_3.$$

Mit $R_s = 10\ \Omega$, $p_1 = 10$, $p_2 = 30$, $p_3 = 100$ ergeben sich $R = \frac{10}{9}\ \Omega = 1{,}11\ \Omega$, $R_3 = \frac{1}{9}\ \Omega = 0{,}11\ \Omega$, $R_2 = \frac{7}{27}\ \Omega = 0{,}26\ \Omega$, $R_1 = \frac{20}{27}\ \Omega = 0{,}74\ \Omega$.

Aufgabe 1.34 Zweigstromanalyse, vollständiger Baum

a) Zeichne den gegebenen Streckenkomplex (Bild 1.49) so um, daß er kreuzungsfrei wird, und gib einige vollständige Bäume an! Welche Bedeutung hat der Begriff „unabhängiger Zweig“?

b) Welches ist das System der unabhängigen Zweige?

c) Aus wieviel Gleichungen besteht das vollständige Gleichungssystem des Netzwerks, wieviel davon sind Maschen- und wieviel Knotengleichungen?

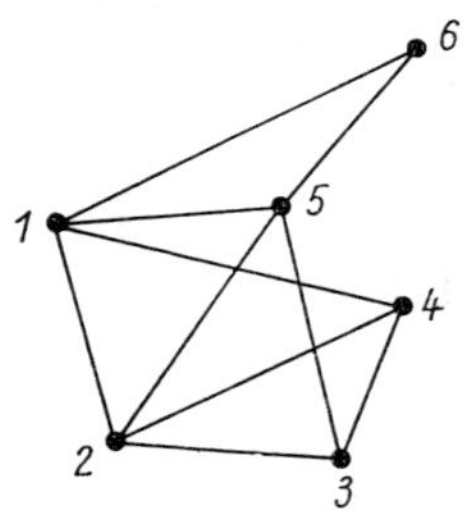

Bild 1.49

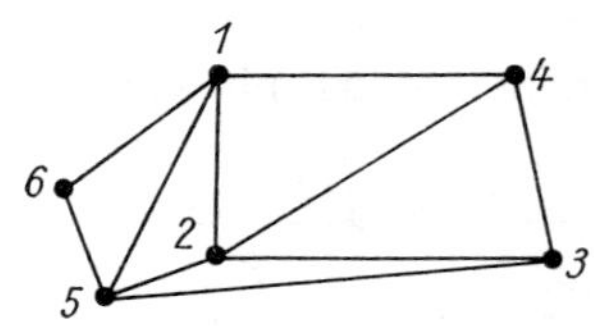

Bild 1.50

Lösungshinweis

Kreuzungsfreie Schaltungen sind nicht nur zur Berechnung übersichtlicher, sondern gehören zu einer wichtigen Schaltungsklasse, z. B. sind sie wichtig für die Herstellung integrierter Schaltungen in der Halbleitertechnik, da sie technologisch umständliche, kontaktfreie Brücken ersparen. Zum vollständigen Baum s. Aufgabe 1.11.

Lösung

a) Den gegebenen Streckenkomplex kann man kreuzungsfrei umgestalten, indem man sich die Zweige als Gummifäden vorstellt und die Knoten 5 und 6 neben die Knoten 1 und 2 legt. Der vorher räumlich ausgedehnt erscheinende Streckenkomplex (Bild 1.49) erstreckt sich dann nur noch in 2 Dimensionen (Bild 1.50).

Einige vollständige Bäume sind in den Bildern 1.51 a bis c fetter Linienführung angegeben.

b) Die dünn gezeichneten Zweige bilden das System der unabhängigen Ströme, d.h., wenn man diese Zweigströme einführt, sind die anderen (die des vollständigen Baums) über den Knotensatz berechenbar. Überprüfe dies!

c) Man erkennt, daß immer 5 Zweige das unabhängige System der Zweigströme bilden. Also existieren 5 unabhängige Maschen. Weiterhin verfügt die Schaltung über 6 Knotenpunkte, d.h., 5 Knotengleichungen sind unabhängig.

Es gibt also 10 unabhängige Gleichungen für die $z = 10$ Zweige des Systems und damit so viele Gleichungen, wie unbekannte Zweigströme eingeführt wurden.

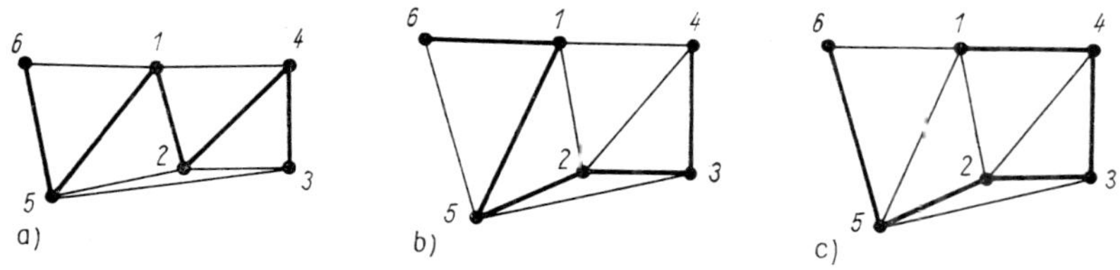

Bild 1.51

Diskussion

Es sei hervorgehoben, daß nicht alle Schaltungen mit Kreuzungen kreuzungsfrei umgestaltet werden können. Das wäre z.B. nicht möglich, wenn Knoten 4 noch mit Knoten 6 und der Knoten 1 noch mit Knoten 3 verbunden wäre.

Aufgabe 1.35 Transistorschaltung

In der Verstärkerschaltung Bild 1.52 sind die Widerstände und die EMK E bekannt. Am Transistor wurden die Spannungen zwischen Basis (B) und Emitter (E) U_{BE} und zwischen Kollektor (C) und Emitter U_{CE} sowie der Kollektorstrom I_C gemessen.
Berechne alle übrigen 12 Spannungen und Ströme der Schaltung!

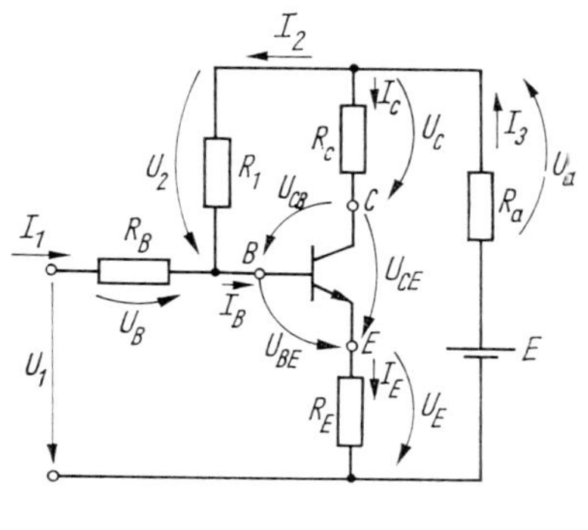

Bild 1.52

Lösungshinweis

Die gegebenen und die 12 gesuchten Größen werden durch Maschen- und Knotengleichungen in Beziehung gebracht.

Lösung

Gegeben sind: U_{CE}, U_{BE}, E und I_C.
Mit folgenden Maschen- und Knotengleichungen (Bild 1.52) berechnet man die jeweils

unterstrichene Größe aus den gegebenen bzw. bereits berechneten Werten:

$$\underline{U_{CB}} = U_{CE} - U_{BE}; \quad \underline{U_C} = I_C R_C; \quad \underline{U_2} = U_C + U_{CB}; \quad \underline{I_2} = U_2/R_1$$

$$\underline{I_3} = I_C + I_2; \quad \underline{U_a} = I_3 R_a; \quad \underline{U_E} = E - U_a - U_C - U_{CE}; \quad \underline{I_E} = U_E/R_E$$

$$\underline{I_B} = -I_C + I_E; \quad \underline{I_1} = -I_2 + I_B; \quad \underline{U_B} = I_1 R_B; \quad \underline{U_1} = U_B + U_{BE} + U_E$$

Aufgabe 1.36 Zweigstromanalyse, „erweiterte" Matrix

Gegeben ist die Schaltung Bild 1.53.

a) Wähle als vollständigen Baum die Zweige mit den Widerständen R_2, R_3, R_4, und stelle das vollständige Gleichungssystem für die Schaltung und daraus die erweiterte Matrix der Zweigstromanalyse auf!

b) Wähle als unabhängige Maschen die Umläufe mit den Widerständen R_1–R_5–R_6, R_2–R_3–R_6–R_5 und R_1–R_3–R_4–R_5, und stelle direkt die vollständige Matrix auf! Überprüfe, ob und wie diese in die von a) übergeführt werden kann!

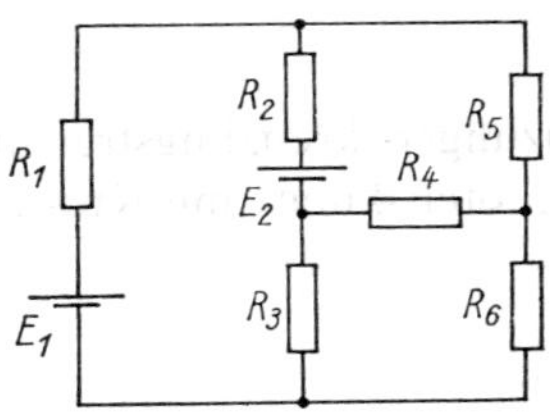

Bild 1.53

Lösungshinweis

Siehe RP 1, insbesondere Pkt. 4!

Lösung

a) Im Bild 1.54 wurde in jeden Zweig ein Strom (mit dem Index des Zweigwiderstands) eingeführt. Im Bild 1.55 a (Streckenkomplex) ist der vollständige Baum dick eingezeichnet. Damit ergeben sich die gewählten unabhängigen Maschengleichungen I, II, III mit dem eingetragenen Umlaufsinn; als unabhängige Knotengleichungen wurden die der Knoten IV, V, VI gewählt. Damit ergeben sich die Gln. (I) bis (VI), nach Strömen geordnet:

$$
\begin{array}{llr}
\text{(I)} & R_1 I_1 - R_2 I_2 + R_3 I_3 & = E_1 - E_2 \\
\text{(II)} & \quad + R_2 I_2 \quad + R_4 I_4 + R_5 I_5 & = E_2 \\
\text{(III)} & \quad - R_3 I_3 - R_4 I_4 \quad - R_6 I_6 & = 0 \\
\text{(IV)} & I_1 + I_2 \quad - I_5 & = 0 \\
\text{(V)} & - I_2 - I_3 + I_4 & = 0 \\
\text{(VI)} & -I_1 + I_3 \quad - I_6 & = 0.
\end{array}
$$

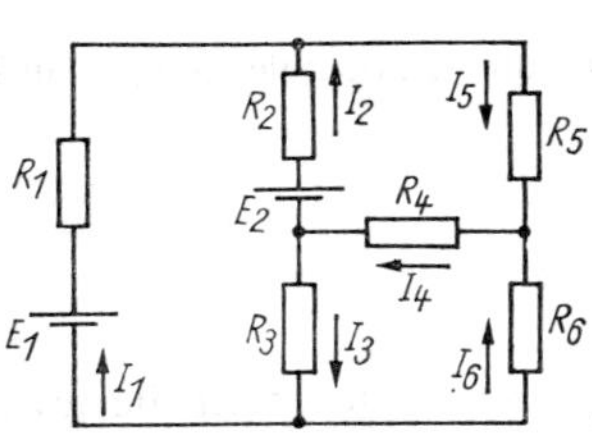

Bild 1.54

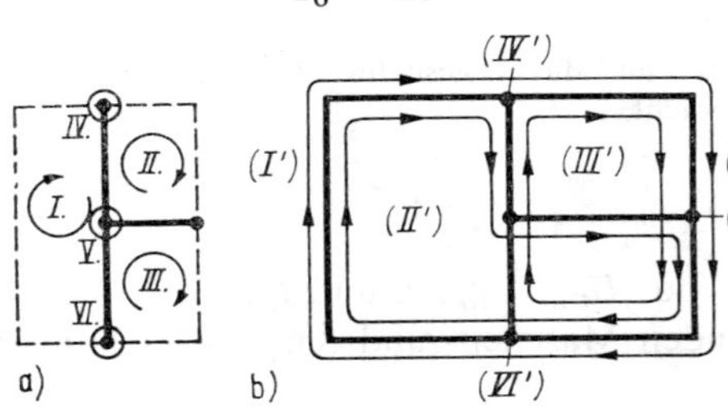

Bild 1.55

Daraus ergibt sich die erweiterte Matrix (Koeffizienten der Ströme und rechte Gleichungsseite):

	I_1	I_2	I_3	I_4	I_5	I_6	
(I)	R_1	$-R_2$	$+R_3$	0	0	0	$E_1 - E_2$
(II)	0	$+R_2$	0	$+R_4$	$+R_5$	0	E_2
(III)	0	0	$-R_3$	$-R_4$	0	$-R_6$	0
(IV)	1	1	0	0	-1	0	0
(V)	0	-1	-1	$+1$	0	0	0
(VI)	-1	0	$+1$	0	0	-1	0

b) Im Bild 1.55b sind die Umläufe (I'), (II') und (III') sowie die gewählten Knoten (IV'), (V') und (VI') eingezeichnet. Wir entwerfen zunächst den Rahmen der Matrix, indem wir die Spaltenbezeichnungen I_1 bis I_6 und Zusatzspalte sowie die Zeilenbezeichnung (I') bis (VI') angeben. Auf die Matrixplätze schreiben wir nun nur die Koeffizienten des entsprechenden Spaltenstroms, wobei wir das Vorzeichen aus den Umlaufrichtungen und den gewählten Bezugspfeilen der Ströme (Bild 1.54) entnehmen: Zum Beispiel erhält Zeile (I') bei I_1, I_5 bzw. I_6 die Koeffizienten $+R_1$, $+R_5$ bzw. $-R_6$ und bei den übrigen Strömen je eine Null; die aufgeprägte Größe (Zusatzspalte) ist $+E_1$. Die Knotenzeile (V') erhält bei I_5 und I_6 je $+1$, bei I_4 eine -1 und bei I_1, I_2, I_3 je eine Null usw.

	I_1	I_2	I_3	I_4	I_5	I_6	
(I')	$+R_1$	0	0	0	$+R_5$	$-R_6$	E_1
(II')	$+R_1$	$-R_2$	0	$-R_4$	0	$-R_6$	$E_1 - E_2$
(III')	0	$+R_2$	$-R_3$	0	$+R_5$	$-R_6$	E_2
(IV')	$+1$	$+1$	0	0	-1	0	0
(V')	0	0	0	-1	$+1$	$+1$	0
(VI')	-1	0	$+1$	0	0	-1	0

Es ist (IV) = (IV'), (VI) = (VI') und (IV) + (V) + (VI) = −(V'); außerdem muß – wie die gewählten Umläufe in a) und b) zeigen – erfüllt sein: (II) + (III) = (III'), (I) + (II) + (III) = (I'), (I) + (III) = (II').

Aufgabe 1.37 Zweigstromanalyse

a) Berechne mit Hilfe der Zweigstromanalyse den Strom I_5 durch R_5 der Schaltung im Bild 1.56a! Löse das Gleichungssystem in Matrixschreibweise mittels Gaußschen Algorithmus auf!

b) Wie unterscheidet sich das Gleichungssystem der Schaltung im Bild 1.56b von dem im Bild 1.56a?

c) Gegeben sind $R_1 = 10\ \Omega$, $R_2 = 15\ \Omega$, $R_3 = 100\ \Omega$, $R_4 = 30\ \Omega$, $R_5 = 10\ \Omega$, $E_1 = 10\,\text{V}$ und $E_2 = 20$ V. Berechne I_5, wie in a) angegeben!

d) Setze die in c) gegebenen Werte in die erweiterte Matrix von a) ein, und berechne mit dem Computer mit Hilfe von BP 1 alle Ströme numerisch!

Lösungshinweis

Siehe RP 1, Lehrbuch (Anhang)[1])!
Zur erweiterten Matrix s. auch Aufgabe 1.36. Die schrittweise Durchführung des Gaußschen Algorithmus soll auch zum Verständnis des BASIC-Programms BP 1 führen (Tafel 1.4 und Erläuterungen unter RP 1).

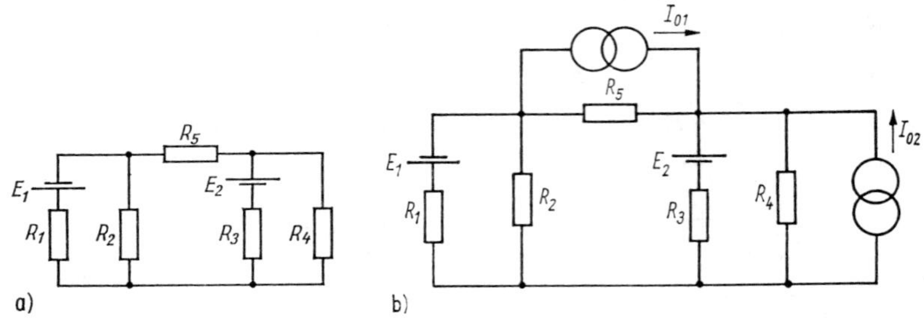

Bild 1.56

Lösung

a) 1. Da der Strom in der Verbindungsleitung zwischen R_2 und R_3 nicht interessiert, kann man die beiden Knoten vereinen, s. Bild 1.57. Wir führen in jedem Zweig einen Strom in willkürlicher Richtung ein.
2. Es ist $z = 5$ und $k = 3$, d.h., es gibt 2 unabhängige Knoten- und 3 unabhängige Maschengleichungen.
3. Im Bild 1.57 sind 3 Maschen (I, II, III) und 2 Knoten (IV, V) ausgewählt.
4. Um die erweiterte Matrix aus der Schaltung zu erhalten, ordnen wir die Matrixstruktur in der Spaltenreihenfolge I_1 bis I_5 (I_5 als gesuchter Strom in letzter Spalte) und in der Zeilenreihenfolge Maschen (I) bis (III) und Knoten (IV) und (V) (vgl. Aufg. 1.36).

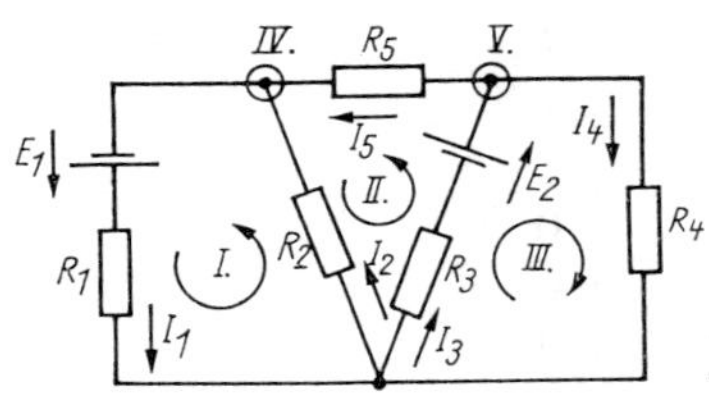

Bild 1.57

	I_1	I_2	I_3	I_4	I_5	
Masche (I)	$+R_1$	$+R_2$	0	0	0	$+E_1$
(II)	0	$-R_2$	$+R_3$	0	$+R_5$	$+E_2$
(III)	0	0	$+R_3$	$+R_4$	0	$+E_2$
Knoten (IV)	-1	$+1$	0	0	$+1$	0
(V)	0	0	$+1$	-1	-1	0

Das Gleichungssystem ist insofern bereits günstig für die Lösung geordnet, als unter der Hauptdiagonalen (insbesondere in der 1. Spalte) bereits viele Nullen stehen

[1]) Siehe Fußnote Seite 5!

(andernfalls sollte man umordnen), so daß „nur" die Plätze (IV, 1), (IV, 2), (V, 3) und (V, 4) durch Zeilenadditionen auf Nullen umgerechnet werden müssen:

4.1. Multiplikation der Zeile (I) mit $1/R_1$ und Addition zu Zeile IV ergibt 0 auf Platz (IV′, 1) und damit Zeile (IV′):

$$\text{(IV}')\quad 0\quad 1+\frac{R_2}{R_1}\quad 0\quad 0\quad +1\quad \vdots\quad +E_1/R_1$$

4.2. Wir setzen $1 + R_2/R_1 = a$.
Multiplikation der Zeile (II) mit a/R_2 und Addition zu Zeile (IV′) ergibt Null auf Platz (IV″, 2), und mit der Abkürzung $1 + aR_5/R_2 = b$ wird Zeile (IV″):

$$\text{(IV}'')\quad 0\quad 0\quad aR_3/R_2\quad 0\quad b\quad \vdots\quad E_2a/R_2 + E_1/R_1$$

4.3. Multiplikation der Zeile (III) mit $-a/R_2$ und Addition mit Zeile (IV″) ergibt die Zeile (IV‴). Die Null auf Platz (V, 3) erhalten wir analog durch Multiplikation der Zeile (III) mit $-1/R_3$ und Addition mit Zeile (V), womit Zeile (V′) entsteht:

$$\text{(IV}''')\quad 0\quad 0\quad 0\quad -aR_4/R_2\quad b\quad \vdots\quad E_1/R_1$$

$$\text{(V}')\quad 0\quad 0\quad 0\quad -(1 + R_4/R_3)\quad -1\quad \vdots\quad -E_2/R_3$$

4.4. Als letztes entsteht durch Multiplikation der Zeile (IV‴) mit $-(1 + R_4/R_3)/(aR_4/R_2) = -c$ und Addition mit Zeile (V′) die Null auf Platz (V″, 4), und das gesamte Schema hat somit folgendes Aussehen:

	I_1	I_2	I_3	I_4	I_5	
(I)	$+R_1$	$+R_2$	0	0	0	$+E_1$
(II)	0	$-R_2$	$+R_3$	0	$+R_5$	$+E_2$
(III)	0	0	$+R_3$	$+R_4$	0	$+E_2$
(IV‴)	0	0	0	$-aR_4/R_2$	b	$+E_1/R_1$
(V″)	0	0	0	0	$-(1 + cb)$	$-(E_2/R_3 + cE_1/R_1)$

Die Zeile (V″) ist die „Abkürzung" für die Gleichung

$(1 + cb)\, I_5 = E_2/R_3 + cE_1/R_1$.

Daraus ergibt sich der gesuchte Strom I_5 zu:

$$I_5 = \frac{E_1R_2\,(R_3 + R_4) + E_2R_4\,(R_1 + R_2)}{(R_1 + R_2)\,(R_3R_4 + R_3R_5 + R_4R_5) + R_1R_2\,(R_3 + R_4)}.$$

Hinweis: Es lohnt sich immer, nach längeren Zwischenrechnungen das Ergebnis durch Grenzübergänge zu überprüfen. Man kann z.B. für $R_2 = R_4 = \infty$ aus der Schaltung sofort angeben $I_5 = (E_1 + E_2)/(R_1 + R_3 + R_5)$, oder für $R_4 = 0$ muß sich auf Grund der Stromteilerregel ergeben $I_5 = (I)_{E1} \cdot R_2/(R_2 + R_5)$. Mit $(I)_{E1} = E_1/(R_1 + R_2 \parallel R_5)$ wird $I_5 = E_1R_2/(R_1R_5 + R_2R_5 + R_1R_2)$. Beide Speziallösungen ergeben sich aus obiger allgemeiner Lösung durch entsprechende Grenzübergänge.

Bemerkung: Aus der „Dreieckmatrix" kann man alle weiteren Ströme berechnen: Zum Beispiel ergibt sich I_4 mit dem Ergebnis für I_5 aus: (IV‴): $-a(R_4/R_2)\, I_4 + bI_5 = E_1/R_1$.

Die Lösung des Gleichungssystems von 5 Gleichungen ist trotz der anfänglichen Nullen noch recht aufwendig. Es lohnt immer die Überlegung, ob eine andere Berechnungsmethode (weniger Gleichungen!) den Aufwand verringert und die Lösung rationeller ermöglicht (s. Aufgaben 1.40, 1.42 und 1.45).

b) Die beiden Einströmungen bilden keine zusätzlichen Maschen und für die Stromberechnung I_5 keinen zusätzlichen Knoten. Es sind also die 5 unabhängigen Gleichungen von a) hinreichend. Es verändern sich nur die beiden Knotengleichungen um I_{01} und I_{02}, die man zweckmäßigerweise als aufgeprägte Größen auf die rechte Seite der Gleichung (Vorzeichenumkehr!) schreibt (wie bei Maschengleichungen die EMK).

$$\text{(IV)} \qquad -I_1 + I_2 \qquad\qquad + I_5 = +I_{01}$$

$$\text{(V)} \qquad\qquad\qquad + I_3 - I_4 - I_5 = -I_{01} - I_{02}.$$

c) Mit den gegebenen Werten ergibt die Lösungsgleichung in a) $I_5 = 0{,}27165$ A.

d) Vor Eingabe der Werte (ohne Einheiten!) müssen wir eine Einheitenbetrachtung durchführen. Hier sind alle Widerstände in Ω und alle Spannungen in Volt gegeben, also erhalten die berechneten Ströme die Einheit Ampere.
Wir setzen zur Übersicht in die erste in a) aus der Schaltung entnommene erweiterte Matrix die Zahlenwerte mit Vorzeichen ein und geben diese Werte entsprechend dem Rechneraufruf (bis Programmzeile 15Ø) ein: Die Ordnung (Zeile 2Ø) $N = 5$, $A(1,1)$ $(= R_1) = 10$, $A(1,2) = 0$, $A(1,3) = 0$, $A(1,4) = -1$ usw.
Der Computer gibt an

$$X(1)\,(= I_1) = 0{,}562992\ \text{(A)}$$

$$X(2)\,(= I_2) = 0{,}291339\ \text{(A)}$$

$$X(3)\,(= I_3) = 0{,}216535\ \text{(A)}$$

$$X(4)\,(= I_4) = -0{,}055118\ \text{(A)}$$

$$X(5)\,(= I_5) = 0{,}271654\ \text{(A)}\ \text{(vgl. c)!)}$$

Aufgabe 1.38 Maschenstromanalyse

Stelle das Gleichungssystem der Maschenstromanalyse zur Berechnung des Stroms I_3 durch R_3 in der Brückenschaltung Bild 1.58 auf:

a) erweiterte Maschengleichungen
b) erweiterte Widerstandsmatrix!

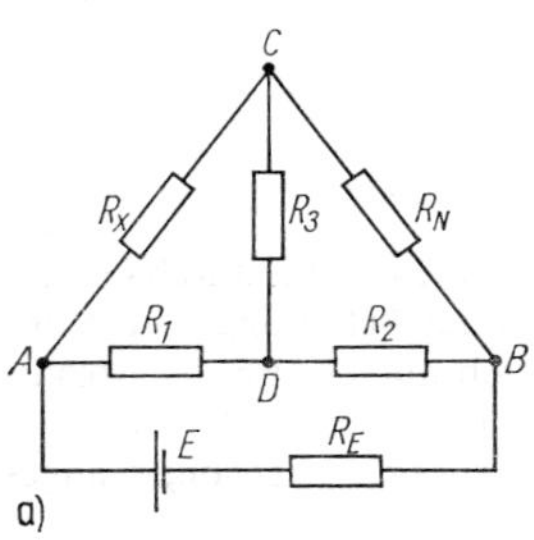

Bild 1.58

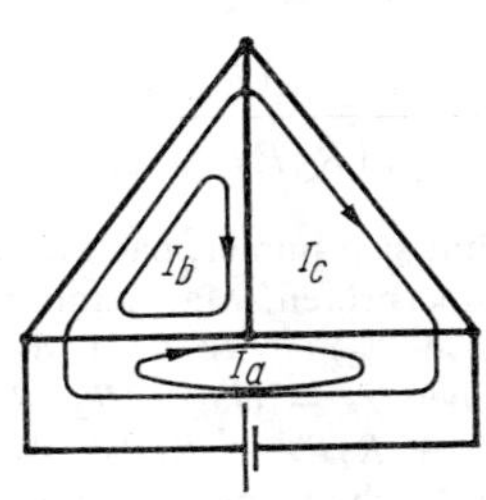

Bild 1.59

Lösungshinweis

Mit der Zweigstromanalyse wären 6 Gleichungen erforderlich: Hier sind es nur 3, da das Netzwerk nur 3 unabhängige Maschen hat. Benutze RP 2!

Lösung

a) 1. Wir führen 3 Maschenströme so ein (Bild 1.59), daß durch R_3 nur ein Maschenstrom (hier I_b) fließt. Dann gilt: $I_b = I_3$.

2. Zur Aufstellung der Maschengleichung ordnen wir nach den 3 Strömen I_a, I_b, I_c. Dazu „laufen" wir zunächst mit dem entsprechenden Maschenstrom und addieren alle von diesem durchflossenen Widerstände (= Ringwiderstand dieser Masche). Dann geben wir die Spannungsabfälle von den anderen Maschenströmen in dieser Masche an, und zwar mit positiven Vorzeichen bei gleich orientierten Strömen – andernfalls mit negativem Vorzeichen:

$$\begin{aligned} &\text{I.} && (R_1 + R_2 + R_E)\, I_a - R_1 I_b + R_E I_c = E \\ &\text{II.} && -R_1 I_a + (R_1 + R_3 + R_x)\, I_b + R_x I_c = 0 \\ &\text{III.} && R_E I_a + R_x I_b + (R_x + R_N + R_E)\, I_c = 0. \end{aligned}$$

b) Programmpunkt 2 kann noch stärker schematisiert werden, indem man die Koeffizienten der Maschenströme aus der Schaltung „abliest" (s. RP 2) und sie in folgender Weise zur Widerstandsmatrix ordnet:

Ordnen wir die Spalten in der Reihenfolge I_a, I_c, I_b (I_b als gesuchte Größe in letzter Spalte bei Gaußschem Lösungsalgorithmus (s. Aufg. 1.37)), so ergibt sich eine Zeilenordnung Masche *a*, Masche *c*, Masche *b*. In der Hauptdiagonalen stehen die Ringwiderstände der jeweiligen Masche und auf den „Nebenplätzen" die Koppelwiderstände (s. RP 2), wobei R_1 negatives Vorzeichen erhält (gegensätzliche Bezugsrichtungen von I_a und I_b). Die Zusatzspalte enthält die EMK E in Masche a:

Maschenstrom	I_a	I_c	I_b	Aufgeprägte Größen
Masche *a*	$R_E + R_1 + R_2$	$+R_E$	$-R_1$	$+E$
Masche *c*	$+R_E$	$R_E + R_x + R_N$	$+R_x$	0
Masche *b*	$-R_1$	$+R_x$	$R_1 + R_x + R_3$	0

Beachte die Spiegelbildlichkeit zur Hauptdiagonalen!

Aufgabe 1.39 Maschenstromanalyse

Berechne den Strom I_2 durch R_3 der Schaltung im Bild 1.60 nach der Maschenstromanalyse!

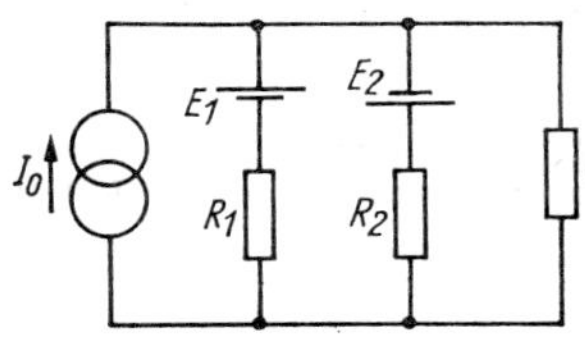

Bild 1.60

Lösungshinweis

Verfahre nach Rechenprogramm RP 2!
Die Einströmung I_0 schließe über einem beliebigen Zweig. Das Schaltsymbol für die Einströmung zählt nicht als Zweig, bildet also keine zusätzliche Masche, so daß die Aufstellung von 2 Gleichungen für die beiden unbekannten Maschenströme ausreicht.

Lösung

1. Im Bild 1.61 sind die Maschenströme I_1 und I_2 eingeführt, und die Einströmung I_0 ist als Maschenstrom über den Zweig R_1 geschlossen (man hätte auch einen anderen Zweig wählen können).

2.
$$\begin{array}{llr|l} (1) & (R_1 + R_2)\,I_1 \quad - R_2 I_2 - R_1 I_0 = & E_1 + E_2 & R_2 \\ (2) & -R_2 I_1 + (R_2 + R_3)\,I_2 \quad = & -E_2 & (R_1 + R_2) \end{array}$$

$$-R_2^2 I_2 + (R_1 + R_2)(R_2 + R_3)\,I_2 - R_1 R_2 I_0 = E_1 R_2 - E_2 R_1$$

$$I_2 = \frac{E_1 R_2 - E_2 R_1 + I_0 R_1 R_2}{R_1 R_2 + R_1 R_3 + R_2 R_3}.$$

Wie in der vorhergehenden Aufgabe können wir die Aufstellung des Gleichungssystems abkürzen, indem wir die Matrix der Stromkoeffizienten bilden (aus der Schaltung „ablesen"). Dabei ist im Unterschied zu vorher hier zu beachten, daß die gegebene Einströmung bekannte Spannungsabfälle bildet (hier $I_0 R_1$), die man zweckmäßigerweise mit Vorzeichenumkehr als aufgeprägte Größe auch auf die rechte Seite der Maschengleichung, d. h. in die Zusatzspalte schreibt:

	I_1	I_2	Aufgeprägte Größen
Masche 1	$R_1 + R_2$	$-R_2$	$E_1 + E_2 + I_0 R_1$
Masche 2	$-R_2$	$R_2 + R_3$	$-E_2$

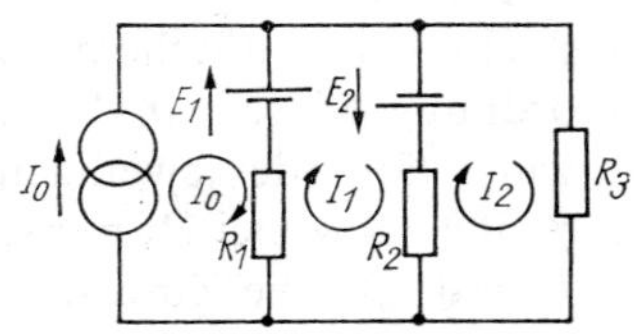

Bild 1.61

Aufgabe 1.40 Maschenstromanalyse

a) Stelle zur Berechnung des Stroms I_5 durch R_5 in Schaltung Bild 1.62 die erweiterte Matrix der Maschenstromanalyse auf, und wende zur Lösung den Gaußschen Algorithmus an! Vergleiche den Rechenaufwand mit dem der Aufgabe 1.37!

b) Wie verändert sich das Gleichungssystem (die erweiterte Matrix), wenn parallel zu R_4 eine Einströmung I_0 wirkt?

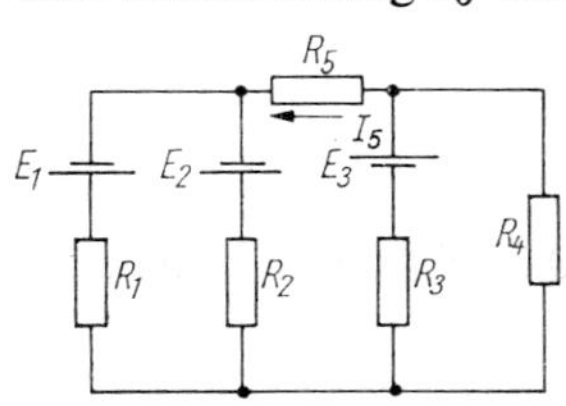

Bild 1.62

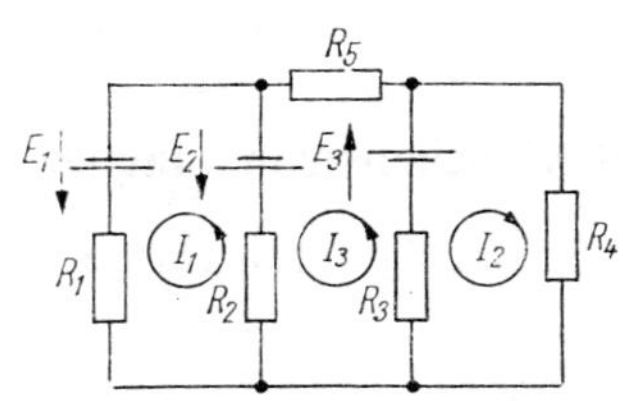

Bild 1.63

Lösungshinweis

Die erweiterte Matrix enthält die Widerstandsmatrix und als Zusatzspalte die aufgeprägten Größen (rechte Seite des Gleichungssystems, vgl. RP 1, Punkt 4). Zur Aufstellung der Widerstandsmatrix s. RP 2! Zur Auflösung vgl. Aufgabe 1.37!

Lösung

a) Nach RP 2:
   1. Im Bild 1.63 sind die 3 erforderlichen Maschenströme (3 unabhängige Maschen!) so gewählt, daß der gesuchte Strom nur durch einen Maschenstrom bestimmt wird ($I_3 = I_5$).

2. Wir ordnen dem gesuchten Strom I_3 die 3. Spalte zu, um nach Umrechnung in die Dreieckform die Lösung direkt zu erhalten:

	I_1	I_2	I_3	
(1)	$R_1 + R_2$	0	$-R_2$	$E_1 - E_2$
(2)	0	$R_3 + R_4$	$+R_3$	E_3
(3)	$-R_2$	$+R_3$	$R_2 + R_3 + R_5$	$E_2 + E_3$

Bemerkungen: Die Widerstandsmatrix ist symmetrisch zur Hauptdiagonalen. Der Koppelwiderstand R_2 erhält (im Gegensatz zu R_3) negatives Vorzeichen, da die Maschenströme gegenläufige Bezugsrichtungen haben.

3. Ausrechnung

Der Platz (2.1) hat bereits eine Null, wir brauchen also die Zeile (2) nicht umzuformen.
Multiplikation der Zeile (1) mit $R_2/(R_1 + R_2)$ und Addition mit Zeile (3) ergibt eine neue Zeile (3'):

$$(3')\quad 0 \quad R_3 \quad R_2 + R_3 + R_5 - R_2^2/(R_1 + R_2) \;\vdots\; E_2 + E_3 + (E_1 - E_2)\, R_2/(R_1 + R_2).$$

Multiplikation der Zeile (2) mit $-R_3/(R_3 + R_4)$ und Addition mit Zeile (3') ergibt eine Zeile (3''), die die Auflösung nach I_3 ermöglicht:

$$[R_2 + R_3 + R_5 - R_2^2/(R_1 + R_2) - R_3^2/(R_3 + R_4)]\, I_3$$

$$= E_2 + E_3 + (E_1 - E_2)\, R_2/(R_1 + R_2) - E_3 R_3/(R_3 + R_4).$$

Daraus folgt

$$I_3 = \frac{(E_1 R_2 + E_2 R_1)(R_3 + R_4) + E_3 R_4 (R_1 + R_2)}{(R_3 + R_4)(R_1 R_2 + R_1 R_5 + R_2 R_5) + R_3 R_4 (R_1 + R_2)}.$$

Probe: Setzen wir $E_2 = 0$, so erhalten wir Schaltung Bild 1.56a und das dort ermittelte Ergebnis für I_5.
Der Rechenaufwand ist gegenüber der Zweigstromanalyse (Aufg. 1.37) wesentlich geringer.

b) Die zusätzliche Einströmung wird als Maschenstrom z. B. über R_4 geschlossen. Dieser vorgegebene Maschenstrom liefert *keine zusätzliche Gleichung* (vgl. Aufgabe 1.37), sondern es ändert sich lediglich der Spannungsabfall über R_4 in Maschengleichung III, d. h., es entsteht ein zusätzliches Glied $I_0 R_4$, das zweckmäßigerweise (mit Vorzeichenumkehr) auf der rechten Seite hinzugefügt wird, da es eine aufgeprägte Größe (wie E_1 bis E_3) ist.

Diskussion

Die Lösung dieser Aufgabe zeigt im Vergleich mit der ähnlichen Aufgabe 1.37, daß man bei Auswahl einer geeigneten Methode und beim Vorgehen nach einer wohlüberlegten „Lösungsstrategie" den Umfang des Gleichungssystems und die reine Rechenarbeit bei der Lösung etwas umfangreicherer Schaltungen einschränken kann (s. auch Aufgabe 1.42!).

Aufgabe 1.41 Maschenstromanalyse, Strom- und Spannungsverhältnis einer Vierpolschaltung

Berechne in dem gegebenen Netzwerk (Bild 1.64)

a) das Verhältnis von Ausgangsstrom I_C durch Klemme C zu Eingangsstrom I_B

b) das Verhältnis der Ausgangsspannung U_{CE} zur Eingangsspannung U_{BE}!

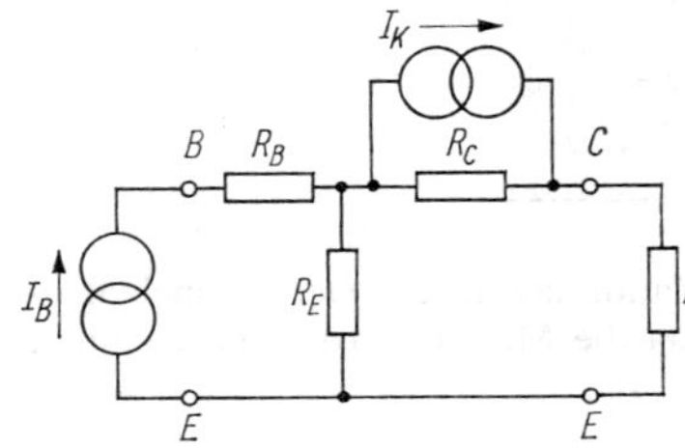

Bild 1.64
Vierpol mit Eingangsklemmen BE und Ausgangsklemmen CE, in dessen Eingang ein Strom I_B eingespeist wird und dessen Ausgang mit dem Lastwiderstand R_L belastet ist

Lösungshinweis

Da 2 Einströmungen im Netzwerk vorliegen, die auf Grund ihres unendlich großen Innenwiderstands nicht als Zweige rechnen, gibt es nur einen Maschenstrom als unbekannte Variable. Wir führen in die Masche, gebildet von R_E, R_c, und R_L, einen Maschenstrom I_c ein und schließen die Einströmungen I_B und I_k als Maschenströme über die Zweige R_B bzw. R_C.

Lösung

a) 1. Einführung der Maschenströme s. Bild 1.65.

2. Maschengleichung

$$I_C(R_E + R_C + R_L) - I_k R_C - I_B R_E = 0.$$

3. Stromverhältnis

$$\frac{I_C}{I_B} = \frac{\frac{I_k}{I_B} R_C + R_E}{R_E + R_C + R_L}.$$

b) Einführen der Spannungsabfälle U_{BE} und U_{CE} s. Bild 1.66.
Mit den Maschenströmen im Bild 1.65 ergeben sich

$$U_{BE} = I_B(R_B + R_E) - I_C R_E$$

$$U_{CE} = I_C R_L.$$

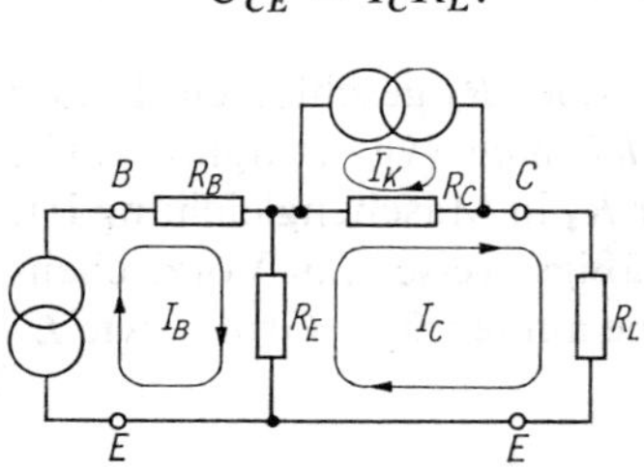

Bild 1.65

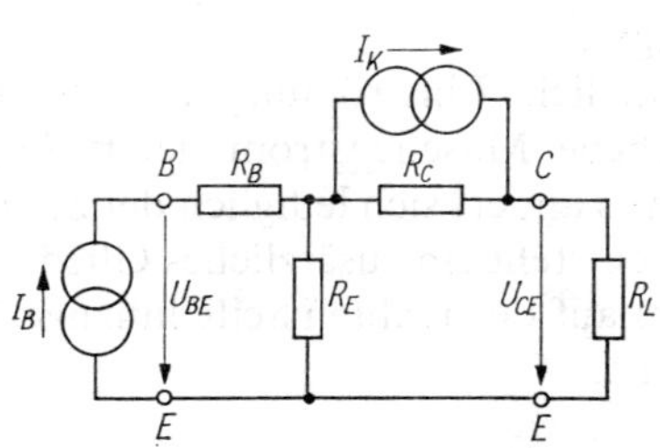

Bild 1.66

Also wird das gesuchte Spannungsverhältnis

$$\frac{U_{CE}}{U_{BE}} = \frac{I_C R_L}{I_B(R_B + R_E) - I_C R_E} = \frac{R_L}{\frac{I_B}{I_C}(R_B + R_E) - R_E}.$$

Wir setzen I_C/I_B von a) ein und erhalten

$$\frac{U_{CE}}{U_{BE}} = \frac{R_L}{\dfrac{R_E + R_C + R_L}{\dfrac{I_k}{I_B} R_C + R_E}(R_B + R_E) - R_E}.$$

Diskussion

Ähnliche Schaltungen treten in der Schwachstromtechnik z. B. als Ersatzschaltbild eines Transistors auf. In diesem Fall wären a) und b) die Strom- bzw. Spannungsverstärkung einer Transistorschaltung.

Aufgabe 1.42 Knotenspannungsanalyse

Berechne mit Hilfe der Knotenspannungsanalyse den Strom I_5 durch R_5 der Schaltung Bild 1.67!

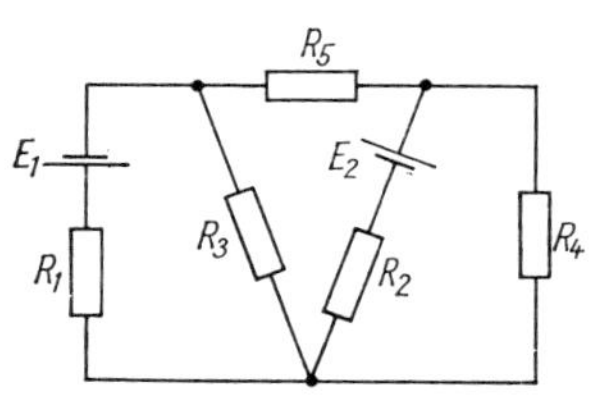

Bild 1.67

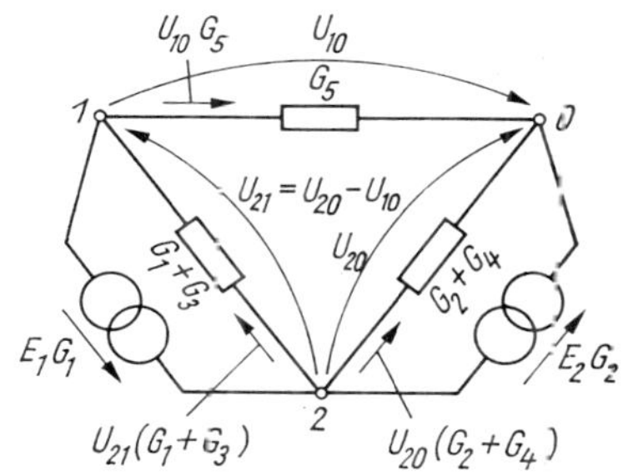

Bild 1.68

Lösungshinweis

Im RP 3 ist das Lösungsprogramm angegeben. Wir wählen den Bezugspunkt 0 an einem Knoten des Widerstands R_5, da der Strom in diesem Zweig gesucht ist. Wir zeichnen zweckmäßigerweise, wie im Programmpunkt 3 angegeben, die beiden Zweige mit den EMK E_1 und E_2 in Stromquellenparallelschaltungen um (gemäß Bild 1.29). Beachte dabei: Die physikalischen Richtungen der Einströmungen sind gleich denen der EMK!
Zur Vereinfachung der Schreibweise und der Rechnung formuliert man die Knotengleichungen mit den Leitwerten.

Lösung

RP 3, Punkte 1 bis 3: Im Bild 1.68 sind die Zweige E_ν, R_ν der Schaltung Bild 1.67 umgerechnet in je eine Parallelschaltung einer Einströmung $E_\nu G_\nu$ mit dem Leitwert $G_\nu = 1/R_\nu$. Dieser Leitwert kann mit dem Leitwert $G_3 = 1/R_3$ bzw. $G_4 = 1/R_4$ zusammengefaßt werden, da deren Ströme nicht gesucht sind.
Die Knoten 1, 2, 0 wurden gewählt, und die Spannungen U_{10}, U_{20} und $U_{21} = U_{20} - U_{10}$ wurden eingetragen, womit sich die Zweigströme $I_\nu = I_{\nu 0} G_\nu$ ergeben.
Damit kann man die beiden Knotengleichungen aufstellen:

$$\text{Knoten 1} \quad U_{10}G_5 - (U_{20} - U_{10})(G_1 + G_3) = -E_1G_1,$$

$$\text{Knoten 2} \quad U_{20}(G_2 + G_4) + (U_{20} - U_{10})(G_1 + G_3) = E_1G_1 - E_2G_2.$$

Wir ordnen nach U_{10} und U_{20}

$$(G_1 + G_3 + G_5)\,U_{10} - (G_1 + G_3)\,U_{20} = -E_1G_1,$$

$$-(G_1 + G_3)\,U_{10} + (G_1 + G_2 + G_3 + G_4)\,U_{20} = E_1G_1 - E_2G_2.$$

Der gesuchte Strom ist $I_5 = U_{10}G_5$. Elimination von U_{20} aus dem Gleichungssystem und Auflösung nach U_{10} ergibt

$$I_5 = U_{10}G_5 = \frac{E_1G_1(G_2 + G_4) + E_2G_2(G_1 + G_3)}{G_5(G_1 + G_2 + G_3 + G_4) + (G_2 + G_4)(G_1 + G_3)} G_5 .$$

Diskussion

Die gleiche Schaltungsstruktur fordert bei Zweigstromanalyse (Aufg. 1.37) 5 Gleichungen, bei Maschenstromanalyse (Aufg. 1.40) 3 Maschengleichungen, und hier sind nur 2 Knotengleichungen erforderlich. Entsprechend geringer wird der Lösungsaufwand! In Aufgabe 1.45 wird ein weiterer Lösungsvorschlag diskutiert! Eine weitere Vereinfachung der Knotenspannungsanalyse durch „Ablesen" der Elemente für die erweiterte Matrix wird in der nächsten Aufgabe gezeigt.

Aufgabe 1.43 Erweiterte Matrix der Knotenspannungsanalyse

Stelle für die Schaltung im Bild 1.69 die um die Spalte der aufgeprägten Größen erweiterte Leitwertmatrix der Knotenspannungsanalyse (z.B. zur Berechnung des Stroms I_6 durch R_6) auf!

Lösungshinweis

Im RP 3 ist das Lösungsprogramm angegeben. Wir formen zunächst die EMK-Zweige in Einströmungszweipole um (Bild 1.29, vgl. Aufgabe 1.42). Es gibt 3 Knoten, von denen wir z.B. zur Berechnung des Stroms durch R_6 den Bezugsknoten zweckmäßigerweise an diesen Zweig legen.

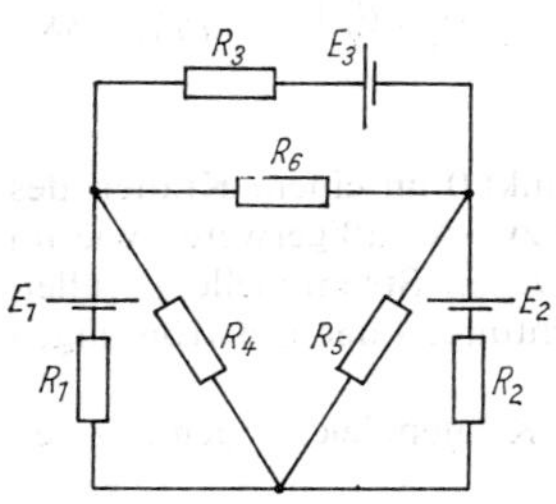

Bild 1.69

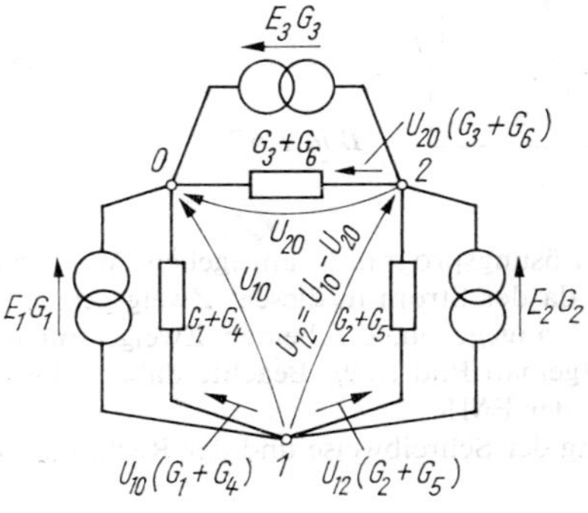

Bild 1.70

Lösung

RP 3, Punkte 1 bis 3: Bild 1.70 ist die auf Einströmungen umgezeichnete Schaltung (vgl. Erläuterungen in Aufg. 1.42); die Knoten sind bezeichnet und die Zweigströme durch die Knotenspannungen ausgedrückt. Die beiden Knotengleichungen ergeben 2 Zeilen der Matrix. In der Hauptdiagonalen der Leitwertmatrix stehen die Summe der Leitwerte, die direkt an den der Zeile entsprechenden Knoten angeschlossen sind; auf den Nebenplätzen stehen die Leitwerte mit negativem Vorzeichen zwischen den beiden Knoten, die durch Zeilen- und Spaltennummer des Platzes gekennzeichnet sind (auf dem Platz der Zeile μ und Spalte ν stehen die Leitwerte zwischen Knoten μ und ν); die Zusatzspalte enthält die gegebenen Einströmungen (zufließend mit positivem Vorzeichen):

	U_{10}	U_{20}	I_0
Knoten 1	$G_1 + G_2 + G_4 + G_5$	$-(G_2 + G_5)$	$-(E_1G_1 + E_2G_2)$
Knoten 2	$-(G_2 + G_5)$	$G_2 + G_5 + G_3 + G_6$	$E_2G_2 - E_3G_3$

Man erkennt: Die Leitwertmatrix ist symmetrisch zur Hauptdiagonalen (da die Leitwerte zwischen den Knoten μ und ν und zwischen den Knoten ν und μ gleich sind!). Um den Strom $I_6 = U_{20}G_6$ zu berechnen, müssen wir auf dem Platz (2, 1) eine Null erhalten, was durch Multiplikation der Elemente der 1. Zeile mit $(G_2 + G_5)/(G_1 + G_2 + G_4 + G_5)$ und Addition mit entsprechenden Spaltenelementen der 2. Zeile erreicht wird. Die Lösung ist

$$I_6 = \frac{-E_1G_1(G_2 + G_5) + E_2G_2(G_1 + G_4) - E_3G_3(G_1 + G_2 + G_4 + G_5)}{(G_1 + G_4)(G_2 + G_3 + G_5 + G_6) + (G_2 + G_5)(G_3 + G_6)}\,G_6.$$

Aufgabe 1.44 Überlagerungsverfahren

Berechne mit dem Überlagerungsverfahren den Strom I_2 durch R_2 in der Schaltung nach Bild 1.71!

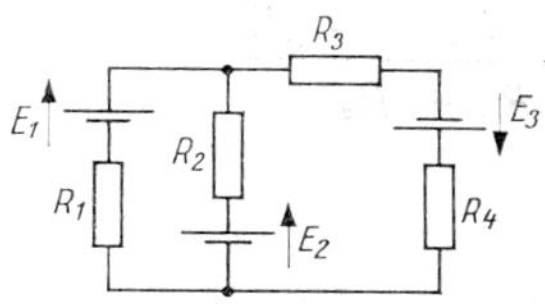

Bild 1.71

Lösungshinweis

Bei dieser Lösungsmethode wird gemäß RP 4 der gesuchte Zweigstrom als die vorzeichenbehaftete Überlagerung von Teilströmen berechnet, von denen jeder von einer EMK angetrieben wird, wobei die übrigen EMK durch Kurzschlüsse ersetzt sind. Der Teilstrom ist i. allg. mittels Stromteilerregel als Teil des von jeweiliger EMK angetriebenen Gesamtstroms zu berechnen.

Lösung

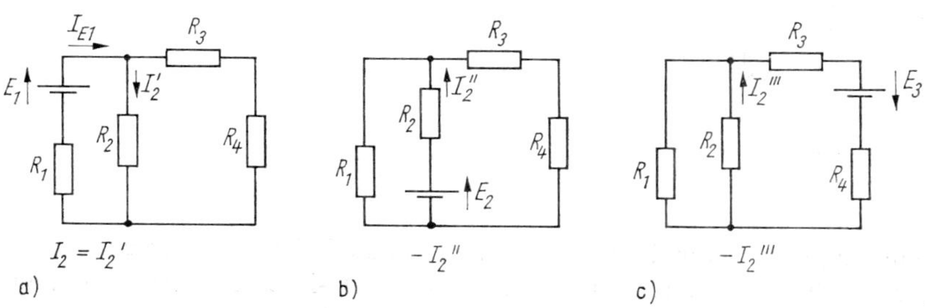

Bild 1.72

Wir beziehen uns auf die Punkte des Rechenprogramms RP 4:

1. Es wird zunächst nur der Einfluß von E_1 auf den gesuchten Zweigstrom betrachtet. Die Einflüsse der EMK E_2 und E_3 sind durch Kurzschlüsse vorübergehend aufgehoben worden. Dann erhält man das im Bild 1.72a dargestellte Schaltungsverhalten.
2. Berechnung des von E_1 herrührenden Teilstroms mit Hilfe der Stromteilerregel:

$$I_2' = \underbrace{\frac{E_1}{R_1 + [R_2 \parallel (R_3 + R_4)]}}_{\text{von } E_1 \text{ angetriebener Gesamtstrom } I_{E1}} \; \underbrace{\frac{R_3 + R_4}{R_2 + R_3 + R_4}}_{\text{Stromteilungsfaktor}}$$

$$= \frac{E_1(R_3 + R_4)}{R_1(R_2 + R_3 + R_4) + R_2(R_3 + R_4)}.$$

3. Indem wir jetzt E_1 und E_3 durch Kurzschlüsse ersetzen (Bild 1.72b), ergibt sich der von E_2 allein angetriebene Teilstrom durch R_2:

$$I_2'' = \frac{E_2}{R_2 + [R_1 \parallel (R_3 + R_4)]} = \frac{E_2\,(R_1 + R_3 + R_4)}{R_1\,(R_2 + R_3 + R_4) + R_2\,(R_3 + R_4)}.$$

Analog von E_3 herrührend (Bild 1.72c):

$$I_2''' = \frac{E_3}{(R_1 \parallel R_2) + R_3 + R_4}\,\frac{R_1}{R_1 + R_2}$$

$$= \frac{E_3 R_1}{R_1\,(R_2 + R_3 + R_4) + R_2\,(R_3 + R_4)}.$$

4. Überlagerung aller Teilströme unter Beachtung ihrer Zählrichtungen in den Punkten 2 und 3:

$$I_2 = I_2' - I_2'' - I_2''' = \frac{E_1\,(R_3 + R_4) - E_2\,(R_1 + R_3 + R_4) - E_3 R_1}{R_1\,(R_2 + R_3 + R_4) + R_2\,(R_3 + R_4)}.$$

Aufgabe 1.45 Überlagerungsverfahren

Berechne den Strom durch R_5 der Schaltung im Bild 1.56a mit Hilfe des Überlagerungssatzes, und vergleiche den Lösungsaufwand mit der Zweigstrom-, Maschenstrom- und mit der Knotenspannungsanalyse in den Aufgaben 1.37, 1.40 und 1.42!

Lösungshinweis

Siehe Aufgabe 1.44! Hier bringt die in Aufgabe 1.42 durchgeführte Umrechnung in Einströmungen Vorteile für die Berechnung.

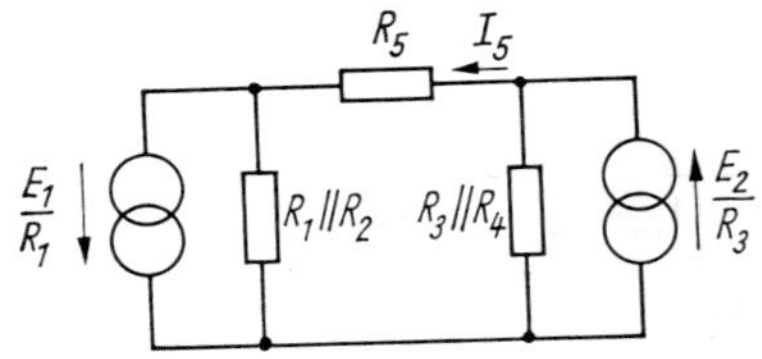

Bild 1.73

Lösung

Man könnte wie in Aufgabe 1.44 in der Originalschaltung die Teilströme berechnen. Einfacher werden jedoch die Beziehungen, wenn man die EMK-Zweige in Einströmungszweige umrechnet (Bild 1.73); dann erhält man ein Netzwerk mit nur 3 Zweigen und 2 Einströmungen. Die beiden Teilströme berechnen wir leicht als Teile der Einströmungen (Beachte: Ausschalten einer Einströmung bedeutet eine Unterbrechung an dieser Stelle!).

$$I_5 = (I_5)_{E_1} + (I_5)_{E_2}$$

$$= \frac{E_1}{R_1}\,\frac{R_1 \parallel R_2}{(R_1 \parallel R_2) + (R_3 \parallel R_4) + R_5} + \frac{E_2}{R_3}\,\frac{R_3 \parallel R_4}{(R_1 \parallel R_2) + (R_3 \parallel R_4) + R_5}.$$

Die Nenner sind gleich und besitzen den gleichen Hauptnenner $(R_1 + R_2)(R_3 + R_4)$ wie die zusammengefaßten Zähler.

Damit ergibt sich

$$I_5 = \frac{E_1 R_2\,(R_3 + R_4) + E_2 R_4\,(R_1 + R_2)}{R_1 R_2\,(R_3 + R_4) + R_3 R_4\,(R_1 + R_2) + R_5\,(R_1 + R_2)(R_3 + R_4)}.$$

Das in Aufgabe 1.37 „mühsam“ mittels Gaußschen Algorithmus aus den 5 Gleichungen gewonnene Ergebnis ist hier also in wenigen Zeilen ermittelt!

Aufgabe 1.46 Erweiterte Matrix einer Schaltung

Stelle für die Schaltung Bild 1.74 die erweiterte Matrix auf bei Anwendung
a) der Zweigstromanalyse
b) der Maschenstromanalyse
c) der Knotenspannungsanalyse!

Lösungshinweis

Siehe RP 1, RP 2 und RP 3 sowie insbesondere die Hinweise in den Aufgaben 1.36b, 1.37, 1.40, 1.43!

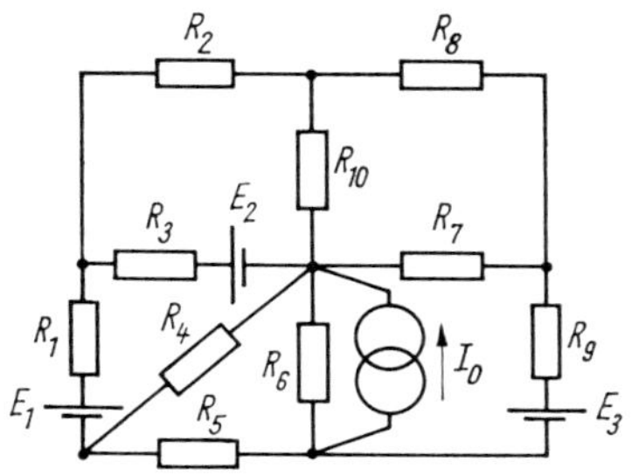

Bild 1.74

Lösung

Die Schaltung enthält als gegebene Größen 3 EMK, eine Einströmung und 10 Widerstände in 10 Zweigen.

a) Die Zweigstromanalyse fordert also 10 Gleichungen für die 5 unabhängigen Maschen (1) bis (5) und für die 5 unabhängigen Knoten (6) bis (10) (Bild 1.75a). Die um die Zusatzspalte der aufgeprägten Größen E_1, E_2, E_3 und I_0 erweiterte Matrix hat folgendes Aussehen:

	I_1	I_2	I_3	I_4	I_5	I_6	I_7	I_8	I_9	I_{10}	
(1)	R_1	0	R_3	$-R_4$	0	0	0	0	0	0	E_1-E_2
(2)	0	0	0	$+R_4$	$+R_5$	$-R_6$	0	0	0	0	0
(3)	0	0	0	0	0	$+R_6$	$+R_7$	0	$-R_9$	0	$-E_3$
(4)	0	0	0	0	0	0	$-R_7$	$+R_8$	0	$+R_{10}$	0
(5)	0	$+R_2$	$-R_3$	0	0	0	0	0	0	$-R_{10}$	$+E_2$
(6)	0	0	0	0	0	0	+1	+1	+1	0	0
(7)	0	0	+1	+1	0	+1	−1	0	0	−1	$-I_0$
(8)	+1	−1	−1	0	0	0	0	0	0	0	0
(9)	0	+1	0	0	0	0	0	−1	0	+1	0
(10)	−1	0	0	−1	+1	0	0	0	0	0	0

Beachte: Zufließende Ströme wurden in (6) bis (10) mit positivem Vorzeichen eingeführt – erscheinen also in der Zusatzspalte (rechte Seite des Gleichungssystems) mit negativem Vorzeichen.

Probe: Die spaltenweise Addition der Parameter der Zeilen (1) bis (5) (unabhängige Maschen) müssen die Gleichung einer abhängigen Masche und die der Zeilen (6) bis (10) die Gleichung des 6. Knotens ergeben:

$$R_1I_1 + R_2I_2 + R_5I_5 + R_8I_8 - R_9I_9 = E_1 - E_3.$$

Das ist die Gleichung des äußeren Umlaufs.

$I_5 + I_6 + I_9 = -I_0$ ist die Gleichung des abhängigen Knotens.

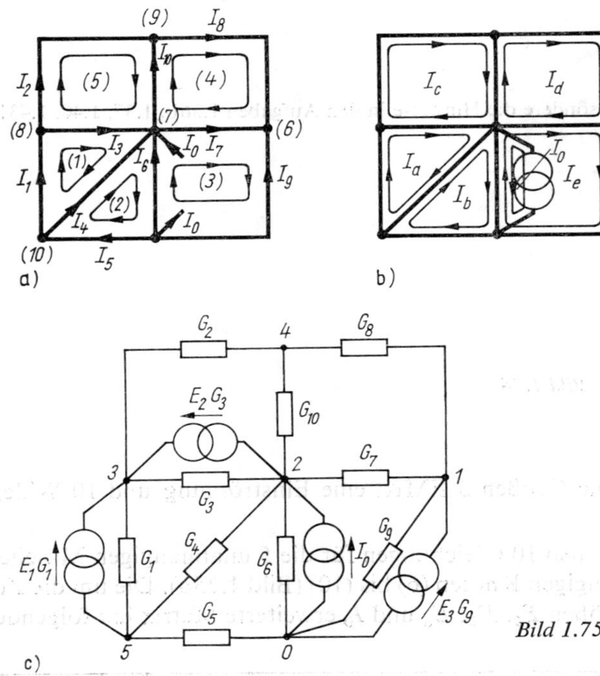

Bild 1.75

b) Die 5 Maschenströme in 5 unabhängigen Maschen sind im Bild 1.75b gewählt. Bei gleicher Anordnung (a) bis (d) der Spalten und Zeilen enthalten die Plätze auf der Hauptdiagonalen der Widerstandsmatrix die Umlaufwiderstände der der Zeile entsprechenden Masche (s. Tafel auf S. 87).
Beachte: In (b) und (e) wirkt je ein Spannungsabfall R_6I_0, der mit Vorzeichenumkehr in der Zusatzspalte als gegebene Größe eingesetzt wurde.
Probe: Widerstandsmatrix symmetrisch zur Hauptdiagonalen. Im übrigen wird die in a) angeführte Probe erfüllt.

c) Die Zweige mit den EMK wurden in Einströmungszweipole umgerechnet und im Bild 1.75c eingetragen. Die Knotenpunkte 0 bis 5 wurden gewählt. Damit ergeben sich die 5 Knotenspannungen U_{10} bis U_{50}. Wählt man die gleiche Reihenfolge der Spalten und Zeilen, so stehen auf den Plätzen der Hauptdiagonalen die Summen der mit dem der Zeile entsprechenden Knoten verbundenen Leitwerte; die „Koppelleitwerte" mit den anderen Knoten auf den Nebenplätzen erscheinen mit Minuszeichen, die aufgeprägten *zufließenden* Ströme in der Zusatzspalte mit *positivem* Vorzeichen (s. Tafel auf S. 87).
Probe: Die Leitwertmatrix ist symmetrisch zur Hauptdiagonalen. Addiert man die Leitwerte einer Zeile, so ergibt sich der Leitwert, der den entsprechenden Knoten mit dem Bezugsknoten direkt verbindet.

	I_a	I_b	I_c	I_d	I_e	
(a)	$R_1 + R_3 + R_4$	$-R_4$	$-R_3$	0	0	$E_1 - E_2$
(b)	$-R_4$	$R_4 + R_5 + R_6$	0	0	$-R_6$	$-I_0R_6$
(c)	$-R_3$	0	$R_2 + R_3 + R_{10}$	$-R_{10}$	0	$+E_2$
(d)	0	0	$-R_{10}$	$R_7 + R_8 + R_{10}$	$-R_7$	0
(e)	0	$-R_6$	0	$-R_7$	$R_6 + R_7 + R_9$	$-E_3 + I_0R_6$

Matrix der Maschenstromanalyse b)

	U_{10}	U_{20}	U_{30}	U_{40}	U_{50}	
(1)	$G_7 + G_8 + G_9$	$-G_7$	0	$-G_8$	0	E_3G_9
(2)	$-G_7$	$G_3 + G_4 + G_6 + G_7 + G_{10}$	$-G_3$	$-G_{10}$	$-G_4$	$I_0 - E_2G_3$
(3)	0	$-G_3$	$G_1 + G_2 + G_3$	$-G_2$	$-G_1$	$E_1G_1 + E_2G_3$
(4)	$-G_8$	$-G_{10}$	$-G_2$	$G_2 + G_8 + G_{10}$	0	0
(5)	0	$-G_4$	$-G_1$	0	$G_1 + G_4 + G_5$	$-E_1G_1$

Matrix der Knotenspannungsanalyse c)

Aufgabe 1.47 Ersatzschaltung passiver Zweipole

Berechne den Innenwiderstand R_1 am Klemmenpaar 1 – 1′ und R_2 am Klemmenpaar 2 – 2′ des passiven Vierpols im Bild 1.76!

a) allgemeiner Ansatz
b) $A = C = E = F = 2R$ und $B = D = R$

Lösungshinweis

Die Schaltung hat 4 Klemmen. Man kann z.B. an die Klemmen 1–1′ einen aktiven Zweipol und an die Klemmen 2–2′ einen passiven Zweipol anschließen. Wir interessieren uns für die Innenwiderstände des Vierpols an den beiden Klemmenpaaren (wobei das jeweils andere Klemmenpaar offen ist). Es liegt eine reine Reihen-Parallel-Schaltung vor. Die Berechnung erfolgt also mit Hilfe der Gln. (1.19) und (1.20) (vgl. RP 5a).

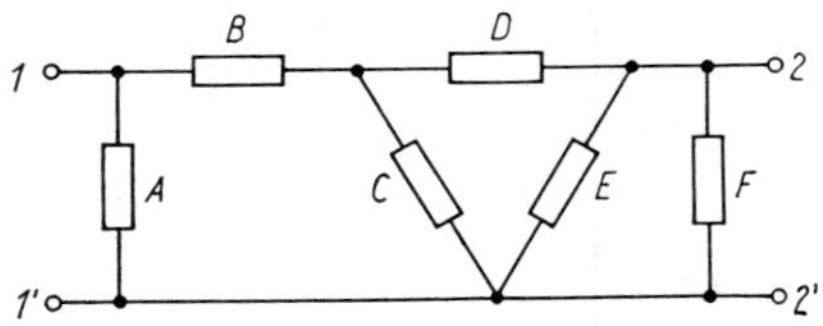

Bild 1.76

Lösung

Wir schreiben in „Kurzschrift“ mit dem Parallelzeichen (‖):

$$R_1 = A \parallel [B + C \parallel (D + E \parallel F)].$$

Mit $2R \parallel 2R = R$ ergibt sich

$$R_1 = 2R \parallel [R + 2R \parallel (R + \{2R \parallel 2R\})] = 2R \parallel 2R = R.$$

$$R_2 = F \parallel E \parallel [D + C \parallel (A + B)] = 2R \parallel 2R \parallel (R + 2R \parallel 3R) = R \parallel (R + \tfrac{6}{5}R).$$

Mit (1.20a) gilt

$$R_2 = R \parallel \tfrac{11}{5}R = \tfrac{11}{16}R.$$

Aufgabe 1.48 Ersatzschaltung passiver Zweipole

Berechne den Ersatzwiderstand R_{AB} des im Bild 1.77 dargestellten passiven Zweipols für $R_1 = R_2 = R_3 = R_4 = R_5 = R$!

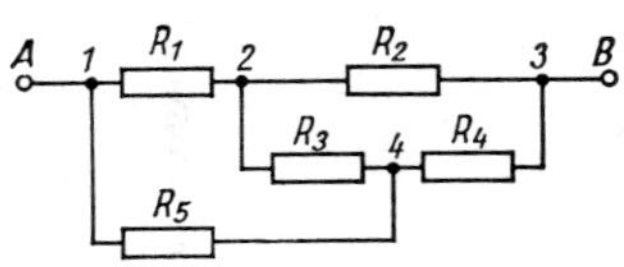

Bild 1.77

Lösungshinweis

Man kann bei solchen überbrückten Schaltungen den Ersatzwiderstand nicht unmittelbar mit (1.19) und (1.20) angeben, sondern es muß vorher eine Stern-Dreieck-Umformung bzw. Dreieck-Stern-Umformung durchgeführt werden, wozu die Beziehungen (1.25) in RP 5 anwendbar sind. Wir greifen uns z.B. das von R_2, R_3, R_4 gebildete Dreieck zur Umwandlung in einen Stern heraus (Bild 1.78).

Lösung

Nach (1.25) und Bild 1.78 berechnet man die Sternwiderstände zum Dreieck $R_2R_3R_4$:

$$R_{20} = \frac{R_2R_3}{R_2 + R_3 + R_4}; \qquad R_{30} = \frac{R_2R_4}{R_2 + R_3 + R_4}; \qquad R_{40} = \frac{R_3R_4}{R_2 + R_3 + R_4}.$$

Nach Bild 1.79 wird somit

$$R_{AB} = [(R_1 + R_{20}) \parallel (R_5 + R_{40})] + R_{30}.$$

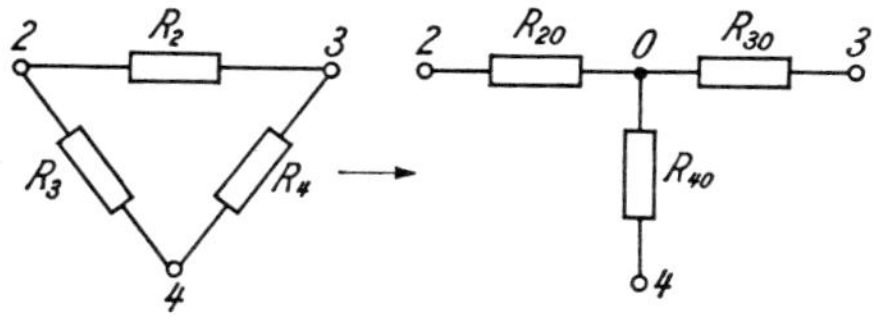

Bild 1.78

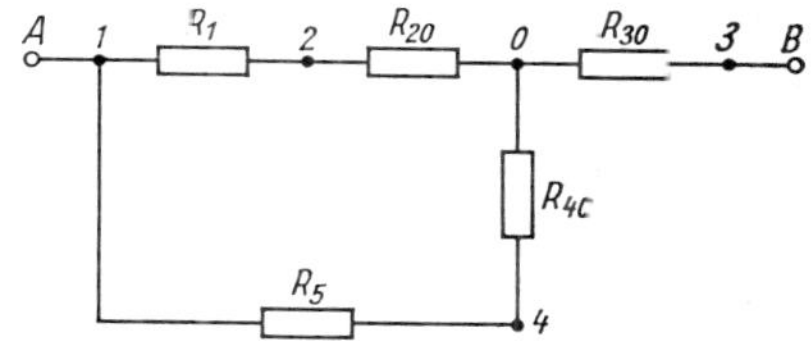

Bild 1.79

Mit $R_1 = R_2 = R_3 = R_4 = R_5 = R$ wird $R_{20} = R_{30} = R_{40} = R/3$ und $R_{AB} = [(R + R/3) \parallel (R + R/3)] + R/3 = (4R/3 \parallel 4R/3) + R/3 = R$. Eine 2. Möglichkeit für die Berechnung von R_{AB} ergibt sich durch die Umwandlung des Sterns $R_1R_2R_3$ in ein Dreieck (Bild 1.80). Aus der umgeformten Schaltung (Bild 1.81) läßt sich R_{AB} wieder einfach bestimmen. Mit (1.26) und Bild 1.80 ergeben sich die Dreieckleitwerte

$$G_{13} = \frac{G_1G_2}{G_1 + G_2 + G_3} = G_{14} = G_{34} = G/3,$$

wobei $G_1 = G_2 = G_3 = G$ eingesetzt wurde.

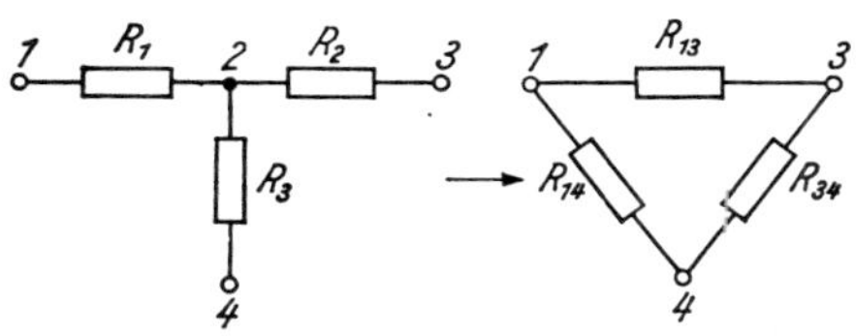

Bild 1.80

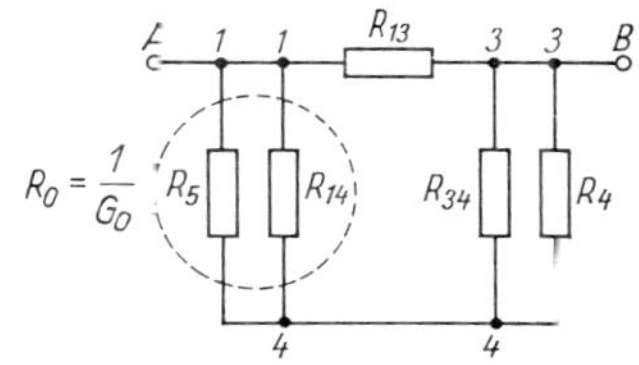

Bild 1.81

Also ergibt die Parallelschaltung $R_5 \parallel R_{14} = R_4 \parallel R_{34}$ (Bild 1.81) bei gegebener Gleichheit aller Einzelwiderstände einen Leitwert

$$G_0 = G_5 + G_{14} = 4G/3, \quad \text{d.h.} \quad R_0 = 3R/4,$$

und es wird

$$G_{AB} = G/3 + 1/(2R_0) = G/3 + 2G/3 = G$$

oder

$$R_{AB} = R.$$

Aufgabe 1.49 Ersatzschaltung aktiver Zweipole

Berechne für den im Bild 1.82 angegebenen aktiven Zweipol das Ersatzschaltbild

a) mit der Leerlaufspannung U_l
b) mit dem Kurzschlußstrom I_k!

Überprüfe bei b) die Beziehung $I_k = U_l/R_i$!

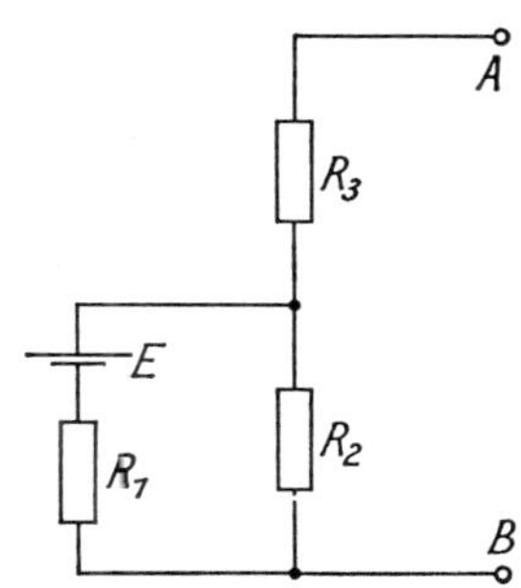

Bild 1.82

Lösungshinweis

a) An dem Klemmenpaar AB des aktiven Zweipols im Bild 1.82 können wir gemäß RP 6 eine Spannung, die Leerlaufspannung U_l, und einen Innenwiderstand R_i bestimmen. Damit ist die Dimensionierung der Ersatzschaltung Bild 1.29 berechnet. Diese hat an dem Klemmenpaar AB das gleiche Strom-Spannungs-Verhalten wie die kompliziertere gegebene Schaltung.

b) Die Parameter des sog. Kurzschlußstrom-Ersatzschaltbildes erhalten wir durch Berechnung des Innenwiderstands wie bei a) und des Stroms durch den Kurzschlußbügel von A nach B (Kurzschlußstrom I_k).

Lösung

1. Berechnung der Leerlaufspannung:

Wir verfahren nach den Punkten in RP 6. Hierzu zeichnen wir über die Klemmen AB einen Spannungspfeil mit der Bezeichnung U_l (Bild 1.83a) und erhalten außer der bestehenden Masche eine 2. (A, B, R_2, R_3). In der bereits bestehenden Masche (E, R_1, R_2) fließt der Strom I, der über R_2 den Spannungsabfall U_2 hervorruft. Durch R_3 fließt dagegen kein Strom, so daß dort kein Spannungsabfall auftritt. Der Maschensatz Gl. (1.8), angewandt auf die Masche (A, B, R_2, R_3) lautet also:

$$U_l - U_2 = 0, \quad \text{damit} \quad U_l = U_2.$$

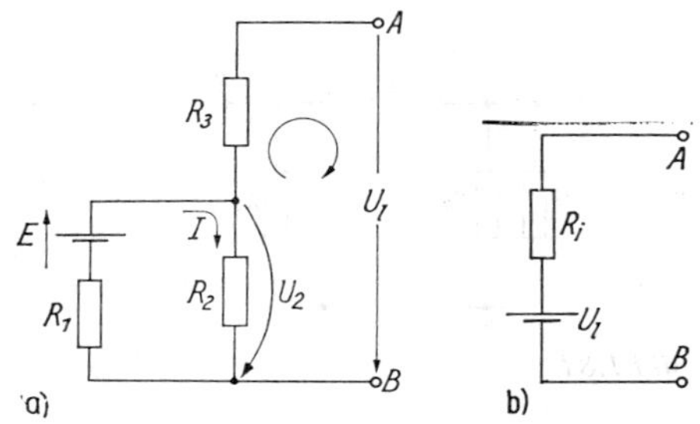

Bild 1.83
Ermittlung des Leerlaufspannungs-Ersatzschaltbilds zur Schaltung im Bild 1.82

Andererseits ist nach der Spannungsteilerregel Gl. (1.21) (R_1 und R_2 von gleichem Strom durchflossen!):

$$U_2 = E \frac{R_2}{R_1 + R_2},$$

also ist auch

$$U_l = E \frac{R_2}{R_1 + R_2}.$$

2. Berechnung von I_k, AB kurzgeschlossen, nach Bild 1.84a mit Hilfe der Stromteilerregel Gl. (1.22) bzw. Gl. (1.22a):

$$I_k = \frac{E}{R_1 + (R_2 \parallel R_3)} \frac{R_2}{R_2 + R_3} = \frac{ER_2}{R_1 (R_2 + R_3) + R_2 R_3}.$$

3. Berechnung von R_i:

$$R_i = R_{AB} = R_3 + (R_1 \parallel R_2) = \frac{R_1 R_2 + R_3 (R_1 + R_2)}{R_1 + R_2}.$$

Dividieren wir die in den Punkten 1 und 3 erhaltenen Ausdrücke für U_l und R_i durcheinander, so erhalten wir den im Punkt 2 berechneten Ausdruck für I_k:

$$\frac{U_l}{R_i} = E \frac{R_2}{R_1 + R_2} \frac{1}{\dfrac{R_1 R_2 + R_3 (R_1 + R_2)}{R_1 + R_2}}$$

$$= \frac{E R_2}{R_1 (R_2 + R_3) + R_2 R_3} \equiv I_k.$$

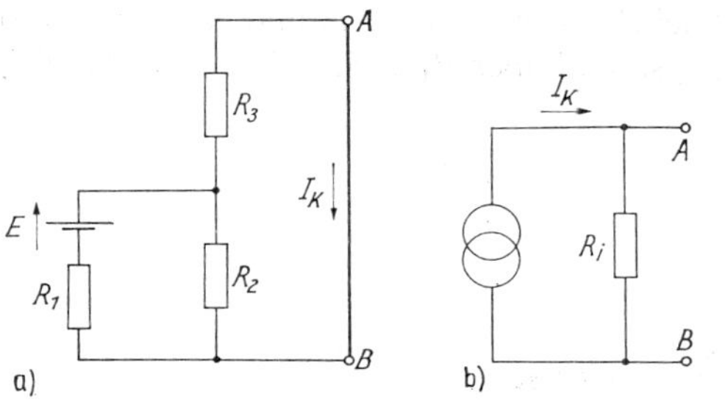

Bild 1.84
Ermittlung des Kurzschlußstrom-Ersatzschaltbilds zur Schaltung im Bild 1.82

Diskussion

Man beachte, daß die Ersatzschaltungen an Stelle der Originalschaltung nur zur Berechnung von Größen außerhalb der Ersatzschaltung angewendet werden dürfen. Im Inneren verhalten sich Original- und beide Ersatzschaltungen völlig verschieden.
Schließe zur Übung an beide Ersatzschaltungen einen Widerstand R_a an, und berechne den Klemmenstrom. Beide Ergebnisse stimmen überein. Die Ströme durch den Innenwiderstand R_i sind in beiden Ersatzschaltungen jedoch nicht gleich!

Aufgabe 1.50 Ersatzschaltung aktiver Zweipole

Berechne die Ersatzschaltungen der Zweipole *AB* in den Bildern 1.85a und b!

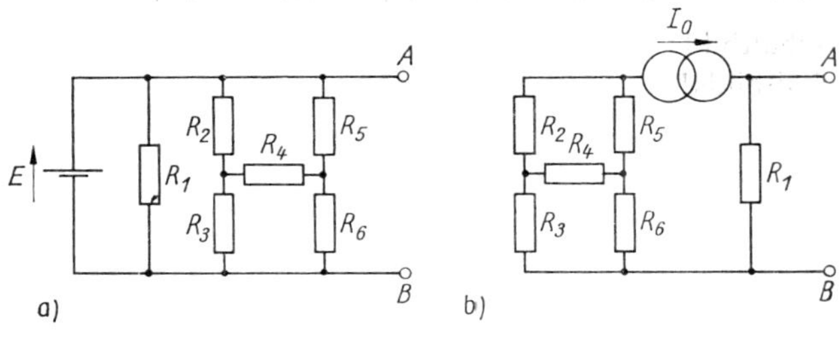

Bild 1.85

Lösungshinweis

Die Ersatzschaltung dieser kompliziert aussehenden Zweipole sind sehr einfach; man muß erkennen, was die Schaltsymbole der EMK und der Einströmung widerstandsmäßig bedeuten.

Lösung

Wenn man beachtet, daß die Schaltsymbole für die EMK E (Bild 1.85a) widerstandsmäßig einen Kurzschluß und für die Einströmung I_0 (Bild 1.85b) eine Unterbrechung bedeuten, so werden die Berechnungen sehr einfach.

Schaltung Bild 1.85a: $U_l = E$ und $R_i = 0$; Ersatzschaltung Bild 1.86a.

Es fließen natürlich durch die Widerstände R_1 bis R_6 Ströme. Diese beeinflussen aber nicht die Klemmenspannung über *AB*, da die EMK an diese Klemmen direkt angeschlossen ist. Der Strom durch einen an *AB* anzuschließenden zusätzlichen Widerstand ist unabhängig von den Widerständen R_1 bis R_6. Das ist die Begründung dafür, daß der Innenwiderstand der Schaltung *AB* Null ist. Für diese Schaltung gibt es keine Stromquellenersatzschaltung, da der Quotient $I_0 = E/R_i$ unbestimmt ist (Division durch Null).

Schaltung Bild 1.85b:

Hier „liest" man sofort ab: Strom durch *AB* bei Kurzschluß $I_k = I_0$ und $R_i = R_1$, also $U_l = I_k R_i = I_0 R_1$, was sich auch als Spannungsabfall über R_1 ergibt, da bei Leerlauf I_0 durch R_1 fließt.
Ersatzschaltungen s. Bild 1.86b) und c).

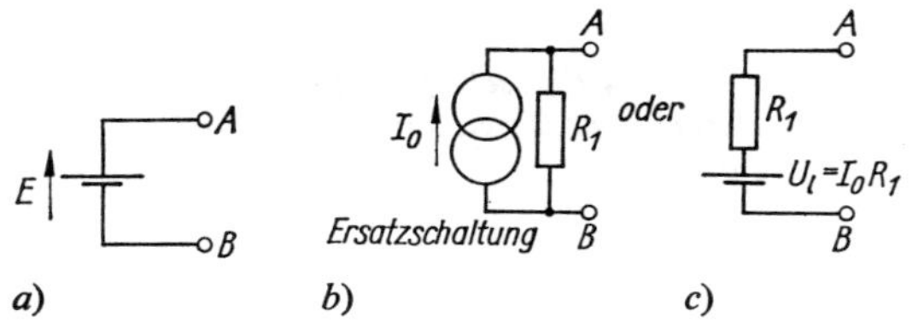

Bild 1.86

Diskussion

In technischen Schaltungen gibt es genaugenommen keine idealen Spannungs- oder Stromquellen, die nur durch das EMK- bzw. Einströmungssymbol darstellbar sind. Die technischen Quellen haben immer einen Innenwiderstand, so daß sie durch die Ersatzschaltungen (Bild 1.29) dargestellt werden.

Aufgabe 1.51 Zweipoltheorie

Gegeben sei die im Bild 1.87 dargestellte Schaltung.
Berechne mit Hilfe der Zweipoltheorie den Strom I_5 durch R_5 bei Benutzung

a) des Leerlaufspannungs-Ersatzschaltbilds
b) des Kurzschlußstrom-Ersatzschaltbilds!

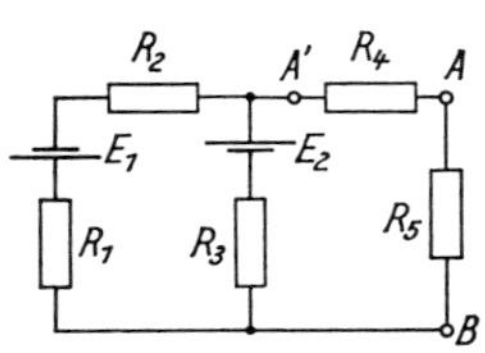

Bild 1.87

Lösungshinweis

Die Zweipoltheorie wendet zur Vereinfachung des Netzwerks die Ersatzschaltungen an (RP 7). Dazu trennt man das Netzwerk in 2 Zweipole auf. Da die Ersatzschaltungen nur von den Klemmen ab nach außen die Ströme und Spannungen der Originalschaltung richtig wiedergeben, trennt man an der Stelle der Originalschaltung auf, wo die zu berechnende Größe auftritt. Da der Strom durch R_5 gesucht ist, erfolgt hier also die Auftrennung an den Stellen *AB* oder *A'B* (Bild 1.87). Die Ersatzschaltungen der damit entstehenden Zweipole berechnet man nach RP 5 bzw. RP 6. Die Zusammenschaltung dieser Ersatzschaltungen (einfachste Zweipolschaltungen) ergibt den Grundstromkreis (s. RP 1, Bild 1.27 mit Tafel), aus dem man die gesuchte Klemmengröße leicht berechnen kann.

Lösung

a) Wir verfahren wie im Rechenprogramm RP 7.

1. Das Auftrennen der Schaltung in 2 Zweipole erfolgt an den Stellen A und B (Bild 1.88a).
2. Berechnung der Leerlaufspannung nach RP 7: Dazu führen wir den Spannungspfeil U_{lAB} ein. Dieser schließt eine Masche über R_3 und R_4. Für diese gilt: $E_2 = -U_{lAB} + U_3$, denn der Spannungsabfall über R_4 ist Null (kein Stromfluß). Damit ist

$$U_{lAB} = -E_2 + U_3; \qquad U_3 = IR_3 = \frac{E_1 + E_2}{R_1 + R_2 + R_3} R_3 \quad \text{mit}$$

$$I = \frac{E_1 + E_2}{R_1 + R_2 + R_3}.$$

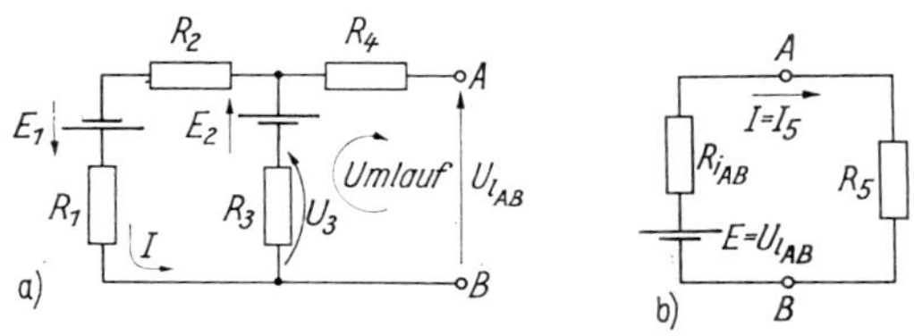

Bild 1.88

Damit wird die Leerlaufspannung

$$U_{lAB} = \frac{E_1 R_3 - E_2 (R_1 + R_2)}{R_1 + R_2 + R_3}.$$

Berechnung von R_{iAB} (EMK durch Kurzschluß ersetzt):

$$R_{iAB} = R_4 + [R_3 \parallel (R_1 + R_2)] = R_4 + \frac{R_3 (R_1 + R_2)}{R_1 + R_2 + R_3}.$$

3. Berechnung des gesuchten Stromes I_5:
Mit diesen beiden Ersatzgrößen wird (Schaltung Bild 1.88b)

$$I_5 = \frac{U_{lAB}}{R_{iAB} + R_5} = \frac{E_1 R_3 - E_2 (R_1 + R_2)}{R_1 + R_2 + R_3} \; \frac{1}{R_4 + \dfrac{R_3 (R_1 + R_2)}{R_1 + R_2 + R_3} + R_5}$$

$$I_5 = \frac{E_1 R_3 - E_2 (R_1 + R_2)}{(R_1 + R_2)(R_3 + R_4 + R_5) + R_3 (R_4 + R_5)}.$$

b) Berechnung von I_5 mit Hilfe des Kurzschlußstrom-Ersatzschaltbilds.

1. Jetzt zweckmäßigere Auftrennung bei $A'B$ (s. Bild 1.87).
2. Berechnung des Kurzschlußstroms I_k gemäß Bild 1.89a nach dem Überlagerungsverfahren:
Von E_1 herrührend

$$I_{k1} = \frac{E_1}{R_1 + R_2};$$

von E_2 herrührend

$$I_{k2} = \frac{E_2}{R_3};$$

vorzeichenbehaftete Überlagerung der Kurzschlußteilströme

$$I_k = I_{k1} - I_{k2} = \frac{E_1 R_3 - E_2 (R_1 + R_2)}{R_3 (R_1 + R_2)}.$$

Berechnung von R_i:

$$R_i = R_3 \parallel (R_1 + R_2) = \frac{R_3 (R_1 + R_2)}{R_1 + R_2 + R_3}; \qquad R_a = R_4 + R_5.$$

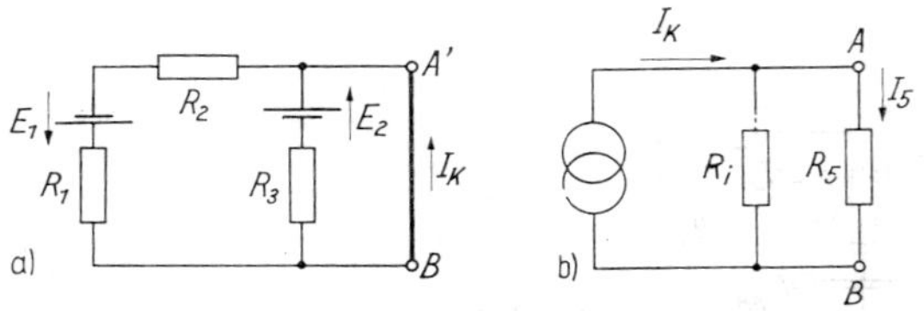

Bild 1.89

3. Mit diesen Ersatzgrößen wird gemäß Gl. (1.23), Bild 1.89b:

$$I_5 = I_k \frac{R_i}{R_i + R_4 + R_5}$$

$$= \frac{E_1 R_3 - E_2 (R_1 + R_2)}{R_3 (R_1 + R_2)} \; \frac{\dfrac{R_3 (R_1 + R_2)}{R_1 + R_2 + R_3}}{\dfrac{R_3 (R_1 + R_2)}{R_1 + R_2 + R_3} + R_4 + R_5}$$

$$I_5 = \frac{E_1 R_3 - E_2 (R_1 + R_2)}{(R_1 + R_2)(R_3 + R_4 + R_5) + R_3 (R_4 + R_5)}.$$

Die Ergebnisse von a) und b) stimmen überein.

Aufgabe 1.52 Zweipoltheorie (Brückenschaltung)

a) Berechne den Strom durch den Widerstand R_3 der Schaltung Bild 1.90a für $R_E = 0$[1])!

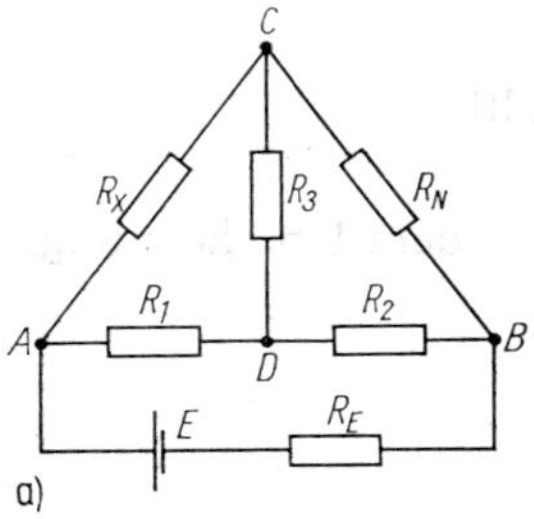

Bild 1.90 a

1) Technisch gesehen ist dies eine Idealisierung, da es Generatoren mit dem Innenwiderstand Null nicht gibt.

b) Überlege den Rechengang mittels Zweipoltheorie für den Fall $R_E > 0$! Schreibe die Rechenansätze auf, und schätze den Rechenaufwand gegenüber dem in Aufgabe 1.38 ab!

Lösungshinweis

In Aufgabe 1.31 wurde diese Brückenschaltung für den Fall berechnet, daß der Instrumentenausschlag (Strom durch R_3) Null ist. Hier wird allgemein angenommen, daß der Strom nicht Null, die Brücke also nicht abgeglichen ist.
Wir trennen R_3 heraus, berechnen die Leerlaufspannung über CD und den Innenwiderstand R_i. Beides wird relativ einfach bei $R_E = 0$, deshalb soll dieser Fall zunächst behandelt werden.

Lösung

a) $R_E = 0$

1. Auftrennen der Schaltung durch Abtrennen von R_3. Dabei entsteht ein aktiver Zweipol CD, Bild 1.90b.
2. Die Leerlaufspannung berechnen wir wie in Aufgabe 1.31 mit der Spannungsteilerregel für U_1 und U_x (Bild 1.90b):

$$U_{lCD} = U_1 - U_x; \qquad U_1 = E\frac{R_1}{R_1 + R_2}; \qquad U_x = E\frac{R_x}{R_x + R_N}.$$

Beachte: Die Spannungsteilerregel ist für U_{CD} nicht anwendbar, wenn R_3 eingeschaltet ist. Dann fließen z.B. durch R_x und R_N verschiedene Ströme, und die Voraussetzung für die Anwendung der Spannungsteilerregel ist verletzt.

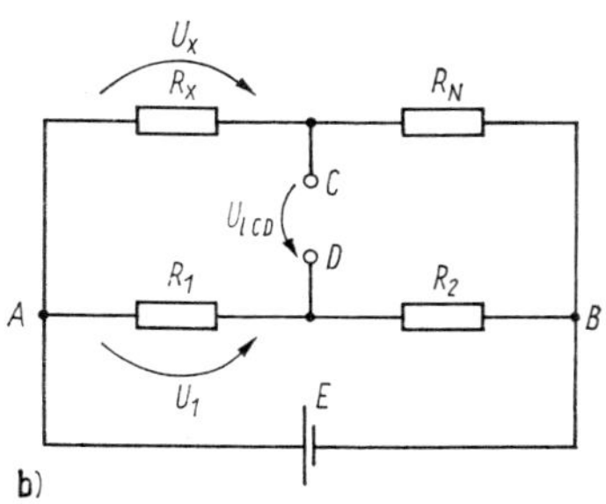

Bild 1.90

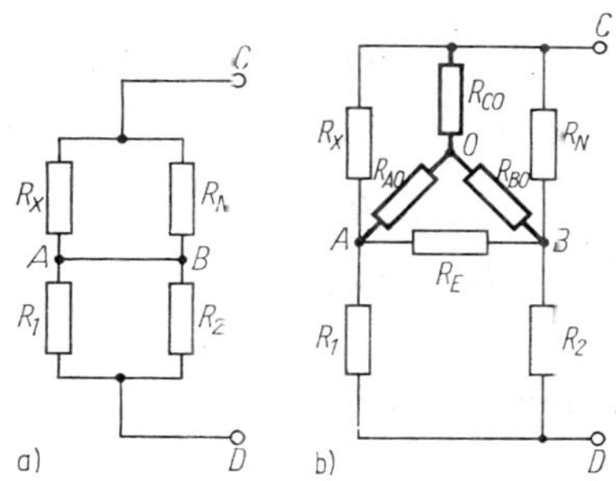

Bild 1.91

Bei Leerlauf von CD wird jedoch kein Strom in C abgezweigt.

$$U_{lCD} = E\left(\frac{R_1}{R_1 + R_2} - \frac{R_x}{R_x + R_N}\right).$$

Der Innenwiderstand ist nach Umzeichnen der Schaltung (E durch einen Kurzschluß ersetzen!) leicht berechenbar (Bild 1.91a):

$$R_i = (R_x \parallel R_N) + (R_1 \parallel R_2) = \frac{R_x R_N}{R_x + R_N} + \frac{R_1 R_2}{R_1 + R_2}.$$

3. Damit wird der Strom durch R_3 nach Gl. (1.23a):

$$I_3 = \frac{U_l}{R_i + R_3}$$

$$= E\frac{R_1 R_N - R_2 R_x}{R_x R_N (R_1 + R_2) + R_1 R_2 (R_x + R_N) + R_3 (R_x + R_N)(R_1 + R_2)}.$$

b) $R_E \neq 0$
Nach der relativ einfachen Lösung für $R_E = 0$ erkennt man leicht die „Komplikationen", die durch R_E in die Rechnung gelangen:

- Die Leerlaufspannung läßt sich als Funktion von E nicht so einfach berechnen, da E nicht mehr direkt an den Knoten AB liegt. Obige Gleichung für U_l wird jedoch anwendbar, wenn wir für E zunächst den Spannungsabfall U_{AB} einsetzen:

$$U_l = U_{AB}\left(\frac{R_1}{R_1 + R_2} - \frac{R_x}{R_x + R_N}\right).$$

U_{AB} muß nun als Funktion von E (z. B. mittels Spannungsteilerregel) berechnet werden:

$$U_{AB} = E\frac{R_{AB}}{R_E + R_{AB}}.$$

R_{AB} ist der Widerstand der Brücke bei $R_3 = \infty$ zwischen den Knoten A und B:

$$R_{AB} = (R_x + R_N) \parallel (R_1 + R_2).$$

R_{AB} wird in U_{AB} und U_{AB} in U_l eingesetzt. Es ergibt sich eine aufwendige Ausrechnung mit Doppelbrüchen.

- Der Innenwiderstand ist nicht ohne weiteres angebbar. Jetzt liegt zwischen A und B der Widerstand R_E. Es ist also zunächst eine Dreieck-Stern-Umformung nach Bild 1.28 nötig (im Bild 1.91 b dick gezeichnet):

$$R_i = R_{C0} + (R_{A0} + R_1) \parallel (R_{B0} + R_2),$$

dabei ist nach (1.25) z. B.

$$R_{C0} = \frac{R_x R_N}{R_x + R_N + R_E}$$

usw.
Es gilt dann wie bei a)

$$I_3 = \frac{U_l}{R_i + R_3}.$$

Man erkennt: die Methode ist sehr übersichtlich. Wenige Gleichungen sind erforderlich auf Grund der Schaltungsvereinfachung durch die Ersatzschaltungen. Die Gleichungen enthalten jedoch Widerstandskombinationen, deren Ausrechnung relativ aufwendig ist (vgl. Aufg. 1.38).

Aufgabe 1.53 Zweipoltheorie (Potentiometerschaltung)

Gegeben ist eine Potentiometerschaltung, Bild 1.92. Sie besteht aus einer EMK und einem Widerstand R mit einem Schleifer, der den Teilwiderstand αR $(0 \leqq \alpha \leqq 1)$ und damit eine Teilspannung $0 \leqq U \leqq E$ an den Klemmen AB anzugreifen ermöglicht. Häufig ist in einer solchen Einstellschaltung ein möglichst linearer Verlauf $U(\alpha)$ erwünscht.

a) Berechne die Klemmenspannung $U = U_l$ und den Innenwiderstand R_i des aktiven Zweipols AB als Funktion des Abgriffs α, und stelle diese Abhängigkeit grafisch dar!

b) Berechne mit Hilfe der Zweipoltheorie die Klemmenspannung U in Abhängigkeit von α für den Fall, daß das Potentiometer mit einem Widerstand R_L belastet wird!
Bei welcher Einstellung α ist die Abweichung der Spannung U gegenüber U_l am größten?
Trage den Verlauf $U(\alpha)$ für $R_L = R$ in das Diagramm der Lösung a) ein!
Wie groß muß R_L mindestens sein, damit die maximale Abweichung von U gegenüber U_l höchstens 10% beträgt?

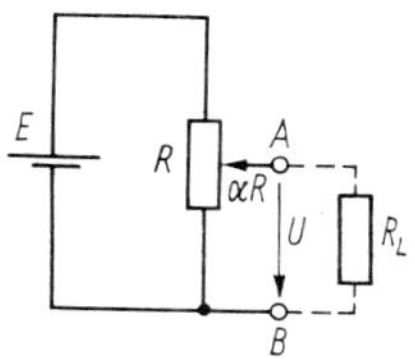

Bild 1.92

Lösungshinweis

Zur Berechnung der Leerlaufspannung und des Innenwiderstands vergleiche mit Aufgabe 1.49, wobei dort $R_3 = 0$ gesetzt wird und die Widerstände R_1 und R_2 durch α und R ausgedrückt werden müssen! Damit ist der Ersatzzweipol bekannt. Die Klemmenspannung bei Belastung ergibt sich nun einfach aus der Gleichung für den Grundstromkreis.

Lösung

a) Nach Bild 1.93 ergibt sich die Klemmenspannung U bei Leerlauf mit Hilfe der Spannungsteilerregel

$$U = U_l = E\frac{\alpha R}{R} = \alpha E,$$

also linearer Verlauf der Klemmenspannung (Bild 1.94a, Gerade für $R_L = \infty$).
Innenwiderstand (Schaltsymbol für E durch Kurzschluß ersetzt):

$$R_i = \alpha R \parallel (1-\alpha) R = \alpha(1-\alpha) R.$$

$R_i = 0$ bei $\alpha = 0$ und $\alpha = 1$. R_i ist maximal bei $\alpha = 0{,}5$ (Bild 1.94b).

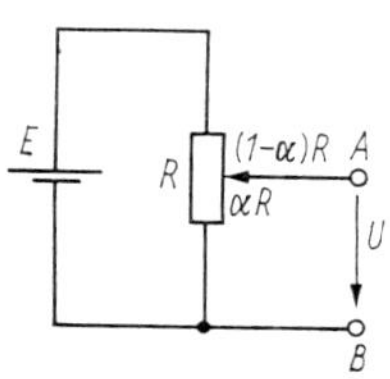

Bild 1.93

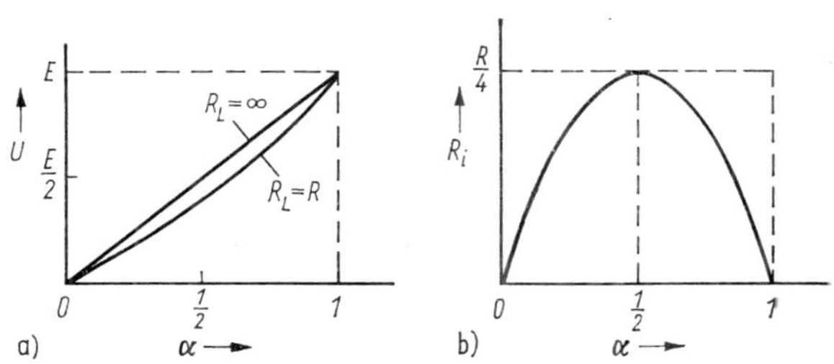

Bild 1.94

b) Wir zeichnen die Ersatzschaltung (Bild 1.95). Die Klemmenspannung U ergibt sich mit der Spannungsteilerregel:

$$U = U_l\frac{R_L}{R_i + R_L}, \qquad \frac{U}{U_l} = \frac{1}{1 + R_i/R_L}$$

$$\frac{U}{U_l} = \frac{1}{1 + \alpha(1-\alpha) R/R_L}.$$

Die Abweichung von U gegenüber U_l ist dort am größten, wo der Nenner auf der rechten Seite am größten wird. Das ist bei $\alpha = 0{,}5$ der Fall (Bild 1.94b). Für $R = R_L$ wird dann $U/U_l = 0{,}8$. Also weicht U gegenüber U_l maximal um 20% ab. Der Verlauf ist im Diagramm (Bild 1.94a) mit eingetragen. Wird der Lastwiderstand kleiner, weicht die Einstellkurve $U(\alpha)$ immer mehr von der Geraden ab. Eine maximale Abweichung (bei $\alpha = 0{,}5$) von nur 10% wird bei einem R_L-Wert erreicht, der sich aus folgendem Ansatz berechnet:

$$\frac{U}{U_l} = \frac{1}{1 + \alpha(1 - \alpha)\, R/R_L},$$

für $\alpha = 0{,}5$ gilt

$$\frac{U}{U_l} = \frac{1}{1 + 0{,}25R/R_L} \geqq 0{,}9.$$

Daraus ergibt sich $R_L \geqq 2{,}25R$.

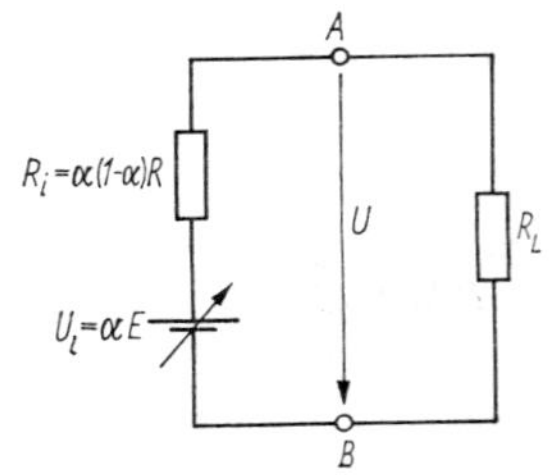

Bild 1.95
Ersatzschaltung des mit R_L belasteten Potentiometers

Aufgabe 1.54 Zweipoltheorie, Meßfehler bei Spannungsmessung

In der Schaltung Bild 1.96 soll die Leerlaufspannung zwischen AB gemessen werden. Es steht ein Voltmeter mit 10 V Endausschlag und einem Instrumentenwiderstand $R_U = 5\,\text{k}\Omega$ zur Verfügung.

a) Wie ist es zu ergänzen, damit es bei der zu messenden Leerlaufspannung U_{lAB} für Vollausschlag ausgelegt ist?

b) Um wieviel Prozent ändert sich die Spannung U_{AB} gegenüber der Leerlaufspannung nach Anschluß der Meßanordnung?

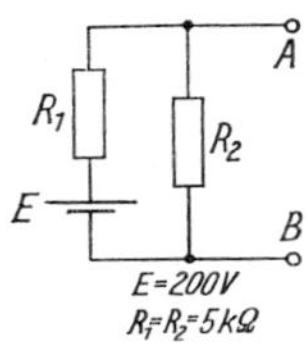

Bild 1.96

Lösungshinweis

a) Wir berechnen die Leerlaufspannung und verändern den Voltmeterwiderstand so, daß bei diesem Vollausschlag auftritt.

b) Wir berechnen die Spannungsänderung des aktiven Zweipols AB bei „Belastung“ durch das Voltmeter mit (1.23a) in der Tafel zu Bild 1.27.

Lösung

a) Die Gesamtspannung E wird durch die gleichen Widerstände $R_1 = R_2$ halbiert. Die maximale Spannung an den Klemmen A und B ist also $E/2 = 100$ V. Der Spannungsmesser mit $R_U = 5\ \text{k}\Omega$ zeigt bei 10 V Vollausschlag. Soll dieser nun bei 100 V auftreten, so müssen 90 V über einen Vorwiderstand R_V abfallen (Bild 1.97a). Der Strom bei Vollausschlag ergibt sich aus $10\ \text{V}/5\ \text{k}\Omega = 2$ mA. Damit berechnet man $R_V = 90\ \text{V}/2\ \text{mA} = 45\ \text{k}\Omega$.

Man kann auch (ohne Stromberechnung) die Spannungsteilerregel ansetzen (Bild 1.97a): 100 V/10 V $= (R_V + R_U)/R_U$; daraus $R_V = 9R_U = 45\,\text{k}\Omega$.

b) Dann ist der bei Messung an AB angeschlossene „Lastwiderstand“ $R_a = R_V + R_U = 50\,\text{k}\Omega$.
Der Innenwiderstand des aktiven Zweipols ist $R_i = R_1 \parallel R_2 = 2{,}5\,\text{k}\Omega$. Allgemein gilt nun für Bild 1.97b (Grundstromkreis, vgl. Bild 1.27)

$$\frac{U_{AB}}{U_l} = \frac{R_a}{R_i + R_a}.$$

U_{AB} weicht von U_l um ΔU ab, d.h. $U_{AB} = U_l - \Delta U$.

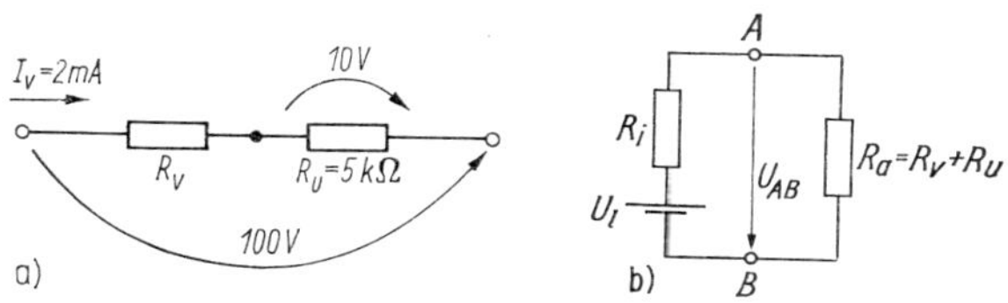

Bild 1.97

Uns interessiert der relative Meßfehler $\Delta U/U_l$:

$$1 - \frac{\Delta U}{U_l} = \frac{R_a}{R_i + R_a} = \frac{1}{1 + \dfrac{R_i}{R_a}} \approx 1 - \frac{R_i}{R_a}.$$

Nach der Näherung wird

$$\frac{1}{1 \pm \varepsilon} \approx 1 \mp \varepsilon \quad \text{für} \quad \varepsilon \ll 1. \qquad \frac{\Delta U}{U_l} \approx \frac{R_i}{R_a} = \frac{2{,}5}{50} = 0{,}05 \mathrel{\hat{=}} 5\,\%.$$

Diskussion

Ein interessierender Spannungswert kann immer als Leerlaufspannung eines leerlaufenden aktiven Zweipols aufgefaßt werden. Durch den Anschluß des Meßinstruments wird der aktive Ersatzzweipol belastet und daher stromdurchflossen. Die ursprünglich an den Klemmen AB herrschende Leerlaufspannung U_l wird um den infolge I über R_i auftretenden Spannungsabfall ΔU auf U_{AB} herabgesetzt. Bei einer Spannungsmessung muß also der Ersatzwiderstand der Meßanordnung so viel größer sein als der Ersatzinnenwiderstand des Meßobjekts, daß näherungsweise Leerlauf besteht. Man beachte, daß es bei der Spannungsmessung über R_2 nicht darauf ankommt, daß $R_U \geqq R_2$ sein muß; sondern es muß $R_U \gg (R_2 \parallel R_1)$ sein. Ist $R_1 = 0$, so ist $R_2 \parallel R_1 = 0$, und das Voltmeter und auch R_2 können beliebig niederohmig sein. Eine Änderung der Spannung U_{AB} bei Anschluß des Voltmeters tritt dann nicht auf.

Aufgabe 1.55 Zweipoltheorie, Meßfehler bei Strommessung und Spannungsmessung

a) In der Schaltung Bild 1.98 soll der Strom durch R_4 gemessen werden. Wie groß darf der Instrumentenwiderstand R_I höchstens sein, damit der Meßfehler durch Einfügen des Strommessers höchstens 0,5 % wird?

b) Die Ermittlung dieses Stroms soll durch eine Spannungsmessung erfolgen. Gib die Meßschaltung und die Anforderung an den Widerstand des Spannungsmessers bei gleicher Genauigkeitsforderung an!

Lösungshinweis

a) Bei Anwendung der Zweipoltheorie (RP 7) wird die Schaltung an der Stelle AB aufgetrennt, wo das Meßinstrument einzuschalten ist. Den dadurch entstehenden aktiven Zweipol ersetzen wir hier zweckmäßigerweise durch das Kurzschlußstrom-Ersatzschaltbild.

b) Wir bestimmen den Strom durch R_4 mit Hilfe der Spannung über R_4, d.h., wir schalten parallel zu R_4 (Klemmen $A'B'$) einen so hochohmigen Spannungsmesser, daß die Spannung über R_4 höchstens 0,5% gegenüber der Spannung ohne Voltmeter absinkt. Wir berechnen also die Änderung der Klemmenspannung des aktiven Zweipols $A'B'$ infolge der „Belastung" mit dem Voltmeterwiderstand (vgl. Aufg. 1.54).

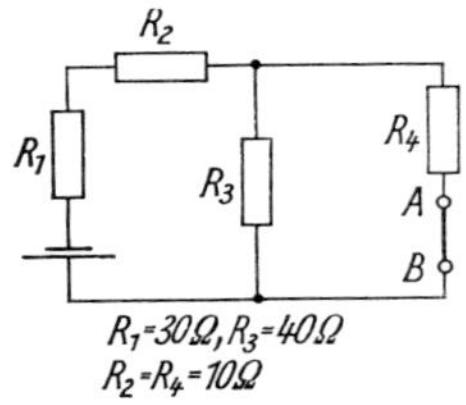

Bild 1.98

Lösung

a) Zur Messung des Stromes durch R_4 muß in Reihe mit diesem ein Strommesser geschaltet werden, durch dessen zusätzlichen Widerstand der Meßwert herabgesetzt wird. Wir fassen daher den ungestörten Stromwert als Kurzschlußstrom eines aktiven Zweipols auf, d.h., die Klemmen AB, die für das Einfügen des Strommessers ausersehen wurden, sind zunächst kurzgeschlossen (Bild 1.98). Wird der Kurzschluß durch das Meßinstrument mit dem Widerstand R_I ersetzt, so muß sich der Strom in diesem Zweig um den Betrag ΔI, den absoluten Strommeßfehler, vermindern. Ersatzschaltbildmäßig kann man diesen Umstand bei vorgegebenem Gesamtstrom I_k durch eine Stromverzweigung in einer Parallelschaltung von R_i und R_I zum Ausdruck bringen. Mit dem Kurzschlußstrom-Ersatzschaltbild (Bild 1.99) ergibt sich für den Instrumentenstrom nach der Stromteilerregel Gl. (1.22):

$$I_k - \Delta I = I_k \frac{R_i}{R_i + R_I}.$$

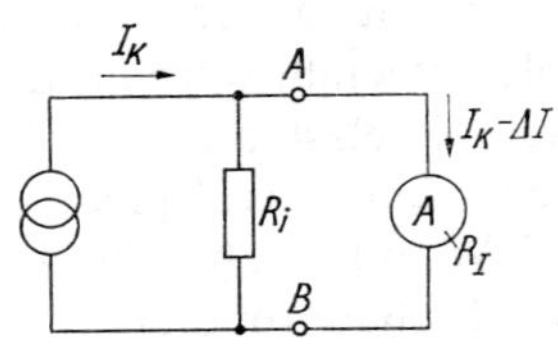

Bild 1.99

Mit der Näherung

$$\frac{1}{1 \pm \varepsilon} \approx 1 \mp \varepsilon \quad \text{für} \quad \varepsilon \ll 1$$

erhält man daraus

$$1 - \frac{\Delta I}{I_k} = \frac{1}{1 + \frac{R_I}{R_i}} \approx 1 - \frac{R_I}{R_i}, \qquad \frac{\Delta I}{I_k} \approx \frac{R_I}{R_i} \leqq 0{,}005.$$

Da

$$R_i = R_4 + R_3 \parallel (R_1 + R_2) = 10\,\Omega + \frac{40 \cdot 40}{80}\,\Omega = 30\,\Omega,$$

muß

$$R_I \leqq 0{,}005 \cdot 30\,\Omega = 0{,}15\,\Omega.$$

Diskussion

Um den relativen Stromfehler recht klein zu halten, muß $\Delta I \ll I_k$ sein, was erreicht wird, wenn der Widerstand der Meßanordnung $R_I \ll R_i$ ist. Das bedeutet aber praktischen Kurzschluß des aktiven Zweipols. Man beachte, wie einfach die Rechnung mit der Vorstellung der Zweipolersatzschaltung wird. Der Strom selbst braucht nicht berechnet zu werden.

b) Wir berechnen den Strom durch R_4 aus der Spannung U_4 über $R_4: I_4 = U_4/R_4$, wobei U_4 mit höchstens 0,5% Fehler gemessen werden muß (eine Abweichung des Wertes von R_4 wird nicht angenommen).
Wir betrachten also den Zweipol $A'B'$ (Bild 1.100a) bei Leerlauf (U_l, R_i) und bei Belastung mit dem Spannungsmesserwiderstand R_U ($U = U_l - \Delta U$, vgl. Aufg. 1.54b) und berechnen den relativen Meßfehler $\Delta U/U_l = f(R_U)$ (Bild 1.100b).
Da uns die Leerlaufspannung U_l selbst nicht interessiert (sondern nur $\Delta U/U_l$), brauchen wir nur R_i des aktiven Zweipols $A'B'$ zu berechnen: $R_i = R_4 \parallel R_3 \parallel (R_1 + R_2)$ $= (10 \parallel 40 \parallel 40)\,\Omega = (10 \parallel 20)\,\Omega = \frac{20}{3}\,\Omega$.

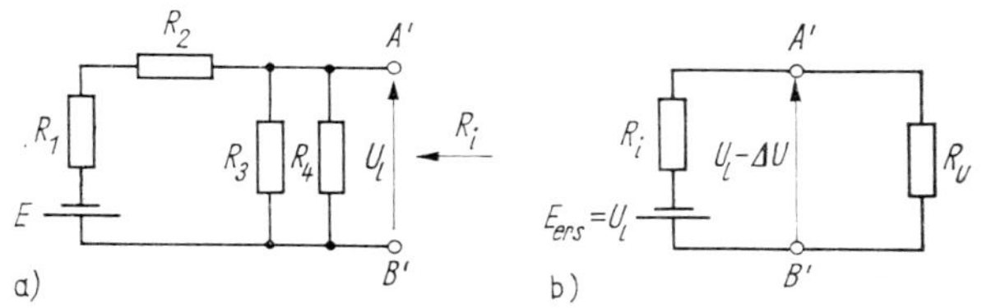

Bild 1.100

Es wird wie in Aufgabe 1.54b für $\Delta U/U_l = \varepsilon \ll 1$

$$\Delta U/U_l \approx R_i/R_U \leqq 5 \cdot 10^{-3}.$$

Daraus ergibt sich $R_U \geqq 200 R_i = 1{,}33\ \text{k}\Omega$.

Aufgabe 1.56 Zweipoltheorie, mehrfache Anwendung in einem Netzwerk

Berechne für das im Bild 1.101 gezeigte Netzwerk den Strom I_x durch den Widerstand R_3 nach der Zweipoltheorie!

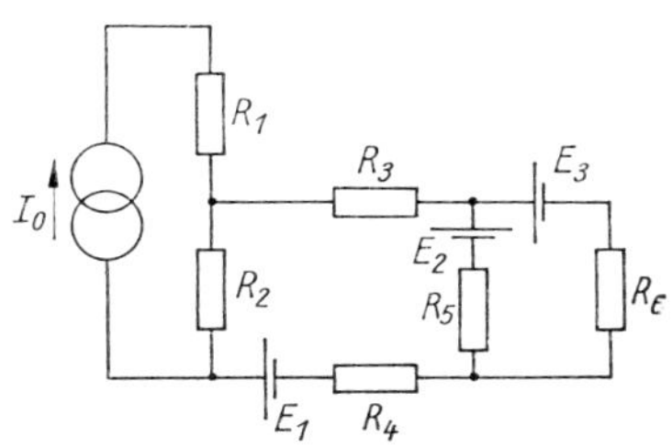

Bild 1.101

Lösungshinweis

Zerlege das vorgegebene Netzwerk derart in einzelne aktive Zweipole, deren Ersatzgrößen nach RP6 zu berechnen sind, daß eine unverzweigte Ersatzschaltung aus diesen Ersatzgrößen angegeben werden kann, wobei der einzige darin auftretende Strom der gesuchte Strom I_x ist!

Lösung

Bild 1.102a zeigt die zweckmäßige Unterteilung in Zweipole, Bild 1.103 die Zusammenschaltung ihrer Ersatzschaltelemente zu einer einzigen Masche.

Zweipol 1:

$$E_{AB} = I_0 R_2; \qquad R_{iAB} = R_2.$$

Zweipol 2:

E_1, R_4; eine Umrechnung entfällt.

Zweipol 3:

R_3.

Zweipol 4 (Bild 1.102b):

Nach dem Maschensatz gilt:

$$E_2 = U_{lCD} + IR_5, \qquad I = \frac{E_2 - E_3}{R_5 + R_6}, \qquad U_{lCD} = E_2 - IR_5$$

$$= \frac{E_2 R_6 + E_3 R_5}{R_5 + R_6}.$$

$$R_{iCD} = R_5 \parallel R_6 = \frac{R_5 R_6}{R_5 + R_6}.$$

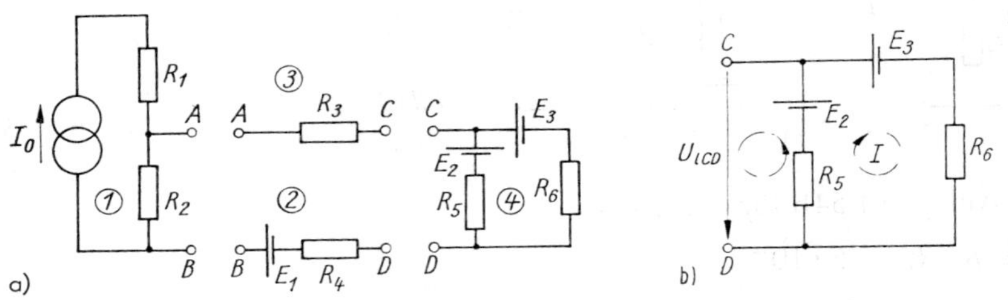

Bild 1.102

Mit den berechneten Größen läßt sich an Hand von Bild 1.103 I_x wie folgt ermitteln:

$$I_x = \frac{I_0 R_2 + E_1 - \dfrac{E_2 R_6 + E_3 R_5}{R_5 + R_6}}{R_2 + R_3 + R_4 + \dfrac{R_5 R_6}{R_5 + R_6}}$$

$$= \frac{(I_0 R_2 + E_1)(R_5 + R_6) - E_2 R_6 - E_3 R_5}{(R_5 + R_6)(R_2 + R_3 + R_4) + R_5 R_6}.$$

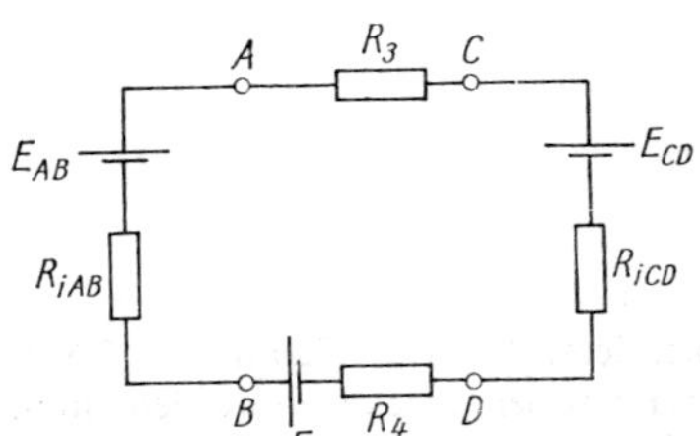

Bild 1.103

Diskussion

Getrennte Berechnung einzelner Schaltungsteile in einem vielzweigigen Netzwerk mit mehreren EMK und Stromquellen bietet gegenüber den anderen Berechnungsmethoden unter Umständen eine bedeutende Vereinfachung. Besondere Beachtung ist der Polung der Ersatzquellen zu schenken. Man überzeuge sich daher, daß ihre Antriebsrichtungen mit denen der tatsächlichen Schaltung übereinstimmen. Voraussetzung für diese stufenweise Reduzierung auf den Grundstromkreis ist allerdings, daß das Netzwerk in voneinander getrennte Zweipole zerlegbar ist (wie z. B. im Bild 1.102a). Das wäre beispielsweise nicht mehr vollständig möglich, wenn in der mittleren Masche der Schaltung im Bild 1.101 ein diagonaler Zweig enthalten wäre.

Aufgabe 1.57 Nichtlineare Zweipolschaltung, grafische Lösung

Es ist die Strom-Spannungs-Kennlinie der im Bild 1.104 dargestellten Zweipolschaltung aus linearen und nichtlinearen Schaltelementen grafisch zu ermitteln. Die Kennlinie des nichtlinearen Elements liegt in Meßwerten vor; $R_1 = 40\ \Omega$, $R_2 = 200\ \Omega$.

U_n in V	$\leqq 0$	0,1	0,2	0,3	0,4	0,6	0,8	1,0
I_n in mA	0	0,2	0,5	0,9	1,6	3,6	6,4	10

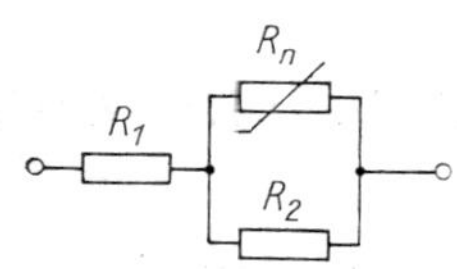

Bild 1.104

Lösungshinweis

Verfahre bei der Konstruktion nach KP 1! Da die Konstruktion auf der Überlagerung von Kennlinien, also auf grafischer Addition, beruht, muß bei dem Element der Schaltung begonnen werden, dessen Strom oder Spannung sich nicht aus mehreren anderen Zweigströmen oder Teilspannungen zusammensetzt. Bei Parallelschaltung ist die Konstruktionsregel K 2 und bei Reihenschaltung die Regel K 1 anzuwenden.

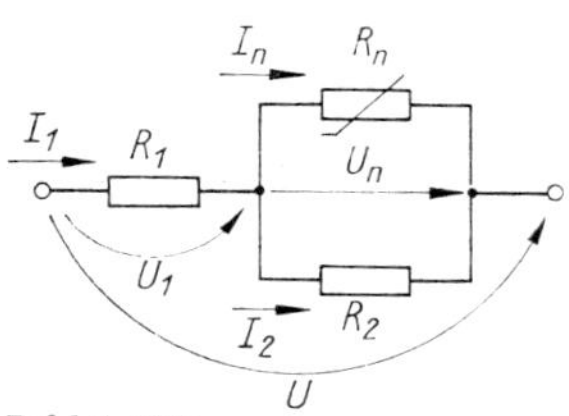

Bild 1.105

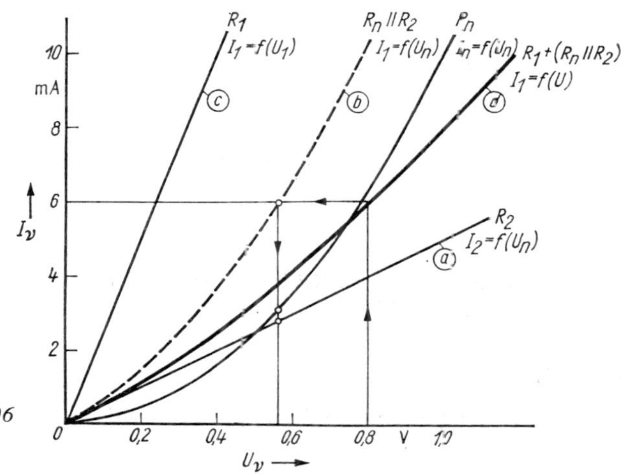

Bild 1.106

Lösung

Wir führen die in KP 1 angeführten Konstruktionsschritte durch:

1. Siehe Bild 1.105!
2. Wir beginnen mit der Parallelschaltung und darin zweckmäßigerweise mit dem Zweipol R_n. Aus den Tabellenwerten kann die Kennlinie $I_n = f(U_n)$ für R_n gezeichnet werden (Bild 1.106).
3. Reihenfolge der weiteren Konstruktionsschritte (Bild 1.106):
   ⓐ Kennlinie $R_2 = 200\ \Omega$: Gerade durch den Nullpunkt $I_2 = f(U_n)$.
   ⓑ Parallelschaltung $R_2 \parallel R_n$ gemäß K 2 (s. Bild 1.30b): Addition der Ströme $I_n + I_2 = I_1$ ergibt Kennlinie $I_1 = f(U_n)$.

ⓒ Kennlinie $R_1 = 40\,\Omega$: Gerade durch den Nullpunkt $I_1 = f(U_1)$.
ⓓ Reihenschaltung $R_1 + (R_2 \parallel R_n)$, K 1, s. Bild 1.30a: Addition der Spannungen $U_n + U_1 = U$ ergibt Kennlinie $I_1 = f(U)$.

Diskussion

Aus dieser Kennlinienkonstruktion können wir für einen beliebigen Spannungswert U jeden Strom- oder Spannungswert der Schaltung entnehmen. Ein Beispiel ist für $U = 0{,}8$ V eingetragen. Für diesen Wert ergibt sich aus ⓓ $I = 6$ mA. Auf dieser Horizontalen entnehmen wir aus ⓒ $U_1 = 0{,}24$ V und aus ⓑ $U_n = 0{,}56$ V. Von dem letzten Punkt gehen wir senkrecht nach unten und lesen aus ⓐ $I_2 = 2{,}8$ mA und aus der R_n-Kurve $I_n = 3{,}2$ mA ab. Damit sind alle Werte der Schaltung bekannt, natürlich nur mit der aufgewendeten Zeichengenauigkeit.

Aufgabe 1.58 Zweipolkennlinie einer Diodenschaltung mit Einströmung, grafische Lösung

Konstruiere die Strom-Spannungs-Kennlinie der im Bild 1.107 angegebenen Zusammenschaltung eines linearen und eines nichtlinearen Schaltelements (Diode) mit einer Einströmung! Die Diodenkennlinie ist aus Meßwerten (U_n, I_n) bekannt, $R = 20\,\Omega$, $I_0 = 2$ mA.

U_n in V	$\leqq 0$	0,1	0,2	0,3	0,4	0,6	0,8	1,0
I_n in mA	0	0,15	0,5	1,15	2,0	4,2	7,0	10,0

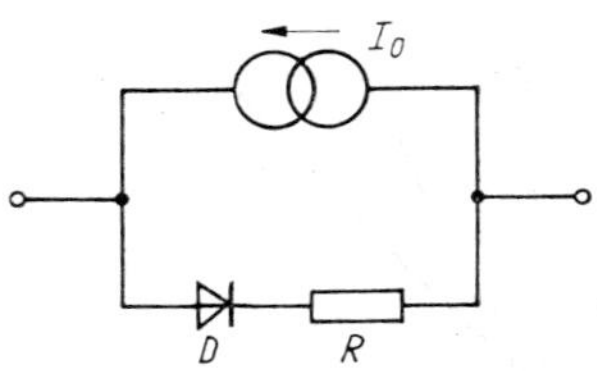

Bild 1.107

Lösungshinweis

Führe die Konstruktion nach **KP 1** und den **Konstruktionsregeln** K 1, K 2 und K 4 durch! Vergleiche Hinweis in Aufgabe 1.57!

Lösung

Gemäß KP 1 ergeben sich folgende Konstruktionsschritte:

1. Siehe Bild 1.108!
2. Wir beginnen mit der gegebenen Diodenkennlinie $I_n = f(U_n)$ (Bild 1.109).
3. Reihenfolge der weiteren Konstruktionsschritte (Bild 1.109):
   ⓐ Kennlinie für $R = 20\,\Omega$: Gerade durch den Nullpunkt $I_n = f(U_R)$.
   ⓑ Reihenschaltung $U_n + U_R = U$, K 1 (s. Bild 1.30a): $I_n = f(U)$.
   ⓒ Parallelschaltung von I_0, $I = I_n - I_0$, K 4 (s. Bild 1.30d): $I = f(U)$.

Diskussion

Aus der Diodenkennlinie $I_n = f(U_n)$ und dem Schaltsymbol mit Zählpfeilen von I_n und U_n erkennen wir, daß eine Diode in Richtung des Pfeilsymbols niederohmig ist (Durchlaßrichtung). Entgegengesetzte Spannung hat keinen Strom zur Folge (Widerstand unendlich, Sperrichtung). Die Gesamtkennlinie ⓒ $I = f(U)$ zeigt: Bei $U \leqq 0$ wird der

Diodenzweig unterbrochen (Diodenwiderstand unendlich). Der Klemmenstrom wird $I = -I_0$. Die Kennlinie ⓒ ist typisch für eine Fotodiode (Solarzelle). Der negative Strom ist der durch Lichteinwirkung erhöhte Sperrstrom (Fotostrom) durch den pn-Übergang (Loch-Elektronen-Paar-Bildung, vgl. Lehrbuch Abschn. 1.4.3.2). Bild 1.107 kann man also als mögliches Ersatzschaltbild für eine Solarzelle ansehen (modifiziert in Aufgabe 1.70, Bild 1.131).

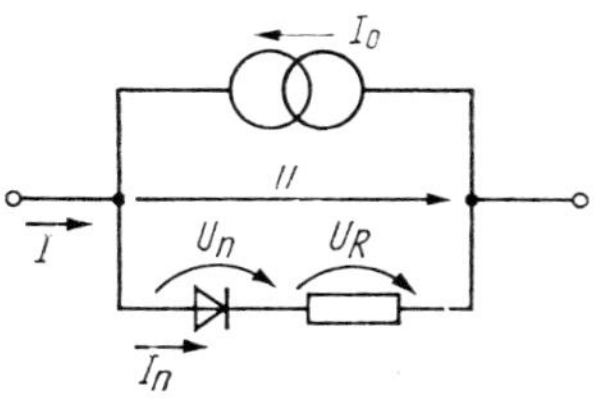

Bild 1.108

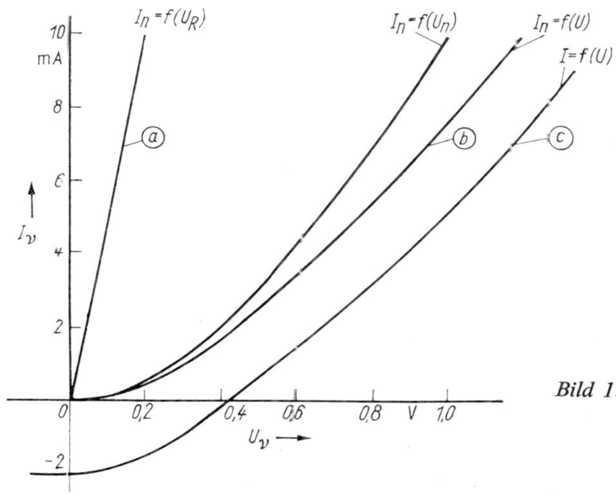

Bild 1.109

Beachte: Diese Feststellung, daß man einen nichtlinearen Zusammenhang zwischen Strom und Spannung an den Klemmen einer Solarzelle durch eine nichtlineare Ersatzschaltung d a r s t e l l e n kann (sog. physikalisches Ersatzschaltbild, symbolisiert einen inneren physikalischen Vorgang), ist kein Widerspruch zu der Feststellung in RP 5 bis RP 7, daß man Schaltungen in Ersatzschaltungen nur bei Linearität u m r e c h n e n kann. So kann man also die Schaltung Bild 1.107 nicht in eine Spannungsquellenersatzschaltung umrechnen.

Natürlich ist auch bei dieser Ersatzschaltung nicht zu erwarten, daß im I n n e r e n das Verhalten mit dem wahren Zweipol (Solarzelle) übereinstimmt (worauf auch bei linearen Ersatzschaltungen hingewiesen wurde, Aufg. 1.49). Zum Beispiel fließt im Ersatzschaltbild für $U < 0$ der Fotostrom I_0 gar nicht durch die Diode!

Aufgabe 1.59 Nichtlineare Schaltung, grafische Lösung

Gegeben sei der Stromkreis mit linearen und nichtlinearen Elementen (Bild 1.110). Die Kennlinie des nichtlinearen Elements (Diode) und die Schaltelemente sind bekannt. Werte der Diodenkennlinie:

U_n in V	$\leqq 0$	0,1	0,2	0,3	0,4	0,6	0,8	1,0
I_n in mA	0	0,15	0,50	1,15	2,0	4,2	7,0	10,0

$E = 1,5$ V, $R_1 = 150\ \Omega$, $R_2 = 30\ \Omega$.

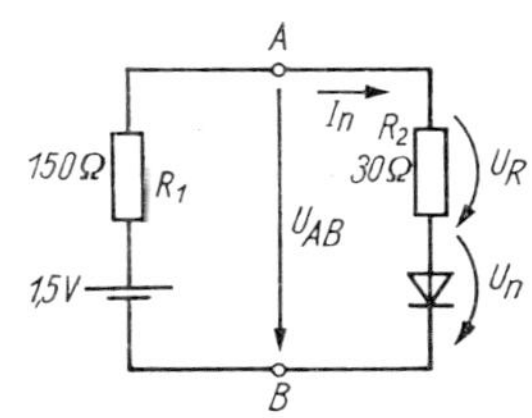

Bild 1.110

a) Ermittle grafisch I_n und U_{AB} dieser Schaltung!

b) Wie groß muß die EMK gewählt werden, wenn bei sonst unveränderter Schaltung $I_n = 4$ mA betragen soll? Welche Klemmenspannung U_{AB} stellt sich dann ein?

Lösungshinweis

Führe die Konstruktion unter Anleitung von KP 2 durch! Da die Größen an den Klemmen *AB* gesucht sind, trennen wir dort die Schaltung auf, zeichnen die Kennlinien beider Zweipole nach KP 1 und überlagern beide.

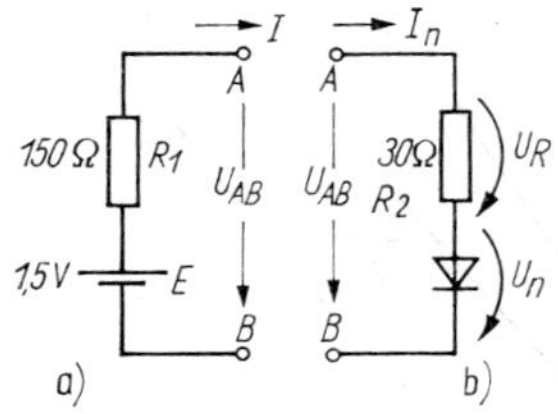

Bild 1.111

Lösung

a) Die Konstruktionsschritte in KP 2 ergeben hier folgende Bilder:

1. Siehe Bilder 1.111a und b!
2. Siehe Bild 1.112!
   ① Diodenkennlinie gemäß Meßwerten.
   ② Kennlinie $R = 30\ \Omega$ = konst.
   ③ Überlagerung von ① und ②: $I_n = f(U_{AB})$.
   ④ Die Kennlinie des aktiven Zweipols lautet
   $U_{AB} = E - IR_1$ und $I = f(U)$ und ist eine fallende Gerade von $I_k = E/R_1 = 10$ mA bei $U_{AB} = 0$ bis zu $U_{lAB} = 1{,}5$ V bei $I = 0$.
3. Der Schnittpunkt von ③ mit ④ ist der Arbeitspunkt der Schaltung. Die sich einstellenden Werte $I_n = 4{,}0$ mA und $U_{AB} = 0{,}79$ V sind aus der Konstruktion auf Millimeterpapier ablesbar.

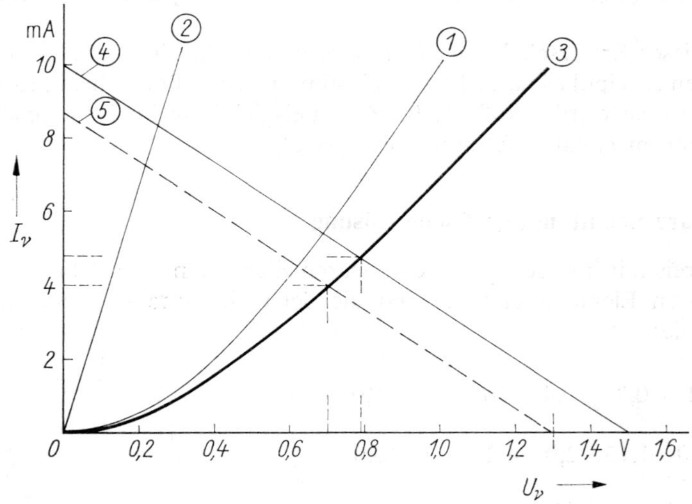

Bild 1.112

b) Wir fixieren auf ③ den Stromwert $I_n = 4$ mA, ziehen durch diesen Punkt eine Parallele ⑤ zu ④; denn laut Aufgabenstellung bleibt der Widerstand des aktiven Zweipols und damit die Steigung gegenüber ④ unverändert. ⑤ schneidet die Abszisse in $U = E = 1{,}3$ V, den gesuchten Wert der EMK. Als Klemmenspannung stellt sich $U_{AB} = 0{,}7$ V ein.

Diskussion

Nutze weitere Übungsmöglichkeiten durch Variierung der Fragestellung, z. B. bei b): Wie groß ist der Spannungsabfall über R_1 und R_2? Wie verändert sich die Lösung, wenn man bei gleicher EMK R_1 oder R_2 vergrößert?

Aufgabe 1.60 Ersatzschaltbilder einer Diode

Gegeben ist eine nichtlineare Diodenkennlinie (Bild 1.113), die mit verschiedener Genauigkeit durch lineare Kennlinienteile angenähert sei (Approximationen, Bilder 1.114a, b, c, d, e). Gib Ersatzschaltungen an, deren Strom-Spannungs-Verhalten durch die genäherten Kennlinien b) bis e) dargestellt wird! Verwende dabei das in a) angegebene Schaltsymbol einer idealen Diode (Schalterkennlinie)!

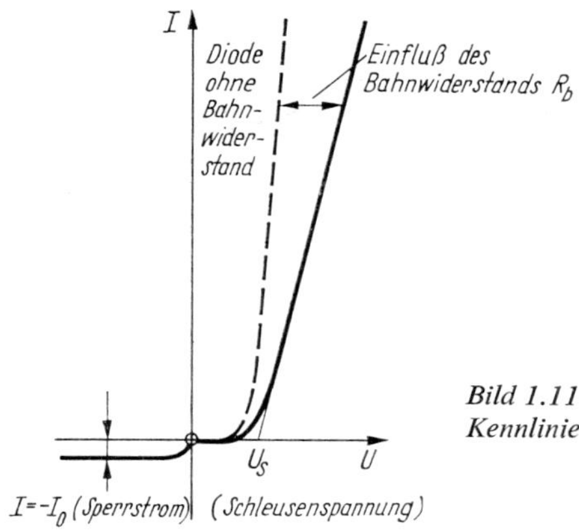

Bild 1.113
Kennlinie einer Diode, Einfluß des Bahnwiderstands

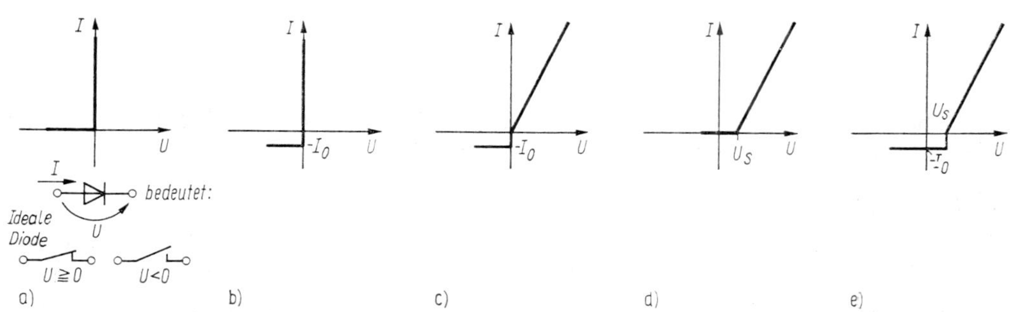

Bild 1.114

Bei Si-Dioden (bzw. Gleichrichtern) liegt das Verhältnis (mittlerer) Durchlaßstrom/Sperrstrom in den Größenordnungen 10^4 bis 10^6. Die Schleusenspannung beträgt etwa 0,7 V.

Lösungshinweis

Während bisher zu der gegebenen Schaltung die Zweipolkennlinie gesucht wurde (Schaltungsanalyse), liegt hier die umgekehrte Fragestellung vor. Eine Kennlinie ist gegeben, und die Schaltung ist gesucht (Schaltungssynthese). Man sucht dazu eine Zusammenschaltung von Elementen (Einströmungen, Spannungsquellen, Widerständen und idealer Schalter mit Kennlinie in Bild 1.114a), deren Gesamtkennlinie an den Klemmen gleich der gegebenen Strom-Spannungs-Kennlinie ist. So ist z.B. die Kennlinie b) eine um $-I_0$ verschobene Kennlinie von a), und in der Kennlinie c) kommt noch ein mit dem Strom linear ansteigender Spannungsabfall – jedoch nur für $U > 0$ – hinzu usw. Die Kennlinie d) berücksichtigt die Schleusenspannung und den Bahnwiderstand, läßt jedoch den Sperrstrom unberücksichtigt, während Kennlinie e) die Überlagerung der Kennlinien c) und d) ist.

Lösung

Kennlinie b):

Die Verschiebung einer Kennlinie a) längs der I-Achse bedeutet die Parallelschaltung einer Einströmung (vgl. K 4, Bild 1.30d). Die Kennlinie ergibt folgende Beziehungen:

$U \geqq 0$: $I \geqq 0$ (beliebiger Wert);
$U \leqq 0$: $I = -I_0$.

Dies wird durch die Ersatzschaltung Bild 1.115b mit einer parallelen Einströmung I_0 zur Ersatzschaltung des idealen Schalters Bild 1.115a erfüllt. Beachte Orientierung von I_0!

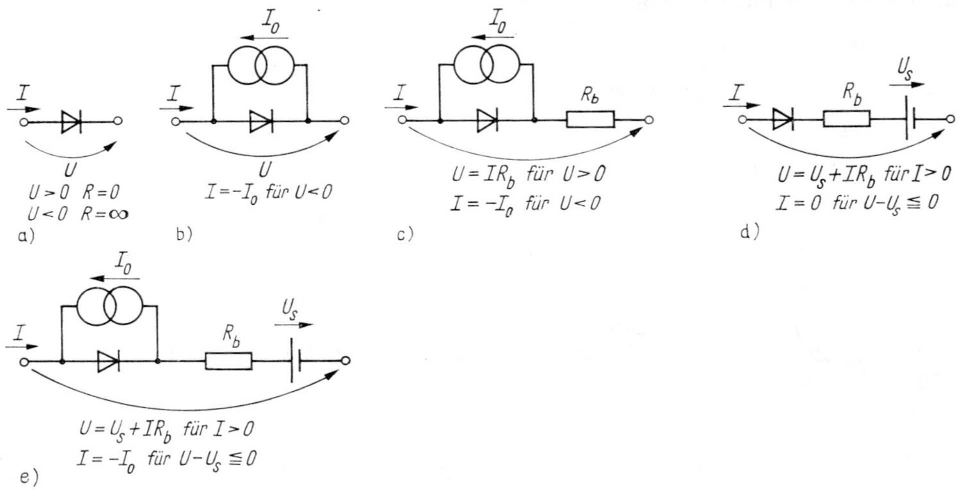

Bild 1.115

I_0 fließt für $U > 0$ durch die Diode (Schalter geschlossen) und für $U < 0$ durch die an die Diode angeschlossene Schaltung (Schalter geöffnet).[1])

Kennlinie c):

Zu der Kennlinienverschiebung von b) kommt noch für $U \geqq 0$ $U = IR_b$, wobei R_b aus der Steigung der Geraden für $U > 0$ ermittelt werden kann. Im Durchlaßbereich der Diode (Schalter geschlossen) entsteht ein zusätzlicher Spannungsabfall, was gemäß K 1 (Bild 1.30a) die Reihenschaltung des Widerstands bedeutet. Es ergibt sich also die Ersatzschaltung nach Bild 1.115c.

Kennlinie d):

Diese Kennlinie kann man sich zusammengesetzt denken aus Parallelverschiebung der Kennlinie a) um U_S längs der U-Achse (bedeutet Reihenschaltung einer EMK gemäß K 3, Bild 1.30c) und einem Spannungsabfall IR_b:
$U = U_S + IR_b$ für $I \geqq 0$. Ersatzschaltung Bild 1.115d.

[1]) Beachte Bemerkung in der Diskussion zu Aufgabe 1.58!

Kennlinie e):

Da hier zusätzlich zur Kennlinie d) noch der Sperrstrom (Kennlinie b) berücksichtigt wird, kommt zum Ersatzschaltbild 1.115d der Stromgenerator I_0 wie im Ersatzschaltbild 1.115b hinzu (Ersatzschaltbild 1.115e).

Beachte: Die Kennlinie der realen Diode (Bild 1.113) ist die eines passiven nichtlinearen Zweipols: Bei Leerlauf ($I = 0$) ist auch $U = 0$ und bei Kurzschluß ($U = 0$) ist der Klemmenstrom $I = 0$! Das ist bei den genäherten Kennlinien nicht erfüllt (Bilder 1.114). Damit ergeben sich als Ersatzschaltbilder aktive Zweipole! Man darf nicht aus dem Ersatzschaltbild auf das innere physikalische Verhalten schließen! (Beachte auch Diskussion zur Aufg. 1.58!) Zur Anwendung des Ersatzschaltbilds s. Aufgabe 1.63.

Aufgabe 1.61 Nichtlineare Schaltung, analytische und grafische Lösung

Gegeben ist ein nichtlineares Bauelement mit dem fallenden Kennlinienast $U_n = K/I_n$ (K Konstante).

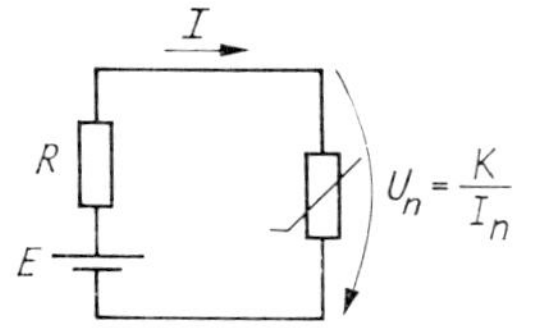

Bild 1.116

Bei dem Strom $I_n = I_0$ entsteht ein Spannungsabfall $U_n = U_0$.

a) Berechne allgemein den Verlauf des Widerstands und des differentiellen Widerstands in Abhängigkeit vom Strom I_n!

b) Gesucht sind mögliche Arbeitspunkte, auf die sich das nichtlineare Bauelement in der Schaltung Bild 1.116 einstellt:

b$_1$) Löse diese Aufgabe grafisch für $U_0 = 32$ V, $I_0 = 0{,}5$ A, $E = 30$ V, $R = 5\ \Omega$!

b$_2$) Stelle aus den Netzwerkgleichungen die allgemeine Gleichung für die Ströme in den Arbeitspunkten auf, und berechne die Ströme und Spannungen mit den in b$_1$) gegebenen Werten!

c) Bei welchen Änderungen von E bzw. R stellt sich kein Arbeitspunkt auf diesem Kennlinienast ein? Überprüfe die Berechnungen mit der grafischen Lösung dieser Frage! (Grundlage dafür sind die Ergebnisse von b$_2$.)

d) Bei fallenden Kennlinien kann es instabile Arbeitspunkte geben, nämlich dann, wenn in diesem Punkt der Betrag des differentiellen Widerstands des nichtlinearen Bauelements größer ist als der des angeschlossenen aktiven Zweipols. Überprüfe an Hand der grafischen Konstruktion b$_1$), welcher Arbeitspunkt stabil ist!

Lösungshinweis

a) Siehe Aufgaben 1.14, 1.16!

b$_1$) Vergleiche Aufgabe 1.59!

b$_2$) Es ergibt sich für den gesuchten Strom eine quadratische Gleichung.

c) Man beantworte die Fragen zunächst an Hand der grafischen Lösung b$_1$)! Vergleiche hierzu die Diskussion zur Lösung der Aufgabe 1.59!

Lösung

a) Die Gleichstromkennlinie ist als Hyperbel gegeben:
$U_n = K/I_n$. Die Konstante K ergibt sich aus den gegebenen Werten U_0 und I_0 zu $K = U_0 I_0$. Der Gleichstromwiderstand ist nach Definitionsgleichung (1.9) R_n

$= U_n/I_n = K/I_n^2$. Der differentielle Widerstand ist definiert als $r = \mathrm{d}U/\mathrm{d}I$ und ergibt hier $r_n = -K/I_n^2 = -R_n$.

Das negative Vorzeichen von r_n charakterisiert die fallende Kennlinie.

b_1) Wir trennen aus der Schaltung das nichtlineare Element ab und zeichnen dessen Kennlinie $I_n = f(U_n)$ maßstabsgerecht, wobei $K = 32\ \mathrm{V} \cdot 0{,}5\ \mathrm{A} = 16\ \mathrm{W}$ ist. (Kennlinie ① im Bild 1.117). In dasselbe Koordinatensystem zeichnen wir die Kennlinie des abgetrennten linearen aktiven Zweipols $U = E - IR$: Gerade von $I_K = E/R = 6\ \mathrm{A}$ auf der I-Achse bis zur Leerlaufspannung $U_l = E = 30\ \mathrm{V}$ auf der U-Achse (Kennlinie ② im Bild 1.117). Die Schnittpunkte sind die möglichen Arbeitspunkte: 27 V; 0,6 A und 3 V; 5,3 A.

b_2) Maschengleichung $E - RI = U_n$; $E = RI + K/I$.

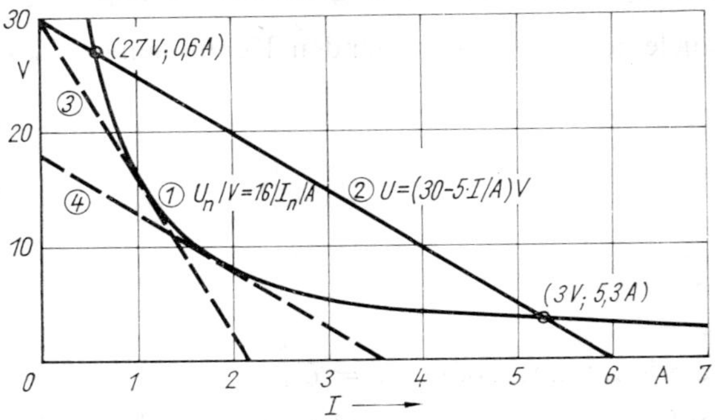

Bild 1.117

Daraus wird

$$I_{1,2} = E/2R \pm \sqrt{(E/2R)^2 - K/R}.$$

Mit den vorliegenden Werten für E, R und K ergibt sich

$$I_{1,2} = (3 \pm \sqrt{9 - 3{,}2})\ \mathrm{A}.$$

Daraus folgt

$$I_1 = 5{,}41\ \mathrm{A} \quad \text{und damit} \quad U_1 = 2{,}96\ \mathrm{V},$$
$$I_2 = 0{,}59\ \mathrm{A} \quad \text{und damit} \quad U_2 = 27{,}1\ \mathrm{V}.$$

Die grafisch ermittelten Werte sind mit diesen Werten in guter Übereinstimmung (bei Zeichnung auf Millimeterpapier).

c) Im Bild 1.117 sind gestrichelt die beiden Geraden des aktiven Zweipols eingetragen, die die Kennlinie des nichtlinearen Elements noch berühren, d.h., bei denen sich gerade noch ein Arbeitspunkt einstellen könnte. Daraus ergibt sich entsprechend Kennlinie ③: Für unveränderte EMK $E = 30\ \mathrm{V}$ ergibt sich kein Arbeitspunkt mehr, wenn der Widerstand R größer ist als $R_{\max} = 30\ \mathrm{V}/2{,}1\ \mathrm{A} = 14{,}3\ \Omega$.
Aus Kennlinie ④ ist abzulesen: Bei unverändertem Widerstand $R = 5\ \Omega$ stellt sich kein Arbeitspunkt ein, wenn die EMK kleiner ist als $E_{\min} = 18\ \mathrm{V}$.

Rechnung

Aus der allgemeinen Lösung in b_2) ergibt sich: Die Lösung kann nur reell sein, d.h., ein Strom existiert, wenn der Radikand $\geqq 0$ ist. Ist also

$$(E/2R)^2 - K/R < 0,$$

so würde die Lösung für den Strom komplex, was physikalisch nicht real ist.

Es gibt also keinen Arbeitspunkt, wenn $(E/2R)^2 < K/R$ ist. Diese Ungleichung können wir nach R oder E auflösen, womit man die Bedingungen erhält:

$$R > E^2/4K = 14{,}1\ \Omega \quad \text{für} \quad E = 30\ \text{V},$$

$$E < 4KR = 17{,}9\ \text{V} \quad \text{für} \quad R = 5\ \Omega.$$

d) Die Steilheit $\mathrm{d}U/\mathrm{d}I$ der Kennlinie ① ist im Arbeitspunkt (3 V; 5,3 A) kleiner als die der Kennlinie ②. Dieser Arbeitspunkt ist damit stabil. Das kann man durch folgende Überlegung anschaulich machen: Wir prägen im Arbeitspunkt eine Störung auf, machen z.B. den Strom um ΔI größer. Dann zeigen die Kennlinien, daß das nichtlineare Element eine größere Spannung für diesen vergrößerten Strom benötigen würde, als der aktive Zweipol bei diesem Strom „zur Verfügung stellt". Der vergrößerte Strom kann also gar nicht entstehen. Denkt man sich jedoch vom Arbeitspunkt aus den Strom um ΔI verkleinert, bietet der aktive Zweipol (Kennlinie ②) eine größere Klemmenspannung an, als der passive Zweipol (Kennlinie ①) „benötigt". Die positive Differenzspannung vergrößert den Strom, bis der Arbeitspunkt wieder erreicht ist. Die Störung $\pm\Delta I$ wird also durch das System rückgängig gemacht. Beim Arbeitspunkt (27 V; 0,6 A) ist dies gerade nicht der Fall: Ein $+\Delta I$ wird durch die dadurch entstehende positive Spannungsdifferenz vom Generator so lange vergrößert, bis der stabile Arbeitspunkt erreicht ist.

Aufgabe 1.62 Nichtlineare Schaltung, numerische Lösung

Löse die Aufgabe 1.61 b), Schaltung Bild 1.116, mit den in b_1) angegebenen Parametern mit Hilfe der BASIC-Programme BP 2, BP 3 und BP 4!

In Aufgabe 1.61 haben wir erkannt, daß vorliegendes Problem grafisch und analytisch relativ leicht gelöst werden kann. Hier soll demonstriert werden, wie man eine allgemein programmierte Lösungsmethode auf ein spezielles Problem anpassen kann und welche Überlegungen beim Dialog mit dem Rechner anzustellen sind.

Lösungshinweis

Wir müssen die Programme BP 2 bis BP 4, die in Zeile 210 ein willkürlich gewählte Funktion als Beispiel enthalten, an unser Problem anpassen. Dazu gehört das Aufstellen der Funktion $G(X) = 0$ (BP 2 und BP 4) bzw. $F(X) = X$ (BP 3), wobei $G(X) = F(X) - X$ ist. Hier ist zunächst der Strom I in Ampere zu berechnen: $X = I/\text{A}$. $G(X)$ ergibt sich aus den Netzwerkgleichungen. Sodann sind die Werte festzulegen, die im Dialog mit dem Rechner (Zeilen 20ff.) abgefragt werden.

Lösung

Netzwerkgleichung (Schaltung Bild 1.116, vgl. Lösung Aufgabe 1.61 b_2)

$$U = K/I = E - RI; \qquad I - (R/E)\, I^2 - K/E = 0$$

$$\text{bzw.} \qquad (R/E)\, I^2 + K/E = I.$$

Gegeben sind (Aufgabe 1.61) $E = 30$ V, $R = 5\ \Omega$ und $K = 16$ W. Wir bilden also die zugeschnittene Größengleichung (Bezugsgrößen V, A, Ω und W)

$$I/A - \frac{R/\Omega}{E/\text{V}}\,(I/A)^2 - \frac{K/\text{W}}{E/\text{V}} = 0,$$

setzen die gegebenen Größen ein und für $I/A = X$. Damit ergibt sich die Zahlenwertgleichung

$$X - \tfrac{1}{6}X^2 - \tfrac{8}{15} = 0,$$

d.h.,

$$G(X) = X * X/6 + 8/15 - X$$

und damit $F(X) = G(X) + X$:

$$F(X) = X * X/6 + 8/15.$$

$G(X)$ bzw. $F(X)$ wird in Zeile 210 eingesetzt.
Da auch die Spannung im Arbeitspunkt gesucht ist, muß diese mit Hilfe der Lösung X berechnet und ausgegeben werden.
Nach Zeile 400 ergänzen wir also, da $U = K/I = 16\,\mathrm{W}/I$ ist:

410 : U = 16 / X
430 : PRINT "U = " ; U ; "VOLT".

In den Programmzeilen 20ff. werden die Startwerte und die Abbruchschranke gefordert. Eine grafische Orientierung ergibt die Möglichkeit zweier Arbeitspunkte (vgl. Bild 1.117). Als maximal möglicher Strom ergibt sich der Kurzschlußstrom $E/R = 6$ A. Dieser Wert soll als Startwert (X0 = 6) für die Berechnung des einen der beiden Lösungspunkte an-

Tafel 1.8 Programm BP 2A

```
9  REM  *************************************************
10 REM  ****  BP2A: LOESUNG VON AUFGABE 1.62 DURCH     ***
11 REM  ****          PUNKTWEISE BERECHNUNG VON G(X)=0  ***
12 REM  *************************************************
15 CLEAR
20 INPUT "STARTWERT STROM IO/AMP";X
25 INPUT "SCHRITTWEITE M ";M
30 INPUT "ABBRUCHSCHRANKE EPS ";EP
50 K=1
60 GOSUB 200:
90 IF ABS(G)<=EP GOTO 400
95 IF K>100 GOTO 300
100 IF K=1 GOTO 130
110 IF ABS(H)-ABS(G)<0 THEN M=-M
120 IF SGN(G)<>SGN(H) THEN M=-.1*M
130 H=G: X=X+M:  K=K+1: GOTO 60
200                            REM      BERECHNUNG VON G(X)
210 G=X*X/6 + 8/15 - X
250 RETURN
300 PRINT "LOESUNG NACH";K;"SCHRITTEN NICHT GEFUNDEN"
310 END
400                         REM BERECHNUNG DES ERGEBNISSES
410 U=16/X
420 PRINT "I=";X;"AMP.  NACH";K;"SCHRITTEN GEFUNDEN"
430 PRINT "U=";U;"VOLT"
450 END


RUN
STARTWERT STROM IO/AMP ? 6
SCHRITTWEITE M ? 1
ABBRUCHSCHRANKE EPS ? 0.001
I= 5.408 AMP.  NACH 31 SCHRITTEN GEFUNDEN
U= 2.958 VOLT

RUN
STARTWERT STROM IO/AMP ? 0.5
SCHRITTWEITE M ? 0.1
ABBRUCHSCHRANKE EPS ? 0.001
I= 0.591 AMP.  NACH 4 SCHRITTEN GEFUNDEN
U= 27.073 VOLT
```

genommen werden. Für den anderen Lösungspunkt kann man den Strom wählen, der durch das nichtlineare Element bei maximaler Spannung 30 V fließt, also $I = K/U \approx 0{,}5$ A. Als Abbruchschranke soll die Genauigkeit von 1 mA ausreichen, wir setzen also in Zeile 30: EP = 0.001.
Mit diesen Überlegungen ergeben sich folgende Programme:

Programm BP 2

Hier ist außer den Startwerten und der Abbruchschranke, die wir mit $\varepsilon = 0{,}001$ wählen, noch die 1. Schrittweite M einzugeben. Wir wählen für die beiden Lösungspunkte $M = 1$ bzw. $M = 0{,}1$. In Tafel 1.8 ist das Programm BP 2A mit dem Lösungsausdruck angegeben (Änderungen gegenüber BP 2 sowie Eingabe- und Ausgabewerte halbfett).

Programm BP 3

Wir überprüfen die Konvergenz $|F'(X)| < 1$. Es ergibt sich $F'(X) = (1/3)\,X$, d.h., es muß sein $X < 3$. Wir können mit dieser Funktion $F(X)$ nur den „unteren" Arbeitspunkt berechnen. Um auch für $X > 3$ mit diesem Programm rechnen zu können, bilden wir die inverse Funktion, d.h., wir setzen $X^2/6 + 8/15 = Y$, lösen nach X auf und substituieren

Tafel 1.9 Programm BP 3A

```
9  REM ***************************************************
10 REM ***** BP3A: ITERATIVE LOESUNG VON F(I)=I  **********
11 REM *****         IN AUFGABE 1.62             **********
12 REM ***************************************************
15 CLEAR
20 INPUT "STARTWERT STROM IO/AMP";X
30 INPUT "ABBRUCHSCHRANKE EPS ";EP
50 K=1
60 GOSUB 200:  REM BERECHNUNG VON F(X)
90 IF ABS((F-X)/X) < EP GOTO 400
95 IF K>100 GOTO 300
130 X=F:  K=K+1:  GOTO 60
200                                    REM   FUNKTION F(X)
210 F=X*X/6 + 8/15
250 RETURN
300 PRINT "LOESUNG NACH";K;"SCHRITTEN NICHT GEFUNDEN"
310 END
400                             REM  BERECHNUNG DES ERGEBNISSES
410 U=16/X
420 PRINT "I=";X;"AMP.  NACH";K;"SCHRITTEN GEFUNDEN"
430 PRINT "U=";U;"VOLT"
450 END


RUN
STARTWERT STROM IO/AMP ? 0.5
ABBRUCHSCHRANKE EPS ? 0.001
I= 0.5910 AMP.  NACH 4 SCHRITTEN GEFUNDEN
U= 27.074 VOLT


(nach Änderung von Zeile 210
210 F=SQR ((X-8/15)*6)  )

RUN
STARTWERT STROM IO/AMP ? 6
ABBRUCHSCHRANKE EPS ? 0.001
I= 5.417 AMP.  NACH 8 SCHRITTEN GEFUNDEN
U= 2.953 VOLT
```

$Y = X$. Das ergibt $F_1(X) = \sqrt{(X - 8/15) * 6}$ und $|F_1'(X)| < 1$ für $X > 2$. Die Programme BP 3A (Änderungen gegenüber BP 3 halbfett) und Programmdurchführung (Eingabe und Ausgaben halbfett) sind in Tafel 1.9 angegeben.

Programm BP 4

Die Konvergenz ist für alle X-Werte gegeben, außer für den Extremwert von $G(X)$ bei $X = 3$. Darauf wird mit Ausgabe der Zeile 350 aufmerksam gemacht.
Das Programm BP 4A (Änderungen gegenüber BP 4 halbfett) und die Programmdurchführung sind in Tafel 1.10 angegeben.
Man erkennt, daß man mit der Methode der Newton-Iteration (Tangentenverfahren) am schnellsten die Lösung erhält.
Auch die Fragen c) in Aufgabe 1.61 können mit den Programmen beantwortet werden, indem man die Größen R und E (und auch K) in den Dialogteil des Programms aufnimmt, wodurch das Problem beliebig variiert werden kann. Das dafür angepaßte Programm BP 4B ist in Tafel 1.11 angegeben (Ergänzungen und Änderungen halbfett).

Tafel 1.10 Programm BP 4A

```
9  REM ***********************************************************
10 REM **** BP4A: LOESUNG VON AUFGABE 1.62          *************
11 REM ****           MIT NEWTON-ITERATION           *************
12 REM ***********************************************************
15 CLEAR
20 INPUT "STARTWERT STROM IO/AMP ";X
30 INPUT "ABBRUCHSCHRANKE EPS ";EP
50 K=1
60 GOSUB 200
80 A=X-G/DG
90 IF ABS(A-X) < EP GOTO 400
95 IF K>100 GOTO 300
130 X=A: K=K+1: GOTO 60
200                         REM  BERECHNUNG VON G(X) UND DG/DX
210 G=X*X/6 + 8/15 - X
220 DG=X/3 - 1
240 IF ABS(DG) < .0001 GOTO 350
250 RETURN
300 PRINT "LOESUNG NACH";K;"SCHRITTEN NICHT GEFUNDEN"
310 END
350 PRINT "DG/DX = 0 - ANDEREN STARTWERT XO WAEHLEN !"
360 GOTO 20
400                         REM  BERECHNUNG DES ERGEBNISSES
410 U=16/X
420 PRINT "I=";X;"AMP.  NACH";K;"SCHRITTEN GEFUNDEN"
430 PRINT "U=";U;"VOLT"
450 END


RUN
STARTWERT STROM IO/AMP ? 6
ABBRUCHSCHRANKE EPS ? 0.001
I= 5.4090 AMP.   NACH 3 SCHRITTEN GEFUNDEN
U= 2.9580 VOLT

RUN
STARTWERT STROM IO/AMP ? 0.5
ABBRUCHSCHRANKE EPS ? 0.001
I= 0.5917 AMP.  NACH 3 SCHRITTEN GEFUNDEN
U= 27.0416 VOLT
```

Tafel 1.11 Programm BP 4B

```
9   REM ************************************************
10  REM **** BP4B: LOESUNG VON AUFGABE 1.62       **********
11  REM ****        MIT NEWTON-ITERATION          **********
13  REM **** ALLE PARAMETER KOENNEN VARIIERT WERDEN **********
14  REM ************************************************
15  CLEAR
17  INPUT "EMK E/VOLT= ";E
18  INPUT "WIDERSTAND R/OHM= ";R
19  INPUT "KENNLINIENPARAMETER K/WATT= ";KP
20  INPUT "STARTWERT STROM IO/AMP ";X
30  INPUT "ABBRUCHSCHRANKE EPS ";EP
50  K=1
60  GOSUB 200
80  A=X-G/DG
90  IF ABS(A-X) < EP GOTO 400
95  IF K>100 GOTO 300
130 X=A: K=K+1: GOTO 60
200                          REM  BERECHNUNG VON G(X) UND DG/DX
210 G=R*X*X - E*X + KP
220 DG=2*R*X - E
240 IF ABS(DG) < .0001 GOTO 350
250 RETURN
300 PRINT "LOESUNG NACH";K;"SCHRITTEN NICHT GEFUNDEN"
310 END
350 PRINT "DG/DX = 0 - ANDEREN STARTWERT XO WAEHLEN !"
360 GOTO 20
400                          REM  BERECHNUNG DES ERGEBNISSES
410 U=16/X
420 PRINT "I=";X;"AMP.  NACH";K;"SCHRITTEN BERECHNET"
430 PRINT "U=";U;"VOLT"
450 END
```

Aufgabe 1.63 Zenerdiode, grafische Lösung

Eine Zenerdiode weist im Sperrbereich bei der typenabhängigen Zenerspannung U_Z eine sehr steil verlaufende Durchbruchkennlinie auf (relativ kleiner differentieller Widerstand r_z), die man zur Spannungsstabilisierung ausnutzen kann. Eine solche Kennlinie ist im Bild 1.118a gezeigt ($U_Z = 5$ V; $r_z = 5\ \Omega$; $P_{max} = 1$ W).

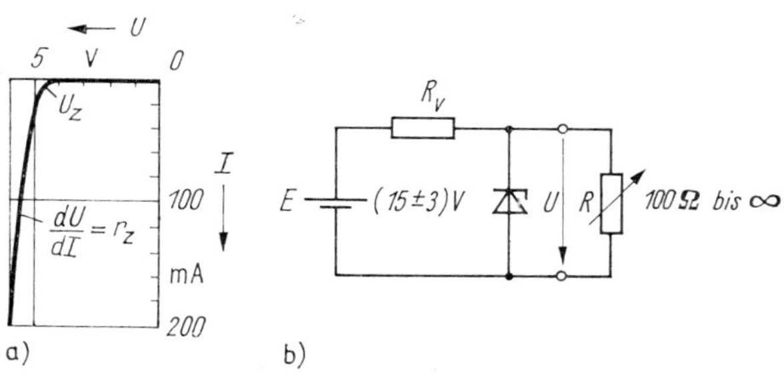

Bild 1.118

Die Kennlinie ist durch folgende charakteristische Punkte angenähert (U/V; I/mA): (4;0), (5;20), (5,5;100), (6;200). In der Schaltung Bild 1.118b soll sich die Klemmenspannung $U \approx U_Z$ bei Veränderung des Widerstands R von 100 Ω bis ∞ und bei Schwankung der EMK im Bereich von (15 ± 3) V möglichst wenig ändern. Dimensioniere bei der Kennlinienkonstruktion R_V so, daß dieses Ziel ohne Überlastung der Zenerdiode erreicht wird!

Lösungshinweis

Da gleichzeitig 2 Änderungen (ΔR und ΔE) auftreten können, zerlegt man zweckmäßigerweise die Schaltung so in einen aktiven und passiven Zweipol, daß der aktive Zweipol die EMK-Schwankung und der passive Zweipol die R-Änderung erfaßt. Wir zeichnen zunächst für den nichtlinearen passiven Zweipol die beiden Grenzkennlinien und wählen R_V in der Kennlinie des aktiven Zweipols so, daß bei E- und R-Änderung die Schwankung von U minimal wird. Man kann die maximale Spannungsänderung ΔU_{max} näherungsweise aus der Kennliniendarstellung ablesen.

Lösung

Wir trennen die Schaltung auf und erhalten 2 Zweipole, für die wir die Kennlinien konstruieren: Der passive Zweipol besteht aus der Parallelschaltung der Zenerdiode mit dem variablen Widerstand R. Die Kennlinie der Zenerdiode ist gegeben (Kennlinie ⓐ im Bild 1.119). Die größte Änderung der Parallelschaltung bewirkt der kleinste Widerstand $R = 100\ \Omega$, dessen Kennlinie ⓑ gezeichnet ist. Die Kennlinie der Parallelschaltung ⓒ ergibt sich durch Addition der Ströme. Alle Widerstandswerte $>100\ \Omega$ ergeben eine Kennlinie innerhalb der Fläche zwischen ⓐ und ⓒ. Wo diese Fläche sehr schmal ist (oberhalb etwa 70 mA), ist die Spannungsabweichung bei R-Änderung minimal. Dort laufen die Kennlinien ⓐ und ⓒ fast parallel.

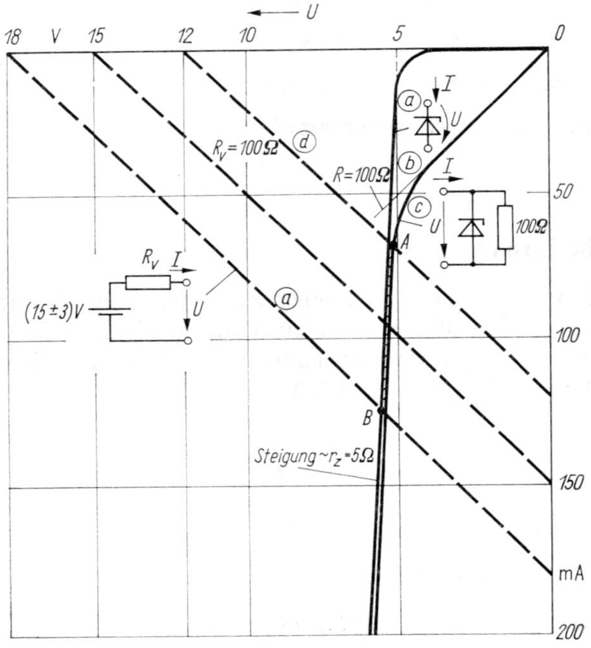

Bild 1.119

Die Kennlinie des aktiven Zweipols ist eine von E bzw. $E \pm \Delta E$ ausgehende Gerade, deren Steigung von R_V abhängt. R_V muß so gewählt werden, daß der Schnittpunkt mit der Kennlinie ⓒ in dem Gebiet kleiner Abweichung zu ⓐ – also von 70 mA ab – liegt, und zwar bei der geringsten EMK 12 V. Das ergibt einen Widerstand von höchstens $R_V = 100\ \Omega$ (Kennlinie ⓓ). Größer darf R_V nicht werden, da dann der Punkt A längs ⓒ in Gebiete größerer Spannungsabweichung verlegt wird. Man zeichnet Parallelen zu dieser Kennlinie durch $E = 15$ V und $E = 18$ V und erkennt, daß der Schwankungsbereich der Spannung U in dem schmalen Gebiet begrenzt von den Kennlinien ⓐ–ⓒ–

ⓓ–ⓔ liegt (dünn schraffiert im Bild 1.119). Der kleinste Spannungswert für U ergibt sich bei $E = 12$ V und $R = 100\,\Omega$ (Punkt A) und der größte bei $E = 18$ V und $R = \infty$ (Punkt B). Die Differenz (also die maximale Abweichung $\Delta U_{\max}$ zwischen den Punkten A und B) ergibt sich aus der Schräge der Kennlinie ⓐ im Strombereich zwischen A und B (≈ 55 mA) zu $\Delta U_1 = 55\text{ mA} \cdot r_z \approx 0{,}28$ V für $r_z = 5\,\Omega$ plus Spannungsabstand der Kennlinien ⓐ und ⓒ $\Delta U_2 \approx 0{,}2$ V. $\Delta U_{\max}$ beträgt also etwa 0,5 V.
Überprüfe, daß $R_V < 100\,\Omega$ (steilere Kennlinien ⓓ und ⓔ) $\Delta U_{\max}$ vergrößert!
Die Leistung der Diode wird nicht überschritten: Der maximale Diodenstrom ist im Arbeitspunkt B etwa 120 mA, und damit ergibt sich $P \approx 120\text{ mA} \cdot 5{,}5\text{ V} = 660$ mW.

Aufgabe 1.64 Stromkreis mit 2 Dioden, Lösung grafisch und Berechnung mit Ersatzschaltbild

In der Schaltung Bild 1.120 ist der Strom durch den Widerstand R_3 gesucht. Alle Widerstände, EMKs und die Kennlinie für beide Dioden sind gegeben:

$$E_1 = 2\text{ V}, \quad E_2 = 1{,}5\text{ V}, \quad R_1 = 5\,\Omega, \quad R_2 = 3\,\Omega, \quad R_3 = 10\,\Omega!$$

Kennlinie beider Dioden:

U_D in V	$\leqq 0$	0,4	0,6	0,7	0,75	0,8
I_D in mA	0	0	5	30	100	300

a) Löse die Aufgabe durch Überlagerung von Kennlinien!
b) Löse die Aufgabe analytisch nach Ersatz der Dioden durch das linearisierte Gleichstrom-Ersatzschaltbild gemäß Aufgabe 1.60, Bilder 1.114d und 1.115d, wobei U_S wie im Bild 1.113 und R_b als differentieller Widerstand im „geraden" Kennlinienteil der Diode gewonnen werden!

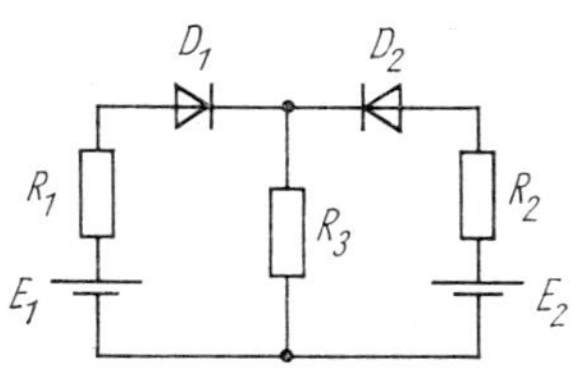

Bild 1.120

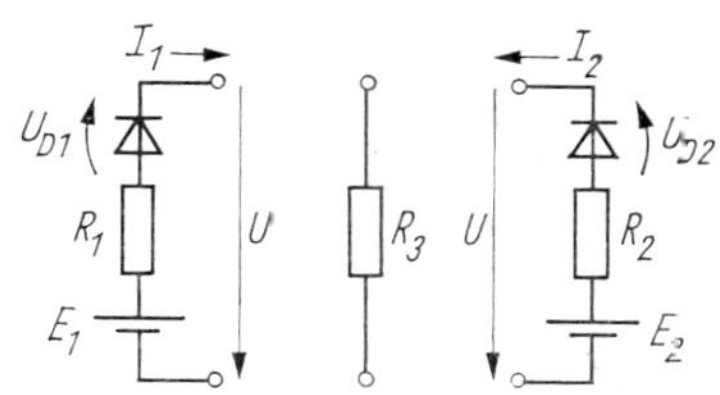

Bild 1.121

Lösungshinweis

a) Wir trennen R_3 heraus und erhalten 2 Zweipole. Der aktive Zweipol ist eine Parallelschaltung zweier Zweige, für die wir zunächst getrennt die Strom-Spannungs-Kennlinien konstruieren. Nach Überlagerung dieser beiden Zweigkennlinien erhält man die Kennlinie des aktiven Zweipols. Die Kennlinie des passiven Zweipols (R_3) ergibt im gleichen Diagramm einen Schnittpunkt mit der des aktiven Zweipols, von dem die Lösung abzulesen ist.
b) Nach Ablesen bzw. Berechnung der Parameter U_S und R_b aus der in a) gezeichneten Diodenkennlinie und Ersatz der Dioden durch das Ersatzschaltbild 1.115d kann man den Strom in der linearisierten Schaltung berechnen (solange die Ersatzschaltbilder gültig sind, also beide Dioden im Flußbetrieb arbeiten!).

Lösung

a) Konstruktionsablauf:

1. Auftrennen der Schaltung an den Knoten in 3 Zweipole und Konstruktion der Strom-Spannungs-Kennlinien der beiden aktiven nichtlinearen Zweipole (Bild 1.121).

2. Kennlinienkonstruktion für die Parallelschaltung der beiden aktiven Zweipole.
3. Kennlinie für R_3 ergibt Schnittpunkt mit Kennlinie von 2. und damit die Lösung.

Durchführung:

1. Der nichtlineare Innenwiderstand der aktiven Zweipole ist jeweils die Reihenschaltung des Widerstands R_1 bzw. R_2 mit je einer Diode. Seine Kennlinie erhält man wie in Aufgabe 1.59 (Kennlinie ③ im Bild 1.112). Es ergeben sich die Kennlinien ① und ② im Bild 1.122a. Die Maschengleichungen für die aktiven Zweipole $U = E_1 - (U_{D1} + R_1 I_1)$ bzw. $U = E_2 - (U_{D2} + R_2 I_2)$ ergeben die Kennlinien ③ und ④ durch Subtraktion der Spannungswerte ① bzw. ② von $E_1 = 2$ V bzw. $E_2 = 1{,}5$ V (Bild 1.122b).
2. Die Parallelschaltung beider Zweipole erzeugt eine Kennlinie ⑤, die durch Addition der Stromwerte von ③ und ④ bei jeweils gleichen Spannungen entsteht.
3. Der Schnittpunkt von ⑤ mit der Kennlinie für $R_3 = 10\,\Omega$ ergibt den gesuchten Stromwert. Im Bild 1.122b ist das für $I = 85$ mA. Daraus kann man $I_1 = 72$ mA und $I_2 = 13$ mA entnehmen und damit die Spannungen über den Widerständen und den Dioden ermitteln (aus Bild 1.122a ablesen).

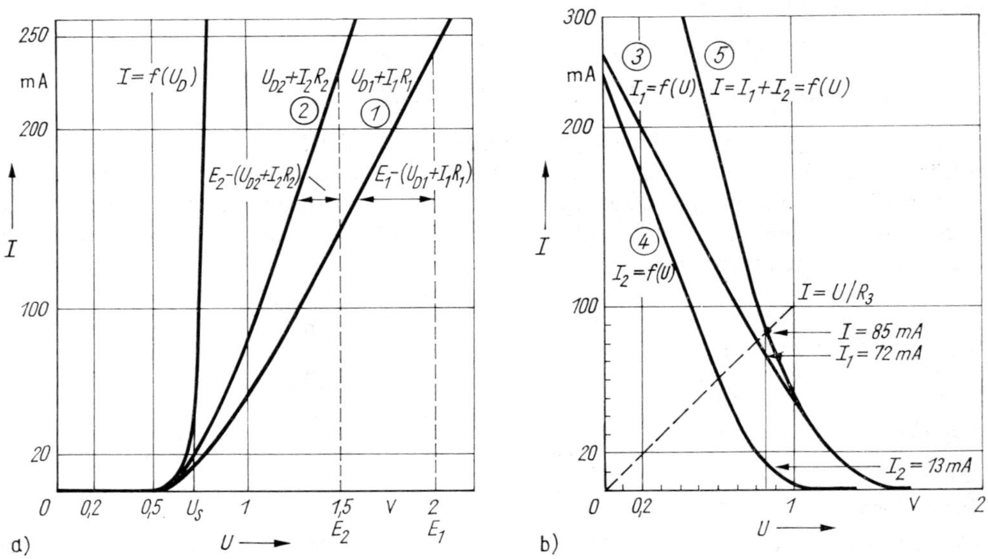

Bild 1.122

Problemänderung: Löse die Aufgabe nach Umpolung der Diode D_2! Führe zweckmäßigerweise die Strombezugspfeile immer in Flußrichtung der Dioden ein!

b) Das Diodenersatzschaltbild in Flußrichtung enthält eine gegen die Flußrichtung gepolte EMK, die Schleusenspannung, die man durch Verlängerung des durch eine Gerade angenäherten steilen Kennlinienteils bis zur U-Achse erhält: Es ergibt sich hier $U_S \approx 0{,}7$ V (Bild 1.122a). In Reihe dazu liegt ein Widerstand, der durch die Steilheit dieser Geraden aus $\Delta U/\Delta I$ ermittelt wird. Es ergibt sich $r \approx 0{,}4\,\Omega$. Das in den Schaltungen von Bild 1.115 angegebene Diodensymbol für den idealen Schalter wurde weggelassen, da es auf die Rechnung keinen Einfluß ausübt ($U = 0$ bei jedem Strom in Flußrichtung). Damit können die nichtlinearen Elemente durch lineare angenähert und die Schaltung kann berechnet werden (Bild 1.123). Es ergibt sich mit $E_1' = E_1$

$- U_S$, $E_2' = E_2 - U_S$, $R_1' = R_1 + r_1$ und $R_2' = R_2 + r_2$. Annahme $r_1 = r_2 = r$

$$I = \frac{E_1'R_2' + E_2'R_1'}{R_1'(R_3 + R_2') + R_3R_2'}.$$

Mit den gegebenen Werten läßt sich daraus $I = 83{,}4$ mA errechnen. Die Abweichung gegenüber der grafischen Lösung ist hier $<10\%$. Aber das muß nicht immer so sein: Wie schon im Lösungshinweis angedeutet, muß man bei Berechnung mit dem linearisierten Ersatzschaltbild vorsichtig sein. Es könnte z.B. der Fall eintreten, daß die Diode D_2 gesperrt wird, wenn $E_1 \gg E_2$ ist oder wenn R_3 größer ist. Aus Bild 1.122b ist z.B. zu erkennen, daß bei $U > 1$ V ($I \approx 50$ mA) $I_2 = 0$ wird, also die Diode D_2 gesperrt ist. Hier ist I_2 durch D_2 nur 13 mA, r_2 ist also größer als angenommen!

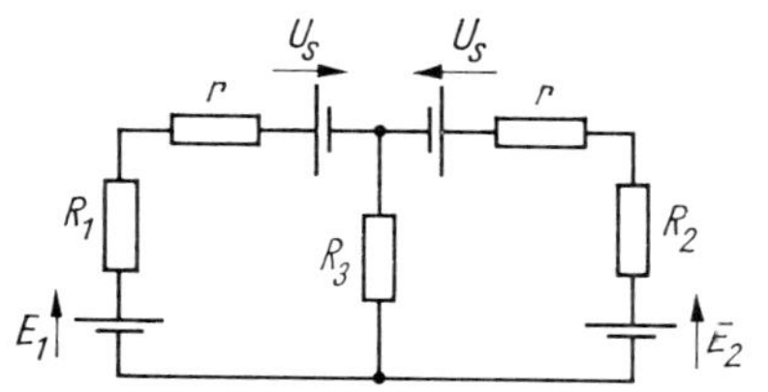

Bild 1.123

Es sei an diesem Beispiel mit 2 nichtlinearen Elementen darauf hingewiesen, daß die numerische Lösung z.B. mit BP 4 aufwendiger wird, denn es muß ein Gleichungssystem mit 2 Variablen gelöst werden. Setzen wir im Bild 1.120 für die Diodenkennlinie die Funktionen $I = I_0 \exp[(U_D/U_T) - 1]$ an, so erhalten wir mit der Maschenstromanalyse die beiden Gleichungen

$$G_1(U_{D1}, U_{D2}) = E_1 - (R_1 + R_3) I_0 \cdot [\exp(U_{D1}/U_T) - 1] - U_{D1} - R_3 I_0 \cdot [\exp U_{D2}/U_T) - 1] = 0$$

$$G_2(U_{D1}, U_{D2}) = E_2 - (R_2 + R_3) I_0 [\exp(U_{D2}/U_T) - 1] - U_{D2} - R_3 I_0 [\exp(U_{D1}/U_T) - 1] = 0.$$

An Stelle der in Erläuterung zu BP 4 angegebenen Tangentengleichung (a) $X_{K+1} = X_K - [G'(X_K)]^{-1} * G(X_K)$ werden jetzt die Funktionen und Größen durch Matrizen bzw. Spaltenvektoren ersetzt, wobei an die Stelle der Division eine Multiplikation mit der inversen Matrix tritt. Das Programm BP 4 müßte entsprechend für diese Vektorfunktionen erweitert werden und liefert die Lösungen, in unserem Fall X_1 und X_2 für U_{D1} bzw. U_{D2}.

Aufgabe 1.65 Netzwerk mit Diode, numerische Berechnung

Gegeben Schaltung Bild 1.124 mit den Dimensionierungsangaben: $E = 10$ V, $R_1 = 12\ \Omega$, $R_2 = 7\ \Omega$, $R_3 = 3\ \Omega$.
Die Diodenkennlinie verläuft nach der Funktion $I_D = I_S [\exp(U_D/U_{T'}) - 1]$, wobei $I_S = 5 \cdot 10^{-8}$ A und $U_{T'} = 50$ mV betragen. Berechne numerisch den Strom durch den Widerstand R_3.

Lösungshinweis

Da das nichtlineare Element eine exponentielle Abhängigkeit zwischen Spannung und Strom aufweist, ist eine explizite Auflösung nach der gesuchten Größe nicht möglich. Es erfolgt hier also eine numerische Berechnung mit Hilfe eines Programms BP 2, BP 3 oder BP 4.
Zunächst muß der Arbeitspunkt des nichtlinearen Elements berechnet werden. Kennt man diesen, so kann jede Größe im Stromkreis ermittelt werden. Man stellt also die Netzwerkgleichung für U_D bzw. I_D auf und gibt diese als Zahlenwertgleichung in das Programm ein. Dabei muß man die Konvergenzbedingungen beachten, wodurch u.U. eine der beiden Netzwerkgleichungen ausscheidet.

Lösung

Da zunächst Strom oder Spannung der Diode berechnet werden muß, ersetzen wir die lineare Restschaltung (Bild 1.125a) durch einen Ersatzzweipol und erhalten mit der

Diode eine einfache Masche (Bild 1.125b). Die Ersatz-EMK E_{ers} ergibt sich aus der Leerlaufspannung der Originalschaltung

$$E_{ers} = U_l = E \frac{R_3}{R_1 + R_3} = 2\ \mathrm{V}$$

und der Innenwiderstand aus dem Klemmenwiderstand der Originalschaltung

$$R_i = R_2 + R_1 \parallel R_3 = 9{,}4\ \Omega.$$

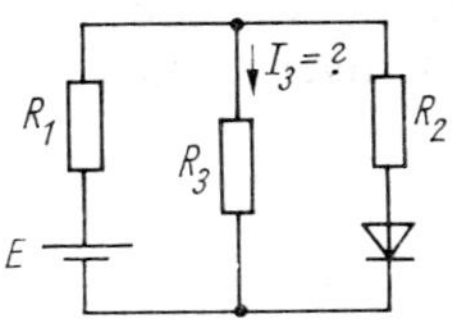

Bild 1.124

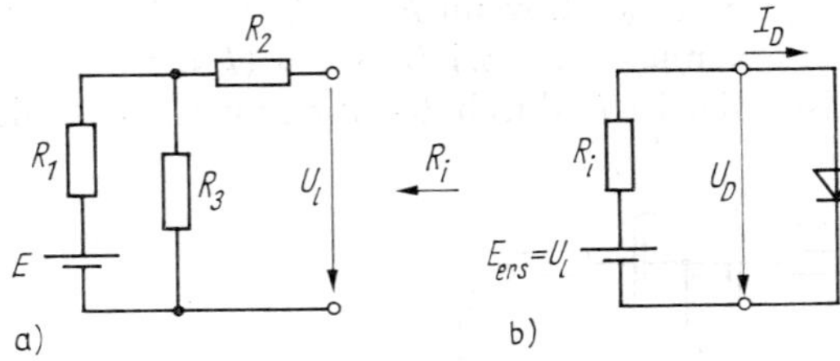

Bild 1.125

Damit wird

$$U_D = U_l - R_i I_D$$

und daraus mit $I_D = I_S\,[\exp(U_D/U_{T'}) - 1] \approx I_S \exp(U_D/U_{T'})$ für $U_D \gg U_{T'}$ (Flußrichtung) bzw. $U_D = U_{T'} \ln(I_D/I_S)$

$$U_D = U_l - R_i I_S \cdot \exp(U_D/U_{T'});$$

$$U_D = 2 - 47 \cdot 10^{-8} \exp(20\ U_D) \qquad \text{(a)}$$

bzw.

$$I_D = U_l/R_i - U_{T'}/R_i \ln(I_D/I_S);$$

$$I_D = 0{,}2128 - 5{,}319 \cdot 10^{-3} \ln(2 I_D \cdot 10^7), \qquad \text{(b)}$$

wobei die gegebenen Werte (U in V, I in A also R in Ω) eingesetzt wurden.
Auf Grund der großen Steilheit der Exponentialfunktion ist das Konvergenzkriterium bei Iterationsverfahren (BP 3, BP 4) zu überprüfen.
Zur Abschätzung eines Startwertes kann man von folgenden Annahmen ausgehen:
Nimmt man die Diode als widerstandslosen Schalter bei der Schleusenspannung (Bild 1.113) von $U_S = 0{,}7$ V an, so ist dieser Wert der untere Startwert. Damit liegt über dem Widerstand R_i die Spannung $E_{ers} - U_S = 1{,}3$ V und als oberer Startwert des Stroms ergibt sich 1,3 V/9,4 Ω = 0,138 A. Wir wählen 0,13 A. Setzt man die Startwerte in (a) und (b) ein, so erkennt man, daß die Spannungsberechnung mit Hilfe des Iterationsverfahrens BP 3 nicht konvergiert, die Stromberechnung jedoch mit allen Verfahren möglich ist (s. u.).
Die Berechnung der beiden Gleichungen soll mit den 3 Programmen ausführlich demonstriert werden.

Programm BP 2

Wir berechnen den Strom I_D nach Gl. (b). Es ist also mit $I_D/A = X$:

$G(X) = 0{,}2128 - 5{,}319 \cdot 10^{-3} \ln(2X \cdot 10^7) - X,$

was in Programmzeile 210 einzusetzen ist. Die Berechnung und Ausgabe der Spannung erfolgen in einer zu ergänzenden Zeile 410 (wie im Programm BP 2A):

Für $I_D/I_S \gg 1$ ist $U_D = U_{T'} \ln(I_D/I_S)$; als Zahlenwertgleichung

$U_D/\mathrm{V} = 0{,}05 \ln(2 \cdot 10^7 \cdot X)$.

Als 1. Schrittweite M wählen wir 0,01 A und als Abbruchschranke 1 mA. Damit ergibt sich das Programm BP 2B (Tafel 1.12) (Änderungen gegenüber BP 2 (Tafel 1.5) halbfett).

Tafel 1.12 Programm BP 2B

```
9  REM  ***********************************************
10 REM  ****  BP2B: ANALYSE DER DIODENSCHALTUNG DURCH  **
11 REM  ****         PUNKTWEISE BERECHNUNG VON G(X)=0  **
12 REM  ****                 AUFGABE 1.65              **
13 REM  ***********************************************
15 CLEAR
20 INPUT "STARTWERT STROM IO/AMP";X
25 INPUT "SCHRITTWEITE M ";M
30 INPUT "ABBRUCHSCHRANKE EPS ";EP
50 K=1
60 GOSUB 200:
90 IF ABS(G)<=EP GOTO 400
95 IF K>100 GOTO 300
100 IF K=1 GOTO 130
110 IF ABS(H)-ABS(G)<0 THEN M=-M
120 IF SGN(G)<>SGN(H) THEN M=-.1*M
130 H=G: X=X+M:  K=K+1: GOTO 60
200                            REM     BERECHNUNG VON G(X)
210 G=.2128 - .005319*LOG(X*2E+07) - X
250 RETURN
300 PRINT "LOESUNG NACH";K;"SCHRITTEN NICHT GEFUNDEN"
310 END
400                         REM BERECHNUNG DES ERGEBNISSES
410 U=.05*LOG(X*2E+07)
420 PRINT "ID=";X;"AMP.  NACH";K;"SCHRITTEN GEFUNDEN"
430 PRINT "UD=";U;"VOLT"
450 END


RUN
STARTWERT STROM IO/AMP ? 0.1
SCHRITTWEITE M ? 0.01
ABBRUCHSCHRANKE EPS ? 0.001
ID= 0.135 AMP.  NACH 12 SCHRITTEN GEFUNDEN
UD= 0.743 VOLT
```

Programm BP 3

Wir müssen die Stromgleichung (b) berechnen, da die Spannungsgleichung (a) keine Lösung mit diesem Programm ermöglicht; denn die Konvergenzbedingung $|F'(X)| < 1$ ist für (a) mit $X = U_D/\mathrm{V} > 0{,}5$ nicht erfüllt. Wir setzen $I_D/\mathrm{A} = X$, und die Programmzeile 210 lautet:

$F(X) = 0{,}2128 - 5{,}319 \cdot 10^{-3} \ln(2X \cdot 10^7)$.

Das Programm BP 3B mit Lösung ist in Tafel 1.13 angegeben (Änderungen gegenüber BP 3 (Tafel 1.6) halbfett).

Programm BP 4

Wir wählen die Spannungsgleichung (a). Mit $U_D/\mathrm{V} = X$ ist also in Zeile 210 einzusetzen

$G(X) = 2 - 4{,}7 \cdot 10^{-7} \exp(20X) - X$.

Tafel 1.13 Programm BP 3B

```
9  REM ******************************************************
10 REM ***** BP3B: BERECHNUNG DER DIODENSCHALTUNG **********
11 REM *****          AUS AUFGABE  1.65              **********
12 REM ******************************************************
15 CLEAR
20 INPUT "STARTWERT STROM IO/AMP ";X
30 INPUT "ABBRUCHSCHRANKE EPS ";EP
50 K=1
60 GOSUB 200:  REM BERECHNUNG VON F(X)
90 IF ABS((F-X)/X) < EP GOTO 400
95 IF K>100 GOTO 300
130 X=F:  K=K+1:  GOTO 60
200                                        REM   FUNKTION F(X)
210 F=.2128 - .005319*LOG(X*2E+07)
250 RETURN
300 PRINT "LOESUNG NACH";K;"SCHRITTEN NICHT GEFUNDEN"
310 END
400                                       REM  ERGEBNISAUSGABE
410 U=.05*LOG(X*2E+07)
420 PRINT "ID=";X;"AMP.  NACH";K;"SCHRITTEN GEFUNDEN"
430 PRINT "UD=";U;"VOLT"
450 END

RUN
STARTWERT STROM IO/AMP ? 0.1
ABBRUCHSCHRANKE EPS ? 0.001
ID= 0.1340 AMP.  NACH 3 SCHRITTEN GEFUNDEN
UD= 0.7401 VOLT
```

Tafel 1.14 Programm BP 4C

```
9  REM ******************************************************
10 REM **** BP4C: BERECHNUNG DER DIODENSCHALTUNG    **********
11 REM ****          AUS AUFGABE 1.65                **********
12 REM ******************************************************
15 CLEAR
20 INPUT "STARTWERT UD/VOLT ";X
30 INPUT "ABBRUCHSCHRANKE EPS ";EP
50 K=1
60 GOSUB 200
80 A=X-G/DG
90 IF ABS(A-X) < EP GOTO 400
95 IF K>100 GOTO 300
130 X=A: K=K+1: GOTO 60
200                             REM  BERECHNUNG VON G(X) UND DG/DX
210 G=2-4.7E-07*EXP(20*X) - X
220 DG=-9.399999E-06*EXP(20*X) - 1
240 IF ABS(DG) < .0001 GOTO 350
250 RETURN
300 PRINT "LOESUNG NACH";K;"SCHRITTEN NICHT GEFUNDEN"
310 END
350 PRINT "DG/DX = 0 - ANDEREN STARTWERT X0 WAEHLEN !"
360 GOTO 20
400                               REM  BERECHNUNG DES ERGEBNISSES
410 I=5E-08*EXP(20*X)
420 PRINT "UD=";X;"VOLT  NACH";K;"SCHRITTEN GEFUNDEN"
430 PRINT "ID=";I;"AMP"
450 END


RUN
STARTWERT UD/VOLT ? 0.7
ABBRUCHSCHRANKE EPS ? 0.001
UD= 0.7402 VOLT  NACH 4 SCHRITTEN GEFUNDEN
ID= 0.1343 AMP
```

Außerdem ist der Strom mit dem Ergebnis für X zu berechnen und auszugeben, wobei mit gegebenen Werten und $U_D > U_{T'}$ die Zahlenwertgleichung $I_D/\text{A} = 5 \cdot 10^{-3} \exp(20X)$ ist. Das Programm BP 4C mit Lösung ist in Tafel 1.14 angegeben (Änderungen gegenüber BP 4 (Tafel 1.7) halbfett).

Ergebnis: Die Iterationsverfahren, insbesondere nach Newton, konvergieren wesentlich schneller als die schrittweise Annäherung nach BP 2.

Mit den numerisch ermittelten Werten für $U_D = 0{,}74$ V und $I_D = 0{,}134$ A ergibt sich der gesuchte Strom (Bild 1.124)

$$I_3 = (U_D + I_D R_2)/R_3 = 0{,}47 \text{ A}.$$

Bemerkung: Von den Berechnungsvorschlägen, die zur Übung durchgeführt wurden, wird man mit einiger Erfahrung und Überlegung die günstigste Methode auswählen. Bei so einfachen Kreisen (Ersatzschaltung zum Grundstromkreis) wird der Praktiker sich jedoch überlegen, ob er nicht besser grafisch mit für ihn hinreichender Genauigkeit schneller zum Ziel kommt; z.B. Berechnung des interessierenden Kennlinienteils von etwa $U_D \approx 0{,}65$ V bis $I_D \approx 150$ mA durch etwa 4 Kennlinienpunkte, grafische Darstellung und Eintragung der Geraden des aktiven Zweipols von $U_l = 2$ V bis $I_k = 2\text{ V}/9{,}4\ \Omega = 212$ mA ergibt als Schnittpunkt die Lösungswerte für U_D und I_D.

Aufgabe 1.66 Nichtlineares Netzwerk, numerische Berechnung

Gegeben ist die Schaltung nach Bild 1.126. Durch Variation der Diodenvorspannung E_2 soll der Strom I durch den Widerstand R_2 vom positiven Maximalwert bis zum Wert Null verändert werden. Gesucht ist der numerisch berechnete Verlauf $I = f(E_2)$ für gewählte Werte von E_2.

Gegeben: $E_1 = 15$ V, $R_1 = 4\ \Omega$, $R_2 = 1\ \Omega$; Diodenfunktion $I_D = I_S\,[\exp(U_D/U_{T'}) - 1]$ mit $I_S = 5 \cdot 10^{-8}$ A und $U_{T'} = 0{,}05$ V.

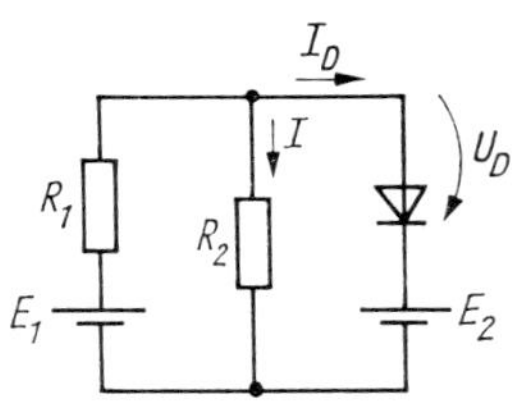

Bild 1.126

Lösungshinweis

Hier ist nicht nur ein numerisch berechneter Wert eines Stroms in einem nichtlinearen Kreis, sondern die Abhängigkeit dieses Stroms von einem Parameter (E_2) gesucht.

Man berechnet also – wie in Aufgabe 1.65 – die Diodenspannung für einen gewählten E_2-Wert, daraus den Strom I und führt dann die Rechnung für einen neuen E_2-Wert durch. Den Algorithmus kann man in einer Programmschleife ablaufen lassen, in die die Berechnung der Diodenspannung als Unterprogramm (z.B. BP 4) einbezogen ist.

Lösung

Wir wollen das Programm BP 4 an dieses Problem anpassen. Dabei ist zu beachten, daß die Lösung der nichtlinearen Gleichung $I = f(U_D)$ für verschiedene Werte von E_2, d.h. der Verlauf $I = g(E_2)$, gesucht ist. Das verlangt die Einbeziehung einer Laufanweisung,

wobei man eine obere Schranke ($E_2 = EO$), eine untere Schranke ($E_2 = EU$) und eine Schrittweite $\Delta E_2 = S$ festlegen muß (Tafel 1.15, Programm Tafel 1.16).
Im Programm sollen alle Schaltungsparameter durch INPUT-Anweisungen festgelegt werden, so daß beliebige Variationsmöglichkeiten durch„gespielt" werden können.

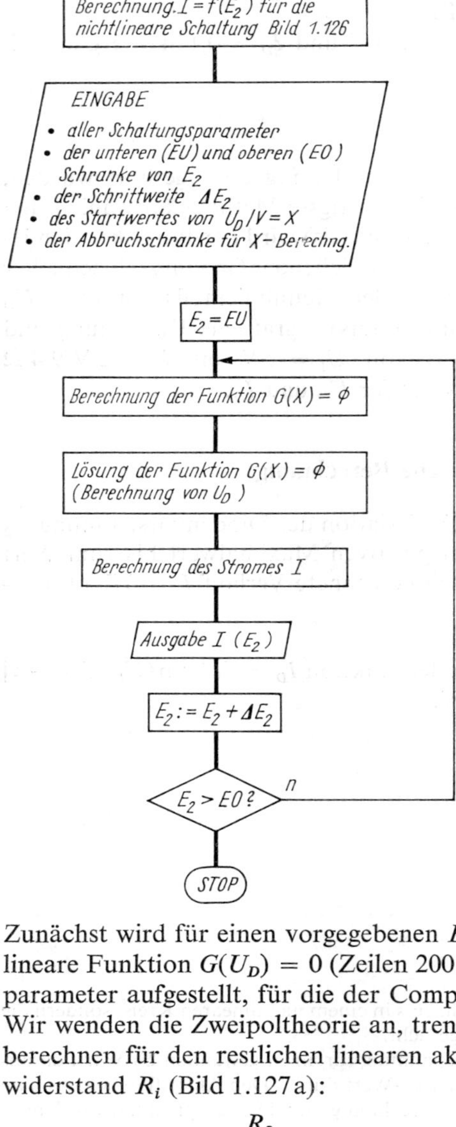

Tafel 1.15
Berechnung $I = f(E_2)$
für die nichtlineare Schaltung im Bild 1.126

Zunächst wird für einen vorgegebenen E_2-Wert die Spannung U_D berechnet. Die nichtlineare Funktion $G(U_D) = 0$ (Zeilen 200ff.) wird allgemein als Funktion der Schaltungsparameter aufgestellt, für die der Computer die entsprechenden Eingabewerte einsetzt. Wir wenden die Zweipoltheorie an, trennen die Diode als passiven Zweipol heraus und berechnen für den restlichen linearen aktiven Zweipol Leerlaufspannung U_l und Innenwiderstand R_i (Bild 1.127a):

$$U_l = E_1 \frac{R_2}{R_1 + R_2} - E_2 \quad \text{und} \quad R_i = R_1 \parallel R_2 \quad \text{(Zeilen 206 und 208, Tafel 1.16).}$$

Damit ist (Bild 1.127b)

$$U_D = U_l - R_i I_D = U_l - R_i I_S \,[\exp\,(U_D/U_{T'}) - 1].$$

Mit $U_D/\mathrm{V} = X$ ergibt sich $G(X) = 0$ als Zahlenwertgleichung (Zeile 210)

$$G = U_l - R_i I_S\,(\exp\,(X/U_{T'}) - 1) - X,$$

wobei in den Gleichungen die Spannungen in V, I_S in A und die Widerstände in Ω einzusetzen sind.
Die Lösung der Funktion $G(X) = 0$ ergibt den U_D-Wert für die eingegebenen Schaltungsparameter und den „aktuellen" E_2-Wert. Daraus kann man den interessierenden Strom I durch R_2 (Bild 1.126) berechnen: (Maschengleichung)

$$IR_2 - U_D = E_2; \qquad I = (E_2 + U_D)/R_2.$$

Ist der I-Wert ausgegeben, kann der Rechenzyklus mit neuem E_2-Wert ($E_2 := E_2 + \Delta E_2$) durchgeführt werden, bis E_2 die obere Schranke EO erreicht hat (Zeilen 430 und 45).

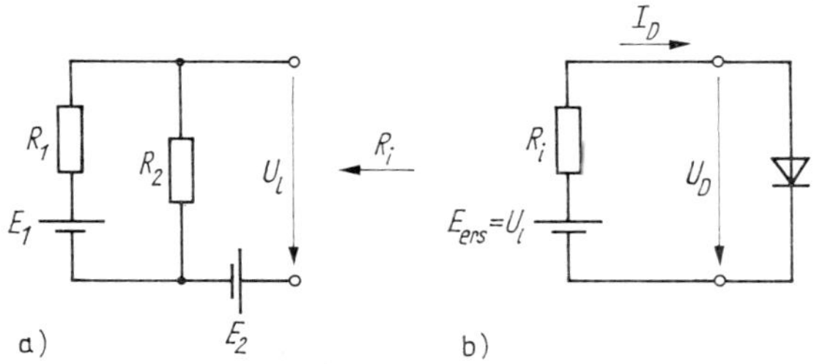

Bild 1.127

Überlegungen zu den Schranken für E_2, zu der Schrittweite und dem Startwert für $U_D/\mathrm{V} = X$ (Eingabewerte, Zeilen 17 bis 20):

Diese Angaben sind abhängig von den Schaltungsparametern und dem einzuregelnden Strombereich. Wir wollen die in der Aufgabe vorgegebenen Parameterwerte annehmen. Der Strom soll von einem Maximalwert bis Null gesteuert werden. Aus den Bildern 1.126 und 1.127a ist zu erkennen: I wird maximal, wenn $I_D = 0$, d.h. $U_l = 0$ wird. Aus obiger Gleichung für U_l ergibt sich mit gegebenen Werten $U_l = 3\ \mathrm{V} - E_2$. Setzen wir $U_l = 0$, ergibt sich der obere Grenzwert für $E_{2O} = 3\ \mathrm{V}$. Für den Strom $I = 0$ muß die Spannung über R_2, d.h., $E_2 + U_D = 0$ sein. Damit ergibt sich die untere Schranke $E_{2U} = -U_D$, d.h., die EMK muß umgepolt werden und etwa 0,8 V (Diodenspannung im Durchlaßbereich) betragen. Wir wählen $E_{2U} = -1$ V. Zwischen oberer und unterer Schranke liegen also 4 V, die mit gleichen Schritten, z.B. $\Delta E_2 = S = 0{,}5$ V, zu unterteilen sind. Damit erhalten wir 8 Berechnungspunkte für den Verlauf $I = f(E_2)$.

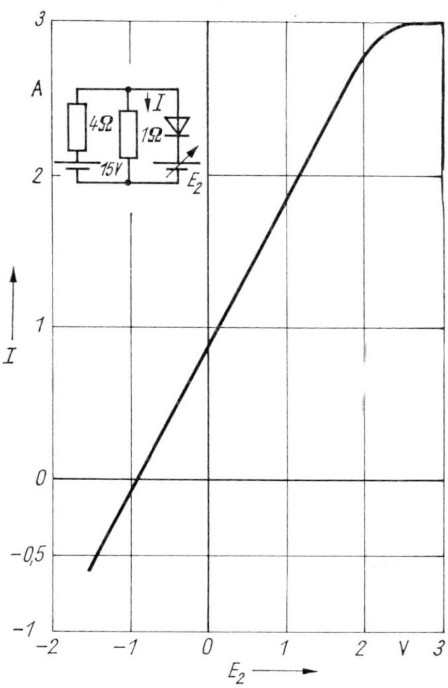

Bild 1.128

Als Startwert für die U_D-Berechnung wählen wir $U_D/\mathrm{V} = XO = 0{,}8$, da die Diode bis auf den Maximalwert von I ($U_D = 0$) in Durchlaßrichtung betrieben wird (Zeile 20).
Das Programm BP 4D ist mit Lösungswerten in Tafel 1.16 enthalten (Änderungen gegenüber BP 4 halbfett). Bild 1.128 zeigt den Verlauf $I(E_2)$.

Tafel 1.16 Programm BP 4D

```
9  REM ***********************************************************
10 REM ******  BP4D: KENNLINIE DER DIODENSCHALTUNG      ********
11 REM ******         AUS AUFGABE 1.66                  ********
12 REM ***********************************************************
13 CLEAR
14 INPUT "E1/VOLT";E1
15 INPUT "R1/OHM  R2/OHM";R1,R2
16 INPUT "IS/AMP  UT/VOLT";IS,UT
17 INPUT "UNTERE SCHRANKE FUER E2/VOLT";EU
18 INPUT "OBERE SCHRANKE FUER E2/VOLT";EO
19 INPUT "SCHRITTWEITE FUER E2/VOLT";S
20 INPUT "STARTWERT FUER UD/VOLT ";X
30 INPUT "ABBRUCHSCHRANKE EPS ";EP
45 FOR E2=EU TO EO STEP S
50 K=1
60 GOSUB 200
80 A=X-G/DG
90 IF ABS(A-X) < EP GOTO 400
95 IF K>100 GOTO 300
130 X=A: K=K+1: GOTO 60
200                                       REM     FUNKTION G(X)
206 UL=E1*R2/(R1+R2) - E2
208 RI=R1*R2/(R1+R2)
210 G=UL - IS*RI*(EXP(X/UT)-1) - X
220 DG= -IS*RI/UT*EXP(X/UT) - 1
250 RETURN
300 PRINT "LOESUNG NACH";K;"SCHRITTEN NICHT GEFUNDEN"
310 END
400                              REM  BERECHNUNG DES STROMES I
410 I=(E2+X)/R2
420 PRINT "I=";I;"AMP    E2=";E2;"VOLT"
430 NEXT E2
450 END


RUN
E1/VOLT ? 15
R1/OHM  R2/OHM ? 4, 1
IS/AMP  UT/VOLT ? 5E-8, 0.05
UNTERE SCHRANKE FUER E2/VOLT ? -1
OBERE SCHRANKE FUER E2/VOLT ? 3
SCHRITTWEITE FUER E2/VOLT ? 0.5
STARTWERT FUER UD/VOLT ? 0.8
ABBRUCHSCHRANKE EPS ? 0.001
I=  -0.0917 AMP    E2= -1 VOLT
I=  0.4002 AMP     E2= -0.5 VOLT
I= 0.8891 AMP      E2= 0 VOLT
I= 1.3760 AMP      E2= 0.5 VOLT
I= 1.8584 AMP      E2= 1 VOLT
I= 2.3319 AMP      E2= 1.5 VOLT
I= 2.7768 AMP      E2= 2 VOLT
I= 2.9991 AMP      E2= 2.5 VOLT
I= 3 AMP           E2= 3 VOLT
```

1.3 Leistungsumsatz im Stromkreis

Um die in einem Zweipol AB umgesetzte Leistung zu berechnen [Gl. (1.18), Tafel 1.1], muß man zur Strom- bzw. Spannungsberechnung eines der im Abschnitt 1.2 beschriebenen Verfahren anwenden. Hierbei ist zu beachten:

- Wird z.B. der Zweigstrom durch AB als Summe mehrerer Teilströme berechnet (Maschenstromanalyse, Überlagerungssatz), so ist die Gesamtleistung nicht die Summe der Teilstromleistungen; denn

$$P_{AB} = (\Sigma\, I_\nu)^2\, R \neq \Sigma\, (I_\nu^2 R).$$

- Wird die Übergabeleistung zwischen 2 Zweipolen gesucht, so kann man bei linearen Kreisen die Zweipole durch ihre Ersatzschaltungen (RP 7) ersetzen.
  Dies ist jedoch nicht möglich, wenn auch innere Teilleistungen eines Zweipols (z.B. bei Wirkungsgradbestimmung) gesucht sind.

Betrachtung des Leistungsumsatzes am Grundstromkreis s. Tafel 1.17.

Aufgabe 1.67 Leistungsumsatz, Wirkungsgrad

Ein Verbraucher, der über eine Fernleitung (Widerstand R_L) an einen Generator (EMK E, Innenwiderstand R_e) angeschlossen ist, benötigt eine bestimmte Leistung P_a (z.B. zur Beleuchtung). Diese Leistung kann mit großer oder kleiner EMK übertragen werden, wobei der Verbraucherwiderstand R_a verschieden dimensioniert werden muß (z.B. Glühlampen gleicher Leistung P_a für 12 V oder für 220 V).

a) Berechne allgemein die Größe von R_a als Funktion von E, R_e, R_L und P_a! Diskutiere dieses Ergebnis! Wie groß muß die EMK mindestens sein?
b) Berechne allgemein, wie Generator und Verbraucher für möglichst günstige Übertragung der Leistung P_a bei vorgegebenem R_e und R_L auszulegen sind.

Lösung

a) Die Ersatzschaltung ist im Bild 1.129 wiedergegeben. R_e und R_L können zu $R_i = R_e + R_L$ zusammengefaßt werden.

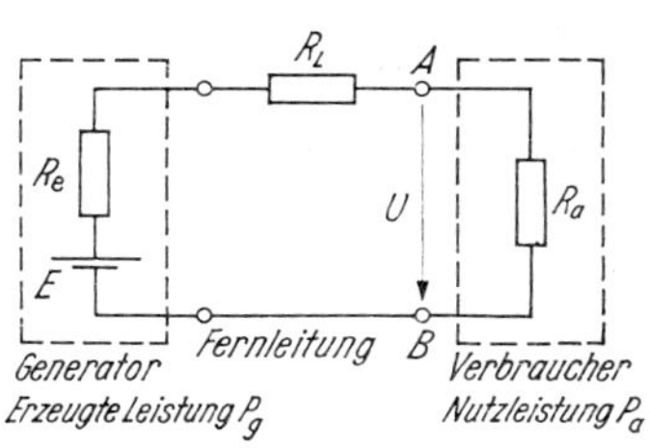

Bild 1.129

Die Verbraucherleistung ist $P_a = U^2/R_a$, wobei nach der Spannungsteilerregel (1.21)

$$U = E\,\frac{R_a}{R_i + R_a}$$

ist. Damit wird

$$P_a = E^2\,\frac{R_a}{(R_i + R_a)^2};$$

Tafel 1.17 Leistungsumsatz

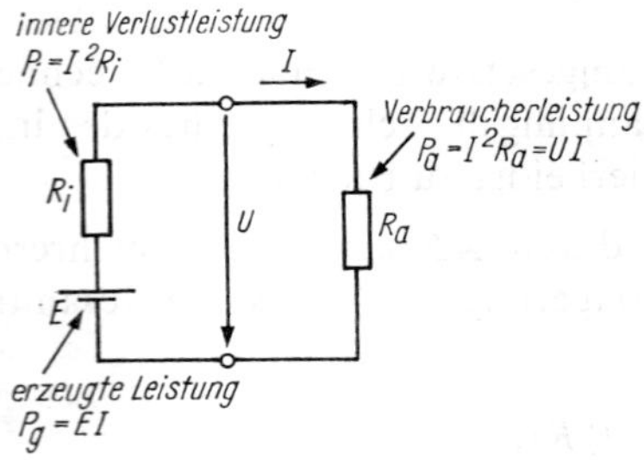

Gegeben: Generator (E, R_i)

Gesucht: Dimensionierung des Verbrauchers (R_a)

für

möglichst großen Wirkungsgrad

$$\eta = \frac{P_a}{P_g} = \frac{R_a}{R_i + R_a} \qquad (1.28)$$

$\eta \to 1$ für $R_a \gg R_i$

Leerlauf des aktiven Zweipols

maximale Leistung $P_{a\max}$

$$P_a = E^2 \frac{R_a}{(R_i + R_a)^2} = \frac{E^2}{R_i} \frac{R_a/R_i}{(1 + R_a/R_i)^2} \qquad (1.29)$$

$P_a = P_{a\max}$ für $R_a = R_i$ *Anpassung* (1.30)

$$P_{a\max} = \frac{E^2}{4R_i} = \frac{P_0}{4} \quad \textit{verfügbare Leistung} \qquad (1.31)$$

Definition: $P_0 = \frac{E^2}{R_i}$ *angebotene Leistung*

Generator wird bei Anpassung überlastet:

$$P_i = \frac{E^2}{4R_i} > P_{iz}$$ [1]

zulässige Leistung P_{az}

Definition: $k = \frac{P_0/4}{P_{iz}}$

$k \geqq 1$ Überlastungsfaktor bei Anpassung

Dann *Überanpassung* nötig

$$R_a = R_i (2\sqrt{k} - 1) \qquad (1.32)$$

$$P_{az} = P_{a\max} \frac{2\sqrt{k} - 1}{k}$$

[1]) P_{iz} zulässige innere Verlustleistung

aufgelöst nach R_a:

$$(R_a)_{1,2} = \frac{E^2}{2P_a} - R_i \pm \sqrt{\left(\frac{E^2}{2P_a} - R_i\right)^2 - R_i^2}.$$

Das Ergebnis zeigt folgendes:

Damit R_a realisierbar ist, darf der Radikand nicht negativ werden, d.h.,

$$\frac{E^2}{2P_a} - R_i \geqq R_i$$

und daraus

$$\frac{E^2}{4R_i} \geqq P_a.$$

$E^2/(4R_i)$ ist nach (1.31) die vom Generator an den Klemmen AB bei Anpassung abgegebene Leistung[1]).

Diese Ungleichung ergibt eine Vorschrift für E bei gegebenem P_a und R_i:

$$E \geqq 2\sqrt{P_a R_i}.$$

b) „Möglichst günstige" Energieübertragung heißt: Der Wirkungsgrad $\eta = P_a/P_g$ muß möglichst groß sein (Tafel 1.17). Widerstandsmäßig muß $R_a/R_i \gg 1$ werden. Für eine vorgegebene zu übertragende Leistung $P_a = U^2/R_a$ muß also U und damit E möglichst groß werden. Das ist auch verständlich: Bei großer EMK und großem R_a wird der Strom I und damit die innere Verlustleistung I^2R_i klein, d.h., der Wirkungsgrad ist groß.

Der Zusammenhang zwischen η, R_a und der EMK E bei vorgegebenen Werten für P_a und R_i sei an einem Beispiel verdeutlicht:

Der Wirkungsgrad ist nach (1.28) mit $R_a/R_i = a$

$$\eta = \frac{a}{1+a}, \quad \text{d.h.,} \quad a = \frac{\eta}{1-\eta}. \qquad \text{(a)}$$

Die Verbraucherleistung ist

$$P_a = \frac{U^2}{R_a} = \frac{E^2 R_a}{(R_i + R_a)^2} = \frac{E^2}{R_i}\,\frac{a}{(1+a)^2}.$$

Also $E = \sqrt{\dfrac{P_a R_i}{a}}\,(1 + a)$ ergibt mit (a) $E = \sqrt{\dfrac{P_a R_i}{\eta\,(1-\eta)}}$.

Wir geben uns verschiedene η-Werte vor und berechnen die dafür erforderlichen Werte für $a = R_a/R_i$ und E, wobei wir für $P_a = 10$ kW und für $R_i = 1\ \Omega$ annehmen:

$$E/\mathrm{V} = 100/\sqrt{\eta\,(1-\eta)}; \qquad R_a = \frac{\eta}{1-\eta}\ \Omega.$$

Das Ergebnis ist im Bild 1.130 gezeigt.

[1]) Man nennt diese Leistung bei Anpassung die verfügbare Leistung.

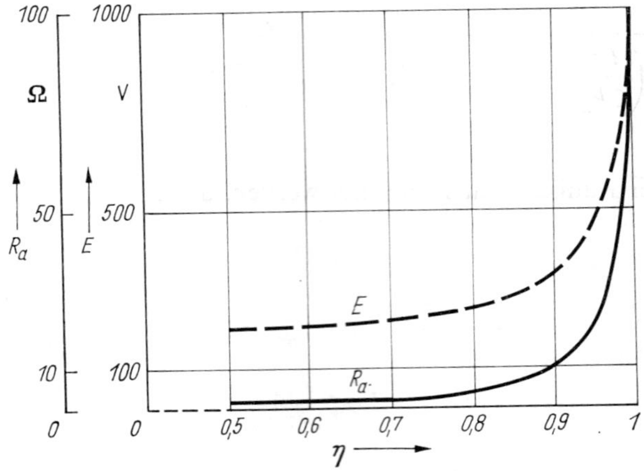

Bild 1.130
Guter Wirkungsgrad bei Übertragung einer bestimmten Leistung wird mit hoher EMK des Generators, also mit entsprechend hohem Außenwiderstand erreicht (Beispiel: $P_a = 10\,kW$, $R_i = 1\,\Omega$)

Aufgabe 1.68 Leistungsumsatz bei Messungen

Gegeben sei ein Thermokreis, der bei einem Temperaturunterschied zwischen seinen beiden Lötstellen von 1 K eine Thermo-EMK von 50 µV erzeugt. Der Innenwiderstand R_i des Kreises betrage 10 Ω. Zur Anzeige der Thermospannung bzw. des Thermostroms stehen 3 sehr empfindliche Instrumente zur Verfügung. Sie unterscheiden sich durch ihre Stromempfindlichkeit (Endausschlag bei 100 µA, 1 mA, 10 mA), haben aber gleiche Leistungsaufnahme (10 µW bei Endausschlag). Mit welchem Instrument wird man den größten Ausschlag erzielen? Wie groß sind die Ausschläge der 3 Instrumente bei einem Temperaturunterschied der Lötstellen $\Delta\vartheta = 100$ K?

Lösungshinweis

Da alle 3 Instrumente für Endausschlag gleiche Leistung benötigen, wird dasjenige den größten Ausschlag aufweisen, das aus dem Thermokreis (aktiver Zweipol) maximale Leistung aufnimmt, das also dem Anpassungsfall am nächsten kommt. Studiere hierzu die Tafel 1.17!

Lösung

Berechnung der Widerstände der 3 Instrumente (passive Zweipole):

$$P_a = I^2 R = 10\,\mu\text{W}; \qquad R = \frac{P_a}{I^2}.$$

Setzen wir $I_1 = 0{,}1$ mA, $I_2 = 1$ mA und $I_3 = 10$ mA ein, so ergeben sich die Widerstände $R_1 = 1000\,\Omega$, $R_2 = 10\,\Omega$ und $R_3 = 0{,}1\,\Omega$.
Das 1-mA-Instrument ist also mit seinem 10-Ω-Widerstand dem Thermokreis gerade angepaßt. Bei $\Delta\vartheta = 100$ K ist $E = 5$ mV. Die Ausschläge der 3 Instrumente sind proportional dem jeweiligen $I = E/(R_i + R) = 5\,\text{mV}/(10\,\Omega + R)$.
Das ergibt für das 100-µA-Instrument mit $R = 1000\,\Omega$

$$I_1 \approx 5\,\mu\text{A} \mathrel{\hat{=}} \tfrac{1}{20} \text{ Endausschlag,}$$

für das 1-mA-Instrument mit $R = 10\,\Omega$

$$I_2 = 0{,}25\,\text{mA} \mathrel{\hat{=}} \tfrac{1}{4} \text{ Endausschlag}$$

und für das 10-mA-Instrument mit $R = 0{,}1\,\Omega$

$$I_3 \approx 0{,}5\,\text{mA} \mathrel{\hat{=}} \tfrac{1}{20} \text{ Endausschlag.}$$

Diskussion

Bei Anschluß des 10-mA-Instruments fließt zwar der größte Strom, nämlich beinahe der Kurzschlußstrom, da $R_3 \ll R_i$. Für diesen reicht hier aber die Stromempfindlichkeit des Instruments nicht aus, so daß der Ausschlag nur $\frac{1}{20}$ vom Endausschlag beträgt.

Aufgabe 1.69 Leistungsumsatz unter Berücksichtigung der inneren Verlustleistung

Ein aktiver Zweipol ist durch die Reihenschaltung seiner EMK $E = 10$ V und seines Innenwiderstands $R_i = 10\ \Omega$ sowie durch eine zulässige innere Verlustleistung $P_{iz} = 1$ W gekennzeichnet.

a) Bei welchem Lastwiderstand R_a wird ohne Überlastung des aktiven Zweipols maximale Leistung abgegeben?
b) Wie groß sind diese Leistung und der Wirkungsgrad?
c) Wie groß sind die erzeugte Leistung, die innere Verlustleistung, die an den Lastwiderstand abgegebene Leistung und der Wirkungsgrad bei Verdoppelung des Lastwiderstands gegenüber dem Fall a)?

Lösungshinweis

Beachte und benutze die in Tafel 1.17 zusammengestellten Beziehungen zwischen den beim Leistungsumsatz im Stromkreis bedeutungsvollen Größen!

Lösung

a) Für die innere Verlustleistung P_i ergibt sich (Tafel 1.17)

$$P_i = I^2 R_i = \frac{E^2}{(R_i + R_a)^2} R_i = \frac{E^2}{R_i} \frac{1}{(1 + x)^2} \quad \text{mit} \quad \frac{R_a}{R_i} = x$$

$$P_i = P_0 \frac{1}{(1 + x)^2}.$$

Im Anpassungsfall ($x = 1$) wäre:
$P_i = P_0/4 = 2{,}5$ W $> P_{iz}$ (zulässige innere Verlustleistung)!
Wir müssen nun x_z für die vorgegebene zulässige innere Verlustleistung P_{iz} berechnen:
$P_{iz} = P_0/(1 + x_z)^2$ ergibt das zulässige Widerstandsverhältnis $x_z = \sqrt{P_0/P_{iz}} - 1$.
In unserem Fall gilt $P_0 = 10$ W und $P_{iz} = 1$ W, also wird $x_z = 2{,}16$, d.h., mit $R_i = 10\ \Omega$ wird $R_a = 21{,}6\ \Omega$ gefordert (vgl. Bild 1.46).

b) Die Frage ist nun: Welche Abnahme der Verbraucherleistung P_a tritt durch $x > 1$ gegenüber dem Anpassungsfall ($x = 1$) auf? Es gilt

$$P_a = I^2 R_a = I^2 R_i \cdot R_a/R_i = P_i x.$$

Also wird $P_a = P_{iz} x_z = 1\ \text{W} \cdot 2{,}16 = 2{,}16$ W.
Im Anpassungsfall wäre $P_a = P_0/4 = 2{,}5$ W. Trotz des 2,16fachen Außenwiderstands ist die Leistungsabnahme nur etwa 14%. Der in solchen Fällen meist uninteressante Wirkungsgrad wird nach (1.28)

$$\eta = \frac{x_z}{1 + x_z} = \frac{2{,}16}{3{,}16} = 0{,}683 = 68{,}3\,\%.$$

c) Verdoppelter Lastwiderstand gegenüber Fall a):

$$R_a = 43{,}2\,\Omega.$$

Mit $R_i = 10\,\Omega$ wird

$$x = \frac{R_a}{R_i} = 4{,}32.$$

$$P_g = \frac{E^2}{R_i + R_a} = \frac{100\text{ V}^2}{10\,\Omega + 43{,}2\,\Omega} = 1{,}88\text{ W}$$

$$P_i = P_0 \frac{1}{(1+x)^2} = \frac{10\text{ W}}{(5{,}32)^2} = 0{,}35\text{ W}$$

$$P_a = P_g - P_i = 1{,}88\text{ W} - 0{,}35\text{ W} = 1{,}53\text{ W}$$

$$\eta = \frac{P_a}{P_g} = \frac{1{,}53\text{ W}}{1{,}88\text{ W}} = 0{,}812 \mathrel{\widehat{=}} 81{,}2\%.$$

Diskussion

Mit weiterer Vergrößerung des Lastwiderstands wächst der Wirkungsgrad. Bei schwachstromtechnischen Anlagen ist aber meist der Wirkungsgrad des Leistungsumsatzes zwischen Generator und Verbraucher nicht die interessierende Größe, sondern man interessiert sich für die größte Wirkung im Verbraucher, wobei allerdings berücksichtigt werden muß, ob der Generator für diesen Betriebszustand der Anpassung leistungsmäßig ausgelegt ist.

Aufgabe 1.70 Kennlinie und Leistung einer Solarzelle

Die Strom-Spannungs-Kennlinie einer Solarzelle bei Lichteinstrahlung (Ersatzschaltbild 1.131) kann bei Vernachlässigung eines inneren ohmschen Widerstands R durch die Funktion

$$I_D = I_S\left(\exp\frac{U_D}{U_{T'}} - 1\right) - I_F = I_S \exp\left(\frac{U_D}{U_{T'}}\right) - I_0$$

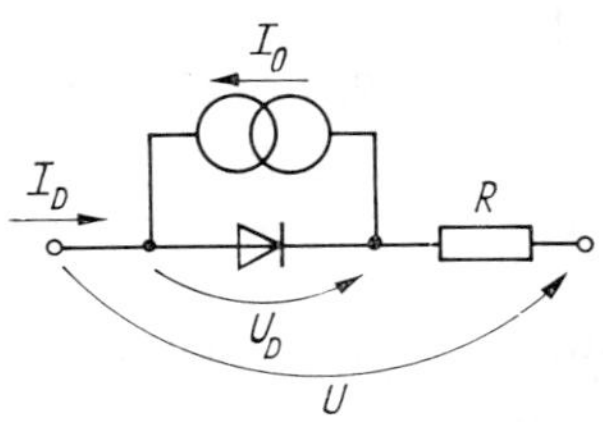

Bild 1.131

angenähert werden, wobei $I_0 = I_S + I_F$ und I_F der bei Lichteinwirkung erzeugte Fotostrom ist (vgl. Bild 1.109).

a) Berechne und zeichne die Kennlinie $I_D = f(U_D)$ für $I_S = 5 \cdot 10^{-5}$ mA, $U_{T'} = 0{,}05$ V, $I_0 = 100$ mA, $R = 0$, $U_D \geqq 0$!

b) Berechne die Leistung $P = f(U_D)$, und trage den Verlauf in das Diagramm von a) ein!

c) Bei welchem Belastungswiderstand gibt die Solarzelle maximale Leistung ab?

d) Berechne und zeichne in das Diagramm a) die Kennlinien $I_D = f(U)$ und $P = f(U)$ bei Berücksichtigung eines inneren Vorwiderstands (Bahnwiderstand der Solarzelle) von $R = 1\,\Omega$ (Bild 1.131) ein.

Lösungshinweis

a), b) Wir berechnen den Strom I_D und die Leistung für verschiedene Werte der Spannung U_D und erhalten die Kennlinien $I_D = f(U_D)$ und $P = g(U_D)$.

c) Aus b) ergibt sich der Arbeitspunkt auf der Kennlinie, durch den die Widerstandsgerade hindurchgehen muß.

d) Wir drücken U_D durch U aus und setzen dies in die Kennliniengleichung von a) ein; es ergibt sich eine transzendente Gleichung für I_D, die mit iterativen Methoden numerisch ausgewertet werden muß (BP 2 bis BP 4).

Bemerkung: Man kann die numerischen Berechnungen a), b) und d) in einem Programm unterbringen, indem man die Gleichung für d) eingibt und $R = 0$ bzw. $R = 1\,\Omega$ einsetzt.

Lösung

a), b) Die Kennliniengleichung ist gegeben. Mit den vorgegebenen Parameterwerten ergibt sich

$$I_D = 5 \cdot 10^{-5}\ \text{mA} \cdot \exp(20U_D/\text{V}) - 10^2\ \text{mA}.$$

Die Zahlenwertgleichung für numerische Berechnung (I_D in mA, U_D in V) ist also

$$I_D = 5 \cdot 10^{-5} \exp(20U_D) - 10^2. \qquad \text{(a)}$$

Für $U_D = 0$ V wird $I_D = -100$ mA ($= I_F + I_S \approx I_F$) und für $I_D = 0$ mA wird $U_D/\text{V} = (\ln 2 \cdot 10^6)/20 = 0{,}725$. Die Zwischenwerte wie auch die Leistung P werden nach in d) angegebenem Programm berechnet (ermittelte Kennlinien s. Bild 1.132).

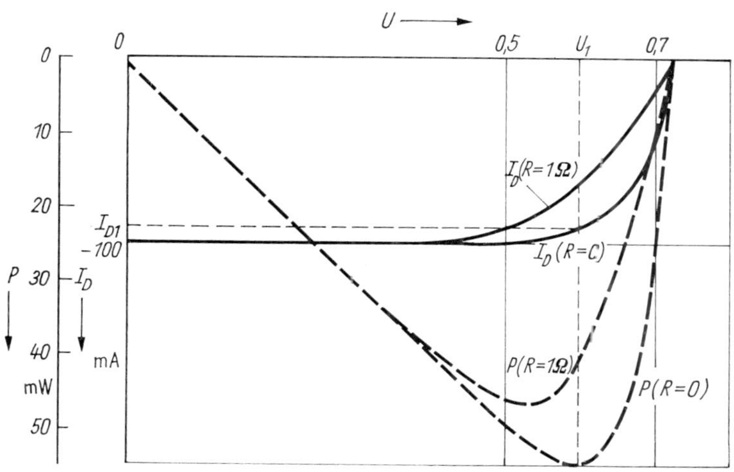

Bild 1.132

Die Leistung ergibt sich aus $P = U \cdot I$. (b)

c) Der Widerstandswert ergibt sich aus dem Kennlinienpunkt (U_1, I_1), in dem maximale Leistung P auftritt: $R = U_1/I_1$.

d) Für $R > 0$ ist nach Bild 1.131 die Solarzellen-Klemmenspannung $U = U_D + I_D R$, d.h., im Exponenten der gegebenen Kennlinienfunktion steht für $U_D = U - I_D R$. Da U in V, I in mA eingegeben werden, muß R in kΩ in die Gleichung eingesetzt werden. Aus (a) wird

$$I_D = 5 \cdot 10^{-5} \exp(20(U - RI_D)) - 10^2. \qquad \text{(c)}$$

Diese nichtlineare Gleichung wird z.B. mit Hilfe des Rechenprogramms BP 4 (Tafel 1.7) gelöst. Es ist naheliegend, das Programm an die Aufgabenteile a), b) und d) anzupassen (Tafel 1.18, Fettdruck sind Änderungen gegenüber BP 4; Tafel 1.7):
Bei $R = 0$ ergibt sich die Gleichung (a) für Aufgabe a). Zu deren Lösung benötigen wir BP 4 nicht, überspringen für $R = 0$ dieses Programm (Zeile 47). Für diesen Fall wird die Gl. (a) direkt gelöst für verschiedene U-Werte (bei $R = 0$ ist $U_D = U$), die durch eine Laufanweisung (Zeile 45) von $U = 0$ bis $U = 0{,}8$ V in Schritten von 0,05 V eingegeben werden. Damit kann $P = UI_D$ berechnet werden (Zeile 410) und der Ausdruck erfolgen. Zeile 430 schließt die Schleife.

Für $R > 0$ (Eingabe in Zeile 16) wird BP 4 durchlaufen. Als Startwert für I_D geben wir -100 mA ein; denn bei $U_D = 0$ ergibt Gl. (a) diesen Wert.

Tafel 1.18 Programm BP 4E

```
9  REM ***************************************************************
10 REM **** BP4E: BERECHNUNG DER SOLARZELLE                 **********
11 REM ****          AUS AUFGABE 1.70                       **********
12 REM ***************************************************************
15 CLEAR
16 INPUT "R/KOHM ";R
20 INPUT "STARTWERT STROM IO/MILLIAMP ";X
30 INPUT "ABBRUCHSCHRANKE EPS ";EP
45 FOR U=0 TO 0.8 STEP 0.05
47 IF R=0 GOTO 390
50 K=1
60 GOSUB 200
80 A=X-G/DG
90 IF ABS(A-X) < EP GOTO 400
95 IF K>100 GOTO 300
130 X=A: K=K+1: GOTO 60
200                                REM  BERECHNUNG VON G(X) UND DG/DX
210 G=5E-5*EXP(20*(U-R*X)) - 100 - X
220 DG= -R*0.001*EXP(20*(U-R*X)) - 1
240 IF ABS(DG) < .0001 GOTO 350
250 RETURN
300 PRINT "LOESUNG NACH";K;"SCHRITTEN NICHT GEFUNDEN"
310 END
350 PRINT "DG/DX = 0 - ANDEREN STARTWERT XO WAEHLEN !"
360 GOTO 20
390 X=5E-5*EXP(20*U) - 100
400                                 REM  BERECHNUNG DES ERGEBNISSES
410 P=ABS(U*X)
420 PRINT "U=";U;"VOLT  I=";X;"MILLIAMP  P=";P;"MILLIWATT"
425 PRINT
430 NEXT U
450 END
```

Mit I_D/mA $= X$ wird Gl. (c)

$$X = F(X); \qquad X = 5 \cdot 10^{-5} \exp\left(20\,(U - RX)\right) - 10^2$$

und damit $G(X) = F(X) - X$ auf Programmzeile 210:

$$G = 5E - 5 * \text{EXP}\,(20 * (U - R * X)) - 100 - X,$$

entsprechend die Ableitung auf Zeile 220.
Im Bild 1.132 ist die Auswertung angegeben. Man erkennt den Einfluß des (relativ hoch angenommenen) Bahnwiderstands R auf Kennlinie und Leistung. Das Maximum der

Leistung für $R = 0$ liegt bei $U_1 \approx 0{,}6$ V und $I_1 \approx 92$ mA. Durch diesen Punkt der Kennlinie des aktiven Zweipols muß die Widerstandsgerade des Verbrauchers gehen, um maximale Leistung zu erreichen. Dieser Widerstand beträgt somit $R_a = U_1/I_1 \approx 6{,}5\ \Omega$.

Bemerkung: Spannung und Strom sowie den Außenwiderstand bei maximaler Leistung kann man gesondert berechnen:

$$P = UI = U\,(I_S \exp{(U/U_{T'})} - I_0).$$

Gesucht ist U_1 bei $\mathrm{d}P/\mathrm{d}U = 0$ und ergibt mit $U/U_{T'} = X$

$$(1 + X)\exp X = I_0/I_S = 10^2/5 \cdot 10^{-5} = 2 \cdot 10^6.$$

Diese Gleichung kann man mit BP 4 lösen, wobei man einsetzt:

210: $G = 2E\,6 * \mathrm{EXP}\,(-X) - 1 - X$

220: $DG = -2E\,6 * \mathrm{EXP}\,(-X) - 1$

Mit Startwert $U/\mathrm{V} = 0{,}5$, d.h. $XO = U/U_{T'} = 20U = 10$ ergibt sich $X = 1{,}194$, d.h. $U_1 = 0{,}597$ V. Daraus $I_1 = 92{,}34$ mA und $P_{max} = 55{,}12$ W, also $R_a = 6{,}5\,\Omega$.

1.4 Energieumformung im Stromkreis

Technisch wichtige Umwandlungen elektrischer Energie in andere Energie und umgekehrt und typische Umformungsorgane sind in Tafel 1.19 angegeben. Der Umformungswirkungsgrad ist definiert

$$\eta_u = \frac{P_{\mathrm{Nutz}}}{P_{\mathrm{ges}}}. \qquad (1.33)$$

Die Beziehungen für die Wärmeaufnahme und die verschiedenen Formen der Wärmeabgabe sind in Tafel 1.20 und der Zusammenhang der Größen in der Lichttechnik ist im Bild 1.133 angegeben. In der chemischen Energiewandlung ist das Faradaysche Abscheidungsgesetz eine Grundbeziehung für die Galvanotechnik.

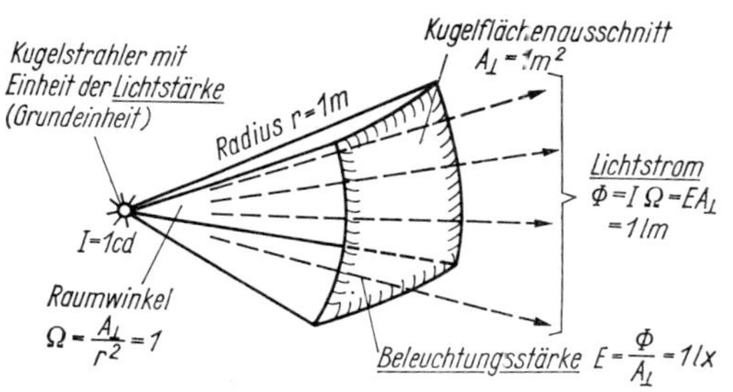

Bild 1.133
Zusammenhang einiger wichtiger Größen der Lichttechnik und deren Einheiten

Lichtstrom Φ, *man versteht darunter die vom menschlichen Auge (entsprechend der Hellempfindlichkeitskurve* V_λ*) bewertete Strahlungsleistung; Einheit 1 lm*

Lichtausbeute a, Quotient aus gesamtem Lichtstrom einer Lichtquelle und der für diesen erforderlichen Leistung P,

$$a = \Phi/P, \quad \textit{Einheit 1 lm/W} \qquad (1.43)$$

Lichtstärke I

$$I = \mathrm{d}\Phi/\mathrm{d}\Omega, \quad \textit{Einheit 1 cd} \qquad (1.45)$$

Beleuchtungsstärke E

$$E = \mathrm{d}\Phi/\mathrm{d}A_\perp, \quad \textit{Einheit 1 lx} \qquad (1.47)$$

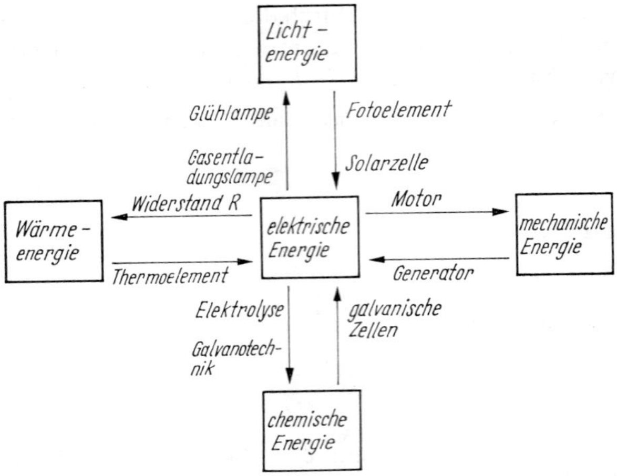

Tafel 1.19
Energieumwandlungen und typische Umformungselemente

Tafel 1.20 Beziehungen für die Wärmeaufnahme und -abgabe

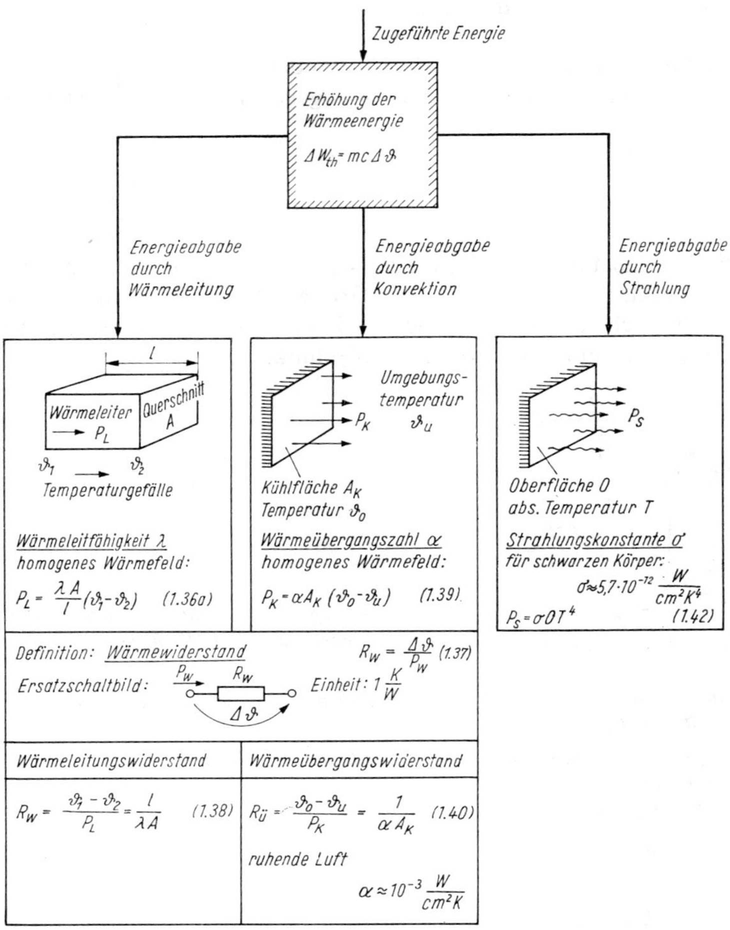

Es lautet für einen Stoff mit w-wertigen Ionen und der relativen Atommasse A als zugeschnittene Größengleichung:

$$m/_g = \frac{1}{96500} \frac{A}{w} Q/_{\text{As}}. \tag{1.51}$$

Metalle und Wasserstoff bilden positive Ionen und bewegen sich mit dem Strom zur Katode.

Aufgabe 1.71 Energieumformung

Eine Pumpe soll je Stunde 20 m³ Wasser in einen Behälter pumpen, der 25 m höher liegt. Der Wirkungsgrad dieser Pumpe sei $\eta_P = 70\%$. Welche Leistung muß der Antriebsmotor bei einem Motorwirkungsgrad $\eta_M = 90\%$ aufnehmen? Welcher Strom fließt dann bei einer Spannung von 220 V?

Lösungshinweis

Benutze zur Lösung die Gl. (1.33)! η_u ist in Beziehung zu setzen mit η_p und η_M.

Lösung

Die aufgewandte Gesamtleistung für die Pumpenförderleistung P_F ist die vom Motor aufgenommene elektrische Leistung P_{el}. Der gesamte Umformwirkungsgrad ist damit $\eta_u = P_F/P_{el}$. Umwandlung elektrischer Leistung P_{el} in mechanische Leistung P_{mech} im Motor bei einem Motorwirkungsgrad η_M ergibt

$$P_{mech} = \eta_M P_{el}.$$

Der Pumpenwirkungsgrad η_P drückt die Umwandlung mechanischer Leistung in Förderleistung P_F der Pumpanlage aus:

$$P_F = \eta_p P_{mech} = \eta_p \eta_M P_{el}; \qquad \eta_p \cdot \eta_M = \eta_u = 0{,}7 \cdot 0{,}9 = 0{,}63.$$

Der Gesamtwirkungsgrad ist das Produkt der Einzelwirkungsgrade. Die Förderarbeit ist $W_F = P_F t = F_F s$, wobei die Kraft $F_F = mg$ (m Masse, g Erdbeschleunigung) und s die Förderhöhe ist.
Mit der Dichte des Wassers $\varrho \approx 1\ \text{kg·dm}^{-3}$ wird $m = 20$ kg. Für die anderen Größen gilt: $g = 9{,}81\ \text{m/s}^2$, $t = 3{,}6 \cdot 10^3$ s und $s = 25$ m.
Damit ist

$$P_{el} = \frac{P_F}{\eta_u} = \frac{W_F}{\eta_u t} = \frac{mgs}{\eta_u t} = \frac{2 \cdot 10^4\ \text{kg} \cdot 9{,}81\ \text{m} \cdot 25\ \text{m}}{0{,}63 \cdot 3{,}6 \cdot 10^3\ \text{s}^3} = 2162\ \frac{\text{kg·m}^2}{\text{s}^3}$$

$$= 2{,}16\ \text{kW}$$

und

$$I = \frac{P_{el}}{U} = \frac{2{,}16 \cdot 10^3\ \text{W}}{220\ \text{V}} = 9{,}82\ \text{A}.$$

Aufgabe 1.72 Energieumformung, zeitlicher Erwärmungsverlauf

Einem Körper (Masse m, spezifische Wärme c) wird konstante Wärmeleistung P_W zugeführt, die teils zur Erhöhung seiner thermischen Energie (Temperaturerhöhung des Körpers $\Delta\vartheta$) beiträgt, teils durch Konvektion an die Umgebung weitergegeben wird.

Andere Austauschmöglichkeiten sollen nicht bestehen. Stelle die Beziehung der Leistungen auf, und diskutiere qualitativ (ohne Lösung der Gleichung) den zeitlichen Temperaturverlauf $\Delta\vartheta\,(t)$!

Lösungshinweis

Beachte die in Tafel 1.20 zusammengestellten Beziehungen der wärmeenergetischen Wechselwirkungen! Die Gleichung für $\Delta\vartheta\,(t)$ erhält man aus dem Energiesatz, der eine Aussage über die je Zeiteinheit zugeführte gespeicherte und abgeführte Energie (Leistung) liefert.

Lösung

Gemäß Aufgabenstellung gilt für die in der Zeiteinheit zugeführte Energie

$$P_W = P_{\text{th}} + P_K = \text{konst.}$$

Mit den Gln. (1.34) und (1.39) und mit $\vartheta_0 - \vartheta_u = \Delta\vartheta \equiv \vartheta_ü$ (Übertemperatur) wird

$$P_W = \text{konst.} = mc\,\frac{\mathrm{d}\vartheta_ü}{\mathrm{d}t} + \alpha A_K \vartheta_ü. \tag{1.41}$$

Diskussion

Zur Zeit $t = 0$ (Einschalten der Wärmezufuhr P_W) ist $\vartheta_0 = \vartheta_u$, d.h. $\Delta\vartheta = \vartheta_ü = 0$. Gleichung (1.41) wird damit

$$t = 0: P_W = mc\,\frac{\mathrm{d}\vartheta_ü}{\mathrm{d}t}.$$

Daraus ergibt sich die Steigung der $\vartheta_ü(t)$-Kurve im Nullpunkt als

$$(\mathrm{d}\vartheta_ü/\mathrm{d}t)_{t=0} = P_W/mc.$$

Bild 1.134 zeigt den weiteren zeitlichen Verlauf der Übertemperatur. Der anfängliche Anstieg ist erwartungsgemäß um so steiler, je größer die zugeführte Wärmeleistung P_W und je kleiner die Masse m ist.

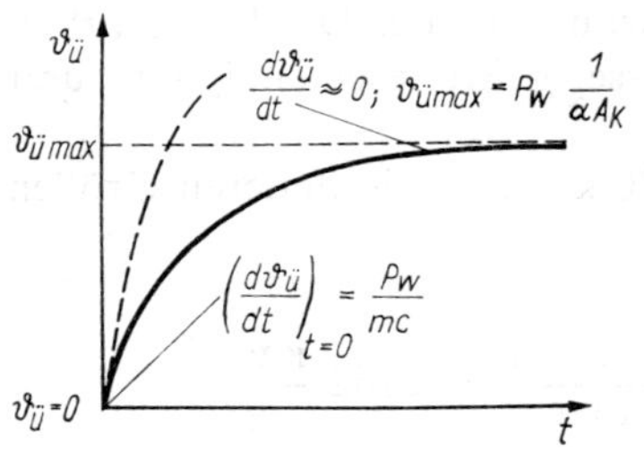

Bild 1.134
Zeitlicher Temperaturverlauf eines Körpers, dem eine konstante Wärmeleistung P_w zugeführt wird und der Konvektionskühlung erfährt (--- P_w etwa doppelt so groß)

Mit wachsender Zeit bildet sich ein zunehmendes $\vartheta_ü$ aus. Der 2. Summand wird >0, der Körper gibt Wärme ab, die Konvektion setzt ein. Wegen der konstanten Summe muß gleichzeitig der 1. Summand kleiner werden, indem $\mathrm{d}\vartheta_ü/\mathrm{d}t$ kleiner wird. Also nimmt die Kurvensteigung ab, wenn auch $\vartheta_ü$ und damit auch der Konvektionsvorgang weiter zunehmen. Schließlich wird die Steigung der Kurve ($\mathrm{d}\vartheta_ü/\mathrm{d}t$) so klein, daß der 1. Summand gegenüber dem 2. Summanden vernachlässigt werden kann. Es hat sich ein stabiler Endzustand eingestellt (thermisches Gleichgewicht). Der Körper hat eine maximale Übertemperatur $\vartheta_{ü\max}$ erreicht, erwärmt sich nicht weiter, sondern gibt die gesamte zugeführte Wärmeleistung über Konvektion an die Umgebung ab:

$$P_W = \alpha A_K \vartheta_{ü\max}.$$

Aufgabe 1.73 Energieumformung, Erwärmungsvorgang

In einem thermisch nicht isolierten, dünnwandigen Heizungsrohr von 3 cm Durchmesser sollen 10 l Wasser durch eine koaxiale Heizspirale mit einem Betriebswiderstand $R = 40\,\Omega$ bei 220 V erwärmt werden.

a) Welche Endtemperatur erreicht das Wasser, wenn die das Gefäß allseitig umgebende Luft nicht künstlich bewegt wird? Umgebungstemperatur $\vartheta_u = 4\,°C$, thermischer Wirkungsgrad der Heizspirale $\eta_{th} = 90\,\%$, Wärmeübergangszahl bei Konvektion $\alpha \approx 10^{-3}$ W/(cm²·K).

b) Welchen Widerstand muß der Heizkörper haben, wenn unter sonst unveränderten Bedingungen das Wasser eine Endtemperatur von 100 °C erreichen soll?

c) Wie groß ist der Temperaturanstieg je Zeiteinheit kurz nach dem Einschalten des Heizkörpers, wenn vorher zwischen Wasser und Umgebung Temperaturgleichgewicht bestanden hat?

Lösungshinweis

Löse zunächst Aufgabe 1.72.
Im Augenblick des Einschaltens kommt bei gleicher Temperatur des Wassers und der Umgebung die zugeführte elektrische Energie (die mit dem Heizer verknüpften Verluste werden durch η_{th} berücksichtigt) voll der Temperaturerhöhung des Wassers zugute. Der zeitliche Temperaturanstieg (Bild 1.134) kann durch die Tangente im Punkt $t = 0$ angenähert werden. Man berechnet ihn aus Gl. (1.41) mit $P_K = 0$. Der Erwärmungsvorgang ist beendet, wenn die zugeführte elektrische Energie vollständig durch Konvektion an die Umgebung abgegeben wird. Dann hat das Wasser seine Endtemperatur ϑ_0 erreicht, wobei wir annehmen wollen, daß innerhalb des Wassers kein Temperaturgefälle vorhanden sein soll. Diese Endtemperatur findet man aus Gl. (1.39).

Lösung

a) Nach Gl. (1.39) ist die durch Konvektion abgeführte Wärmeleistung:

$$P_K = \alpha A_K (\vartheta_0 - \vartheta_u).$$

Die zugeführte Wärmeleistung ist die Summe der zur Temperaturerhöhung des Wassers erforderlichen Leistung P_{th} und der abgeführten Leistung

$$P_W = P_{th} + P_K,$$

wobei mit (1.33)

$$P_W = \eta_{th} P_{el}$$

ist. Am Ende des Erwärmungsvorgangs ist $P_{th} = 0$ und demnach

$$P_W = P_K = \alpha A_K (\vartheta_0 - \vartheta_u) = \eta_{th} P_{el}.$$

Daraus

$$\vartheta_0 = \frac{\eta_{th} P_{el}}{\alpha A_K} + \vartheta_u.$$

Berechnung der Zylinderoberfläche A_K, wobei die Zylinderlänge über das vorgegebene Volumen ausgedrückt wird:

$$A_K = \pi d l + 2\,\frac{\pi d^2}{4}; \qquad V = \frac{\pi d^2}{4}\,l; \qquad l = \frac{4V}{\pi d^2};$$

damit wird

$$A_K = \frac{4V}{d} + \frac{\pi d^2}{2}.$$

Hiermit und mit

$$P_{\text{el}} = \frac{U^2}{R}$$

wird jetzt

$$\vartheta_0 = \frac{\eta_{\text{th}} U^2}{\alpha R \left(\dfrac{4V}{d} + \dfrac{\pi d^2}{2}\right)} + \vartheta_ü$$

$$= \frac{0{,}9 \cdot 4{,}84 \cdot 10^4\ \text{V}^2}{10^{-3}\ \dfrac{\text{W}}{\text{cm}^2 \cdot \text{K}} \cdot 40\ \Omega \left(\dfrac{4 \cdot 10^4\ \text{cm}^3}{3\text{cm}} + \dfrac{\pi \cdot 9\ \text{cm}^2}{2}\right)} + 4\,°\text{C}$$

$$\vartheta_0 = 85{,}6\,°\text{C}.$$

b) Unter Beibehaltung der übrigen Größen ist $\vartheta_0 - \vartheta_u = \text{konst.}\ 1/R$. Damit wird hier gegenüber a):

$$\frac{(\vartheta_0 - \vartheta_u)_a}{(\vartheta_0 - \vartheta_u)_b} = \frac{R_b}{R_a};$$

$$R_b = R_a \frac{(\vartheta_0 - \vartheta_u)_a}{(\vartheta_0 - \vartheta_u)_b} = 40\ \Omega\ \frac{81{,}6\ \text{K}}{96\ \text{K}} \approx 34\ \Omega.$$

c) Beim Beginn des Erwärmungsvorgangs ist $P_K = 0$; folglich ist mit (1.34)

$$P_W = P_{\text{th}} = cm \left(\frac{\text{d}\vartheta}{\text{d}t}\right)_{t=0}.$$

Mit

$$P_W = \eta_{\text{th}} P_{\text{el}} = \eta_{\text{th}} \frac{U^2}{R} \quad \text{wird} \quad \eta_{\text{th}} \frac{U^2}{R} = cm \left(\frac{\text{d}\vartheta}{\text{d}t}\right)_{t=0}$$

und der gesuchte Temperaturanstieg:

$$\left(\frac{\text{d}\vartheta}{\text{d}t}\right)_{t=0} = \frac{\eta_{\text{th}} U^2}{cmR} = \frac{0{,}9 \cdot 4{,}84 \cdot 10^4\ \text{V}^2}{4{,}19\ \dfrac{\text{J}}{\text{g}\cdot\text{K}} \cdot 10^4\ \text{g} \cdot 40\ \Omega} = 2{,}6 \cdot 10^{-2}\ \frac{\text{W}}{\text{J}}\ \text{K}.$$

Mit

$$1\ \text{W} = 1\ \text{J}\cdot\text{s}^{-1}$$

$$\left(\frac{\text{d}\vartheta}{\text{d}t}\right)_{t=0} = 26 \cdot 10^{-3}\ \frac{\text{K}}{\text{s}}.$$

Aufgabe 1.74 Energieumformung, Erwärmung eines Bauelements, Wärmeersatzschaltbild

Gegeben ist ein flächenhaft ausgebildetes elektrisches Bauelement, das im Betrieb eine Verlustleistung aufnimmt und eine Wärmequelle P_W darstellt (Bild 1.135). Die Temperatur ϑ_i dieses Bauelements soll möglichst niedrig gehalten werden. Zu diesem Zweck wird es auf eine metallische Kühlfläche aufgesetzt. Der Wärmeleitwiderstand dieser Kühlfläche soll als vernachlässigbar klein angenommen werden, d.h., die Temperatur auf der Oberfläche des Kühlblechs ϑ_0 ist überall gleich. Aus bestimmten Gründen muß nun zwischen Bauelement und Kühlfläche eine elektrisch isolierende Zwischenschicht eingebaut werden, deren Wärmeleitungswiderstand R_{th} gegeben ist.

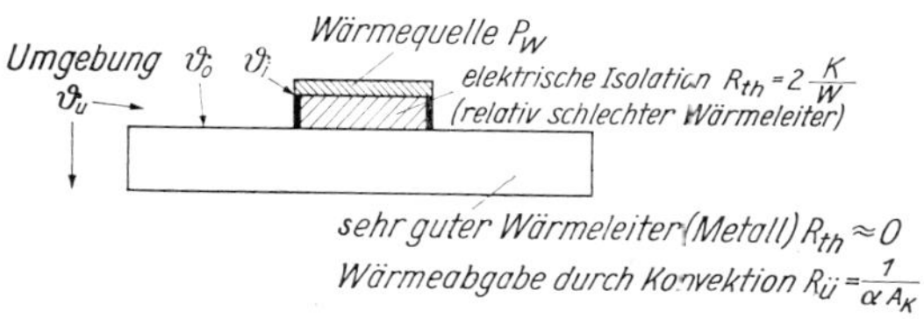

Bild 1.135

Auf Grund dieser Konstruktion soll als Näherung angenommen werden, daß der Wärmestrom nur durch die Zwischenschicht mit R_{th} in das Kühlblech fließt und von dort durch Konvektion an die Umgebung (Temperatur ϑ_u) abgegeben wird.

a) Entwickle ein Ersatzschaltbild für den Wärmestromkreis und berechne daraus allgemein die Temperaturen ϑ_i und ϑ_0 (Bild 1.135) im Zustand thermischen Gleichgewichts!

b) Wie groß werden ϑ_i und ϑ_0 bei

$$P_W = 10 \text{ W}, \qquad \vartheta_u = 20\,°\text{C}, \qquad \alpha = 10^{-3} \frac{\text{W}}{\text{cm}^2 \cdot \text{K}}$$

und bei einer Kühlfläche $A_K = 200 \text{ cm}^2$? Welche Maßnahme wäre am wirkungsvollsten, wenn man die Abkühlungsbedingungen verbessern wollte?

c) Trage die Abhängigkeit der Innentemperatur ϑ_i von der Kühlfläche A_K auf! Verwende die Werte von b), und setze A_K als Variable ein! Diskutiere den Verlauf!

Lösungshinweis

Nach Gl. (1.36a) und (1.38) (Tafel 1.20) besteht eine Analogie zwischen der Berechnung eines Spannungsabfalls in einem elektrischen Stromkreis und der Berechnung eines Temperaturunterschieds in einem Wärmeleitungskreis. Da auch der Wärmeübergang durch eine Widerstandsgröße gemäß Gl. (1.40) dargestellt werden kann und der Wärmestrom nacheinander diese „beiden Widerstände durchläuft", handelt es sich hier um eine Reihenschaltung beider thermischer Widerstände. Die Temperaturen berechnet man mit Hilfe der Gln. (1.36a) bzw. (1.38), wobei zu beachten ist, daß das gegebene System im thermischen Gleichgewichtszustand (keine zeitliche Temperaturänderung!) zu berechnen ist.

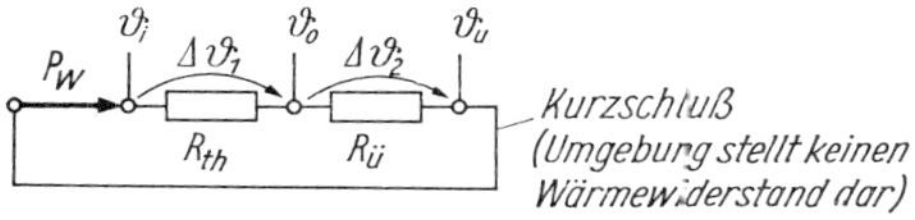

Bild 1.136

Lösung

a) Ersatzschaltbild s. Bild 1.136.

Es ist zu beachten, daß die Umgebung als unendlich großer Wärmespeicher anzusehen ist, d.h., der Wärmestrom findet keinen Widerstand mehr vor. Die Umgebung stellt also einen Kurzschluß dar.

Es ist nach Gl. (1.41) unter der Bedingung thermischen Gleichgewichts (vgl. auch Gl. (1.39)!)

$$\Delta\vartheta_2 = \vartheta_0 - \vartheta_u = P_W R_{ü} = P_W \frac{1}{\alpha A_K},$$

entsprechend wird (Bild 1.136)

$$\Delta\vartheta_1 = \vartheta_i - \vartheta_0 = P_W R_{\text{th}}.$$

Damit wird

$$\vartheta_i = P_W R_{\text{th}} + \vartheta_0.$$

$$\vartheta_0 = P_W R_{ü} + \vartheta_u,$$

also

$$\vartheta_i = P_W R_{\text{th}} + P_W R_{ü} + \vartheta_u.$$

Diese Gleichung hätte man in analoger Betrachtung mittels des Maschensatzes für elektrische Kreise sofort angeben können:

$$U_1 + U_2 = I(R_1 + R_2)$$

$$\Delta\vartheta_1 + \Delta\vartheta_2 = P_W(R_{\text{th}} + R_{ü}); \qquad (\vartheta_i - \vartheta_0) + (\vartheta_0 - \vartheta_u) = P_W(R_{\text{th}} + R_{ü})$$

$$\vartheta_i = \vartheta_u + P_W(R_{\text{th}} + R_{ü}).$$

Mit $R_{ü} = 1/(\alpha A_K)$ wird

$$\vartheta_i = P_W\left(R_{\text{th}} + \frac{1}{\alpha A_K}\right) + \vartheta_u$$

und

$$\vartheta_0 = \vartheta_i - P_W R_{\text{th}}.$$

b)

$$\vartheta_i = 10\,\text{W}\left(2\,\frac{\text{K}}{\text{W}} + \frac{1}{\dfrac{10^{-3}\,\text{W}}{\text{cm}^2\cdot\text{K}}\cdot 200\,\text{cm}^2}\right) + 20\,°\text{C}$$

$$= 20\,\text{K} + 50\,\text{K} + 20\,°\text{C} = 90\,°\text{C}.$$

$$\vartheta_0 = 90\,°\text{C} - 20\,\text{K} = 70\,°\text{C}.$$

Diskussion

Zwischen Oberflächentemperatur ϑ_0 und Innentemperatur ϑ_i ist nur ein Unterschied von 20 K, während ϑ_0 um 50 K über der Umgebungstemperatur ϑ_u liegt, d.h., die elektrische Isolation ist nicht der ausschlaggebende thermische Widerstand. Eine Verbesserung der Abkühlungsbedingungen ist demnach durch Verkleinerung von $R_{ü} = 1/(\alpha A_K)$ zu erreichen. Die Dicke der Kühlplatte geht in die Rechnung nicht ein, da angenommen wurde, daß auf der Platte überall gleiche Temperatur ϑ_0 herrscht. Berücksichtigte man auch den Wärmeleitungswiderstand der Platte, was bei sehr kleinen Dicken notwendig wäre, erschiene in der Rechnung auch die Plattendicke. Die Rechnung wird aber wesentlich komplizierter, da dann längs der Platte ein Temperaturgefälle auftritt.

c) Mit den Zahlenwerten von b) wird

$$\vartheta_i = 20\,\text{K} + \frac{10\,\text{W}}{10^{-3}\,\dfrac{\text{W}}{\text{cm}^2\cdot\text{K}}\,A_K} + 20\,°\text{C}; \qquad \vartheta_i = 40\,°\text{C} + \frac{10^4}{A_{K/\text{cm}^2}}\,\text{K}$$

$$\vartheta_{i/°\text{C}} = 40 + \frac{10^4}{A_{K/\text{cm}^2}} \quad \text{(zugeschnittene Größengleichung)}.$$

Auswertung: (Bild 1.137)

A_{K/cm^2} =	100	200	400	800
$\vartheta_{i/°\text{C}}$ =	140	90	65	52,5

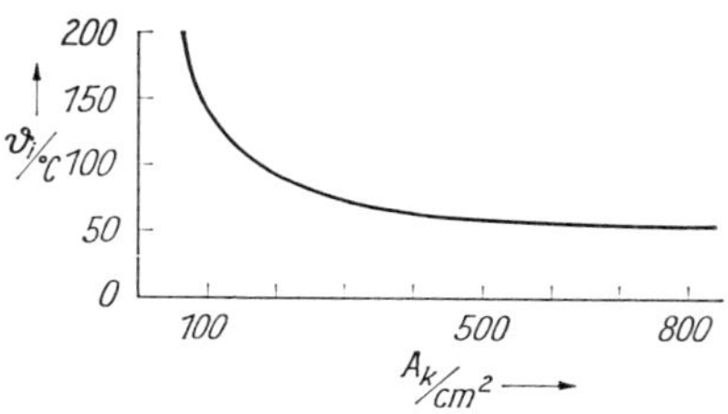

Bild 1.137

Diskussion

Große Flächen bewirken keinen sehr großen Abfall der Temperatur ϑ_i mehr, da dann der Übergangswiderstand $R_ü$ in die Größenordnung von R_{th} der Isolationsschicht kommt, so daß ϑ_i im Gegensatz zu kleinen A_K-Werten von R_{th} festgelegt wird.

Aufgabe 1.75 Wärmeableitung, Bauelement auf Kühlfläche

Für ein elektrisches Bauelement sind folgende höchstzulässige Werte gegeben:

maximale Innentemperatur $\vartheta_{i\,\max} = 100\,°\text{C}$

maximale Verlustleistung $P_{V\,\max} = 1\,\text{W}$

innerer Wärmewiderstand $R_{th} = 20\,\dfrac{\text{K}}{\text{W}}$.

a) Dieses Bauelement wird auf eine Kühlfläche ($\alpha = 1{,}5\,\text{mW}/(\text{cm}^2\cdot\text{K})$) montiert, deren Wärmeleitwiderstand vernachlässigbar sei. Wie groß muß diese sein, damit das Bauelement bei Umgebungstemperatur $\vartheta_u = 45\,°\text{C}$ mit der maximalen Verlustleistung belastet werden kann?

b) Wie groß ist dann die Oberflächentemperatur des Bauelements?

c) Wie muß die Verlustleistung bei höheren Temperaturen ($\vartheta_u > 45\,°\text{C}$) reduziert werden, damit bei gleichbleibender Kühlfläche die maximale Innentemperatur des Bauelements ($\vartheta_{i\,\max}$) nicht überschritten wird?

Lösungshinweis

Die Fragen werden mit dem Ersatzschaltbild wie in Aufgabe 1.74 gelöst. In a) und b) sind $\vartheta_i = \vartheta_{i\,\max}$ und ϑ_u gegeben, A_K bzw. ϑ_0 gesucht. In c) sind A_K, $\vartheta_i = \vartheta_{i\max}$, ϑ_u (variabel) gegeben und P_V gesucht.
Bei der Angabe der maximal zulässigen Werte eines Bauelements muß beachtet werden, daß diese alle gleichzeitig nicht überschritten werden dürfen. Wenn also z.B. die Abkühlungsbedingungen so schlecht sind, daß bei $P_V = 1\,\text{W}$ die Temperatur ϑ_i über 100 °C ansteigt, ist P_V zu vermindern. Ist andererseits selbst bei $P_{V\max}$ die Temperatur ϑ_i kleiner als 100 °C, dann darf P_V trotzdem nicht vergrößert werden. Beachte die Tafel 1.20!

Lösung (Bild 1.138)

a) $$\vartheta_i - \vartheta_u = P_V\,(R_{th} + R_{ü}) \quad \text{analog} \quad U_{ges} = I\,(R_1 + R_2)$$

$$= P_V\left(R_{th} + \frac{1}{\alpha A_K}\right); \qquad \frac{1}{\alpha A_K} = \frac{\vartheta_i - \vartheta_u}{P_V} - R_{th}$$

$$A_K = \frac{1}{\alpha\left[\dfrac{\vartheta_i - \vartheta_u}{P_V} - R_{th}\right]} = \frac{1}{1{,}5 \cdot 10^{-3}\,\dfrac{\mathrm{W}}{\mathrm{cm^2 \cdot K}}\left[\dfrac{(100 - 45)\,\mathrm{K}}{1\mathrm{W}} - 20\,\dfrac{\mathrm{K}}{\mathrm{W}}\right]}$$

$$= 19\ \mathrm{cm^2}.$$

b) $$\vartheta_i - \vartheta_0 = P_V R_{th};$$

mit

$$\vartheta_i = \vartheta_{i\,max}:$$

$$\vartheta_0 = \vartheta_{i\,max} - P_V R_{th} = 100\,°\mathrm{C} - 1\ \mathrm{W} \cdot 20\,\frac{\mathrm{K}}{\mathrm{W}} = 80\,°\mathrm{C}.$$

c) $$P_{V\,max} = \frac{\vartheta_{i\,max} - \vartheta_u}{R_{th} + \dfrac{1}{\alpha A_K}} = \frac{100\,°\mathrm{C} - \vartheta_u}{20\,\dfrac{\mathrm{K}}{\mathrm{W}} + \dfrac{1}{1{,}5 \cdot 10^{-3} \cdot 19}\,\dfrac{\mathrm{K}}{\mathrm{W}}} = \frac{100\,°\mathrm{C} - \vartheta_u}{55\ \mathrm{K}}\ \mathrm{W};$$

zugeschnittene Größengleichung:

$$P_{V\,max/W} = \frac{100 - \vartheta_{u/°C}}{55} \qquad \text{(Bild 1.139)}$$

$\vartheta_{u/°C}$	45	50	75	100
$P_{V\,max/W}$	1	0,9	0,45	0.

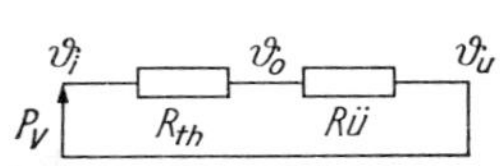

Bild 1.138

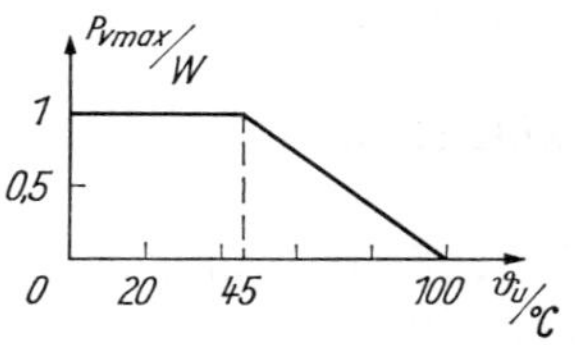

Bild 1.139
$P_{v\,max}$ für $\vartheta_{i\,max} = 100\,°C$ und $A_k = 19\ cm^2$

Aufgabe 1.76 Heißleiterkennlinie

Die Temperaturabhängigkeit eines Anlaßheißleiters kann durch die in Aufgabe 1.16 betrachtete Beziehung $R = R_0 \exp\,[-\,b\,(1/T_0 - 1/T)]$ angenähert werden. Die Temperatur (Betriebstemperatur) T wird durch die elektrische Leistung und die Abkühlbedingungen Umgebungstemperatur $T_U(\vartheta_U)$, thermischer Übergangswiderstand (bzw. -leitwert) $R_{th}(G_{th})$ bestimmt. Gegeben sind $R_0 = 50\ \mathrm{k\Omega}$ bei $T_0 = 300\ \mathrm{K}$ ($\vartheta_0 = 27\,°\mathrm{C}$), $b = 4000\ \mathrm{K}$, $R_{th} = 200\ \mathrm{K/W}$ ($G_{th} = 5 \cdot 10^{-3}\ \mathrm{W/K}$), $T_U = 293\ \mathrm{K}$ ($\vartheta_U = 20\,°\mathrm{C}$), maximale Leistung $P_{max} = 0{,}5\ \mathrm{W}$.
Gesucht ist die Abhängigkeit der Spannung vom Strom im stationären Zustand (Kennlinien im thermischen Gleichgewicht). Gib hierfür bestimmte Betriebstemperaturen $\vartheta \geqq \vartheta_U$ vor, und berechne für diese Widerstand, Spannung, Strom und Leistung!
Trage an berechneten Punkten der Kennlinie die jeweilige Betriebstemperatur ein!

Lösungshinweis

Die Strom-Spannungs-Kennlinie eines Heißleiters im stationären Zustand ist keine Gerade, da die Wärmeleistung I^2R einen (in diesem Fall negativen) Temperaturkoeffizienten des Widerstands zur Wirkung hat, der sich zudem noch mit der Stromstärke ändert (vgl. Aufg. 1.16). Dabei kann mit zunehmendem Strom der Widerstand so stark abnehmen, daß eine Abnahme des Spannungsabfalls auftritt.
Technisch gesehen liegt folgender Ablauf vor: Ein bestimmter Strom I erzeugt eine Wärmeleistung I^2R im Widerstand, dadurch wird die Temperatur im Heißleiter erhöht ($\Delta\vartheta = \vartheta - \vartheta_U > 0$), dadurch wird einerseits der Widerstandswert kleiner und andererseits eine Wärmediffusion an die Umgebung eingeleitet (berechenbar mit Hilfe des thermischen Widerstands), die mit wachsender Temperaturdifferenz immer größer wird, bis die eingespeiste Leistung I^2R gleich der abgeführten Wärmeleistung wird (Gleichgewicht, stationärer Zustand). Damit ist die Betriebstemperatur erreicht. Das dauert eine gewisse Zeit, die u.a. von der Masse des Heißleiters abhängt (vgl. Aufg. 1.72). Der Heißleiter durchläuft entlang seiner Strom-Spannungs-Kennlinie alle Temperaturen ϑ von ϑ_U bis ϑ_{max}, wobei ϑ_{max} durch P_{max} festgelegt ist.
Wir gehen bei der Lösung zweckmäßigerweise von dieser Betriebstemperatur ϑ aus, d.h. geben diese vor und berechnen die dazu erforderliche Leistung, den Widerstand sowie Spannung und Strom.

Lösung

Wir berechnen für vorgegebene Betriebstemperatur $\vartheta \geqq \vartheta_U = 20\,°\text{C}$

- den Widerstand R:

$$R = R_0 \exp\left[-b\,\frac{1}{T_0}\left(1 - \frac{T_0}{T}\right)\right] = 50 \exp\left[-\frac{40}{3}\left(1 - \frac{300}{273 + \vartheta/°\text{C}}\right)\right] \text{k}\Omega$$

- die Leistung P:
  Im stationären Zustand ist $P_{el} = P_{th} = P$.
  Mit (1.37) wird $P = (\vartheta - \vartheta_U)\,G_{th} = 5 \cdot 10^{-3}\,\text{W/K}\,(\vartheta - 20\,°\text{C}) = (\vartheta/°\text{C} - 20)\,5\,\text{mW}$.
  Da $P_{max} = 0{,}5\,\text{W}$ gegeben ist, wird die maximale Temperatur des Heißleiters bei $\vartheta_U = 20\,°\text{C}$

$$\vartheta_{max} = (0{,}2 P_{max}/\text{mW} + 20)\,°\text{C} = 120\,°\text{C}.$$

- die Spannung U:

$$P = U^2/R; \qquad U = \sqrt{P_{/\text{mW}} R_{/\text{k}\Omega}}\ \text{V}.$$

- den Strom I

$$I = U/R; \qquad I_{/\text{mA}} = (U_{/\text{V}})/(R_{/\text{k}\Omega}).$$

Während natürlich der Widerstand auch für $\vartheta < \vartheta_U$ berechnet werden kann, ist die Berechnung der Leistung physikalisch nur für $\vartheta > \vartheta_U$ sinnvoll; denn ein Stromfluß erzeugt immer eine Temperatur**zunahme**. Bei ϑ_U ergibt sich der „Kaltwiderstand“. Die Berechnung führen wir mit einem BASIC-Programm durch. Da wir U, I, P und R in Abhängigkeit von der Betriebstemperatur ϑ berechnen, die von $\vartheta_U = 20\,°\text{C}$ bis $\vartheta_{max} = 120\,°\text{C}$ laufen kann, geben wir ϑ in Form einer Laufanweisung (FOR .... NEXT) ein (Tafel 1.21), wobei wir die Rechnung in 10-K-Schritten für $\Delta\vartheta$ durchführen (Zeile 30). In den Zeilen 40 bis 70 stehen die oben abgeleiteten Gleichungen als Zahlenwertgleichungen, wobei P in mW, U in V, R in kΩ und I in mA einzusetzen sind, wie obige zugeschnittene Größengleichungen angeben.
Der Verlauf $U = f(I)$ mit den Temperaturangaben an entsprechenden Kennlinienpunkten ist im Bild 1.140 gezeigt.
Beachte: Die nichtlineare U/I-Kennlinie läßt vermuten, daß, wie z.B. bei Diode und Varistor, für dieses Bauelement das Ohmsche Gesetz nicht gilt. Man muß jedoch be-

Tafel 1.21 Programm BP 5

```
9 REM  ************************************************
10 REM ****  HEISSLEITER-KENNLINIE  AUFGABE 1.76  ********
11 REM ************************************************
20 REM    VARIATION DER TEMPERATUR T/GRAD
21 REM    BERECHNUNG DES WIDERSTANDES R, DER LEISTUNG P,
22 REM    DER SPANNUNG U UND DES STROMES I
30 FOR T=20 TO 120 STEP 10
40 R=50*EXP(-40/3*(1-300/(273+T)))
50 P=5*(T-20)
60 U=SQR(P*R)
70 I=U/R
80 PRINT "T=";T;"C  U=";U;"VOLT  I=";I;"MILLIAMP  P=";
       P;"MILLIWATT"
90 NEXT T
100 END
```

achten, daß die Voraussetzung des Ohmschen Gesetzes (u.a. konstante Temperatur) hier nicht erfüllt ist. Zeichnet man durch jeden Kennlinienpunkt (z.B. bei 30 °C oder 80 °C) eine Gerade durch den Nullpunkt, so erhält man die Kennlinien, die bei entsprechender konstanter Umgebungstemperatur des Heißleiters mit kurzen Stromimpulsen (keine „Stromwärme“) gemessen werden könnten (gestrichelt im Bild 1.140).

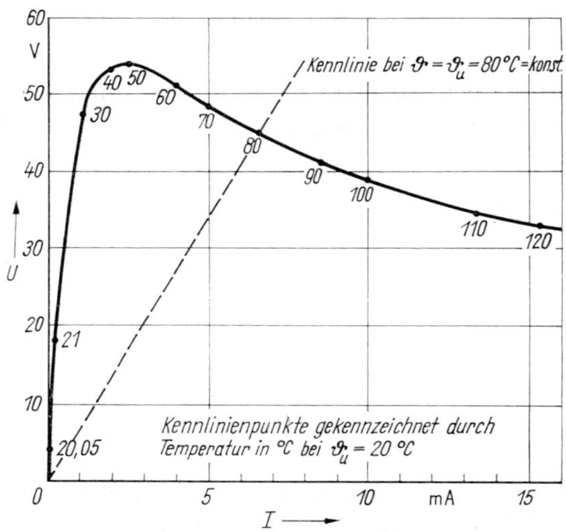

Bild 1.140

Aufgabe 1.77 Energieumformung, Lichtenergie

Eine punktförmig angenommene Lichtquelle mit einer elektrischen Leistungsaufnahme von 60 W strahle bei einer Lichtausbeute $a = 13$ lm/W gleichmäßig in alle Richtungen des Raumes.

a) Wie groß ist der ausgesandte Gesamtlichtstrom Φ?
b) Berechne die Beleuchtungsstärke E als Funktion des Abstands!
c) Welchen Wert hat E in 1 m Abstand von der Lichtquelle?
d) Wie groß ist die Lichtstärke dieser Quelle?
e) Welche Empfindlichkeit besitzt dasjenige Fotoelement mit einer lichtempfindlichen Fläche $\Delta A = 4\ \text{cm}^2$, das in 5 m Abstand von der Lichtquelle $I_F = 0{,}4\ \mu$A liefert?

Lösungshinweis

Bei der Lösung dieser Aufgabe sind die Definitionen lichttechnischer Größen (Bild 1.133) zu beachten. Um in einfacher Weise mit diesen Größen rechnen zu können, wurde das Problem weitgehend idealisiert. Eine wirklich punktförmige Lichtquelle, die in jedes Raumwinkelelement $d\omega$ den gleichen Teillichtstrom $d\Phi$ strahlt (kugelförmige Lichtverteilungscharakteristik), ist technisch nicht möglich. In der Frage e) betrachten wir die an sich ebene Fläche des Fotoelements als gleichflächigen Ausschnitt aus einer Kugeloberfläche. Bei einem Kugelradius von 5 m ist diese Näherung statthaft.

Lösung

a) Nach Gl. (1.43) ist

$$\Phi = aP = 13\,\frac{\text{lm}}{\text{W}} \cdot 60\ \text{W} = 780\ \text{lm}.$$

b) Definitionsgleichung (1.47) lautet: $E = \Delta\Phi/\Delta A$. Bei der hier vorliegenden Kugelsymmetrie kann man schreiben:

$$E = \frac{\text{Gesamtlichtstrom}}{\text{Kugelfläche}} = \frac{\Phi}{A_k} = \frac{780\ \text{lm}}{4\pi}\,\frac{1}{r^2}.$$

c) $E/_{\text{lx}} = 62{,}1 \cdot 1/(r/_{\text{m}})^2$, zugeschnittene Größengleichung.
Im Abstand 1 m von der punktförmigen Lichtquelle gilt: $E = 62{,}1$ lx.

d) Nach Gl. (1.45) ist die Lichtstärke $I = \Delta\Phi/\Delta\Omega$.
Für Kugelsymmetrie:

$$I = \frac{\Phi}{\Omega} = \frac{780\ \text{lm}}{4\pi\ \text{sr}} = 62{,}1\ \text{cd}.$$

e) Empfindlichkeit = Kurzschlußstrom/Teillichtstrom = $I_k/\Delta\Phi$.
Berechnung des Teillichtstroms, der das Fotoelement trifft:
Bei Kugelsymmetrie gilt

$$\frac{\Delta\Phi}{\Phi_{\text{ges}}} = \frac{\Delta\Omega}{\Omega_{\text{ges}}} = \frac{\Delta A}{A_k}.$$

Mit $A_k = 4\pi r^2$ und $r = 5$ m wird

$$\Delta\Phi = \Phi_{\text{ges}}\,\frac{\Delta A}{A_k} = 780\ \text{lm}\,\frac{4 \cdot 10^{-4}\ \text{m}^2}{4\pi \cdot 25\ \text{m}^2} = 0{,}993 \cdot 10^{-3}\ \text{lm};$$

$$\frac{I_F}{\Delta\Phi} = \frac{0{,}4 \cdot 10^{-3}\ \text{mA}}{0{,}993 \cdot 10^{-3}\ \text{lm}} \approx 0{,}4\,\frac{\text{mA}}{\text{lm}}.$$

Hierbei wird angenommen, daß das Meßinstrument einen gegenüber dem Innenwiderstand des Fotoelements vernachlässigbaren Widerstand besitzt, so daß der Instrumentenstrom praktisch gleich dem Kurzschlußstrom des Elements ist.

Aufgabe 1.78 Fotodiodenschaltung

Gegeben das Kennlinienfeld einer Fotodiode (Bild 1.141). Sie kann mit Hilfsspannung als passiver Zweipol oder ohne äußere Spannungsquelle als aktiver Zweipol (Fotoelement, Solarzelle) geschaltet werden. Maßgebend ist dafür das Kennlinienfeld im 3. bzw. 4. Quadranten des U,I-Koordinatensystems.

Diese Fotodiode soll

a) mit 4 kΩ

b) mit einer Reihenschaltung einer EMK $E = 80$ V in Sperrichtung und einem Widerstand von 0,4 MΩ abgeschlossen werden.

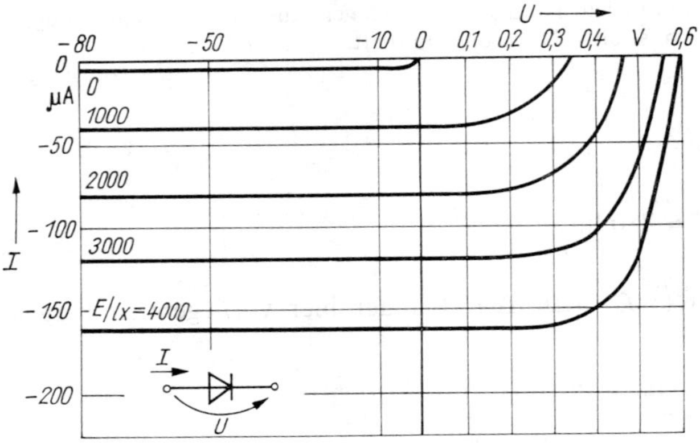

Bild 1.141

Ermittle im grafischen Lösungsverfahren, welche Spannungsänderungen über dem jeweiligen Widerstand bei einer Änderung der Beleuchtungsstärke von 2000 lx auf 3000 lx entstehen!

Lösungshinweis

Es werden die Kennlinien der angeschlossenen Zweipole ins Kennlinienfeld eingezeichnet und die Arbeitspunkte bei den interessierenden Beleuchtungsstärken aufgesucht.

Lösung

In Schaltung a) (Bild 1.142a) ist die Kennlinie des Widerstands $R = 4$ kΩ eine Gerade im 4. Quadranten $U = (-I)/R$ (Minuszeichen, da die Definition des Widerstands $R = U/I$ die Bezugsrichtung des Stroms durch den Widerstand in Richtung der Spannung fordert). Die Gerade geht also z. B. durch den Punkt (0,4 V; −100 µA) und ergibt Schnittpunkte mit der Kennlinie 2000 lx bei 0,28 V bzw. mit der Kennlinie 3000 lx bei 0,41 V, d. h., die Spannungsänderung ist +0,13 V.

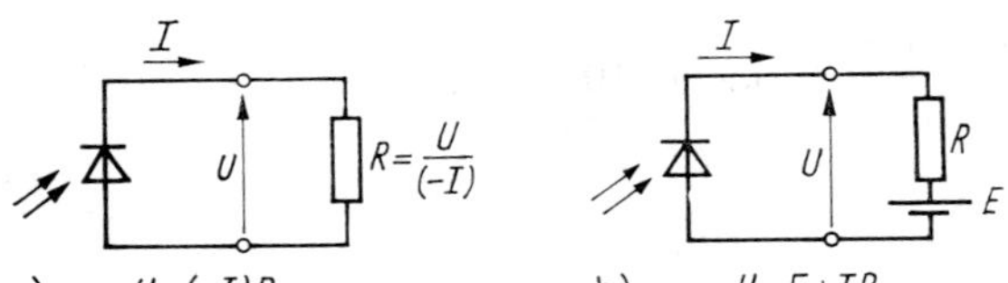

Bild 1.142

In Schaltung b) (Bild 1.142b) ist die Kennlinie des angeschlossenen aktiven Zweipols eine Gerade von der Leerlaufspannung $E = -U = 80$ V bis zum Kurzschlußstrom $I = -E/R = -80$ V/0,4 MΩ $= -200$ µA. Diese Gerade schneidet die Kennlinie mit dem Parameterwert 2000 lx bei $U_1 = -48$ V bzw. die Kennlinie 3000 lx bei $U_2 = -33$ V. Die Spannungsänderung beträgt also 15 V.

Aufgabe 1.79 Energieumformung, Elektrolyse

Eine Anlage zur Gewinnung von Elektrolytkupfer besteht aus einer Reihenschaltung von 300 einzelnen Abscheidungsbädern. Welche Masse an Elektrolytkupfer wird in einer

Stunde abgeschieden, wenn mit einem Strom von 8 kA gearbeitet wird? (Kupfer: rel. Atommasse $A_{Cu} = 63{,}67$; Wertigkeit $w = 2$.)

Lösungshinweis

Beachte Gl. (1.51)!

Lösung

Mit Gl. (1.51) wird die Masse m

$$m = 300 \cdot \frac{1}{96\,500} \frac{\text{g}}{\text{As}} \frac{A_{Cu}}{w} Q = \frac{300}{96\,500} \frac{\text{g}}{\text{As}} \frac{A_{Cu}}{w} It$$

$$m = \frac{3 \cdot 10^2 \cdot 63{,}67 \cdot 8 \cdot 10^3 \text{ A} \cdot 3{,}6 \cdot 10^3 \text{ s}}{96{,}5 \cdot 10^3 \frac{\text{As}}{\text{g}} 2} = 2{,}85 \cdot 10^6 \text{ g} = 2{,}85 \text{ t}.$$

Aufgabe 1.80 Energieumformung, Galvanotechnik

In einem Versilberungsbad soll ein Gegenstand mit einer Oberfläche von $A = 5 \cdot 10^2 \text{cm}^2$ eine Silberauflage von 25 g erhalten. Wie lange muß dieser Gegenstand im Bad bleiben, wenn mit einer Stromdichte $S = 3 \text{ mA/cm}^2$ gearbeitet wird und die Abscheidung mit einem Wirkungsgrad von 98 % vor sich geht? Wie dick ist dann der Silberniederschlag? (Silber: rel. Atommasse $A_{Ag} = 107{,}9$; Wertigkeit $w = 1$; Dichte $\varrho = 10{,}5 \cdot 10^3 \text{ kg/m}^3$.)

Lösungshinweis

Wir gehen von der Gl. (1.51) aus und berücksichtigen, daß nur $\eta_k = 0{,}98$ (katodischer Wirkungsgrad) der bewegten Ladung zur Stoffabscheidung beiträgt. Die Dicke des Belags errechnet sich über sein Volumen, das wir bei vorgegebener Dichte aus der Masse berechnen können.

Lösung

$$\text{Gl. (1.51):} \quad m = \frac{1}{96\,500} \frac{\text{g}}{\text{As}} \frac{A_{Ag}}{w} Q.$$

Mit $Q = It = SAt$ und bei Einbeziehung von η_k wird

$$m = \frac{1}{96\,500} \frac{\text{g}}{\text{As}} \frac{A_{Ag}}{w} SAt\eta_k$$

$$t = \frac{96{,}5 \cdot 10^3 \frac{\text{As}}{\text{g}} mw}{A_{Ag} SA\eta_k} = \frac{96{,}5 \cdot 10^3 \frac{\text{As}}{\text{g}} 25 \text{ g} \cdot 1}{107{,}9 \cdot 3 \cdot 10^{-3} \frac{\text{A}}{\text{cm}^2} \cdot 5 \cdot 10^2 \text{ cm}^2 \cdot 0{,}98}$$

$$t = 1{,}52 \cdot 10^4 \text{ s} = 4{,}22 \text{ h}.$$

Berechnung der Dicke d des Niederschlags:

$$m = \varrho V = \varrho A d;$$

V ist das Volumen des Niederschlags.

$$d = \frac{m}{\varrho A} = \frac{25 \cdot 10^{-3} \text{ kg}}{10{,}5 \cdot 10^3 \frac{\text{kg}}{\text{m}^3} \cdot 5 \cdot 10^{-2} \text{ m}^2} = 0{,}476 \cdot 10^{-4} \text{ m} = 47{,}6 \text{ µm}.$$

2 Das elektrische Feld

Tafel 2.1 zeigt einen Überblick über Begriffe und Probleme des elektrischen Feldes. Die Definition der für das Potentialfeld im leitenden und nichtleitenden Medium charakteristischen Größen Feldstärke und Potential sowie deren Zusammenhang mit der Spannung [Gl. (1.7) in Tafel 1.1] sind in Tafel 2.2 zusammengestellt.
Besonders wichtig ist hierbei Gl. (2.8), die sich aus der physikalischen Eigenschaft eines Potentialfelds ergibt und aussagt, daß das Linienintegral der Feldstärke, also die Spannung, zwischen 2 Punkten unabhängig vom Weg zwischen diesen Punkten und gleich der Differenz der Potentiale dieser Punkte ist [Gl. (2.6)]. Aus (2.11) ergibt sich, daß die Linien $\varphi =$ konst. senkrecht zu den $\boldsymbol{E}$-Linien verlaufen, also miteinander rechteckförmige Kästchen bilden, die bei ausgewählten Feldbildern in parallelebenen Anordnungen (z.B. zylindersymmetrische Gebilde) zu *quadratähnlichen Figuren* werden.

2.1 Elektrisches Feld im Leiter

Im leitenden Medium ist bei vorgegebener Feldstärke $\boldsymbol{E}$ die *Strömungsgröße* (Konvektionsstromdichte $\boldsymbol{S}_k$) abhängig von der Materialkenngröße $\varkappa$:

$$\boldsymbol{S} = \varkappa \boldsymbol{E}. \tag{2.14}$$

An einer Trennfläche zwischen 2 Stoffen verschiedener Leitfähigkeit bleibt nach Gl. (1.5), Tafel 1.1, die (Komponente der) Stromdichte, die die Trennfläche senkrecht durchsetzt, unverändert, die entsprechende (Komponente der) Feldstärke ändert sich jedoch sprunghaft:

$$S_{\perp 1} = S_{\perp 2}; \qquad \frac{\mathsf{E}_{\perp 1}}{\mathsf{E}_{\perp 2}} = \frac{\varkappa_2}{\varkappa_1}. \tag{2.15a}$$

Die Feldstärke (komponente) parallel zur Trennfläche bleibt unverändert; somit ändert sich nach (2.14) die entsprechende Stromdichte (komponente) sprunghaft:

$$\mathsf{E}_{\parallel 1} = \mathsf{E}_{\parallel 2}; \qquad \frac{S_{\parallel 1}}{S_{\parallel 2}} = \frac{\varkappa_1}{\varkappa_2}. \tag{2.15b}$$

Damit ergibt sich für allgemeinen Winkel α zwischen dem Vektor $\boldsymbol{S}(\boldsymbol{E})$ und der Trennflächennormalen ($\tan \alpha = S_{\parallel}/S_{\perp}$) das Brechungsgesetz der Feldlinien:

$$\frac{\tan \alpha_1}{\tan \alpha_2} = \frac{\varkappa_1}{\varkappa_2}. \tag{2.16}$$

Die *Feldberechnung* erfolgt nach dem Schema in Tafel 2.3a. Dabei wird angenommen, daß die geometrischen Parameter der Anordnung (Verteilung der Stromquellen, Randbedingungen des Feldes) bekannt und konstant sind. Wenn nicht vorgegeben, nimmt man

Tafel 2.1 Überblick über Begriffe und Probleme des elektrischen Feldes

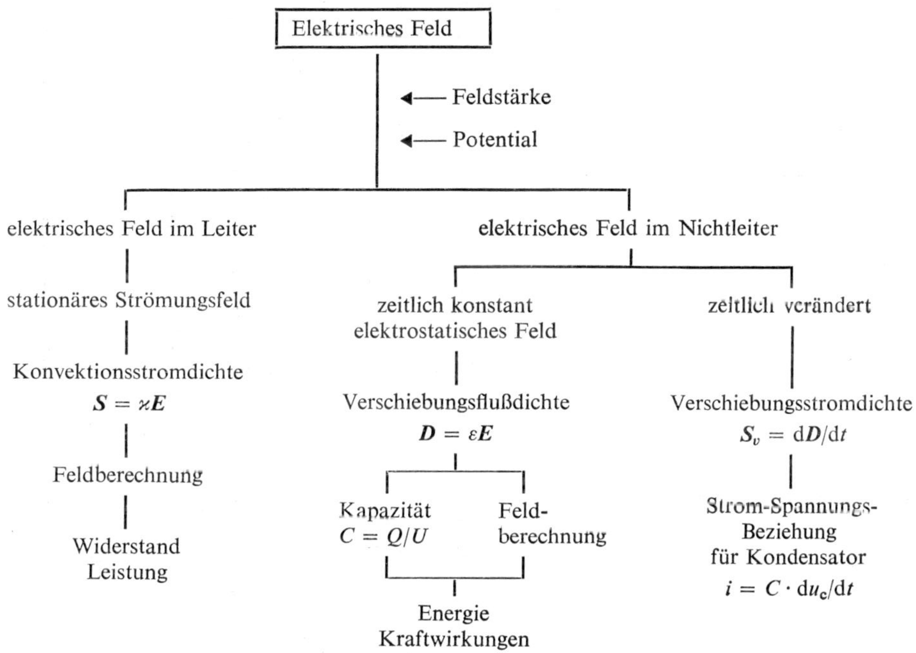

Tafel 2.2
Beziehungen zwischen Feldstärke, Potential und Spannung

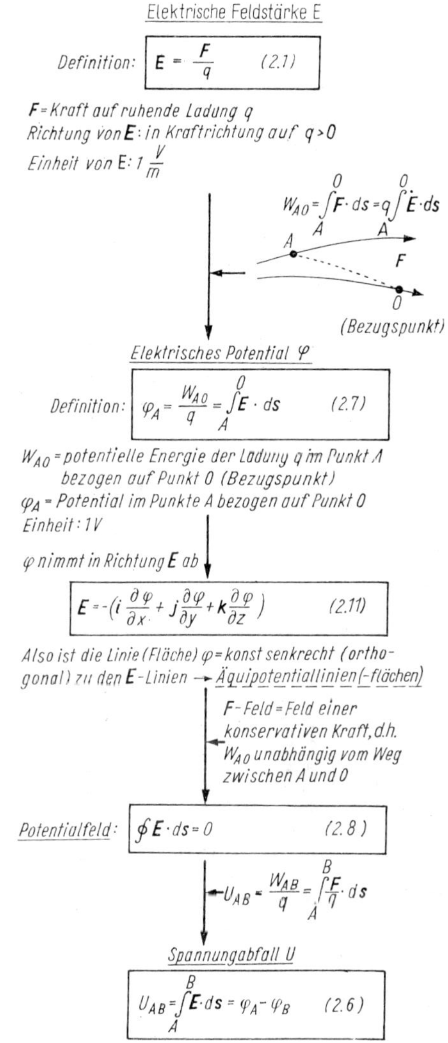

Tafel 2.3 Rechenprogramme für die Berechnung einfacher Felder
a) im leitenden, b) im nichtleitenden Medium

	a)		b)
$\boldsymbol{I}$ ↓	1. Falls nicht vorgegeben, führe einen Strom I in die Anordnung AB ein!	Q ↓	1. Falls nicht vorgegeben, führe auf den Elektroden A und B ein Ladungspaar $\pm Q$ ein!
$\boldsymbol{S}$ ↓	2. Berechne für einen beliebigen Feldpunkt die Stromdichte! $S = \frac{\mathrm{d}I}{\mathrm{d}A_\perp}$. (1.3)	Ψ_{ges} ↓	2. Damit ist der gesamte Verschiebungsfluß im Nichtleiter bekannt: $\Psi_{\text{ges}} = Q = \int \boldsymbol{D} \cdot \mathrm{d}\boldsymbol{A}$. (2.24)
$\boldsymbol{E}$ ↓	3. Berechne die Feldstärke $\boldsymbol{E}$ für einen Feldpunkt! $\boldsymbol{E} = \frac{\boldsymbol{S}}{\varkappa}$. (2.14)	$\boldsymbol{D}$ ↓	3. Berechne für einen beliebigen Feldpunkt die Verschiebungsflußdichte! $D = \frac{\mathrm{d}\Psi}{\mathrm{d}A}$. (2.25)
φ_p ↓	4. Berechne das Potential im beliebigen Feldpunkt P! $\varphi_P = \int_P^0 \boldsymbol{E} \cdot \mathrm{d}\boldsymbol{s}$. (2.7)	$\boldsymbol{E}$ ↓	4. Berechne die Feldstärke $\boldsymbol{E}$ für einen Feldpunkt! $\boldsymbol{E} = \frac{\boldsymbol{D}}{\varepsilon}$. (2.32)
U_{AB} ↓	5. Die Spannung zwischen den Elektroden AB ergibt sich zu $U_{AB} = \varphi_A - \varphi_B$. (2.6)	φ_p ↓	5. Berechne das Potential im beliebigen Feldpunkt P! $\varphi_P = \int_P^0 \boldsymbol{E} \cdot \mathrm{d}\boldsymbol{s}$. (2.7)
R_{AB}	6. Der Widerstand zwischen den Elektroden $_{AB}$ ist $R_{AB} = \frac{U_{AB}}{I}$. (1.9)	U_{AB} ↓	6. Die Spannung zwischen den Elektroden AB ergibt sich zu $U_{AB} = \int_A^B \boldsymbol{E} \cdot \mathrm{d}s = \varphi_A - \varphi_B$. (2.6)
		C_{AB}	7. Die Kapazität der Elektrodenanordnung AB ist dann $C_{AB} = \frac{Q}{U_{AB}}$. (2.35)

einen Strom I in der Anordnung an und durchläuft das durch das Schema Tafel 2.3 vorgegebene Rechenprogramm.

Für die Abgrenzung der Probleme, die mit dieser „elementaren Methode" berechenbar sind, sind folgende Erkenntnisse wichtig:

1. Der Übergang von der integralen Größe Strom bzw. Verschiebungsfluß zur Feldgröße Stromdichte bzw. Verschiebungsflußdichte (Tafel 2.3a bzw. b) ist nur bei Feldern durchführbar, deren grundsätzlicher Feldlinienverlauf bekannt und mathematisch elementar darstellbar ist (homogenes Feld, Kugelsymmetrie und Kreiszylindersymmetrie).

   Für die Potentiale ergibt sich aus (2.7):

   Homogenes Feld $\boldsymbol{E}$

   $$\varphi(x) = \boldsymbol{E}x + K,$$

   K Integrationskonstante, die nach Wahl des Bezugspunktes ($\varphi = 0$) bestimmt ist;

Punktquelle I (bei elektrostatischem Feld Punktladung q und statt $\varkappa$ setze ε)

$$\varphi(r) = \frac{I}{4\pi\varkappa}\left(\frac{1}{r} - \frac{1}{r_0}\right), \tag{2.19}$$

r_0 Abstand des Bezugspunktes von der Quelle;

Linienquelle I/l (bei elektrostatischem Feld Linienladung/Länge Q/l und ε statt $\varkappa$)

$$\varphi(r) = \frac{I}{2\pi\varkappa l} \ln \frac{r_0}{r}, \tag{2.20}$$

r_0 Abstand des Bezugspunktes von der Quelle.

2. Alle Anordnungen, die aus elementaren Quellenproblemen (homogenes Feld, Punktquelle, Linienquelle) dadurch entstehen, daß deren Elektroden längs der Äquipotentialflächen, und deren nichtleitende Ränder längs Strömungsflächen des Quellenfelds verlaufen, sind mit Schema 2.3 lösbar.
3. Besteht das Feld aus der Überlagerung mehrerer elementarer Felder im Sinne von Fall 1, so berechnet man das Potential in einem Feldpunkt als skalare Überlagerung der Potentiale der einzelnen Quellen in diesem Punkt:

$$\varphi = \sum_{\nu=1}^{n} \varphi_\nu. \tag{2.13}$$

Die Feldstärke ergibt sich dann durch Differentiation nach Gl. (2.11) (Tafel 2.2).

Aufgabe 2.1 Potential

Berechne für den im Feldstärke- und Potentialfeld eingezeichneten Umlauf das Linienintegral der Feldstärke (Bild 2.1)!

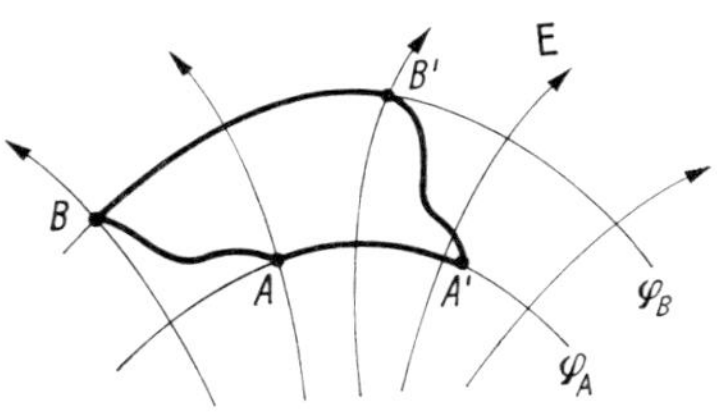

Bild 2.1

Lösungshinweis

Nach (2.8) ist das Umlaufintegral der Feldstärke Null. Das soll an dem eingetragenen Umlauf nachgeprüft werden. Dazu betrachten wir die Linienintegrale längs der 4 Teilstrecken, in die der Umlauf unterteilt ist, und beachten, daß das Integral sich aus einem Punktprodukt zweier Vektoren zusammensetzt, das z. B. Null ist, wenn der Winkel zwischen den Vektoren 90° ist.

Lösung

Das Umlaufintegral $\oint \boldsymbol{E}\,\mathrm{d}\boldsymbol{s} = \oint E \cos(\boldsymbol{E}, \mathrm{d}\boldsymbol{s})\,\mathrm{d}s$ unterteilen wir in 4 Linienintegrale zwischen den im Bild 2.1 eingetragenen Feldpunkten:

$$\oint \boldsymbol{E}\,\mathrm{d}\boldsymbol{s} = \int_A^B \boldsymbol{E}\,\mathrm{d}\boldsymbol{s} + \int_B^{B'} \boldsymbol{E}\,\mathrm{d}\boldsymbol{s} + \int_{B'}^{A'} \boldsymbol{E}\,\mathrm{d}\boldsymbol{s} + \int_{A'}^{A} \boldsymbol{E}\,\mathrm{d}\boldsymbol{s}.$$

Nun sind die Integrale von B nach B' und von A' nach A Null, da $\boldsymbol{E} \perp \mathrm{d}\boldsymbol{s}$.

Also ist

$$\oint \boldsymbol{E} \cdot \mathrm{d}\boldsymbol{s} = \int_A^B \boldsymbol{E} \cdot \mathrm{d}\boldsymbol{s} + \int_{B'}^{A'} \boldsymbol{E} \cdot \mathrm{d}\boldsymbol{s}.$$

Entscheidend ist nun, daß das Linienintegral zwischen 2 Äquipotentiallinien (-flächen) unabhängig von der Linienführung (von A nach B oder von A' nach B') gleich der Differenz der Potentiale ist. Mit (2.6) wird also

$$\oint \boldsymbol{E} \cdot \mathrm{d}\boldsymbol{s} = \varphi_A - \varphi_B + \varphi_{B'} - \varphi_{A'} = 0,$$

da $\varphi_A = \varphi_{A'}$, und $\varphi_B = \varphi_{B'}$, sind.
Beachte: Die Gesetzmäßigkeit, daß das Umlaufintegral der Feldgröße Null ist, ist an ein Potentialfeld geknüpft (Gravitationsfeld, elektrisches Ladungsfeld). Das sind Quellenfelder, bei denen die Feldgröße Quelle und Senke besitzt (z.B. positive bzw. negative Ladung). Bei Wirbelfeldern (Feldlinien in sich geschlossen) gilt dies u.U. nicht, vgl. (3.5) und (3.22)!

Aufgabe 2.2 Strömungsfeld mit Trennflächen, Potentialverlauf

Gegeben sei ein aus 3 verschiedenen Materialien zusammengesetzter Leiter mit quadratischem Querschnitt, der vom Strom I durchflossen wird (Bild 2.2). Das Verhältnis der Leitfähigkeiten sei $\varkappa_1 : \varkappa_2 : \varkappa_3 = 1:2:3$. Zeichne das Feldstärke-, Spannungs- und Strömungsfeld und die Beträge der Feldstärke, der Stromdichte, des Potentials (mit Bezugspunkt bei $x = l$) und des Spannungsabfalls längs des Leiters!

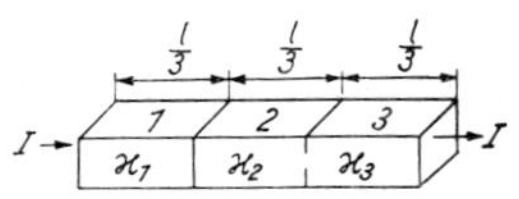

Bild 2.2

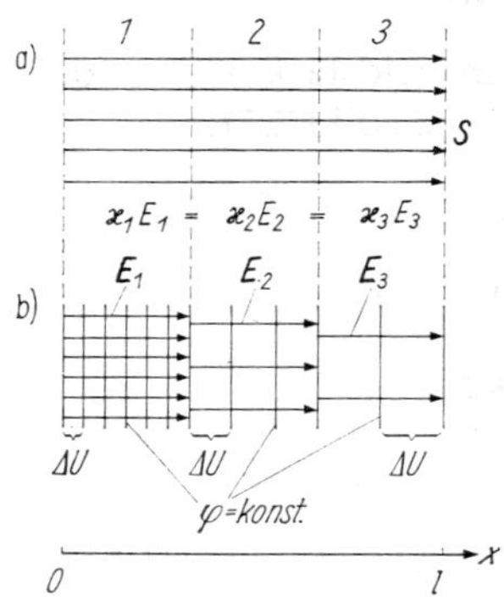

Bild 2.3
a) Strömungsfeld $\boldsymbol{S}$
b) Feldstärke- und Potentialfeld $\boldsymbol{E}$ *bzw.* $\varphi = konst.$

Lösungshinweis

Alle Leiterteile werden vom gleichen Gesamtstrom I bei gleichem Querschnitt durchflossen, und da innerhalb eines Leiterteils an jeder Stelle gleiches $\varkappa$ vorliegt, ist auch die Stromdichte über dem Querschnitt ortsunabhängig. Die sich ausbildenden Felder sind homogen, und wir können die Darstellung für einen Längsschnitt des Leiters vornehmen. Wir beginnen zweckmäßigerweise mit dem Strömungsfeld und verfahren im Sinne des Programms nach Tafel 2.3 (a).

Lösung

Da wir homogene Feldverhältnisse vorliegen haben, ist das Strömungsfeld durch parallele Strömungslinien gleicher Abstände gekennzeichnet. Das Feld ausgewählter Strömungslinien kann auch als das des Stromdichtevektors $\boldsymbol{S}$ angesehen werden (Bild 2.3a).
Die *Stromdichte* ist in allen Leiterteilen gleich, da ja der Strom I und der Querschnitt

überall gleich sind; also gilt $S_1 = S_2 = S_3$. Nach Gl. (2.14) bedeutet das aber: $\varkappa_1 \mathsf{E}_1 = \varkappa_2 \mathsf{E}_2$ [Gl. (2.15a)] und damit

$$\frac{\mathsf{E}_1}{\mathsf{E}_2} = \frac{\varkappa_2}{\varkappa_1} = \frac{2}{1} \quad \text{bzw.} \quad \frac{\mathsf{E}_1}{\mathsf{E}_3} = \frac{\varkappa_3}{\varkappa_1} = \frac{3}{1} \quad \text{und} \quad \frac{\mathsf{E}_2}{\mathsf{E}_3} = \frac{3}{2}.$$

Der *Feldstärkebetrag* ändert sich an den Trennflächen sprunghaft gemäß den angegebenen Verhältnissen. In der Darstellung übernimmt diese quantitative Aussage die Anzahl der Feldstärkelinien. Von 1 nach 3 verhalten sie sich z.B. wie 6:3:2 (Bild 2.3b).
Die *Äquipotentiallinien*, die in ihrer Gesamtheit das Spannungsfeld widerspiegeln, schneiden die Feldstärkelinien senkrecht. Da wir sie so auswählen, daß ihr Abstand den gleichen Spannungsbetrag kennzeichnet, müssen sie dort dichter verlaufen, wo die Dichte der Feldstärkelinien größer ist. Auf Grund der parallelebenen Anordnung müssen die ausgewählten Feldlinien quadratische Schnittfiguren ergeben. Damit stellt sich zwangsläufig für die Äquipotentiallinien das gleiche Zahlenverhältnis wie für die Feldstärkelinien (nämlich 6:3:2, Bild 2.3b ein). Da die Feldstärke in den 3 Abschnitten jeweils konstant ist, ist der *Potentialverlauf* $\varphi(x) = \int \mathsf{E}\, dx$ linear, besitzt jedoch in jedem Abschnitt auf Grund veränderter Feldstärke eine andere Steigung. Da der Bezugspunkt bei $x = l$ liegen soll, ist $\varphi(l) = 0$. Für $x < l$ nimmt das Potential $\varphi(x)$ zu, da man vom Feldpunkt mit der Koordinate x zum Bezugspunkt (Koordinate l) in Richtung $\boldsymbol{E}$ läuft. Im *Abschnitt 3* ($\frac{2}{3}l \leqq x \leqq l$; $E = E_3$) ergibt sich also der Potentialverlauf zu

$$\varphi(x) = \int_x^l \boldsymbol{E} \cdot d\boldsymbol{s} = \int_x^l \mathsf{E}_3\, dx = \mathsf{E}_3\,(l - x) \quad \text{für} \quad \frac{2l}{3} \leqq x \leqq l.$$

Für $x = l$ wird $\varphi(l) = 0$ und für $x = x_1 = (2/3)\, l$ wird $\varphi(x_1) = \mathsf{E}_3\, l/3 = \mathsf{E}_1\, l/9$ mit $\mathsf{E}_3 = (1/3)\, \mathsf{E}_1$ (Bild 2.4a).
Im *Abschnitt 2* ($l/3 \leqq x \leqq x_1$; $\mathsf{E}_2 = \mathsf{E}_1/2$) gilt

$$\varphi(x) = \int_x^l \boldsymbol{E} \cdot d\boldsymbol{s} = \int_x^{x_1} \mathsf{E}_2\, dx + \int_{x_1}^l \mathsf{E}_3\, dx.$$

Das letzte Integral ist das Potential an der unteren Grenze von Abschnitt 3 ($x_1 = (2/3)\, l$):

$$\varphi(x_1) = \mathsf{E}_3\, l/3.$$

Also wird im Abschnitt 2

$$\varphi(x) = \mathsf{E}_2\,(\tfrac{2}{3}l - x) + \mathsf{E}_3\, l/3.$$

Für $x = l/3$ wird $\varphi(l/3) = (\mathsf{E}_2 + \mathsf{E}_3)\, l/3 = (\mathsf{E}_1/2 + \mathsf{E}_1/3)\, l/3 = \frac{5}{18}\, \mathsf{E}_1 l$.
Für *Abschnitt 1* ($0 \leqq x \leqq l/3$) integrieren wir analog Abschnitt 2 von x bis zur oberen Grenze (hier $l/3$) und addieren das Potential an der oberen Grenze $\varphi(l/3)$, welches gleich dem Potential an der unteren Grenze des Abschnitts 2 ist:

$$\varphi(x) = \int_x^l \boldsymbol{E} \cdot d\boldsymbol{s} = \int_x^{l/3} \mathsf{E}_1\, dx + \varphi\left(\frac{l}{3}\right) = \mathsf{E}_1 \left(\frac{l}{3} - x\right) + \frac{5}{18}\, \mathsf{E}_1 l.$$

Für $x = 0$ wird $\varphi(0) = \frac{11}{18}\, \mathsf{E}_1 l$ (Bild 2.4b).

Zu beachten ist, daß sich das Potential an der Trennfläche zweier Medien nicht sprunghaft ändern kann (z.B. $\varphi_2\,(l/3) = \varphi_1\,(l/3)$ usw.), denn eine sprunghafte örtliche φ-Änderung ($d\varphi/dx \to \infty$) bedeutet $\mathsf{E} \to \infty$ an dieser Stelle. Die Feldstärke ist jedoch an jeder Stelle endlich.

Durch den Potentialverlauf ist gemäß (2.6) der Verlauf des Spannungsabfalls bekannt:

$$U_{AB} = \varphi_A - \varphi_B.$$

Schließen wir den einen Pol des Voltmeters an die Stelle $x = 0$ und fahren mit einem Taster am anderen Pol die Stellen $x = 0$ bis $x = l$ ab, so wird

$$U_{0x} = \varphi(0) - \varphi(x).$$

Damit ergibt sich der zu $\varphi(x)$ gespiegelte Verlauf (Bild 2.4b). Die maximale Spannung ist $U_{0l} = \varphi(0) - \varphi(l) = \varphi(0) = \frac{11}{18} \mathsf{E}_1 l$.

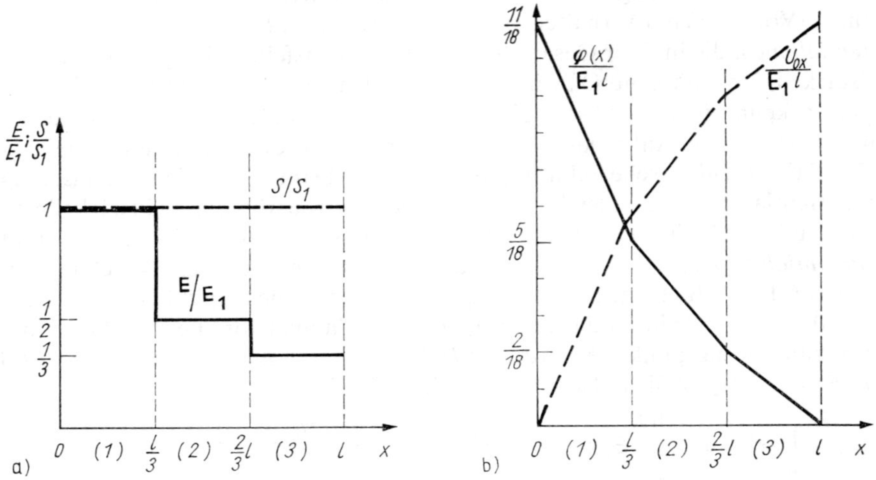

Bild 2.4

Diskussion

Während die Stromdichte bei Änderung der Leitfähigkeit konstant bleibt, ändert sich die Feldstärke dort sprunghaft. Das bedeutet aber, daß der Verlauf des Potentials an den Trennflächen einen Knick aufweist; denn es ändert sich gemäß Gl. (2.11) seine Steilheit

$$\frac{d\varphi}{\mathrm{d}x} = -\mathsf{E}_x.$$

Aufgabe 2.3 Strömungsfeld, Leistung

Gegeben sind 2 gleich große Metallplatten, die sich parallel gegenüberstehen. Zwischen diesen befindet sich ein Elektrolyt mit überall gleicher Leitfähigkeit $\varkappa = 5 \cdot 10^{-2}$ S/cm (Flüssigkeitswiderstand mit homogenem Feld). In dieser Anordnung soll eine elektrische Leistung $P = 1$ kW umgesetzt werden.

a) Wie groß muß die Fläche der Elektroden sein, wenn bei einem Abstand von $d = 30$ cm eine Feldstärke $\mathsf{E} = 0{,}6$ V/cm bestehen soll?
b) Berechne Strom und Spannung!
c) Gib die Beziehung zwischen Leistungsdichte (Leistung je Volumeneinheit), Feldstärke und Stromdichte allgemein an!

Lösungshinweis

Beachte das Rechenprogramm in Tafel 2.3 (a)! Wir können von Gl. (1.18), $P = U^2/R$, ausgehen und, da die Feldstärke konstant ist, diese gemäß $U = \mathsf{E} \cdot d$ in die genannte Gleichung einführen. Der Widerstand berechnet sich nach Gl. (1.9).

Lösung

a) Gl. (1.18) $P = U^2/R$ wird mit $U = \mathsf{E}d$ und mit Gl. (1.9):

$$P = \frac{\mathsf{E}^2 d^2}{\dfrac{d}{\varkappa A}}.$$

Daraus

$$A = \frac{P}{\varkappa \mathsf{E}^2 d} = \frac{10^3\ \text{VA}}{5 \cdot 10^{-2}\ \dfrac{\text{A}}{\text{V}\cdot\text{cm}} \cdot 36 \cdot 10^{-2}\ \dfrac{\text{V}^2}{\text{cm}^2} \cdot 30\ \text{cm}}$$

$$= 1{,}852 \cdot 10^3\ \text{cm}^2 \approx (43 \cdot 43)\ \text{cm}^2.$$

b) $$U = \mathsf{E}d = 0{,}6\ \frac{\text{V}}{\text{cm}} \cdot 30\ \text{cm} = 18\ \text{V}.$$

Nach Gl. (1.3) ist

$$I = SA = \varkappa \mathsf{E} A = 5 \cdot 10^{-2}\ \frac{\text{A}}{\text{V}\cdot\text{cm}} \cdot 6 \cdot 10^{-1}\ \frac{\text{V}}{\text{cm}} \cdot 1{,}852 \cdot 10^3\ \text{cm}^2 = 55{,}6\ \text{A}.$$

c) Aus a) ergibt sich $P = \varkappa \mathsf{E}^2 dA$; $dA = V$ (Volumen), also

$$\frac{P}{V} = \varkappa \mathsf{E}^2 = \frac{S^2}{\varkappa}.$$

Aufgabe 2.4 Strömungsfeld: Feldstärke, Stromdichte, Spannung

Es sei die im Bild 2.5 dargestellte elektrolytische Anordnung gegeben. Berechne Strom, Stromdichte, Feldstärke und Spannungsabfall des Elektrolyten, wenn eine Leistungsaufnahme von $P = 750$ W vorliegt!

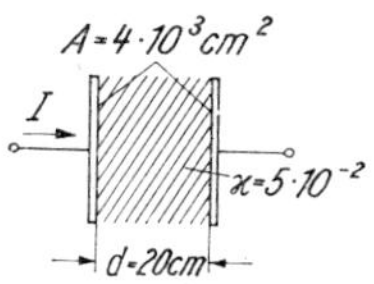

Bild 2.5

Lösungshinweis

Beachte Lösungshinweis in Aufgabe 2.3! Lege das Rechenprogramm in Tafel 2.3 (a) zugrunde!

Lösung

Strom

Nach Gl. (1.18)

$$P = I^2 R; \qquad I = \sqrt{P\varkappa A/d} = \sqrt{750\ \text{VA} \cdot 5 \cdot 10^{-2}\ \frac{\text{A}}{\text{V}\cdot\text{cm}} \cdot 4 \cdot 10^3\ \text{cm}^2/20\ \text{cm}}$$

$$I = 86{,}6\ \text{A}.$$

Stromdichte

Mit Gl. (1.3) ergibt sich für homogenes Feld

$$S = \frac{I}{A} = \frac{86{,}6\ \text{A}}{4 \cdot 10^3\ \text{cm}^2} = 21{,}65 \cdot 10^{-3}\ \frac{\text{A}}{\text{cm}^2}.$$

Feldstärke

Da Stromdichte und Leitfähigkeit bekannt sind, verwenden wir Gl. (2.14)

$$\mathsf{E} = \frac{S}{\varkappa} = \frac{21{,}65 \cdot 10^{-3}\ \dfrac{\text{A}}{\text{cm}^2}}{5 \cdot 10^{-2}\ \dfrac{\text{A}}{\text{V}\cdot\text{cm}}} = 0{,}433\ \frac{\text{V}}{\text{cm}}.$$

Spannung

Aus Feldstärke und Abstand ergibt sich für homogenes Feld mit Gl. (2.6)

$$U = \mathsf{E}d = 0{,}433\ \frac{\text{V}}{\text{cm}}\ 20\ \text{cm} = 8{,}66\ \text{V}.$$

Aufgabe 2.5 Strömungsfeld, Zylindersymmetrie

Gegeben seien 2 koaxiale Zylinderelektroden mit sehr guter Leitfähigkeit (Bild 2.6), zwischen denen sich ein leitendes Medium befindet. Die Radien des Innen- und des Außenleiters stehen in einem Verhältnis $r_i : r_a = 1:10$.

a) Zeichne ausgewählte Strömungslinien in einem Querschnitt senkrecht zur Achse, und trage nach Augenmaß ausgewählte Potentiallinien (gleiche Spannungsintervalle ΔU) ein!

b) Stelle aus dem in a) erhaltenen Bild grafisch die Abhängigkeit des Potentials vom Radius dar!

c) Berechne für die Größen S, E und φ die Abhängigkeit von r!

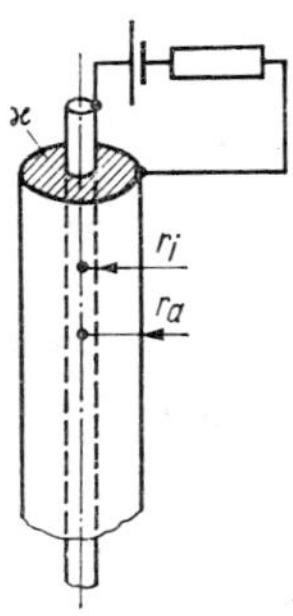

Bild 2.6

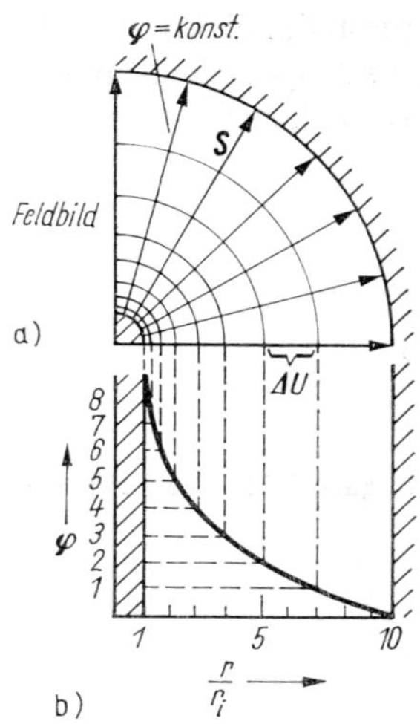

Bild 2.7

Lösungshinweis

Das sich ausbreitende Feld ist paralleleben, d.h., in Längsrichtung ändert sich die Verteilung der Feldgrößen nicht, so daß zur vollständigen Felddarstellung ein Querschnittsbild genügt. Wegen der Zylindersymmetrie kann man sich sogar auf einen Quadranten beschränken.

Innen- und Außenleiter sind Äquipotentialflächen wegen ihrer weitaus höheren Leitfähigkeit gegenüber der des zwischenliegenden Materials. Bei der Konstruktion wählen wir die Strom- und Spannungslinien so aus, daß quadratähnliche Schnittfiguren entstehen. Das Spannungsgebirge spiegelt den Verlauf der Spannung als $f(r)$ zwischen Innen- und Außenleiter wider. Die Berechnung von S, E, φ und U erfolgt nach Tafel 2.3 (a).

Lösung

a) Innen- und Außenleiter stellen die Randbedingungen. Wegen ihrer sehr guten Leitfähigkeit werden die Oberflächen zu Äquipotentialflächen und damit ihre Spuren in der Darstellung zu konzentrischen Kreisen als Äquipotentiallinien. Da die Strömungslinien die Äquipotentiallinien senkrecht schneiden, können sie nur radial verlaufen, und da wir sie auswählen, halten wir gleichen Winkelabstand ein. Die restlichen Äquipotentiallinien ergeben sich nach Maßgabe quadratähnlicher Schnittfiguren (Bild 2.7 a).

b) In Ordinatenrichtung tragen wir in gleichem Abstand die aus der Zeichnung sich ergebenden 8 Potentialstufen auf. Aus dem Feldbild übertragen wir den zu jeder Potentialstufe gehörenden Radius (Bild 2.7 b). Man zeichnet zweckmäßig beide Bilder untereinander.

c) Gemäß Rechenablauf nach Tafel 2.3 (a) nehmen wir einen Strom I zwischen den Elektroden an und können an einer beliebigen Stelle mit Abstand r von der Achse die Stromdichte $S(r)$ nach Gl. (1.3) angeben, da auf zugehöriger Äquipotentialfläche (= Querschnittsfläche des Stromes) die Stromdichte konstant ist. Also kann man schreiben:

$$S(r) = \frac{dI}{\mathrm{d}A_\perp} = \frac{I}{A(r)}; \qquad A(r) = 2\pi l r \quad \text{als Zylindermantelfläche.}$$

Folglich

$$S(r) = \frac{I}{2\pi l r} = \frac{c_1}{r}.$$

Damit erhalten wir für die Feldstärke E nach Gl. (2.14):

$$\mathsf{E}(r) = \frac{S(r)}{\varkappa} = \frac{I}{2\pi\varkappa l r} = \frac{c_2}{r}$$

und für das Potential in einem Punkt $P(r)$ mit Bezugspunkt $\varphi = 0$ bei r_a nach Gl. (2.7):

$$\varphi(r) = \int_r^{r_a} \mathsf{E}(r)\,\mathrm{d}r = \frac{I}{2\pi\varkappa l}\int_r^{r_a} \frac{\mathrm{d}r}{r} = \frac{I}{2\pi\varkappa l}\ln\frac{r_a}{r}.$$

Die Spannung zwischen den Elektroden ist $U = \varphi(r_i) - \varphi(r_a) = \dfrac{I}{2\pi\varkappa l}\ln\dfrac{r_a}{r_i}$.

Diskussion

Mit wachsendem Abstand vom Innenleiter verteilt sich der gleiche Strom auf eine proportional r zunehmende Fläche. S nimmt also ab, und zwar hyperbolisch, wie Lösung c) beweist. Im gleichen Maß nimmt auch E nach Gl. (2.14) proportional S ab, da $\varkappa$ überall konstant sein soll. Das Potential nimmt mit zunehmendem Radius r nach einer logarithmischen Funktion ab.

Aufgabe 2.6 Potentialfeld zwischen parallelen Elektroden im Leiter

In einem Elektrolyten (Leitfähigkeit $\varkappa$) befinden sich 2 parallele dünne Drähte (Abstand a; Drahtdicke vernachlässigbar: Linienquellen), die außerhalb an eine EMK angeschlossen sind, so daß zwischen den Elektroden im Elektrolyten ein Strömungsfeld entsteht. Das leitende Medium soll in x,y-Richtung beliebige Ausdehnung aufweisen, die Grenzflächen in z-Richtung (Abstand $z_2 - z_1 = l$) liegen senkrecht zu den Elektroden (Bild 2.8).

a) Entwirf Strömungsfeld ($\sim$ Feldstärkefeld) und Potentialfeld qualitativ!
b) Berechne allgemein das Potential in einem beliebigen Punkt $P(x, y)$ im Elektrolyten!
c) Welche Gestalt haben in einer x,y-Ebene (z = konst.) die Äquipotentiallinien?
d) Folgere daraus, welche Randwertprobleme aus diesem Quellenproblem lösbar sind!

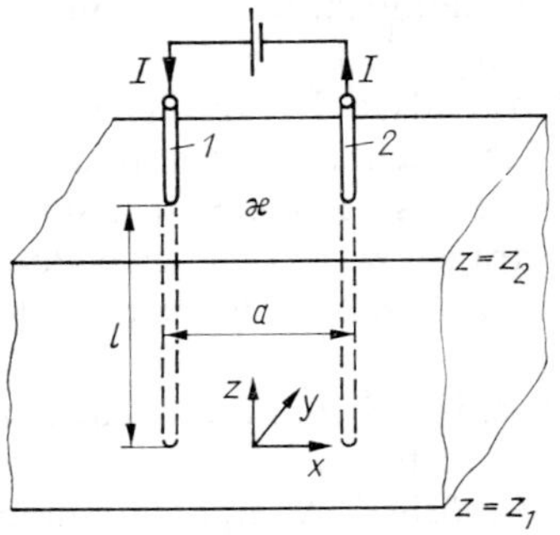

Bild 2.8

Lösungshinweis

a) Beim qualitativen Entwurf des Feldbildes in einer Ebene, der parallelebenen Anordnung, gehen wir z.B. von den Strömungslinien aus, die aus einer Elektrode radial austreten und in die andere Elektrode radial einmünden. Die Äquipotentiallinien verlaufen orthogonal und müssen bei exakter Zeichnung quadratähnliche Figuren mit den **S**-(**E**-)Linien bilden (vgl. Aufg. 2.5).
b) Das Feld der Doppelleitung ergibt sich als Überlagerung der Felder beider Linienquellen, wobei vorteilhafterweise die Einzelpotentiale skalar addiert werden können (während z.B. die Feldstärken vektoriell überlagert werden müßten (2.20) und (2.13)!). Gegenüber dem Quellenproblem bei unendlicher Ausdehnung (Aufg. 2.5) ändert sich das Feld im Elektrolyten nicht, da dessen Begrenzungsflächen (z = konst.) die Äquipotentialflächen senkrecht schneiden.
c) Wir setzen in Lösung b) φ = konst. und interpretieren die verschiedenen geometrischen Figuren bei Variation der Konstanten.

Lösung

a) Es liegt ein parallelebenes Problem vor, d.h., das Feldbild ändert sich im leitenden Medium in z-Richtung nicht. Wir können also eine beliebige x,y-Ebene senkrecht zu den Elektroden (Quellen) herausgreifen und zeichnen die x-Achse durch die Quellen und die y-Achse durch die Mitte zwischen den Quellen (Bild 2.9).

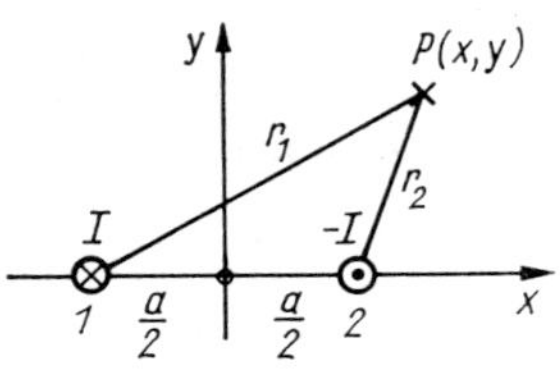

Bild 2.9

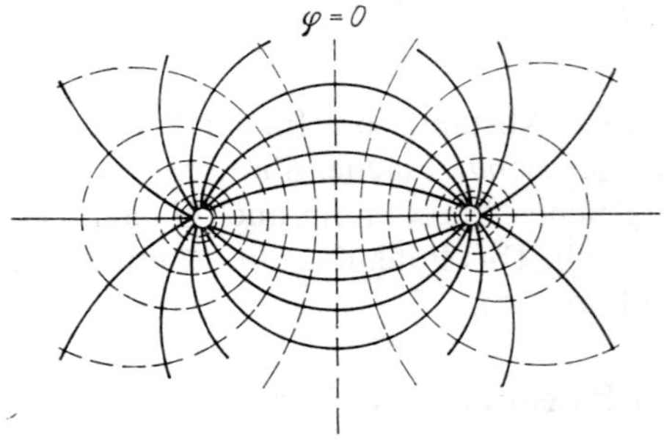

Bild 2.10

Längs der Drahtlänge l fließt im Elektrolyten der Strom I von *1* nach *2*. Aus den Oberflächen der sehr dünnen Drähte wird der Strom gleich verteilt austreten (Bild 2.10); es wurden 16 Strömungslinien gewählt. Die Strömungslinien (Feldstärkelinien) krüm-

men sich dann zur Gegenelektrode, wobei auf Grund der Symmetrie die y-Achse senkrecht durchstoßen wird. Das Strömungsfeld ist auch spiegelbildlich zur x-Achse. Die Äquipotentiallinien verlaufen orthogonal, bilden also räumlich Zylinder um die Quellen (gestrichelt im Bild 2.10). Bei genauer Zeichnung müssen quadratähnliche Figuren entstehen (Kästchenmethode bei parallelebenen Anordnungen).
Man kann sich also aus der Anschauung ohne Rechnung schon einen guten Eindruck von der Gestalt des Feldes verschaffen.

b) Wir wählen einen Feldpunkt in einer x, y-Ebene $P(x, y)$, die Abstände von den Quellen *1* und *2* sind r_1 bzw. r_2, wobei für das gewählte Koordinatensystem Bild 2.9 gilt

$$r_{1,2} = \sqrt{y^2 + \left(x \pm \frac{a}{2}\right)^2}\,.$$

Die Überlagerung der Potentiale beider Linienquellen ergibt mit $I_2 = -I_1 = I$ nach (2.20), vgl. Aufgabe 2.5,

$$\varphi = \Sigma\, \varphi_\nu = \frac{I}{2\pi\varkappa l}\left(\ln\frac{r_{01}}{r_1} - \ln\frac{r_{02}}{r_2}\right).$$

Wählen wir den Bezugspunkt 0 ($\varphi = 0$) so, daß dessen Abstand von den Quellen gleich ist ($r_{01} = r_{02}$), d.h. auf der y-Achse oder im Unendlichen liegt, so wird

$$\varphi = \frac{I}{2\pi\varkappa l}\ln\frac{r_2}{r_1}.$$

$r_{1,2}$ kann in x,y-Koordinaten eingesetzt werden. Die partielle Differentiation nach x und y ergibt mit (2.11) den Feldstärkevektor $\boldsymbol{E}$ im Punkt $P(x, y)$ und mit (2.14) die Stromdichte $\boldsymbol{S}$.

c) Auf einer Linie $\varphi =$ konst. muß das Verhältnis der Abstände $r_2/r_1 = k$ konstant sein. Der Dreieckpunkt P für alle Dreiecke mit gleichem Seitenverhältnis zweier Seiten (r_1, r_2) und konstanter dritter Seite (a) beschreibt einen Kreis (Apollonischer Kreis, Bild 2.11). Für k ergibt sich aus b)

$$k = \exp(\varphi/\varphi_0) \quad \text{mit} \quad \varphi_0 = I/(2\pi\varkappa l) \quad \text{für} \quad r_1 = r_2\,.$$

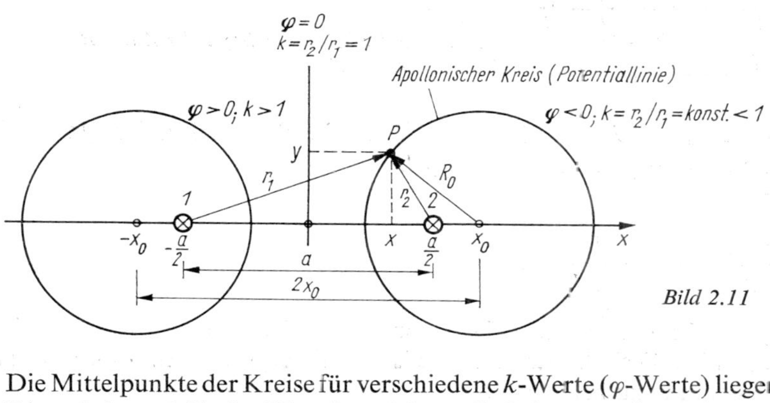

Bild 2.11

Die Mittelpunkte der Kreise für verschiedene k-Werte (φ-Werte) liegen auf der x-Achse. Die y-Achse erhält den Wert $k = 1$ ($\varphi = 0$). Tritt am Leiter 1 (Koordinate $x = -a/2$) der Strom aus und in Leiter 2 ein, so ist für $x < 0$ ($r_2 > r_1$) $\varphi > 0$, und für $x > 0$ ist $\varphi < 0$ (Bild 2.11).

Die Gleichung des Kreises mit Mittelpunktkoordinate x_0 und dem Radius R_0 lautet $(x_0 - x)^2 + y^2 = R_0^2$. x_0 und R_0 können aus der Beziehung $r_2/r_1 = k$ berechnet werden. Wir setzen r_1 und r_2 aus a) ein und erhalten

$$\Big(x - \underbrace{\frac{a}{2}\,\frac{k^2+1}{k^2-1}}_{x_0}\Big)^2 + y^2 = \underbrace{\Big(\frac{a}{2}\,\frac{k^2+1}{k^2-1}\Big)^2 - \Big(\frac{a}{2}\Big)^2}_{R_0^2}.$$

Durch Vergleich mit obiger allgemeiner Kreisgleichung ergeben sich x_0 und R_0:

$$x_0 = \frac{a}{2}\,\frac{k^2+1}{k^2-1} \quad \text{und} \quad x_0^2 - \Big(\frac{a}{2}\Big)^2 = R_0^2 \quad \text{oder} \quad R_0 = a\,\frac{k}{|k^2-1|}.$$

k ist um so größer, je kleiner der Kreisradius wird, und um so geringer wird der Abstand zwischen Linienquelle und Kreismittelpunkt. Bei $k = r_2/r_1 \geqq 10$ wird mit höchstens 2% Fehler $x_0 = a/2$ und $r_2/r_1 = a/R_0$.

Mit diesen Angaben kann man durch Variation von k (bzw. φ) das Potentialfeld zeichnen.
Die Orthogonalen (Feldstärke- bzw. Strömungslinien) sind ebenfalls Kreise. Deren Mittelpunkte liegen auf der y-Achse, und sie gehen alle durch die Quellenpunkte *1* und *2*. Potential- und Feldstärkelinien bilden quadratähnliche Figuren in der Zeichenebene (parallelebene Anordnung, Bild 2.10).

d) Aus einem Quellenproblem kann man die Lösungen aller Elektrodenanordnungen angeben, die durch die Äquipotentialflächen des Quellenproblems darstellbar sind. Die Äquipotentialflächen sind zur y-Achse spiegelbildlich angeordnete parallele Zylinder. Solche Anordnungen sind z.B. 2 parallele Kreiszylinder (Paralleldrahtleitung), oder die „Halbierung" dieser Anordnung an der Symmetrieebene: ebene Fläche und Zylinder in konstantem Achsabstand.
Als Beispiel soll der Widerstand zwischen 2 Zylindern A und B mit Achsabstand d im leitenden Medium (Leitfähigkeit $\varkappa$) berechnet werden (Bild 2.12).

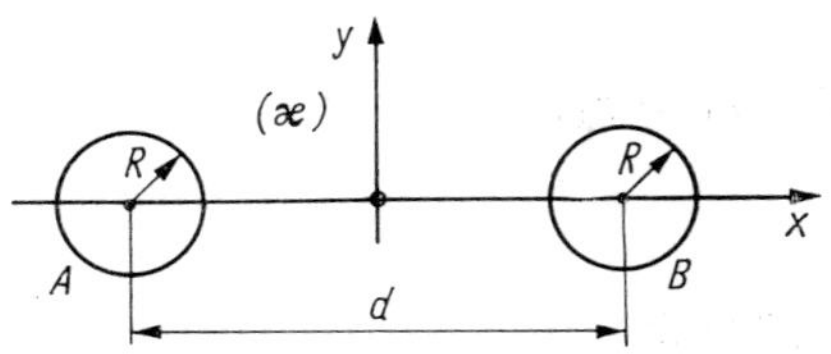

Bild 2.12
Schnittbild der beiden Kreiszylinder A und B im leitenden Medium

Der Widerstand ist $R_{AB} = U_{AB}/I = (\varphi_A - \varphi_B)/I$. Da das Potential in der Symmetrieachse Null ist, ist $\varphi_B = -\varphi_A$ und $R_{AB} = 2\varphi_A/I$.
Aus b) ergibt sich

$$\varphi_A = \frac{I}{2\pi\varkappa l}\ln\frac{r^2}{r_1} = \frac{I}{2\pi\varkappa l}\ln k,$$

wobei r_1 und r_2 die Abstände der Oberflächenpunkte der Elektroden von den Linienquellen *1* und *2* (Bild 2.11) sind. Der Faktor k ist für die gegebene Anordnung (R; d) aus den Ergebnissen in c) zu berechnen.

In c) waren die Linienquellen gegeben (Abstand a) und die Kreiskoordinaten (x_0, R_0) gesucht. Hier sind umgekehrt d und R gegeben und das dazugehörige Quellenproblem (Lage der Linienquellen) gesucht, wodurch das Feld zwischen den Elektroden als elementares Quellenproblem berechenbar wird. Die Linienquellen mit Abstand a sind fiktiv. Wir brauchen sie aber, da sie an den gegebenen Metallzylindern die gleiche Stromverteilung erzeugen, wie sie an deren Oberfläche tatsächlich auftritt, wenn sie Strom führen.

Vergleichen wir Bilder 2.11 und 2.12, so ergeben sich die Identitäten $d = 2\,|x_0|$ und $R = R_0$. Zur Berechnung von $k = f(R, d)$ verwenden wir die beiden Ergebnisse in c):

$$x_0 = \frac{a}{2}\,\frac{k^2+1}{k^2-1} \quad \text{und} \quad x_0^2 - \left(\frac{a}{2}\right)^2 = R_0^2.$$

Mit $x_0 = d/2$ und $R_0 = R$ ergibt sich nach Elimination von a

$$k = \frac{d}{2R} + \sqrt{\left(\frac{d}{2R}\right)^2 - 1}\,.$$

Das Minuszeichen vor der Wurzel entfällt, da aus c) ableitbar ist, daß mit zunehmendem Wert für $d/2R = x_0/R_0$ der k-Wert ansteigt. Für $d/2 \gg R$ (Doppelleitung) ergibt sich erwartungsgemäß der Grenzwert $k = r_2/r_1 = d/R$.

Damit wird

$$\varphi_A = \frac{I}{2\pi\varkappa l} \ln\left(\frac{d}{2R} + \sqrt{\left(\frac{d}{2R}\right)^2 - 1}\right)$$

und

$$R_{AB} = \frac{2\varphi_A}{I} = \frac{1}{\pi\varkappa l} \ln\left(\frac{d}{2R} + \sqrt{\left(\frac{d}{2R}\right)^2 - 1}\right).$$

Für dünne Drähte gilt $R \ll d/2$, und es ergibt sich

$$R_{AB} \approx \frac{1}{\pi\varkappa l} \ln \frac{d}{R}.$$

Diese Beziehung kann sofort aus dem allgemeinen Ergebnis in b)

$$\varphi = \frac{I}{2\pi\varkappa l} \ln \frac{r_2}{r_1}$$

abgeleitet werden. Denn für $r_2 \gg r_1$ ist $k \gg 1$, und es wird $x_0 \approx a/2$ (was betragsmäßig auch für $k \ll 1$ gilt!), d.h., die Linienquellen liegen längs der Drahtachsen. Zur Spannungsberechnung $U = 2\varphi_A$ liegt der Punkt P auf dem Drahtmantel (Bilder 2.11 und 2.12), und für $R \ll d$ sind $r_2 \approx d$ und $r_1 \approx R$.

Aufgabe 2.7 Halbkugelerder, Übergangswiderstand, Schrittspannung

Als Folge eines Blitzeinschlags in eine Hochspannungsleitung fließt vom Leitungsmast ein Strom von 100 A in die Erde ($\varkappa = 5 \cdot 10^{-4}$ S/cm). Die Erdung des Mastes möge durch ein sehr gut leitendes halbkugelförmiges Fundament mit Mittelpunkt auf der Erdoberfläche und einem Radius $r_e = 1$ m angenähert werden.

a) Berechne und stelle quantitativ grafisch die Verläufe der Stromdichte S, der Feldstärke E und des Potentials φ ($\varphi = 0$ im Unendlichen) in Abhängigkeit vom Abstand r vom Erdermittelpunkt dar!
b) Wie groß ist die maximale Schrittspannung (Spannung an Erdoberfläche zwischen 2 Punkten mit 0,8 m Abstand)?
c) Wie groß ist der Erdungswiderstand?

Lösungshinweis

Äquipotentialflächen als Kugeln treten bei der Punktquelle auf. Hier liegt das Problem einer Halbkugelelektrode im leitenden Medium vor, auf dessen Oberfläche der Kugelmittelpunkt liegt, d.h., die Trennfläche Leiter–Nichtleiter ist eine Strömungsfläche des punktförmigen Quellenproblems. Das Feld des Erders ist gleich dem Feld der Punktquelle für $r \geqq r_e$, wobei beachtet werden muß, daß der angegebene Strom durch die Halbkugel fließt. Die Berechnung erfolgt nach dem Schema in Tafel 2.3 a.

Lösung

a) Für die Punktquelle gilt (Strom durch Kugeloberfläche, vgl. Aufgabe 2.5) $S = I/(4\pi r^2)$. Da die Äquipotentialfläche nur eine Halbkugel $r = r_e$ ist (der gestrichelte Teil des Quellenfeldes entfällt im Bild 2.13), wird die Stromdichte doppelt so groß:

$$S = I/(2\pi r^2).$$

Damit wird die Feldstärke $\mathsf{E} = S/\varkappa = I/(2\pi\varkappa r^2)$ und das Potential (Bezugspunkt im Unendlichen)

$$\varphi = \int_r^\infty \boldsymbol{E} \cdot \mathrm{d}\boldsymbol{r} = \frac{I}{2\pi\varkappa} \int_r^\infty \frac{\mathrm{d}r}{r^2} = \frac{I}{2\pi\varkappa r}.$$

Alle Funktionen gelten für $r \geqq r_e$.

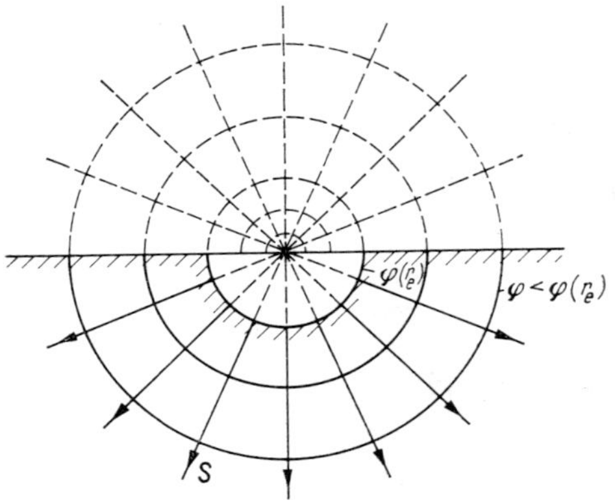

Bild 2.13

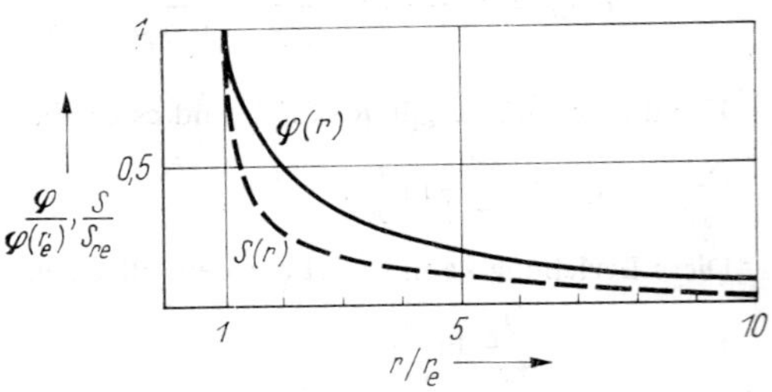

Bild 2.14

Zur grafischen Darstellung berechnen wir zunächst die größten Werte, die bei kleinstem r-Wert, also bei $r_e = 1$ m, auftreten. Von diesen Werten sinken bei jeweils doppeltem Radius $2r_e$, $4r_e$, $8r_e$ usw. S und E auf jeweils $\frac{1}{4}$ und φ auf jeweils die Hälfte des vorhergehenden Wertes (Bild 2.14). Die Maximalwerte sind bei $I = 100$ A, $r_e = 1$ m und $\varkappa = 5 \cdot 10^{-4}$ S/cm $= 5 \cdot 10^{-2}$ S/m:

$$S_{\max} = 15{,}9 \text{ A/m}^2, \qquad \mathsf{E}_{\max} = 318{,}3 \text{ V/m}, \qquad \varphi_{\max} = 318{,}3 \text{ V}.$$

b) Die Schrittspannung ist dort am größten, wo die Feldstärke maximal ist, d.h. bei r_e. Ein Fußgänger, der auf dem Erdungspodest steht, erfaßt also bei einem Schritt von 0,8 m auf das Erdreich eine Spannung von

$$U_s = \varphi(r_e) - \varphi\,(r_e + 0{,}8 \text{ m}) = \frac{I}{2\pi\varkappa}\left(\frac{1}{r_e} - \frac{1}{r_e + 0{,}8 \text{ m}}\right) = 141{,}5 \text{ V}.$$

Dieser Spannungswert ist höher als die maximal zulässige Berührungsspannung für Menschen, die 65 V bei Wechselstrom bzw. 100 V bei Gleichstrom beträgt. Es ist also u. U. r_e zu erhöhen.

c) Allgemein ist entsprechend (1.9) und (2.6)

$$R_{AB} = \frac{U_{AB}}{I} = \frac{1}{I}(\varphi(r_e) - \varphi(\infty)) = \frac{\varphi(r_e)}{I} = \frac{318{,}3\,\mathrm{V}}{100\,\mathrm{A}} = 3{,}18\,\Omega .$$

Aufgabe 2.8 Strömungsfeld, Widerstandsberechnung

Gegeben sei ein leitender Bügel der Breite b, der die Form eines halbierten Hohlzylinders besitzt (Innenradius r_i, Außenradius r_a; Bild 2.15). Die Schnittflächen A sind kontaktiert.

a) Zeichne das sich ausbreitende Strömungs- und Spannungsfeld für ein Radienverhältnis $r_i/r_a = 10$, wenn zwischen beide Schnittflächen eine Spannung gelegt wird!

b) Berechne den Widerstand R des Bügels!

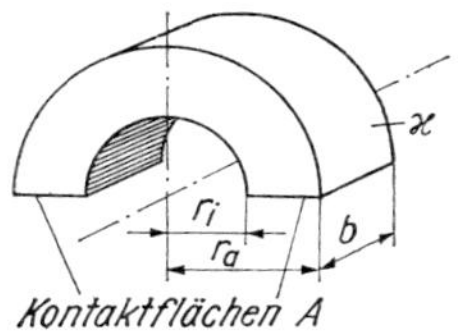

Bild 2.15

Lösungshinweis

Die Felder sind trotz der räumlichen Begrenzung paralleleben in Richtung dez Zylinderachse, denn die Begrenzungsflächen des Bügels sind Strömungs- (Zylindermantelflächen) brw. Äquipotentialflächen (Radialflächen) einer Anordnung mit $b \to \infty$ und $r_a \to \infty$. Paralleleben wäre das Feldbild z.B. nicht, wenn eine oder beide Schnittflächen nicht radial verliefen. Wir erhalten also in der flächenhaften Darstellung als Spuren der Strömungsflächen konzentrische Halbkreise. Auf ihnen stehen die Äquipotentialflächen senkrecht. Ihre Spuren können daher nur in radialer Richtung verlaufen. Wir sehen also, daß das Feldbild aus dem der in Aufgabe 2.5 behandelten Anordnung dadurch entsteht, daß man Strömungs- und Spannungslinien miteinander vertauscht.
Die Widerstandsberechnung können wir nach Tafel 2.3a durchführen oderdurch Integration differentiell schmaler Stromröhren, wobei es sich um eine Parallelschaltung handelt, also Leitwerte addiert werden müssen.

Lösung

Analog Aufgabe 2.5 und nur für einen Quadranten ausgeführt (Bild 2.16).
Wir haben im Lösungshinweis und in Lösung a) festgestellt, daß gegenüber der zylindersymmetrischen Anordnung (z.B. Aufgabe 2.5) hier die Feldlinien vertauscht sind. Was dort die $\boldsymbol{E}(\boldsymbol{S})$-Linien sind, sind hier die φ-Linien und umgekehrt. Die Berechnung von R erfolgte in Aufgabe 2.5 in der Reihenfolge des Rechenprogramms Tafel 2.3a): $I \to S \to \mathsf{E} \to \varphi \to U$ und daraus $U/I = R$. Hier gehen wir den Rechenweg umgekehrt: $U \to \mathsf{E} \to S \to I$. Wir nehmen eine Spannung U zwischen den radialen Elektrodenflächen an und können die Feldstärke $\mathsf{E} = \mathrm{d}U/\mathrm{d}n$ berechnen; denn die $\boldsymbol{E}$-Linien sind konzentrische Kreisbögen, der Abstand zwischen 2 $\boldsymbol{E}$-Linien ist also konstant, d.h., längs einer $\boldsymbol{E}$-Linie ist E = konst.
Daraus

$$\mathsf{E} = \frac{\mathrm{d}U}{r\,\mathrm{d}\alpha}; \qquad U = \int_{\alpha=0}^{\pi} \mathsf{E} r\,\mathrm{d}\alpha = \mathsf{E}\,\pi r .$$

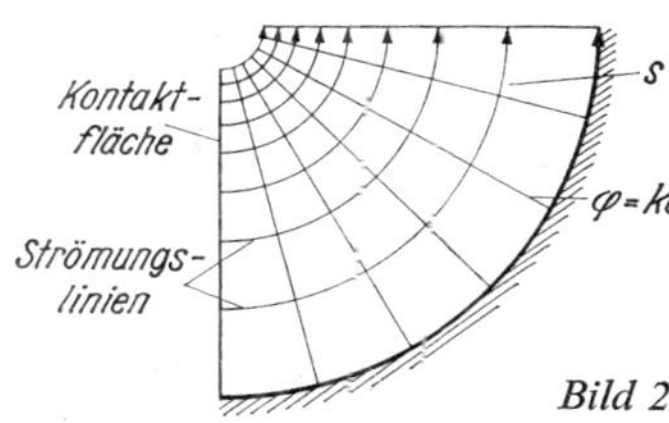

Bild 2.16

Wir erhalten mit Gl. (2.14) daraus

$$\mathsf{E} = \frac{U}{\pi r}, \qquad S(r) = \varkappa \mathsf{E}(r) = \frac{\varkappa U}{\pi r},$$

und mit Gl. (1.3) berechnen wir den Strom I durch Integration

$$S(r) = \frac{\mathrm{d}I}{\mathrm{d}A_\perp},$$

wobei $\mathrm{d}A = b\,\mathrm{d}r$ ist (Bild 2.17):

$$\mathrm{d}I = \frac{\varkappa U}{\pi r} b\,\mathrm{d}r \quad \text{und} \quad I = \int_{r_i}^{r_a} \frac{\varkappa U b\,\mathrm{d}r}{\pi r} = \frac{\varkappa U b}{\pi} \ln \frac{r_a}{r_i}.$$

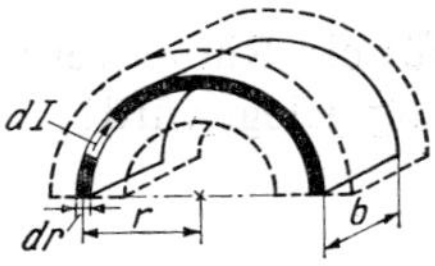

Bild 2.17

Den Widerstand $R = U/I$ erhalten wir also zu

$$\frac{U}{I} = R = \frac{\pi}{\varkappa b} \frac{1}{\ln \frac{r_a}{r_i}}.$$

Wir können zur Berechnung von R auch den Weg über die Dimensionierungsgleichung (1.12) wählen. Hierzu müssen wir den Bügel (Bild 2.15) in differentiell dünne Teilbügel zerlegen (Bild 2.17), in denen das Feld homogen ist. Der Gesamtwiderstand ergibt sich dann durch Parallelschalten der differentiellen Teilwiderstände. Wegen der Addition (Integration) rechnen wir also mit dem Leitwert. Der Teilleitwert ist

$$\mathrm{d}G = \frac{x\,\mathrm{d}A_\perp}{l} = \frac{\varkappa b\,\mathrm{d}r}{\pi r}.$$

Also wird der Gesamtleitwert

$$G = \int_{r_i}^{r_a} \mathrm{d}G = \frac{\varkappa b}{\pi} \int_{r_i}^{r_a} \frac{\mathrm{d}r}{r} = \frac{\varkappa b}{\pi} \ln \frac{r_a}{r_i}; \qquad R = \frac{1}{G} = \frac{\pi}{\varkappa b} \frac{1}{\ln \frac{r_a}{r_i}}.$$

Diskussion

Der Widerstand ist vom Verhältnis r_a/r_i abhängig. Man kann also zu jeder Breite b große und kleine Bügel mit gleichem Widerstand konstruieren, indem man das Verhältnis r_a/r_i gleichhält.

2.2 Elektrisches Feld im Nichtleiter

Im nichtleitenden Medium tritt bei einer Feldstärke $\boldsymbol{E}$ eine von der Materialkonstanten des Nichtleiters (relative Dielektrizitätskonstante ε_r) abhängige *Verschiebungsflußdichte* $\boldsymbol{D}$ auf.

$$\boldsymbol{D} = \varepsilon \boldsymbol{E} = \varepsilon_0 \varepsilon_r \boldsymbol{E} \tag{2.32}$$

mit

$$\varepsilon = \varepsilon_0 \varepsilon_r. \tag{2.34}$$

$$\varepsilon_0 = 8{,}86 \cdot 10^{-12} \frac{\mathrm{A \cdot s}}{\mathrm{V \cdot m}} \tag{2.33}$$

Für die Verschiebungsflußdichte gilt

$$\int_{\text{Hülle A}} \boldsymbol{D} \cdot \mathrm{d}\boldsymbol{A} = \Psi_{\text{ges}} \tag{2.28}$$

$$\Psi_{\text{ges}} = Q. \tag{2.24}$$

Das Hüllenintegral der Verschiebungsflußdichte ist gleich dem gesamten, die Hülle durchdringenden Verschiebungsfluß Ψ_{ges}. Dieser ist gleich der Ladung Q, die von der Hülle eingeschlossen wird.

Die Ladung Q setzt sich i. allg. aus Ladungsteilchen q zusammen (Dichte n), die sich auf einer Fläche A verteilen oder ein Volumen V ausfüllen können. Mit der Flächen- bzw. Raumladungsdichte $\sigma = \mathrm{d}Q/\mathrm{d}A$ (2.23) bzw. $\varrho = \mathrm{d}Q/\mathrm{d}V$ (2.29) ergibt sich die Ladung zu

$$Q = \int\int \sigma \, \mathrm{d}A \quad \text{bzw.} \quad Q = \int\int\int \varrho \, \mathrm{d}V. \tag{2.31}$$

Falls also an der Trennfläche zweier Dielektrika keine Ladungen Q sitzen, ist für eine Hülle um diese das Hüllenintegral Null. Es gilt die zum Leiter [Gl. (1.5)] analoge Beziehung, und damit ergeben sich die zu (2.15a) und (2.15b) analogen Aussagen:

$$D_{\perp 1} = D_{\perp 2}; \qquad \frac{E_{\perp 1}}{E_{\perp 2}} = \frac{\varepsilon_2}{\varepsilon_1}, \tag{2.22a}$$

$$E_{\parallel 1} = E_{\parallel 2}; \qquad \frac{D_{\parallel 1}}{D_{\parallel 2}} = \frac{\varepsilon_1}{\varepsilon_2}. \tag{2.22b}$$

Das Brechungsgesetz ergibt sich analog (2.16) zu

$$\frac{\tan \alpha_1}{\tan \alpha_2} = \frac{\varepsilon_1}{\varepsilon_2}. \tag{2.22c}$$

Kapazität

Die Fähigkeit einer Elektrodenanordnung im Nichtleiter, Ladungen zu speichern, wird durch deren *Kapazität C* zum Ausdruck gebracht. Sie ist definiert durch (Bild 2.18)

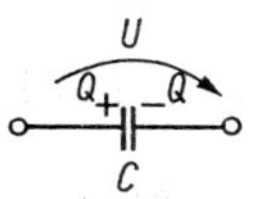

Bild 2.18. Richtungszuordnung beim Zweipol „Kondensator" Vorzeichenfestlegung für die statische Beziehung $C = Q/U$

$$C_{AB} = \frac{Q}{U_{AB}} = \frac{\int \boldsymbol{D} \cdot \mathrm{d}\boldsymbol{A}}{\int_A^B \boldsymbol{E} \cdot \mathrm{d}\boldsymbol{s}} \tag{2.36a}$$

Dabei ist das Flächenintegral im Zähler über diejenige Fläche A zu bilden, auf der die den beiden Elektroden A und B (Zweipol) *gemeinsame* Ladung $\pm Q$ sitzt. Ist dies nur ein Teil der auf den Elektroden befindlichen Gesamtladung, so ergibt sich die *Teilkapazität* zwischen A und B:

$$C_{TAB} = \frac{Q_{TAB}}{U_{AB}}. \tag{2.39}$$

Der Rest der Ladung hat dann seine Partnerladung auf weiteren Elektroden (Mehrelektrodenanordnung).

Bei homogenem Feld (Plattenkondensator) wird daraus die Dimensionierungsgleichung

$$C = \varepsilon \frac{A_\perp}{d}. \tag{2.36b}$$

Die Kapazität für eine Parallel- bzw. Reihenschaltung von n Kondensatoren ergibt sich aus

$$C = \sum_{\nu=1}^{n} C_\nu \quad \text{(Parallelschaltung)}, \tag{2.37}$$

$$\frac{1}{C} = \sum_{\nu=1}^{n} \frac{1}{C_\nu} \quad \text{(Reihenschaltung)}; \tag{2.38}$$

für $n = 2$:

$$C = C_1 + C_2$$

bzw.

$$C = \frac{C_1 C_2}{C_1 + C_2}.$$

Berechnung elementarer elektrischer Felder im Nichtleiter

Für die Feldberechnung gelten Betrachtungen, die zu denen der Berechnung von Strömungsfeldern einschließlich der Abgrenzung der Probleme analog sind, wie die Gegenüberstellung in Tafel 2.3 zeigt.

Berechnung von Kreisen mit Gleichspannungen und Kapazitäten

Kreise mit Kapazitäten, Widerständen und EMK werden bei Gleichspannung wie Gleichstromkreise berechnet, wobei

1. die Beziehung der Kapazität $C = Q/U$
2. die Ladungsneutralität an Knoten mit Kondensatoren

   $$\Sigma Q_\nu = 0$$

   hinzukommen.

Existiert im Netzwerk keine geschlossene Widerstandsmasche mit EMK, so kann kein Strom fließen. Es entfallen der erste Kirchhoffsche Satz und die Beziehung $U = IR$.

Lösungsprogramm RP 8

1. Können im Netzwerk Gleichströme fließen, so sind für diese Maschen die Punkte 1 und 2 des Berechnungsprogramms RP 1 oder RP 2 anzuwenden.
2. Können im Netzwerk oder durch bestimmte Widerstände keine Gleichströme fließen, so ersetze alle diese Widerstände durch Kurzschlüsse, womit auch zu Widerständen parallelliegende Kapazitäten für die Berechnung entfallen!
3. Führe über jedem Kondensator einen Spannungsabfall ein! Dann ist die Ladungspolarität auf Grund der Richtungszuordnung (Bild 2.18) festgelegt.
4. Stelle die Gleichungen der unabhängigen Maschen auf!
5. Stelle für jeden unabhängigen Knoten die Knotenpunktgleichung der Ladungen bzw. Ströme auf!
6. Löse das Gleichungssystem nach der gesuchten Größe unter Benutzung der Beziehung $Q = CU$ auf!

Aufgabe 2.9 Elektrostatisches Feld

Zeichne das $\boldsymbol{D}$- und $\boldsymbol{E}$-Feld für die im Bild 2.19 dargestellte Kondensatoranordnung α) vor und β) nach dem Ausfüllen der oberen Hälfte des Raumes zwischen den Platten mit einem Dielektrikum der relativen DK $\varepsilon_r = 3$!

Unterscheide hierbei die Feldbilder (relative Anzahl ihrer Linien) für folgende beide Fälle:
Das Dielektrikum wird

1. bei geschlossenem Schalter S
2. nach Öffnen des geschlossenen Schalters S eingebracht.

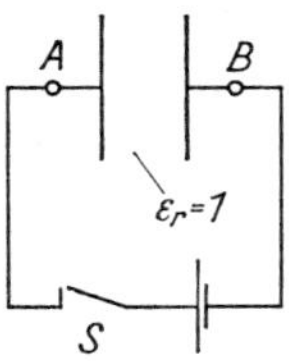

Bild 2.19

Lösungshinweis

Bei geschlossenem Schalter bleibt die Spannung zwischen den Platten bei Veränderung des Dielektrikums (und damit der Kapazität) unverändert. Nach Gl. (2.36a) muß sich die Ladung ändern. Bei geöffnetem Schalter ist dagegen eine Ladungsänderung unmöglich, lediglich ihre Verteilung kann eine andere werden, und die Spannung muß sich ändern. Aus dieser Betrachtung folgen die jeweiligen Feldbilder.

Lösung

1. Schalter S geschlossen

Bei geschlossenem Schalter ist die Spannung unabhängig vom Dielektrikum gleich der angelegten Spannung. Es muß also vor und nach Einbringen des Dielektrikums

$$\int_A^B \mathsf{E}\, dn = \text{konst.}$$

sein. Da nun das Dielektrikum an beiden Platten A und B anliegen soll, ist auch im Fall β) E längs n immer konstant (beachte im Gegensatz dazu Aufgabe 2.10), d.h., das $\boldsymbol{E}$-Feld ist ohne und mit Dielektrikum der DK $\varepsilon_r = 3$ das gleiche (Bild 2.20a).

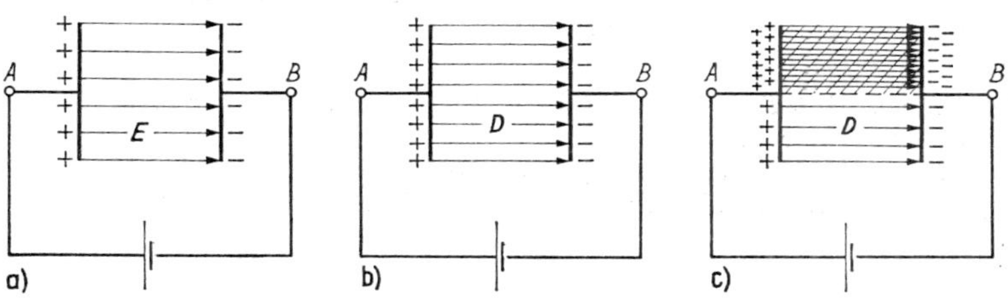

Bild 2.20 Bei geschlossenem Schalter S

a) Fall α und β. ***E****-Feld mit und ohne Dielektrikum gleich.*

b) Fall α. ***D****-Feld ohne Dielektrikum. Die Ladung wird durch 8* ***D****-Linien dargestellt.*

c) Fall β. ***D****-Feld mit Dielektrikum in der oberen Hälfte.* ***D****-Linien-Anzahl dort jetzt 3mal so groß wie vorher, da* ε_r *verdreifacht worden ist und* $\boldsymbol{D} \approx \varepsilon$ *bei* $\boldsymbol{E}$ *= konst. ist.* ***D****-Linien-Anzahl in der unteren Hälfte ist unverändert gegenüber Bild 2.20b geblieben.*

Anders liegen die Verhältnisse beim $\boldsymbol{D}$-Feld: Dort, wo die Dielektrizitätskonstante geändert wird, ändert sich nach der Beziehung $D = \varepsilon \mathsf{E}$ die Verschiebungsflußdichte. Da E sich nicht ändert, muß also bei dreifachem ε-Wert die Dichte der $\boldsymbol{D}$-Linien sich verdreifachen.

Wird also ohne Dielektrikum das $\boldsymbol{D}$-Feld durch 8 $\boldsymbol{D}$-Linien dargestellt (Bild 2.20b), dann bleiben bei eingeschobenem Dielektrikum für die untere Hälfte 4 Linien, und für die obere Hälfte werden es $3 \cdot 4 = 12$ Linien. Insgesamt ergeben sich 16 Linien (Bild 2.20c). Die Ladung hat sich also bei gleicher Spannung gerade verdoppelt: $Q = 2Q_0$. Das bedeutet nach Gl. (2.35) Verdopplung der Kapazität ($C_\beta = 2C_\alpha$). Man kann das über Gln. (2.36b) und (2.37) nachweisen:

$$C_\alpha = \varepsilon \frac{A}{d};$$

C_β ist die Parallelschaltung zweier Kapazitäten mit je $A/2$ und $\varepsilon_r = 1$ bzw. $\varepsilon_r = 3$. Also

$$C_\beta = \frac{C_\alpha}{2} + 3\,\frac{C_\alpha}{2} = 2C_\alpha.$$

2. Schalter S geöffnet

Der Kondensator ist aufgeladen und besitzt die gleiche Ladung wie bei 1.

α) Vor Einbringen des Dielektrikums liegen die gleichen Verhältnisse vor wie im 1. Aufgabenteil. Es treffen daher auch hier wieder die Bilder 2.20a und b zu.

β) Nach Einbringen des Dielektrikums tritt eine Umgruppierung der einzelnen Ladungen auf den Platten ein. Ihre Gesamtladung bleibt jedoch unverändert, da keine Ladungen zu- oder abfließen können. Das Verhältnis der **D**-Linien in beiden Räumen muß sich wie im ersten Betriebsfall 1:3 verhalten. Die 8 D-Linien verteilen sich also wie 2:6 (Bild 2.21a), d.h., in beiden Hälften ist D halb so groß wie im Bild 2.20c. E wird also halb so groß wie vor Einschieben des Dielektrikums (Bild 2.20a) und ist demnach durch 3 Linien darzustellen (Bild 2.21b). Bei halber Feldstärke wird auch die Klemmenspannung halb so groß, was nach 1. zu erwarten war; denn bei gleicher Ladung Q und doppelter Kapazität muß $U = Q/C$ auf die Hälfte zurückgehen.

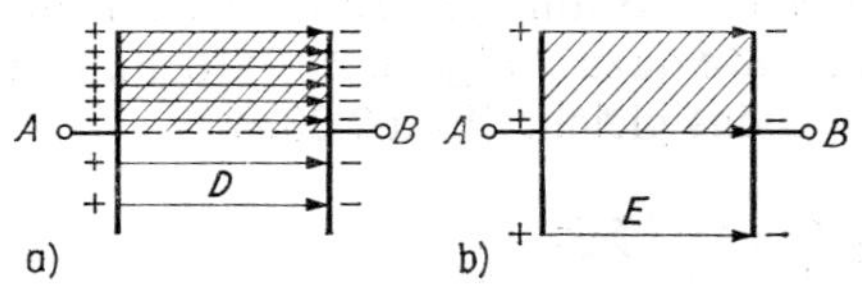

Bild 2.21
Dielektrikum nach dem Öffnen des Schalters S eingebracht

*a) Fall β. **D**-Feld mit Dielektrikum. Die 8 **D**-Linien des Bildes 2.20b verteilen sich im Verhältnis der relativen Dielektrizitätskonstanten wie 3:1.*

*b) Fall β. **E**-Feld mit Dielektrikum. Gegenüber dem Fall 1β ist die **D**-Linien-Anzahl in beiden Räumen je auf die Hälfte zurückgegangen (vgl. Bild 2.20c mit Bild 2.21a). Folglich ist auch **E** nur halb so groß, d.h. statt 6 nur noch 3 Linien.*

Aufgabe 2.10 Geschichtetes Dielektrikum: Potentialverlauf, Kapazität

Die Elektroden A und B eines Plattenkondensators (Bild 2.22) tragen die Ladung $\pm Q$.

a) Zeichne das **D**- und **E**-Feld

α) für $\varepsilon_{r1} = 1$

β) für $\varepsilon_{r1} = 3$!

b) Berechne die Potentialverläufe längs x (Bezugspunkt bei $x = 0$) für α) und β), und stelle beide in einem Diagramm dar!

c) Wie unterscheiden sich die Spannungen U_{AB} in den Fällen α) und β)? Berechne den prozentualen Unterschied für $d_1 = d/3$! Der Abstand d soll klein gegenüber den Seitenabmessungen der Fläche A sein.

d) Berechne die Kapazitäten für die Anordnungen α) und β)!

Lösungshinweis

Zu a) Die Ladung Q ist konstant gegeben, d.h., die Zahl der $\boldsymbol{D}$-Linien ist für α) und β) gleich. Aber auch deren Verteilung ändert sich hier nicht, da das geänderte Dielektrikum sich über den gesamten Querschnitt erstreckt (beachte hierzu im Gegensatz Aufgabe 2.9) und die Trennflächen zwischen beiden Dielektrika mit einer Potentialfläche des Falles α) (isotropes Dielektrikum) zusammenfällt. Da der Abstand d sehr klein angenommen werden soll, kann das Feld als homogen angesehen werden. Das Ausbiegen einiger Linien am Rande des Dielektrikums darf daher vernachlässigt werden. Das $\boldsymbol{E}$-Feld ist im Fall α) ebenfalls homogen. Es ergibt sich im Fall β) aus Gl. (2.32).

Zu b) und c)
Das Potential berechnet man mit Hilfe der Gl. (2.7). Bei β) wird das Gesamtintegral auf 2 Teilintegrale über die Strecken d_1 bzw. d_2 aufgeteilt. Beachte das Rechenprogramm in Tafel 2.3(b)!

Zu d) C – Berechnung entweder mit Lösungen a) und (2.35) oder mit (2.36b) und (2.38)!

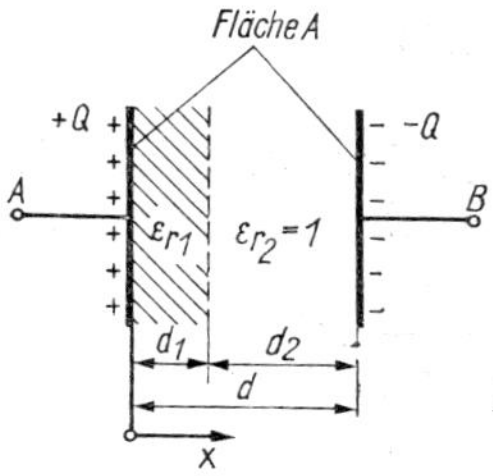

Bild 2.22

Lösung

a) α) Der gesamte Raum zwischen beiden Platten wird von einem einzigen isotropen Medium ($\varepsilon_r = 1$) erfüllt. Die Felder sind homogen. Die Ladung Q ist gleichmäßig auf den einander zugewandten Plattenoberflächen verteilt. Einer bestimmten Teilladung ordnen wir eine $\boldsymbol{D}$-Linie zu. In unserem Schnitt (Bild 2.23) sind 6 $\boldsymbol{D}$-Linien gewählt. Da ε überall gleich ist, sieht das $\boldsymbol{E}$-Feld wie das $\boldsymbol{D}$-Feld aus. Im Bild 2.23 ist für D und E die gleiche Liniendichte angenommen worden.

β) Der Zwischenraum ist hier von einem geschichteten Dielektrikum erfüllt. Die Ladung Q bleibt unverändert. Das $\boldsymbol{D}$-Feld ist das gleiche wie unter α) (s. Bild 2.24a). Bei D = konst. verhalten sich gemäß Gl. (2.32) die Feldstärkebeträge

$$\frac{\mathsf{E}_1}{\mathsf{E}_2} = \frac{\varepsilon_{r2}}{\varepsilon_{r1}} = \frac{1}{3},$$

was wir durch das E-Linien-Verhältnis 2:6 wiedergeben können. Die Feldstärke ändert sich also an der Trennstelle der Medien sprunghaft (Bild 2.24b).

b) α) Wir wenden Gl. (2.7) sinngemäß auf die hier vorliegende Anordnung an und erhalten

$$\varphi(x) = -\int_0^x \mathsf{E}\,\mathrm{d}x.$$

Der Integrationsweg ist dabei von der unteren zur oberen Grenze des Integrals, d.h. hier in Richtung von $\boldsymbol{E}$ positiv festgelegt; denn $x = 0$ liegt gemäß Aufgabenstellung an der positiven Platte. Da E von x unabhängig ist, ergibt das Integral

$$\varphi_\alpha(x) = -\mathsf{E}x.$$

Mit den Gln. (2.32) und (2.28) wird

$$\mathsf{E} = \frac{D}{\varepsilon} = \frac{Q}{A\varepsilon}.$$

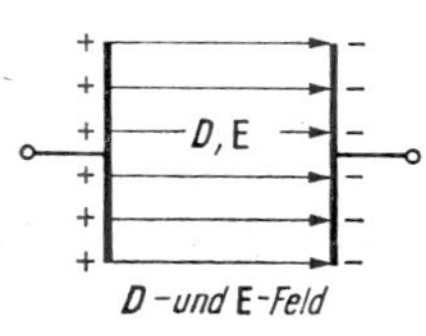

Bild 2.23

Unter Berücksichtigung, daß $\varepsilon_{r1} = \varepsilon_{r2} = 1$ ist, erhalten wir mit Gl. (2.34)

$$\mathsf{E} = \frac{Q}{A\varepsilon_0} = \mathsf{E}_0 \quad \text{und damit} \quad -\varphi_\alpha(x) = \mathsf{E}_0 x \quad \text{(Bild 2.25)}.$$

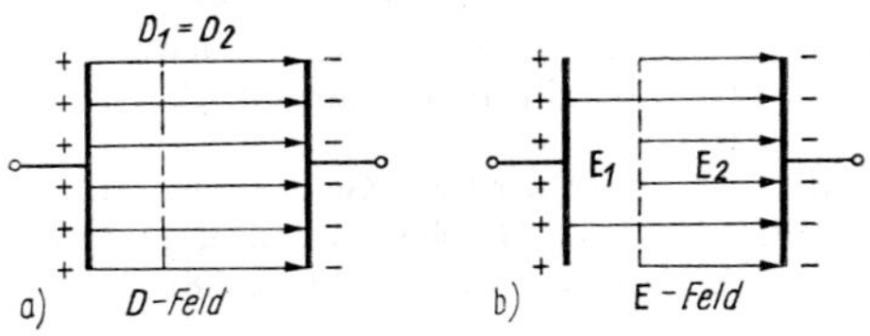

Bild 2.24

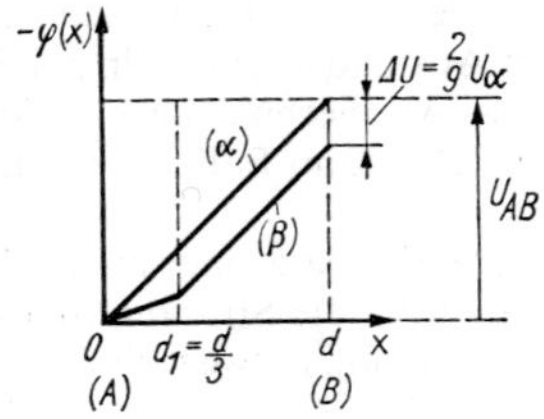

Bild 2.25

β) An der Stelle $x = d_1$ springt die Feldstärke von E_1 auf E_2. Der Potentialverlauf erhält dort einen Knick. Wir berechnen ihn daher für die einzelnen Bereiche getrennt.

$$0 \leqq x \leqq d_1: \quad \varphi_{\beta 1}(x) = -\int_0^x \mathsf{E}_1 \, dx = -\mathsf{E}_1 x = -\frac{Q}{A\varepsilon_0\varepsilon_{r1}} x$$

$$= -\frac{\mathsf{E}_0}{\varepsilon_{r1}} x = -\frac{\mathsf{E}_0}{3} x;$$

denn jetzt gilt $\varepsilon_{r1} = 3$. Gegenüber Fall α) ist in diesem Bereich die Steigung des Potentialverlaufs auf $\frac{1}{3}$ gesunken (Bild 2.25).

$d_1 \leqq x \leqq d$:

$$\varphi_{\beta 2}(x) = -\int_0^x \mathsf{E} \, dx = -\int_0^{d_1} \mathsf{E}_1 \, dx - \int_{d_1}^x \mathsf{E}_2 \, dx = \varphi_{\beta 1}(d_1)$$

$$-\int_{d_1}^x \mathsf{E}_2 \, dx = -\left[\frac{\mathsf{E}_0}{3} \mathrm{d}_1 + \mathsf{E}_2 (x - d_1)\right].$$

Mit

$$\mathsf{E}_2 = \frac{Q}{A\varepsilon_0} = \mathsf{E}_0 \quad (\varepsilon_{r2} = 1)$$

wird

$$\varphi_{\beta 2}(x) = -\left[\frac{\mathsf{E}_0}{3} d_1 + \mathsf{E}_0 (x - d_1)\right] \quad \text{(Bild 2.25)}.$$

Für $x = d_1$ wird erwartungsgemäß

$$\varphi_{\beta 2} = -\frac{\mathsf{E}_0}{3} d_1 = \varphi_{\beta 1}.$$

c) Der Spannungsabfall zwischen A und B ergibt sich aus $U_{AB} = \varphi_A - \varphi_B = -\varphi_B = -\varphi_{x=d}$. Der Spannungsunterschied zwischen den Fällen α) und β) ist im Bild 2.25 mit ΔU gekennzeichnet worden. Er errechnet sich aus der Differenz der speziellen Werte für $\varphi(d)$:

$$\Delta U = -[\varphi_\alpha(d) - \varphi_{\beta 2}(d)]$$

$$= \mathsf{E}_0 d - \frac{\mathsf{E}_0}{\varepsilon_{r1}} d_1 - \mathsf{E}_0 (d - d_1) = \mathsf{E}_0 d_1 \left(1 - \frac{1}{\varepsilon_{r1}}\right).$$

Für $\varepsilon_{r1} = 3$ wird

$$\Delta U = \tfrac{2}{3}\mathsf{E}_0 d_1 .$$

Mit $d_1 = d/3$ und $\mathsf{E}_0 d = U_\alpha$ ergibt sich der prozentuale Abfall der Klemmenspannung bei konstant gehaltener Ladung zu $\Delta U/U_\alpha = \frac{2}{9} = 22\,\%$.

d) Nach Definitionsgleichung (2.35) ist $C = Q/U$.
Verwenden wir die Ergebnisse von a), so gilt $U_\alpha = -\varphi_\alpha(d)$ bzw. $U_\beta = -\varphi_{\beta 2}(d)$. Mit $\mathsf{E}_0 = Q/(A\varepsilon_0)$ wird

$$U_\alpha = -\varphi_\alpha(d) = \frac{Q}{\varepsilon_0 A}\, d \quad \text{und} \quad U_\beta = -\varphi_{\beta 2}(d) = \frac{Q}{\varepsilon_0 A}\left(d - \frac{2}{3}\, d_1\right).$$

Also

$$C_\alpha = \frac{Q}{U_\alpha} = \frac{\varepsilon_0 A}{d} \quad \text{und} \quad C_\beta = \frac{Q}{U_\beta} = \frac{\varepsilon_0 A}{d - \frac{2}{3}d_1}.$$

Mit (2.36b) ergibt sich C_α ohne weiteres wie oben. Für C_β müssen wir beachten, daß eine Reihenschaltung vorliegt. Mit (2.38) gilt

$$\frac{1}{C_\beta} = \frac{1}{C_{\beta 1}} + \frac{1}{C_{\beta 2}} = \frac{d_1}{\varepsilon_1 A} + \frac{(d - d_1)}{\varepsilon_0 A}.$$

Da $\varepsilon_1 = 3\varepsilon_0$, ergibt sich obige Lösung für C_β.

Aufgabe 2.11 Feld einer Raumladung: Potentialverlauf

Gegeben eine kugelförmige positive Raumladung im Vakuum mit örtlich gleicher Ladungsdichte ϱ (Kugelradius r_K). Die negative Gegenladung ist unendlich weit weg (konzentrische Kugel mit unendlichem Radius).
Berechne die Abhängigkeit der Feldstärke E und die des Potentials φ vom Ort a) außerhalb und b) innerhalb der Raumladung!

Lösungshinweis

Die kugelförmige Ausdehnung und die konstante Ladungsdichte der Raumladung sind Idealisierungen gegenüber z.B. in Bauelementen (Elektronenröhren, Halbleitern) auftretenden Raumladungen. Damit wird jedoch die Berechnung mit elementaren Methoden (Tafel 2.3) möglich. Der Unterschied zum Feld einer geladenen Metallkugel mit Radius r_K ist der, daß innerhalb der Metallkugel die Feldstärke Null, also das Potential konstant ist.

Lösung

Infolge der Kugelsymmetrie werden wir als Ortskoordinate den Radius r einführen. In Abhängigkeit vom Winkel α, den r mit einem gewählten Radiusfahrstrahl einschließt, gibt es keine Feldänderung.

a) *Außerhalb der Raumladung* ($r \geqq r_K$) ist das Feld gleich dem einer Metallkugel mit gleicher Ladung wie die Raumladung. Nach (2.29) ist diese $Q = \int \varrho \, \mathrm{d}V$. Da $\varrho =$ konst., ist $Q = \varrho \frac{4}{3}\pi r_K^3$. Innerhalb einer Kugeloberfläche ändern sich D und E nicht (Gleichverteilung der Ladung!). Also folgt aus $D = \mathrm{d}\Psi/\mathrm{d}A$

$$D = \Psi_{\text{ges}}/A = Q/A_{\text{Kugel}} = \varrho \tfrac{4}{3}\pi r_K^3/(4\pi r^2) = \varrho r_K^3/(3r^2) = \varepsilon_0 \mathsf{E}.$$

Also wird

$$\mathsf{E} = \frac{\varrho r_K^3}{3\varepsilon_0 r^2}; \qquad r \geqq r_K.$$

Für $r = r_K$ wird am Rand der Raumladung $\mathsf{E}' = \varrho r_K/(3\varepsilon_0)$. Damit wird $\mathsf{E}(r)/\mathsf{E}' = (r_K/r)^2$ für $r \geqq r_K$ (Bild 2.26).

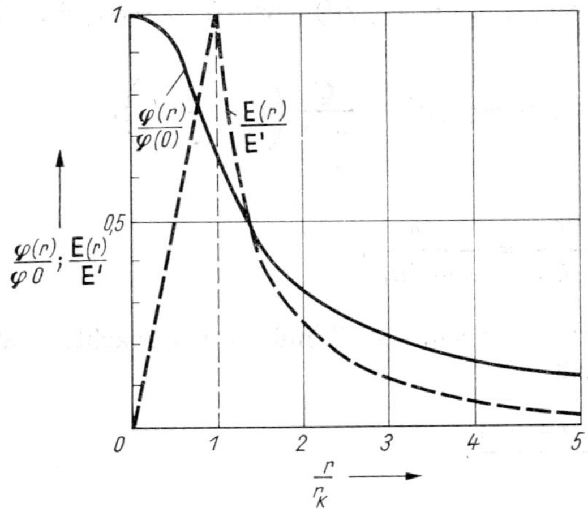

Bild 2.26

Der Potentialverlauf für $r \geqq r_K$ wird damit im Feldpunkt $P(r)$ (Bezugspunkt P_0 im frei wählbaren Abstand r_0)

$$\varphi(r) = \int_P^{P_0} \boldsymbol{E} \cdot d\boldsymbol{s} = \int_r^{r_0} \mathsf{E} \cdot dr = \frac{\varrho r_K^3}{3\varepsilon_0} \int_r^{r_0} \frac{dr'}{r'^2}$$

$$\varphi(r) = \frac{\varrho r_K^3}{3\varepsilon_0} \left(\frac{1}{r} - \frac{1}{r_0}\right).$$

Legen wir den Bezugspunkt ins Unendliche ($r_0 = \infty$), so wird

$$\varphi(r) = \frac{\varrho r_K^3}{3\varepsilon_0} \frac{1}{r} \quad \text{für} \quad r \geqq r_K. \tag{a}$$

Das Potential am Rand der Raumladung wird

$$\varphi(r_K) = \frac{\varrho r_K^2}{3\varepsilon_0}.$$

Also kann man schreiben:

$$\frac{\varphi(r)}{\varphi(r_K)} = \frac{1}{3} \frac{r_K}{r}.$$

b) *Innerhalb der Raumladung* ($r \leqq r_K$) umhüllt eine Kugeloberfläche $A = 4\pi r^2$ das Volumen $V = 4\pi r^3/3$ mit der Ladung $Q = \int \varrho \, dV = \varrho V$. Damit wird im Abstand r vom Mittelpunkt

$$D = \varepsilon_0 \mathsf{E} = Q/A = \varrho \frac{4}{3} \pi r^3/(4\pi r^2) = \frac{\varrho}{3} r$$

und

$$\mathsf{E}(r) = \frac{\varrho}{3\varepsilon_0} r.$$

D und E nehmen im Inneren der Raumladung mit r zu, da ja immer mehr Teilladungen zur Wirkung kommen. (Die im Nenner stehende Fläche nimmt zwar mit r^2 zu, aber die Anzahl der Ladungen im Zähler mit r^3!).
Am Raumladungsrand r_K wird (wie im Außenraum berechnet) $\mathsf{E}' = \varrho r_K/(3\varepsilon_0)$, und es wird damit $\mathsf{E}(r)/\mathsf{E}' = r/r_K$ (Bild 2.26).
Der Potentialverlauf ergibt sich mit dem bereits berechneten Potentialwert für $r = r_K$ (s. o., Bezugspunkt im Unendlichen)

$$\varphi(r) = \int_r^\infty E \cdot \mathrm{d}s = \int_r^{r_K} \mathsf{E}\,\mathrm{d}r + \int_{r_K}^\infty \mathsf{E}\,\mathrm{d}r = \int_r^{r_K} \mathsf{E}\,\mathrm{d}r + \varphi(r_K)$$

$$\varphi(r) = \frac{\varrho}{3\varepsilon_0} r_K^2 + \frac{\varrho}{3\varepsilon_0} \int_r^{r_K} r'\,\mathrm{d}r' = \frac{\varrho r_K^2}{2\varepsilon_0}\left[1 - \frac{1}{3}\left(\frac{r}{r_K}\right)^2\right].$$

Beziehen wir $\varphi(r)$ auf das höchste Potential ($r = 0$)

$$\varphi(0) = \frac{\varrho}{2\varepsilon_0} r_K^2,$$

so wird

$$\frac{\varphi(r)}{\varphi(0)} = 1 - \frac{1}{3}\left(\frac{r}{r_K}\right)^2 \quad \text{für} \quad r \leqq r_K.$$

Das Potential nimmt von $\varphi(0)$ ausgehend zunächst quadratisch ab bis $r = r_K$. Am Raumladungsrand ist $\varphi(r_K) = \frac{2}{3}\varphi(0)$.
Von da ab ($r > r_K$) nimmt es hyperbolisch ab: mit $\varphi(0)$ aus a) wird

$$\frac{\varphi(r)}{\varphi(0)} = \frac{2}{3}\frac{r_K}{r} \quad \text{für} \quad r \geqq r_K$$

(Bild 2.26).

Aufgabe 2.12 Potentialverlauf zwischen positiver und negativer Raumladung (pn-Übergang)

Gegeben ist ein Übergang zwischen positiver und negativer Raumladung, wie er in Näherung bei einem Übergang zwischen p- und n-Leitung im Halbleiter vorliegt (Bild 2.27). Die Raumladungsdichte ϱ sei in beiden Abschnitten, abgesehen vom Vorzeichen, gleich und örtlich konstant.

a) Skizziere das Feld der D-Linien und überlege, wie der Feldstärkeverlauf $\mathsf{E}(x)$ aussieht, und folgere daraus qualitativ den Potentialverlauf $\varphi(x)$!
b) Berechne und stelle Feldstärkeverlauf $\mathsf{E}(x)$ und Potentialverlauf $\varphi(x)$ grafisch dar!

Lösungshinweis

a) Jede positive Teilladung der Raumladung ist Quelle eines ***D***-Feldes (also z. B. einer ***D***- bzw. ***E***-Linie). Die Ladungslinien enden an den negativen Teilladungen. Dichte der ***D***- (***E***-) Linien ist proportional dem Betrag der Feldgröße.
b) Tafel 2.3b)

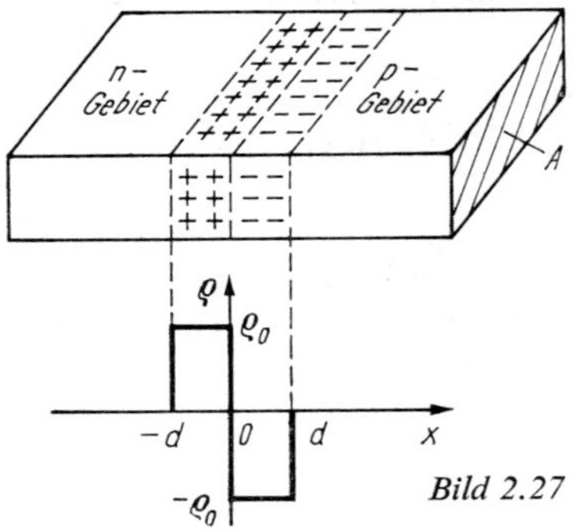

Bild 2.27

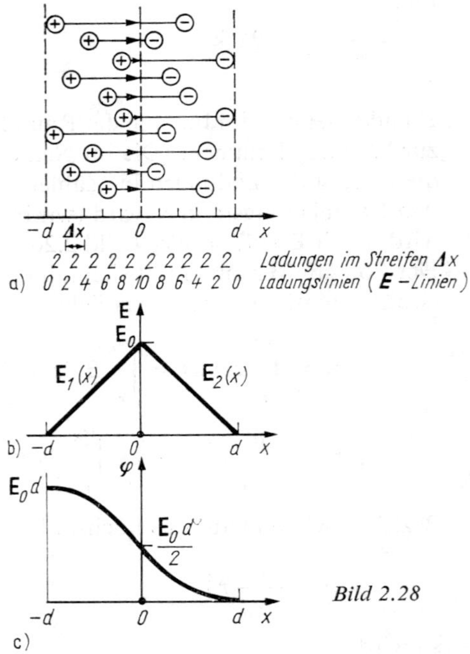

Bild 2.28

Lösung

a) Im Bild 2.28a ist ein Schnitt in der x, z-Ebene mit gleich verteilten positiven und negativen Ladungen mit je einer Ladungslinie von + nach − gezeichnet. In jedem Flächenelement der Breite Δx sind gleich viel (hier 2) Ladungen enthalten; infolgedessen nimmt die Anzahl der Ladungslinien von $x = -d$ bis $x = 0$ linear zu, wie im Bild 2.28a durch die Zahlenfolge 2, 4, 6, 8, 10 angegeben ist, und von $x = 0$ bis $x = d$ in gleicher Weise ab. Der Verlauf der Dichte der $\boldsymbol{D}$- (also auch $\boldsymbol{E}$-) Linien hat die im Bild 2.28b angegebene Dreieckform mit dem Maximalwert bei $x = 0$ (D_0 bzw. E_0). Auf Grund der parallelebenen Anordnung haben $\boldsymbol{D}$ und $\boldsymbol{E}$ nur eine x-Komponente $\boldsymbol{D} = \boldsymbol{i}D_x$; $\boldsymbol{E} = \boldsymbol{i}\mathsf{E}_x$. Die Beziehung (2.11) zwischen $\boldsymbol{E}$ und φ gibt an, daß E gleich dem Differentialquotienten von φ ist und φ in Richtung $\boldsymbol{E}$ abnimmt; hier gilt

$$\boldsymbol{E} = -\boldsymbol{i}\frac{\partial\varphi}{\partial x},$$

d.h., das höchste Potential liegt bei $x = -d$, $\varphi(x)$ hat dort eine horizontale Tangente; denn dort ist $\mathsf{E} = 0$! Das Gefälle des φ-Verlaufs nimmt bis $x = 0$ zu, und von $x = 0$ bis $x = d$ wird das Gefälle immer kleiner bis zur horizontalen Tangente ($\mathsf{E} = 0$!) bei $x = d$ (Bild 2.28c).

b) Aus Bild 2.28b ergibt sich

$$\mathsf{E}_1 = \mathsf{E}_0\left(1 + \frac{x}{d}\right) \quad \text{für} \quad -d \leqq x \leqq 0$$

$$\mathsf{E}_2 = \mathsf{E}_0\left(1 - \frac{x}{d}\right) \quad \text{für} \quad 0 \leqq x \leqq d,$$

wobei $\mathsf{E}_0 = D_0/\varepsilon_0$ und D_0 die Verschiebungsdichte an der Stelle $x = 0$ ist. Diese ergibt sich mit (2.31) und (2.24) bei einer Querschnittsfläche A (Bild 2.27)

$$\int_V \varrho_0 \cdot \mathrm{d}V = \int_A \boldsymbol{D} \cdot \mathrm{d}\boldsymbol{A}; \qquad \int_{-d}^{0} \varrho_0 A \,\mathrm{d}x = D_0 A.$$

Damit wird

$$D_0 = \varrho_0 d, \quad \text{also} \quad \mathsf{E}_0 = \frac{\varrho_0 d}{\varepsilon_0}.$$

Der Potentialverlauf ergibt sich mit (2.7) und Bezugspunkt $\varphi = 0$ bei $x = d$ ($\boldsymbol{E} = \boldsymbol{i}\mathsf{E}_x$; $\mathrm{d}\boldsymbol{s} = \boldsymbol{i}\,\mathrm{d}x$) im Bereich $0 \leqq x \leqq d$ zu

$$\varphi(x) = \int_x^d \boldsymbol{E} \cdot \mathrm{d}\boldsymbol{s} = \int_x^d \mathsf{E}_2 \cdot \mathrm{d}x = \int_x^d \mathsf{E}_0 \left(1 - \frac{x'}{d}\right) \mathrm{d}x'$$

$$\varphi(x) = \frac{\mathsf{E}_0 d}{2}\left(1 - \frac{x}{d}\right)^2; \qquad 0 \leqq x \leqq d.$$

Für $x = 0$ wird $\varphi(0) = \mathsf{E}_0 d/2$. Für den Bereich $-d \leqq x \leqq 0$ wird

$$\varphi(x) = \int_x^d \boldsymbol{E} \cdot \mathrm{d}\boldsymbol{s} = \int_x^0 \boldsymbol{E}_1 \cdot \mathrm{d}\boldsymbol{s} + \int_0^d \boldsymbol{E}_2 \cdot \mathrm{d}\boldsymbol{s}.$$

Das letzte Integral ist der berechnete Wert $\varphi(0) = \mathsf{E}_0 d/2$. Damit ist

$$\varphi(x) = \int_x^0 \mathsf{E}_0 \left(1 + \frac{x'}{d}\right) \mathrm{d}x' + \varphi(0)$$

$$\varphi(x) = \frac{\mathsf{E}_0 d}{2}\left[1 - \frac{2x}{d} - \left(\frac{x}{d}\right)^2\right]; \qquad -d \leqq x \leqq 0.$$

Für $x = -d$ ergibt sich als höchster Potentialwert $\varphi(-d) = \mathsf{E}_0 d = 2\varphi(0)$. $\varphi(x)$ ist im Bild 2.28c angegeben. Zwischen den Punkten $x_1 = -d$ und $x_2 = +d$ liegt eine Potentialdifferenz (Spannung) $\varphi(-d) - \varphi(d) = \varphi(-d) = \mathsf{E}_0 d = \varrho_0 d^2/\varepsilon_0$.

Diese Spannung im pn-Übergang eines Halbleiters nennt man *Diffusionsspannung*, da sich die Raumladungen durch Abdiffusion von Elektronen vom n-Gebiet ins p-Gebiet und von Defektelektronen vom p-Gebiet ins n-Gebiet aufbauen, bis die dadurch entstehende Gegenfeldstärke die Diffusion zum Stillstand bringt (Gleichgewicht). Diese Potentialschwelle bewirkt den Gleichrichtereffekt der Diode.
Beachte den Zusammenhang (C_ν sind Konstanten):

$$\varrho = C_1 \rightarrow \quad \mathsf{E} = C_2 x \rightarrow \frac{\mathrm{d}\varphi}{\mathrm{d}x} = C_3 x,$$

d.h.,

$$\varrho = C_1 \rightarrow \frac{\mathrm{d}\mathsf{E}}{\mathrm{d}x} = C_2 \rightarrow \frac{\mathrm{d}^2\varphi}{\mathrm{d}x^2} = C_3; \qquad \varrho \sim \frac{\mathrm{d}^2\varphi}{\mathrm{d}x^2}.$$

Ist ϱ gegeben, so kann man qualitativ den φ-Verlauf grafisch angeben und umgekehrt: ϱ ist proportional der Krümmung des φ-Verlaufs, bzw. die 1. Abteilung des φ-Verlaufs ist proportional der Feldstärke, und die Ableitung der Feldstärke ergibt qualitativ den Verlauf der Raumladung.

Aufgabe 2.13 Kapazität; zusammengeschaltete Kondensatoren

Gegeben sei die im Bild 2.29 wiedergegebene Zusammenschaltung mehrerer Einzelkondensatoren.

a) Wie groß ist die Gesamtkapazität C_{AB} der Schaltung?

b) Berechne die Teilspannungen U_1 und U_2, wenn der gesamte Spannungsabfall $U_{AB} = 200$ V beträgt!
c) Die maximal zulässige Betriebsspannung von C_1 und C_2 ist U_0, die von C_3 ist $2U_0$. Bis zu welcher Spannung (bezogen auf U_0) darf man die Schaltung betreiben?

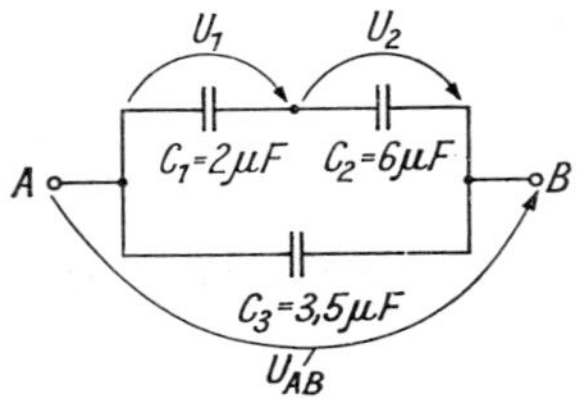

Bild 2.29

Lösungshinweis

Gehe bei der Lösung von den Gln. (2.37) und (2.38) aus!
Beachte: In Reihe geschaltete Kondensatoren haben gleiche Ladung!

Lösung

a) Nach Gln. (2.37) und (2.38) wird

$$C_{AB} = C_3 + \frac{C_1 C_2}{C_1 + C_2} = 3{,}5\ \mu\text{F} + \frac{12}{8}\ \mu\text{F} = 5\ \mu\text{F}.$$

b) Die beiden in Reihe liegenden Kondensatoren haben gleich große Ladungen, so daß sich mit (2.36a) folgende Beziehungen ergeben:

$$Q = C_1 U_1 = C_2 U_2$$

$$C_2 U_2 = C_1 (U_{AB} - U_2); \qquad U_2 = U_{AB} \frac{C_1}{C_1 + C_2} = 200\ \text{V}\ \frac{2}{8} = 50\ \text{V};$$

$$U_1 = 150\ \text{V}.$$

c) Aus $C_1 U_1 = C_2 U_2$ ergibt sich, daß die kleinere Kapazität die größere Teilspannung erhält: Da $C_2 = 3C_1$ ist, wird $U_1 = 3U_2$. U_1 darf also maximal U_0 erreichen, dann wird aber $U_2 = U_0/3$ und damit die maximal zulässige Gesamtspannung

$$U_{AB} = U_1 + U_2 = U_0 (1 + C_1/C_2) = (4/3)\ U_0.$$

Nur bei $C_1 = C_2$ werden alle 3 Kondensatoren spannungsmäßig bis an die Grenze belastet.

Aufgabe 2.14 Kapazität, Influenzladung

Im Dielektrikum eines Plattenkondensators, der eine Ladung Q trägt und dessen Feld homogen angenommen wird, befindet sich eine planparallele Metallplatte P der Dicke δ (Bild 2.30).

Berechne die Kapazität C dieses Kondensators in Abhängigkeit von der Lage x der Platte,

a) wenn sie mit der Elektrode B leitend verbunden
b) wenn sie mit der Elektrode A leitend verbunden
c) wenn sie isoliert ist!

Welcher Zusammenhang besteht zwischen den Kapazitätswerten aus a) und b) mit dem aus c)?

Lösungshinweis

Benutze zur Lösung (2.35), (2.36a), (2.36b)!

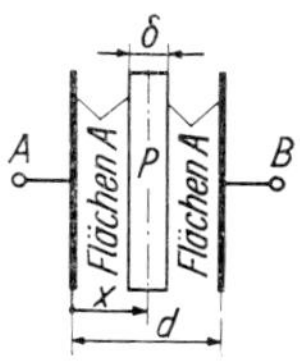

Bild 2.30
Plattenkondensator mit Metallplatte P

Lösung

a) Verbindet man die Platte P mit der Elektrode B, so breitet sich das Feld nur zwischen der Platte und der Elektrode A aus. Der nichtleitende Raum zwischen P und Elektrode B bleibt feldfrei. Damit ergibt sich nach Gl. (2.36b) für

$$C_{AP} = \frac{\varepsilon A}{x - \frac{\delta}{2}}; \qquad \left(d - \frac{\delta}{2}\right) \geqq x > \frac{\delta}{2}.$$

b) Hier liegen dem Fall a) entsprechende Verhältnisse vor:

$$C_{PB} = \frac{\varepsilon A}{d - \left(x + \frac{\delta}{2}\right)}; \qquad d - \frac{\delta}{2} > x \geqq \frac{\delta}{2}.$$

c) Befindet sich eine Metallplatte isoliert in einem Feld der Ladung Q, so werden in ihr gleich große Ladungen $\pm Q_i = \pm Q$ influenziert (Bild 2.31)

$$C_{AB} = \frac{Q}{U_{AB}}; \qquad U_{AB} = U_{AP} + U_{PB};$$

denn für die Oberfläche der Metallplatte P gilt φ = konst.
Damit wird

$$C_{AB} = \frac{Q}{U_{AP} + U_{PB}} = \frac{1}{\frac{U_{AP}}{Q_i} + \frac{U_{PB}}{Q_i}} = \frac{1}{\frac{1}{C_{AP}} + \frac{1}{C_{PB}}} \quad \text{mit} \quad Q = Q_i$$

$$\frac{1}{C_{AB}} = \frac{1}{C_{AP}} + \frac{1}{C_{PB}} = \frac{x - \frac{\delta}{2} + d - x - \frac{\delta}{2}}{\varepsilon A} = \frac{d - \delta}{\varepsilon A}$$

$$C_{AB} = \frac{\varepsilon A}{d - \delta}, \quad \text{vgl. (2.38).}$$

Diskussion

Die Ergebnisse a) und b) für die beiden Kapazitäten sind von der Lage x der Platte abhängig, weil diese Fälle einer einfachen Abstandsänderung der Elektroden A und B gleichkommen. Wie die Rechnung unter c) zeigt, bildet sich die Gesamtkapazität aus

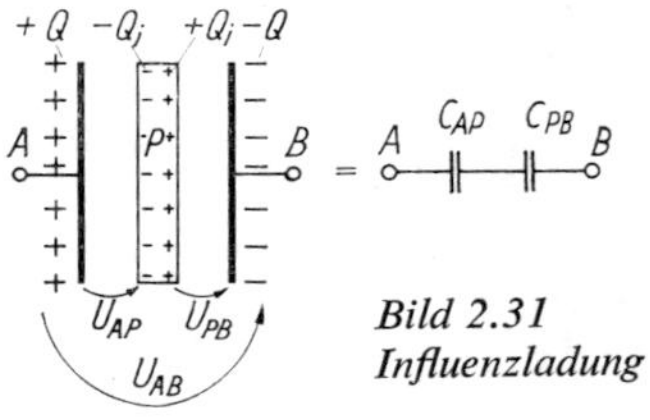

Bild 2.31
Influenzladung $\pm Q_i$ *durch das Feld der Ladung* Q

einer Reihenschaltung von C_{AP} und C_{PB}. Sie ist dagegen von der Lage der Platte unabhängig, was auch einleuchtet, wenn man betrachtet, daß bei einer Verschiebung der isolierten Platte in Richtung auf eine Elektrode die eine Teilkapazität auf Kosten der anderen anwächst (Bild 2.31):

$$C_{AB} = \frac{C_{AP} C_{PB}}{C_{AP} + C_{PB}},$$

C_{AP} wächst bei kleiner werdendem x, während C_{PB} abnimmt. Für $x \to \delta/2$ geht $C_{AP} \to \infty$, damit wird

$$\lim_{x \to \delta/2} C_{AB} = \lim_{x \to \delta/2} \frac{C_{PB}}{1 + \dfrac{C_{PB}}{C_{AP}}} = C_{PB} = \frac{\varepsilon A}{d - \delta}.$$

Aufgabe 2.15 Kapazität eines Kugelkondensators

Berechne die Kapazität eines Kugelkondensators, bestehend aus 2 konzentrischen Metallkugeln mit den Radien r_i und r_a und leite daraus die Kapazität einer Kugel mit Radius $r_i = 1$ cm in Luft gegenüber einer unendlich weit entfernten Elektrode ab!

Lösungshinweis

Beachte: Die beiden konzentrischen Kugelflächen sind Äquipotentialflächen einer Punktquelle. Wir leiten also die Lösung als „Randwertproblem“ der Punktquelle ab.

Lösung

Berechnung der Kapazität über die Feldgrößen D und E nach Tafel 2.3b, ausgehend von der Punktquelle Q. Die Äquipotentialflächen sind Kugeloberflächen, auf denen D und E konstant sind. Man kann also zur Berechnung von D für den Differentialquotienten integrale Größen einsetzen.
Mit den Gln. (2.24) und (2.25) wird also

$$D = \frac{\mathrm{d}\Psi}{\mathrm{d}A} = \frac{\Psi_{\mathrm{ges}}}{A(r)} = \frac{Q}{A(r)}.$$

Als Kugelfläche ist $A(r) = 4\pi r^2$. Damit wird

$$\mathsf{E} = \frac{D}{\varepsilon} = \frac{Q}{4\pi\varepsilon r^2}$$

$$U = \int_{r_i}^{r_a} \boldsymbol{E} \cdot \mathrm{d}\boldsymbol{s} \approx \int_{r_i}^{r_a} \mathsf{E}(r)\,\mathrm{d}r = \frac{Q}{4\pi\varepsilon}\int_{r_i}^{r_a} \frac{\mathrm{d}r}{r^2} = \frac{Q}{4\pi\varepsilon}\left(\frac{1}{r_i} - \frac{1}{r_a}\right)$$

und mit Gl. (2.35)

$$C = \frac{Q}{U} = \frac{4\pi\varepsilon}{\dfrac{1}{r_i} - \dfrac{1}{r_a}}.$$

Für die unendlich weit entfernte Gegenelektrode wird

$$\lim_{r_a \to \infty} C = C_\infty = 4\pi\varepsilon_0\varepsilon_r r_i,$$

wobei sich mit $r_i = 1$ cm, Gl. (2.33) und $\varepsilon_r = 1$ ergibt:

$$C_\infty = 4\pi\varepsilon_0 r_i = 4\pi \cdot 8{,}86 \cdot 10^{-12}\,\frac{\mathrm{A\cdot s}}{\mathrm{V\cdot m}} \cdot 10^{-2}\,\mathrm{m} = 1{,}11\ \mathrm{pF}.$$

Merke: Eine Kugel von 1 cm Radius hat gegen eine unendlich weit entfernte Gegenelektrode im Vakuum eine Kapazität von etwa 1 pF.

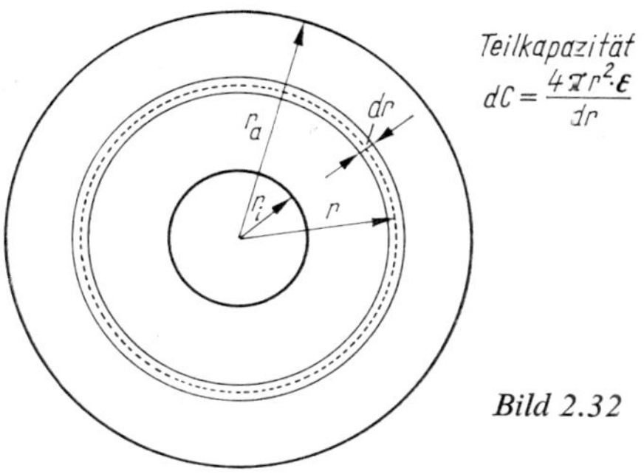

Bild 2.32

Berechnung der Kapazität aus der Reihenschaltung von differentiellen Teilkapazitäten der Fläche $A(r)$ und der Dicke dr, in denen das Feld homogen ist (Bild 2.32), was die Anwendung der Gl. (2.36 b) ermöglicht. Bei Reihenschaltung sind nach (2.38) die reziproken Kapazitäten zu addieren.

$$\frac{1}{C} = \sum \frac{1}{C_\nu}.$$

Damit gilt für unsere Aufgabenstellung

$$\frac{1}{C} = \int_{r_i}^{r_a} \frac{\mathrm{d}r}{4\pi\varepsilon r^2} = \frac{1}{4\pi\varepsilon}\left(\frac{1}{r_i} - \frac{1}{r_a}\right); \qquad C = \frac{4\pi\varepsilon}{\dfrac{1}{r_i} - \dfrac{1}{r_a}}.$$

Aufgabe 2.16 Zylinderanordnung mit geschichtetem Dielektrikum

In einem Kabel mit Kreisquerschnitt liegen zwischen Innenleiter (Radius r_1) und Außenmantel (Radius $r_a = 4r_1$) 3 koaxiale Isolierschichten mit den Innenradien r_1, $r_2 = 2r_1$ und $r_3 = 3r_1$ und den Dielektrizitätskonstanten ε_1, ε_2 bzw. ε_3 (Bild 2.33). Die 3 Isolierstoffe weisen gleiche maximal zulässige Feldstärke $\hat{E}$ auf.

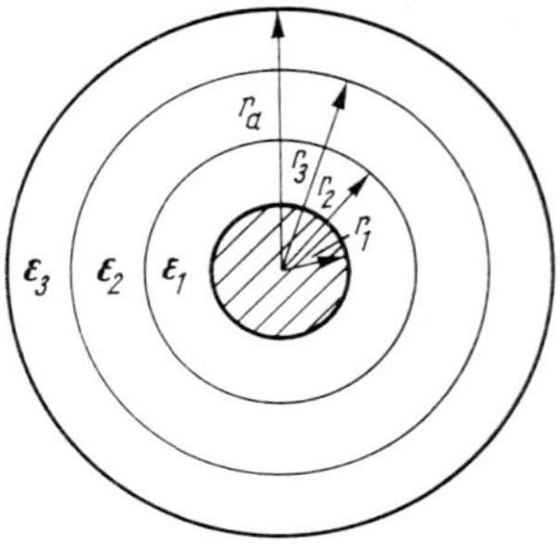

Bild 2.33

Um das Kabel mit möglichst hoher Spannung betreiben zu können, sollen die Isolierstoffe bis zur maximal zulässigen Feldstärke $\hat{E}$ betrieben werden (möglichst gleiche Feldstärkeverteilung längs Radius r).

a) Berechne und gib $D(r)$ bezogen auf $D(r_1)$ grafisch an!
b) Zeichne in Darstellung a) qualitativ einen Feldstärkeverlauf ein! Was passiert an den Trennflächen, und wie sind grundsätzlich die 3 ε-Werte zu staffeln, um möglichst gleiche Feldverteilung zu erhalten?
c) Berechne die Relation der ε-Werte für den Fall, daß jede Isolierschicht bis $\hat{E}$ belastet wird!
d) Berechne mit der Annahme c) die maximal mögliche Spannung als Funktion von $\hat{E}$ und r_1! Welche Spannung wäre bei gleichem Isolierstoff von r_1 bis r_a mit ε_1 möglich?
e) Wie verhalten sich die Kapazitäten je Längeneinheit l bei geschichteter und homogener Isolierung?

Lösungshinweis

a) Wir nehmen eine Ladung Q für die Kabellänge l an und berechnen D nach Tafel 2.3b für die zylindersymmetrische Anordnung.
b) Auf Grund (2.32) ändert sich $\boldsymbol{E}$ sprunghaft an Trennflächen mit ε-Änderung. Durch Wahl des ε-Wertes kann man also die Feldstärke auf einen geforderten Wert ändern.
c) Die geforderte Gleichheit der maximalen Feldstärken in den Bereichen *1*, *2* und *3* ergibt die Beziehungen zwischen den ε-Werten.
d) und e) s. Tafel 2.3b.

Lösung

a) Wir nehmen eine Ladung Q_+ auf dem Innenleiter und Q_- auf dem Mantel der Länge l des Kabels an. Auf Grund der Zylindersymmetrie verlaufen die Ψ-Linien ($\boldsymbol{D}$-Linien) radial gleich verteilt (analog $\boldsymbol{S}$-Feld im Bild 2.7). Wir können für den Differentialquotienten (2.25) den Quotienten integraler Größen analog Aufgabe 2.5 schreiben, und mit (2.24) gilt

$$D = \frac{d\Psi}{dA} = \frac{\Psi_{ges}}{A} = \frac{Q}{A} = \frac{Q}{2\pi r l} = \frac{Q/l}{2\pi r}$$

(Q/l ist die Ladung je Länge).

An der Stelle r_1 ist $D_{10} = (Q/l)/(2\pi r_1)$. Also wird

$$\frac{D}{D_{10}} = \frac{r_1}{r}.$$

Ψ und D ändern sich nicht bei Änderung von ε, gehen also stetig durch Trennflächen (Bild 2.34).

b) Auf Grund der Beziehung (2.32) $D = \varepsilon \mathsf{E}$ verläuft E wie D bei $\varepsilon =$ konst., nimmt also mit zunehmendem r ab. An der Stelle r_2 bzw. r_3 kann E wieder erhöht werden, indem man z.B. ε_2 kleiner macht: $\varepsilon_1 \mathsf{E}_1 = \varepsilon_2 \mathsf{E}_2$; $\mathsf{E}_2 = (\varepsilon_1/\varepsilon_2)\, \mathsf{E}_1$. Damit kann man einen E-Verlauf erreichen, wie er im Bild 2.34 qualitativ eingetragen ist.

c) Mit (2.32) $\mathsf{E} = D/\varepsilon$ wird aus a)

im Raum 1 $\quad r_1 \leqq r \leqq r_2$: $\quad \mathsf{E}_1 = \mathsf{E}_{10}\,(r_1/r)$

im Raum 2 $\quad r_2 \leqq r \leqq r_3$: $\quad \mathsf{E}r = \mathsf{E}_{20}\,(r_2/r)$

im Raum 3 $\quad r_3 \leqq r \leqq r_a$: $\quad \mathsf{E}_3 = \mathsf{E}_{30}\,(r_3/r)$.

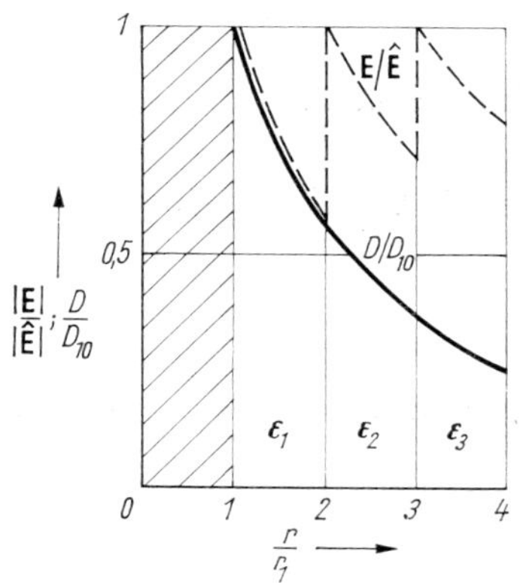

Bild 2.34

Dabei sind $\mathsf{E}_{\nu 0} = D_{\nu 0}/\varepsilon_\nu$ ($\nu = 1, 2, 3$) die maximalen Feldstärken in den 3 Isoliermedien. Diese sollen gleich $\hat{\mathsf{E}}$ sein, also gilt

$$\mathsf{E}_{10} = \mathsf{E}_{20} = \mathsf{E}_{30} = \hat{\mathsf{E}}.$$

Mit $D_{\nu 0} = Q/(2\pi l r_\nu)$ und $\mathsf{E}_{\nu 0} = Q/(2\pi r_\nu l \varepsilon_\nu)$ muß an den Trennstellen das Produkt εr gleich sein

$$\varepsilon_1 r_1 = \varepsilon_2 r_2 = \varepsilon_3 r_3, \quad \text{d.h.,} \quad \varepsilon_1 : \varepsilon_2 : \varepsilon_3 = r_3 : r_2 : r_1,$$

also

$$\varepsilon_1 : \varepsilon_2 : \varepsilon_3 = 3 : 2 : 1.$$

Hier sind die konstruktiven Daten (r_1, r_2, r_3) vorgegeben. Daraus ergeben sich die Relationen der ε-Werte. Meist werden letztere vorgegeben sein, und man kann sich bei dem Entwurf der Schichtdicken nach den ε-Werten richten.

Damit wird

$$\mathsf{E}_\nu = \hat{\mathsf{E}} r_\nu / r.$$

d) Die Spannung ergibt sich als Summe der 3 Teilspannungen

$$U = \int_{r_1}^{r_2} \mathsf{E}_1 \, dr + \int_{r_2}^{r_3} \mathsf{E}_2 \, dr + \int_{r_3}^{r_a} \mathsf{E}_3 \, dr$$

$$= \hat{\mathsf{E}} \left(\int_{r_1}^{r_2} r_1 \frac{dr}{r} + \int_{r_2}^{r_3} r_2 \frac{dr}{r} + \int_{r_3}^{r_a} r_3 \frac{dr}{r} \right)$$

$$U = \hat{\mathsf{E}} \, r_1 \left(\ln \frac{r_2}{r_1} + \frac{r_2}{r_1} \ln \frac{r_3}{r_2} + \frac{r_3}{r_1} \ln \frac{r_a}{r_3} \right).$$

Mit den gegebenen Relationen der Radien gilt

$$U = \hat{\mathsf{E}} r_1 \, [\ln 2 + 2 \ln 1{,}5 + 3 \ln (4/3)] = 2{,}36 \hat{\mathsf{E}} r_1 .$$

Zum Beispiel beträgt bei dielektrischer Festigkeit $\hat{\mathsf{E}} = 15$ kV/mm und $r_1 = 5$ mm die maximale Spannung 177 kV.
Liegt ein homogenes Medium als Isolierung vor ($\varepsilon_1 = \varepsilon_2 = \varepsilon_3$), so ist

$$U' = \int_{r_1}^{r_a} \mathsf{E}_1 \, dr = \hat{\mathsf{E}} r_1 \ln \frac{r_a}{r_1} = \hat{\mathsf{E}} r_1 \ln 4 = 1{,}39 \hat{\mathsf{E}} r_1 \approx 0{,}6 U.$$

e) Entsprechend (2.35) in Tafel 2.3 b gilt für die Kapazität je Längeneinheit

$$C/l = \frac{Q/l}{U}.$$

U ergibt sich aus d): $U = 2{,}36 \hat{\mathsf{E}} r_1$, wobei gemäß c): $\hat{\mathsf{E}} r_1 = \mathsf{E}_{10} r_1$ ist. Mit $\mathsf{E}_{10} = D_{10}/\varepsilon_1 = (Q/l)/(2\pi\varepsilon_1 r_1)$ ist $\hat{\mathsf{E}} r_1 = (Q/l)/(2\pi\varepsilon_1)$.
Also wird

$$C/l = \frac{2\pi\varepsilon_1}{2{,}36} = 2{,}66 \varepsilon_1 .$$

Auf Grund der Relation U/U' in d) wird $C'/l = 2\pi\varepsilon_1/1{,}39 = 4{,}52\varepsilon_1$. Mit $\varepsilon_0 = 8{,}86$ pF/m ergibt sich also $C'/l = \varepsilon_{r1} \cdot 40$ pF/m.
Infolge der Schichtung (Reihenschaltung) ist $C < C'$, was im Betrieb häufig erwünscht ist.

Aufgabe 2.17 Kapazität einer Paralleldrahtleitung

Gleiche geometrische Anordnungen haben bei Ausbildung eines Strömungsfeldes und elektrostatischen Feldes gleiche Potential- und Feldstärkeverteilung. Durch Analogiebetrachtungen sind die Ergebnisse übertragbar.
Berechne durch Analogiebetrachtung der Ergebnisse in Aufgabe 2.6 die Kapazität einer Paralleldrahtleitung, und leite daraus die Kapazität zwischen einem zur Erdoberfläche parallelen Draht und Erde ab!

Lösungshinweis

Beachte Hinweise zu den Beziehungen (2.19) und (2.20) und die Aussage, daß jede Äquipotentialfläche einer Anordnung durch eine leitende Fläche ersetzt („metallisiert“) werden kann, ohne daß das Feld sich ändert.

Lösung

Die Lösung einer Anordnung im leitenden Medium (Leitfähigkeit $\varkappa$) kann man für das nichtleitende Medium (Dielektrizitätskonstante ε) übernehmen, wenn man den Strom I durch die Ladung Q, $\varkappa$ durch ε und $R = U/I$ durch $1/C = U/Q$ ersetzt.
In Aufgabe 2.6 ergab sich bei einem Achsabstand d der parallelen Leitungen und einem Radius R der Drähte der Widerstand zwischen den Leitungen im leitenden Medium ($\varkappa$) zu

$$R_{AB} = \frac{2\varphi_A}{I} = \frac{1}{\pi\varkappa l} \ln\left(\frac{d}{2R} + \sqrt{\left(\frac{d}{2R}\right)^2 - 1}\right).$$

Die Kapazität zwischen den beiden Leitern im Dielektrikum (ε) berechnet man aus

$$C_{AB} = \frac{Q}{2\varphi_A} = \pi\varepsilon l/\ln\left(\frac{d}{2R} + \sqrt{\left(\frac{d}{2R}\right)^2 - 1}\right).$$

Ist $R \ll d$, so wird

$$C_{AB} \approx \pi\varepsilon l/\ln\frac{d}{R}.$$

Eine Doppelleitung ($R = 1$ cm, $d = 1$ m, $\varepsilon = \varepsilon_0$) besitzt je Meter eine Kapazität von 6 pF.

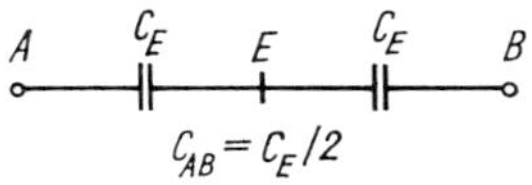

Bild 2.35

Das Feldbild (Bild 2.10) ist spiegelbildlich zur y-Achse ($\varphi = 0$), enthält als eine Hälfte also auch das Feldbild einer Leitung über Erde. Da die Gegenelektrode Erde jetzt die Potentialebene $\varphi = 0$ darstellt, gilt $C_E = Q/\varphi_A$, also der doppelte Wert von C_{AB}.
Damit ist

$$C_E \approx 2\pi\varepsilon l/\ln\frac{d}{R},$$

wobei d der doppelte Abstand zwischen Leitung und Erde ist. Die oben berechnete Kapazität C_{AB} ist also die Reihenschaltung zweier doppelt so großer Teilkapazitäten (Bild 2.35).

Aufgabe 2.18 Kapazität eines begrenzten geraden Leitungsstücks

Ein gerades sehr dünnes Leitungsstück der Länge l (Radius ϱ) im nichtleitenden Raum ist mit Ladung Q geladen (homogene Ladungsverteilung längs l; Gegenelektrode unendlich weit weg). Gesucht sind das Potentialfeld und die Kapazität des Leitungsstücks (Bild 2.36).
Die Berechnung soll durch Überlagerung der Felder von Punktladungen erfolgen, die sich durch Zerlegung der Linienladung in differentiell kleine Abschnitte ergeben.

Lösungshinweis

Wir berechnen zunächst die differentielle Teilladung auf dem Längenelement dy. Das Potential dieser punktförmigen Teilladung in einem gewählten Feldpunkt $P(x, y)$ berechnen wir nach Tafel 2.3b bzw. mit der zu (2.19) analogen Beziehung. Die Überlagerung der Teilpotentiale aller Leitungselemente im Feldpunkt P erfolgt mit (2.13), wobei die Summe aller differentiellen Elemente durch Integration von $-l/2$ bis $+l/2$ gebildet wird. Die Kapazität ergibt sich mit (2.35) (Tafel 2.3), wobei die Spannung U gleich der Differenz des Potentials auf dem Leiter (Radius ϱ) und dem Potential im Unendlichen ist.

Lösung

Wir betrachten ein Leiterelement $\mathrm{d}\eta$ an der Stelle $y = \eta$ mit der Teilladung $\mathrm{d}Q = (Ql/l)\,\mathrm{d}\eta$ im Abstand r vom Feldpunkt in x,y-Ebene $P\,(x, y)$ Bild 2.37. Im Punkt P entsteht von $\mathrm{d}Q$ herrührend eine Verschiebungsflußdichte (vgl. Aufg. 2.15)

$$D = \frac{\mathrm{d}\Psi}{\mathrm{d}A} = \frac{\mathrm{d}Q}{4\pi r^2},$$

also eine Feldstärke in Richtung r

$$\mathsf{E} = D/\varepsilon = \mathrm{d}Q/(4\pi\varepsilon r^2)$$

und ein Teilpotential im Punkt P, herrührend von $\mathrm{d}Q$ auf Element $\mathrm{d}\eta$ (Bezugspunkt im Abstand r_0 von $\mathrm{d}Q$)

$$\mathrm{d}\varphi = \int_r^{r_0} \boldsymbol{E}\,\mathrm{d}\boldsymbol{s} = \int_r^{r_0} \mathsf{E}\,\mathrm{d}r' = \frac{\mathrm{d}Q}{4\pi\varepsilon}\int_r^{r_0}\frac{\mathrm{d}r'}{r'^2} = \frac{\mathrm{d}Q}{4\pi\varepsilon}\left(\frac{1}{r} - \frac{1}{r_0}\right).$$

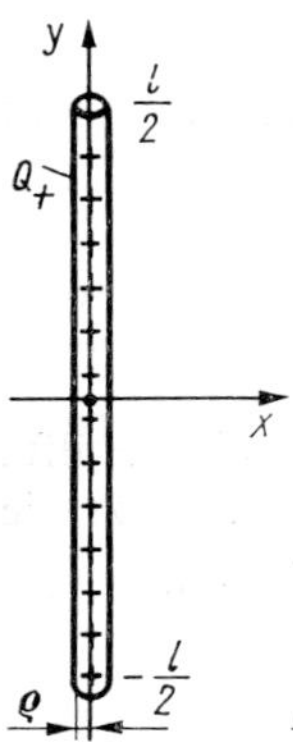

Bild 2.36

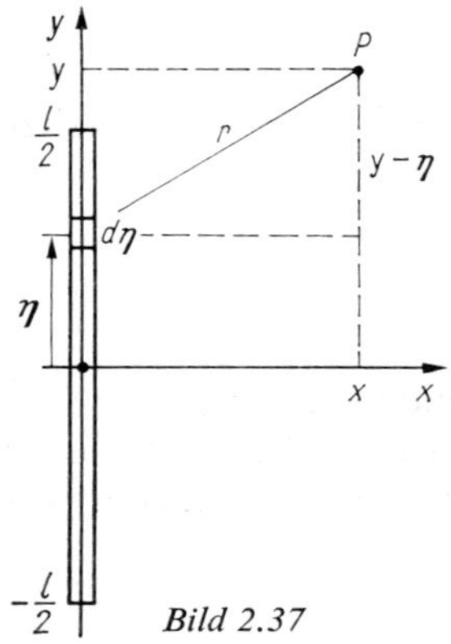

Bild 2.37

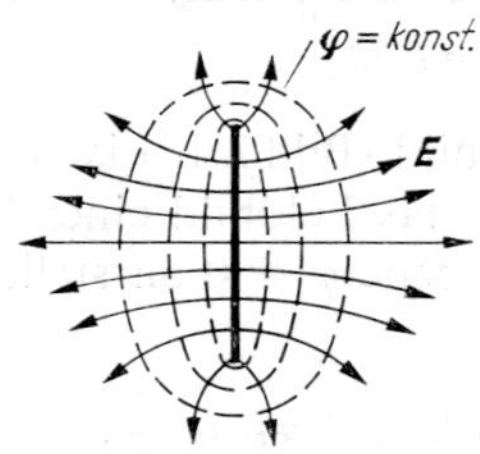

Bild 2.38

Legen wir den Bezugspunkt ($\varphi = 0$) ins Unendliche ($r_0 = \infty$), so wird

$$\mathrm{d}\varphi = \frac{Q}{4\pi\varepsilon l r}\,\mathrm{d}\eta.$$

r ist von η abhängig (Bild 2.37), $r = \sqrt{(y - \eta)^2 + x^2}$. Damit wird die Gleichung für das Potential im Punkt $P\,(x, y)$, herrührend von sämtlichen aneinandergereihten Punktquellen,

$$\varphi = \frac{Q}{4\pi\varepsilon l}\int_{-l/2}^{+l/2}\frac{\mathrm{d}\eta}{\sqrt{(y - \eta)^2 + x^2}}.$$

Mit der Substitution $y - \eta = \xi$, also $\mathrm{d}\eta = -\mathrm{d}\xi$, kann man schreiben

$$\varphi = \frac{Q}{4\pi\varepsilon l}\int_a^b\frac{-\mathrm{d}\xi}{\sqrt{\xi^2 + x^2}} = \frac{Q}{4\pi\varepsilon l}\ln\left(\xi + \sqrt{\xi^2 + x^2}\right)_b^a,$$

wobei $a = y + l/2$ und $b = y - l/2$ sind. Damit ergibt sich

$$\varphi\,(x, y) = \frac{Q}{4\pi\varepsilon l}\ln\frac{y + l/2 + \sqrt{(y + l/2)^2 + x^2}}{y - l/2 + \sqrt{(y - l/2)^2 + x^2}}.$$

Wertet man $\varphi(x, y) = K$ aus, so ergeben sich konfokale Ellipsen in x,y-Ebene, deren Brennpunkte an den Stabenden liegen (Bild 2.38). Räumlich entstehen die Potentialflächen durch Rotation dieser Ellipsen um die y-Achse. Diese Ellipsoide nähern sich bei großen Entfernungen der Kugelform und bei sehr kleinen Entfernungen der Zylinderform (Drahtmantel) an.
Setzen wir $y \approx l/2$ und $x = \varrho \ll l/2$, so erhalten wir das Potential auf dem Leiter

$$\varphi_\varrho = \frac{Q}{4\pi\varepsilon l} \ln \frac{2l}{\varrho}.$$

Damit ergibt sich die Kapazität

$$C = \frac{Q}{\varphi_\varrho - \varphi_\infty} = \frac{Q}{\varphi_\varrho} = \frac{4\pi\varepsilon l}{\ln(2l/\varrho)}.$$

Aufgabe 2.19 Verteilung influenzierter Ladung

Im Abstand $z = a$ von einer leitenden Ebene befindet sich eine negative Punktladung Q_- (Bild 2.39). Diese influenziert auf der leitenden Ebene eine gleich große positive Ladung. Die Verteilung dieser Influenzladung auf der Fläche ist gesucht. Berechne die Ladungsdichte σ als Funktion des Ortes!
Das Quellenproblem für diese Anordnung ist das Feld zweier Punktladungen Q_+ und Q_- im Abstand $2a$ (d. h. eine an der leitenden Ebene gespiegelte Ladung mit entgegengesetzten Vorzeichen).
Die Ladungsdichte $\sigma = \mathrm{d}Q/\mathrm{d}A$ erzeugt an der Oberfläche des Leiters im Nichtleiter eine Verschiebungsflußdichte $\mathrm{d}\Psi/\mathrm{d}A = D = \varepsilon_0 \mathrm{E}$.

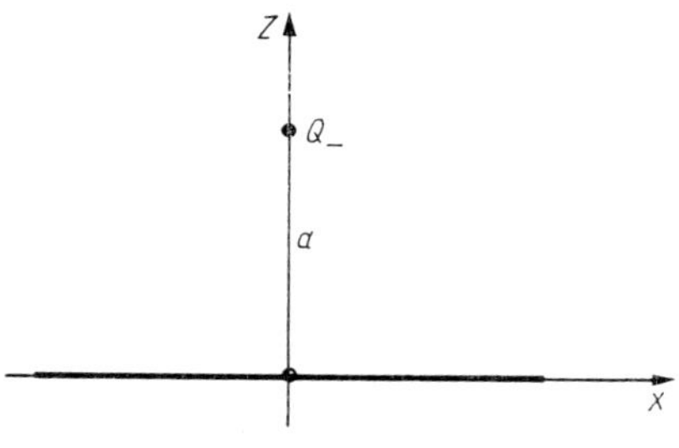

Bild 2.39

Lösungshinweis

Gehe vom Potential einer Punktquelle – analog (2.19) – aus, und überlagere das Potential der Spiegelladung mit entgegengesetztem Vorzeichen (analog Aufgabe 2.6b)! Es interessiert die Feldstärke auf der Symmetrieebene (leitende Ebene), die man mit Hilfe (2.11), Tafel 2.2, erhält.

Lösung

Im Bild 2.40 ergibt sich im Feldpunkt $P(x, z)$ das Potential als Überlagerung des Potentials von Q_+ und Q_-:

$$\varphi(x, z) = \varphi_+(x, z) + \varphi_-(x, z).$$

Dabei sind nach (2.19) und Aufgabe 2.14

$$\varphi_+ = \frac{Q_+}{4\pi\varepsilon_0}\left(\frac{1}{r_2} - \frac{1}{r_{02}}\right)$$

und

$$\varphi(x, z) = \frac{-Q_-}{4\pi\varepsilon_0}\left(\frac{1}{r_1} - \frac{1}{r_{01}}\right),$$

wobei $r_{1,2}$ Funktionen von x und z sind.
Also für $Q_+ = Q_- = Q$ und $r_{01} = r_{02}$ (Bezugspunkt auf Symmetrieebene) gilt

$$\varphi_- = \frac{Q}{4\pi\varepsilon_0}\left(\frac{1}{r_2} - \frac{1}{r_1}\right).$$

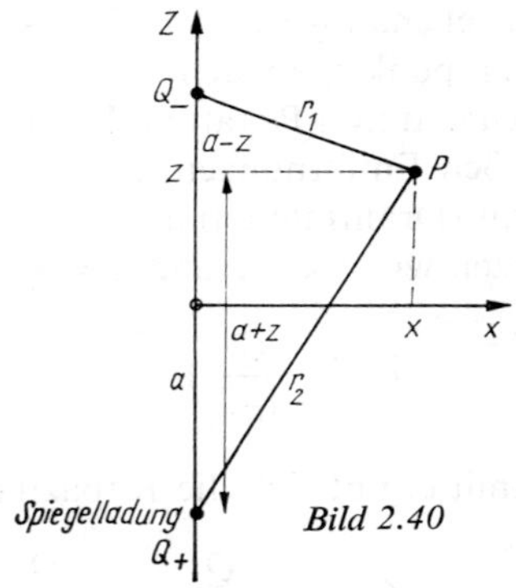

Bild 2.40

Man erkennt (wie bei Linienquellen, Aufg. 2.6): Für $r_1 = r_2$ ist $\varphi = 0$, d.h., alle Punkte auf der x-Achse (räumlich in der x,y-Ebene) haben gleiches Potential. Wir können diese Fläche durch eine leitende Fläche ersetzen, ohne daß sich das Feld zwischen Q und der Ebene ändert.
Die Feldstärkelinien verlaufen orthogonal zu $\varphi =$ konst., stehen also senkrecht auf der x-Achse (x,y-Ebene), wie man auch leicht durch Überlagerung der gleich langen Feldstärkevektoren der Ladungen Q_+ und Q_- erkennen kann.
Zur Berechnung der Feldstärke auf der x-Achse (in der x,y-Ebene, d.h. für $z = 0$) müssen wir das Potential nach z differenzieren und dann $z = 0$ setzen.
Wir setzen

$$r_1 = \sqrt{(a-z)^2 + x^2}, \qquad r_2 = \sqrt{(a+z)^2 + x^2}.$$

Damit ergibt sich

$$\varphi(x, z) = \frac{Q}{4\pi\varepsilon_0}\left(\frac{1}{\sqrt{(a+z)^2 + x^2}} - \frac{1}{\sqrt{(a-z)^2 + x^2}}\right).$$

Die Differentiation nach z ergibt

$$\frac{d\varphi}{dz} = \frac{-Q}{4\pi\varepsilon_0}\left[\frac{a+z}{[(a+z)^2 + x^2]^{3/2}} + \frac{a-z}{[(a-z)^2 + x^2]^{3/2}}\right].$$

Wir setzen $z = 0$ und erhalten die Feldstärke auf der x-Achse

$$\mathsf{E}_z = -\left[\frac{d\varphi}{dz}\right]_{z=0} = \frac{Q}{2\pi\varepsilon_0}\,\frac{a}{(a^2 + x^2)^{3/2}} = \frac{Q \cdot a}{2\pi\varepsilon_0 r^3}$$

mit $a^2 + x^2 = r^2$ (für $z = 0$ ist $r_1 = r_2 = r$, Bild 2.40).
Das Feld ist rotationssymmetrisch zur z-Achse, d.h., alle Punkte in der x,y-Ebene ($z = 0$) mit Abstand r von Q weisen gleiche Feldstärke (und Ladungsdichte σ) auf:

$$\sigma = \varepsilon_0 \mathsf{E}_z = \frac{Qa}{2\pi r^3} = \frac{Q}{2\pi a^2\,(1 + (x/a)^2)^{3/2}}.$$

Für $x = 0$ ist $r = a$, und es tritt die maximale Ladungsdichte $\sigma = \sigma_0 = Q/(2\pi a^2)$ (doppelter Wert gegenüber kugelsymmetrischer Verteilung, vgl. Aufg. 2.8 u. 2.15) auf.

Damit wird die Ladungsverteilung längs der x-Achse auf der leitenden Ebene, bezogen auf die maximale Ladungsdichte bei $x = y = 0$,

$$\frac{\sigma}{\sigma_0} = \frac{1}{\sqrt{[1 + (x/a)^2]^3}}$$

(s. Bild 2.41). Man erkennt, bei $|x| \geqq 3a$ sind praktisch keine Ladungslinien mehr vorhanden.

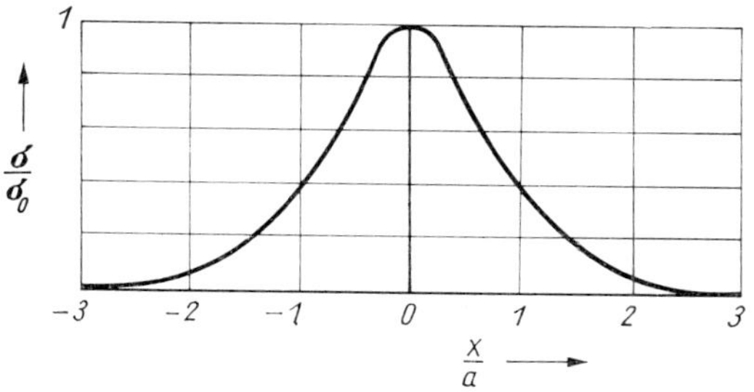

Bild 2.41

Aufgabe 2.20 RC-Kreis bei Gleichspannung

Berechne die Ladung Q_2 auf dem Kondensator C_2 der Schaltung im Bild 2.42!

Lösungshinweis

Verfahre gemäß Lösungsprogramm RP 8!
Da wir die Berechnung für den statischen Zustand, d.h., alle Aufladungen sind vollzogen, vornehmen, haben R_1, R_2 und C_4 keinen Einfluß auf die gesuchte Größe. C_4 trägt keine Ladung, durch R_1 und R_2 fließt kein Strom. Daher können wir R_2 und den von $R_1 \parallel C_4$ gebildeten Zweipol durch Kurzschlüsse ersetzen.

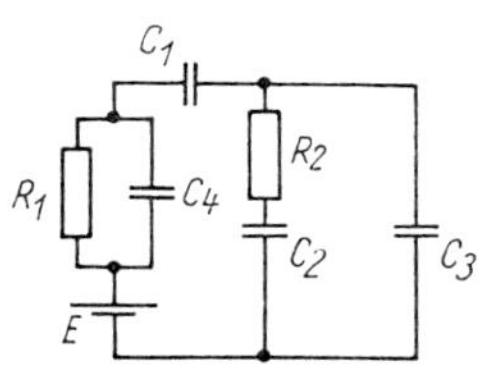

Bild 2.42

Lösung

Lösungsprogramm RP 8:

1. Entfällt
2. und 3. Siehe Bild 2.43. $R_1 \parallel C_4$ sowie R_2 entfallen für die weitere Berechnung. Wir führen U_1, U_2 und U_3 ein, womit gemäß Bild 2.18 die Polaritäten von Q_ν festgelegt sind, wenn die Beziehung $Q = CU$ mit positivem Vorzeichen gelten soll.
Das zur Berechnung der gesuchten Größe aufzustellende Gleichungssystem besteht aus

(I), (II) Maschensatz $\sum\limits_{\bigcirc} U_\nu = \sum\limits_{\bigcirc} E_\mu$

(III) Knotengleichung $\sum Q_\nu = 0$

$C = f(U)$-Beziehung [Gl. (2.36a)]: $C = Q/U$.

4. (I) $E = U_1 + U_2 = \frac{Q_1}{C_1} + \frac{Q_2}{C_2}$

(II) $0 = U_2 - U_3 = \frac{Q_2}{C_2} - \frac{Q_3}{C_3}$

5. (III) $0 = -Q_1 + Q_2 + Q_3$

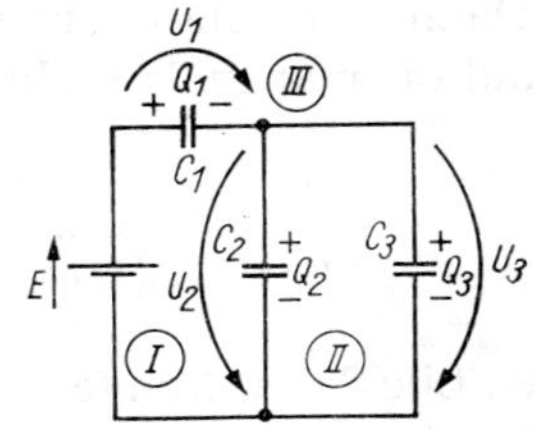

Bild 2.43

6. Aus (II): $Q_3 = Q_2 \frac{C_3}{C_2}$ (IV)

(IV) in (III): $Q_1 = Q_2 \left(1 + \frac{C_3}{C_2}\right)$ (V)

(V) in (I): $E = \frac{Q_2}{C_1}\left(1 + \frac{C_3}{C_2}\right) + \frac{Q_2}{C_2}$; $Q_2 = \frac{E C_1 C_2}{C_1 + C_2 + C_3}$.

Aufgabe 2.21 RC-Kreis bei Gleichspannung

Berechne in der Schaltung Bild 2.44

a) die Spannung U_3 über dem Kondensator C_3

b) die Ladung auf dem Kondensator C_1!

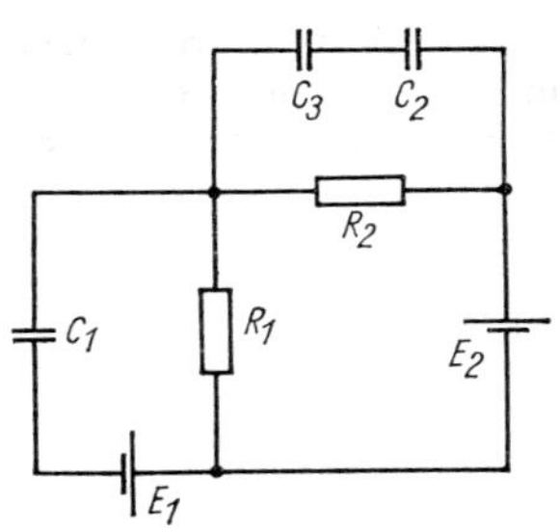

Bild 2.44

Lösungshinweis

Beachte das Lösungsprogramm RP 8! Unterschied zu Aufgabe 2.20: Hier kann Gleichstrom fließen!

Lösung

a) Spannung über C_3:

Im Netzwerk können Gleichströme fließen. RP 8, Punkt 1, verweist in diesem Fall auf RP 1 bzw. RP 2.

1. Siehe Bild 2.45: Die Spannungen über C_2 und C_3 werden durch den Spannungsabfall über R_2, d.h. durch den in Masche I möglichen Strom, bestimmt. Dieser Strom ist unabhängig von E_1 und C_1.

2. (I) $E_2 = I(R_1 + R_2)$; $I = \frac{E_2}{R_1 + R_2}$

(II) $0 = U_2 + U_3 - IR_2$

3. (I) mit (II): $U_3 = IR_2 - U_2 = \dfrac{E_2 R_2}{R_1 + R_2} - U_2$ (a).

Die Kapazitäten C_2 und C_3 in Reihenschaltung haben gleiche Ladung Q:

$$Q = C_2 U_2 = C_3 U_3; \qquad U_2 = U_3 \frac{C_3}{C_2} \quad \text{(b)}.$$

(b) in (a) ergibt U_3:

$$U_3 \left(1 + \frac{C_3}{C_2}\right) = \frac{E_2 R_2}{R_1 + R_2}; \qquad U_3 = \frac{E_2 R_2 C_2}{(R_1 + R_2)(C_2 + C_3)}.$$

b) Ladung auf C_1:
Maschengleichung III (Bild 2.45): $E_1 = -IR_1 + U_1$.
Mit (I) und $U_1 = Q_1/C_1$ wird

$$E_1 = -E_2 \frac{R_1}{R_1 + R_2} + \frac{Q_1}{C_1}.$$

Also

$$Q_1 = C_1 \left(E_1 + E_2 \frac{R_1}{R_1 + R_2}\right)$$

für $R_1 = 0$: $\quad Q_1 = C_1 E_1$

für $R_1 = \infty$: $\quad Q_1 = C_1 (E_1 + E_2)$.

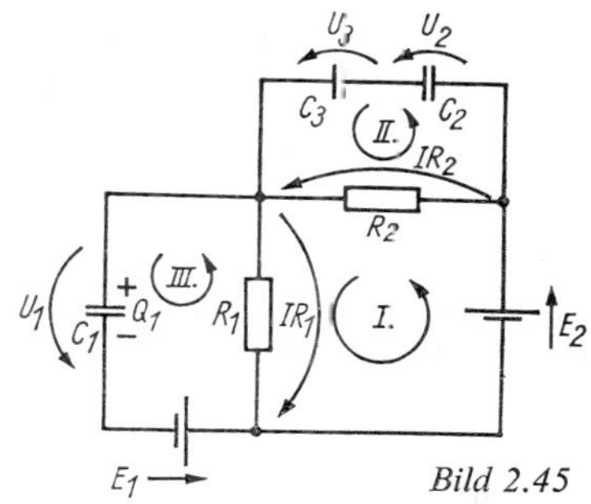

Bild 2.45

2.3 Verschiebungsstrom

Bei *zeitlich sich änderndem* elektrischem Feld im Nichtleiter tritt ein *Verschiebungsstrom* auf, der wie der Leitungsstrom von einem Magnetfeld umwirbelt wird:

$$I_v = \frac{d\Psi_{ges}}{dt} = \frac{dQ}{dt}. \tag{2.45}$$

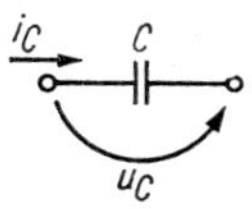

Bild 2.46
Richtungszuordnung beim Zweipolkondensator

Die Verschiebungsstromdichte ergibt sich als zeitliche Änderung der Verschiebungsflußdichte bzw. Feldstärke zu

$$\boldsymbol{S}_v = \frac{d\boldsymbol{D}}{dt} = \varepsilon \frac{d\boldsymbol{E}}{dt}. \tag{2.46}$$

Der letzte Ausdruck auf der rechten Seite gilt für ε = konst. Mit $Q = CU_C$ wird die *Strom-Spannungs-Beziehung des Kondensators* (Bild 2.46) (zeitabhängige Ströme und Spannungen durch kleine Buchstaben gekennzeichnet):

$$i_C = C \frac{du_C}{dt} + u_C \frac{dC}{dt}, \tag{2.43}$$

für C = konst. ist

$$i_C = C\,\frac{\mathrm{d}u_C}{\mathrm{d}t}. \tag{2.48}$$

Bedingung für die Kondensatorspannung:

Da die Leistung UI, also auch I_C, endlich bleiben muß, muß $\mathrm{d}u_C/\mathrm{d}t$ endlich sein, d.h., die Kondensatorspannung kann sich nicht sprunghaft ändern. Sie muß stetig sein.

Aufgabe 2.22 Verschiebungsfluß, Verschiebungsstrom

Zwei ebene Metallplatten der Fläche A mit Ladung Q_+ bzw. Q_- stehen sich planparallel im Abstand δ gegenüber. Welche elektrische Größe ändert sich bei einer Abstandsvergrößerung von δ auf 2δ im Zeitintervall $\mathrm{d}t$, wenn

a) die aufgeladenen Metallplatten isoliert sind
b) die Metallplatten an eine EMK angeschlossen bleiben?

Berechne diese Größen bei Annahme einer homogenen Feldverteilung!

Lösungshinweis

Abstandsänderung bedeutet Änderung der Kapazität C. Bei a) geschieht dies unter der Voraussetzung Q = konst., bei b) unter der Voraussetzung U = konst. Beachte bei der Lösung die Gln. (2.36a) und (1.2) bzw. (2.45)!

Lösung

a) Nach Gl. (2.36a), $Q = CU$, ändert sich der Spannungsabfall U über dem Kondensator, wenn sich C bei Q = konst. ändert. Unverändert bleiben $D = Q/A$ und $\mathsf{E} = D/\varepsilon$ [Gl. (2.32)]. Also wird nach Gl. (2.6)

$$U = \int_0^{2\delta} \mathsf{E}\,\mathrm{d}n = \mathsf{E}\,2\delta = \frac{2Q\delta}{A\varepsilon},$$

die Spannung doppelt so groß.

b) U = konst. wird durch die angeschlossene EMK erzwungen. Auf Grund $Q = CU$ kann sich bei einer Änderung von C nur Q ändern. Es setzt ein meßbarer Strom durch die Zuführungsleitungen ein:

$$i_C = \frac{\mathrm{d}Q}{\mathrm{d}t}.$$

Aus (2.43) wird mit U = konst.

$$i_C = U\,\frac{\mathrm{d}C}{\mathrm{d}t} = U\,\frac{\mathrm{d}}{\mathrm{d}t}\left(\frac{\varepsilon A}{\delta}\right); \qquad i_C = -\frac{U\varepsilon A}{\delta^2}\,\frac{\mathrm{d}\delta}{\mathrm{d}t}.$$

Das negative Vorzeichen drückt das Abfließen der Ladung von den Kondensatorplatten bei ihrer Abstandsvergrößerung aus [zur Vorzeichenbewertung der Gln. $U = Q/C$ und $i_C = C\,(\mathrm{d}u/\mathrm{d}t)$ s. Bilder 2.18 und 2.46, s. auch Aufg. 2.24a). Der Kondensator wird also in begrenztem Umfang entladen.

Aufgabe 2.23 Verschiebungsfluß, Verschiebungsstrom

Ein Kondensator der Kapazität C (Bild 2.47a) wird nach der im Bild 2.47b wiedergegebenen Zeitfunktion aufgeladen bzw. entladen. Zeichne für die Zeiten $t = 2$ s, 8 s und 11 s bei Annahme homogener Felder

a) die Felder der Verschiebungsflußdichte im Nichtleiter des Plattenkondensators
b) die Strömungsfelder des Leitungs- und Verschiebungsstromes!
c) Berechne für die einzelnen Zeitabschnitte im Bild 2.47b den Verschiebungsstrom durch den Plattenkondensator C mit der Fläche $A = 400\,\text{cm}^2$, mit dem Plattenabstand $d = 1$ mm und mit einem Dielektrikum ($\varepsilon_r = 10$)!

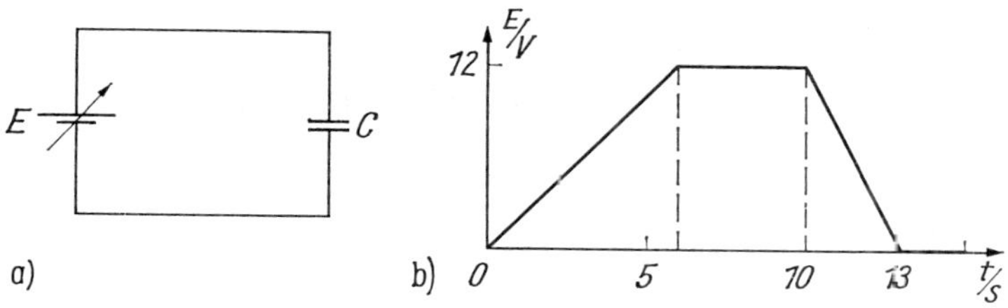

Bild 2.47

Lösungshinweis

Der Verschiebungsfluß ist mit der Ladung, der Verschiebungsstrom mit der zeitlichen Ladungsänderung verknüpft (2.24) bzw. (2.45). Die für die 3 Zeiten zutreffenden Feldbilder sollen sich hinsichtlich der gewählten Linienanzahl im richtigen Verhältnis befinden. Die Feldlinien sind mit Richtungspfeilen zu versehen, und wegen der besseren Übersicht sind die zur gleichen Zeit t gehörenden **D**- und **S**-Felder untereinander anzuordnen. Bei der Darstellung des Strömungsfelds im Leiter denken wir ihn uns stark verbreitert. Es liegt eine homogene Feldverteilung vor.

Lösung

a) Die Felder der Verschiebungsflußdichte:
Nach Gl. (2.32) ist $D = \varepsilon E$. E ist aber proportional der Spannung, so daß wir die **D**-Felder relativ zueinander richtig zeichnen, wenn wir für die **D**-Linien das gleiche Zahlenverhältnis wählen wie das der Spannungen zu den betreffenden Zeitpunkten. Es lautet für wachsendes t 4 : 12 : 8 (Bild 2.48a bis c).

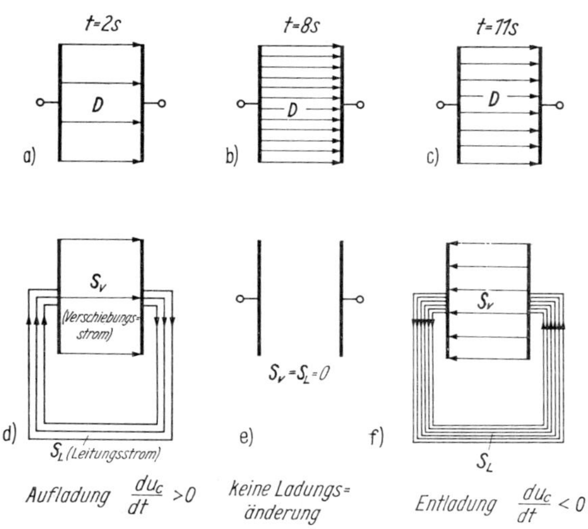

Bild 2.48

b) Der Verschiebungsstrom ist nach Gl. (2.48) [$i_C = C\,(\mathrm{d}u_C/\mathrm{d}t)$] bei konstantem C proportional der zeitlichen Spannungsänderung. Das gilt auch für die Verschiebungsstromdichte S_v. Wir müssen also wegen der doppelten Steigung des $E(t)$-Verlaufs für $t = 11$ s doppelt so viele S_v-Linien zeichnen wie für $t = 2$ s. Außerdem gilt es eine Richtungsumkehr auszudrücken, da einmal eine Aufladung $\mathrm{d}u_C/\mathrm{d}t > 0$ und bei $t > 10$ s eine Entladung $\mathrm{d}u_C/\mathrm{d}t < 0$ vorliegt. Für $t = 8$ s kann kein Feld angegeben werden, da kein Verschiebungsstrom fließt; denn bei $u_C =$ konst. ändert sich die Ladung auf den Kondensatorplatten nicht. Da der Verschiebungsstrom den Leitungsstrom voraussetzt und seine Fortsetzung im Dielektrikum darstellt, veranschaulichen wir seine Stromdichte S_L durch die gleiche Anzahl von Linien, die wir im Hinblick auf die geringere Ausdehnung des Leiters verdichten (Bilder 2.48d bis f).

c) Berechnung der Kapazität C des Plattenkondensators nach (2.36b):

$$C = \varepsilon_0\varepsilon_r A/d = 8{,}86 \cdot 10^{-12}\,(\mathrm{A{\cdot}s/V{\cdot}m}) \cdot 10 \cdot 4 \cdot 10^{-2}\,\mathrm{m^2}/10^{-3}\,\mathrm{m} = 3{,}54\,\mathrm{nF}.$$

Berechnung des Stromes i_C: Nach Gl. (2.48) ist $i_C = C\,(\mathrm{d}u_C/\mathrm{d}t)$.
Aus Bild 2.47b entnimmt man für

$$0 \leqq t \leqq 6\,\mathrm{s}: \quad \frac{\mathrm{d}u_C}{\mathrm{d}t} = \frac{\mathrm{d}E}{\mathrm{d}t} = 2\,\frac{\mathrm{V}}{\mathrm{s}};$$

also wird

$$I_C = 3{,}54 \cdot 10^{-9}\,\frac{\mathrm{A{\cdot}s}}{\mathrm{V}} \cdot 2\,\frac{\mathrm{V}}{\mathrm{s}} = 7{,}1 \cdot 10^{-9}\,\mathrm{A}.$$

Weiterhin gilt

$$6\,\mathrm{s} \leqq t \leqq 10\,\mathrm{s}: \quad \frac{\mathrm{d}u_C}{\mathrm{d}t} = \frac{\mathrm{d}E}{\mathrm{d}t} = 0; \qquad I_C = 0$$

und

$$10\,\mathrm{s} \leqq t \leqq 13\,\mathrm{s}: \quad \frac{\mathrm{d}u_C}{\mathrm{d}t} = \frac{\mathrm{d}E}{\mathrm{d}t} = -4\,\frac{\mathrm{V}}{\mathrm{s}};$$

damit wird

$$I_C = -3{,}54 \cdot 10^{-9}\,\frac{\mathrm{A{\cdot}s}}{\mathrm{V}}\,4\,\frac{\mathrm{V}}{\mathrm{s}} = -14{,}2 \cdot 10^{-9}\,\mathrm{A}$$

$$t > 13\,\mathrm{s}: \quad \frac{\mathrm{d}u_C}{\mathrm{d}t} = 0; \qquad I_C = 0.$$

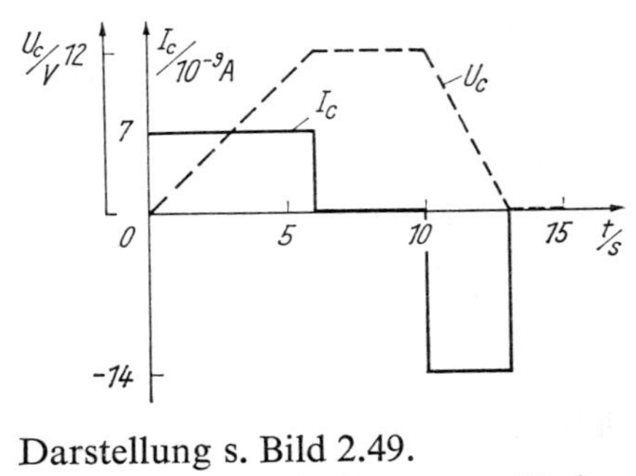

Bild 2.49

Darstellung s. Bild 2.49.
Man beachte: Die Spannung U_C ist am Ende genauso groß wie am Anfang (in diesem Fall gleich Null). Also muß auch die Ladung die gleiche sein. Das bedingt aber, daß die

Ladung, die in der Zwischenzeit dem Kondensator zugeflossen ist, auch wieder abgeflossen sein muß, d.h., es müssen die beiden Flächen Strom × Zeit zwischen 0 s und 6 s bzw. zwischen 10 s und 13 s gleich sein. Sie entsprechen beide der Ladung $42 \cdot 10^{-9}$ A·s.

Aufgabe 2.24 Kondensatorentladung

Ein Kondensator der Kapazität $C = 2\,\mu F$, der mit $Q_{\pm} = \pm 4 \cdot 10^{-4}$ A·s aufgeladen ist, wird über einen Widerstand $R = 2\,M\Omega$ entladen.

a) Berechne allgemein die Zeitfunktion für Strom und Kondensatorspannung bei der Entladung des Kondensators!

b) Trage die Funktion unter Verwendung der gegebenen Zahlenwerte grafisch auf und diskutiere, nach welcher Zeit der Funktionswert auf den halben Anfangswert abgesunken ist und nach welcher Zeit er nur noch 5% des Anfangswerts beträgt!

Lösungshinweis

Die Zeitfunktion der Kondensatorspannung wird aus dem Maschensatz berechnet. Die Gleichung, die sich auf Grund des Maschensatzes ergibt, wird mit Hilfe der Strom-Spannungs-Beziehungen für die Schaltelemente R und C [Gln. (1.9) und (2.48)] so umgerechnet, daß als Unbekannte nur u_C verbleibt. Diese Gleichung enthält dann u_C und du_C/dt. Den Differentialquotienten kann man durch einfache Integration der Gleichung beseitigen.

Lösung

a) Mit den Zählpfeilen im Bild 2.50a lautet die Maschengleichung:

$$u_R + u_C = 0.$$

Bei gleicher Bezugspfeilrichtung von i_C und u_C bzw. $i_R = i_C$ und u_R gilt

$$i_C = (+)\,C\,\frac{du_C}{dt} \quad \text{bzw.} \quad u_R = (+)\,i_C R.$$

Also wird

$$CR\,\frac{du_C}{dt} = -u_C \quad \text{oder} \quad \frac{du_C}{u_C} = -\frac{1}{CR}\,dt.$$

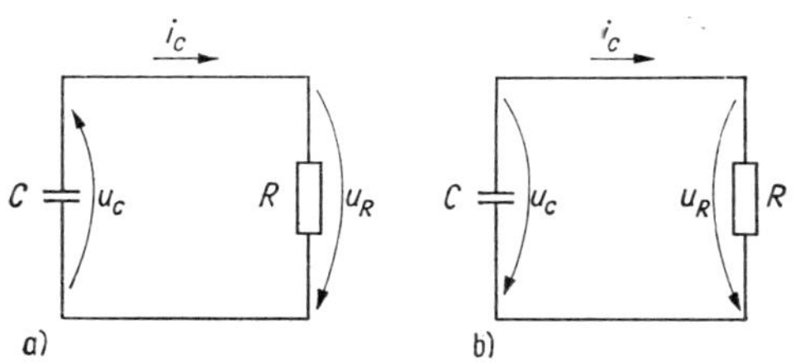

Bild 2.50
a) $u_R = i_C R$ und $u_C = (1/C)\int i_C\,dt$ sind in Richtung i_C eingetragen.
b) u_C ist entgegen der Stromrichtung eingetragen. Es gilt also: $i_C = -C\,du_C/dt$.

Das Produkt CR ist eine charakteristische Größe. Sie hat die physikalische Einheit einer Zeit und wird als *Zeitkonstante* τ bezeichnet:

$$\tau = CR.$$

Diese Gleichung für u_C wird nun integriert:

$$\ln u_C - \ln K = -\frac{t}{\tau}.$$ [1]

[1] Siehe Fußnote Seite 20!

Als Integrationskonstante wurde $-\ln K$ geschrieben, damit sich die Gleichung folgendermaßen umschreiben läßt:

$$\ln \frac{u_C}{K} = -\frac{t}{\tau}.$$

Mit der Division zweier gleichartiger Größen ist das Dimensionsproblem aufgehoben. Also wird

$$u_C = K\,\mathrm{e}^{-t/\tau}.$$

Unter Berücksichtigung der Integrationskonstanten erhalten wir für u_C nunmehr die Gesamtspannung (Potentialdifferenz) über dem Kondensator (s. Bild 2.46). Die Gleichung sagt nämlich aus, daß K der Spannungsabfall über dem Kondensator zur Zeit $t = 0$ ist:

$$K = (u_C)_{t=0}.$$

Für die Zeit $t = 0$ ist die Kondensatorladung gegeben. Mit Gl. (2.35) kann man also die Kondensatorspannung zur Zeit $t = 0$ berechnen.
Wenn man nun den Entladestrom in der im Bild 2.50a eingezeichneten Richtung annimmt, muß die obere Platte des Kondensators die positive Ladung besitzen. Nach Gl. (2.11) und Bild 2.18 wird die Kondensatorspannung von der positiven zur negativen Ladung positiv gezählt, wirkt also entgegen der im Bild 2.50a gewählten Pfeilrichtung für u_C. Also ist zu schreiben:

$$(u_C)_{t=0} = K = -U_0, \quad \text{wobei} \quad U_0 = \left(\frac{Q}{C}\right)_{t=0} = \frac{4 \cdot 10^{-4}\,\mathrm{A{\cdot}s}}{2 \cdot 10^{-6}\,\dfrac{\mathrm{A{\cdot}s}}{\mathrm{V}}} = 200\,\mathrm{V}.$$

Damit wird

$$u_C = -U_0\,\mathrm{e}^{-t/\tau}.$$

Hätte man im Schaltbild den u_C-Pfeil entgegengesetzt eingetragen (Bild 2.50b), so verschwindet das Minuszeichen im Ergebnis. Man erhält als Maschengleichung $u_R - u_C = 0$. Dafür ist aber jetzt zu setzen $i_C = -C\,(\mathrm{d}u_C/\mathrm{d}t)$, da das positive Vorzeichen für u_C und i_C nur gilt, wenn die Pfeile gleichgerichtet sind (s. Bild 2.46). Für u_C ergibt sich also wie oben: $u_C = K\,\mathrm{e}^{-t/\tau}$. Bei der Konstantenbestimmung muß aber jetzt beachtet werden, daß $(u_C)_{t=0} = K = +U_0$ ist. Also wird jetzt $u_C = +U_0\,\mathrm{e}^{-t/\tau}$.
Das tatsächliche Ergebnis ist das gleiche wie oben, da die Vorzeichenumkehr durch die entgegengesetzte Pfeilrichtung von u_C in den Bildern 2.50a und b begründet ist.

Mit

$$\tau = CR = 2 \cdot 10^{-6}\,\frac{\mathrm{A{\cdot}s}}{\mathrm{V}} \cdot 2 \cdot 10^{6}\,\frac{\mathrm{V}}{\mathrm{A}} = 4\,\mathrm{s}$$

wird in zugeschnittener Größengleichung

$$-u_C/\mathrm{V} = 200 \cdot \mathrm{e}^{-(t/\mathrm{s})/4}.$$

Man erkennt also, daß die Kondensatorspannung zeitlich nach einer Exponentialfunktion abnimmt, wobei der Charakter der e-Funktion von τ, also von dem Produkt der Größen R und C, bestimmt wird. Diese Funktion ist im Bild 2.51a angegeben.
Mit Gl. (2.48), $i_C = C\,\mathrm{d}u_C/\mathrm{d}t$, wird

$$i_C = C\,\frac{U_0}{\tau}\,\mathrm{e}^{-t/\tau} = \frac{U_0}{R}\,\mathrm{e}^{-t/\tau} = I_0\,\mathrm{e}^{-t/\tau}.$$

$i_C/I_0 = \mathrm{e}^{-t/\tau}$ ist mit bezogenen Maßstäben im Bild 2.51b wiedergegeben.

b) Der halbe Anfangswert des Spannungs- sowie des Stromverlaufs wird zu der Zeit erreicht, für die $e^{-t/\tau} = 0{,}5$ wird (Halbwertszeit t_H). Daraus ergibt sich $t_H/\tau = \ln 2 = 0{,}693 \approx 0{,}7$, d.h., $t_H \approx 0{,}7\tau$. Innerhalb der Zeitabschnitte $0{,}7\tau$ sinkt der Funktionswert jeweils auf die Hälfte, d.h., für $t = 1{,}4\tau$, $2{,}1\tau$ bzw. $2{,}8\tau$ ist der Wert auf $\frac{1}{4}$, $\frac{1}{8}$, $\frac{1}{16}$ des Anfangswertes abgesunken. So kann man die Exponentialfunktion schnell zeichnen.
Entsprechend berechnet man die Zeit $t_{5\%}$, bei der der Funktionswert auf 5% des Anfangswertes abgesunken ist:

$$e^{-t/\tau} = \tfrac{1}{20} \quad \text{ergibt} \quad t/\tau = \ln 20 \approx 3,$$

$$\text{also} \quad t_{5\%} \approx 3\tau = 12\ \text{s}.$$

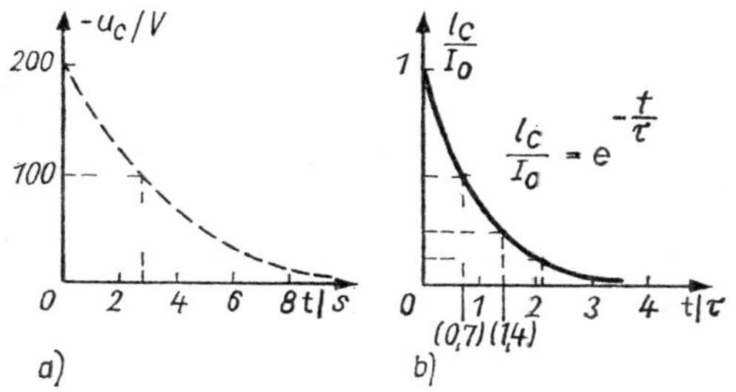

Bild 2.51
Exponentialfunktion
Nach Zeitabschnitten der Größe $0{,}7\tau$ sinkt der Funktionswert jeweils auf die Hälfte.

Aufgabe 2.25 Entladung eines Elektrolytkondensators

Ein geladener Elektrolytkondensator von $C = 25\ \mu F$ wird isoliert aufgestellt. Nach 10 min ist die Spannung um 10% vom Anfangswert abgesunken. Wie groß ist der Leckwiderstand des Kondensators?

Lösungshinweis

Da jedes Dielektrikum eine wenn auch geringe Leitfähigkeit aufweist, tritt bei aufgeladenem Kondensator durch das Dielektrikum hindurch ein Leitungsstrom auf, den man Leckstrom nennt. Ersatzschaltbildmäßig kennzeichnet man diese Erscheinung durch die Parallelschaltung einer idealen Kapazität mit einem ohmschen Widerstand, dem sog. Leckwiderstand. Er bedingt die mehr oder weniger schnelle Entladung eines aufgeladenen, isolierten Kondensators. Die für die Parallelschaltung aufzustellende Maschengleichung liefert die Zeitfunktion des Spannungsverlaufs, für den wir einen Anfangswert U_0 zur Zeit $t = 0$ annehmen. Löse zunächst Aufgabe 2.24!

Lösung

Gemäß Aufgabe 2.24 gilt für die zeitliche Spannungsabnahme $u_C = U_0\, e^{-t/\tau}$. Nach 10 min = 600 s ist $u_C = 0{,}9 U_0$, d.h., $e^{-t/\tau} = 0{,}9$ oder $t/\tau = \ln 1{,}11 = 0{,}105$.
Daraus folgt

$$t = 600\ \text{s} = 0{,}105\tau = 0{,}105 CR;$$

$$R = \frac{600\ \text{s}}{0{,}105 \cdot 25 \cdot 10^{-6}\ \frac{\text{A}\cdot\text{s}}{\text{V}}} \approx 230\ \text{M}\Omega.$$

Aufgabe 2.26 Kondensatoraufladung

a) Ein Kondensator wird mit konstantem Strom $I = 1$ mA aufgeladen. Nach 2 s wird eine Spannung von 100 V erreicht. Berechne die Kapazität des Kondensators!

b) Nach Abtrennung des Kondensators von der Stromquelle fällt die Spannung durch Selbstentladung infolge eines Leckwiderstands nach 1 min auf 50 V ab.
Bestimme den Leckwiderstand und schätze ab, ob dessen Vernachlässigung einen merklichen Fehler bei der Bestimmung der Kapazität in a) verursacht hat!

Lösungshinweis

a) Aufladung mit Gleichstrom hat nach (2.48) linearen Anstieg der Kondensatorspannung zur Folge.
b) Die Entladung über den Leckwiderstand ist in Aufgabe 2.25 berechnet worden. Dieser Widerstand hat bei der Aufladung zur Folge, daß nicht der gesamte Ladestrom zur Ladungsspeicherung führt, sondern ein vom Ladezustand (Spannung) abhängiger Teil des Stroms durch das Dielektrikum fließt. Bei der Kapazitätsbestimmung in a) müßte dieser Stromteil abgezogen werden. Die Vernachlässigung ergibt einen zu großen Kapazitätswert.

Lösung

a) Nach (2.35) ist $C = Q/U$. Die Ladung $Q = \int I \, dt$ wird durch einen Gleichstrom $I = 1$ mA auf die Platten transportiert. Nach 2 s beträgt sie $Q_0 = It = 1 \text{ mA} \cdot 2 \text{ s} = 2 \text{ mA·s}$. Dabei wird die Spannung $U_0 = 100$ V erreicht, also ergibt sich $C = 20\ \mu\text{F}$.
b) Die Entladung über einen Widerstand R wurde in den Aufgaben 2.24 und 2.25 berechnet. Es ergibt sich mit Hilfe des Ersatzschaltbildes 2.50a für u_C eine Differentialgleichung, deren Lösung in Aufgabe 2.24 abgeleitet wurde: $u_C = U_0 \, e^{-t/\tau}$, wobei $\tau = CR$ die Zeitkonstante ist. Der halbe Wert der Anfangsspannung U_0 wird nach der Halbwertzeit $t_H = 0{,}7\tau$ erreicht. Diese Zeit ist hier gegeben, $t_H = 60$ s. Damit ist $\tau = 85{,}7$ s und $R = \tau/C = 85{,}7 \text{ s}/(2 \cdot 10^{-5} \text{ A·s/V}) = 4{,}29 \text{ M}\Omega$. Durch diesen Leckwiderstand fließt bei der Aufladung a) ein kleiner Strom $I_v = U/R$, der die Ladungsträger durch das Dielektrikum transportiert und nicht auf den Platten speichert. Er beträgt maximal $U_0/R = 23{,}3\ \mu\text{A}$. Nehmen wir trotz des abzuziehenden Leckstroms in guter Näherung linearen Spannungsanstieg nach a) an, so steigt auch der Strom I_v linear an: $I_v = U/R = It/(CR) = It/\tau$. Dieser Strom bedeutet also nach $t = 2$ s einen Ladungsverlust auf den Platten von $Q_v = \int_0^t I_v \, dt = It^2/(2\tau) = 23{,}3\ \mu\text{As}$. Diese Ladung ist etwa 1 % von Q_0 und müßte zur Kapazitätsberechnung von Q_0 abgezogen werden, woraus sich ergibt, daß die Kapazität etwa 1 % kleiner ist als $20\ \mu\text{F}$.

Aufgabe 2.27 Zeitmessung durch Kondensatorentladung

Beim Schlagen eines Hammers auf einen Amboß soll die Zeitdauer, während der der Hammer mit dem Amboß in Berührung kommt, gemessen werden.
Entwirf eine Meßanordnung, die auf dem Prinzip der Kondensatorentladung beruht, stelle die Berechnungsformel für die Zeitangabe allgemein auf, und stelle sie in bezogenem Maßstab grafisch dar!

Lösungshinweis

Berechnung der Kondensatorentladung s. Aufgaben 2.24, 2.25, 2.26!

Lösung

Hammer und Amboß benutzen wir als Kontakte eines Schalters S (Bild 2.52a). Durch eine zusätzliche, hier nicht näher beschriebene Anordnung soll vor dem Schlag der Kondensator durch kurzzeitigen Anschluß einer EMK auf einen Spannungswert U_0 aufgeladen worden sein. Während des Schlages berührt der Hammer eine kurze Zeit den Amboß, schließt also den Stromkreis, in dem sich ein Widerstand R in Reihenschaltung zu C befindet (2.52a). Durch Zurückprallen des Hammers wird der Stromkreis wieder geöffnet und die eingeleitete Entladung unterbrochen. Innerhalb dieser Zeit t ist u_C, das durch ein elektrostatisches Voltmeter angezeigt werden soll, um einen bestimmten Betrag vom Anfangswert aus abgesunken. Aus den Spannungswerten zur Zeit $t = 0$ und t und aus $\tau = CR$ läßt sich die Berührungsdauer t berechnen.

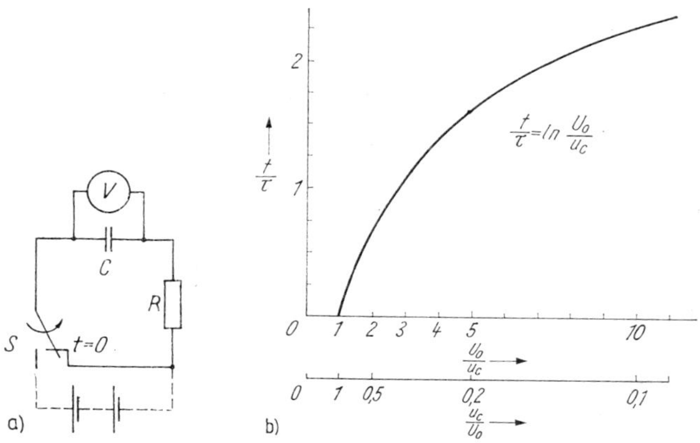

Bild 2.52

Berechnung der Berührungszeit:

Nach Aufgabe 2.24 verläuft die Spannung nach der Zeitfunktion $u_C = U_0\,e^{-t/\tau}$. Daraus ergibt sich $\ln(u_C/U_0) = -t/\tau$; $t/\tau = \ln(U_0/u_C)$ und somit $t = CR\ln(U_0/u_C)$. u_C ist also der verminderte Spannungswert, den man nach dem Schlag zur Zeit t abliest. U_0 ist der Anfangswert zur Zeit $t = 0$. Aus der grafischen Darstellung der Funktion $t/\tau = \ln(U_0/u_C)$ Bild 2.52b) liest man den Wert t/τ ab und berechnet t, da τ bekannt ist. Durch Veränderung von τ ist der Meßbereich der Meßanlage einstellbar. Elektrostatische Instrumente haben im allgemeinen keine lineare, sondern eine nach dem Endwert zu gedehnte Spannungsskale. Man wird also am besten nur die obere Skalenhälfte zur Messung benutzen. Dann nutzt man auch den anfänglich steilsten Verlauf der logarithmischen Funktion aus.

Aufgabe 2.28 RC-Netzwerk mit zeitlich sich ändernder Erregung

In der Schaltung Bild 2.53 mit zeitlich sich ändernder EMK $E(t)$ ist die allgemeine Gleichung (nicht deren Lösung) für den Strom i_C durch die Kapazität C gesucht.

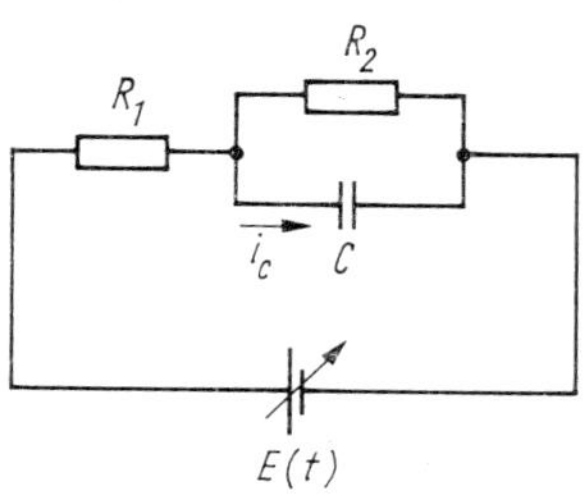

Bild 2.53

Lösungshinweis

Man wendet z.B. die Zweigstrom- oder Maschenstromanalyse (RP 1 bzw. RP 2) an. Zu der Knoten- und Maschengleichung und der Strom-Spannungs-Beziehung für den Widerstand R (1.9) benötigen wir noch die Strom-Spannungs-Beziehung für die Kapazität C (2.48). Infolge (2.48) entsteht eine Differentialgleichung, d.h., außer i_C kommen Glieder mit der zeitlichen Ableitung vor.

Lösung

Wir wenden die Maschenstromanalyse an. Im Streckenkomplex Bild 2.54 sind die Maschenströme gewählt. Es ergeben sich die beiden Maschengleichungen

$$(R_1 + R_2)\, i + R_1 i_C = E(t)$$

$$R_1 i + R_1 i_C + \frac{1}{C}\int i_C \,\mathrm{d}t = E(t).$$

Die 1. Gleichung nach i aufgelöst und in die 2. Gleichung eingesetzt ergibt eine Gleichung für i_C, in der auch ein Glied mit dem Integral vorkommt.

$$\frac{R_1 R_2}{R_1 + R_2}\, i_C + \frac{1}{C}\int i_C \,\mathrm{d}t = E(t)\,\frac{R_2}{R_1 + R_2}.$$

Differenziert man die Gleichung nach der Zeit, so entsteht eine Differentialgleichung, für deren Lösung es besondere Methoden gibt:

$$\frac{R_1 R_2}{R_1 + R_2}\,\frac{\mathrm{d}i_C}{\mathrm{d}t} + \frac{1}{C}\, i_C = \frac{R_2}{R_1 + R_2}\,\frac{\mathrm{d}E(t)}{\mathrm{d}t}.$$

Man kann hier auch die Zweipoltheorie anwenden, weil nach Abtrennen des Kondensators ein reines Widerstandsnetzwerk als aktiver Zweipol übrigbleibt. Hier ergibt sich eine einfache Spannungsteilerschaltung als aktiver Zweipol wie im Bild 1.96. Dann berechnet man $E_{\text{ers}} = U_l$ (Spannungsteilerregel) und $R_i = R_1 \parallel R_2$ (vgl. Aufg. 1.54), und die Maschengleichung des Ersatzzweipols mit angeschlossenem Kondensator C ergibt sofort obige Gleichung.

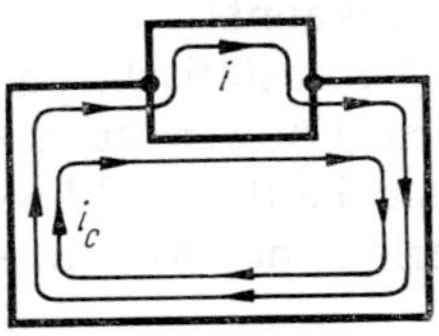

Bild 2.54

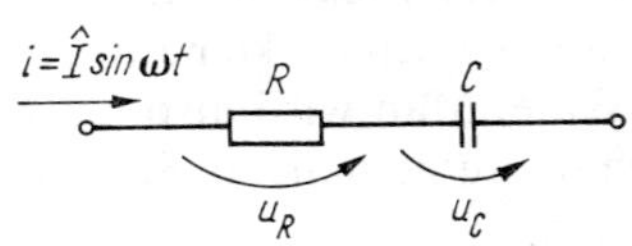

Bild 2.55

Aufgabe 2.29 Sinusförmige Erregung einer RC-Schaltung

In die Reihenschaltung C und R (Bild 2.55) wird ein sinusförmiger Strom $i = \hat{I}\sin\omega t$ eingespeist, wobei $\hat{I}$ der Maximalwert bei $\omega t = \pm n\pi/2$ (n ungerade) und die Kreisfrequenz $\omega = 2\pi/T_0$ (T_0 Periodendauer) charakteristische Parameter der Sinusfunktion sind.
Berechne die Zeitfunktionen der Spannungen über R und C, also u_R und u_C; trage i, u_R und u_C grafisch in bezogenen Maßstäben auf!

Lösungshinweis

Die Spannungen sind mit Hilfe der Strom-Spannungs-Beziehungen für R und C ((1.9) und (2.48)) zu berechnen. Bei der grafischen Darstellung in normierter Form können die Funktionswerte auf den zugehörigen Maximalwert und die Zeit t auf die Periodendauer T_0 (z.B. $\omega t = 2\pi t/T_0$) bezogen werden.

Lösung

Für $i = \hat{I}\sin\omega t$ wird $u_R = iR = \hat{I}R\sin\omega t$ und $u_C = \frac{1}{C}\int i\,\mathrm{d}t = -\frac{\hat{I}}{\omega C}\cos\omega t$ (Integrationskonstante Null). Da $\hat{I}R = \hat{U}_R$ bzw. $\hat{I}/\omega C = \hat{U}_C$ die Maximalwerte von u_R bzw.

u_C sind, ergeben sich normierte Funktionen zu

$$\frac{i}{\hat{I}} = \frac{u_R}{\hat{U}_R} = \sin \omega t \quad \text{und} \quad \frac{u_C}{\hat{U}_C} = -\cos \omega t = \sin(\omega t - \pi/2).$$

Die Gesamtspannung wird $u = u_R + u_C = \hat{I}R \sin \omega t - (\hat{I}/\omega C) \cos \omega t$. Darstellung (Bild 2.56): Die t-Achse geben wir in Teilen bzw. Vielfachen von π an: $\omega t = 2\pi t/T_0$ für $t = T_0$ ist $\omega t = 2\pi$. Innerhalb einer Periode hat der Winkel (die Phase) von 0 bis 360° (0 bis 2π) durchlaufen. Dann wiederholt sich die Funktion.

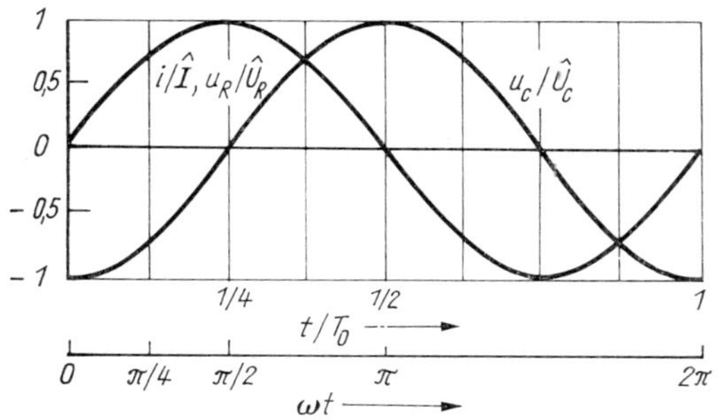

Bild 2.56

Man erkennt, die Spannung u_R hat die gleiche Phasenlage wie der Strom i, die Spannung u_C ist um $\pi/2$ phasenverschoben. Nach der Zeit $T_0/4$ (Phasenzunahme $\omega T_0/4 = \pi/2$) hat u_C den Funktionsverlauf von i und u_R, d.h., u_C „eilt um $\pi/2$ (oder $T_0/4$; 90°) nach".

2.4 Energie und Kraftwirkung im elektrostatischen Feld

Die im elektrostatischen Feld gespeicherte *Energiedichte* (Energie je Volumenelement) ist

$$\frac{dW}{dV} = \frac{\varepsilon E^2}{2} = \frac{D^2}{2\varepsilon} = \frac{ED}{2}. \qquad (2.55)$$

Die *Energie* im elektrostatischen Feld einer Elektrodenanordnung mit der Kapazität C bei einer Elektrodenspannung U beträgt

$$W = \frac{CU^2}{2} = \frac{Q^2}{2C} = \frac{QU}{2}. \qquad (2.54)$$

Die *Kräfte im elektrostatischen Feld* kann man anschaulich durch die Tendenz der Feldstärkelinien, sich zu verkürzen (Längszug) und sich möglichst weit voneinander zu entfernen (Querdruck), deuten.
Für die *Kraft zwischen Punktladungen* mit Abstand a ergibt sich aus Gl. (2.1) das Coulombsche Gesetz

$$F = \frac{q_1 q_2}{4\pi\varepsilon a^2}. \qquad (2.56)$$

Für *Kräfte auf Trennflächen* gilt die allgemeine Aussage:
Die Kraft wirkt immer senkrecht zur Trennfläche und ist bestrebt, die Kapazität der Anordnung zu vergrößern:

$$F = \frac{U^2}{2} \frac{dC}{dx}. \qquad (2.58)$$

Die Elektroden einer geladenen Anordnung erfahren auf Grund der entgegengesetzten Ladungen anziehende Kräfte. Je Flächenelement $dA_\perp$ wirkt bei Feldstärke E an der Oberfläche die Teilkraft

$$dF = \frac{\varepsilon \mathsf{E}^2}{2}\, dA_\perp = \frac{D^2}{2\varepsilon}\, dA_\perp = \frac{\mathsf{E}D}{2}\, dA_\perp . \qquad (2.59)$$

Auf die Trennfläche eines geschichteten Dielektrikums wirkt eine Kraft in Richtung zum Medium mit der kleineren Dielektrizitätskonstanten (Bild 2.57):

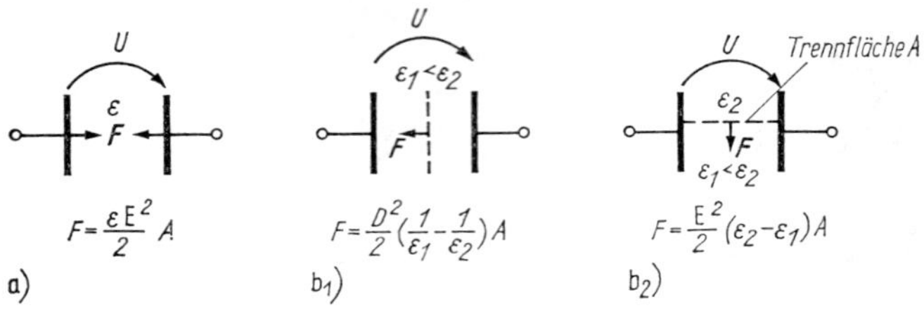

Bild 2.57
Kräfte auf geladene Elektroden (a) und auf Trennflächen (b)

Trennfläche senkrecht von ***D***-Linien durchsetzt:

$$dF = \frac{D^2}{2}\left(\frac{1}{\varepsilon_1} - \frac{1}{\varepsilon_2}\right) dA_\perp . \qquad (2.60)$$

Trennfläche entlang ***D***-Linien:

$$dF = \frac{\mathsf{E}^2}{2}(\varepsilon_2 - \varepsilon_1)\, dA_\perp . \qquad (2.61)$$

Aufgabe 2.30 Energie und Leistung bei Auf- und Entladung eines Kondensators

Ein verlustlos angenommener Kondensator ($C = 3\ \mu F$) wird mit einem konstanten Strom ($I = 3$ mA = konst.) aufgeladen und anschließend über einen Widerstand ($R = 1\ M\Omega$) entladen.

a) Nach welcher Aufladezeit wird die Spannung $U_0 = 2$ kV erreicht?
   Wie groß sind dann die Ladung Q_0 und die gespeicherte Energie W_0?
b) Gib die Zeitkonstante der Entladung an!
c) Drücke die Kondensatorspannung u_C, den Kondensatorstrom i_C und die Leistung p bei der Entladung allgemein und unter Anwendung der gegebenen und berechneten Zahlenwerte als Funktion der Zeit aus!
d) Berechne die an den Widerstand bei völliger Entladung des Kondensators abgegebene Energie!

Lösungshinweis

a) Vgl. Aufgabe 2.26!
b) bis d) Beachte Aufgabe 2.24: Strom, Spannung und damit auch die Leistung klingen bei einer Kondensatorentladung zeitlich nach einer e-Funktion ab. Die Startwerte der e-Funktion zur Zeit $t = 0$ sind aus gegebenen Werten zu bestimmen.

Lösung

a) Mit (2.36a) und (1.2) bzw. (2.48) ergibt sich die Zeit t_1 zur Aufladung eines Kondensators C auf die Spannung U_0 mit einem Gleichstrom I:

$Q_0 = It_1 = CU_0$

$$t_1 = CU_0/I = 3 \cdot 10^{-6}\,(\mathrm{A{\cdot}s/V}) \cdot 2 \cdot 10^3\,\mathrm{V}/3 \cdot 10^{-3}\,\mathrm{A} = 2\,\mathrm{s}.$$

Mit Gl. (2.36a) ist dann $Q_0 = CU_0 = 3 \cdot 10^{-6}\,\mathrm{A{\cdot}s/V} \cdot 2 \cdot 10^3\,\mathrm{V} = 6 \cdot 10^{-3}\,\mathrm{A{\cdot}s}$.
Die im Feld eines auf U_0 aufgeladenen Kondensators C gespeicherte Energie W_0 ist nach Gl. (2.54):

$$W_0 = \frac{CU_0^2}{2} = 3 \cdot 10^{-6}\,\mathrm{A{\cdot}s/V} \cdot 4 \cdot 10^6\,\mathrm{V^2}/2 = 6\,\mathrm{Ws}.$$

b) $\tau = CR = 3 \cdot 10^{-6}\,\mathrm{A{\cdot}s/V} \cdot 10^6\,\mathrm{V/A} = 3\,\mathrm{s}$ (vgl. Aufgabe 2.24).

c) Nach Aufgabe 2.24b ist mit den Zählpfeilen im Bild 2.50a

$$u_C = -U_0\,\mathrm{e}^{-t/\tau} = -2 \cdot 10^3\,\mathrm{e}^{-t/3\,\mathrm{s}}\,\mathrm{V}$$

$$i_C = I_0\,\mathrm{e}^{-t/\tau} = \frac{U_0}{R}\,\mathrm{e}^{-t/\tau} = \frac{2 \cdot 10^3\,\mathrm{V}}{10^6\,\mathrm{V/A}}\,\mathrm{e}^{-t/3\,\mathrm{s}} = 2 \cdot 10^{-3}\,\mathrm{e}^{-t/3\,\mathrm{s}}\,\mathrm{A}$$

$$p = u_C i_C = -U_0 I_0\,\mathrm{e}^{-2t/\tau} = -P_0\,\mathrm{e}^{-t/1{,}5\,\mathrm{s}} = -4\,\mathrm{e}^{-t/1{,}5\,\mathrm{s}}\,\mathrm{W}.$$

Das negative Vorzeichen der Leistung charakterisiert die Entladung, bei der die Leistung vom Kondensator abgegeben wird.

d) Nach Gl. (1.15) ist $W = \int ui\,\mathrm{d}t$.
Nach Maschensatz im Bild 2.50a ist $u_C = -u_R$;
also wird

$$W = \int_0^\infty U_0 I_0\,\mathrm{e}^{-2t/\tau}\,\mathrm{d}t = -\frac{\tau U_0 I_0}{2}\,(\mathrm{e}^{-\infty} - \mathrm{e}^0) = \frac{U_0 I_0 \tau}{2}.$$

Mit $\tau = CR$ und $I_0 = U_0/R$ wird $W = CU_0^2/2$, was zu erwarten war, da dies die im Kondensator vor der Entladung gespeicherte Energie ist.

Aufgabe 2.31 Energie im elektrostatischen Feld

Wie groß ist die Energiedichte eines starken, homogenen elektrischen Feldes in Luft bei $\mathsf{E} = 30\,\mathrm{kV/cm}$?

Lösungshinweis

Gehe von der Gl. (2.54) aus und führe die Feldgröße E ein!

Lösung

Gl. (2.54) lautet: $W = QU/2$. Im homogenen Feld gilt $Q = DA$ und $U = \mathsf{E}d$. Also ist

$$W = \frac{D\mathsf{E}}{2}\,Ad = \frac{\varepsilon_0 \mathsf{E}^2}{2}\,V \quad \text{mit} \quad D = \varepsilon_0 \mathsf{E} \text{ und Volumen } V = Ad.$$

Damit wird

$$\frac{W}{V} = \frac{\varepsilon_0 \mathsf{E}^2}{2} = \frac{8{,}86 \cdot 10^{-14}\,\dfrac{\mathrm{A{\cdot}s}}{\mathrm{V{\cdot}cm}} \cdot 9 \cdot 10^8\,\dfrac{\mathrm{V^2}}{\mathrm{cm^2}}}{2} = 0{,}399 \cdot 10^{-4}\,\frac{\mathrm{W{\cdot}s}}{\mathrm{cm^3}}.$$

Aufgabe 2.32 Energie eines geladenen Kondensators

Ein Kondensator $C_1 = 2\mu F$ hat eine Ladung $Q_0 = 0{,}4$ mA·s.

a) Welche Masse m könnte man mit der im Kondensator gespeicherten Energie $s = 10$ cm hochheben, wenn man den Umwandlungswirkungsgrad der Hebeeinrichtung mit 100% annimmt?

b) Der Kondensator C_1 wird durch den Schalter S über einen Widerstand R mit einem 2. ungeladenen Kondensator C_2 verbunden (Bild 2.58), d.h., die Ladung Q_0 verteilt sich auf beide Kondensatoren. Nach dem Ladungsausgleich stellt man einen Energieverlust im System fest.
Diskutiere diesen Vorgang für $C_1 = C_2 = C$, begründe den Energieverlust und weise diesen durch Berechnung nach!
Welche Zeit muß man warten, bis der Ladungsausgleich praktisch beendet ist ($R = 1$ MΩ)?

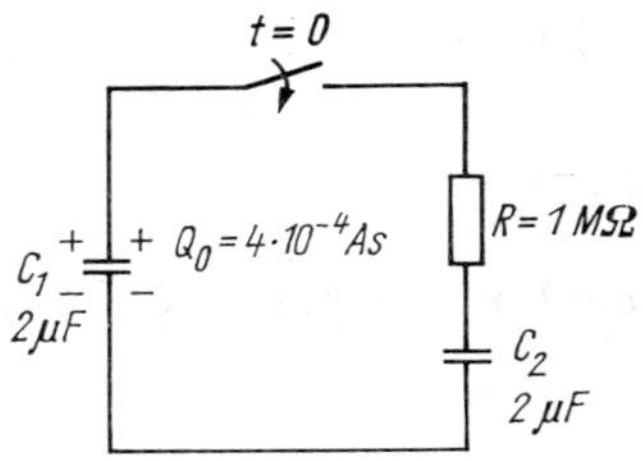

Bild 2.58

Lösungshinweis

a) Die mechanische Arbeit ergibt sich aus Produkt von Kraft und Weg, wobei die Kraft die Gravitationskraft auf die Masse m ist. Wie schon Aufgabe 2.31 ergab, sind die im elektrischen Feld speicherbaren Energien – also das Arbeitsvermögen – relativ klein.

b) Nach Einlegen des Schalters fließt Ladung von C_1 nach C_2, bis beide Kondensatoren gleiche Spannung aufweisen (Maschensatz!). Dann ist die im Kreis gespeicherte Energie nicht gleich der im Kondensator C_1 vor dem Schalten. Der Energieverlust tritt während des Ausgleichs auf und ist zu bestimmen. Berechne hierfür aus der Maschengleichung die zeitliche Stromfunktion und die in Form von Wärme abgestrahlte Energie! Siehe auch Aufgabe 2.24!

Lösung

a) Die gespeicherte Energie in C_1 ist nach (2.54)

$$W_0 = Q_0^2/2C = 16 \cdot 10^{-8}\ \mathrm{A^2{\cdot}s^2}/4 \cdot 10^{-6}\ \mathrm{A{\cdot}s/V} = 4 \cdot 10^{-2}\ \mathrm{W{\cdot}s}.$$

Die Arbeit zum Anheben (Strecke s) einer Masse m im Gravitationsfeld der Erde (Erdbeschleunigung g) ist

$$A = mgs.$$

Daraus mit $A = W$

$$m = W/(gs) = 4 \cdot 10^{-2}\ \mathrm{W{\cdot}s}/(9{,}81\ \mathrm{m/s^2} \cdot 0{,}1\ \mathrm{m})$$

$$m \approx 0{,}04\ \mathrm{W{\cdot}s^3/m^2} = 40\ \mathrm{g} \quad \text{mit} \quad 1\ \mathrm{kg} = 1\ \mathrm{W{\cdot}s^3/m^2} \quad \text{(s. Anhang).}$$

b) Im Bild 2.59 ist die Schaltung für $t \geqq 0$ gekennzeichnet, wobei $t = 0$ der Einschaltmoment (Startzeit für den Strom i) ist. Der Bezugspfeil des Stromes i, der einen Teil der Ladung Q_0 von C_1 nach C_2 transportiert und dabei eine Wärmeenergie im Widerstand R hervorruft, ist in Bewegungsrichtung der positiven Ladung eingeführt. Die

Spannungsabfälle u_{C1}, u_{C2} und iR sind in Stromrichtung eingetragen (s. Bild 2.46). Für $C_1 = C_2$ ist der Strom Null, wenn $Q_1 = Q_2 = Q_0/2$ ist. Dann ist die insgesamt gespeicherte Energie $2(Q_0/2)^2/2C = Q_0^2/4C$. Dies ist nur $W_0/2$ (s. a)!). Also wird für $C_1 = C_2$ durch den Umladevorgang die halbe Energie in Wärme umgewandelt. Um dies nachzuweisen, berechnen wir zunächst den Stromverlauf (vgl. Aufg. 2.24):

Maschengleichung: $u_{C1} + u_{C2} + Ri = 0$.

Für $C_1 = C_2 = C$ ist $u_{C1} = u_{C2} = \frac{1}{C} \int i \, \mathrm{d}t$.

Beachte, daß dies nicht die Potentialdifferenz auf den Kondensatoren ist (diese sind unterschiedlich[1]), solange Strom fließt), sondern die durch den Strom i hervorgerufene Spannungs*änderung*. Die von C_1 abfließende Ladung (Spannungsabnahme $-\Delta U_{C1}$) muß gleich der auf C_2 zufließenden Ladung (Spannungszunahme $+\Delta U_{C2}$) sein.

Damit wird

$$\frac{2}{C} \int i \, \mathrm{d}t + Ri = 0.$$

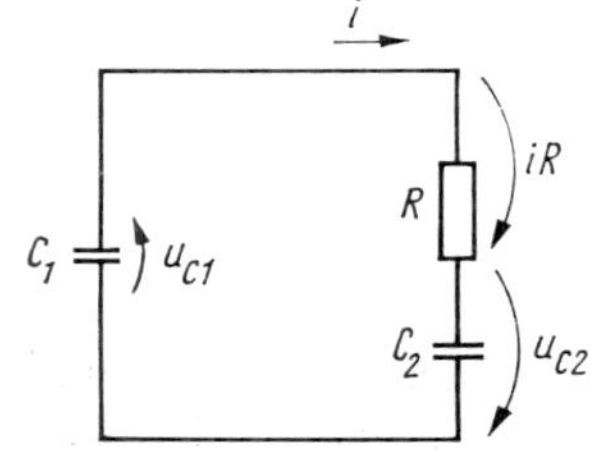

Bild 2.59

Differenzieren wir die Gleichung nach der Zeit, so wird

$$\frac{2}{CR} i + \frac{\mathrm{d}i}{\mathrm{d}t} = 0.$$

Trennung der Variablen i und t ergibt mit $CR = \tau$ (Zeitkonstante)

$$\frac{\mathrm{d}i}{i} = -2 \frac{\mathrm{d}t}{\tau}.$$

Die Integration liefert[2])

$$\ln i + K = -2t/\tau.$$

Schreiben wir die Integrationskonstante $K = -\ln I_0$, so wird

$$\ln (i/I_0) = -2t/\tau, \quad \text{d.h.,} \quad i = I_0 \exp(-2t/\tau).$$

I_0 können wir aus dem Anfangswert (z.Z. $t = 0$) ermitteln.
Im Schaltmoment sind $U_{C2} = 0$ und $U_{C1} = -U_0$ (minus, da U_{C1} entgegen dem Bezugspfeil im Bild 2.59 wirkt, s. Bild 2.18). Mit der Maschengleichung $u_{C1} + Ri + u_{C2} = 0$ wird also für $t = 0$ $i(0) = I_0 = -u_{C1}/R = U_0/R$.
Damit ist

$$i = (U_0/R)\, \mathrm{e}^{-2t/\tau}.$$

Die Wärmeenergie im Widerstand R infolge des Stromes i wird nach (1.15)

$$W = \int_0^\infty i^2 R \, \mathrm{d}t = \int_0^\infty \left(\frac{U_0}{R}\right)^2 R \, \mathrm{e}^{-4t/\tau} \, \mathrm{d}t = \frac{\tau R}{4} \left(\frac{U_0}{R}\right)^2 = \frac{CU_0^2}{4} = \frac{Q_0^2}{4C},$$

wobei $\tau = CR$ und $CU_0 = Q_0$ gesetzt wird. Dies ist damit der erwartete Wert der Verlustenergie im Kreis.

[1]) unterschiedliche Integrationskonstanten
[2]) Siehe Fußnote Seite 20!

Die Exponentialfunktion und damit der Ausgleichsvorgang wird erst nach $t = \infty$ Null. Man kann jedoch praktisch das Ende des Vorgangs definieren, wenn 1/20 (5 %) des Anfangswertes erreicht ist (vgl. Aufg. 2.24, Bild 2.51). Das ist beim Strom erreicht, wenn $e^{-2t/\tau} = 1/20$, d.h., $2t/\tau = \ln 20 \approx 3$ und damit $t \approx 1{,}5\tau$. Da $\tau = CR = 20\,\mu\text{F} \cdot 1\,\text{M}\Omega = 20$ s ist, ergibt sich eine praktische Ausgleichszeit von etwa 30 s.

Aufgabe 2.33 Kräfte auf Trennflächen

a) Im Luftraum zwischen parallelen Platten mit Ladung Q_+ und Q_- befindet sich isoliert ein planparalleler Körper (Bild 2.60). Die Felder seien homogen.

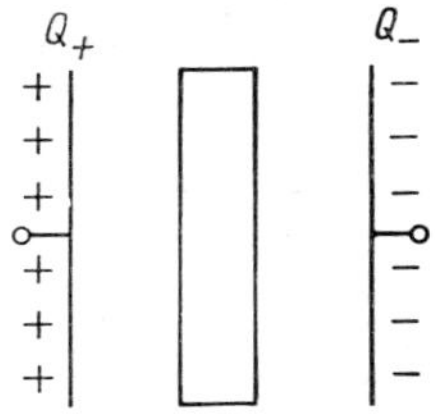

Bild 2.60

Welche Kräfte treten in dieser Anordnung auf, wenn der isolierte Körper aus Metall bzw. aus nichtleitendem Material ($\varepsilon_r \gg 1$) besteht?

b) Zwischen eine Spitze und eine Platte wird eine Spannung gelegt. Es entsteht ein stark inhomogenes Feld. Diese Anordnung wird
b_1) in Öl mit Luftblasen
b_2) in Luft mit Öltropfen
betrieben. Wie verändern sich die Felder (qualitativ), und was passiert mit den Luftblasen bzw. Öltropfen?

Lösungshinweis

a) Gleichung (2.58) $F = (U^2/2)\mathrm{d}C/\mathrm{d}x$ sagt aus: Die Kräfte sind bestrebt, die Kapazität der Anordnung zu vergrößern. Ist dabei Q = konst. (Platten von EMK abgetrennt), so würde dabei nach (2.54) $W = Q^2/(2C)$ die gespeicherte Energie abnehmen; denn die zur C-Vergrößerung erforderliche Arbeit $F\,\mathrm{d}x$ muß auf Kosten der im System gespeicherten Energie verrichtet werden (vgl. Aufg. 2.32!). Anders ist dies bei U = konst., dann würde dabei die gespeicherte Energie $W = CU^2/2$ größer werden. Die Arbeit $F\,\mathrm{d}x$ und die zusätzliche Energie werden dann von der EMK geliefert ($\mathrm{d}W = UI\,\mathrm{d}t$ – es würde bei der C-Veränderung ein Strom fließen gemäß (2.48)!). Vergleiche auch Aufgabe 2.14!

b) Gemäß (2.59) bis (2.61) sind die Kräfte senkrecht zur Trennfläche in Richtung zum Medium mit kleinerem ε-Wert gerichtet (s. auch Bild 2.57).

Lösung

a) *Metallischer Zwischenkörper.* Diese Anordnung wurde in Aufgabe 2.14 betrachtet. Die Elektrodenladung Q_+ und Q_- influenziert gleich große Ladung auf den Oberflächen des Metallkörpers. Es bildet sich die Reihenschaltung zweier Kapazitäten. Da in beiden Zwischenräumen die Verschiebungsflußdichte D und die Feldstärken $\mathbf{E}$ gleich sind (homogene Felder), sind die Kräfte auf die Trennflächen A gleich groß ($F = D^2A/2\varepsilon_0$), d.h., der Zwischenkörper erfährt auf beiden Flächen A entgegengesetzt gerichtete Kräfte, die ihn auszudehnen, den Abstand zur Gegenplatte zu verringern suchen (Kapazitätsvergrößerung!). Es ergibt sich jedoch keine resultierende Kraft, die den Körper verschieben könnte (das könnte nur bei inhomogenem Feld erfolgen). Gleiche Tendenz der Kapazitätsvergrößerung haben die Kräfte an den äußeren Elektrodenflächen, die diese anzuziehen suchen (Bild 2.61 a).

Der Unterschied zwischen dielektrischer und leitender Platte im Feld ist einmal der, daß zwar auch Ladungen auf den Grenzschichten des Dielektrikums unter Einwirkung der äußeren Feldstärke entstehen, diese jedoch nicht wie beim Leiter frei beweglich sind, sondern durch Ladungsverschiebung infolge Polarisation in Erscheinung treten. Dadurch werden nicht alle Feldstärkelinien durch Ladungsketten im Inneren gebunden, sondern es verbleibt eine $(1/\varepsilon_r)$-mal kleinere Feldstärke, d. h., es entsteht ein Spannungsabfall (Bild 2.61 b), während der metallische Körper überall gleiches Potential aufweist.

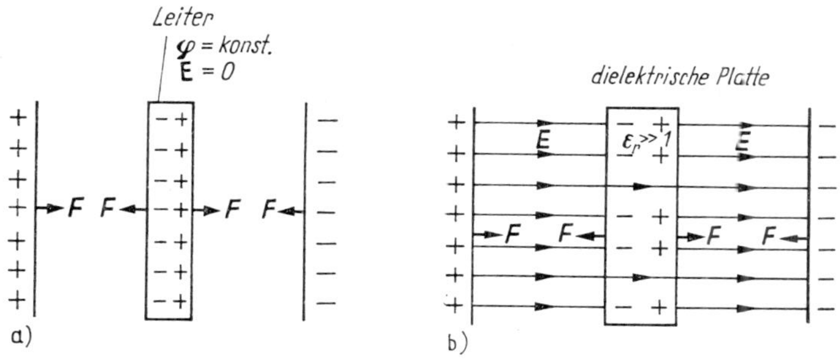

Bild 2.61

Die Kräfte bei *isolierendem Zwischenkörper* sind praktisch die gleichen wie bei metallischem Körper, da $\varepsilon_r \gg 1$ gilt und die Kraft nach (2.60) $F = D^2/2\,(1/\varepsilon_0 - 1/\varepsilon_r)\,A \approx D^2 A(2\varepsilon_0)$ ist. Die ausdehnenden Kräfte am Isolator sind bestrebt, den ganzen Zwischenraum mit dem nichtleitenden Stoff auszufüllen (Kapazitätsvergrößerung!)

b) Der Feldverlauf Spitze–Platte bei homogenem Medium ist im Bild 2.62 a angegeben.

b_1) Luftblase ($\varepsilon_r = 1$) in Öl ($\varepsilon_r \gg 1$): $\boldsymbol{D}(\boldsymbol{E})$ Linien gehen um Luftblase herum; $\varphi =$ konst. senkrecht zur Oberfläche (Bild 2.62 b). Die Kräfte wirken ins Innere der Luftblase (Kapazitätsvergrößerung der Anordnung Spitze–Platte!), und sie sind auf Grund der größeren Feldstärke in Spitzennähe größer, also bestrebt, die Luftblase nach der Platte zu bewegen: Kompression und Bewegung nach Gebieten kleinster Feldstärken (die Pfeillängen in den Bildern 2.62 sollen die Kraftgröße andeuten).

b_2) Öltropfen in Luft: Der Öltropfen ($\varepsilon_r \gg 1$) ist angenähert eine Äquipotentialfläche (vgl. a)!), die Feldstärkelinien verlaufen senkrecht zur Oberfläche (Bild 2.62 c). Die Kräfte sind bestrebt, den Öltropfen auszudehnen und auf Grund der resultierenden Kraft in Feldbereiche mit größter Feldstärke zu treiben, was zum Überziehen der Spitze mit einer Ölhaut führen könnte.

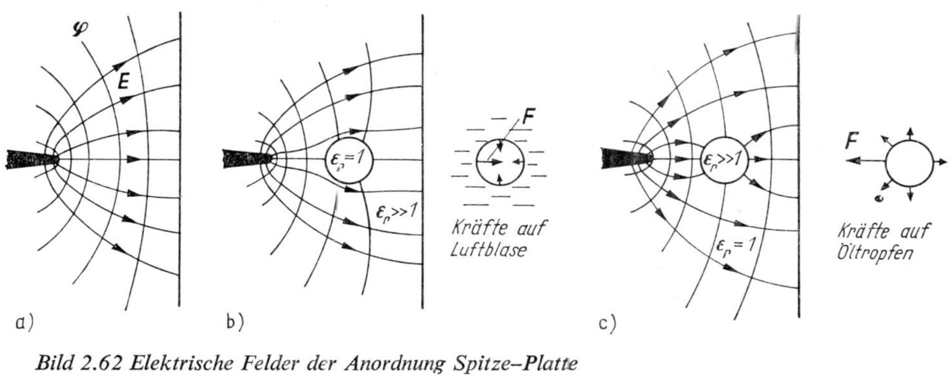

Bild 2.62 Elektrische Felder der Anordnung Spitze–Platte
a) homogenes Medium; b) Luftblase in Öl; c) Öltropfen in Luft

Aufgabe 2.34 Elektrostatischer Spannungsmesser

Im Luftspalt zwischen 2 nierenförmig geschnittenen Platten ist ein an einem Torsionsfaden befestigter Metallstreifen („Nadel“) drehbar angeordnet (Bild 2.63 a). Zwischen den beiden parallelgeschalteten Platten und der Nadel wird eine Spannung angelegt. Durch das damit entstehende elektrische Feld zwischen Nadel und Platten entsteht eine Kraft, die durch die Formgebung der Platten eine von der Spannung U und dem rücktreibenden Moment M_r des Torsionsfadens abhängige Drehung hervorruft ($M_r = c\alpha$; c Federkonstante, α Drehwinkel).

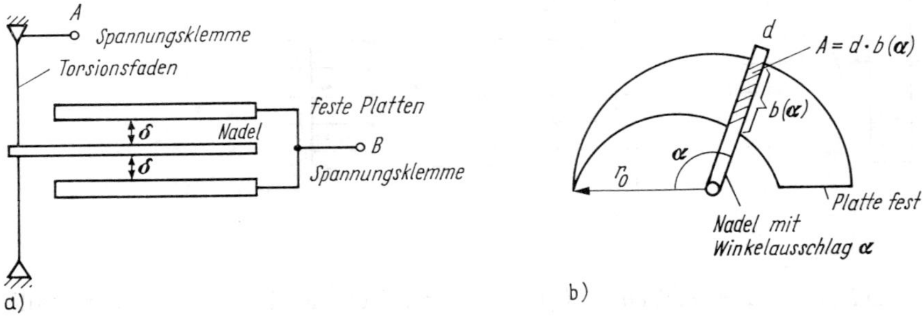

Bild 2.63

Die Platten haben gleiche Form (Bild 2.63 b): Die äußere Umrandung hat den Radius r_0, die innere erzeugt eine Plattenbreite $b(\alpha)$, die sich nach einer Funktion mit dem Drehwinkel α ändert.
Erläutere mit Hilfe des Feldverlaufs die Kraftwirkung, die zum Drehmoment führt, und gib die Beziehung zwischen Ausschlag α, $b(\alpha)$ und U an!

Lösungshinweis

Vergleiche Lösungshinweis zu Aufgabe 2.33. Die Kapazität zwischen Nadel und Platten nimmt mit zunehmendem Drehwinkel α zu. Der Zeigerausschlag wird bestimmt durch das Gleichgewicht zwischen vortreibendem und rücktreibendem Moment. Das Triebmoment ergibt sich z.B. aus (2.58). Durch die entsprechende Formgebung der Platten $b(\alpha)$ kann man bestimmte Skalenverläufe $\alpha = f(U)$ erzeugen.

Lösung

Die Anzugskräfte zwischen Nadel und Platten sind kompensiert ($F_o = F_u$ im Bild 2.64), so daß ein Abkippen der Nadel zu einer Platte vermieden wird[1]). Von den Nadelrändern gehen Feldlinien nach den Platten, die Kraftkomponenten nach rechts und links erzeugen, wobei infolge der Flächenzunahme $b(\alpha)$ die Wirkung nach rechts überwiegt (Bild 2.64: $F_r > F_l$).
Nach (2.58) ist die resultierende Kraft

$$F = \frac{U^2}{2} \frac{\mathrm{d}C}{\mathrm{d}x}.$$

Die Kapazität zwischen der Nadel und den beiden Platten in der Stellung α mit wirksamer Länge $b(\alpha)$ und der Nadelbreite d ist bei homogen angenommenem Feld

[1]) Zum Gewichtsausgleich der einseitig aufgehängten Nadel wird im allg. eine 2. gleiche Anordnung, um 180° versetzt, an gleichem Torsionsfaden befestigt. Für größere Spannungsempfindlichkeit werden mehrere solche Elemente übereinander an gleichem Torsionsfaden parallel angeordnet.

(Bild 2.63 b)

$$C = \frac{\varepsilon_0 2A}{\delta} = 2\,\frac{\varepsilon_0 b\,(\alpha)\,d}{\delta}.$$

Wie Bild 2.64 zeigt, ist die Annahme der Feldhomogenität recht grob – die Inhomogenität erzeugt ja gerade das Drehmoment. Durch die zusätzliche effektive Fläche ist die Kapazität tatsächlich größer. Im weiteren interessiert jedoch $\mathrm{d}C/\mathrm{d}x \sim \mathrm{d}C/\mathrm{d}\alpha$, wodurch die Annahme größere Berechtigung erlangt.

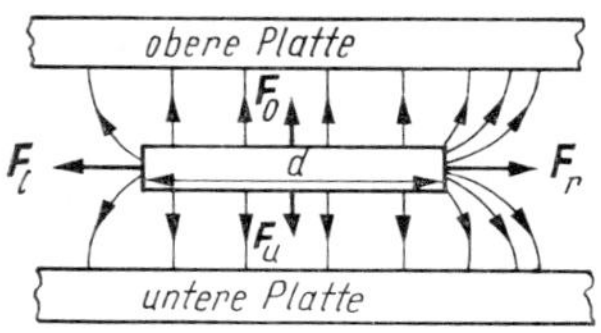

Bild 2.64

Die Ortsveränderung $\mathrm{d}x$ ist hier durch die Drehbewegung mit der Winkeländerung $\mathrm{d}\alpha$ verbunden $\mathrm{d}x = r\,\mathrm{d}\alpha$, wobei r der Hebelarm der resultierenden Kraft ist. Damit wird

$$F = \frac{U^2}{2}\,\frac{\mathrm{d}C}{r\,\mathrm{d}\alpha}$$

und das vortreibende Moment

$$M_v = Fr = \frac{U^2}{2}\,\frac{\mathrm{d}C}{\mathrm{d}\alpha},$$

wobei hier

$$\frac{\mathrm{d}C}{\mathrm{d}\alpha} = \frac{2\varepsilon_0\,d}{\delta}\cdot\frac{\mathrm{d}b(\alpha)}{\mathrm{d}\alpha} = c_1\,\frac{\mathrm{d}b\,(\alpha)}{\mathrm{d}\alpha}$$

wird. Die Einstellung der Nadel ergibt sich bei $M_r = M_v$. Also ergibt sich mit $M_r = c\alpha$

$$c\alpha = \frac{U^2}{2}\,c_1\,\frac{\mathrm{d}b\,(\alpha)}{\mathrm{d}\alpha}$$

oder

$$\alpha = c_2 U^2\,\frac{\mathrm{d}b\,(\alpha)}{\mathrm{d}\alpha} \quad \text{mit} \quad c_2 = c_1/2c = \varepsilon_0\,\mathrm{d}/(\delta c).$$

Mit verschiedenem Plattenschnitt $b(\alpha)$ kann man bestimmte Skalenverläufe der Spannung $U(\alpha)$ erreichen, z.B. ergeben $U^2 = k_1\alpha$ oder $U = k_2\alpha$ berechenbare $b(\alpha)$-Verläufe für einen begrenzten Winkelbereich.

2.5 Ladungsbewegung im Leiter und Nichtleiter

Tafel 2.4 zeigt die verschiedenen Stromarten und ihre Beziehungen, wobei die Gleichungen für die Stromdichte angegeben sind. Einen Vorgang, der mit dem Auftreten eines magnetischen Feldes verkoppelt ist, nennt man „*Strom*". Für diesen gilt die Kontinuitätsgleichung (1.5). Besteht der Vorgang in einer zeitlichen Änderung des elektrischen Feldes, so nennt man diesen Strom im Nichtleiter *Verschiebungsstrom*. Entsteht anderer-

Tafel 2.4 Die verschiedenen Stromarten und ihre Beziehungen

Strom im allgemeinen Sinne
Kontinuitätsgleichung:

$$\int_{\text{Hülle } A} \boldsymbol{S} \cdot \mathrm{d}\boldsymbol{A} = 0 \quad (1.5)$$

Konvektionsstrom

$$\boldsymbol{S}_k = \varrho \boldsymbol{v} \quad (2.64)$$

Verschiebungsstrom

$$\boldsymbol{S}_v = \frac{\partial \boldsymbol{D}}{\partial t} \quad (2.46)$$

Feldstrom

— im Vakuum: $v = \sqrt{\frac{2e}{m} \Delta U}$ (2.68)

— im Leiter: $\boldsymbol{v} = b\boldsymbol{E}$ (2.65)

$$\boldsymbol{S} = \varkappa \boldsymbol{E} = q\,(n_+ b_+ + n_- b_-)\,\boldsymbol{E} \quad (2.66)$$

Diffusionsstrom

$$\boldsymbol{S}_D = -qD\left(\boldsymbol{i}\frac{\partial n}{\partial x} + \boldsymbol{j}\frac{\partial n}{\partial y} + \boldsymbol{k}\frac{\partial n}{\partial z}\right)^{1)} \quad (2.70\,\mathrm{a})$$

$$\boldsymbol{S}_k = qnb\boldsymbol{E} - qD\left(\boldsymbol{i}\frac{\partial n}{\partial x} + \boldsymbol{j}\frac{\partial n}{\partial y} + \boldsymbol{k}\frac{\partial n}{\partial z}\right)^{1)} \quad (2.71\,\mathrm{a})$$

Ladungstransportgleichung

positive Ladungen: $n = n_+$; $b = b_+$; $D = D_+$; $q = e$

negative Ladungen: $n = n_-$; $b = -b_-$; $D = D_-$; $q = -e$

1) D Diffusionskoeffizient

seits das magnetische Feld bei Bewegung einer Ladung, so nennt man den Strom Konvektionsstrom. Diese Ladungsbewegung kann im elektrischen Feld unter Einfluß der Feldstärke $\boldsymbol{E}$ (Feldstrom) oder auf Grund eines Ladungskonzentrationsgefälles, z.B. in x-Richtung bei $\partial n/\partial x < 0$, entstehen (Diffusionsstrom).

Aufgabe 2.35 Geschwindigkeit und Beschleunigung von Ladungen im Vakuum

Gegeben ist ein Elektronenrohr in zylindersymmetrischer Anordnung (Bild 2.65a). Längs der Achse verläuft die elektronenemittierende Katode ($r_k = 1$ mm). Die koaxiale Anode ($r_a = 0{,}75$ cm, $l = 1{,}3$ cm) wird an den Pluspol der EMK ($U = 100$ V) gelegt.
Zum Vergleich wird eine ebene Anordnung (Bild 2.65b) betrachtet (Plattenfläche $A = 6\ \mathrm{cm}^2$, Abstand $d = 0{,}75$ cm, $U = 100$ V; homogenes Feld angenommen).
Berechne für beide Anordnungen allgemein und zahlenmäßig

a) die Kapazität
b) die Geschwindigkeit der Elektronen v an der Anode in Abhängigkeit von U und von r bzw. x
c) die Beschleunigung a der Elektronen in Abhängigkeit von U und von r bzw. x!

(Kennwerte für Elektronen s. Anhang!)

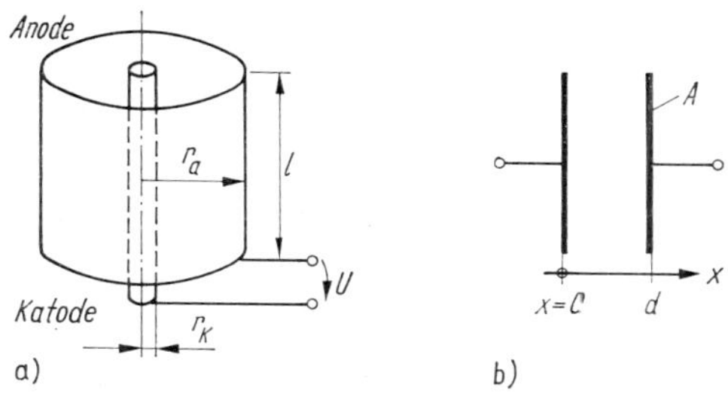

Bild 2.65

Lösungshinweis

a) Die Kapazitätsberechnung erfolgt nach Tafel 2.3b bzw. nach Gl. (2.36b).

b) Aus a) entnehmen wir den Potentialverlauf zwischen Katode und Anode, wobei $\varphi = 0$ auf der Katode gewählt wird. Die Geschwindigkeit an der Stelle r (bzw. x) berechnet man aus der Energiegleichung: Der Verlust an potentieller Energie des Elektrons muß gleich dem Gewinn an kinetischer Energie sein (freie Bewegung ohne Energieverluste durch Reibung oder Zusammenstöße mit Atomen). Damit berechnet man $v(r)$ und v_a an der Anode (s. auch (2.68)!). $v(r)$ läßt sich mit v_a durch U ausdrücken.

c) Die Beschleunigung $\boldsymbol{a}$ ergibt sich aus der Kraftgleichung (Trägheitskraft = antreibende elektrische Feldkraft).

Lösung

a) *Zylinderanordnung.* Bei Ladung $Q_- = -Q$ auf Katode und $Q_+ = -Q_- = Q$ auf Anode ergibt sich auf Zylinder mit Radius r (s. z.B. Aufgabe 2.16) und Einheitsvektor $\boldsymbol{e}_r$ in $\boldsymbol{r}$-Richtung

$$\boldsymbol{D} = \frac{-Q}{2\pi r l}\,\boldsymbol{e}_r, \quad \text{also} \quad \boldsymbol{E} = \frac{-Q}{2\pi\varepsilon_0 r l}\,\boldsymbol{e}_r.$$

Das Minuszeichen sagt aus: Die Feldstärke (die Kraft auf positive Ladung) ist entgegen $\boldsymbol{r}$ von Anode zur Katode gerichtet. Damit wird

$$\varphi(r) = \int_P^0 \boldsymbol{E}\cdot \mathrm{d}\boldsymbol{s} = -\frac{Q}{2\pi\varepsilon_0 l}\int_r^{r_K}\frac{\mathrm{d}r'}{r'} \quad (\text{mit } \boldsymbol{e}_r\,\mathrm{d}\boldsymbol{r} = \mathrm{d}r)$$

$$\varphi(r) = \frac{Q}{2\pi\varepsilon_0 l}\ln\frac{r}{r_K}.$$

Das Potential (d.h. die potentielle Energie einer positiven Ladung q) nimmt in Richtung $\boldsymbol{r}$ zu (Anode positiv gegenüber Katode!). Da $r \geqq r_K$ ist, wird $\varphi(r)$ positiv. Für die *ebene Anordnung* ist $\boldsymbol{E} = -\boldsymbol{i}\,(U/d)$ (unabhängig von x, da Feld homogen)

$$\varphi(x) = \int_P^0 \boldsymbol{E}\cdot \mathrm{d}\boldsymbol{s} = -\int_x^0 \boldsymbol{i}\,\frac{U}{d}\,\boldsymbol{i}\,\mathrm{d}x = \frac{U}{d}\,x.$$

Die Spannung zwischen Anode ($r = r_a$) und Katode ist für die *Zylinderanordnung*

$$U = \int_{r_a}^{r_K}\boldsymbol{E}\cdot \mathrm{d}\boldsymbol{s} = \varphi(r_a) - \varphi(r_K) = \frac{Q}{2\pi\varepsilon_0 l}\ln\frac{r_a}{r_K}.$$

Also

$$C = \frac{Q}{U} = \frac{2\pi\varepsilon_0 l}{\ln(r_a/r_K)}.$$

Mit den gegebenen Werten für l, r_K und r_a wird $C = 0{,}36$ pF.

Für die *Plattenanordnung* gilt nach (2.36b)

$$C = \frac{\varepsilon_0 A}{d}.$$

Bei den hier mit der Zylinderanordnung vergleichbaren Abmessungen (Anodenfläche und Abstand) wird

$$C = 0{,}71\ \text{pF}.$$

b) Die an der Katode emittierten Elektronen (Startgeschwindigkeit Null angenommen) haben bei $r = r_K$ bzw. $x = 0$ (Katode) die höchste potentielle Energie, werden vom Anodenpotential angezogen (entgegen $\boldsymbol{E}$) und gewinnen kinetische Energie $mv^2/2$ auf Kosten der potentiellen Energie $q\varphi$.
Aus der Energiegleichung $mv^2/(2) = q\varphi$ ergibt sich mit der allgemeinen Ortsvariablen die Geschwindigkeit (2.68)

$$v(\zeta) = \sqrt{\frac{2q}{m}\,\varphi(\zeta)}.$$

φ ist hier die bis zur Stelle r bzw. x „durchlaufene“ Spannung (die Elektronen werden gewissermaßen den Potentialberg hinaufgezogen, so wie Gasblasen nach oben steigen).
Für $\varphi = \varphi_a = U$ wird allgemein und angenähert für Elektronen bei 100 V (m s. Anhang):

$$v_a = \sqrt{\frac{2q}{m}\,U} \approx 600\,\sqrt{U/\text{V}}\quad \text{km/s} = 6000\ \text{km/s}.$$

Beachte, daß bei größeren Geschwindigkeiten nicht mehr die Ruhemasse der Teilchen m_0, sondern die relativistische Masse $m = m_0/[1 - (v/c)^2]^{1/2}$ eingesetzt werden muß (c Lichtgeschwindigkeit). Hier ist $v/c \approx 1/50$.

Damit kann man schreiben

$$v(\zeta) = v_a \sqrt{\frac{\varphi(\zeta)}{\varphi_a}},$$

also für die Zylinderanordnung

$$\frac{v(r)}{v_a} = \sqrt{\ln\frac{r}{r_K}\Big/\ln\frac{r_a}{r_K}}$$

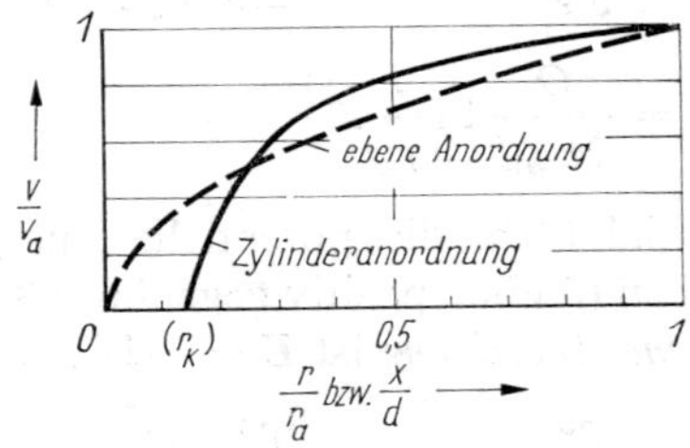

Bild 2.66

bzw.

$$\frac{v(r)}{v_a} = \sqrt{x/d}\quad \text{für die ebene Anordnung}$$

(Verläufe s. Bild 2.66).

c) Die Feldkraft $q\boldsymbol{E}$ beschleunigt die Elektronenmasse m mit Ladung $q = -e$ entsprechend $-e\boldsymbol{E} = m\boldsymbol{a}$. Betragsmäßig ergibt sich also die Beschleunigung in Abhängigkeit von der Ortskoordinate

$$a(\zeta) = \frac{e}{m}\,\mathsf{E}(\zeta).$$

Für die Zylinderanordnung ($\zeta = r$) wird also mit den Ergebnissen in a)

$$a(r) = \frac{e}{m} \frac{Q}{2\pi\varepsilon_0 r l}.$$

Aus a) ergibt sich

$$\frac{Q}{2\pi\varepsilon_0 l} = \frac{U}{\ln (r_a/r_K)},$$

also

$$a(r) = \frac{e}{m} \frac{U}{\ln (r_a/r_K)} \frac{1}{r} \quad \text{für die Zylinderanordnung}$$

bzw. für die ebene Anordnung ($\zeta = x$):

$$a(x) = \frac{e}{m} \frac{U}{d} = \text{konst.}$$

Setzt man die gegebenen Werte ein, so wird

$$a(r) = \left(\frac{8{,}8 \cdot 10^{16}}{r/\text{cm}}\right) \frac{\text{cm}}{\text{s}^2} \quad \text{bzw.} \quad a(x) = 2{,}34 \cdot 10^{17} \frac{\text{cm}}{\text{s}^2}.$$

Bei der Zylinderanordnung ist die Beschleunigung an der Katode ($r/\text{cm} = 0{,}1$) maximal $8{,}8 \cdot 10^{17}$ cm/s² (größte Feldstärke), an der Anode „nur" noch $1{,}17 \cdot 10^{17}$ cm/s².

Die relativ kleinen Kräfte im elektrostatischen Feld erzeugen auf Elektronen infolge ihrer außerordentlich kleinen Masse etwa 10^{15}fache Erdbeschleunigung!

Aufgabe 2.36 Ablenkung eines Elektronenstrahls

In einer Elektronenstrahlröhre (Braunsches Rohr) bewegen sich die Elektronen durch den Zwischenraum paralleler Platten, in dem mit Hilfe einer Steuerspannung U ein elektrisches Feld erzeugt wird. Dadurch wird die Bahn des Elektronenstrahls beeinflußt und am Schirm eine Ablenkung des Lichtpunktes erreicht. Die Elektronen treten mit der Anfangsgeschwindigkeit v_0 in den Feldraum. Nach der Ablenkung durch das homogene Feld im Ablenkkondensator (Plattenabstand d, Länge l_1) gelangen die Elektronen in einen feldfreien Raum (Länge l_2), Bild 2.67.

a) Berechne die Bahn des Elektronenstrahls zwischen den Ablenkplatten und im feldfreien Raum!

b) Gib die Gleichung für die Gesamtablenkung am Schirm an als Funktion der geometrischen Abmessungen, der Anfangsgeschwindigkeit v_0 und der Spannung U an den Ablenkplatten!

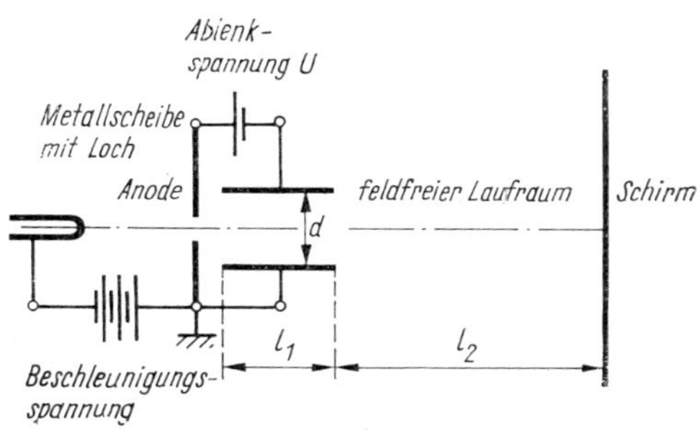

Bild 2.67

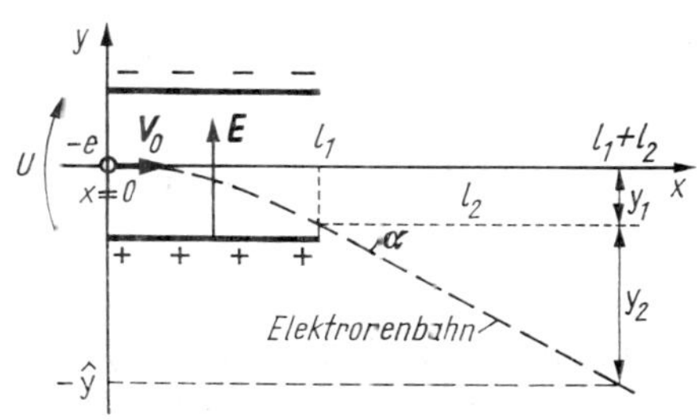

Bild 2.68

Lösungshinweis

Da die Feldstärke senkrecht zur Geschwindigkeit $\boldsymbol{v}_0$ wirkt, tritt keine Geschwindigkeitserhöhung in x-Richtung auf. Der Berechnungsweg für die Bahn $y = f(x)$ kann folgender sein: Plattenspannung $U \rightarrow$ Feldstärke $\boldsymbol{E} \rightarrow$ Beschleunigung auf Elektronen $\boldsymbol{a} \rightarrow$ Geschwindigkeit in Beschleunigungsrichtung $v \rightarrow$ Ablenkung.
Im feldfreien Raum fliegen die Elektronen geradlinig so weiter, wie sie in diesen Raum eingeflogen sind.

Lösung

Im gewählten Koordinatensystem befindet sich eine betrachtete Ladung $q = -e$ bei Eintritt in den Feldraum zwischen den Ablenkplatten im Nullpunkt und bewegt sich dort mit Geschwindigkeit $\boldsymbol{v} = \boldsymbol{i}v_0$ in x-Richtung (Bild 2.68). Die Feldstärke $\mathsf{E} = U/d$ wirkt in y-Richtung: $\boldsymbol{E} = \boldsymbol{j}\mathsf{E}$. Die Beschleunigung auf die Elektronen ist entgegen $\boldsymbol{E}$ gerichtet. Sie ergibt sich aus der Kraftgleichung (vgl. Aufg. 2.35):

$$m\boldsymbol{a} = q\boldsymbol{E}; \qquad \boldsymbol{a} = -\frac{e}{m}\boldsymbol{E} = -\boldsymbol{j}\frac{e}{m}\frac{U}{d} = -\boldsymbol{j}a_y.$$

$\boldsymbol{a}_y$ ist in negativer $\boldsymbol{y}$-Richtung gerichtet und ist konstant. Damit haben auch $\boldsymbol{v}_y$ und die Auslenkung $\boldsymbol{y}$ diese Richtung. Wir betrachten nun nur deren Beträge:
Mit $a_y = \mathrm{d}v_y/\mathrm{d}t$ ergibt sich $v_y = \int a_y\,\mathrm{d}t = a_y t + K$.
Bestimmung von K: Zur „Startzeit“ $t = 0$ ist $v_y = 0$ also als $K = 0$. $y = \int v_y\,\mathrm{d}t$ wird mit $K = 0$

$$y = a_y t^2/2 + K'.$$

Zur Zeit $t = 0$ ist die Auslenkung $y = 0$, also ist $K' = 0$. Die Laufzeit t im Feldraum ergibt sich mit $v_x = \mathrm{d}x/\mathrm{d}t = v_0 =$ konst. zu $t = x/v_0$. Damit ist die Bahn im Feldraum eine Parabel

$$y = \frac{a_y}{2v_0^2}x^2 = \frac{eU}{2mdv_0^2}x^2.$$

Vergleiche Wurfparabel im Gravitationsfeld der Erde!
Die Ablenkung y_1 am Ende der Feldzone ergibt sich für $x = l_1$, und der Bahnwinkel gegen die x-Achse berechnet sich aus $\tan\alpha = (\mathrm{d}y/\mathrm{d}x)_{x=l_1}$ (Bild 2.68):

$$y_1 = \frac{eUl_1^2}{2mdv_0^2}; \qquad \tan\alpha = \frac{eUl_1}{mdv_0^2} = 2y_1/l_1.$$

Da nach Bild 2.68 gilt $\tan\alpha = y_2/l_2$, wird $y_2 = l_2 \tan\alpha = l_2 2y_1/l_1$ und

$$y = y_1 + y_2 = y_1 + 2y_1 l_2/l_1 = \frac{eUl_1^2}{2mdv_0^2}(1 + 2l_2/l_1).$$

Die Auslenkung des Lichtpunktes auf dem Schirm ist also proportional der Ablenkspannung U und umgekehrt proportional der Beschleunigungsspannung (Anodenspannung), die die Elektronen vor dem Ablenkraum auf die Geschwindigkeit v_0 beschleunigt; denn nach (2.68) ist $v_0^2 \sim U_x$ (vgl. Aufg. 2.35b).

Aufgabe 2.37 Diffusionsstrom im Festkörper

In ein homogen dotiertes n-Gebiet (Donatoren gleichmäßig verteilt) werden aus einem p-Gebiet zusätzliche Defektelektronen injiziert (Bild 2.69), wie es in einer Halbleiterdiode (pn-Übergang) in Durchlaßrichtung erfolgt (angelegte Spannung von p nach n). Infolge des Dichtegradienten der Defektelektronen ($\mathrm{d}p/\mathrm{d}x$) diffundieren diese in x-Richtung (eindimensionale Betrachtung), und es stellt sich bei konstanter Injektion ein exponentielles Konzentrationsprofil der Defektelektronen ein

$$p(x) = p_0 \exp\left(-\frac{x}{L_p}\right),$$

wobei $p_0 = p_{x=0}$ die Randkonzentration und L_p die mittlere Diffusionslänge der Defektelektronen ist. (Bei $x = 0{,}7L_p$ sinkt p auf $p_0/2$ ab.) Die Bahnlänge (das n-Gebiet) ist $d \gg L_p$.

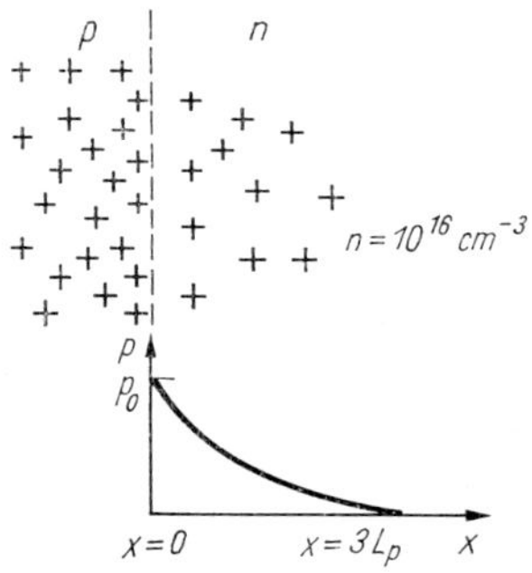

Bild 2.69

a) Berechne den Diffusionsstrom $I_p(x)$ und dessen Betrag für $x = 0$ bei einem Querschnitt $A = 10^{-2}\ \mathrm{cm}^2$ und trage $I_p(x)$ grafisch auf!
b) Was ist aus diesem Verlauf auf Grund des Gesetzes der Stromkontinuität zu folgern?

Größenvorstellung: An der Injektionsebene ($x = 0$) sei die Konzentration der injizierten Defektelektronen 1% von der Elektronenkonzentration im n-Gebiet ($10^{16}\ \mathrm{cm}^{-3}$). Die Defektelektronen sind also Minoritätsladungen, die Elektronen sind Majoritätsladungsträger. Die mittlere Diffusionslänge beträgt $L_p = 10\ \mu\mathrm{m}$, d.h., für $d = 0{,}5$ mm gilt bereits $d \gg L_p$! Der Diffusionskoeffizient für Löcher ist $D_p = 12\ \mathrm{cm}^2/\mathrm{s}$.

Lösungshinweis

a) Es handelt sich hier um eine eindimensionale Ladungsbewegung durch Diffusion infolge des Konzentrationsgefälles der positiven Ladungen (Löcher) von $x = 0$ an. Damit vereinfacht sich (2.70a). Die wegfließenden Löcher rekombinieren mit den Elektronen des n-Gebiets (Majoritätsträger), wodurch der exponentielle örtliche Konzentrationsabfall $p(x)$ entsteht. (L_p ist gewissermaßen die mittlere „Überlebensstrecke" der Defektelektronen.)
b) Die Stromkontinuität verlangt geschlossene Strömungslinien, wobei unter „Strom" jede Art Ladungsbewegung bzw. elektrische Feldänderung im Nichtleiter (Tafel 2.4) zu verstehen ist. So kann hier der Diffusionsstrom durch eine andere Stromart fortgesetzt werden.

Lösung

a) Gl. (2.70a) für Löcherbewegung (Index p; $q = e$) in eindimensionaler Form (nur x-Richtung) lautet

$$S_{pD} = -ieD_p \frac{\mathrm{d}p}{\mathrm{d}x},$$

wobei mit der gegebenen $p(x)$-Funktion

$$\frac{\mathrm{d}p}{\mathrm{d}x} = -\frac{1}{L_p} p_0 \exp\left(-\frac{x}{L_p}\right) \quad \text{ist;}$$

also

$$\boldsymbol{S}_{pD} = \boldsymbol{i} e p_0 \frac{D_p}{L_p} \exp\left(-\frac{x}{L_p}\right).$$

Mit (1.4) ist $I_p = \int \boldsymbol{S}_p \cdot \mathrm{d}\boldsymbol{A}$, wobei $\mathrm{d}\boldsymbol{A} = \boldsymbol{i}\,\mathrm{d}A$ ist.
Bei Gleichverteilung des Stromes auf der Querschnittsfläche A wird

$$I_p = e p_0 \frac{D_p}{L_p} A \exp\left(-\frac{x}{L_p}\right) = I_{p0} \exp\left(-\frac{x}{L_p}\right).$$

Für $x = 0$ (Injektionsebene) ergibt sich mit $p_0 = 0{,}01n = 10^{14}\ \mathrm{cm}^{-3}$, $D_p = 12\ \mathrm{cm}^2/\mathrm{s}$, $A = 10^{-2}\ \mathrm{cm}^2$ und $L_p = 10\ \mu\mathrm{m} = 10^{-3}\ \mathrm{cm}$

$$I_{p0} = e p_0 \frac{D_p}{L_p} A = 1{,}92\ \mathrm{mA}.$$

b) Der Löcher-Diffusionsstrom nimmt in x-Richtung exponentiell ab: Alle 7 µm sinkt er jeweils auf die Hälfte, d.h., nach einer Strecke von 40 µm ist er praktisch Null. Der Löcherstrom wird mit zunehmendem x durch einen exponentiell zunehmenden Elektronenstrom fortgesetzt. Löcher und Elektronen bewegen sich entgegengesetzt und rekombinieren ständig in der Diffusionszone. Außerhalb dieser ist der Strom ein Feldstrom von Löchern im p-Gebiet und von Elektronen im n-Gebiet (Bild 2.70).

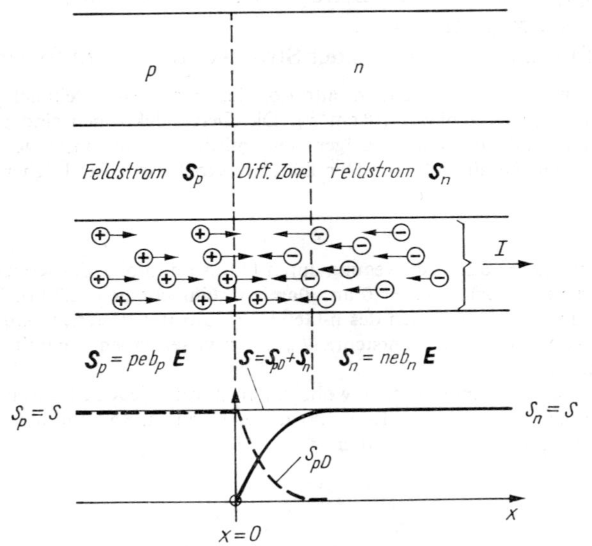

Bild 2.70
Bewegungen der Ladungsträger im p- und n-Gebiet bei Stromfluß von p nach n (Durchlaßrichtung)

Da p_0 exponentiell von der angelegten Spannung abhängt, $p_0 = p_n \exp(U/U_T)$, wird der exponentielle Kennlinienverlauf einer Diode in Durchlaßrichtung verständlich: $I = I_0 \exp(U/U_T)$ für $U \gg U_T$ (vgl. z.B. Aufg. 1.64).

3. Das magnetische Feld

3.1 Berechnung magnetischer Felder und Kreise (Durchflutungsgesetz)

Die Grundbegriffe – Fluß Φ, Flußdichte $\boldsymbol{B}$, magnetische Feldstärke $\boldsymbol{H}$, magnetische Spannung V, MMK Θ, magnetischer Widerstand R_m – und deren Zusammenhang durch Definition bzw. deren Zusammenwirken in Naturgesetzen sind in den Tafeln 3.1 a und b zusammengestellt.
Die Gleichungsnumerierung entspricht wieder der des Lehrbuchs, um dort die Erläuterungen leicht auffindbar zu machen. Besonders wichtig sind die beiden Gesetze, die die Eigenschaft des Magnetfelds beschreiben:
Das 1. drückt die Quellenfreiheit des magnetischen Flusses aus:

$$\int_{\text{Hülle}} \boldsymbol{B} \cdot \mathrm{d}\boldsymbol{A} = 0 \quad \text{Kontinuitätsgleichung.} \tag{3.3 a}$$

Aus diesem leitet sich wie im elektrischen Strömungsfeld [Tafel 1.1, Gln. (1.5) und (1.6)] die Knotengleichung der magnetischen Flüsse ab (z.B. in Eisenkreisen):

$$\sum_{\substack{\bullet\\ \downarrow}} \Phi_\nu = \sum_{\substack{\bullet\\ \uparrow}} \Phi_\mu . \tag{3.3}$$

Das 2., ein Naturgesetz, ist das

Durchflutungsgesetz

$$\oint \boldsymbol{H} \cdot \mathrm{d}\boldsymbol{s} = \sum_{\bigcirc} I_\nu . \tag{3.12}$$

Aus diesem ergibt sich mit Hilfe der Definitionsgleichungen für die *magnetische Spannung*

$$V_{AB} = \int_A^B \boldsymbol{H} \cdot \mathrm{d}\boldsymbol{s} \tag{3.16}$$

und für die *magnetomotorische Kraft* (MMK)

$$\Theta = \sum_{\bigcirc} I_\nu \tag{3.6}$$

der *Maschensatz magnetischer (Eisen-)Kreise*

$$\sum_{\bigcirc} V_\nu = \sum_{\bigcirc} \Theta_\mu . \tag{3.17}$$

Mit der Knotenpunktgleichung (3.3), der Maschengleichung (3.17) und der Definition des magnetischen Widerstands

$$R_{mAB} = \frac{V_{AB}}{\Phi} \tag{3.18}$$

Tafel 3.1a

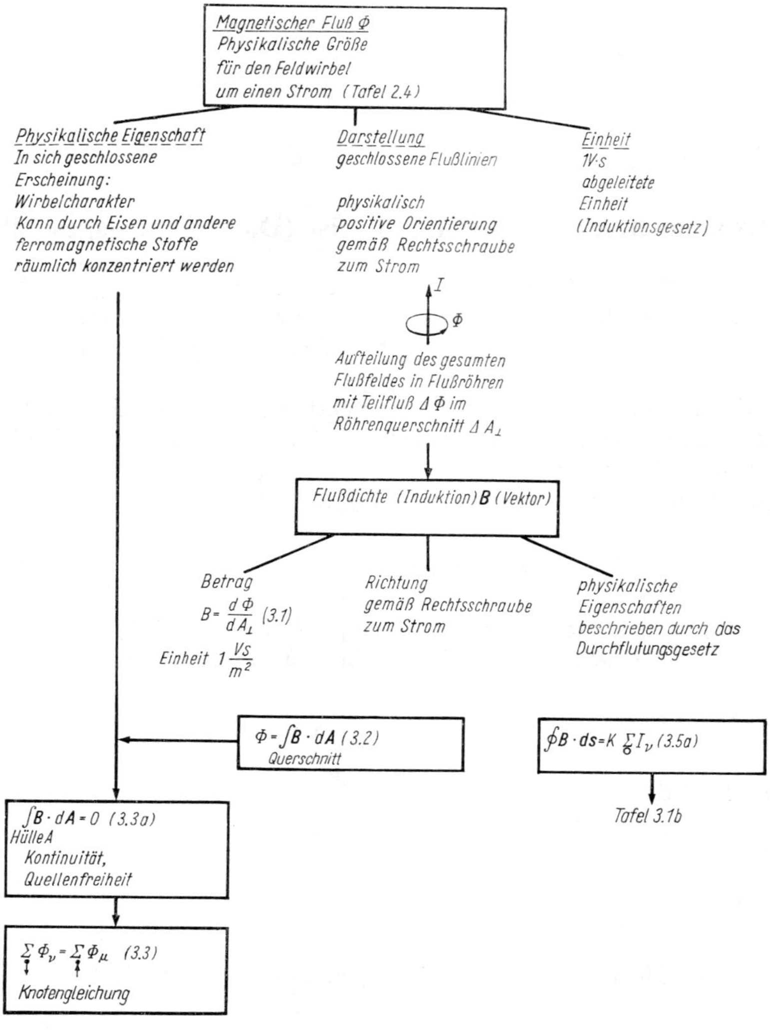

haben wir 3 Beziehungen, die zu entsprechenden in elektrischen Stromkreisen analog sind und die die Grundlage zur Berechnung magnetischer Eisenkreise bilden.

Die Analogie wird in Tafel 3.2 durch eine Gegenüberstellung veranschaulicht.

Die Analogie zwischen Strömungsfeld, elektrostatischem und magnetischem Feld ergibt auch entsprechende Beziehungen für das Verhalten der *Felder an Trennflächen* zwischen 2 Medien mit unterschiedlichen Permeabilitäten μ_1 und μ_2. Gleichungen (3.3a) und (3.12) für $\Sigma I = 0$ ergeben mit (3.11): Die Normalkomponente der Flußdichte und die Tangentialkomponente der Feldstärke ändern sich an Trennflächen nicht $B_{\perp 1} = B_{\perp 2}$ und $H_{\parallel 1} = H_{\parallel 2}$. Die Richtung der Feldgrößen (Feldlinien) ändert sich, wenn der Winkel zwischen Flächennormalen und Vektor (Feldlinie) $\alpha \neq 0$ ist: Brechungsgesetz (siehe Tafel 3.2)

$$\frac{\tan \alpha_1}{\tan \alpha_2} = \frac{B_{\parallel 1}}{B_{\parallel 2}} = \frac{H_{\perp 2}}{H_{\perp 1}} = \frac{\mu_1}{\mu_2}.$$

Tafel 3.1b *Durchflutungsgesetz*

$$\oint_s \boldsymbol{B} \cdot \mathrm{d}\boldsymbol{s} = K \sum_{\circ} I_\nu \quad (3.5\text{a})$$

Umlaufintegral der Flußdichte ist proportional der vom Umlauf erfaßten Stromsumme

$\sum I_\nu = \Theta$ (Definition) (3.6)
MMK; Durchflutung
$\Theta = Iw$ (3.6a)
(w Windungszahl einer Spule)

Vakuum
(≈ Nichtferromagnetikum)
$K = \mu_0 = 1{,}256 \cdot 10^{-6}$ V·s/A·m (3.8)
(Induktionskonstante)

$$\oint_s \boldsymbol{B} \cdot \mathrm{d}\boldsymbol{s} = \mu_0 \sum_{\circ} I_\nu \quad (3.7)$$

Ferromagnetikum
$K = \mu = \mu_0\mu_r$ (3.10)
magnetische Permeabilität
μ_r relative Permeabilität

$$\oint_s \boldsymbol{B} \cdot \mathrm{d}\boldsymbol{s} = \mu \sum_{\circ} I_\nu \quad (3.9)$$

verschiedene Stoffe längs Umlauf s
μ ortsabhängig: $\mu(s)$

$$\oint_s \frac{\boldsymbol{B}}{\mu} \cdot \mathrm{d}\boldsymbol{s} = \sum_{\circ} I_\nu \quad (3.9\text{a})$$

$\dfrac{\boldsymbol{B}}{\mu} = \boldsymbol{H}$ (Definition) (3.11)
magnetische Feldstärke
Einheit: 1 A/m

$$\oint_s \boldsymbol{H} \cdot \mathrm{d}\boldsymbol{s} = \sum I_\nu \quad (3.12)$$

Umlaufintegral der magnetischen Feldstärke ist gleich der vom Umlauf umfaßten Stromsumme
Durchflutung, MMK $\sum I_\nu = \Theta$ (3.6)

Definition
$$\int_A^B \boldsymbol{H} \cdot \mathrm{d}\boldsymbol{s} = V_{AB} \quad (3.16)$$
magnetische Spannung
Einheit: 1 A

$$\sum_{\circ} V_\nu = \sum_{\circ} \Theta_\mu \quad (3.17)$$
Maschensatz

I ist der Strom im allgemeinen Sinn
$$I = \int \boldsymbol{S} \cdot \mathrm{d}\boldsymbol{A} \text{ (Tafel 2.4)} \quad (1.5)$$
$$= \int \left(\varrho v + \frac{\partial \boldsymbol{D}}{\partial t}\right) \cdot \mathrm{d}\boldsymbol{A} \quad (2.64)\ (2.46)$$

$$\oint_s \boldsymbol{H} \cdot \mathrm{d}\boldsymbol{s} = \int_A \left(\varrho v + \frac{\partial \boldsymbol{D}}{\partial t}\right) \cdot \mathrm{d}\boldsymbol{A} \quad (3.12\text{a})$$
1. Maxwellsche Gleichung
s Umrandung der Fläche A

Zur Kennzeichnung des Magnetfelds kann man sich des „Größenquartetts" $\boldsymbol{\Phi}$, $\boldsymbol{B}$, $\boldsymbol{V}$, $\boldsymbol{H}$ bedienen, das dem des Strömungsfeldes (I, $\boldsymbol{S}$, U, $\boldsymbol{E}$) und dem des elektrostatischen Feldes (Q, $\boldsymbol{D}$, U, $\boldsymbol{E}$)[1]) analog ist. Diese Analogie, die auch für die Beziehungen zwischen diesen Größen gilt, ermöglicht ein entsprechend analoges Vorgehen bei der Berechnung der

[1]) Im Anhang befindet sich eine Gegenüberstellung dieser Beziehungen.

Tafel 3.2

$\Sigma \Phi_\nu = \Sigma \Phi_\mu$ (3.3) ↓ ↑ Knotenpunktsatz	$\Sigma V_\nu = \Sigma \Theta_\mu$ (3.17) ○ ○ Maschensatz	Definition: $R_{mAB} = \dfrac{V_{AB}}{\Phi}$ (3.18) magnetischer Widerstand Einheit: 1 A/V·s

$R_m = \Sigma R_{m\nu}$ (3.19) Reihenschaltung	$\dfrac{1}{R_m} = \Sigma \dfrac{1}{R_{m\nu}}$ (3.19a) Parallelschaltung

analoge Beziehungen zwischen

elektrischen Stromkreisen	und	magnetischen (Eisen-)Kreisen	
$\Sigma I_\nu = \Sigma I_\mu$ ↓ ↑		$\Sigma \Phi_\nu = \Sigma \Phi_\mu$ ↓ ↑	(3.3)
$\Sigma U_\nu = \Sigma E_\mu$ ○ ○		$\Sigma V_\nu = \Sigma \Theta_\mu$ ○ ○	(3.17)
$R = \dfrac{U}{I}$		$R_m = \dfrac{V}{\Phi}$	(3.18)
$R = \dfrac{l}{\varkappa A_\perp}$	homogenes Feld	$R_m = \dfrac{l}{\mu A_\perp}$	(3.18a)
	Brechungsgesetz an Trennflächen		
$\dfrac{\tan \alpha_1}{\tan \alpha_2} = \dfrac{\varkappa_1}{\varkappa_2} \left(\text{bzw. } \dfrac{\varepsilon_1}{\varepsilon_2}\right)$		$\dfrac{\tan \alpha_1}{\tan \alpha_2} = \dfrac{\mu_1}{\mu_2}$	

Tafel 3.3 Berechnung magnetischer Felder

„Einfache" magnetische Felder:

$\boldsymbol{I} \xrightarrow{\oint \boldsymbol{H} \cdot \mathrm{d}\boldsymbol{s} = \Sigma I_\nu} \boldsymbol{H} \xrightarrow{\boldsymbol{B} = \mu \boldsymbol{H}} \boldsymbol{B} \xrightarrow{\Phi = \int \boldsymbol{B} \cdot \mathrm{d}\boldsymbol{A}} \boldsymbol{\Phi}$

Magnetische Kreise, in denen R_m angebbar ist (Eisenkreise):

I → Θ	Θ → Φ	Φ → B	B → H
$\Theta = \Sigma I_\nu = Iw$ (homogenes Feld)	Φ-Berechnung mit Hilfe Maschensatz (3.17) Knotensatz (3.3) (s. Tafel 3.2)	$B = \dfrac{\Phi}{A_\perp}$ (homogenes Feld)	$H = \dfrac{B}{\mu}$

Felder. In Tafel 2.3 wurde dies bereits für das Strömungsfeld und das elektrostatische Feld in einer Gegenüberstellung gezeigt. In Tafel 3.3 wird nun das entsprechende Rechenprogramm für „elementare" magnetische Felder vorgestellt. Unter „elementar" verstehen wir wieder Felder, in denen auf Grund vorgegebener einfacher Randbedingungen der Feldlinienverlauf bekannt ist (homogenes Feld, zylindersymmetrisches Feld) und damit der Rechenschritt von der Quelle, hier der Strom I, zum Magnetfeld, Feldstärke H, mit Hilfe des Durchflutungsgesetzes [Gl. (3.12)] durchgeführt werden kann. Wichtige Ergebnisse zweier solcher Anordnungen sind:

Feldstärke im Abstand r von einem geraden, unendlich langen Stromfaden I:

$$H = \frac{I}{2\pi r}, \tag{3.13}$$

und Feldstärke im Punkt P, herrührend von einem „Stromelement" $I \cdot \mathrm{d}s$, das mit der Verbindungslinie r zum Punkt P den Winkel α einschließt:

$$\mathrm{d}H = \frac{I\,\mathrm{d}s \sin\alpha}{4\pi r^2} \quad \text{(Gesetz von \textit{Biot-Savart})}, \tag{3.15}$$

in Vektorschreibweise

$$\mathrm{d}\boldsymbol{H} = \frac{I(\mathrm{d}\boldsymbol{s} \times \boldsymbol{r})}{4\pi r^3}.$$

Aufgabe 3.1 Feldbild an Trennflächen

a) Gib die Fortsetzung der $\boldsymbol{B}$- und $\boldsymbol{H}$-Linien jenseits der Trennfläche zwischen 2 magnetischen Medien an, die von einem magnetischen Fluß Φ durchflossen wird (Bild 3.1 a). Was ergibt sich, wenn $\mu_2/\mu_1 = 1/100$ ist?

b) Zeichne qualitativ das $\boldsymbol{B}$- und $\boldsymbol{H}$-Feld in dem magnetischen Leiter mit schräger Trennfläche zwischen 2 magnetischen Materialien ($\mu_2 = 0{,}5\mu_1$, Bild 3.1 b).

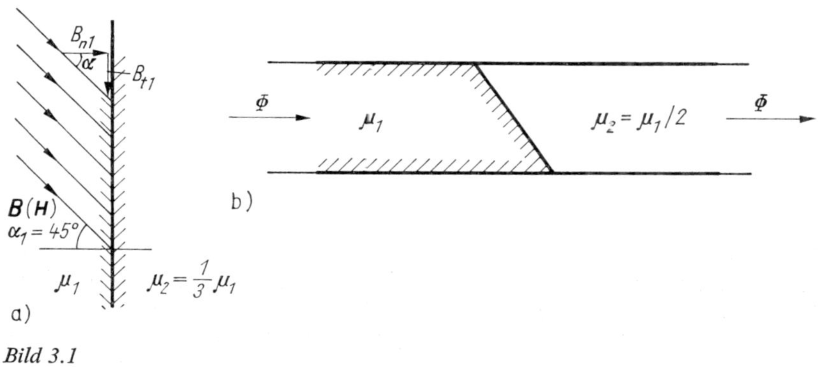

Bild 3.1

Lösungshinweis

a) Auf Grund der Kontinuitätsgleichung (3.3 a) bleibt an einer Trennfläche die Normalkomponente der Flußdichte unverändert, ebenso wie die Tangentialkomponente der magnetischen Feldstärke unverändert bleibt auf Grund des Gesetzes, daß $\oint \boldsymbol{H}\,\mathrm{d}\boldsymbol{s} = 0$ ist, wenn vom Umlaufweg s keine Ströme eingeschlossen werden, vgl. Gl. (3.12). Daraus ergibt sich, daß die $\boldsymbol{B}$- und $\boldsymbol{H}$-Linien in gleicher Weise an der Trennfläche gebrochen werden, wie dies mit den entsprechenden Strömungs- und Feldstärkelinien an Trennflächen zwischen leitenden oder nichtleitenden Medien geschieht, Tafel 3.2 und (2.22). Das Brechungsgesetz gibt Auskunft über das Verhältnis der Brechungswinkel.

b) Weit entfernt von der Trennfläche (Feldstörung) sind die Felder in beiden Medien homogen. Die schräge Trennfläche bildet in einem kleinen Längenabschnitt eine gewisse Parallelschaltung zweier Medien, wobei der magnetische Fluß das „besser leitende" Medium (μ größer) „bevorzugt", so daß sich die Feldlinien dort in gewissem Umfang konzentrieren.

Lösung

a) Zerlegen wir im Medium *1* (Bild 3.1 a) den Vektor $\boldsymbol{B}_1$ in eine zur Trennfläche normale Komponente B_{n1} und in eine tangentiale Komponente B_{t1} und ebenso den parallelen Vektor $\boldsymbol{H}_1$, so ist $\tan\alpha_1 = B_{t1}/B_{n1} = H_{t1}/H_{n1}$. Das gleiche gilt für den Winkel α_2 im Medium *2* $\tan\alpha_2 = B_{t2}/B_{n2} = H_{t2}/H_{n2}$.
Mit $B_{n1} = B_{n2}$ und $H_{t1} = H_{t2}$ ergibt sich das Brechungsgesetz

$$\frac{\tan\alpha_1}{\tan\alpha_2} = \frac{B_{t1}}{B_{t2}} = \frac{\mu_1 H_{t1}}{\mu_2 H_{t2}} = \frac{\mu_1}{\mu_2}.$$

Ist $\alpha_1 = 45°$ (Bild 3.1 a), so wird mit $\mu_1 = 3\mu_2$ $\tan\alpha_2 = 1/3$, d.h., $\alpha_2 = 18{,}4°$ (Bild 3.2 a). Die Flußdichte $\boldsymbol{B}$ hat keine Quellen oder Senken an der Trennfläche, d.h., die Anzahl der $\boldsymbol{B}$-Linien verändert sich nicht (das gilt auch bei Querschnittsveränderungen!). Dagegen erfährt die Feldstärke an der Trennfläche außer der Richtungsänderung auch eine Betragsänderung ($B_1 = B_2 \rightarrow H_2 = H_1\mu_1/\mu_2 > H_1$), d.h., an der Trennfläche entstehen weitere $\boldsymbol{H}$-Linien (Bild 3.2 b). Ist $\mu_1/\mu_2 = 100$, so wird $\tan\alpha_2 = 0{,}01 \tan\alpha_1$, d.h., selbst bei $\alpha_1 = 80°$ (Feldlinie im Medium *1* nahezu parallel zur Trennfläche) ist $\alpha_2 \approx 3°$, d.h., die Feldlinien stehen im wesentlich „schlechter leitenden" Medium $\mu_2 \ll \mu_1$ praktisch senkrecht auf der Oberfläche des Mediums mit hohem μ-Wert.

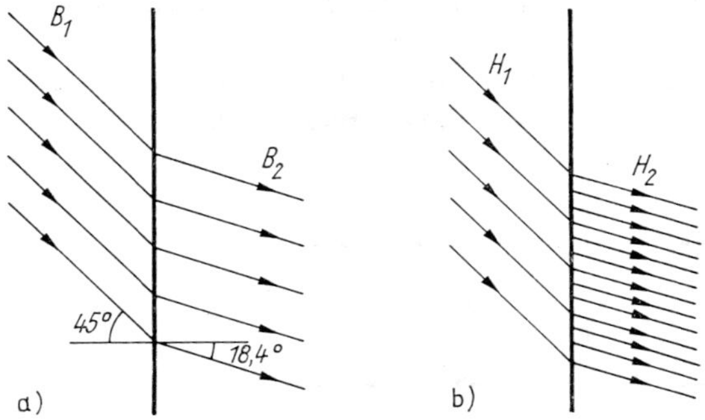

Bild 3.2

b) Man stelle sich zunächst die Trennlinie senkrecht vor. Dann ändert sich das $\boldsymbol{B}$-Feld nicht; es ist insgesamt homogen, überall gleicher Linienabstand. Das $\boldsymbol{H}$-Feld wird im Medium mit halbem μ-Wert doppelt so groß (doppelte Dichte der $\boldsymbol{H}$-Linien).
Nun wollen wir die Trennfläche neigen (Bild 3.3). Dann bleiben die Feldlinien weit entfernt unverändert. Der Fluß Φ, dargestellt durch die $\boldsymbol{B}$-Linien, sucht sich an der

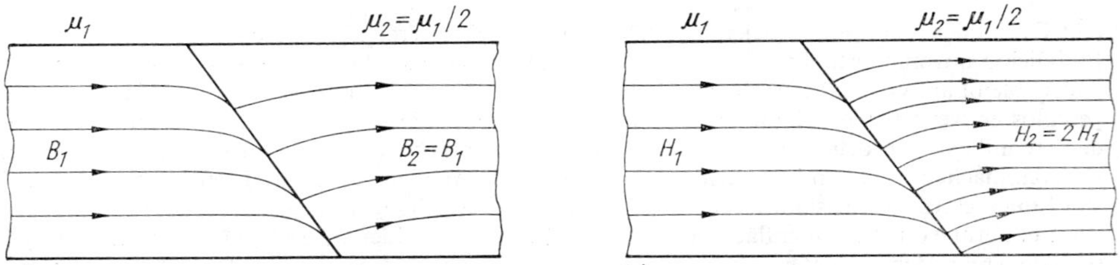

Bild 3.3

Trennfläche den Weg des „kleinsten Widerstands", wird sich also im Medium mit größerem μ-Wert tangential zur Trennfläche in der unteren Querschnittshälfte (Bild 3.3a) etwas zusammendrängen, was mit stärkerer Neigung zunehmend in Erscheinung tritt.

Analogie: Im Leiter ergeben sich bei analoger Anordnung ($\varkappa_1 : \varkappa_2 = 2 : 1$) gleiche Feldbilder für die Stromdichte $\boldsymbol{S}$ bzw. für die Feldstärke $\boldsymbol{E}$, ebenso bei einer Nichtleitertrennfläche mit $\varepsilon_1 : \varepsilon_2 = 2 : 1$ für die Verschiebungsflußdichte $\boldsymbol{D}$ bzw. für die Feldstärke $\boldsymbol{E}$.

Wie im elektrischen Feld orthogonal zu den $\boldsymbol{E}$-Linien die Äquipotentiallinien verlaufen (quadratähnliche Figuren bei parallelebener Anordnung), ergeben sich auch im Magnetfeld Spannungslinien (V = konst.). Man erkennt z.B. im Bild 3.2b, daß die Trennfläche keine Äquipotentialfläche ist, denn es existiert eine zur Trennfläche tangentiale $\boldsymbol{H}$-Komponente ($\Delta V = \int \boldsymbol{H}_t \cdot d\boldsymbol{s}$ längs Trennfläche!).

Aufgabe 3.2 Feldbild im Luftspalt

Zeichne die Verteilung des magnetischen Feldes im Luftzwischenraum der im Bild 3.4 dargestellten Magnetpolanordnung, die so beschaffen sein soll, daß ein parallelebenes Feld angenommen werden kann!

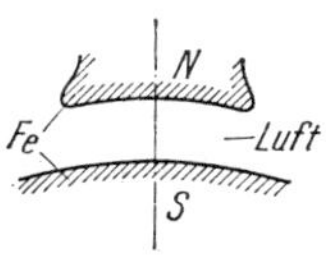

Bild 3.4

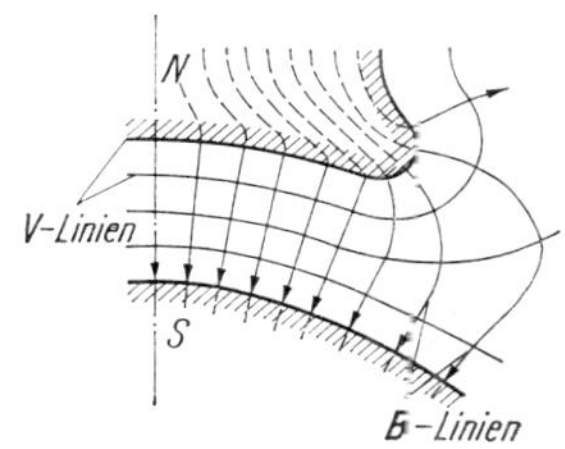

Bild 3.5

Lösungshinweis

Zur Felddarstellung dient analog dem elektrischen Feld (s. Aufgaben 2.5, 2.8) ein Netz zueinander orthogonaler Strömungs- und Spannungslinien. Hier, im magnetischen Fall, wird das Strömungsfeld in einzelne Flußröhren mit jeweils gleichem Teilfluß $\Delta\Phi$ und das Spannungsfeld in einzelne Flächen, zwischen denen jeweils gleiche magnetische Teilspannungen ΔV bestehen, aufgeteilt. Die Flußröhren treffen senkrecht auf die Spannungsflächen. In der Zeichenebene ergeben sich gekrümmte Linien, die sich senkrecht schneiden. Bei parallelebenen Feldern sind die entstehenden Schnittfiguren quadratähnlich.

Lösung

Beim Zeichnen des Feldes parallelebener Anordnungen beachte man folgende beide Gesichtspunkte: Man wählt die $\boldsymbol{B}$- und V-Linien so aus, daß die senkrecht aufeinander stehenden Linien quadratähnliche Figuren bilden. Dann existiert zwischen 2 benachbarten V-Linien jeweils gleiche magnetische Spannung, und die Flußröhren (benachbarte $\boldsymbol{B}$-Linien) enthalten gleichen Teilfluß.

Man beginnt am besten mit den ausgewählten Flußröhren ($\boldsymbol{B}$-Linien), die senkrecht zur Trennfläche Eisen–Luft verlaufen (vgl. Aufgabe 3.1) und vom N-Pol zum S-Pol gerichtet in dem engen Luftspalt etwa gleichen und am Rand größeren Abstand haben werden. Dann zeichnet man V-Linien senkrecht hierzu ein und korrigiert den Verlauf beider, bis sich quadratähnliche Schnittfiguren ergeben. Wegen Symmetrie zur Mittellinie genügt die Darstellung für eine Polhälfte (s. Bild 3.5). Man beachte, daß sich die $\boldsymbol{B}$-Linien in unveränderter Anzahl im Eisenkreis fortsetzen.

Aufgabe 3.3 MMK von Spulen

Zwei gleiche Spulenkörper sind mit isoliertem Kupferdraht verschiedener Dicke voll bewickelt, enthalten somit Windungszahlen w_1 und w_2. In welchem Verhältnis stehen die Leistungen beider Spulen, wenn sie gleiche Ampere-Windungszahlen (MMK) $I_1 w_1$ und $I_2 w_2$ aufweisen?

Lösungshinweis

Die Beziehung zwischen elektrischem Strom, Windungszahl der Spule und MMK gibt (3.6a) wieder. Die Abhängigkeit des elektrischen Widerstands einer Spule von der Windungszahl bei gegebenem Wickelquerschnitt (Wickelraum) wird in Aufgabe 1.15 abgeleitet.

Lösung

Die Leistung einer Spule mit Widerstand R beim Strom I ist $P = I^2 R$. Der Widerstand einer Spule mit w Windungen bei vorgegebenem Spulenkörper ist nach Aufgabe 1.15 $R = \text{konst.} \cdot w^2$, also ist $P = \text{konst.} \cdot (Iw)^2$. Ist die Konstante unabhängig von der Windungszahl (gleicher Füllfaktor), so gilt also für 2 Spulen mit w_1 bzw. w_2

$$\frac{P_1}{P_2} = \frac{(I_1 w_1)^2}{(I_2 w_2)^2},$$

d.h., für gleiche Ampere-Windungszahlen (MMK) ist die Leistung unabhängig von der Windungszahl und nur festgelegt durch die Größe des Spulenkörpers (Wickelfensters).

Diskussion

Die Ampere-Windungszahl (MMK $\Theta = Iw$) erzeugt in einem Magnetkreis einen Fluß Φ Hierfür ist eine bestimmte elektrische Leistung auf Grund des Spulenwiderstands aufzuwenden. Obiges Ergebnis sagt nun aus, daß es völlig gleichgültig ist, ob man einen großen Strom I durch wenige Windungen dicken Drahtes oder einen kleinen Strom durch viele Windungen entsprechend dünneren Drahtes fließen läßt. Die Leistung für gleiches Produkt Iw ist dieselbe.

Aufgabe 3.4 Durchflutungsgesetz

In einem 5adrigen geraden Kabel (Radius $r_K = 4$ mm) fließen in jeder Ader 2 A, wobei 2 Adern entgegengesetzte Stromrichtung zu der der anderen Adern aufweisen. Das Kabel ist umgeben von einem koaxialen Eisenmantel (Innenradius $r_i = 2$ cm; Dicke $d = 4$ mm; $\mu_{rel} = 100$).

a) Berechne die magnetische Feldstärke H und die Induktion B in Abhängigkeit von $r \geqq r_K$ und stelle beide grafisch dar! Besitzt der Eisenmantel abschirmende Wirkung?

b) Berechne den Fluß im Eisenmantel je Längeneinheit!

Lösungshinweis

Ablauf der Rechnung s. Tafel 3.3: Zur H-Berechnung benutzen wir das Durchflutungsgesetz (zylindersymmetrische Anordnung; Feldlinienverlauf bekannt). B ergibt sich mit (3.11), und die Flußberechnung erfolgt mit Hilfe von (3.2).

Lösung

a) Es liegt eine parallelebene Anordnung mit Zylindersymmetrie vor (Rückleitung der Kabelströme unendlich weit entfernt angenommen). Die Feldlinien ($\boldsymbol{B}$ und $\boldsymbol{H}$) sind in einer Schnittebene, zu der das Kabel senkrecht verläuft, konzentrische Kreise. Das Umlaufintegral der magnetischen Feldstärke $\oint \boldsymbol{H} \cdot \mathrm{d}\boldsymbol{s}$ im Durchflutungsgesetz (3.12) bilden wir zweckmäßigerweise entlang diesen kreisförmigen Feldlinien, da H dann längs des Umlaufwegs mit Radius r konstant bleibt: $\oint \boldsymbol{H} \cdot \mathrm{d}\boldsymbol{s} = H2\pi r$. Die rechte Seite des Durchflutungsgesetzes gibt die Stromsumme an, die vom Umlauf umfaßt wird: $\Sigma I = 3I - 2I = I$. Die 5 Ströme haben also die gleiche Wirkung wie 1 Stromfaden I. Also wird $H = I/(2\pi r)$ und $B = \mu H = \mu I/(2\pi r) = \mu_r \mu_0 I/(2\pi r)$.

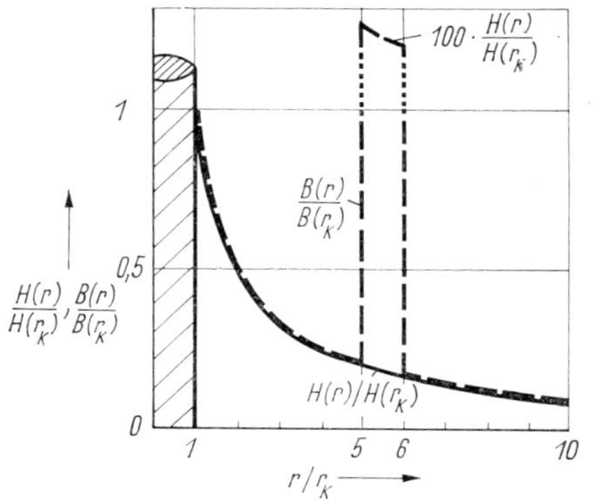

Bild 3.6

Man erkennt: Während H unabhängig vom magnetischen Material (Kenngröße μ) ist, wird im Eisenmantel die Induktion B μ_r-mal größer als ohne diesen; im Luftraum ($\mu = \mu_0$) innerhalb und außerhalb des Mantels sind H und B genauso groß wie ohne diesen (Bild 3.6). Eine Abschirmung des Magnetfeldes erfolgt also nicht. Im Bild 3.6 sind $H(r)$ und $B(r)$ auf $H(r_K)$ bzw. $B(r_K)$ bezogen:

$$\frac{H(r)}{H(r_K)} = \frac{r_K}{r}, \qquad \frac{B(r)}{B(r_K)} = \mu_r \frac{H(r)}{H(r_K)};$$

$$H(r_K) = I/(2\pi r_K) = 0{,}8\ \mathrm{A/cm}; \qquad B(r_K) = \mu_C H(r_K) = 10^{-8}\ \mathrm{V{\cdot}s/cm^2}.$$

b) $\Phi = \int \boldsymbol{B} \cdot \mathrm{d}\boldsymbol{A}$. Der Fluß umwirbelt den Strom. Im Eisenmantel ist bei einer gewählten Mantellänge l der Flußquerschnitt $A = ld$. Jedoch ändert sich innerhalb dieses Querschnitts die Flußdichte B mit r (siehe a)!). Wir greifen also eine differentielle Teilfläche $\mathrm{d}A = l\,\mathrm{d}r$ an der Stelle r heraus und erhalten

$$\Phi = \int_{r_i}^{r_i+d} B(r)\, l\, \mathrm{d}r = \frac{\mu I l}{2\pi} \int_{r_i}^{r_i+d} \frac{\mathrm{d}r}{r} = \frac{\mu I l}{2\pi} \ln \frac{r_i + d}{r_i}.$$

Je Längeneinheit ergibt sich

$$\Phi/l = \frac{\mu I}{2\pi} \ln \frac{r_i + d}{r_i} = 7{,}3 \cdot 10^{-8}\ \mathrm{V{\cdot}s/cm}.$$

Ohne Eisen wäre der Fluß durch gleichen Querschnitt 1/100.

Aufgabe 3.5 Magnetfeld einer Doppelleitung

Berechne den magnetischen Fluß je Längeneinheit l zwischen Hin- und Rückleitung einer unendlich langen vom Strom I durchflossenen Paralleldrahtleitung (Drahtradius R, Abstand der Drähte $d \gg R$).

Lösungshinweis

Vgl. Aufgabe 3.4. Hier wird im Unterschied zur Aufgabe 3.4 die Rückleitung in die Feldberechnung mit einbezogen. Die Leitung befindet sich in Luft: Zwischen Ursache (Strom I) und Wirkung (Magnetfeld) existiert also eine lineare Beziehung (Tafel 3.3). Wir können damit den Überlagerungssatz für die Berechnung des Magnetfeldes beider Ströme anwenden (im Gegensatz zum Magnetfeld im Eisen). Die Berechnung des Flusses durch die Fläche zwischen den Leitern ermöglicht eine skalare Überlagerung der Vektorgrößen. Zweckmäßigerweise legen wir den Nullpunkt des Koordinatensystems in die Mittellinie zwischen den Leitern.

Lösung

H-Berechnung: Im Bild 3.7 ist die Anordnung mit Koordinatensystem und $\boldsymbol{H}$-Linien des Leiters *1* (gestrichelt) und des Leiters *2* (durchgehende Linien) gezeichnet. Zwischen den Leitern ($|x| < d/2$) addieren sich die Feldstärken beider Ströme (außerhalb subtrahieren sie sich!): $H(x) = H_1(x) + H_2(x)$ für $|x| < d/2$.

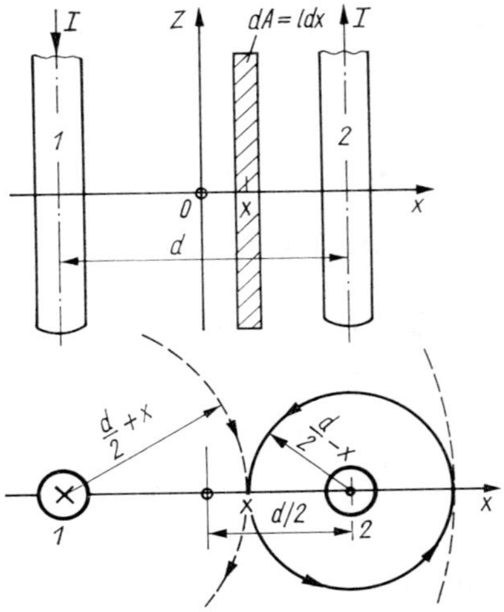

Bild 3.7

Mit $H = I/(2\pi r)$ (r Radius der kreisförmigen $\boldsymbol{H}$-Linie, s. Aufgabe 3.4) ergibt sich

$$H(x) = \frac{I}{2\pi}\left(\frac{1}{d/2 + x} + \frac{1}{d/2 - x}\right) = \frac{I}{2\pi}\,\frac{d}{(d/2)^2 - x^2}.$$

An den Leiteroberflächen ($|x| = d/2 - R$) wird mit $R \ll d \cdot H_0 = I/(2\pi R)$; in der Mitte ($x = 0$) wird die Feldstärke doppelt so groß wie von einem Leiter $H_{\min} = 2I/\pi d$.

Ermittle den $H(x)$-Verlauf grafisch durch Überlagerung von $H_1(x)$ und $H_2(x)$ (s. Bild 3.6)!

Φ-Berechnung: Der Fluß ergibt sich (Tafel 3.3) zu

$$\Phi = \int \boldsymbol{B} \cdot \mathrm{d}\boldsymbol{A} = \mu_0 \int \boldsymbol{H} \cdot \mathrm{d}\boldsymbol{A}.$$

Da H von x abhängig ist (aber nicht von z – Bild 3.7), bilden wir für dA einen Flächenstreifen $\mathrm{d}A = l\,\mathrm{d}x$. d$\boldsymbol{A}$ und $\boldsymbol{H}$ haben gleiche Vektorrichtungen, also wird

$$\Phi = \mu_0 \int_{-x_1}^{+x_1} H(x)\, l\, \mathrm{d}x,$$

wobei die Grenzen $\pm x_1 = \pm(d/2 - R)$ sind.

Setzen wir

$$H(x) = \frac{Id}{2\pi\,(d/2)^2}\,\frac{1}{1-(2x/d)^2} = \frac{2I}{d\pi}\,\frac{1}{1-(2x/d)^2},$$

so wird

$$\Phi = \frac{2\mu_0 Il}{\pi d}\int_{-x_1}^{+x_1}\frac{\mathrm{d}x}{1-(2x/d)^2}.$$

Mit der Substitution $2x/d = u$ also $\mathrm{d}x = (d/2)\,\mathrm{d}u$ und mit

$$\frac{1}{1-u^2} = \frac{1}{2\,(1-u)} + \frac{1}{2\,(1+u)}$$

ergibt sich

$$\Phi = \frac{\mu_0 Il}{\pi}\ln\left(\frac{d}{R}-1\right) \approx \frac{\mu_0 Il}{\pi}\ln\frac{d}{R}.$$

Aufgabe 3.6 Magnetisches Feld einer koaxialen Leitung

Es sei eine vom Strom I durchflossene koaxiale Leitung nach Bild 3.8 gegeben. Der Strom fließe im Mittelleiter nach oben und im Mantel zurück.

a) Berechne den Betrag der magnetischen Feldstärke in Abhängigkeit vom Abstand r von der Mittelachse für den Innenleiter (*1*), den Zwischenraum (*2*), den Außenleiter (*3*) und den Außenraum (*4*) und stelle die Ergebnisse grafisch dar!

b) Welche magnetische Feldstärke ergibt sich an der Oberfläche des Innenleiters bei $r_d = 1$ cm und $I = 100$ A?

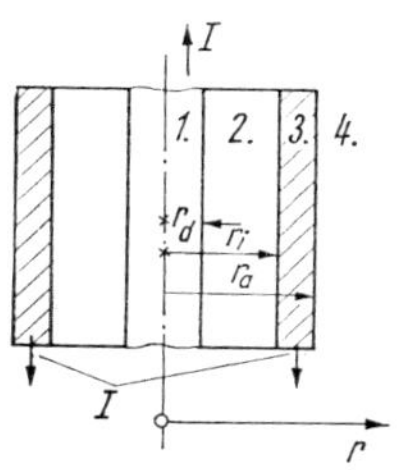

Bild 3.8

Lösungshinweis

Die Stromdichte sei in jedem Leiter örtlich konstant. Wir wissen auf Grund der zylindersymmetrischen Stromanordnung, daß das begleitende Magnetfeld bei magnetisch homogener Umgebung ebenfalls zylindersymmetrisch ist. Die Feldstärkelinien verlaufen demnach als konzentrische Kreise, wobei der Feldstärkebetrag für alle Punkte mit gleichem Abstand r gleich ist und sich auf Grund des Durchflutungsgesetzes nach Gl. (3.12) berechnen läßt. Da wir H für jedes r angeben wollen, müssen wir streng darauf achten, welcher Gesamtstrom jeweils von dem Umlaufweg umfaßt wird. In unserem Beispiel ist das für die einzelnen Gebiete *1* bis *4* verschieden (Bild 3.8).

Lösung

Die verschiedenen H-Werte in den Räumen *1* bis *4* lassen sich aus dem Durchflutungsgesetz

$$\oint \boldsymbol{H}\cdot \mathrm{d}\boldsymbol{s} = \Sigma\, I$$

berechnen, da der Feldlinienverlauf bekannt und auf Grund der einfachen Geometrie (Kreise) mathematisch leicht anzugeben ist. Die linke Seite der Gleichung ergibt immer $H 2\pi r$ (vgl. Aufgaben 3.4 und 3.5).
Es ist daher nur noch nötig, die rechte Seite des Durchflutungsgesetzes für die einzelnen Räume zu bestimmen.

a) Raum *1*: Eine Feldlinie mit Radius r, $0 \leqq r \leqq r_d$, umfaßt den Teilstrom I', $0 \leqq I' \leqq I$. Zunächst muß $I' = f(r)$ gefunden werden, wobei wir uns die Tatsache konstanter Stromdichte zunutze machen wollen. Nach Gl. (1.3a) gilt

$$S = \frac{I}{A} = \frac{I}{\pi r_d^2} = \frac{I'}{\pi r^2}, \quad \text{d.h.,} \quad I' = I \left(\frac{r}{r_d}\right)^2.$$

Damit wird

$$H_1 2\pi r = I' = I \left(\frac{r}{r_d}\right)^2$$

und daraus

$$H_1 = \frac{I}{2\pi r_d^2} r.$$

H_1 steigt also innerhalb der Grenzen $0 \leqq r \leqq r_d$ linear mit r an (Bild 3.9).

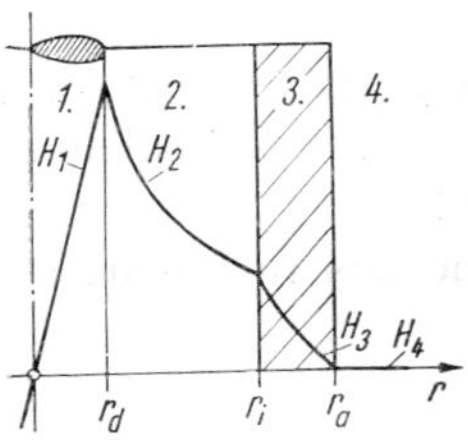

Bild 3.9

Raum *2*: Da der Raum zwischen Innen- und Außenleiter stromlos ist, umfassen alle Feldlinien mit einem Radius r, $r_d \leqq r \leqq r_i$, den gleichen Strom I. Deshalb gilt jetzt nach Gl. (3.12):

$$H_2 2\pi r = I; \qquad H_2 = \frac{I}{2\pi r}.$$

H_2 nimmt also für $r_d \leqq r \leqq r_i$ von einem Höchstwert an der Stelle $r = r_d$ aus hyperbolisch ab (Bild 3.9).
Raum *3*: Der Umlauf längs einer Feldlinie innerhalb des Außenleiters wird vom gesamten Hinstrom I und von einem Teil des Rückstroms I'', d.h. also vom Strom $I - I''$ durchflutet. Auf Grund konstanter Stromdichte im gesamten Außenleiter kann man zur Berechnung von I'' wieder nach Gl. (1.3a) ansetzen:

$$S = \frac{I}{A} = \frac{I}{\pi (r_a^2 - r_i^2)} = \frac{I''}{\pi (r^2 - r_i^2)} \quad \text{oder} \quad I'' = I \frac{r^2 - r_i^2}{r_a^2 - r_i^2}.$$

Damit wird nach Gl. (3.12)

$$H_3 = \frac{I - I''}{2\pi r} = \frac{I}{2\pi r} - \frac{I}{2\pi (r_a^2 - r_i^2)} \left(r - \frac{r_i^2}{r}\right)$$

(Bild 3.9). Für $r = r_i$ wird

$$H_3 = I/2\pi r_i,$$

also gleiches Ergebnis wie im Raum *2*. Für $r = r_a$ wird $H_3 = 0$; denn dann ist $\Sigma I = 0$.
Raum *4*: Für $r > r_a$ bleibt jetzt immer die umfaßte Stromsumme Null, da sie von 2 gleich großen, aber entgegengesetzt gerichteten Strömen gebildet wird. An jeder Stelle einer Kreisbahn vom Radius r ($r > r_a$) überlagern sich 2 gleich große, aber entgegengesetzt gerichtete Teilfeldstärken zur Gesamtfeldstärke $H_4 = 0$.

b) Der Punkt, dessen Feldstärke quantitativ berechnet werden soll, gehört sowohl dem Raum *1* als auch dem Raum *2* an. Beide Funktionen ergeben für $r = r_d$ einen gleich großen Feldstärkewert

$$r = r_d; \qquad H_1 = \frac{I}{2\pi r_d^2} r_d = \frac{I}{2\pi r_d} = H_2$$

$$H_1 = H_2 = \frac{100\ \text{A}}{2\pi\ \text{cm}} = 15{,}9\ \frac{\text{A}}{\text{cm}}.$$

Aufgabe 3.7 Flußberechnung einer Ringkernspule

a) Berechne die magnetische Feldstärke für Punkte innerhalb und außerhalb einer stromdurchflossenen, eng gewickelten Ringspule in Abhängigkeit ihres radialen Abstands vom Mittelpunkt der Ringspule (Bild 3.10)!

b) Wie groß ist der Fluß im Spulenkern?

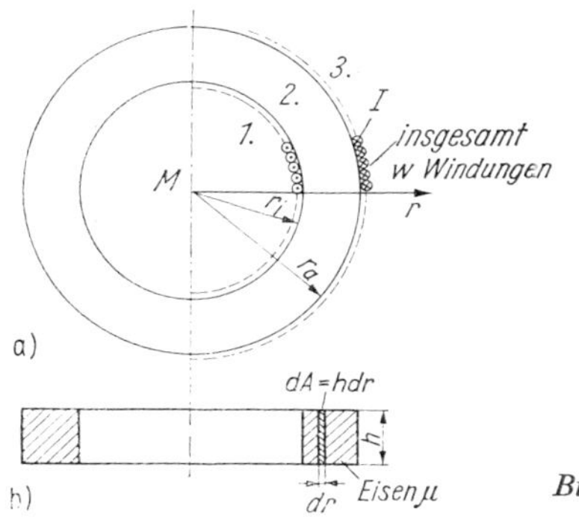

Bild 3.10

Lösungshinweis

Die zum Mittelpunkt symmetrische Lage der einzelnen Windungen erzwingt einen kreiskonzentrischen Verlauf der ***H***-Linien. Auf Grund ihres bekannten Verlaufs können wir zur *H*-Berechnung das Durchflutungsgesetz (Gl. (3.12)) anwenden. Allerdings ändert sich *H* innerhalb der Spule mit dem Mittelpunktabstand *r* (Feld nicht homogen). Das ist bei der Flußberechnung zu beachten (Tafel 3.3).

Lösung

a) $r < r_i$: Zur Anwendung von Gl. (3.12) betrachten wir einen Umlauf um den Mittelpunkt im Abstand $r < r_i$. Die umfaßte Stromsumme ist Null, und deshalb wird $\oint \boldsymbol{H} \cdot \mathrm{d}\boldsymbol{s} = 0$.
Damit ist H in den einzelnen Punkten des Umlaufs noch nicht bestimmt. Nimmt man jedoch eine so enge Wicklung an, daß sich die Teilflüsse zwischen den Windungen kompensieren und damit der Außenraum flußfrei wird, dann ist auch an jeder Stelle $r < r_i$ $H_1 = 0$.

Bei genauer Betrachtung ist jedoch folgendes zu berücksichtigen: Die Windungen umschließen spiralig den Kern, wobei man diesen Verlauf in eine radiale und eine tangentiale Windungskomponente zerlegt auffassen kann. Die längs des Kerns fortschreitende tangentiale Komponente der Wicklung beträgt gerade insgesamt einen Umlauf, der konzentrisch zum Kernrand verläuft. Diese Windung erzeugt ein Feld senkrecht zur Zeichenebene im Bild 3.10. Das Feld ist relativ zu dem im Innenraum der Ringspule sehr schwach.

$r_i < r < r_a$: Ein Umlauf in diesem Abstand schließt den Strom w-mal ein; daher wird Gl. (3.6a)

$$\Sigma I_\nu = Iw.$$

Aus Gl. (3.12) folgt

$$H_2 = \frac{Iw}{2\pi r}.$$

$r > r_a$: Hier wird die umspannte Fläche πr^2 von $2Iw$ durchflutet, wobei die eine Hälfte Iw entgegengesetzt gerichtet ist zur anderen Hälfte Iw (Bild 3.10a), d.h. $\Sigma I = 0$ und damit auch $H_3 = 0$. Beachte die Bemerkungen zu H_1!

b) Nach Gl. (3.1) wird $\mathrm{d}\Phi = B\,\mathrm{d}A$. Da sich B nur in r-Richtung ändert, kann für das senkrecht vom Fluß durchsetzte Flächenelement $\mathrm{d}A$ ein Flächenstreifen der gesamten Höhe h angenommen werden (Bild 3.10b): $\mathrm{d}A = h\,\mathrm{d}r$, also $\mathrm{d}\Phi = \mu H h\,\mathrm{d}r$. Mit dem Ergebnis für H_2 aus a) erhalten wir für den Gesamtfluß

$$\Phi = \frac{Iw\mu h}{2\pi}\int_{r_i}^{r_a}\frac{\mathrm{d}r}{r} = \frac{Iw\mu h}{2\pi}\ln\frac{r_a}{r_i}.$$

Es sei zur Übung ergänzt, daß die Φ-Berechnung auch mit Hilfe des magnetischen Widerstands R_m (Tafel 3.3) erfolgen kann. Man muß jedoch beachten, daß die Dimensionierungsgleichung (3.18a) nur bei homogenem Feld gilt, hier also nur für jeweils einen differentiell schmalen Ring der Länge $2\pi r$ und mit dem Querschnitt $h\,\mathrm{d}r$ (Bild 3.10b). Der magnetische Widerstand eines solchen Rings ist also $2\pi r/(\mu h\,\mathrm{d}r)$. Der Teilfluß in diesem Ring wird von der umfaßten Stromsumme (MMK Θ) bestimmt. Dies ist $\Theta = Iw$, also wird ($\Phi = \Theta/R_m$) der Teilfluß

$$\mathrm{d}\Phi = \frac{\mu I w h\,\mathrm{d}r}{2\pi r},$$

gleicher Ausdruck wie bei Berechnung über H und B.

Diskussion

Während durch entsprechende Wahl von I und w im Inneren der Windungen eine hohe magnetische Feldstärke hervorgerufen werden kann, ist sie außerhalb der Spule Null. Das kann allerdings nur erfüllt werden, wenn kein Streufluß in den Außenraum gelangt. Dies trifft um so besser zu, je dichter die Windungen nebeneinander liegen.

Aufgabe 3.8 Magnetfeld im Hohlraum eines Leiters

Ein stromdurchflossener Kupferleiter (Kreiszylinder) enthält längs der Achse eine Bohrung. Zu berechnen ist das Magnetfeld innerhalb dieser Bohrung, wobei diese

a) koaxial
b) neben der Achse (Achsabstand zwischen Leiter und Bohrung r_0) verlaufen soll (Bild 3.11).

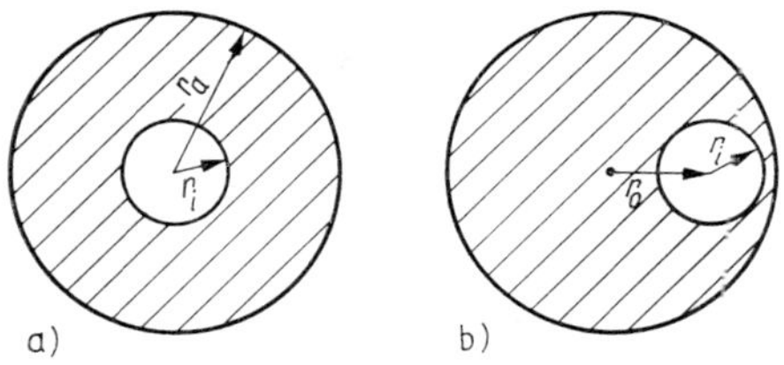

Bild 3.11

Lösungshinweis

Man kann bei Anwendung des Durchflutungsgesetzes (3.12) innerhalb des Hohlraumes sofort angeben, daß $\oint \boldsymbol{H} \cdot d\boldsymbol{s} = 0$ sein muß, denn es werden keine Ströme vom Umlaufweg umfaßt. Das besagt jedoch noch nichts über den Verlauf von $\boldsymbol{H}$. Es gilt z.B. außerhalb dieses Leiters die gleiche Aussage, wenn der Umlaufweg den Leiter nicht einschließt. Dort existiert jedoch ein zylindersymmetrisches $\boldsymbol{H}$-Feld!
Die Rechnung führt man am besten mit Anordnung b) durch; aus dem Ergebnis folgt für $r_0 = 0$ die Lösung von a). Wir wenden den Überlagerungssatz an, indem wir den Strom im Hohlleiter als Überlagerung des Stroms im kompakten Leiter und eines entgegengesetzt gerichteten Stroms an der Stelle des Hohlraums (gleiche Stromdichte) annehmen. Die Überlagerung der beiden magnetischen Feldstärken in einem Punkt des Hohlraums muß vektoriell erfolgen. Man muß sich also über deren Beträge und Richtungen Klarheit verschaffen.

Lösung

Im Bild 3.12 ist die Stromverteilung I für die Anordnung Bild 3.11 b als Überlagerung zweier homogener Stromverteilungen I_1 und $-I_2$ angegeben. Die Wirkung in einem im Hohlraum gewählten Punkt P ergibt sich als Überlagerung der Teilwirkungen, herrührend von den Teilursachen:

$$\boldsymbol{H} = \boldsymbol{H}_1 + \boldsymbol{H}_2 .$$

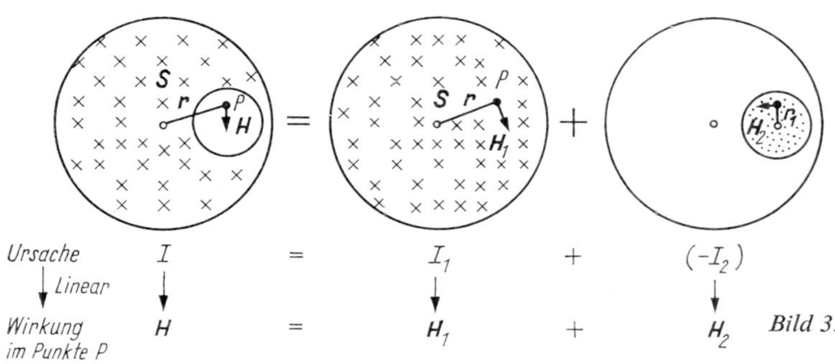

Bild 3.12

$\boldsymbol{H}_1$ und $\boldsymbol{H}_2$ sind Feldstärken im Inneren eines Leiters mit kreisförmigem Querschnitt (im Bild 3.12 in Rechtsschraube zum entsprechenden Strom eingetragen). Wie in Aufgabe 3.6 berechnet, ergeben sich diese zu $H = I'/(2\pi r)$, wobei I' der vom kreisförmigen Umlauf mit Radius r umfaßte Stromteil ist. Mit der überall gleichen Stromdichte S ist $I' = S\pi r^2$ werden die Beträge (Bild 3.12)

$$H_1 = \frac{S\pi r^2}{2\pi r} = \frac{Sr}{2} \quad \text{und} \quad H_2 = \frac{Sr_1}{2}.$$

Um die Richtung der Vektoren $\boldsymbol{H}_1$ und $\boldsymbol{H}_2$ in diese Gleichungen einzubeziehen, müssen wir aus Bild 3.13 erkennen, daß z.B. $\boldsymbol{H}_1$ (in der Zeichenebene) senkrecht zum Vektor $\boldsymbol{S}$ (senkrecht zur Zeichenebene) und auch senkrecht zum Vektor $\boldsymbol{r}$ gerichtet ist. Somit kann man obige Gleichungen als Vektorgleichungen schreiben, indem man die Vektoren $\boldsymbol{S}$ und $\boldsymbol{r}$ als Kreuzprodukt und gemäß Rechte-Hand-Regel in der Reihenfolge $\boldsymbol{S}\times\boldsymbol{r}$ schreibt:

$$\boldsymbol{H}_1 = \tfrac{1}{2}(\boldsymbol{S}\times\boldsymbol{r}) \quad \text{und} \quad \boldsymbol{H}_2 = -\tfrac{1}{2}(\boldsymbol{S}\times\boldsymbol{r}_1).$$

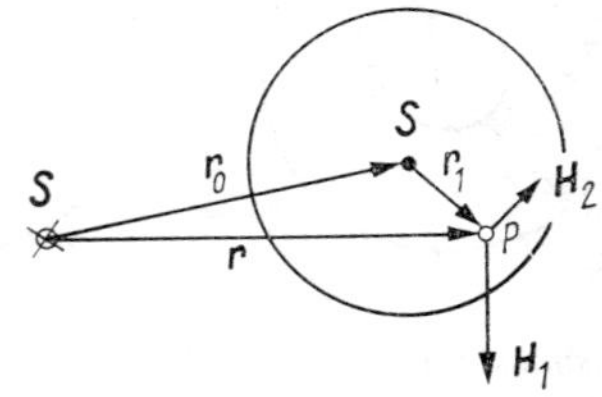

Bild 3.13

Damit ergibt sich die Überlagerung zu

$$\boldsymbol{H} = \tfrac{1}{2}[\boldsymbol{S}\times(\boldsymbol{r}-\boldsymbol{r}_1)] = \tfrac{1}{2}(\boldsymbol{S}\times\boldsymbol{r}_0)$$

mit $\boldsymbol{r}_0 + \boldsymbol{r}_1 = \boldsymbol{r}$ (Bild 3.13).

Da $\boldsymbol{S}$ und $\boldsymbol{r}_0$ unabhängig von $\boldsymbol{r}$ sind, existiert im Hohlraum eine konstante magnetische Feldstärke senkrecht zu $\boldsymbol{S}$ und $\boldsymbol{r}_0$ (homogenes Feld, in dem auch $\oint \boldsymbol{H}\,\mathrm{d}\boldsymbol{s} = 0$ erfüllt ist!).

Der Betrag ist $H = Sr_0/2$.
Für $r_0 = 0$ (Anordnung Bild 3.11a) ist $H = 0$, wie zu erwarten, da Zylindersymmetrie vorliegt (gleiche Wandstärke des Hohlleiters) und damit nur kreisförmige $\boldsymbol{H}$-Linien möglich sind.

Man erkennt an diesem Beispiel, wie elegant dieses Problem mit Hilfe der Vektorschreibweise zu lösen ist.

Aufgabe 3.9 Biot-Savartsches Gesetz; gerader Stromfaden

a) Weise durch Anwendung des *Biot-Savartschen* Gesetzes [Gl. (3.15)] nach, daß die Feldstärke in einem Punkt mit dem Abstand R von einem unendlich langen, geraden, stromdurchflossenen Leiter $H = I/(2\pi R)$ ist!
b) Welche Leiterlänge trägt hierzu einen Anteil bei, der 90% der magnetischen Feldstärke des unendlich langen Leiters ausmacht?

Lösungshinweis

Zu a) Bei Anwendung des Biot-Savartschen Gesetzes, $\mathrm{d}H = I\,\mathrm{d}s\,\sin\alpha/(4\pi r^2)$, betrachteten wir ein Stromelement $I\,\mathrm{d}s$ (Bild 3.14a). Die Teilfeldstärken $\mathrm{d}H$ aller dieser Elemente haben im Punkt P alle gleiche Richtung, überlagern sich also skalar. Bei der Integration über die gesamte Leiterlänge sind r und α variable Größen. $\mathrm{d}s$, r und α stehen in einer bestimmten Beziehung zueinander (Bild 3.14a). Wir können also die beiden Variablen durch die eine, α, und den Punktabstand R ausdrücken und integrieren dann von $\alpha = 0$ bis $\alpha = \pi$.

Zu b) Die begrenzte Leiterlänge für $0{,}9H$ findet man durch Einschränkung der Grenzen für α.

Lösung

a) Nach Gl. (3.15) trägt $I\,\mathrm{d}s$ in P eine Teilfeldstärke $\mathrm{d}H = I\,\mathrm{d}s\,\sin\alpha/(4\pi r^2)$ bei. r und α ändern sich bei Integration längs der Leitung. Um nur eine Variable zu erhalten, müssen wir versuchen, r^2 durch α auszudrücken.
Gemäß Bild 3.14a läßt sich $\sin\alpha$ ausdrücken durch:

$r\,\mathrm{d}\alpha/\mathrm{d}s = \sin\alpha = R/r$ und daraus $r^2 = R\,\mathrm{d}s/\mathrm{d}\alpha$.

Damit wird

$$\mathrm{d}H = \frac{I\,\mathrm{d}s\,\sin\alpha}{4\pi R\,\dfrac{\mathrm{d}s}{\mathrm{d}\alpha}} = \frac{I}{4\pi R}\sin\alpha\,\mathrm{d}\alpha.$$

Integriert man zunächst allgemein über eine Leiterlänge L mit einem Winkelbereich α_1 bis $180° - \alpha_1$ (s. Bild 3.14b), wobei α_1 zwischen $\boldsymbol{r}$ und $d\boldsymbol{s}$ entgegen dem Uhrzeigersinn gezählt werde, so wird

$$H = \frac{I}{4\pi R} \int_{\alpha_1}^{180° - \alpha_1} \sin\alpha \, d\alpha = \frac{I}{2\pi R} \cos\alpha_1 .$$

Hier ist $\alpha_1 = 0$, also wird erwartungsgemäß $H = I/(2\pi r)$, s. Gl. (3.13).

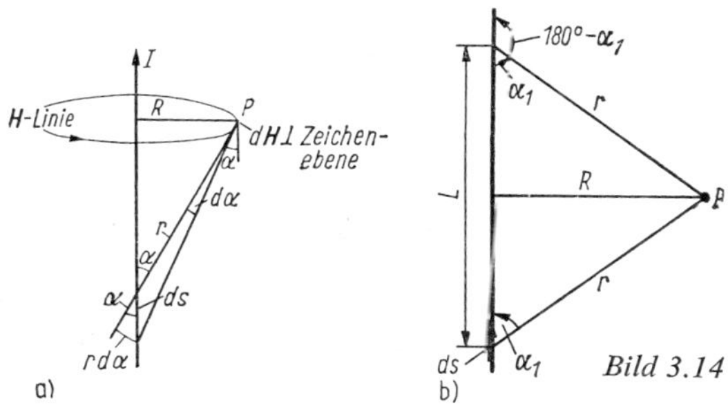

Bild 3.14

b) Es soll sein: $H = 0{,}9I/(2\pi R)$.
Gemäß Lösung a) ist $H = I\cos\alpha_1/(2\pi R)$. Daraus ergibt sich $\cos\alpha_1 = 0{,}9$.
Nach Bild 3.14b ist

$$\cos\alpha_1 = \frac{L}{2r} \quad \text{und} \quad r = \sqrt{\left(\frac{L}{2}\right)^2 + R^2} .$$

Somit wird

$$\cos\alpha_1 = \frac{L}{2\sqrt{\left(\frac{L}{2}\right)^2 + R^2}} = 0{,}9 \quad \text{oder} \quad \frac{L^2}{L^2 + 4R^2} = 0{,}81 ,$$

$$L = 4{,}12R .$$

Ein Leiterstück, dessen Länge gleich dem vierfachen, lotrechten Abstand des Feldpunktes vom Leiter ist, trägt 90% zu der in diesem Punkt bestehenden magnetischen Feldstärke bei, d.h., man kann mit 10% Fehler die einfache Gl. (3.13) verwenden.

Aufgabe 3.10 Biot-Savartsches Gesetz; Rechteckschleife

Berechne über das Gesetz von Biot-Savart die magnetische Feldstärke, die von einer quadratisch geformten, stromdurchflossenen Leiterschleife (Seitenlänge $2R$) in deren Mittelpunkt hervorgerufen wird (Bild 3.15)!

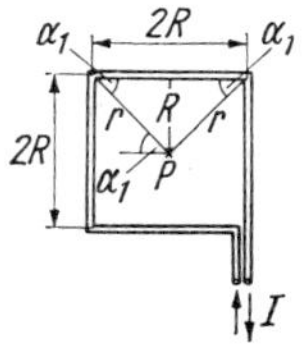

Bild 3.15

Lösungshinweis

Bei der geometrischen Zuordnung des Punktes P zu den 4 Leiterseiten sind ihre Anteile zur magnetischen Gesamtfeldstärke gleich groß. Wir können daher sofort von dem allgemeinen Ergebnis der Aufgabe 3.9 ausgehen und nach Einsetzen der hier gültigen Grenzwinkel den sich ergebenden Feldstärkewert mit 4 multiplizieren.

Lösung

Das allgemeine Ergebnis der Aufgabe 3.9a ist $H = I\cos\alpha_1/(2\pi R)$ (Bild 3.14b). Der senkrechte Abstand des Mittelpunktes P von den 4 Seiten ist R, der Grenzwinkel α_1 (Bild 3.15) ist hier 45°, also wird

$$H_{\text{ges}} = 4\,\frac{I}{2\pi R}\cos(\pi/4); \qquad H_{\text{ges}} = \sqrt{2}\,\frac{I}{\pi R}.$$

Aufgabe 3.11 Biot-Savartsches Gesetz; kreisförmige Schleife

Berechne die magnetische Feldstärke längs der Achse einer kreisförmigen Leiterschleife mit Strom I (Bild 3.16), und trage die Funktion $H(x)$ in bezogenem Maßstab auf!

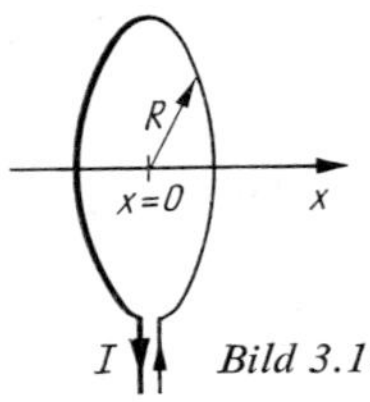

Bild 3.16

Lösungshinweis

Die Aufgabe ist mit dem Biot-Savartschen Gesetz zu lösen. Man mache sich zunächst klar, welche Bedeutung die Größen ds, r und α in Gl. (3.15) haben, wähle auf der x-Achse einen Punkt P und trage diese Größen und den Vektor d$\boldsymbol{H}$ ein. Dann wird man erkennen, daß r unabhängig von der Lage ds auf der Schleife ist und α immer 90° beträgt. Jedoch ist die Richtung von dH von der Lage von ds abhängig! Alle d$\boldsymbol{H}$-Vektoren bilden eine Kegelspitze im Punkt P, deren Winkel mit abnehmendem x immer spitzer wird. Man mache sich dies klar! Dann wird man sofort einsehen, daß stets die Addition der dH-Vektoren je zweier diametral gegenüberliegender Elemente I ds einen dH-Vektor längs der x-Achse ergibt. Das Ergebnis folgt dann aus der skalaren Addition (Integration) dieser einzelnen dH-Vektoren längs der x-Achse.

Lösung

Im Bild 3.17 sind die beiden Vektoren d$\boldsymbol{H}$ im Punkt P (Abstand x von Leiterschleife) eingezeichnet, die von den beiden diametral gegenüberliegenden Elementen I ds senkrecht zur Zeichenebene herrühren. Diese Vektoren stehen senkrecht auf $\boldsymbol{r}$ in Rechtsschraube zum Element I ds. Sie schließen einen Winkel β mit der x-Achse ein; die Überlagerung dieser beiden Vektoren d$\boldsymbol{H}$ ergibt den Vektor d$\boldsymbol{H}_p$ in x-Richtung: d$H_p = 2\,$d$H\cos\beta$. Der Betrag dH eines Leiterelements I ds ist nach (3.15)

$$\mathrm{d}H = \frac{I\,\mathrm{d}s\sin\alpha}{4\pi r^2}.$$

Also wird für jeweils 2 diametral gegenüberliegende Elemente

$$\mathrm{d}H_p = \frac{I\,\mathrm{d}s\sin\alpha\cos\beta}{2\pi r^2}.$$

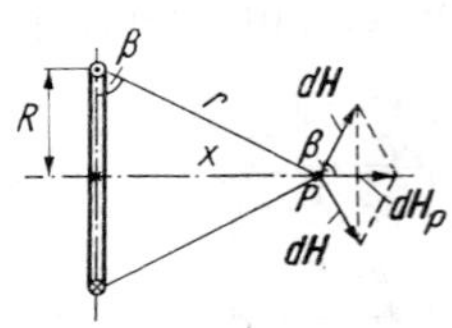

Bild 3.17

α ist der Winkel zwischen d$\boldsymbol{s}$ und $\boldsymbol{r}$. Für jedes ds beträgt er $\alpha = 90°$. Um den Punktabstand x in die Gleichung zu bekommen, drücken wir r und $\cos\beta$ durch x aus (Bild 3.17):

$$r = \sqrt{R^2 + x^2} = R\sqrt{1 + (x/R)^2}\,; \qquad \cos\beta = \frac{R}{r} = \frac{1}{\sqrt{1 + (x/R)^2}}\,.$$

Damit wird

$$\mathrm{d}H_p = \frac{I\,\mathrm{d}s}{2\pi R^2\left[1 + \left(\dfrac{x}{R}\right)^2\right]^{3/2}}\,.$$

Wir integrieren diesen Ausdruck, wobei wir nur noch über den Halbkreis πR integrieren, da im Ausdruck dH_p zwei um 180° versetzte Elemente erfaßt sind:

$$H_p = \frac{I}{2R\left[1 + \left(\dfrac{x}{R}\right)^2\right]^{3/2}} = \frac{I}{2R}\cos^3\beta\,.$$

Für $x = 0$ (Mittelpunkt der Leiterschleife) ist $H_{p0} = I/2R$. Dies kann als ein Feldstärkenormal dienen: Eine Schleife mit 10 cm Durchmesser weist bei $I = 10$ A im Mittelpunkt eine magnetische Feldstärke von 1 A/cm auf.
Wir beziehen H_p auf H_{p0} und erhalten normiert:

$$H_p/H_{p0} = \left[1 + \left(\frac{x}{R}\right)^2\right]^{-3/2}.$$

Der Verlauf $H_p(x)$ ist für $x \geqq 0$ im Bild 3.18 angegeben.

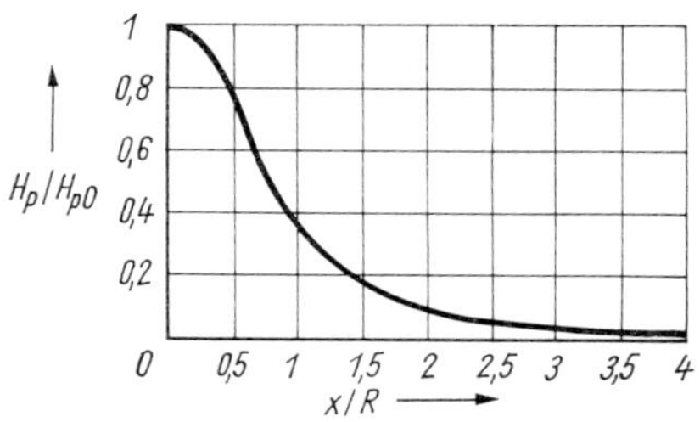

Bild 3.18

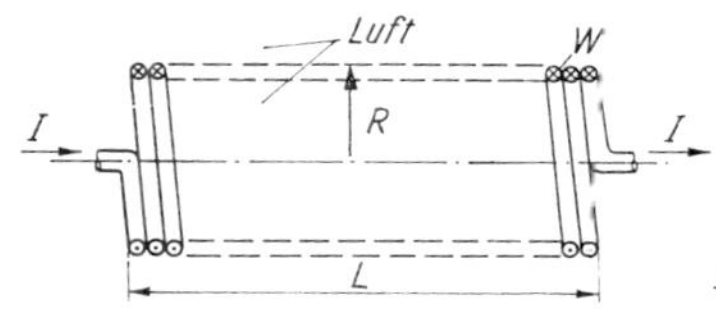

Bild 3.19

Aufgabe 3.12 Magnetische Feldstärke in Zylinderspule

Es ist die magnetische Feldstärke entlang der Mittelachse einer vom Strom I durchflossenen Zylinderspule (Bild 3.19) gesucht. Diskutiere das allgemeine Ergebnis für die Punkte in Spulenmitte und an den Enden der Spule!

Lösungshinweis

Wir gehen von der Betrachtung einer Windung der Spule aus, wie sie in Aufgabe 3.11 angestellt wurde. Dort ergab sich die Feldstärke zu $H = I\cos^3\beta/2R$ (Bild 3.17). Diese Gleichung gilt für die Teilfeldstärke dH, herrührend von einer differentiell schmalen Scheibe der Zylinderspule, wobei I zu ersetzen ist durch $I\,\mathrm{d}w$, einem differentiellen Teil der Ampere-Windungszahl Iw. Um die Gesamtfeldstärke der Zylinderspule in betrachtetem Feldpunkt zu erhalten, müssen wir über die gesamte Spule integrieren, wobei wir dw durch dl, das zu dw gehörige Längenelement der Spule, und dl durch die zugehörige Winkeländerung dβ ausdrücken müssen. Die Integration erfolgt dann über β zwischen den beiden Grenzwinkeln, die durch die Spulenlänge L und die Lage des Feldpunktes festgelegt sind.

Lösung

Mit dem Ergebnis der Aufgabe 3.11 kann man die Teilfeldstärke auf der Achse einer differentiell schmalen Scheibe der Zylinderspule mit der differentiellen Ampere-Windungszahl $I\,\mathrm{d}w$ angeben (Bild 3.20a):

$$\mathrm{d}H = \frac{I\,\mathrm{d}w}{2R}\cos^3\beta.$$

Bei gleichmäßiger Wicklung w längs der Länge L ist $\mathrm{d}w = (w/L)\,\mathrm{d}l$ und aus Bild 3.20b ergibt sich eine Beziehung zwischen $\mathrm{d}l$, β und $\mathrm{d}\beta$:

$$\cos\beta = r\,\mathrm{d}\beta/\mathrm{d}l \quad \text{und} \quad \cos\beta = R/r.$$

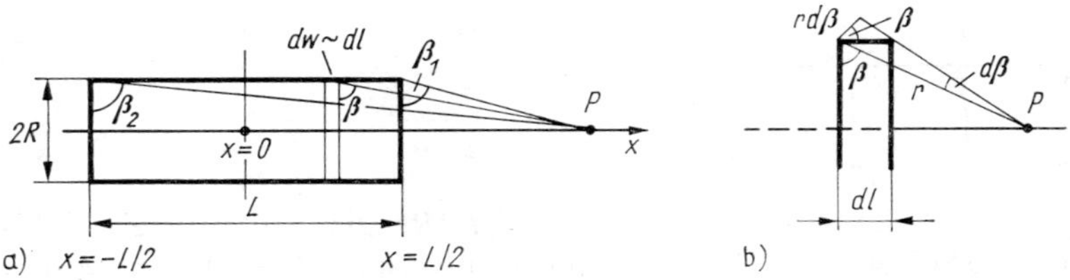

Bild 3.20

Daraus wird

$$\mathrm{d}l = \frac{R}{\cos^2\beta}\,\mathrm{d}\beta \quad \text{und} \quad \mathrm{d}w = \frac{wR}{L\cos^2\beta}\,\mathrm{d}\beta,$$

also

$$\mathrm{d}H = \frac{Iw}{2L}\cos\beta\,\mathrm{d}\beta.$$

Um die Gesamtfeldstärke im Punkt P von der Zylinderspule zu erhalten, integrieren wir von β_1 bis β_2 (Bild 3.20a).
Es ergibt sich

$$H = \frac{Iw}{2L}(\sin\beta_2 - \sin\beta_1).$$

$\sin\beta_{1,2}$ können wir noch durch den Punktabstand x ausdrücken:

$$\sin\beta_{1,2} = \frac{x \mp L/2}{\sqrt{R^2 + (x \mp L/2)^2}}.$$

In Spulenmitte ($x = 0$) ist $\sin\beta_1 = -\sin\beta_2$ und $\sin\beta_1 = [1 + (R/2L)^2]^{-1/2}$, also wird

$$H_0 = \frac{Iw}{L}\frac{1}{\sqrt{1 + \left(\frac{2R}{L}\right)^2}}.$$

Ist der Spulendurchmesser $2R$ viel kleiner als die Länge der Spule (lange dünne Spule), so ist in guter Näherung

$$H \approx \frac{Iw}{L}.$$

An den Spulenenden ($x = \pm L/2$) ergibt sich jeweils der Wert

$$H_R = \frac{Iw}{2L} \frac{1}{\sqrt{1 + \left(\frac{R}{L}\right)^2}},$$

also für die lange dünne Spule die Hälfte der Feldstärke H_0 an der Stelle $x = 0$.

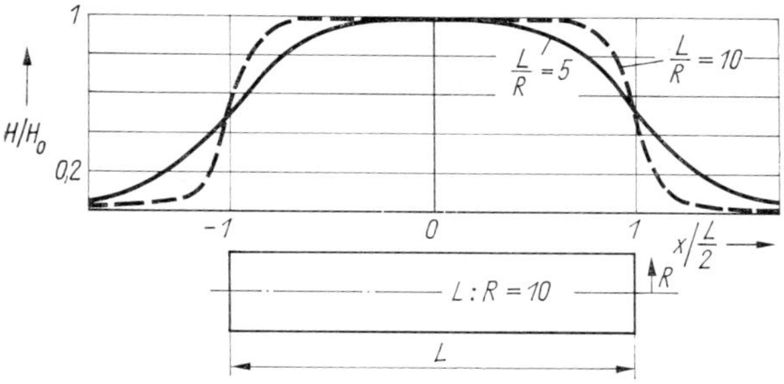

Bild 3.21
Magnetische Feldstärke längs der Achse einer Zylinderspule mit L/R = 5 und L/R = 10 (lange dünne Spule)

Im Bild 3.21 ist H/H_0 längs der Achse für zwei L/R-Verhältnisse angegeben. Man erkennt, daß bei $L/R = 10$ im Inneren der Spule bis etwa 20% vor den Spulenenden die Feldstärke konstant ist.

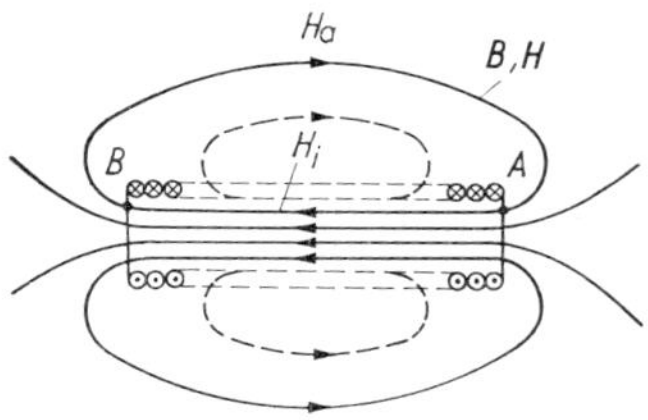

Bild 3.22

Dieses nahezu homogene Feld im Inneren der langen Zylinderspule (Bild 3.22) berechtigt zu einer einfachen Näherungsrechnung mit Hilfe des Durchflutungsgesetzes. Bilden wir das Umlaufintegral z.B. längs der dick ausgezogenen Feldlinie im Bild 3.22 und teilen die Feldstärke H in H_i (Innenraum) und H_a (Außenraum), so erhalten wir

$$\oint \boldsymbol{H} \cdot \mathrm{d}\boldsymbol{s} = \int_A^B H_i \,\mathrm{d}s + \int_B^A H_a \,\mathrm{d}s = \Sigma I = Iw.$$

Da nun (insbesondere bei $L/R \gg 1$) $H_i \gg H_a$ ist, kann man schreiben $H_i L \approx Iw$; $H_i \approx Iw/L$.

Eisenkreise

Die Berechnung der Magnetfelder bei in der Technik sehr häufig vorkommenden Eisenkreisen erfolgt oft mit der Rechengröße „magnetischer Widerstand“, da man in Näherung auf Grund der hohen magnetischen Permeabilität homogene Felder annehmen und die Analogie zu elektrischen Kreisen (EMK–elektrischer Widerstand–Strom → MMK–magnetischer Widerstand–Fluß) und die Netzwerkberechnungsmethoden mit Ersatzschaltbildern usw. anwenden kann (Tafel 3.2).
Zwei unterschiedliche Eigenschaften zwischen elektrischen und magnetischen Materialien begrenzen jedoch häufig die Zulässigkeit der Analogiebetrachtung:

- Erstens ist das Verhältnis der elektrischen Leitfähigkeiten von einem Leiter und Luft (auch bei sehr schlechtem Leiter) unendlich, jedoch ist für das magnetische Feld die

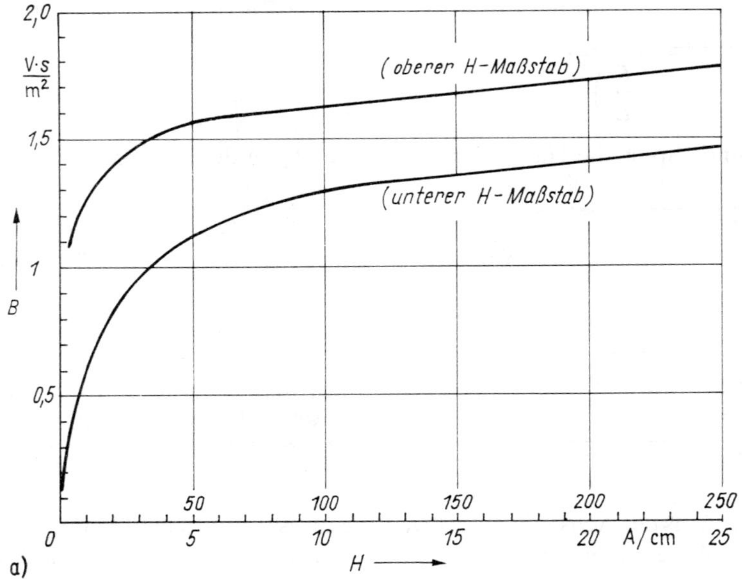

H / (A/cm)	B / (V·s/m²)
0	0
0,1	0,2
0,5	0,4
1,0	0,6
2,0	0,82
3,0	0,98
4,0	1,05
5,0	1,12
6,0	1,18
7,0	1,21
8,0	1,25
10,0	1,30
12,0	1,32
15,0	1,36
20,0	1,41
25,0	1,45
35,0	1,50
50,0	1,57
100,0	1,61
250,0	1,78

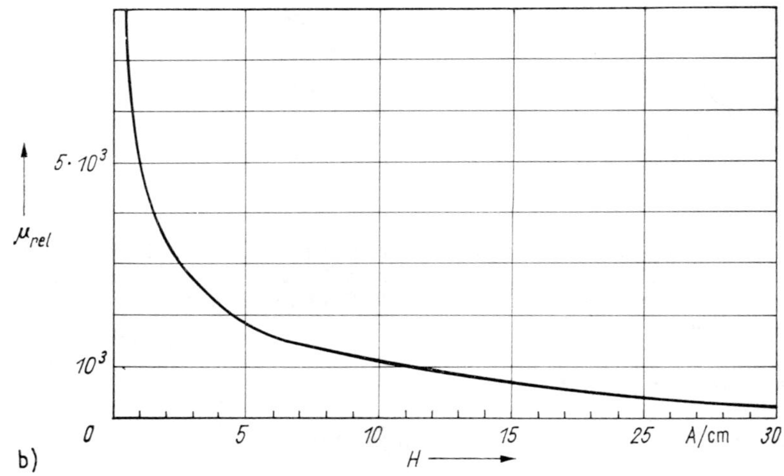

Bild 3.23

Luft immerhin noch ein magnetischer Leiter und das μ-Verhältnis Eisen–Luft ist nur einige Hundert bis einige Tausend. Das hat zur Folge, daß je nach Gestalt des Magnetkreises sich einige Promille oder Prozent des Flusses im Luftraum parallel ausbilden, d.h. Streuung auftritt, die man vereinfachend durch einen Korrekturfaktor berücksichtigt.

- Zum anderen ist strenggenommen bei Eisenkreisen immer mit Nichtlinearitäten zu rechnen, die zudem bei ansteigendem und abfallendem Strom (magnetischer Feldstärke) unterschiedlich sind (Hysteresis). Hierzu gibt man für definierte Materialien mittlere B,H-Kennlinien an, die in bestimmten Grenzen eingehalten werden müssen (z.B. Bild 3.23a). Vielfach ersetzt man die Abhängigkeit $\mu(H)$ (z.B. Bild 3.23b) durch einen im zu erwartenden Arbeitsbereich gemittelten μ-Wert, d.h., man rechnet linear und kann die Rechengröße R_m verwenden. Genügt diese Genauigkeit nicht, so kann man grafische oder numerische Lösungswege einschlagen wie bei elektrischen nichtlinearen Netzwerken:

Grafische Lösung: Ausgehend von gegebener Materialkennlinie $B = f(H)$ zeichnet man eine $\Phi = f(V)$-Kennlinie entsprechend den gegebenen Querschnitts- und Längenangaben (A und l) des Eisenkreises, wobei $\Phi = BA$ und $V = Hl$ sind und Reihen- bzw. Parallelschaltung wie bei elektrischen Kreisen (z.B. Bilder 1.30, 1.106) durch grafische Addition der magnetischen Spannungen bzw. Flüsse erfaßt werden.

Grafisch-numerische Lösung: Man berechnet abschnittsweise $B(\Phi)$ und $H(V)$ im Kreis, wobei man bei Eisen zu einem berechneten B-Wert (bzw. H-Wert) aus der Kennlinie $B = f(H)$ den zugehörigen H-Wert (bzw. B-Wert) abliest und mit diesem weiterrechnet. Diese Methode kann man auch programmieren, wobei man Wertepaare der nicht analytisch, jedoch grafisch gegebenen Kennlinie $B = f(H)$ als Feld eingibt und den gesuchten B- oder H-Wert durch lineare Interpolation ermittelt. Das hat den Vorteil, daß man verschiedene Dimensionierungen des Kreises mit dem Computer mühelos „durchspielen“ kann.

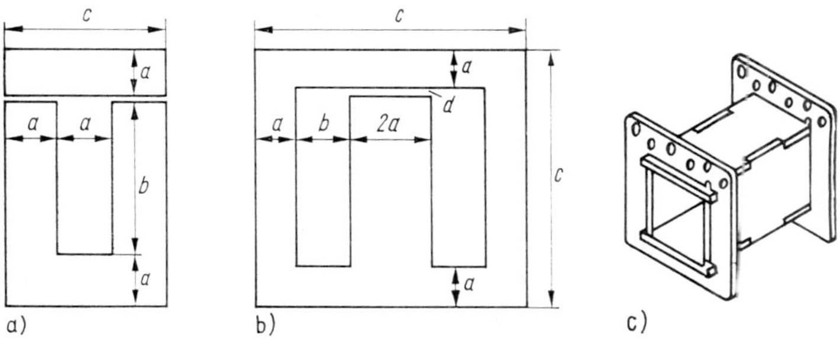

Bild 3.24

Eisenkreise werden meist aus gestanzten, einseitig isolierten Blechen (0,1 bis 0,5 mm dick) zusammengesetzt, um bei Wechselstrom die Wirbelströme (Wärmeverluste) zu verringern. Für Spulen und Transformatoren gibt es verschiedene genormte Kernschnitte (z.B. *U-I-* oder *M*-Form, Bild 3.24a, b), Eisensorten und zugehörige Spulenkörper (Bild 3.24c). Die Bleche können in den Kern einseitig oder wechselseitig eingelegt werden, so daß ein Luftspalt (z.B. 1 oder 2 mm) entsteht bzw. dieser überbrückt wird.

Aufgabe 3.13 Eisenkreis mit Luftspalt

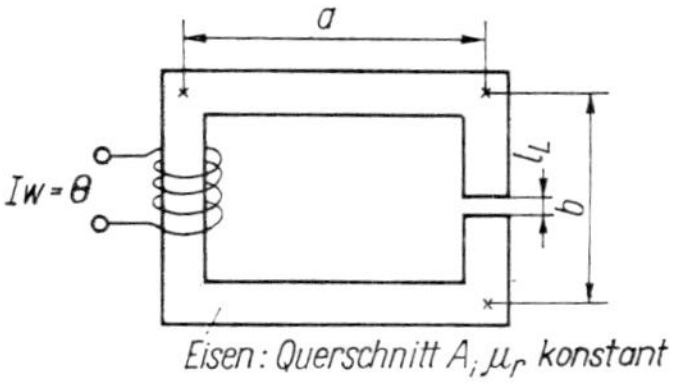

Bild 3.25

Für den im Bild 3.25 angegebenen magnetischen Kreis sollen der magnetische Fluß Φ, die Flußdichte (Induktion) B sowie die Feldstärken im Eisen H_e und im Luftspalt H_L berechnet werden. Führe die Rechnung a) allgemein auf beiden in Tafel 3.3 angegebenen Wegen, b) für folgende Zahlenwerte durch: $Iw = \Theta = 500$ A; $a = 40$ cm; $b = 30$ cm; $l_L = 1$ mm; $A = (4 \times 4)$ cm²; $\mu_r = 600$!

Lösungshinweis

Man kann derartige magnetische Kreise zum einen mit Hilfe des magnetischen Widerstands und zum anderen mit Hilfe des Durchflutungsgesetzes berechnen (Tafel 3.3). Beide Methoden sollen hier durchgeführt werden.

Nach Bild 3.25 sind die MMK Θ und die Kennwerte des magnetischen Kreises gegeben. Letzterer besteht aus den beiden magnetischen Teilwiderständen Eisenweg und Luftspalt. Beide können nach Gln. (3.18a) und (3.10) berechnet werden, wenn wir für den Luftspalt den gleichen Querschnitt annehmen, der für den Eisenweg gilt.

In Strenge trifft dies nicht zu, da im Luftspalt der Querschnitt unbegrenzt ist und sich somit die Tendenz des „Querdrucks" der Flußdichtelinien dahin auswirkt, daß der Fluß im Luftspalt sich auf einen größeren Querschnitt verteilt. Die Feldverteilung wird dort leicht inhomogen (Bild 3.26), was wir jedoch wegen der sehr kleinen Längsabmessung des Luftspalts unberücksichtigt lassen können. Die den Eisenweg des Flusses umgebende Luft ist aber auch kein magnetischer Nichtleiter, sondern nur ein im Verhältnis zum Eisen schlechter magnetischer Leiter. Wir müssen daher die Luftumgebung bei genauer Betrachtung als einen magnetischen Nebenschluß (R_{ms}) ansehen (Bild 3.27). Aber auch diese Erscheinung lassen wir in unserer Aufgabe unberücksichtigt.

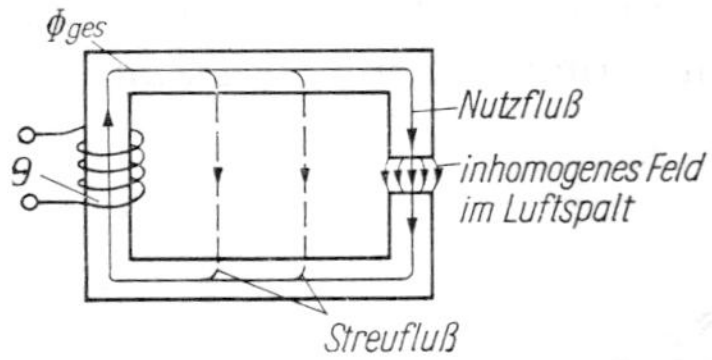

Bild 3.26
Bei Annahme homogener Felder werden Querschnittserweiterung des Flusses im Luftspalt und Streuungen vernachlässigt.

Die in Tafel 3.2 hervorgehobene Analogie zwischen den elektrischen und magnetischen Größen läßt den Ersatz des vorliegenden magnetischen Kreises durch die Schaltsymbole der analogen elektrischen Größen zu, so daß wir ihn als magnetischen Grundstromkreis nach Bild 3.27 auffassen können. Eine solche Analogiebetrachtung erleichtert dem Anfänger das Rechnen mit magnetischen Größen erheblich. Zur Berechnung des Flusses Φ setzt man die Maschengleichung an und bringt in diese die magnetischen Teilwiderstände mit Hilfe der Dimensionierungsgleichung des magnetischen Widerstands ein. Das Durchflutungsgesetz [Gl. (3.5a)] ist der Maschensatz in integraler Form. Das Umlaufintegral ist bei homogenen Feldern (H_e im Eisen und H_L im Luftspalt sind jeweils konstant) sehr vereinfacht.

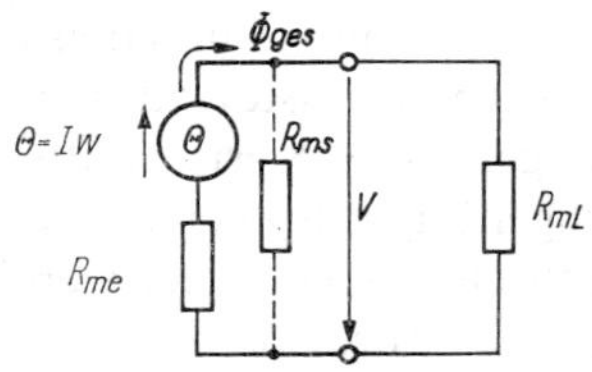

Bild 3.27
Magnetisches Ersatzschaltbild zum Magnetkreis Bild 3.26. In 1. Näherung kann der Streufluß durch einen parallelen magnetischen Widerstand R_{ms} berücksichtigt werden.

Lösung

a) Rechnung mit Hilfe des magnetischen Widerstands:

Wir entwerfen ein Ersatzschaltbild analog zu den Schaltbildern elektrischer Netzwerke, indem wir die MMK als Symbol für den Antrieb des magnetischen Flusses und die einzelnen Magnetkreisabschnitte als Kästchen mit dem Symbol des entsprechenden magnetischen Widerstands so zusammenfügen, wie der Fluß sie in Reihe oder parallel durchsetzt. In diesem Beispiel sind es 2 Abschnitte in Serienschaltung: Eisenjoch und Luftspalt mit den magnetischen Widerständen R_{me} bzw. R_{mL} (Bild 3.27). Bei Berücksichtigung des Streuflusses (Teil des Gesamtflusses) kann näherungsweise ein (sehr großer) magnetischer Widerstand R_{ms} parallel zu R_{mL} eingezeichnet werden.

Die Maschengleichung (3.17) für die Ersatzschaltung, Bild 3.27, lautet mit Gl. (3.18) ohne Streufluß

$$\Theta = \Phi\,(R_{me} + R_{mL}).$$

Beide magnetische Teilwiderstände folgen aus Gl. (3.18a) zu

$$R_{me} = \frac{l_e}{\mu_0 \mu_r A} = \frac{2\,(a + b)}{\mu_0 \mu_r A} \quad \text{und} \quad R_{mL} = \frac{l_L}{\mu_0 A},$$

wobei die Luftspaltlänge wegen ihrer Geringfügigkeit im Verhältnis zur Eisenweglänge von $2\,(a + b)$ nicht abgezogen wurde.
Mit $\Theta = Iw$ ergibt sich nunmehr der gesuchte Fluß

$$\Phi = \frac{Iw}{R_{me} + R_{mL}} = \frac{Iw\mu_0\mu_r A}{l_e + \mu_r l_L} = \frac{Iw\mu_0\mu_r A}{2\,(a + b) + \mu_r l_L}.$$

Wegen der Geschlossenheit des magnetischen Flusses und bei Annahme einer homogenen Feldverteilung im Luftspalt muß im Eisen wie im Luftspalt gleiches B vorliegen. Damit ist $B_e = B_L$.
Im homogenen Feld gilt nach Gl. (3.1): $B = \Phi/A$. Mit dem Ergebnis für Φ wird

$$B_e = B_L = \frac{Iw\mu_0\mu_r}{l_e + \mu_r l_L} = \frac{Iw\mu_0\mu_r}{2\,(a + b) + \mu_r l_L} = B.$$

Mit Gl. (3.11) findet man für die Feldstärke im Eisen:

$$H_e = \frac{B}{\mu_0\mu_r} = \frac{Iw}{l_e + \mu_r l_L} = \frac{Iw}{2\,(a + b) + \mu_r l_L}$$

und im Luftspalt:

$$H_L = \frac{B}{\mu_0} = \mu_r H_e = \frac{Iw\mu_r}{2\,(a + b) + \mu_r l_L}.$$

Rechnung mit Hilfe des Durchflutungsgesetzes (3.12): Ein Umlauf längs des Eisens (H_e) und durch den Luftspalt (H_L) umfaßt die Stromsumme Iw:

$$\oint \boldsymbol{H} \cdot \mathrm{d}\boldsymbol{s} = \Sigma I \rightarrow \int_{l_e} H_e \,\mathrm{d}n + \int_{l_L} H_L \,\mathrm{d}n = Iw.$$

H_e und H_L sind jeweils konstant:

$$H_e l_e + H_L l_L = Iw;$$

mit Gl. (3.11): $H_e = B_e/\mu$; $H_L = B_L/\mu_0$; $B_e = B_L = B$; $\mu = \mu_0\mu_r$,
also

$$\frac{H_e}{H_L} = \frac{1}{\mu_r}.$$

Damit wird

$$B\left(\frac{l_e}{\mu} + \frac{l_L}{\mu_0}\right) = Iw; \qquad B = \frac{Iw\mu_0\mu_r}{l_e + l_L\mu_r}; \qquad \Phi = BA.$$

b) Für die vorgegebenen Zahlenwerte und mit Gl. (3.8) für μ_0 wird

$$\Phi = \frac{Iw\mu_0\mu_r A}{2(a+b)+\mu_r l_L} = \frac{5\cdot 10^2\,\text{A}\cdot 1{,}256\cdot 10^{-6}\,\dfrac{\text{V·s}}{\text{A·m}}\cdot 6\cdot 10^2\cdot 16\cdot 10^{-4}\,\text{m}^2}{2\cdot(40+30)\cdot 10^{-2}\,\text{m}+6\cdot 10^2\cdot 10^{-3}\,\text{m}}$$

$$= 3{,}01\cdot 10^{-4}\,\text{V·s}$$

$$B_e = B_L = \frac{\Phi}{A} = 0{,}19\,\frac{\text{V·s}}{\text{m}^2}$$

$$H_e = B_e/\mu = 2{,}52\,\text{A/cm}$$

$$H_L = \mu_r H_e = 1{,}5\cdot 10^3\,\text{A/cm}.$$

Diskussion

Der allgemeine Ausdruck des Flusses

$$\Phi = \frac{Iw\mu_0\mu_r A}{l_e+\mu_r l_L}$$

enthält im Nenner 2 Glieder, die den beiden magnetischen Teilwiderständen zugeordnet sind: Eisenkern (Länge l_e) und Luftspalt (Länge l_L). In den Gesamtwiderstand geht der Luftspalt mit dem „Gewicht" μ_r ein. Der Widerstand wird verdoppelt, der Fluß auf die Hälfte herabgesetzt, wenn man an Stelle des Luftspalts l_L das Eisen um $\mu_r l_L$ verlängert. Man nennt daher $\mu_r l_L$ die dem Luftspalt „äquivalente Eisenlänge".
Die magnetische Feldstärke ist bei homogener Feldverteilung konstant und ändert sich nur an Grenzstellen von Materialien mit verschiedenem μ_r. Wenn nun wie hier B durchgängig konstant bleibt, müssen sich nach Gl. (3.11) die magnetischen Feldstärken umgekehrt wie die zugehörigen relativen Permeabilitäten verhalten. Veranschaulichen wir uns schließlich noch die Spannungsaufteilung mit Hilfe der Gl. (3.16). Von der gesamten MMK $\Theta = 500$ A[1]) entfallen auf den Eisenweg:

$$V_e = H_e l_e = 2{,}5\,\frac{\text{A}}{\text{cm}}\cdot 140\,\text{cm} = 350\,\text{A}^{1)}$$

und auf den Luftspalt:

$$V_L = H_L l_L = 1{,}5\cdot 10^3\,\frac{\text{A}}{\text{cm}}\cdot 10^{-1}\,\text{cm} = 150\,\text{A}^{1)}.$$

Der magnetische Spannungsabfall über dem kurzen Luftspalt macht also wegen der hohen Feldstärke 30% der Gesamtspannung aus!

Aufgabe 3.14 Verzweigter magnetischer Eisenkreis

Ein *E-I*-Kern (Bild 3.28) hat auf beiden Seitenschenkeln je eine Spule mit unterschiedlichen Windungszahlen w_1 bzw. w_2 und verschiedenen Strömen I_1 bzw. I_2. Das Querjoch (I) bildet über einen parallelen Luftspalt $\delta \ll b$ den magnetischen Schluß mit dem

[1]) Man spricht hier im allg. von „Amperewindungen".

E-Kern. Die magnetischen Felder seien in jedem Teil des Kreises homogen angenommen (Rechnung mit den im Bild 3.28 angegebenen mittleren Eisenlängen), μ sei konstant.

a) Entwirf das Ersatzschaltbild des Magnetkreises!
b) Berechne allgemein den Fluß im Mittelschenkel in Abhängigkeit von den Abmessungen des Magnetkreises! Gib die Gleichungssysteme für verschiedene Berechnungsmethoden an (in Kurzschreibweise „$R_{ma} \parallel R_{mb}$“ usw.)!
c) Berechne allgemein die magnetische Spannung V_{AB} zwischen den Punkten A und B mit Hilfe des in b) berechneten Flusses
   c_1) längs des Weges ACB,
   c_2) längs des Weges ADB!

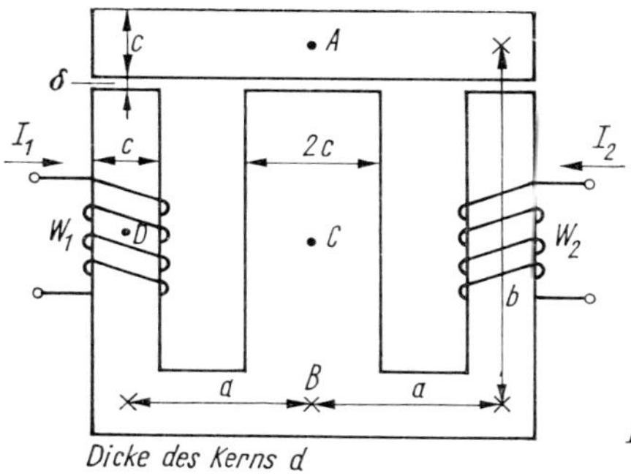

Bild 3.28

Lösungshinweis

Zu der Spulenanordnung sei bemerkt, daß i.allg. eine oder mehrere Spulen auf dem Mittelschenkel angeordnet sind und die Seitenschenkel (mit je halbem Eisenquerschnitt) nur den magnetischen Kreis schließen. Hier werden zur Übung (MMK in verschiedenen Zweigen) die Spulenkörper auf die Seitenschenkel geschoben, was im Gegensatz zum M-Kern (Bild 3.24b) beim E-I-Kern möglich ist.

a) Zum Ersatzschaltbild vgl. Aufgabe 3.13 und Tafel 3.2!
b) Die Analogie zu den elektrischen Kreisen ermöglicht bei angenommener Linearität und Homogenität der Felder alle Netzwerkberechnungsmethoden analog zu übernehmen.
c) Mit Ergebnis b) ist c_1) leicht anzugeben. c_2) ergibt sich ohne weitere Rechnung mit Hilfe des Durchflutungsgesetzes (oder Maschensatz).

Lösung

a) Bild 3.29a zeigt das Ersatzschaltbild. In diesem sind R_{me1} und R_{me2} jeweils der gesamte magnetische Widerstand in Eisen zwischen den Punkten A und B. Bei den Eisenlängen wurde der Luftspalt $\delta \ll b$ unberücksichtigt gelassen ($b - \delta \approx b$). So ist

$$R_{me1} = \frac{l_{e1}}{\mu A_{e1}} = \frac{2a + b}{\mu c d} = N$$

$$R_{me2} = \frac{l_{e2}}{\mu A_{e2}} = \frac{b}{\mu 2 c d} = M$$

$$R_{mL} = \frac{\delta}{\mu_0 c d} = L$$

(M, N, L sind Abkürzungen).

Die MMK Θ_1 und Θ_2 sind mit Pfeilen ihrer physikalischen Orientierung (Richtung des Flußantriebs in Rechtsschraube zur gegebenen Stromorientierung) im Ersatzschaltbild eingetragen.

b) Berechnungsmethoden

b$_1$) *Zweiganalyse:* Im Bild 3.29a sind die 3 Zweigflüsse eingetragen. Die 3 Gleichungen (2 Maschen- und 1 Knotengleichung) sind mit den Abkürzungen N, M, L

$$\begin{aligned} (N+L)\,\Phi_1 \qquad\qquad & + (M + L/2)\,\Phi = \Theta_1 \\ (N+L)\,\Phi_2 & - (M + L/2)\,\Phi = \Theta_2 \\ \Phi_1 \qquad -\Phi_2 \qquad & -\Phi = 0 \end{aligned}$$

b$_2$) *Maschenanalyse* (Bild 3.29b)

$$\begin{aligned} (N + M + 1{,}5\,L)\,\Phi \quad & + \ (N+L)\,\Phi_2 = \Theta_1 \\ (N+L)\,\Phi \quad & + 2\,(N+L)\,\Phi_2 = \Theta_1 + \Theta_2 . \end{aligned}$$

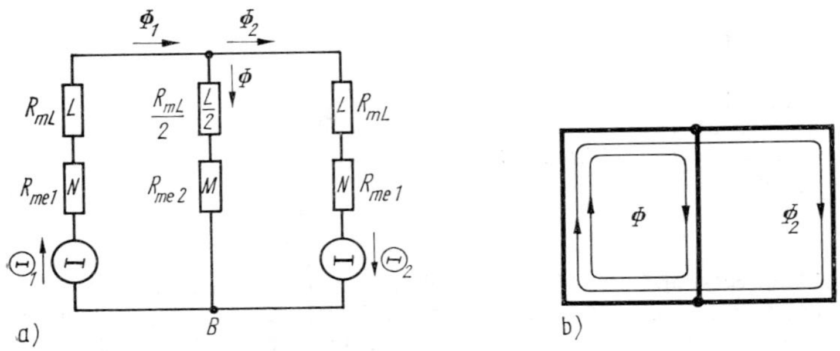

Bild 2.29

Die Auflösung nach Φ ergibt

$$\Phi = \frac{\Theta_1 - \Theta_2}{N + 2M + 2L}.$$

Mit M, N und L aus a) wird daraus

$$\Phi = \frac{I_1 w_1 - I_2 w_2}{2\,(a + b + \mu_r \delta)}\,\mu c d .$$

b$_3$) *Überlagerungsmethode*

$$\Phi = \Phi_{\Theta 1} - \Phi_{\Theta 2} .$$

Auf Grund der Symmetrie des magnetischen Kreises (Bild 3.28a) liegen von Θ_1 und Θ_2 aus gesehen völlig gleiche magnetische „Netzwerke“ vor. Die beiden Teilflüsse $\Phi_{\Theta 1}$ und $\Phi_{\Theta 2}$ unterscheiden sich also nur durch die Größe von Θ_1 und Θ_2 sowie durch das Vorzeichen:

$$\Phi = \underbrace{\frac{\Theta_1 - \Theta_2}{N + L + (M + 0{,}5L)\,\|\,(L + N)}}_{\text{von } \Theta_1 \text{ bzw. } \Theta_2 \text{ „angetriebene“ Gesamtflüsse}} \cdot \underbrace{\frac{L + N}{N + M + 1{,}5L}}_{\text{Flußteilungsfaktor}} .$$

b$_4$) *Zweipolersatzschaltung:* Man kann formal auch die Zweipolersatzschaltungen anwenden. Der aktive Zweipol ist analog dem elektrischen Zweipol im Bild 1.102b, und die Berechnung erfolgt dementsprechend. Es ergibt sich die Leerlaufklemmenspannung $V_L = (\Theta_1 - \Theta_2)/2$, der magnetische „Innenwiderstand" $R_{mi} = (L + N)/2$ und der „Außenwiderstand" $R_{ma} = M + L/2$. Damit wird $\Phi = V_L/(R_{mi} + R_{ma})$.

c) Die magnetische Spannung zwischen 2 Punkten A und B ist mit (3.16) bzw. (3.18)

$$V_{AB} = \int_A^B \boldsymbol{H} \cdot \mathrm{d}\boldsymbol{s} = \Phi_{AB} R_{mAB}.$$

Dabei ist es wichtig, den Weg von A nach B festzulegen; denn im Gegensatz zur elektrischen Spannung (Wegintegral der Feldstärke, wobei $\oint \boldsymbol{E} \cdot \mathrm{d}\boldsymbol{s} = 0$ ist) ist auf Grund des Durchflutungsgesetzes $\oint \boldsymbol{H} \cdot \mathrm{d}\boldsymbol{s} = \Sigma I$ die magnetische Spannung längs eines Weges s_1 unterschiedlich zu der längs eines anderen Weges s_2 zwischen gleichen Punkten ($V_{s1} \neq V_{s2}$), nämlich dann, wenn beide Wege Ströme einschließen:

$$\oint \boldsymbol{H} \cdot \mathrm{d}\boldsymbol{s} = \int_{s1} \boldsymbol{H} \cdot \mathrm{d}\boldsymbol{s} + \int_{s2} \boldsymbol{H} \cdot \mathrm{d}\boldsymbol{s} = \Sigma I$$

$$V_{s1} + V_{s2} = \Sigma I \text{ (Maschensatz).}$$

c$_1$) Spannung längs ACB (Bild 3.29a)

$$V_{ACB} = \Phi\,(L/2 + M) = \Phi\left(\frac{\delta}{2\mu_0 cd} + \frac{b}{\mu 2cd}\right) = \frac{\Phi}{2\mu cd}\,(b + \mu_r\delta)$$

oder

$$V_{ACB} = \int_{ABC} \boldsymbol{H} \cdot \mathrm{d}\boldsymbol{s} = H_e b + H_L \delta,$$

wobei

$$H_e = \frac{B_e}{\mu} = \frac{\Phi}{2\mu cd}; \qquad H_L = \frac{B_e}{\mu_0} = \frac{\Phi}{2\mu_0 cd}\ (B_L = B_e!).$$

Mit Φ aus b$_2$) ergibt sich

$$V_{ACB} = \frac{(I_1 w_1 - I_2 w_2)\,(b + \mu_r\delta)}{4\,(a + b + \mu_r\delta)}.$$

c$_2$) Magnetische Spannung über Luftspalt und Eisen längs des Seitenschenkels D (Bild 3.28):

$$V_{ADB} = -\Phi_1\,(N + L),$$

Bezugspfeil von Φ_1 wie im Bild 3.29.

Beachte, daß dieser Ausdruck im Ersatzschaltbild 3.29 „nur" die magnetische Spannung über $R_{mL} + R_{me1}$ (ohne Einbeziehung von Θ_1!) ist, da der Weg längs des Luftspalt-Eisen-Weges ADB im Bild 3.28 festgelegt ist.

Da Φ_1 nicht bekannt ist, drücken wir V_{ADB} durch V_{ACB} (also durch Φ) aus. Gemäß Durchflutungsgesetz (Umlaufweg $ACBDA$ in Bild 3.28) gilt

$$\oint \boldsymbol{H} \cdot \mathrm{d}\boldsymbol{s} = V_{ACB} + (-V_{ADB}) = I_1 w_1,$$

wobei die Reihenfolge der Indexbuchstaben die Bezugsrichtung angeben soll ($V_{BDA} = -V_{ADB}$). Damit wird

$$V_{ADB} = V_{ACB} - I_1 w_1.$$

Aufgabe 3.15 Magnetischer Kreis eines Motors

Es ist der magnetische Kreis einer elektrischen Maschine nach Bild 3.30 gegeben. Berechne allgemein und für gegebene Zahlenwerte die Flußdichte (Induktion) B im Luftspalt zwischen Pol und Anker und die magnetische Spannung über beiden Luftspalten!

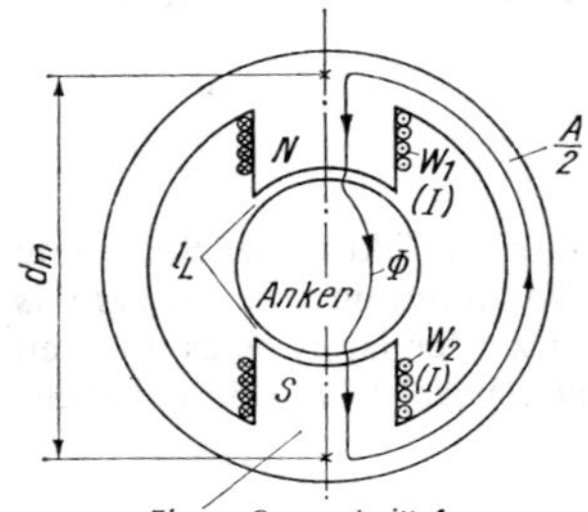

Bild 3.30

Zur Vereinfachung werden die Felder in den einzelnen Abschnitten des Magnetkreises homogen und μ_r konstant angenommen. Zahlenwerte: $I = 2\text{A}$, $w_1 = w_2 = 200$, mittlerer Durchmesser $d_m = 20$ cm, $l_L = 1$ mm, $\mu_r = 10^4$!

Lösungshinweis

Da der Kreis symmetrisch zur angegebenen Mittellinie aufgebaut ist, teilt sich der den Anker durchfließende Gesamtfluß in 2 gleich große Teile, dessen einer Teil (Φ) im Bild 3.30 durch eine Flußlinie eingetragen ist. Es genügt daher die Betrachtung einer Kreishälfte. Zur Vereinfachung wollen wir in den Polen und im Anker überall den gleichen Querschnitt A im Ständer $A/2$ annehmen. Die Feldverteilung im Luftspalt kann bei seiner Kleinheit gegenüber dem Krümmungsradius als homogen angesehen werden. Die Berechnung führen wir nach den beiden Methoden durch, mit dem Durchflutungsgesetz oder mit Hilfe des magnetischen Widerstands (s. Tafel 3.3).

Lösung

Auf Grund der Annahme homogener Felder im Eisen und im Luftspalt (H_e bzw. H_L jeweils konstant) kann man das Durchflutungsgesetz Gl. (3.12) schreiben:

$$H_e l_e + H_L 2 l_L = I(w_1 + w_2).$$

l_e ist der gesamte Weg im Eisen ($\approx$ Länge der geschlossenen Flußlinie im Bild 3.30); l_L ist die Länge der Flußlinie in einem Luftspalt.

Der geschlossene Umlauf umfaßt gleichsinnig gerichtete Ströme $Iw_1 + Iw_2$. Bei der Geschlossenheit und infolge des überall gleichen Gesamtquerschnitts des Flusses ist B im Luftspalt wie im Eisen gleich. Es gilt also $H_e = B/\mu$ und $H_L = B/\mu_0$. Mit $w_1 = w_2$, $\mu = \mu_0\mu_r$ wird

$$B\left(\frac{l_e}{\mu} + \frac{2l_L}{\mu_0}\right) = 2Iw_1; \qquad B = \frac{2Iw_1\mu_0\mu_r}{l_e + 2l_L\mu_r}.$$

Das gleiche Ergebnis kann man mit Hilfe der magnetischen Größen Φ und R_m erhalten: Bei homogener Feldverteilung gilt nach Gl. (3.1) für den halben Kreis:

$$B = \frac{\Phi}{A/2} = \frac{2\Phi}{A}.$$

Nach den Gln. (3.6a) und (3.18) ist

$$\Phi = \frac{\Theta}{R_{m\,\text{ges}}} = \frac{I\,(w_1 + w_2)}{R_{me} + R_{mL}},$$

also

$$B = \frac{2I\,(w_1 + w_2)}{A\,(R_{me} + R_{mL})}.$$

Mit $w_1 = w_2$ und mit Gl. (3.18a) wird

$$B = \frac{2I \cdot 2w_1}{A\left(\dfrac{l_e}{\mu \dfrac{A}{2}} + \dfrac{2l_L}{\mu_0 \dfrac{A}{2}}\right)} = \frac{2Iw_1\mu_0\mu_r}{l_e + 2l_L\mu_r}.$$

Der Eisenweg l_e erstreckt sich über den Durchmesser und etwa den halben Umfang des Ständers (Feldlinienkrümmung im Anker vernachlässigt)

$$l_e = d_m + \frac{\pi d_m}{2}.$$

Damit wird

$$B = \frac{2Iw_1\mu_0\mu_r}{d_m + \dfrac{\pi d_m}{2} + \mu_r 2l_L}.$$

Mit den gegebenen Größen erhält man

$$B = 0{,}49\,\frac{\text{V}\cdot\text{s}}{\text{m}^2}.$$

Die magnetische Spannung über beide Luftspalte ist

$$V_L = H_L 2l_L \quad \text{oder} \quad V_L = \Phi R_{mL}.$$

Mit $B_e = B_L = B$ wird $H_L = B/\mu_0$, also

$$V_L = \frac{B}{\mu_0}\,2l_L = 0{,}49\,\frac{\text{V}\cdot\text{s}}{\text{m}^2}\,\frac{2\cdot 10^{-3}\,\text{m}\cdot\text{A}\cdot\text{m}}{1{,}25\cdot 10^{-6}\,\text{V}\cdot\text{s}} = 784\,\text{A},$$

d.h., von den gesamten Amperewindungen $I\,(w_1 + w_2) = 800$ Aw werden für den Luftspalt 784 Aw „benötigt“. Für den Fluß durch den relativ langen Eisenkreis sind also nur die restlichen 16 Aw erforderlich ($\mu_r = 10^3$!).

Aufgabe 3.16 Nichtlinearer magnetischer Kreis

Gegeben ist ein Eisenkreis aus Dynamoblech mit einem Luftspalt $l_L = 0{,}5$ mm. Er ist aus Kernblechen geschichtet. Seine Abmessungen sind aus Bild 3.31a ersichtlich. Bild 3.23a zeigt die Magnetisierungskurve $B = f(H)$ des Kernmaterials. Über den Mittelschenkel wird ein zum Kernblech genormter Spulenkörper (Bild 3.31b) mit einer Wicklung von $w = 1200$ Windungen geschoben.

In den einzelnen Abschnitten des magnetischen Kreises werden homogene Felder angenommen.

a) Löse folgende Aufgabe grafisch: Wie groß ist der Fluß im Luftspalt bei einem Strom von 0,5 A? Wie groß sind die magnetischen Feldstärken im Luftspalt und im Eisen?
b) Löse folgende Aufgabe numerisch mit Hilfe der B,H-Kennlinie (bzw. deren Wertetabelle): Welcher Strom ist erforderlich, um im Luftspalt eine Flußdichte von 1 V·s/m² zu erzeugen?
c) Welchen Durchmesser d hat der zur Wicklung benutzte Draht bei voller Ausnutzung des Wickelfensters und einem Füllfaktor $k = 0{,}6$?

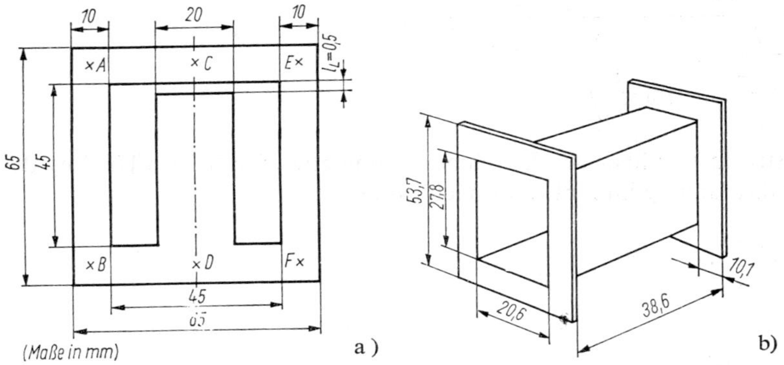

Bild 3.31
a) Prinzipskizze des Kernblechs, Schichthöhe 26 mm
b) Prinzipskizze des Spulenkörpers (Maße in mm)

Lösungshinweis

Der Magnetkreis weist völlige Symmetrie bezüglich der Achse CD auf (Bild 3.31). Der Fluß teilt sich genau zur Hälfte auf den rechten und linken Seitenschenkel auf, im Eisen existieren also an allen Stellen gleiche Flußdichte und Feldstärke. Trotz der Nichtlinearität kann man in diesem Fall zur Vereinfachung der Berechnung beide Schenkel aufeinander legen (Umklappen um Symmetrieachse), und man erhält damit einen unverzweigten magnetischen Kreis.

a) Analog den Konstruktionsregeln für elektrische Kreise (K 1 bis K 3 im Abschnitt 1.2) müssen wir die magnetischen Spannungen im Eisenkreis (V_e) und Luftspalt (V_L) für jeweils gleichen Fluß addieren. Der Strom, also die MMK Θ ist, gegeben. Die Summe $V_e + V_L$ muß Θ ergeben.
b) Hier ist B_L gegeben. Daraus kann man H_L berechnen und H_e aus der Grafik $B_e = f(H_e)$ entnehmen und V_L sowie V_e berechnen.
c) Siehe Aufgabe 1.15!

Lösung

a) Im Bild 3.32 ist der längs der Symmetrieachse aufeinandergeklappte Magnetkreis gezeichnet, der den gleichen Gesamtfluß, gleiche Flußdichte und gleiche magnetische Feldstärken aufweist wie der verzweigte Magnetkreis im Bild 3.31a. Die mittlere Eisenlänge l_{em} beträgt 15,5 cm und der Flußquerschnitt 5,2 cm². Wir zeichnen zunächst die Luftspaltkennlinie $V_L = f(B_L)$, wobei wir infolge des überall gleichen Querschnitts A statt Φ auch die Flußdichte B beibehalten können wie bei der Eisenkennlinie (Bild 3.23a). Es ist $V_L = H_L l_L = B_L l_L/\mu_0$. Dies ist eine Gerade. Für $B = 1$ V·s/m² und mit $\mu_0 = 1{,}256 \cdot 10^{-6}$ V·s/A·m sowie $l_L = 5 \cdot 10^{-4}$ m ergibt sich $V_L = 398$ A. Damit ist die Luftspaltgerade bekannt. Für verschiedene B-Werte addieren wir nun $V_e = H_e l_{em}$. Wir multiplizieren also die zu gewählten B-Werten im Bild 3.23a abzulesenden H_e-Werte mit 15,5 und erhalten den zu V_L zu addierenden V_e-Wert (Bild 3.32) und damit die Gesamtkennlinie des Kreises. Für $V_e + V_L = Iw = 0{,}5 \cdot 1200$ Aw $= 600$ Aw ergibt sich eine Flußdichte (Induktion) $B = 1{,}23$ V·s/m², also ein Fluß $\Phi = BA = 6{,}4 \cdot 10^{-4}$ V·s.

Die magnetischen Feldstärken ergeben sich für $B = 1{,}23$ V·s/m² zu

$H_e = 7{,}5$ A/cm (Interpolation der Tabellenwerte im Bild 3.23a)

$H_L = B/\mu_0 = 9793$ A/cm. (Daraus folgt auch $H_e = (\Theta - H_L l_L)/l_{em} = 7{,}5$ A/cm.)

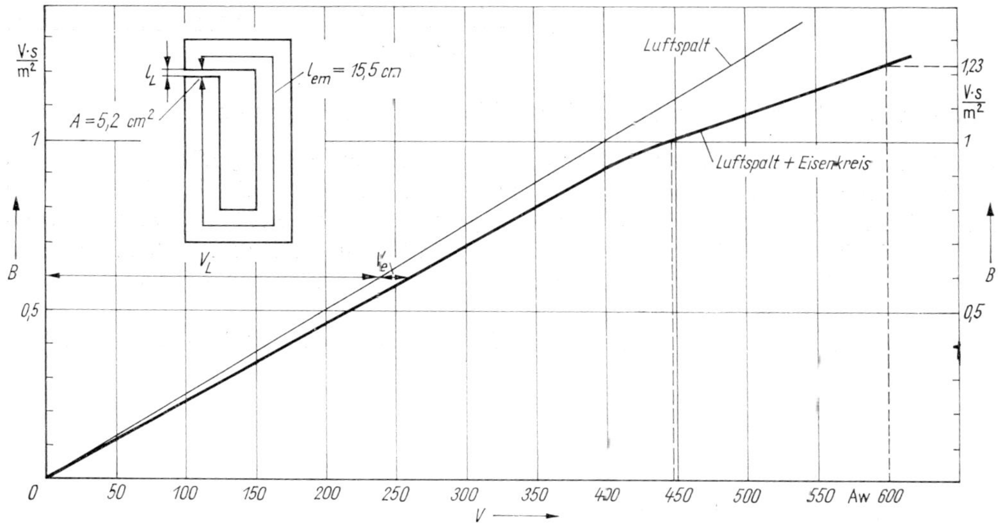

Bild 3.32

Daraus errechnet sich die Permeabilität des Eisens in diesem „Arbeitspunkt" $\mu_r = H_L/H_e = 1272$ (vgl. Bild 3.23b).

b) Aus dem Durchflutungsgesetz folgt

$$\oint \boldsymbol{H} \cdot \mathrm{d}\boldsymbol{s} = \Sigma I \rightarrow H_e l_{em} + H_L l_L = Iw.$$

Gefordert wird $B_e = B_L = B = 1$ V·s/m². Aus der Eisenkennlinie (Bild 3.23a) entnimmt man für diesen B-Wert ein $H_e = 3{,}3$ A/cm. Also wird die magnetische Spannung im Eisen:

$$H_e l_{em} = 3{,}3 \frac{\mathrm{A}}{\mathrm{cm}} \cdot 15{,}5 \text{ cm} = 51{,}2 \text{ A} \quad \text{(Amperewindungen).}$$

Über dem Luftspalt entsteht bei dieser Flußdichte eine magnetische Spannung (s. a)!)

$$V_L = H_L l_L = \frac{B}{\mu_0} l_L = 398 \text{ A} \quad \text{(Amperewindungen).}$$

Beachte: 0,5 mm Luftspalt benötigen ≈400 Amperewindungen, jedoch
155 mm Eisenweg nur ≈51 Amperewindungen!

Damit wird $Iw = 449$ A, und bei $w = 1200$ Windungen erhält man für den gesuchten Strom $I = 0{,}37$ A.

Aus der grafischen Lösung a) ist die Lösung für b) natürlich auch zu entnehmen: Bei $B = 1\ \mathrm{V{\cdot}s/m^2}$ ergibt sich $\Theta \approx 445$ Aw (bei Zeichnung auf Millimeterpapier).

c) Nach dem in Aufgabe 1.15 erläuterten Zusammenhang zwischen Drahtquerschnitt A_D und Wickelfensterfläche F, die aus Bild 3.31 b zu entnehmen ist ($F = 38{,}6 \times 10{,}1\ \mathrm{mm^2}$), gilt:

$$kF = wA_D = w\,\frac{\pi d^2}{4}; \qquad d = 2\sqrt{\frac{kF}{\pi w}}$$

$$= 2\sqrt{\frac{6 \cdot 10^{-1} \cdot 390\ \mathrm{mm^2}}{\pi \cdot 1{,}2 \cdot 10^3}} = 0{,}498\ \mathrm{mm} \approx 0{,}5\ \mathrm{mm}.$$

Aufgabe 3.17 Nichtlinearer magnetischer Kreis, grafische Lösung

Auf die Außenschenkel eines E-I-Kernes, dessen Mittelschenkel gegenüber dem auf den Außenschenkeln aufsitzenden Anker (I-Teil) einen Luftspalt δ aufweist, sind 2 Spulen mit gleichen Windungszahlen $w_1 = w_2 = w$ geschoben (Bild 3.33). Die Abmessungen des Eisenkreises und die B,H-Kennlinien der gewählten Blechsorte (Bild 3.23 a) sind gegeben. Die Spulen sind von den Strömen I_1 und I_2 in angegebener Richtung durchflossen.

Ermittle grafisch den Fluß im Luftspalt (Streuung vernachlässigt) für $I_1 = 2$ A und $I_2 = 1{,}4$ A, $w = 500$.

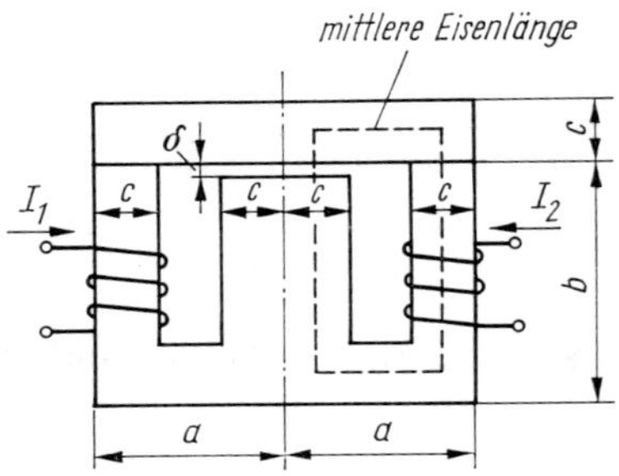

Bild 3.33 $a = 30$ mm; $b = 40$ mm; $c = 10$ mm; $\delta = 1$ mm; Kerndicke $d = 20$ mm

Lösungshinweis

Wie schon einleitend zu „Eisenkreisen“ bemerkt, wenden wir bei der grafischen Lösung analoge Methoden zu den nichtlinearen elektrischen Kreisen an (z.B. Bild 1.30), d.h., wir überlagern die „Strom-Spannungs-Kennlinien“ der einzelnen Elemente oder Zweige zur Erfüllung der Maschen- und Knotengleichungen des Netzwerkes. Hier heißt dies: Überlagerung der Φ,V-Kennlinien der einzelnen Kreisabschnitte. Für den Luftspalt ist diese Kennlinie eine Gerade, und für einen Abschnitt des Eisenkreises der Länge l mit Querschnitt A erhält man die Φ,V-Kennlinien aus der gegebenen B,H-Kennlinie des Eisens, indem man $\Phi = BA$ und $V = Hl$ berechnet. Wir zerlegen also den Eisenkreis in einzelne Abschnitte und konstruieren deren Φ,V-Kennlinien unter Einbeziehung der gegebenen MMKs $I_1 w$ und $I_2 w$. Die Überlagerung entsprechend den Maschengleichungen und der Knotengleichung ergibt den gesuchten Fluß im Mittelschenkel.

Zweckmäßigerweise führt man eine Netzwerkauftrennung durch wie in der analogen elektrischen Schaltung Bild 1.120 in Aufgabe 1.64: Aufteilung in 3 Zweipole und Überlagerung ihrer Kennlinien (Bilder 1.22 a und b).

Lösung

Im Bild 3.34 a sind die Teilflüsse Φ_1, Φ_2, Φ_3 und die magnetischen Spannungen im Eisen $V_{e2} = \Phi_2 R_{m2} = H_{e2} g$, $V_{e3} = \Phi_3 R_{m3} = H_{e3} g$ und im Mittelschenkel V_{AB} eingetragen. g und b sind mittlere Eisenlängen (gestrichelt im Bild 3.33). Damit ergeben sich die beiden Maschengleichungen (Durchflutungsgesetz) und eine Knotengleichung ($V_{e1,2,3}$ sind die magnetischen Spannungen über den Eisenanteilen des Mittelschenkels (1) bzw. der beiden Seitenschenkel (2, 3), V_L ist die magnetische Spannung über dem Luftspalt δ, Bilder 3.34b):

linke Masche $V_{AB} + V_{e2} = I_1 w \rightarrow V_{AB} = I_1 w \quad - H_{e2} g = f_2(\Phi_2)$ (1)

rechte Masche $V_{AB} + V_{e3} = I_2 w \rightarrow V_{AB} = I_2 w \quad - H_{e3} g = f_3(\Phi_3)$ (2)

Knoten-Gl. $\Phi_2 + \Phi_3 = \Phi_1$. (3)

Dabei ist $V_{AB} = V_{e1} + V_L \rightarrow V_{AB} = H_{e1} b + H_L \delta = f_1(\Phi_1)$. (4)

Bild 3.34b stellt die 3 Zweipole für die 3 Gleichungen (1), (2) und (4) mit der Klemmenspannung V_{AB} dar. Ihre Zusammenschaltung erfolgt gemäß Gl. (3).

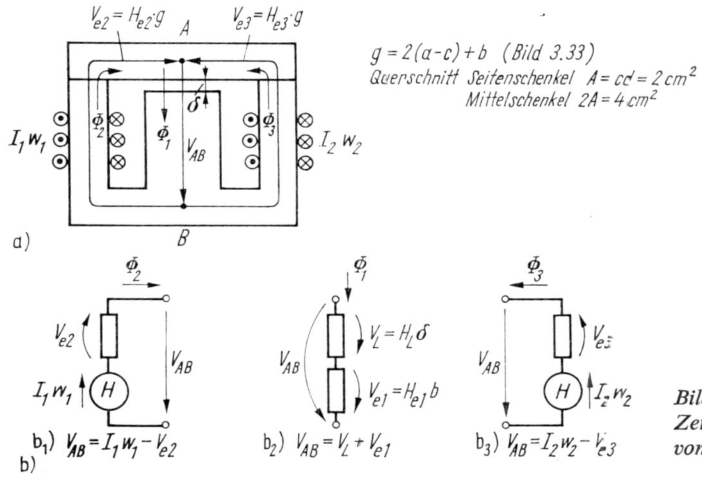

Bild 3.34
Zerlegung des Magnetkreises von (a) in 3 Zweipole (b)

Konstruktionsprogramm

1. Konstruiere die 3 Kennlinien $\Phi_3(V_{e3})$, $\Phi_2(V_{e2})$ und $\Phi_1(V_{e1})$ aus im Bild 3.23a gegebener B,H-Kennlinie!
   Für jedes gewählte Wertepaar (B, H) werden der B-Wert mit dem Querschnitt $A = 2 \cdot 10^{-4}\,m^2$ bzw. $2A = 4 \cdot 10^{-4}\,m^2$ und der H-Wert mit der mittleren Eisenlänge $g = 2\,(a - c) + b = 8$ cm (bei H in A/cm) bzw. $b = 4$ cm multipliziert.

   Wertebereich: V bis 1000 A (größte MMK), das ergibt für $V_{AB} = 0$ nach (1) $H_{e2\max} = I_1 w/g = 125$ A/cm. Der B-Wert für dieses H_e ist etwa 1,6 V·s/m². Das ergibt einen maximalen Fluß $\Phi = B \cdot 2A = 6{,}5 \cdot 10^{-4}$ V·s.

   Auf Grund der Symmetrie ist $\Phi_3(V_{e3}) = \Phi_2(V_{e2})$, das entspricht Kurve ⓐ im Bild 3.35a. $V_{e1} = H_{e1} b = f(\Phi_1)$ erhält man aus ⓐ, indem man die Abszissenwerte V halbiert (denn $b = g/2$) und die Ordinatenwerte verdoppelt (doppelter Querschnitt): Kurve ⓑ.
2. Konstruiere die Kennlinien $\Phi_2(V_{AB})$, $\Phi_3(V_{AB})$ und $\Phi_1(V_{AB})$! (1), (2) und (4) geben die Konstruktionshinweise:
   $\Phi_2(V_{AB})$ bzw. $\Phi_3(V_{AB})$ erhält man, indem man für jeden Φ-Wert von $I_1 w = 1000$ A bzw. $I_2 w = 700$ A die Abszissenwerte der Kurve ⓐ abzieht. Damit ergeben sich die Kurven ⓒ und ⓓ im Bild 3.35b. $\Phi_1(V_{AB})$ erhält man, indem man zur Luftspaltkennlinie $\Phi = V/R_{mL} = V\mu_0 2A/\delta$ (Gerade durch Nullpunkt) für jeden Φ-Wert die Abszissenwerte der Kurve ⓑ addiert. Die „Luftspaltgerade" hat bei $V = 500$ A den

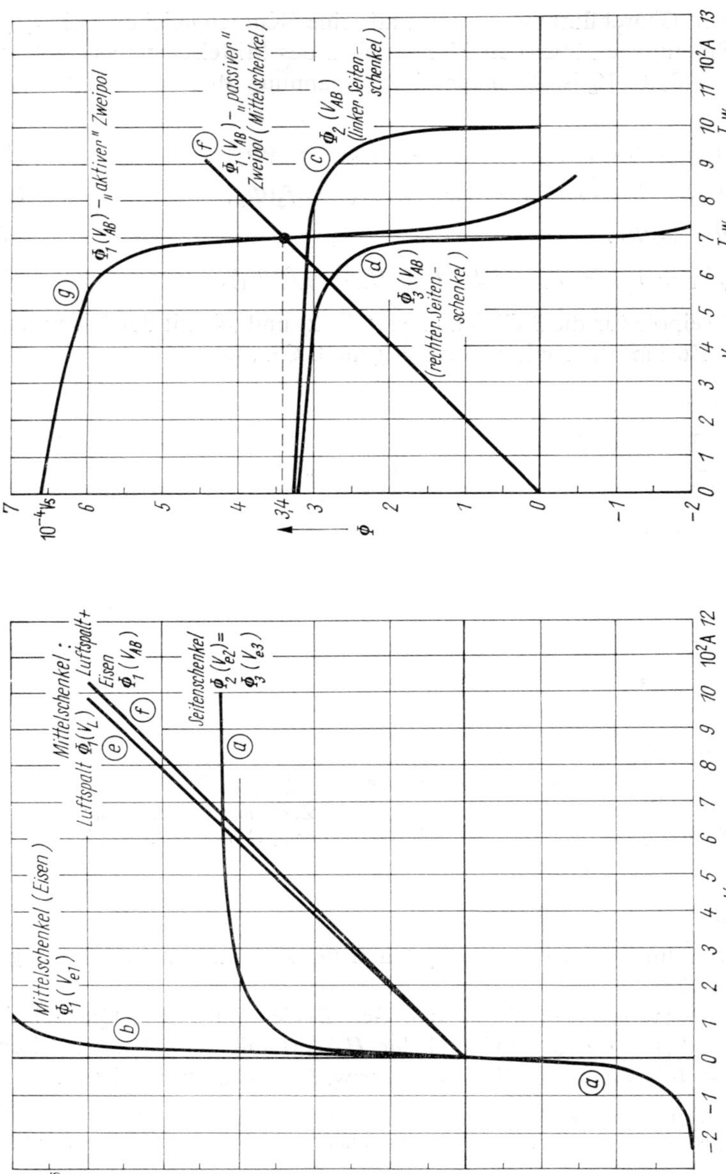

$\Phi_1(V_{AB})$ – „aktiver" Zweipol
$\Phi_1(V_{AB})$ – „passiver" Zweipol (Mittelschenkel)
$\Phi_2(V_{AB})$ (linker Seitenschenkel)
$\Phi_3(V_{AB})$ (rechter Seitenschenkel)
10^{-4} Vs
3,4
Φ
V
$I_1 w$
$I_2 w$
10^2 A
Mittelschenkel (Eisen) $\Phi_1(V_{e1})$
Mittelschenkel: Luftspalt $\Phi_1(V_L)$
Luftspalt + Eisen $\Phi_1(V_{AB})$
Seitenschenkel $\Phi_2(V_{e2}) = \Phi_3(V_{e3})$

Bild 3.35

Wert $\Phi = 2{,}51 \cdot 10^{-4}$ V·s. Das ergibt Kurve ⓔ im Bild 3.35a. Die Addition mit V_{e1} ergibt Kurve ⓕ.

3. Addiere gemäß Knotengleichung (3) die Ordinatenwerte von ⓒ und ⓓ für jeden V-Wert! Man erhält Kurve ⓖ. Dies entspricht der Parallelschaltung der beiden Zweipole b_1 und b_3 im Bild 3.34b.
4. Der Schnittpunkt der Kennlinien ⓖ und ⓕ ergibt den gesuchten Fluß im Mittelschenkel und die Spannung V_{AB}. Dies entspricht der Zusammenschaltung der 3 Zweipole im Bild 3.34b.
   Es ergibt sich $\Phi_1 = 3{,}4 \cdot 10^{-4}$ V·s, d.h., $B_1 = \Phi_1/2A = 0{,}85$ V·s/m², und $V_{AB} \approx 700$ A. Aus dem ermittelten Schnittpunkt („Arbeitspunkt") kann man die Teilflüsse Φ_2 und Φ_3 ermitteln (Φ-Werte in ⓒ und ⓓ bei $V_{AB} \approx 700$ A): $\Phi_2 \approx 3{,}1 \cdot 10^{-4}$ V·s; $\Phi_3 = \Phi_1 - \Phi_2 \approx 0{,}3 \cdot 10^{-4}$ V·s.

Aufgabe 3.18 Nichtlinearer magnetischer Kreis, numerische Berechnung

Die Aufgabenstellung in Aufgabe 3.17 wird umgekehrt: Es soll in dem magnetischen Kreis (Bild 3.33) für eine vorgegebene Induktion im Luftspalt B_L der Spulenstrom I_2 berechnet werden, wobei I_1 festgelegt ist ($I_1 = 2$A; $w_1 = w_2 = w = 500$; $B_L = 1{,}2$ V·s/m²; Abmessungen im Bild 3.33).

a) Die B,H-Kennlinie des Eisenblechs sei linear ($\mu_r = 1400$). Berechne den Strom I_2 als Funktion der Parameter des magnetischen Kreises und werte die allgemeine Lösung aus!
b) Die B,H-Kennlinie (Wertetabelle) ist im Bild 3.23a angegeben. Berechne den Strom I_2 numerisch!
c) Stelle für den Lösungsweg b) ein BASIC-Programm auf, und berechne mit diesem die Abhängigkeit des Stromes I_2 von B_L! Damit ergibt sich auch die Lösung der Aufgabe 3.17. Überprüfe dies!

Lösungshinweis

a) Siehe Lösungshinweis zur Aufgabe 3.14b!
b) Siehe Lösungshinweis zur Aufgabe 3.16b. Der magnetische Kreis ist zwar symmetrisch, jedoch sind die beiden MMK nicht voraussetzungsgemäß gleich, so daß die magnetischen Feldgrößen in den Schenkeln (im Gegensatz zu Aufgaben 3.14 und 3.16) unterschiedlich sind und die Rechnung für beide Maschen durchgeführt werden muß. Stelle zunächst einen Ablaufplan der Rechnung auf!
c) Der Programmablaufplan ergibt sich aus b). Um für beliebige H-Werte den B-Wert zu ermitteln (und umgekehrt), geben wir die gegebenen Wertepaare ein und stellen ein Unterprogramm auf, mit dem eine Interpolation zwischen je 2 Wertepaaren durchführbar ist. Ist ein bestimmter H-Wert (bzw. B-Wert) berechnet, so wird in dieser Subroutine der zugehörige B-Wert (bzw. H-Wert) ermittelt und mit diesem weitergerechnet.

Lösung

a) Bei Linearität ist der magnetische Widerstand unabhängig vom Fluß; also sind infolge der Symmetrie des magnetischen Kreises die magnetischen Widerstände der Seitenschenkel gleich: $R_{m2} = R_{m3} = R_m$ (Bild 3.36a).
   Die Maschenanalyse ergibt die beiden Gleichungen

$$\Phi_1 (R_m + R_{m1} + R_{mL}) + \Phi_3 R_m = I_1 w_1$$

$$\Phi_1 R_m + \Phi_3 2R_m = I_1 w_1 - I_2 w_2 .$$

   Wir lösen nach dem Fluß im Mittelschenkel

$\Phi_1 = B_1 2A = B_L 2A$ auf, wobei $A = cd$ ist (Bild 3.33), da B_L gegeben ist:

$$\Phi_1 = \frac{I_1 w_1 + I_2 w_2}{R_m + 2\,(R_{m1} + R_{mL})} = B_L 2A\,.$$

Mit den im Bild 3.36 b angegebenen mittleren Eisenlängen können wir gemäß (3.18 a) die magnetischen Widerstände angeben und nach I_2 auflösen ($w_1 = w_2 = w$):

$$I_1 w_1 + I_2 w_2 = B_L 2A\left[\frac{g}{\mu A} + 2\left(\frac{f}{\mu\, 2A} + \frac{\delta}{\mu_0 2A}\right)\right] = \frac{2B_L}{\mu}\,(g + f + \mu_r\delta)$$

$$I_2 = \frac{2B_L}{\mu w}\,(g + f + \mu_r\delta) - I_1\,.$$

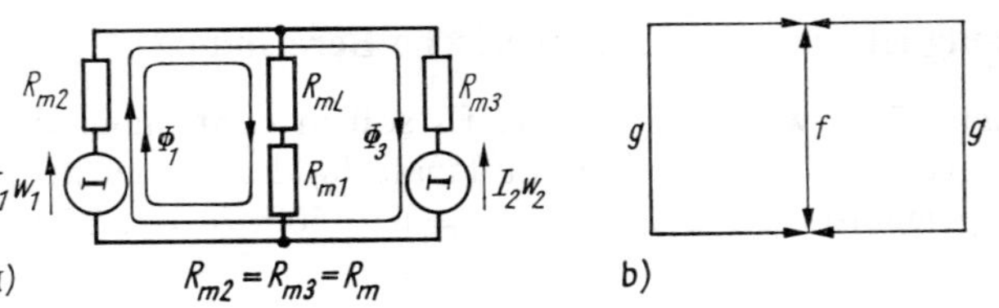

Bild 3.36
a) Magnetisches Ersatzschaltbild des Kreises Bild 3.33 mit R_m linear
Mittlere Eisenlängen
b) für Bild 3.33
$g = b + 2\,(a - c) = 80$ mm
$f = b = 40$ mm für $\delta < b$

Mit den gegebenen Werten $B_L = 1{,}2\ \mathrm{V{\cdot}s/m^2}$, $w = 500$, $\mu_r = 1400$, $g = 8 \cdot 10^{-2}$ m, $f = 4 \cdot 10^{-2}$ m, $\delta = 10^{-3}$ m, $I_1 = 2$A ergibt sich

$$I_2 = 4{,}15\ \mathrm{A} - 2\ \mathrm{A} = 2{,}15\ \mathrm{A}.$$

b) Bild 3.37 zeigt das Ersatzschaltbild mit eingetragenen magnetischen Spannungen und Flüssen (Index 1 für Mittelschenkel, 2 und 3 für die Seitenschenkel, L für Luftspalt). Wir drücken V und Φ durch die Feldgrößen B und H aus, die wir auf Grund der gegebenen B,H-Kurve benötigen.

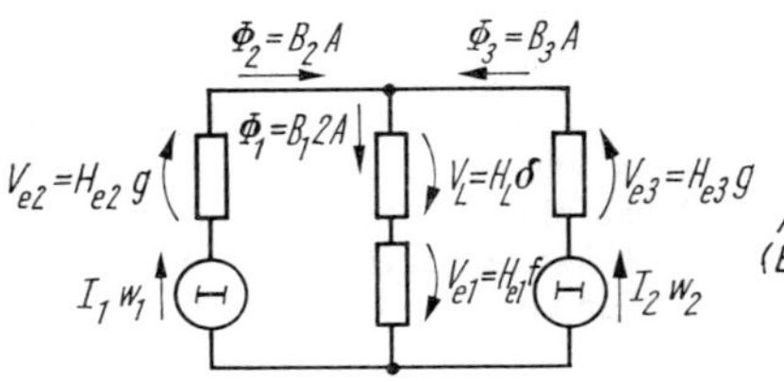

$A = c \cdot d$
(Bild 3.33)

Bild 3.37
Ersatzschaltbild 3.36 a mit Angabe der magnetischen Spannungen und Flüsse durch Feldgrößen

Als Gleichungssystem ergibt sich mit den Bezeichnungen im Bild 3.37 und den mittleren Eisenlängen g und f nach Bild 3.36 b

linke Masche $V_{e2} + V_L + V_{e1} = I_1 w_1$; $H_{e2} g + H_L \delta + H_{e1} f = I_1 w_1$ (1)

Knotengl. $B_2 A + B_3 A - B_1 2A = 0$; $B_2 + B_3 - 2B_1 = 0$ (2)

Außenmasche $V_{e2} - V_{e3} = I_1 w_1 - I_2 w_2$; $H_{e2} g - H_{e3} g = I_1 w_1 - I_2 w_2$. (3)

Im linearen Fall (μ = konst. und B_1 gegeben) gilt $B_v = \mu H_v$, und damit reduzieren sich die Unbekannten im Gleichungssystem auf 3 (H_{e2}, H_{e3} und I_2). Das Gleichungssystem ist also z. B. mit dem Gauß-Algorithmus auflösbar.
Im nichtlinearen Fall ist die B,H-Zuordnung vom Strom abhängig, somit ist das Gleichungssystem nicht explizit auflösbar. Da diese Abhängigkeit nicht als Funktion

Tafel 3.4

linear		nichtlinear
	gegeben $B_1 = 1{,}2\ \mathrm{V{\cdot}s/m^2}$ $B_e = B_1$	
		B,H-Diagramm
	$H_l = B_l/\mu_0 = 9554\ \mathrm{A/cm}$	
$H_{e1} = H_l/\mu_r = 6{,}82\ \mathrm{A/cm}$		$H_{e1} = 6{,}67\ \mathrm{A/cm}$
	Maschengleichung: $I_1 w = H_{e2} g + H_{e1} f + H_1 \delta$ $H_{e2} = (I_1 w - H_{e1} f - H_l \delta)/g$	
$H_{e2} = 2{,}17\ \mathrm{A/cm}$		$H_{e2} = 2{,}24\ \mathrm{A/cm}$
		B,H-Diagramm
$B_{e2} = H_{e2}\mu = 0{,}38\ \mathrm{V{\cdot}s/m^2}$		$B_{e2} = 0{,}86\ \mathrm{V{\cdot}s/m^2}$
	Knotengleichung: $AB_{e3} = 2AB_{e1} - AB_{e2}$ $B_{e3} = 2B_{e1} - B_{e2}$	
$B_{e3} = 2{,}0\ \mathrm{V{\cdot}s/m^2}$		$B_{e3} = 1{,}54\ \mathrm{V{\cdot}s/m^2}$
		B,H-Diagramm
$H_{e3} = B_{e3}/\mu = 11{,}5\ \mathrm{A/cm}$		$H_{e3} = 43{,}57\ \mathrm{A/cm}$
	Maschengleichung: $I_2 w - I_1 w = H_{e3} g - H_{e2} g$ $I_2 = I_1 + (H_{e3} - H_{e2})\, g/w$	
$I_2 = 2{,}15\ \mathrm{A}$		$I_2 = 2{,}66\ \mathrm{A}$

gegeben ist, sondern „nur“ durch eine Grafik bzw. Wertetabelle, sind die Programme BP 2 bis BP 4 nicht anwendbar. Es muß eine schrittweise Berechnung der B- und H-Werte in den einzelnen Schenkeln des Kreises durchgeführt werden.
Wir beginnen die Rechnung mit der gegebenen Größe $B_L = B_{e1} = B_1$. Daraus ergibt sich $H_L = B_L/\mu_0$ und $V_L = H_L\delta$, sowie H_{e1} aus B,H-Kurve und damit $V_{e1} = H_{e1} f$. Damit wird aus (1) H_{e2} berechenbar usw. Der gesamte Ablauf der Rechnung ist in Tafel 3.4 übersichtlich angegeben, wobei unterschieden wurde zwischen nichtlinearer und linearer Beziehung zwischen B und H, um den Unterschied der Ergebnisse deutlich zu machen. Als μ wurde im linearen Fall wie in a) die für gegebene Flußdichte im Mittelschenkel $B_{e1} = 1{,}2\ \mathrm{V{\cdot}s/m^2}$ wirksame Permeabilität ($\mu_r = 1400$) angenommen. Die für beide Fälle zuständigen Maschen- und Knotengleichungen wurden in der Mitte eingetragen und die Ergebnisse ihrer Auswertung angegeben. Der Strom $I_2 = 2{,}66$ A ist im nichtlinearen Fall größer, da die Flußdichte im Seitenschenkel 3 mit $1{,}54\ \mathrm{V{\cdot}s/m^2}$ im Sättigungsbereich liegt (Bild 3.23 a), der bei linearer Rechnung nicht beachtet wird.

Tafel 3.5 Programm BP 6

```
9 REM  ************************************************
10 REM ****  NICHTLINEARER MAGNETISCHER KREIS         *****
11 REM ****                 AUFGABE  3.18             *****
12 REM ************************************************
20 DIM H(20), B(20)
30 PRINT "EINGABE DER B(H)-FUNKTION DURCH 20 WERTEPAARE"
35 PRINT "LFD NR.   H IN A/M      B IN VS/M*M "
40 FOR I=1 TO 20
45     PRINT I;"      ";: INPUT H(I), B(I)
50 NEXT I
80 PRINT
82 PRINT "EINGABE DER EISENKERN-ABMESSUNGEN IN METER (BILD 3.33)"
85 INPUT "SCHENKELABSTAND A";A
90 INPUT "HOEHE B ";B
95 INPUT "SCHENKELBREITE C ";C
105 INPUT "LUFTSPALT DELTA ";L
110 INPUT "WINDUNGSZAHL W ";W
115 PRINT
116 INPUT "STROM I1 IN AMP";I1
120 G = B + 2*(A - C)
125 F=B
130 PRINT: INPUT "LUFTSPALTINDUKTION BL IN VS/M*M ";BL
140 B1=BL
145 B=BL
150 GOSUB 400
160 H1=H
165 H2=(I1*W - H1*F - 796000*L*BL)/G
170 H=H2
175 GOSUB 500
190 B2=B:  B3=2*B1 - B2
195 B=B3
200 GOSUB 400
215 H3=H
220 I2=I1 + (H3 - H2)*G/W
230 PRINT: PRINT "STROM I2 =";I2;"AMP."
240 PRINT: INPUT "ENDE ODER WEITER ? <E/W> ";A$
250 IF A$="W" GOTO 130
260 END
400 REM
401                                       REM  ZUORDNUNG B --> H
410 IF ABS(B) > B(20) THEN PRINT "B=";B;" ZU GROSS": GOTO 240
420 FOR I=1 TO 20
425     IF B(I) > ABS(B) GOTO 440
430 NEXT I
440 H=H(I-1) + (H(I) - H(I-1))*(ABS(B) - B(I-1))/(B(I) - B(I-1))
450 IF B < 0 THEN H=-H
460 RETURN
500 REM
501                                       REM  ZUORDNUNG H --> B
510 IF ABS(H) > H(20) THEN PRINT "H=";H;" ZU GROSS"; GOTO 240
520 FOR I=1 TO 20
525     IF H(I) > ABS(H) GOTO 540
530 NEXT I
540 B=B(I-1) + (B(I) - B(I-1))*(ABS(H) - H(I-1))/(H(I) - H(I-1))
550 IF H < 0 THEN B=-B
560 RETURN
```

c) Die rechte Seite der Tafel 3.4 ist der Programmablaufplan für das Computerprogramm: BASIC-Programm, Tafel 3.5, Zeilen 130 bis 230.
Die Gleichungen (1) bis (3) aus b) sind in den Zeilen 165, 190 und 220 eingesetzt. Die Berechnung der *B*-Werte aus bis dahin ermittelten *H*-Werten und umgekehrt (Pfeile „*B*,*H*-Diagramm“ in Tafel 3.4) erfolgt in Unterprogrammen (Zeilen 400 bis 460 bzw.

500 bis 560). Dort wird zunächst aus den eingegebenen 20 Wertepaaren (Zeilen 20 bis 50) ein naheliegender Wert aufgesucht und dann im anschließenden Intervall interpoliert. Der ermittelte Wert wird durch RETURN-Befehl in die Rechnung eingeführt. In den Programmzeilen 85 bis 110 erfolgt die Eingabe der Daten des Magnetkreises, die somit also auch variiert werden können.

Um die geforderte Abhängigkeit $I_2 = f(B_L)$ punktweise zu berechnen, wurde B_L als letzte INPUT-Anweisung (Zeile 130) angegeben und mit 250 : GOTO 130 die Möglichkeit einbezogen, die Rechnung mit gewählten B_L-Werten zu wiederholen. Zwei Besonderheiten müssen im Programm berücksichtigt werden: 1. Es kann H in Zeile 165 oder B in Zeile 190 negativ werden. Dann müssen die zugehörigen B- bzw. H-Werte das Vorzeichen ebenfalls ändern (Zeilen 450 bzw. 550); 2. Es können sich in der Rechnung H- oder B-Werte außerhalb des eingegebenen Wertebereichs ergeben. Darauf muß aufmerksam gemacht werden (Zeilen 410 bzw. 510).

Das Ergebnis $I_2 = f(B_L)$ ist im Bild 3.38 angegeben. Die gestrichelte Gerade ist das Ergebnis der Rechnung mit $\mu_r = 1400 =$ konst. Bei $I_2 = -2$ A ist in beiden Fällen $B_L = 0$ (Kompensation der Flüsse im Mittelschenkel). Die Kurve Bild 3.38 $B_L = f(I_2)$ enthält auch die Lösung $I_2 = f(B_L)$ der Aufgabe 3.17. Dort sind I_1 und I_2 gegeben: $I_1 = 2$ A und $I_2 = 1{,}4$ A. Da hier $I_1 = 2$ A gleichermaßen gegeben ist, lesen wir bei $I_2 = 1{,}4$ A den B-Wert ab. Es ergibt sich 0,85 V·s/m² in guter Übereinstimmung mit der grafischen Lösung (Bild 3.35b).

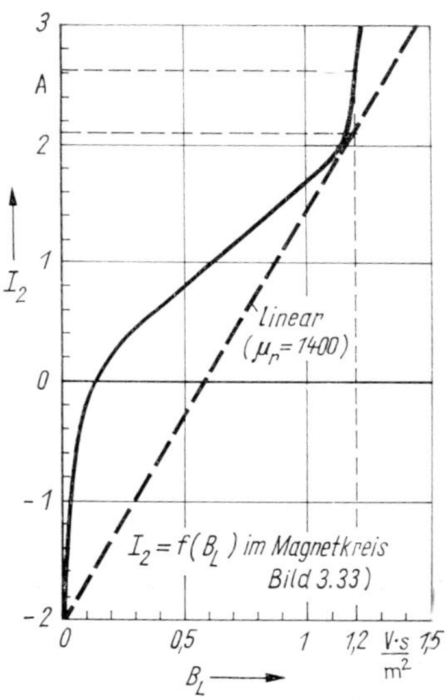

Bild 3.38

Magnetische Kreise mit Dauermagneten

Die magnetische Kennlinie $B_e = f(H_e)$ bzw. $\Phi_e = f(V_e)$ eines Dauermagneten ist die Entmagnetisierungskennlinie, d.h., der Ast der Hystereseschleife im 2. Quadranten vom Remanenzpunkt B_r bzw. $\Phi_K = B_r A_e$ bis zur Koerzitivkraft H_c bzw. $V_{el} = H_c l_e$. Φ_K ist der „Kurzschlußfluß“ und V_{el} die „Leerlauf-MMK“ des Dauermagneten. Diese Kennlinie ist i.allg. nichtlinear. Dann sind Lösungen für einen magnetischen Kreis nur grafisch möglich (s.o.). Kann die Kennlinie linear angenähert werden, können sie analytisch gelöst werden. Es läßt sich dann auch ein (konstanter) magnetischer Innenwiderstand V_{el}/Φ_K analog U_l/I_K angeben und ein Ersatzschaltbild analog dem eines elektrischen aktiven Zweipols zeichnen. Für einen solchen Kreis ergibt der Maschensatz (3.17) mit $\Theta = \sum_{\bigcirc} I_v = 0$

$$V_e + V_L = 0; \qquad (3.12\,b)$$

V_e magnetische Spannung über Eisen (Dauermagnet),

V_L magnetische Spannung über Luftspalt.

Konstruktionsprogramm für den Arbeitspunkt eines Dauermagnetkreises mit Luftspalt (l_L):

1. Entmagnetisierungskennlinie $B = f(H)$ entsprechend Abmessung des Dauermagneten (l_e, A_e) umzeichnen in $\Phi_e = f(V_e)$.
2. Luftspaltkennlinie $\Phi = f(V_L)$ zeichnen; Gerade durch den Nullpunkt mit Steigung

$$\frac{\Phi}{V_L} = \frac{1}{R_{mL}} = \frac{\mu_0 A_L}{l_L}.$$

3. Spiegele die Gerade (Punkt 2) an der Φ-Achse. Es ergibt sich $\Phi = f(-V_L)$. Schnittpunkt mit $\Phi_e = f(V_e)$ ergibt $V_e = -V_L$, erfüllt obige Maschengleichung (3.12b) und ist also der Arbeitspunkt (Bild 3.39a).

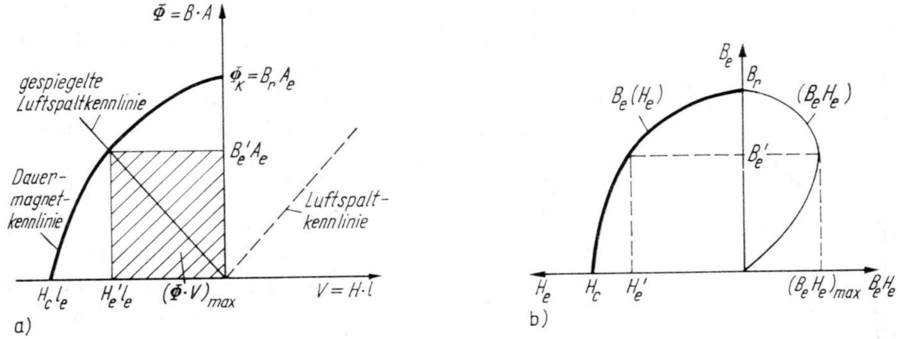

Bild 3.39

Eine *Optimierung der Dauermagnetkreise* (z. B. hinsichtlich maximaler Luftspaltinduktion bei vorgegebenen Dauermagnetabmessungen) erfolgt analog zu den Betrachtungen elektrischer Kreise: Maximale Leistung $P = UI$ im Verbraucher erhält man in linearen Kreisen bei Anpassung, in nichtlinearen Kreisen in dem zu berechnenden Arbeitspunkt mit $(UI)_{\max}$ (s. Aufgabe 1.70, Bild 1.132). In Dauermagnetkreisen ist der „Außenwiderstand" der Luftspalt, in dem ein Effekt erzielt werden soll (z. B. mittels Schwingspule eines Lautsprechers). Hier muß analog das Produkt $\Phi_L V_L$ maximal werden (Index L bedeutet Luftspalt). Mit $\Phi_L = \Phi_e = B_e A_e$ (Streuung vernachlässigt) und $V_L = -V_e = -H_e l_e$ wird betragsmäßig

$$\Phi_L V_L = B_e H_e \mathrm{V}_e \rightarrow \text{Max.}^{1)},$$

wobei $\mathrm{V}_e = A_e l_e$ das Volumen des Dauermagneten ist. Der im Punkt 3 des oben angeführten Konstruktionsprogramms genannte Schnittpunkt der Φ_e, V_e-Kennlinie mit der Φ_L, V_L-Kennlinie (Bild 3.39a) muß also so gewählt werden, daß das Produkt $B_e H_e$ ein Maximum wird (Bild 3.39b), d. h., im Dauermagneten müssen die zu diesem Maximum gehörenden Werte B_e' und H_e' angestrebt werden.

Aufgabe 3.19 Dauermagnetkreis (linear)

Gegeben sei ein Eisenkreis mit Luftspalt (Bild 3.40). Er enthält einen Dauermagneten (Länge l_e, Querschnitt A_e), dessen magnetische Eigenschaften durch eine lineare Entmagnetisierungskennlinie angenähert werden (Bild 3.41).

1) Unterscheide zwischen V (Volumen) und V (magnetische Spannung)!

a) Berechne die Flußdichte B_L im Luftspalt ($A_L = A_e$) als Funktion der Luftspaltlänge l_L, der Länge l_e des Dauermagneten und der Kenngrößen B_r und H_c! Der magnetische Widerstand der beiden Poleisen soll unberücksichtigt bleiben ($R_m = 0$).

b) Zahlenbeispiel: $B_r = 0{,}55$ V·s/m², $H_c = 6{,}5 \cdot 10^4$ A/m, $l_e = 3$ cm, $l_L = 2$ mm.

c) Trage die in a) berechnete Abhängigkeit $B(l_L)$ in bezogenem Maßstab grafisch auf!

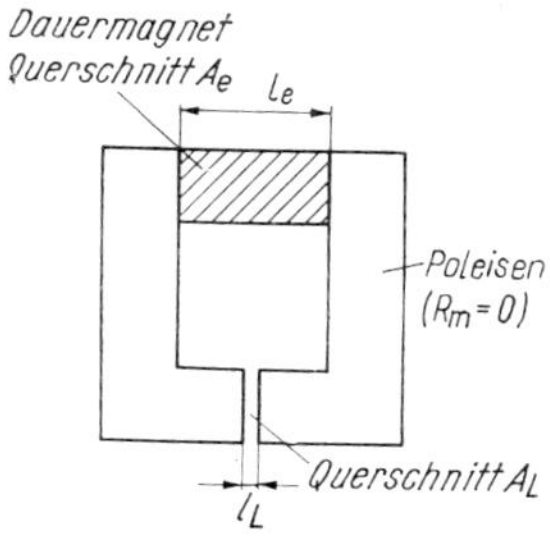

Bild 3.40

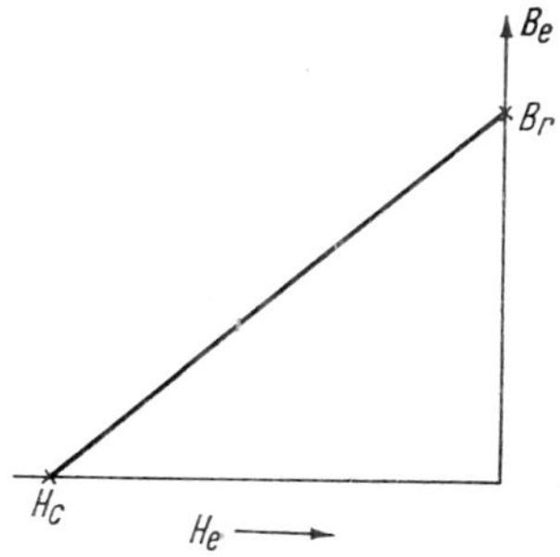

Bild 3.41

Lösungshinweis

Eine exakte Berechnung ist hier deshalb möglich, weil die Kennlinie des Dauermagneten durch eine Gerade angenähert wurde und die Luftspaltkennlinie ebenfalls eine Gerade ist. Die Felder sind homogen, und die an den Dauermagneten angesetzten Polschuhe wurden magnetisch ideal leitend angenommen. Man kann bei der Berechnung 2 Betrachtungsweisen anwenden: Man geht entweder von der Gleichung $B = f(H)$ des Eisenkreises gemäß Bild 3.41 aus und benutzt den Maschensatz sowie Gl. (3.11), oder man faßt den Dauermagneten als einen aktiven magnetischen Zweipol mit der Leerlaufspannung (MMK) $H_c l_e$ und einem „Innenwiderstand" auf, der sich aus dem Quotienten aus Leerlauf-MMK und Kurzschlußfluß Φ_k ergibt. Mit der Ersatzschaltung läßt sich unter Einbeziehung des Luftspalts der Fluß Φ und die Flußdichte im Luftspalt wie bei einem gleichen Magnetkreis mit $\Theta = H_c l_e$ berechnen.

Lösung

a) Die lineare Abhängigkeit zwischen B_e und H_e im Bild 3.41 ergibt folgende Gleichung:

$$B_e = \frac{B_r}{H_c} H_e + B_r; \qquad B_e = B_r \left(1 + \frac{H_e}{H_c}\right).$$

Da keine äußere MMK vorhanden ist, gilt nach dem Durchflutungsgesetz Gl. (3.12b), wenn Feldstärke und Flußdichte im Luftspalt mit H_L und B_L bezeichnet werden:

$$H_L l_L + H_e l_e = 0; \qquad H_e = -H_L (l_L l_e).$$

Ferner ist $H_L = B_L/\mu_0$ und $\Phi_e = \Phi_L$, d.h., $B_e A_e = B_L A_L$ (Streuung vernachlässigt), $B_L = B_e A_e / A_L$. Also wird

$$B_L = B_r \left(1 - \frac{B_L}{\mu_0 H_c} \frac{l_L}{l_e}\right) \frac{A_e}{A_L}.$$

Daraus erhält man

$$B_L = B_r \frac{1}{\dfrac{A_L}{A_e} + \dfrac{B_r l_L}{\mu_0 H_c l_e}};$$

für $A_L = A_e$ wird

$$B_L = B_r \frac{1}{1 + \dfrac{B_r}{\mu_0 H_c} \dfrac{l_L}{l_e}}.$$

Berechnung mit Hilfe des Ersatzschaltbilds (Bild 3.42, Analogie z.B. Bilder 1.27, 1.29): Leerlauf-MMK $\Theta = H_c l_e$.

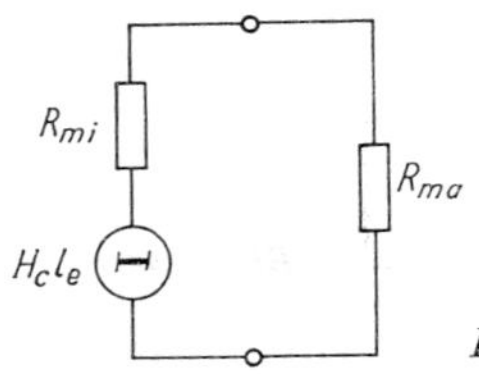

Bild 3.42

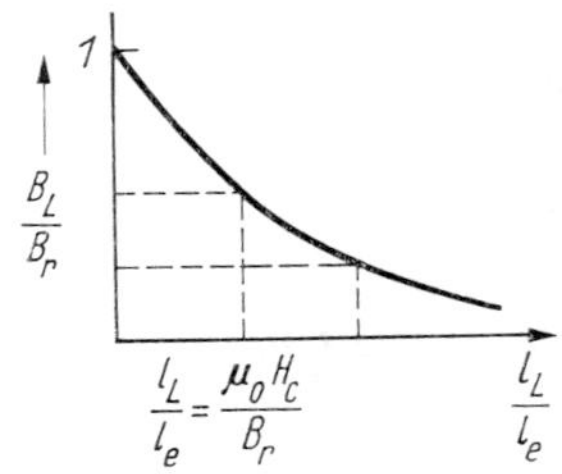

Bild 3.43

Magnetischer „Innenwiderstand" (Φ_K ist der „Kurzschlußfluß" bei $l_L = 0$):

$$R_{mi} = \frac{\Theta}{\Phi_K} = \frac{H_c l_e}{B_r A_e}$$

$$R_{ma} = \frac{l_L}{\mu_0 A_L}; \qquad \Phi = B_e A_e = \frac{\Theta}{R_{mi} + R_{ma}} = \frac{H_c l_e}{\dfrac{H_c l_e}{B_r A_e} + \dfrac{l_L}{\mu_0 A_L}}.$$

Daraus wird

$$B_L = B_r \frac{1}{1 + \dfrac{B_r}{\mu_0 H_c} \dfrac{l_L}{l_e}}.$$

b) Mit den gegebenen Werten und $\mu_0 = 1{,}256 \cdot 10^{-6}$ V·s/A·m ergibt sich $B_r/(\mu_0 H_c) = 6{,}7$; $l_L/l_e = 2/30$; $B_L = 0{,}38$ V·s/m².

c) Normierung (Bild 3.43) ergibt

$$\frac{B_L}{B_r} = \frac{1}{1 + \dfrac{B_r}{\mu_0 H_c} \dfrac{l_L}{l_e}}.$$

Darstellung Bild 3.43. Bei $l_L/l_e = \mu_0 H_c/B_r = 0{,}15$ (Parameterwerte von b) nimmt die Luftspaltinduktion auf die Hälfte gegenüber $l_L = 0$ ab.

Diskussion

Der 2. Berechnungsweg für a) läßt sich grafisch sehr anschaulich interpretieren. Aus der $B(H)$-Kennlinie (Bild 3.41) ergibt sich die V_e,Φ-Kennlinie des „aktiven Zweipols" (wie im Bild 3.39a – hier ist dies eine Gerade von $\Theta = H_c l_e$ bis $\Phi_k = B_r A_e$). Die „Verbraucherkennlinie" ist die Luftspaltkennlinie (gestrichelt) im Bild 3.39a. $V_e = -V_L$ ergibt sich als Schnittpunkt der gespiegelten Luftspaltkennlinie mit der Kennlinie des Dauermagneten.

Aufgabe 3.20 Dauermagnetkreis (linear)

Der Dauermagnet in der Anordnung Bild 3.40 mit Kennlinie nach Bild 3.41 wird bezüglich Länge l_e und Querschnitt A_e verändert, wobei jedoch der Luftspalt (Länge l_L, Querschnitt A_L) unverändert bleiben soll, d.h., die Poleisen, deren magnetischer Widerstand vernachlässigt werden soll, werden im Fall a) entsprechend angepaßt.

a) Die Länge l_e wird verändert (A_e und l_L bleiben konstant; $A_L = A_e$).

b) Der Querschnitt A_e wird verändert (l_e, A_L und l_L bleiben konstant).

Berechne und stelle grafisch die jeweilige Veränderung der Induktion im Luftspalt B_L dar!

Veranschauliche im Bild die jeweiligen Veränderungen der $\Phi_e(V_e)$-Kennlinien!

Lösungshinweis

Beachte die Lösungshinweise und die Diskussion in Aufgabe 3.19 sowie das im einleitenden Überblick angegebene Konstruktionsprogramm. Die hier anzustellenden Betrachtungen sind wichtig für die optimale Dimensionierung des Dauermagneten zur Erzielung einer bestimmten Luftspaltinduktion.

Lösung

a) Die Lösung ist hier die gleiche wie in Aufgabe 3.19a ($A_L = A_e$). Die Variable ist jetzt nicht l_L, sondern l_e.

$$B_L = B_r \frac{1}{1 + \dfrac{B_r}{\mu_0 H_c} \dfrac{l_L}{l_e}}.$$

Mit $l_e/l_L = x$ und $B_r/(\mu_0 H_c) = a$ wird

$$\frac{B_L}{B_r} = \frac{x}{a + x}.$$

Verlauf (Bild 3.44): Für

$$x \ll a: \quad \frac{B}{B_r} \sim x$$

$$x \gg a: \quad \frac{B}{B_r} \approx 1.$$

Deutung des Ergebnisses an Hand der Kennlinien: Variation von l_e bedeutet proportionale Änderung der Leerlauf-MMK $H_c l_e$, d.h. des Abszissenwertes im Φ,V-Diagramm. Der Fluß bei $l_L = 0$ (Kurzschluß) bleibt unverändert, da $B_r A_e$ von l_e nicht

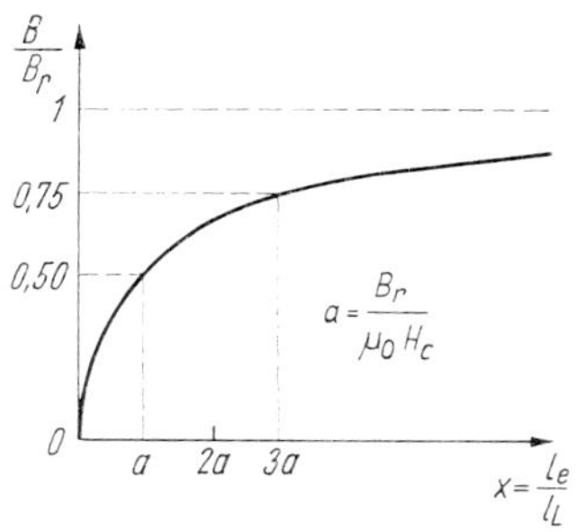

Bild 3.44

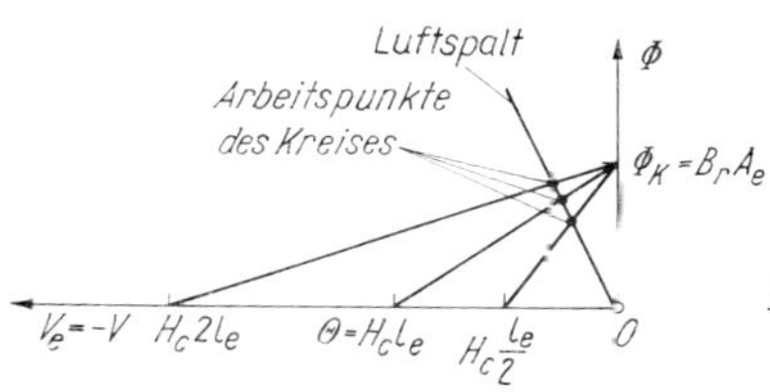

Bild 3.45

beeinflußt wird. Oder anders betrachtet: Beispielsweise hat eine Verdoppelung von l_e zwar eine doppelte MMK, aber auch doppelten magnetischen „Innenwiderstand" $H_c l_e / B_r A_e$ zur Folge (vgl. Aufgabe 3.19). Mithin sieht das Diagramm von Bild 3.39a hier abgewandelt wie Bild 3.45 aus.

b) Bei Veränderung von A_e gilt die allgemeine Gleichung der Lösung a) in Aufgabe 3.19

$$\frac{B_L}{B_r} = \frac{1}{\dfrac{A_L}{A_e} + \dfrac{B_r l_L}{\mu_0 H_c l_e}} = \frac{1}{\dfrac{1}{x} + b}$$

mit $A_e/A_L = x$ und $B_r l_L/(\mu_0 H_c l_e) = b$. Wir wählen $b = 1$ (z.B. $H_c = 8000$ A/m; $B_r = 1$ V·s/m²; $l_L/l_e = 10^{-2}$), dann ergibt sich die Abhängigkeit $B_L(A_e)$ nach Bild 3.46. Eine Deutung dieses Verlaufs zeigt Bild 3.47. Die Leerlauf-MMK $H_c l_e$ bleibt konstant, der Kurzschlußfluß $\Phi_k = B_r A_e$ wächst proportional A_e an, die Luftspaltkennlinie ändert sich dabei nicht. Die Schnittpunkte ergeben die Φ-Werte, die proportional den B_L-Werten sind, denn A_L bleibt unverändert.

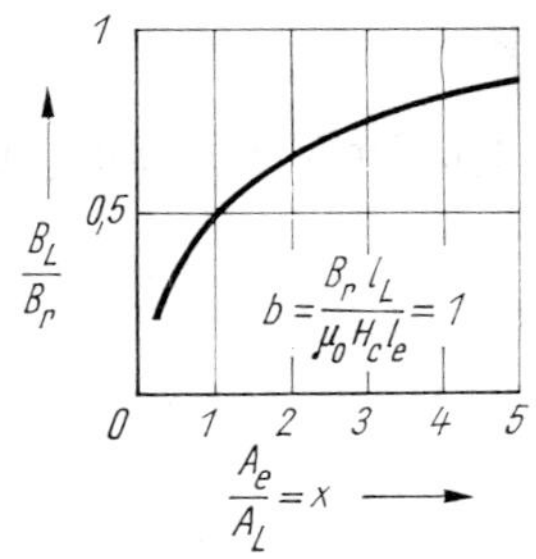

Bild 3.46 Veränderung der Luftspaltinduktion durch Veränderung des Querschnitts A_e des Dauermagneten (A_L = konst.)

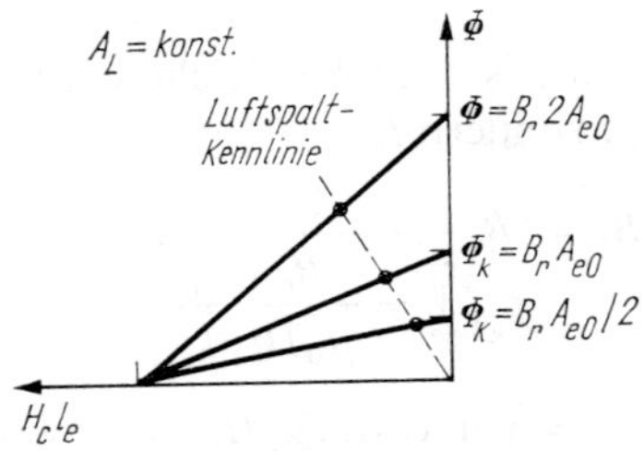

Bild 3.47 Grafische Deutung des Ergebnisses Bild 3.46

Aufgabe 3.21 Dauermagnetkreis (nichtlinear)

Gegeben ist ein Magnetkreis mit einem Dauermagneten, dessen Querschnitt A_e und Länge l_e berechnet werden sollen. Die Poleisen, deren magnetischer Widerstand vernachlässigbar sei, formen einen vorgegebenen Luftspalt mit Querschnitt A_L und Länge l_L (z.B. Bild 3.40). Zwischen Dauermagneten und Luftspalt tritt eine Streuung von $\sigma = 40\%$ auf.

Der Dauermagnet aus AlNiCo 500 soll optimal dimensioniert werden, so daß im Luftspalt eine vorgegebene Flußdichte B_L entsteht und dabei das Volumen des Dauermagneten ein Minimum erreicht.

a) Lösung allgemein

b) Auswertung mit folgenden Angaben
$B_L = 1$ V·s/m², $A_L = 10$ cm², $l_L = 1$ mm
AlNiCo 500 (Bezeichnungen s. Bild 3.39b): $B_r = 1{,}2$ V·s/m², $H_c = 500$ A/cm, $(B_e H_e)_{max} = 36$ mW·s/cm³, $B_e' = 0{,}95$ V·s/m², $H_e' = -400$ A/cm.

Lösungshinweis

„Optimal" heißt: Die Dimensionierung muß so erfolgen, daß sich maximaler Energiewert $(BH)_{max}$ ergibt, d.h., daß im Dauermagneten eine Induktion B_e' und eine magnetische Feldstärke H_e' auftritt (Bilder 3.39a und b).

Lösung

a) Für den Fluß gilt bei einem Streufaktor $\sigma: \Phi_L = (1 - \sigma)\,\Phi_e$, d.h., $B_L A_L = (1 - \sigma)\,B_e A_e$. Mit $B_e = B'_e$ wird daraus

$$A_e = \frac{B_L A_L}{(1 - \sigma)\,B'_e}.$$

Für die magnetische Spannung gilt die Maschengleichung (1.12b)

$$H_e l_e + H_L l_L = 0.$$

Soll $H_e = H'_e$ werden, so wird die Länge l_e des Dauermagneten mit $H_L = B_L/\mu_0$

$$l_e = \frac{B_L l_L}{\mu_0\,(-H'_e)}.$$

b) Mit gegebenen Werten wird $(1 - \sigma = 0{,}6)$

$$A_e = 17{,}5\ \text{cm}^2; \qquad l_e \approx 2\ \text{cm}.$$

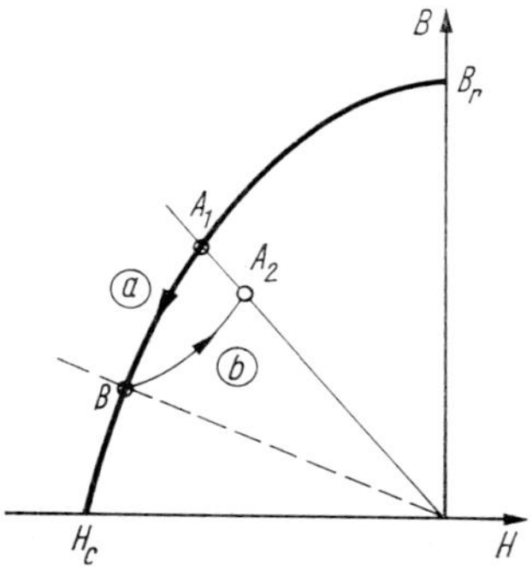

Bild 3.48
Arbeitspunktverlagerung bei Änderung am aufmagnetisierten Permanentmagnetkreis
a) Vergrößerung des Luftspalts eines aufmagnetisierten Kreises
b) Rückgängige Luftspaltänderung

Bemerkung zur Stabilität des Arbeitspunktes auf der Entmagnetisierungskennlinie

Bei irreversiblen Magnetisierungsänderungen ist der Zustand des Dauermagneten nicht konstant. Magnetische Fremdfelder und konstruktive Änderungen des Magnetkreises bewirken u.U. eine Verlagerung des Arbeitspunktes außerhalb der $B_e(H_e)$-Kennlinie. Der Arbeitspunkt auf dieser Kennlinie setzt voraus, daß die Aufmagnetisierung des Magnetkreises im endgültigen Zustand erfolgt. Im Bild 3.48 ist die Arbeitspunktverlagerung bei Vergrößerung und anschließender Verkleinerung des Luftspalts nach Aufmagnetisierung des Kreises angegeben.

3.2 Induktionsgesetz

Wir unterscheiden zwischen Ruheinduktion und Bewegungsinduktion.

Ruheinduktion

Zeitliche Änderung der Flußdichte ($\partial B/\partial t \neq 0$) innerhalb eines geschlossenen Umlaufs, und keine bewegten Teile des Umlaufs ($v = 0$) liegen vor. Dann gilt für das Integral der induzierten elektrischen Feldstärke $\boldsymbol{E}$ längs des Umlaufs s, d.h., für die induzierte EMK E_i (Bezugsrichtung in Rechtsschraube zum Vektor $\boldsymbol{B}$):

$$E_i = \oint_s \boldsymbol{E} \cdot \mathrm{d}\boldsymbol{s} = -\int_A \frac{\partial \boldsymbol{B}}{\partial t} \cdot \mathrm{d}\boldsymbol{A}, \tag{3.22}$$

wobei A die Fläche innerhalb der Umrandung s ist und die Umlaufrichtung von d$\boldsymbol{s}$ mit dem Vektor d$\boldsymbol{A}$ eine Rechtsschraube bildet. Das Minuszeichen sagt aus:

Bei $\partial B/\partial t > 0$ treibt E_i eine positive Ladung *entgegen* der Rechtsschraube um den Fluß $\Phi = \int \boldsymbol{B} \cdot \mathrm{d}\boldsymbol{A} > 0$ an.
Für Gl. (3.22) kann man schreiben:

$$E_i = -\frac{\partial}{\partial t} \int_A \boldsymbol{B} \cdot \mathrm{d}\boldsymbol{A} = -\frac{\mathrm{d}\Phi}{\mathrm{d}t}. \tag{3.22b}$$

Besteht der Umlaufweg s in Gl. (3.22) aus w Umläufen (Windungen), so umfaßt er insgesamt den

Induktionsfluß

$$\Psi = \sum_{\nu=1}^{w} \Phi_\nu, \tag{3.24}$$

und es wird aus Gl. (3.22b)

$$E_i = -\frac{\mathrm{d}\Psi}{\mathrm{d}t}. \tag{3.23b}$$

Umfassen alle w Windungen den gleichen Fluß Φ, so gilt

$$\Psi = w\Phi \tag{3.24a}$$

und

$$E_i = -w\,\frac{\mathrm{d}\Phi}{\mathrm{d}t}. \tag{3.23c}$$

Bewegungsinduktion

Zeitlich konstante Flußdichte ($\partial B/\partial t = 0$) und ein bewegter Leiter ($v \neq 0$) liegen vor, wobei v und $\partial B/\partial t$ im gleichen Koordinatensystem bestimmt werden. Dann gilt für die induzierte EMK längs des bewegten Leiterteils:

$$E_i = \int_A^B \boldsymbol{E} \cdot \mathrm{d}\boldsymbol{s} = \int_A^B (\boldsymbol{v} \times \boldsymbol{B}) \cdot \mathrm{d}\boldsymbol{s}. \tag{3.27}$$

Die Richtung des Feldstärkevektors $\boldsymbol{E}$ (Kraftwirkung auf positive Ladung = Stromantrieb) ergibt sich aus dem Rechtsdreibein $\boldsymbol{v} \times \boldsymbol{B} = \boldsymbol{E}$. Schließen die Vektoren $\boldsymbol{v}$ und $\boldsymbol{B}$ den Winkel α und der Vektor $(\boldsymbol{v} \times \boldsymbol{B})$ mit dem Vektor $\mathrm{d}\boldsymbol{s}$ den Winkel β ein, so wird für einen geraden Leiter der Länge l

$$E_i = vBl \sin\alpha \cos\beta. \tag{3.27a}$$

Die Spannung wird maximal, wenn $\alpha = 90°$, $(\boldsymbol{v} \perp \boldsymbol{B})$ und $\beta = 0$, $\mathrm{d}\boldsymbol{s} \parallel (\boldsymbol{v} \times \boldsymbol{B})$ sind:

$$E_i = vBl.$$

Bewegt sich ein Leiter in einem zeitlich sich ändernden Magnetfeld ($\partial B/\partial t \neq 0$ und $v \neq 0$), so überlagern sich beide Anteile. Für einen geschlossenen Umlauf s gilt dann

$$E_i = \oint_s \boldsymbol{E} \cdot \mathrm{d}\boldsymbol{s} = -\int_A \frac{\partial \boldsymbol{B}}{\mathrm{d}t} \cdot \mathrm{d}\boldsymbol{A} + \oint_s (\boldsymbol{v} \times \boldsymbol{B}) \cdot \mathrm{d}\boldsymbol{s}. \tag{3.28}$$

Dabei ist $\boldsymbol{v}$ die Geschwindigkeit des Wegelements $\mathrm{d}\boldsymbol{s}$ in demjenigen Bezugssystem, in dem $\mathrm{d}\boldsymbol{B}/\mathrm{d}t$ angegeben wird.

Aufgabe 3.22 Ruheinduktion, Abhängigkeit von der Leitungsführung

Der runde Schenkel eines Eisenkreises, in dem sich ein magnetischer Fluß zeitlich ändert, wird von einem Drahtbügel umgeben,

α) der unterbrochen ist (Bild 3.49, dick gezeichnet)
β) der geschlossen ist (Widerstand des geschlossenen Bügels R).

An die Punkte A und B dieses Bügels sind 2 Spannungsmesser mit den Zuleitungen a bzw. b angeschlossen (Voltmeterwiderstand unendlich angenommen). Welche Spannung zeigen die Voltmeter an? Wie verändern sich die Anzeigen, wenn man die Anschlüsse in Pfeilrichtung verschiebt?

Lösungshinweis

Das Induktionsgesetz (3.22) macht eine Aussage über ein Umlaufintegral, d.h. über einen geschlossenen Weg. Bei geschlossenem Bügel ist zu beachten, daß das Induktionsgesetz allein zur Berechnung der Spannung nicht ausreicht, da im Metallring ein Strom fließen kann, der über jedes Teilstück einen Spannungsabfall erzeugt.

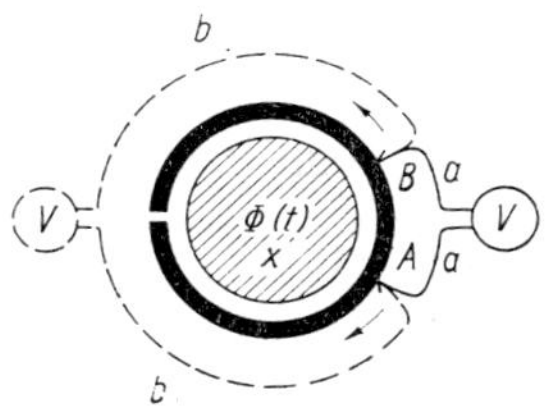

Bild 3.49

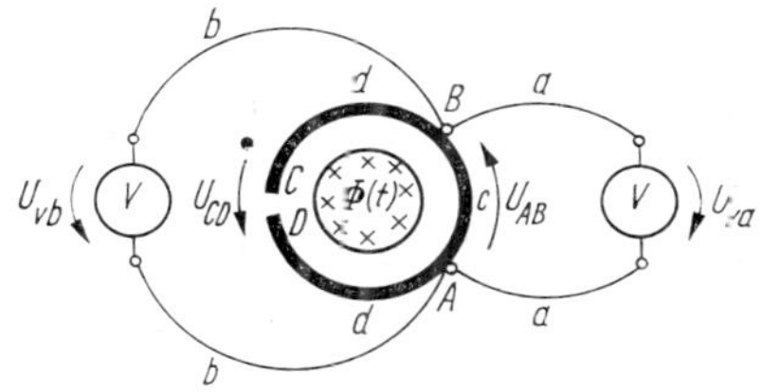

Bild 3.50

Lösung

Bei Berechnung der induzierten Spannungen treten erfahrungsgemäß beim Lernenden Unsicherheiten auf, die meist auf unklare Vorstellungen zurückzuführen sind. Daher seien 2 Aussagen hervorgehoben:

- Das Induktionsgesetz bestimmt die induzierte Spannung längs eines **geschlossenen** Umlaufs s: $\oint \boldsymbol{E} \cdot \mathrm{d}\boldsymbol{s} = -\mathrm{d}\Phi/\mathrm{d}t$.
- Im Inneren eines offenen Leiters im elektrischen Feld (kein Strom) ist die Feldstärke Null ($E_i = 0$; Äquipotentialfläche z.B. Bild 2.61 a).
  Im Inneren eines stromdurchflossenen (homogenen) Leiters ist die Feldstärke $E = S/\varkappa$ und die Spannung $U_{AB} = IR_{AB}$.

α) Bügel unterbrochen (Bild 3.50): Die induzierte Feldstärke verschiebt positive Ladungen bei $\mathrm{d}\Phi/\mathrm{d}t > 0$ zur Klemme C und negative Ladungen zur Klemme D, bis das Innere des Bügels feldfrei ist: $U_{AB} = 0$. Dann tritt über den Klemmen C und D die Spannung U_{CD} auf. Diese ergibt sich aus dem Umlaufintegral (Wegbezeichnungen c, d Bild 3.50) in Rechtsschraube:

$$\oint \boldsymbol{E} \cdot \mathrm{d}\boldsymbol{s} = \int_c \boldsymbol{E} \cdot \mathrm{d}\boldsymbol{s} + \int_d \boldsymbol{E} \cdot \mathrm{d}\boldsymbol{s} + \int_D^C \boldsymbol{E} \cdot \mathrm{d}\boldsymbol{s} = -\frac{\mathrm{d}\Phi}{\mathrm{d}t}.$$

Da die Wegintegrale längs c und d Null sind und $\int_D^C \boldsymbol{E} \cdot \mathrm{d}\boldsymbol{s} = -U_{CD}$ ist, ergibt sich $U_{CD} = \mathrm{d}\Phi/\mathrm{d}t$.

β) Der Bügel ist geschlossen (C–D kurzgeschlossen: $U_{CD} = 0$). Es fließt ein induzierter Strom I (entgegen der Rechtsschraube bei $\mathrm{d}\Phi/\mathrm{d}t > 0$). Dieser ergibt sich bei Widerstand R des Bügels zu $I = (\mathrm{d}\Phi/\mathrm{d}t)/R$ in Bezugsrichtung entgegen Rechtsschraube (Bild 3.50).

Der Abschnitt c des Bügels hat den Widerstand R_c und der restliche Abschnitt d den Widerstand $R - R_c = R_d$. Also ist $U_{AB} = IR_c = \mathrm{d}\Phi/\mathrm{d}t \cdot R_c/R$, und längs d ergibt sich:

$$\int_B^A \boldsymbol{E} \cdot \mathrm{d}\boldsymbol{s} = IR_d = \frac{\mathrm{d}\Phi}{\mathrm{d}t} \frac{R_d}{R}.$$

Berechnung von U_{va}

Die Spannung U_{va} kann man über 2 Integrationswege berechnen: $a + c$ und $a + d$, wobei $a + c$ keinen Fluß umfaßt ($\mathrm{d}\Phi/\mathrm{d}t = 0$), während das Umlaufintegral längs $a + d$ den Ausdruck $-\mathrm{d}\Phi/\mathrm{d}t$ ergibt: In beiden Fällen muß natürlich für U_{va} der gleiche Wert herauskommen:

Integrationsweg $a + c$:

$$\oint \boldsymbol{E} \cdot \mathrm{d}\boldsymbol{s} = 0: \quad U_{va} + U_{AB} = 0.$$

α) Mit $U_{AB} = 0$ wird $U_{va} = 0$.
β) Mit $U_{AB} = IR_c$ wird $U_{va} = -IR_c = -\mathrm{d}\Phi/\mathrm{d}t \cdot R_c/R$.

Integrationsweg $a + d$:

$$\oint \boldsymbol{E} \cdot \mathrm{d}\boldsymbol{s} = -\frac{\mathrm{d}\Phi}{\mathrm{d}t}: \quad U_{va} + \int_A^D \boldsymbol{E} \cdot \mathrm{d}\boldsymbol{s} - U_{CD} + \int_C^B \boldsymbol{E} \cdot \mathrm{d}\boldsymbol{s} = -\frac{\mathrm{d}\Phi}{\mathrm{d}t}.$$

α) Die beiden Wegintegrale sind Null und $U_{CD} = \mathrm{d}\Phi/\mathrm{d}t$, also $U_{va} = 0$ (s. o.).
β) $U_{CD} = 0$; die beiden Wegintegrale ergeben zusammen

$$\int_A^B \boldsymbol{E} \cdot \mathrm{d}\boldsymbol{s} = -IR_d = -\frac{\mathrm{d}\Phi}{\mathrm{d}t} \frac{R_d}{R}$$

$$U_{va} = -\frac{\mathrm{d}\Phi}{\mathrm{d}t} + \frac{\mathrm{d}\Phi}{\mathrm{d}t} \frac{R_d}{R} = -\frac{\mathrm{d}\Phi}{\mathrm{d}t} \frac{R_c}{R} \quad \text{(s. o.)}.$$

Berechnung von U_{vb}

Die Spannung U_{vb} wollen wir auch über die beiden Integrationswege $b + c$ bzw. $b + d$ berechnen, wobei sich wieder gleiche Werte ergeben müssen:

Integrationsweg $b + c$ (der gesamte Fluß wird umfaßt)

$$\oint \boldsymbol{E} \cdot \mathrm{d}\boldsymbol{s} = -\frac{\mathrm{d}\Phi}{\mathrm{d}t}: \quad -U_{vb} - U_{AB} = -\frac{\mathrm{d}\Phi}{\mathrm{d}t}.$$

α) Mit $U_{AB} = 0$ wird $U_{vb} = \mathrm{d}\Phi/\mathrm{d}t$.
β) Mit $U_{AB} = IR_c$ wird $U_{vb} = \mathrm{d}\Phi/\mathrm{d}t - IR_c = \mathrm{d}\Phi/\mathrm{d}t \cdot R_d/R$.

Integrationsweg $b + d$ (kein Fluß wird umfaßt)

$$\oint \boldsymbol{E} \cdot \mathrm{d}\boldsymbol{s} = 0: \quad -U_{vb} + \int_B^C \boldsymbol{E} \cdot \mathrm{d}\boldsymbol{s} + U_{CD} + \int_D^A \boldsymbol{E} \cdot \mathrm{d}\boldsymbol{s} = 0.$$

α) Die beiden Wegintegrale sind Null, und mit $U_{CD} = \mathrm{d}\Phi/\mathrm{d}t$ wird $U_{vb} = \mathrm{d}\Phi/\mathrm{d}t$ (s. o.).
β) $U_{CD} = 0$ und $\int_B^A \boldsymbol{E} \cdot \mathrm{d}\boldsymbol{s} = IR_d$, also $U_{vb} = IR_d = \mathrm{d}\Phi/\mathrm{d}t \cdot R_d/R$ (s. o.).

Diskussion

- Die Zuleitungen der beiden Voltmeter bilden einen Umlauf $a + b$. Für diesen gilt $\oint \boldsymbol{E} \cdot \mathrm{d}\boldsymbol{s} = U_{va} - U_{vb} = -\mathrm{d}\Phi/\mathrm{d}t$, d. h., es ist in jedem Fall

$$U_{vb} = U_{va} + \mathrm{d}\Phi/\mathrm{d}t.$$

Das kann mit obigen getrennt berechneten Ergebnissen bestätigt werden.
Die Spannungsmessung zwischen 2 Punkten ist also abhängig von der Leitungsführung, wenn dabei eine zeitliche Flußänderung erfaßt wird.

- Im Fall α (kein Strom) mißt man entweder $U_{va} = 0$ oder $U_{vb} = \mathrm{d}\Phi/\mathrm{d}t$, unabhängig von der Lage der Meßpunkte A und B. Man kann also immer nur ganze Windungsspannungen messen!
- Im Fall β (Stromfluß) mißt man den Spannungsabfall $|U_{va}| = IR_c$ bzw. $U_{vb} = IR_d$, d.h., die Werte ändern sich mit den Abgriffstellen A und B.

Aufgabe 3.23 Ruheinduktion

Eine lange, dünne Zylinderspule (l_1) wird vom Strom i_1 durchflossen. In ihrem Inneren befindet sich eine sehr kleine koaxiale Meßspule (l_2) (Bild 3.51). Welche Spannung tritt an den Anschlüssen der Meßspule auf, wenn sich i_1

b) im Zeitintervall Δt_0 zeitlinear um Δi_0 erhöht,
a) sinusförmig ändert: $i_1 = I_1 \sin \omega t$?

Zahlenwerte: $l_1 = 20$ cm; $w_1 = 8 \cdot 10^3$; $d_2 = 1$ cm; $w_2 = 10^3$; $\Delta t_0 = 2$ s; $\Delta i_0 = 0{,}5$ A; $I_1 = 1$ A; $\omega = 2\pi f = 314\ \mathrm{s}^{-1}$ ($f = 50$ Hz).

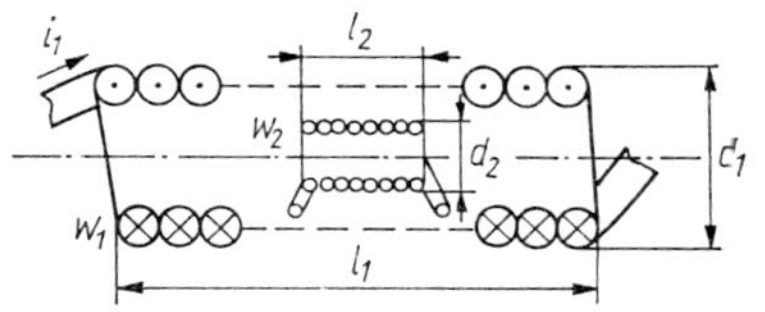

Bild 3.51

Lösungshinweis

Für die lange, dünne Zylinderspule soll hinsichtlich des Flußverlaufs die Näherung gelten, die in Aufgabe 3.12 diskutiert wurde. Sie hat zur Folge, daß für die in der Meßspule induzierte Spannung die vereinfachte Gl. (3.24a) gilt. Überlege, welcher Fluß für die Größe Φ in dieser Gleichung eingesetzt werden muß!

Lösung

Der Betrag der in der Meßspule induzierten Spannung ist nach Gl. (3.23c): $|E_2| = w_2\, \mathrm{d}\Phi_{21}/\mathrm{d}t$. Dabei bedeutet Φ_{21} den Fluß durch die Spule *2*, der vom Strom in der Spule *1* herrührt. Nach Aufgabe 3.12 gilt für das Innere einer langen, dünnen Zylinderspule mit sehr guter Näherung $H = Iw/l$. Damit wird hier $H = i_1 w_1/l_1$. Die Flußlinien verlaufen bei Gültigkeit dieser Näherung im Inneren der Spule parallel. Somit umfaßt jede Windung der Spule *2* den gleichen Fluß, und Gl. (3.23c) ist anwendbar. Mit diesen Voraussetzungen wird

$$\Phi_{21} = BA_2 = \mu_0 H \frac{\pi d_2^2}{4} \quad \text{und} \quad |E_2| = \frac{w_1 w_2 \pi d_2^2 \mu_0}{4 l_1} \cdot \frac{\mathrm{d}i_1}{\mathrm{d}t} = M \frac{\mathrm{d}i_1}{\mathrm{d}t}$$

mit $M = w_1 w_2 \pi d_2^2 \mu_0 / 4 l_1$ (Gegeninduktivität, s. Abschn. 3.3).

a) Zeitlinearer Stromanstieg $\mathrm{d}i_1/\mathrm{d}t = \Delta i_0/\Delta t_0 = 0{,}25$ A/s. Mit den vorliegenden Werten für w_1, w_2, d_2 und l_1 ergibt sich $M = 3{,}95 \cdot 10^{-3}$ V·s/A $= 3{,}95$ mH.
Damit wird $|E_2| = 0{,}99$ mV.
b) Sinusförmiger Stromverlauf: Die induzierte Spannung wird eine Funktion der Zeit.

$E_2(t) = M\mathrm{d}(I_1 \sin \omega t)/\mathrm{d}t = \omega M I_1 \cos \omega t.$

Der Maximalwert der Spannung ist $E_{\max} = \omega M I_1 = 314 \cdot 3{,}95 \cdot 1$ mV $= 1{,}24$ V.

Aufgabe 3.24 Ruheinduktion

Neben einem sehr langen, geraden, von zeitabhängigem Strom i durchflossenen Leiter ist eine Rechteckschleife mit den Klemmen AB angeordnet (Bild 3.52a). Der Einfluß des Rückleiters soll auf Grund großen Abstands vernachlässigbar sein. Zwei periodische Zeitverläufe des Stromes (Periodendauer T) sind im Bild 3.52b angegeben.
Gesucht sind die Zeitfunktion des magnetischen Flusses und der induzierten Klemmenspannung u der Schleife.

a) Skizziere qualitativ die Verläufe! Welches Vorzeichen hat die Klemmenspannung u (mit eingetragenem Bezugspfeil) bei $\mathrm{d}\Phi/\mathrm{d}t > 0$?

b) Berechne die Verläufe für $T = 20\,\mathrm{ms}$; $\omega = 2\pi f = 2\pi/T$, $(f = 1/T = 50\,\mathrm{Hz})$; $I_{\max} = 100\,\mathrm{A}$; $a = 10\,\mathrm{cm}$; $b = 30\,\mathrm{cm}$; $h = 10\,\mathrm{cm}$!

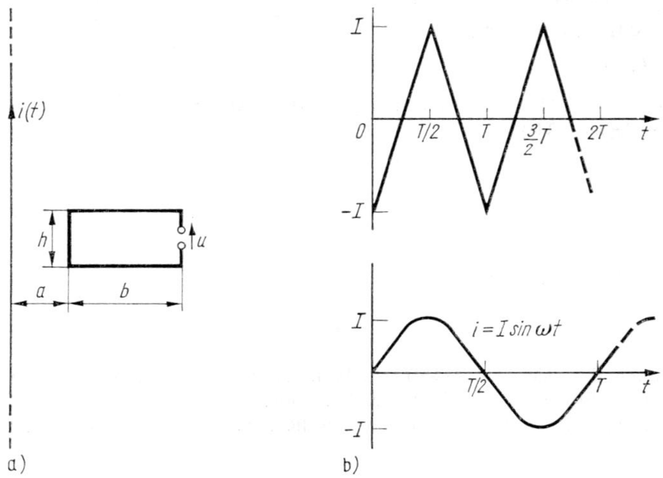

Bild 3.52

Lösungshinweis

Es ist die Beziehung zwischen Strom und induzierter Spannung gesucht. Das Induktionsgesetz (3.22) gibt die Beziehung zwischen induzierter Spannung und Fluß an. Die Beziehung zwischen Fluß und Strom liefert das Durchflutungsgesetz (Tafel 3.3). Die in der Schleife induzierte Spannung ist proportional der Änderung des Flusses, der von der Schleife umfaßt wird. Dieser ist zu berechnen.

Lösung

a) Zur allgemeinen Beziehung der Zeitabhängigkeit von Fluß $\Phi(t)$ und induzierter Spannung $E(t)$ bei gegebener Zeitfunktion des Stromes $i(t)$ sagt das Durchflutungsgesetz aus, daß $\Phi(t) \sim i(t)$ ist, und nach dem Induktionsgesetz ist $E(t) \sim \mathrm{d}\Phi/\mathrm{d}t$. Also ergibt $\Phi(t)$ die gleiche Zeitfunktion wie $i(t)$, die Zeitfunktion der induzierten Spannung jedoch ergibt sich durch Differentiation der Fluß- bzw. Stromfunktion, d.h. grafisch aus der Steigung der i- bzw. Φ-Kurve (Bild 3.53).
Wir erhalten also für den dreieckförmigen Stromverlauf einen ebensolchen Flußverlauf und einen rechteckförmigen Spannungsverlauf. Bei sinusförmigem Strom- bzw. Flußverlauf ergibt sich ein kosinusförmiger Spannungsverlauf.
Vorzeichen von u: Der Fluß Φ tritt in Rechtsschraube zum Strom i auf; die Bezugsrichtung der induzierten Feldstärke (Kraft auf positive Ladungen) ist bei Gültigkeit

von (3.22) in Rechtsschraube zum Fluß festgelegt, d. h., bei $\mathrm{d}\Phi/\mathrm{d}t \sim \mathrm{d}i/\mathrm{d}t > 0$ ist die induzierte Spannung entgegen der Rechtsschraube zum Fluß positiv. Der u-Pfeil hat die Richtung der Linksschraube zum Fluß, u ist also positiv bei $\mathrm{d}\Phi/\mathrm{d}t > 0$.

b) Der Fluß Φ eines geraden Leiters mit Strom I ergibt sich gemäß Tafel 3.3 (vgl. z. B. Aufgabe 3.4)

$$H = \frac{I}{2\pi r} \rightarrow B = \mu_0 \frac{I}{2\pi r} \rightarrow \Phi = \int B \, \mathrm{d}A_{\perp}.$$

Da B von r abhängig ist, ist in der Schleifenfläche bh das Magnetfeld nicht homogen. Wir setzen also für $\mathrm{d}A_{\perp} = h \, \mathrm{d}r$ einen schmalen Streifen, in dem B konstant ist. Dann wird nach Integration von $r = a$ bis $a + b$

$$\Phi = \frac{\mu_0 I h}{2\pi} \int_a^{a+b} \frac{\mathrm{d}r}{r} = \left(\frac{\mu_0 h}{2\pi} \ln \frac{a + b}{a}\right) I = MI$$

mit Abkürzung $M = \mu_0 h/2\pi \ln [(a + b)/a]$[1]).

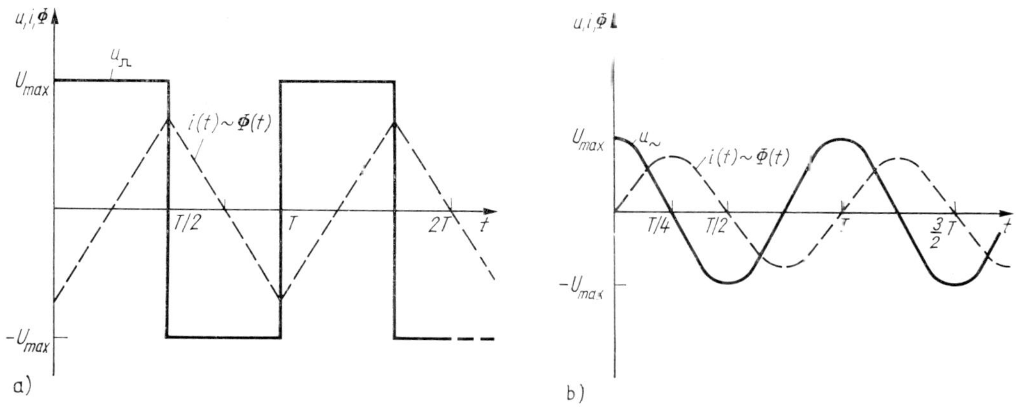

Bild 3.53

Mit (3.22) wird mit u entgegen Rechtsschraube zu $\Phi > 0$ (Bild 3.52 a)

$$E(t) = -u = -\frac{\mathrm{d}\Phi}{\mathrm{d}t} = -M \frac{\mathrm{d}i}{\mathrm{d}t} \text{ }^{2)}.$$

Die Zeitverläufe u für die beiden i-Funktionen (Bild 3.52 b) sind im Bild 3.53 angegeben. Wir brauchen nur noch die Maximalwerte der Spannung zu berechnen:
Dreieckfunktion: $\mathrm{d}i/\mathrm{d}t$ ist für $0 \leqq t \leqq T/2$ konstant $\mathrm{d}i/\mathrm{d}t = 2I/(T/2) = 4\,I/T$ (Vorzeichenumkehr nach jeweils $T/2$). Also ist $U_{\max} = 4M\,I/T$ und $u_{\sqcap} = \pm U_{\max}$.
Sinusfunktion: $\mathrm{d}i/\mathrm{d}t = I\omega \cos \omega t$ mit dem Maximalwert ωI. Also ist $|U_{\max}| = \omega MI$. Dieser Maximalwert wird positiv z. Z. $t = kT$ für $k = 0, 1, 2, 3, \ldots$ und negativ z. Z. $t = T/2 + kT$. Damit ergibt sich $u_{\sim} = U_{\max} \cos \omega t$.
Auswertung: Mit gegebenen Werten betragen $M = 2{,}77 \cdot 10^{-8}$ V·s/A, $u_{\sqcap} = \pm 0{,}554$ mV, $u_{\sim} = 0{,}87 \cos \omega t$ mV.

[1]) Dieser Ausdruck ist die Gegeninduktivität, s. (3.38 a).
[2]) Dies ist die Gleichung 3.45 a).

Diskussion

Fluß und Strom haben gleichen Zeitverlauf, die induzierte Spannung ergibt sich proportional zur Steigung der Stromkurve. Bei der Sinusfunktion heißt dies: Strom und Fluß haben keine Phasenverschiebung, während die induzierte Spannung um die Zeit $T/4$, d.h. um die Phase $\omega T/4 = 2\pi T/(4T) = \pi/2$ (Phasenwinkel 90°) gegenüber dem Strom (Fluß) verschoben ist (Bild 3.53 b).

Aufgabe 3.25 Ruheinduktion, Wirbelstrom

In einem geraden magnetischen Leiter (Eisen) von kreisförmigem Querschnitt soll überall gleiche Flußdichte bestehen, die sich zeitlich ändert (Bild 3.54).

Berechne als Funktion des Radius

a) die elektrische Feldstärke innerhalb und außerhalb des magnetischen Leiters
b) die Stromdichte der Wirbelströme im Eisen
c) die Verschiebungsflußdichte außerhalb des Eisens
d) den Wirbelstrom für eine Länge l des magnetischen Leiters
e) die von den Wirbelströmen im Eisenzylinder der Länge l hervorgerufene Verlustleistung!
f) Zahlenbeispiel: Berechne E, S, I_{Wirbel} und P quantitativ für eine Änderung der Induktion B um 10^{-2} V·s/m² je 1 s, einen spezifischen Widerstand des Eisens $\varrho_e = 0{,}1\ \Omega\cdot\text{mm}^2/\text{m}$, $l = 1$ cm und $r = R_0 = 5$ cm!

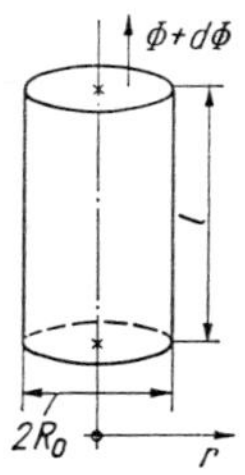

Bild 3.54

Lösungshinweis

Ein zeitlich veränderlicher Magnetfluß wird gemäß Induktionsgesetz von einem elektrischen Feld umwirbelt. Dieses elektrische Feld bewirkt im Leiter einen Leitungsstrom. Es existiert aber auch im Nichtleiter, hier z.B. in der umgebenden Luft, und hat dort einen Verschiebungsfluß bzw. nach (2.45) bei zeitlicher Änderung einen Verschiebungsstrom zur Folge. Die Angabe überall gleicher Flußdichte weist darauf hin, daß das Magnetfeld der Wirbelströme (Feldverdrängung) vernachlässigt werden soll.

Zu a) Berechne zunächst die Umlaufspannung als Funktion des Umlaufradius r über Gl. (3.22b) und mit Hilfe Gl. (3.22) die Feldstärke!
Zu b) und c)
Wende die Beziehung zwischen Stromdichte bzw. Verschiebungsflußdichte und Feldstärke an!
Zu d) Beachte, daß die Feldstärke, also auch die Stromdichte, von r abhängt!
Zu e) Falls nicht gegenwärtig, leite die Beziehung zwischen Leistung und Feldstärke, Stromdichte und Volumen ab, wobei der Hinweis zu d) zu berücksichtigen ist (s. auch Aufg. 2.3)!

Lösung

a) Da $\boldsymbol{B}$ im Eisenkern zwar zeitlich veränderlich, aber unabhängig vom Ort sein soll, bilden die Feldstärkelinien konzentrische Kreise in einer Querschnittsebene. Die induzierte Feldstärke ist also längs eines Umlaufs konstant. Damit wird aus (3.22b) und (3.22) die Betragsgleichung

$$|E| = |\oint \boldsymbol{E} \cdot \mathrm{d}\boldsymbol{s}| = \frac{\mathrm{d}\Phi}{\mathrm{d}t}; \qquad \mathsf{E} 2\pi r = \frac{\mathrm{d}}{\mathrm{d}t}(BA) = \pi r^2 \frac{\mathrm{d}B}{\mathrm{d}t},$$

wobei der physikalische Richtungssinn der EMK (Vektor der induzierten Feldstärke $\boldsymbol{E}$) entgegen der Rechtsschraube zum Fluß Φ bei $\mathrm{d}\Phi/\mathrm{d}t > 0$ festliegt. Daraus die Feldstärke im Inneren des Eisenzylinders:

$$\mathsf{E}_i = \frac{\mathrm{d}B}{\mathrm{d}t} \frac{r}{2}.$$

E_i steigt linear mit r an.

Bei einem beliebigen Umlauf außerhalb des Eisenzylinders wird stets der gleiche Fluß $\Phi = B\pi R_0^2$ umfaßt. Also ist (E_a Feldstärke außerhalb des Zylinders)

$$\frac{\mathrm{d}\Phi}{\mathrm{d}t} = \pi R_0^2 \frac{\mathrm{d}B}{\mathrm{d}t} = \mathsf{E}_a 2\pi r,$$

und

$$\mathsf{E}_a = \frac{R_0^2}{2} \frac{\mathrm{d}B}{\mathrm{d}t} \frac{1}{r}$$

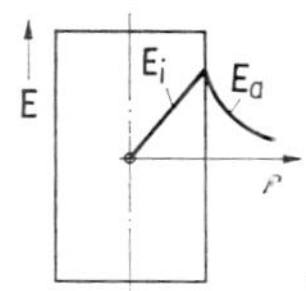

Bild 3.55

fällt hyperbolisch mit $1/r$ ab. Bild 3.55 zeigt den örtlichen Verlauf der elektrischen Feldstärke. Vergleiche diese Ergebnisse mit dem Verlauf der magnetischen Feldstärke in Aufgabe 3.6!

b) Mit Gl. (2.15) ist die Wirbelstromdichte im Eisen

$$S = \frac{1}{\varrho_e} \mathsf{E}_i = \frac{1}{2\varrho_e} \frac{\mathrm{d}B}{\mathrm{d}t} r.$$

Sie steigt bei konstanter Leitfähigkeit wie die Feldstärke E_i an.

c) Außerhalb des durchfluteten Eisenkerns, in dem nichtleitenden Medium Luft, ruft die elektrische Feldstärke E_a einen Verschiebungsfluß der Dichte $D = \varepsilon_0 \mathsf{E}_a$ (2.32) hervor. Mit dem Ergebnis für E_a aus a) wird

$$D = \frac{\varepsilon_0 R_0^2}{2} \frac{\mathrm{d}B}{\mathrm{d}t} \frac{1}{r}.$$

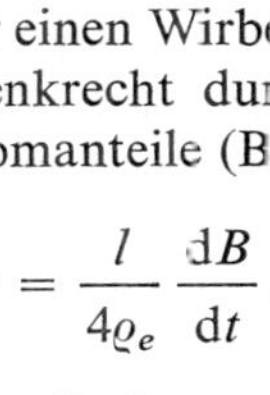

Bild 3.56

D nimmt ebenfalls wie E_a mit $1/r$ ab.

d) Da die Stromdichte eine Funktion des Radius ist, setzen wir einen Wirbelstromanteil, der ein Flächenelement $\mathrm{d}A$ parallel zur Zylinderachse senkrecht durchtritt, nach Gl. (1.3) an und integrieren schließlich alle diese Wirbelstromanteile (Bild 3.56):

$$I_{\text{Wirbel}} = \int_A \boldsymbol{S} \cdot \mathrm{d}A_\perp = \int_0^r S(r)\, l\, \mathrm{d}r = \frac{l}{2\varrho_e} \frac{\mathrm{d}B}{\mathrm{d}t} \int_0^r r\, \mathrm{d}r = \frac{l}{4\varrho_e} \frac{\mathrm{d}B}{\mathrm{d}t} r^2.$$

Die Wirbelstromstärke steigt also mit dem Radius des Eisenzylinders quadratisch an.

e) Wegen der Ortsabhängigkeit der Strom- und Spannungsgrößen berechnen wir die Verlustleistung der Wirbelströme ebenfalls zunächst für ein Elementarvolumen, und zwar wegen der Zylindersymmetrie für einen Hohlzylinder der sehr kleinen Wanddicke $\mathrm{d}r$.

Nach Gl. (1.18) ist $dP = U\,dI$[1]. Mit $U = E_i 2\pi r$, $dI = Sl\,dr = (E_i/\varrho_e)\,l\,dr$ wird

$$dP = \frac{2\pi l}{\varrho_e} E_i^2 r dr .$$

$$P = \int_0^r \frac{\pi l}{2\varrho_e}\left(\frac{dB}{dt}\right)^2 r^3\,dr = \frac{\pi l r^4}{8\varrho_e}\left(\frac{dB}{dt}\right)^2 .$$

Der Querschnitt des Eisenkörpers geht in hohem Maß in die Verlustleistung ein. Durch Lamellierung bzw. mit gesinterten Pulverkernen (Ferriten) kann man diesem Einfluß begegnen (s. Aufg. 3.36). Durch Erhöhung des im Nenner stehenden spezifischen elektrischen Widerstands kann man eine weitere Senkung der Wirbelstromverluste bewirken. Man strebt daher bei Trafoblechen durch Legierung eine Verschlechterung der elektrischen Leitfähigkeit an.

Bemerkung:

Will man die Wirbelstromerwärmung von Metallen nutzbringend anwenden (z.B. Metallschmelzen), so wendet man eine sinusförmig sich ändernde Erregung an: $B(t) = B \sin \omega t$ ($\omega = 2\pi f$, f Frequenz); dann ist $(dB/dt)^2 \sim \omega^2$, d.h., die Wärmeleistung steigt quadratisch mit der Frequenz. Daher wendet man bei solchen Anlagen Frequenzen bis in den Megahertzbereich an.

f) Für $r = R_0 = 5 \cdot 10^{-2}$ m, $l = 10^{-2}$ m, $\varrho_e = 10^{-7}\ \Omega\cdot$m und $dB/dt = 10^{-2}$ V/m² ergeben sich folgende Werte:

$$E_i(R_0) = E_a(R_0) = R_0/2 \cdot dB/dt = 0{,}25 \text{ mV/m} = 2{,}5\ \mu\text{V/cm},$$

$$S(R_0) = E(R_0)/\varrho_e = 2{,}5 \text{ kA/m}^2 = 0{,}25 \text{ A/cm}^2,$$

$$I_{\text{Wirbel}} = 0{,}625 \text{ A},$$

$$P = 24{,}5\ \mu\text{W}.$$

Die Abnahme der Verlustleistung durch Lamellierung wird in Aufgabe 3.26d berechnet.

Aufgabe 3.26 Ruheinduktion, Wirbelstrom

Ein Eisenblech, Breite b und Dicke $d \ll b$ (Bild 3.57a), wird von einem zeitlich sich ändernden Fluß durchsetzt. Die Flußdichte ist unabhängig vom Ort. Berechne allgemein

a) die elektrische Feldstärke innerhalb des magnetischen Leiters als Funktion von x
b) die Stromdichte der Wirbelströme im Leiter als Funktion von x
c) für eine Länge l des Bleches den gesamten Wirbelstrom und die Verlustleistung
d) die Verlustleistung eines aus n solchen Blechen geschichteten Kerns mit quadratischem Querschnitt ($nd = b$, Bild 3.57b)! In welchem Verhältnis steht sie zu der in Aufgabe 3.25 für den zylindrischen, nichtlamellierten Kern berechneten, wenn in beiden Fällen gleiches Kernvolumen vorausgesetzt wird? (Zahlenwerte: $d = 5 \cdot 10^{-2}$ cm, sonst wie in Aufg. 3.25.)

Lösungshinweis

Beachte die Hinweise zur Aufgabe 3.25!

[1] Die allgemeine Gleichung für ein Volumenelement dV lautet $dP = SE\,dV$, s. Aufgabe 2.3.

Lösung

a) Wie in Aufgabe 3.25 lösen wir (3.22) nach E auf. Der Umlaufweg des Integrals der Gl. (3.22) ist das Rechteck $2 \cdot (2x + b)$. Er umfaßt eine Fläche $A_\Phi = 2xb$, in der B örtlich konstant ist.
Die induzierte Spannung längs eines Umlaufs ist gleich der zeitlichen Änderung des umfaßten Flusses

$$|E| = \frac{\mathrm{d}\Phi}{\mathrm{d}t} = 2xb\,\frac{\mathrm{d}B}{\mathrm{d}t}.$$

Diese Spannung ist gleich dem Umlaufintegral der Feldstärke längs dieses Umlaufs. E wird längs dieses Weges konstant angenommen:

$$|E| = \oint \boldsymbol{E} \cdot \mathrm{d}\boldsymbol{s} = \mathsf{E} \oint \mathrm{d}s = \mathsf{E}2\,(2x + b) \approx 2b\mathsf{E} \quad \text{mit} \quad x \ll b.$$

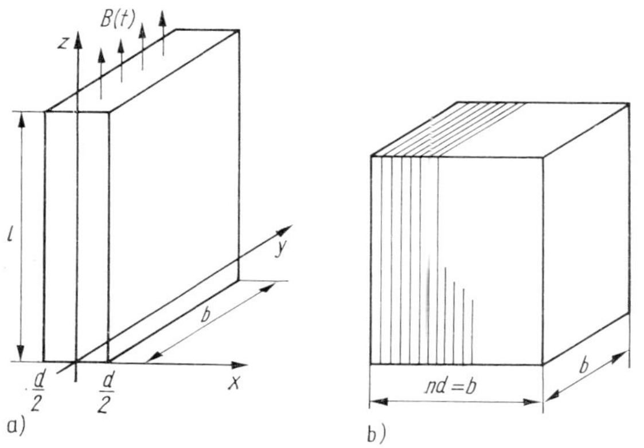

Bild 3.57

Die Gleichsetzung ergibt

$$\mathsf{E} \approx x\,\frac{\mathrm{d}B}{\mathrm{d}t}.$$

Die elektrische Feldstärke (Richtung entgegen der positiven y-Richtung bei $x > 0$ und $\mathrm{d}B/\mathrm{d}t > 0$: $\boldsymbol{E} = -\boldsymbol{j}x\,\mathrm{d}B/\mathrm{d}t$) steigt proportional x an, da der umfaßte Fluß proportional mit x ansteigt, der Umlaufweg sich jedoch praktisch nicht ändert ($b \gg x$!).

b) Nach Gl. (2.14) wird

$$S = \frac{1}{\varrho_e}\,\mathsf{E} \approx \frac{x}{\varrho_e}\,\frac{\mathrm{d}B}{\mathrm{d}t}.$$

c) $S = f(x)$ zur Berechnung des Stromes mit (1.4) setzen wir für die differentielle, vom Strom senkrecht durchflossene Fläche $\mathrm{d}A_I = l\,\mathrm{d}x$

$$I_{\text{Wirbel}} = \int_0^{d/2} S(x)\,l\,\mathrm{d}x \approx \frac{l}{\varrho_e}\,\frac{\mathrm{d}B}{\mathrm{d}t}\int_0^{d/2} x\,\mathrm{d}x = \frac{l}{8}\,\frac{d^2}{\varrho_e}\,\frac{\mathrm{d}B}{\mathrm{d}t}.$$

Mit $\mathrm{d}P = S\mathsf{E}\,\mathrm{d}V$ (s. Aufgabe 3.25) und $\mathrm{d}V = 2b\,\mathrm{d}A_I = 2lb\,\mathrm{d}x$ (V Volumen) wird

$$P \approx \frac{2bl}{\varrho_e}\left(\frac{\mathrm{d}B}{\mathrm{d}t}\right)^2 \int_0^{d/2} x^2\,\mathrm{d}x = \frac{bld^3}{12\varrho_e}\left(\frac{\mathrm{d}B}{\mathrm{d}t}\right)^2.$$

d) Bei n gleichen Blechen ist die Verlustleistung der Wirbelströme die n-fache eines Blechs

$$P_{\text{ges}} = nP = \frac{nbld^3}{12\varrho_e}\left(\frac{\mathrm{d}B}{\mathrm{d}t}\right)^2.$$

Für quadratischen Kernquerschnitt $ndb = b^2$ [1]), der gleich πR_0^2 eines massiven Eisenzylinders (Aufg. 3.25) ist, ergibt sich mit $d = b/n$ und $\pi R_0^2 = b^2$

(Index /// bedeutet lamelliert)

$$P_{\text{ges}} = P_{///} = \frac{\pi^2 R_0^4 l}{12\varrho_e n^2}\left(\frac{\mathrm{d}B}{\mathrm{d}t}\right)^2.$$

Die Wärmeleistung im massiven runden Eisen ist nach Aufgabe 3.25e

$$P_{\bigcirc} = \frac{\pi l R_0^4}{8\varrho_e}\left(\frac{\mathrm{d}B}{\mathrm{d}t}\right)^2.$$

Damit ergibt sich die Relation

$$\frac{P_{///}}{P_{\bigcirc}} = \frac{2\pi}{3n^2}.$$

Die Verlustleistung nimmt bei konstantem Kernquerschnitt mit dem Quadrat der Blechanzahl ab.

In unserem Beispiel ist $n = b/d$, $b = R_0\sqrt{\pi} = 5\sqrt{\pi}$ cm und $d = 5 \cdot 10^{-2}$ cm, $n = 177$.

Damit wird

$$\frac{P_{///}}{P_{\bigcirc}} = 6{,}7 \cdot 10^{-5}.$$

Der Effekt der Lamellierung wird sehr anschaulich.

Aufgabe 3.27 Induzierte Spannung in Eisenkernspulen

Auf die Schenkel eines E-I-Kerns ohne Luftspalt (vgl. Bild 3.28) sind 3 Spulen mit den Windungszahlen w_1, w_2 und w_3 geschoben. Im Bild 3.58 sind die Spulen *1*, *2* und *3*, deren Wickelsinn und die Reihenschaltung der Wicklungen *2* und *3* angedeutet.

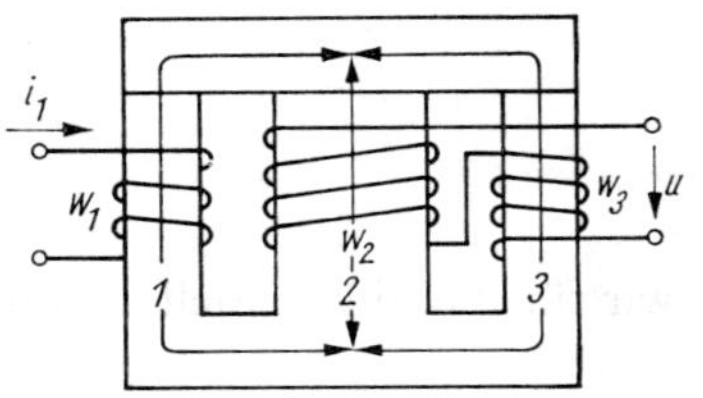

Bild 3.58

Berechne allgemein die induzierte Klemmenspannung u, wenn in Spule *1* ein zeitabhängiger Strom i_1 eingespeist wird. Die magnetischen Felder in den einzelnen Schenkeln werden homogen und die Eisenkennlinie $B(H)$ linear angenommen (mittlere Eisenlängen s. Bild 3.36b).

[1]) *ndb* ist der „effektive Eisenquerschnitt“. Der tatsächliche Querschnitt ist infolge der elektrischen Isolierung jedes Bleches 3 bis 10% größer je nach Art der Isolierung (chemische Oberflächenbehandlung, Lack- oder Papierisolation).

Lösungshinweis

Gemäß (3.23b) mit (3.24) müssen die beiden Teilflüsse durch die Spulen *2* und *3* berechnet werden. Dies kann, wie in Aufgabe 3.14 geübt, nach verschiedenen Berechnungsmethoden erfolgen. Die Spannungen beider Spulen überlagern sich, wobei der Wickelsinn der Spule bezüglich der Flußrichtung das Vorzeichen bestimmt.

Lösung

Wir stellen zur Flußberechnung die Knoten- und Maschengleichungen auf, ausgedrückt durch die Feldgrößen H_1, H_2 und H_3 (Indizes entsprechend der Schenkelnumerierung) und die mittleren Eisenlängen g (Seitenschenkel) und f (Mittelschenkel).

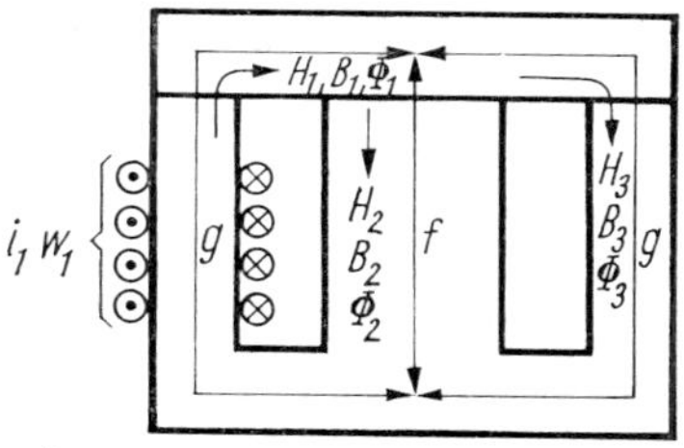

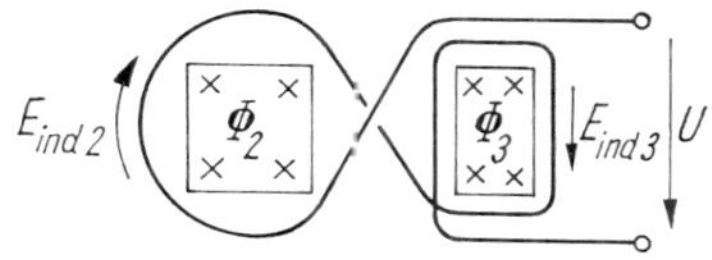

Bild 3.59

Beachte: u ist die Leerlaufspannung; die Spulen 2 und 3 sind also stromlos!

Entsprechend Bild 3.59a gilt:

Masche 1–2 $H_1 g + H_2 f = i_1 w_1$ (1)

Masche 1–3 $H_1 g + H_3 g = i_1 w_1$ (2)

Knoten $\Phi_1 = \Phi_2 + \Phi_3; \quad \mu H_1 A = \mu H_2 2A + \mu H_3 A$

$H_1 = 2H_2 + H_3.$ (3)

Aus (1), (2) und (3) ergibt sich

$$H_2 = \frac{i_1 w_1}{2(g+f)}.$$

Subtraktion (1) − (2): $H_3 = H_2 f/g$.
Damit werden

$$\Phi_2 = i_1 w_1 \mu A/(g+f) \quad \text{und} \quad \Phi_3 = \Phi_2 f/2g.$$

Induzierte Spannung:

$$E_{\text{ind}} = -\frac{\mathrm{d}\Psi}{\mathrm{d}t}; \qquad \Psi = \Sigma\, w_\nu \Phi_\nu.$$

Bei der Summenbildung müssen wir beachten, wie die Windungen der beiden Spulen den Fluß umlaufen, wobei wir die Umlaufrichtung durch den Bezugspfeil von u festlegen. Aus der Prinzipskizze 3.59b ist ersichtlich, daß die Spule *3* den Fluß Φ_3 in Rechtsdrehung, die Spule *2* jedoch den Fluß Φ_2 in Linksdrehung umschlingen. Wir führen definitionsgemäß E_{ind} in Rechtsschraube zum Fluß ein, und mit vorgegebenem Bezugspfeil für die Klemmenspannung u ergibt sich die Maschengleichung

$$u = E_{\text{ind}\,3} - E_{\text{ind}\,2} = -w_3 \frac{\mathrm{d}\Phi_3}{\mathrm{d}t} + w_2 \frac{\mathrm{d}\Phi_2}{\mathrm{d}t}.$$

Mit den Ausdrücken für Φ_2 und Φ_3 und $g = 2f$ (Bild 3.36b) wird

$$u = \frac{\mu A w_1}{3f}\left(w_2 - \frac{w_3}{4}\right)\frac{\mathrm{d}i_1}{\mathrm{d}t} = M\,^{1)}\,\frac{\mathrm{d}i_1}{\mathrm{d}t}.$$

Aufgabe 3.28 Magnetischer Spannungsmesser (Rogowski-Spule)

Der magnetische Spannungsmesser ist eine (i. allg. auf einen dünnen Lederriemen) dicht gewickelte lange Spule, in die in einem zeitlich sich ändernden Magnetfeld eine Spannung $E_{\text{ind}} = -\mathrm{d}\Psi_{\text{sp}}/\mathrm{d}t$ induziert wird, wobei $\Psi_{\text{sp}} = \sum_{\nu=1}^{w} \Phi_{\nu\text{sp}}$ der Induktionsfluß durch die w Windungen der Spule ist. Man kann zeigen, daß bei dichter Wicklung und kleinem Spulenquerschnitt

$$\Psi_{\text{sp}} \sim \int_A^B \boldsymbol{B}_{\text{sp}} \cdot \mathrm{d}\boldsymbol{s} \sim \int_A^B \boldsymbol{H}_{\text{sp}} \cdot \mathrm{d}\boldsymbol{s} = V_{AB}$$

ist, wobei s der Weg der Spule zwischen den beiden Endpunkten A und B ist. Mittels eines angeschlossenen zeitlich integrierenden Instruments kann man also $\int E_{\text{ind}}\,\mathrm{d}t \sim V_{AB}$ die magnetische Spannung zwischen den Spulenenden messen.
Im magnetischen Feld der stromdurchflossenen Spule Bild 3.60 sollen die magnetischen Spannungen V_i, V_a und $\Theta = Iw$ gemessen werden. Längs welcher Wege s ist die Rogowski-Spule anzulegen, damit in ihr $\int_A^B \boldsymbol{H}_{\text{sp}} \cdot \mathrm{d}\boldsymbol{s}$ gleich den zu messenden magnetischen Spannungen ist?

Lösungshinweis

Bei Wegintegralen einer Feldgröße (Spannungen) muß man unterscheiden zwischen Quellenfeld (elektrostatisches Feld, Potentialfeld $\oint \boldsymbol{E} \cdot \mathrm{d}\boldsymbol{s} = 0$) und Wirbelfeld (Magnetfeld um Strom; elektrisches Feld um zeitlich sich ändernden Fluß). Bei letzteren ist das Umlaufintegral der Feldgröße i. allg. nicht Null: $\oint \boldsymbol{H} \cdot \mathrm{d}\boldsymbol{s} = \Sigma I$ bzw. $\oint \boldsymbol{E} \cdot \mathrm{d}\boldsymbol{s} = -\mathrm{d}\Psi/\mathrm{d}t$. Das bedeutet, daß – im Gegensatz zum Quellenfeld – das Wegintegral der Feldgröße u.U. abhängig vom Weg s zwischen 2 Punkten ist (vgl. Aufgabe 3.22).

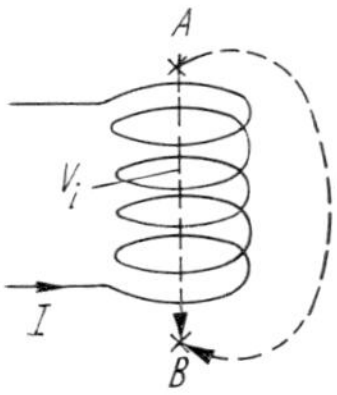

Bild 3.60

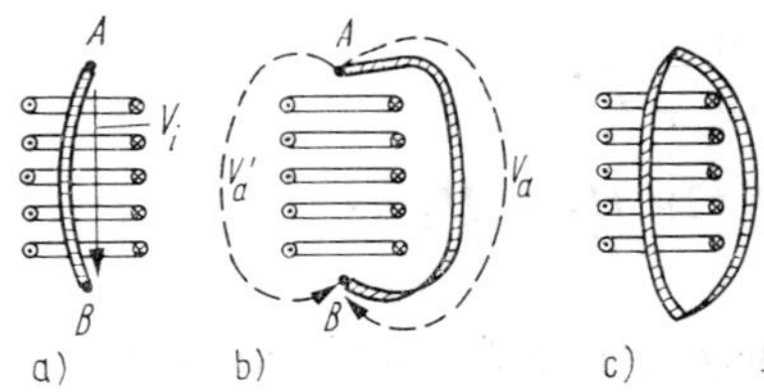

Bild 3.61

Lösung

Gemäß Durchflutungsgesetz $\oint \boldsymbol{H} \cdot \mathrm{d}\boldsymbol{s} = \Sigma I$ ist der von der Rogowski-Spule angezeigte Wert $\int_A^B \boldsymbol{H}_{\text{sp}} \cdot \mathrm{d}\boldsymbol{s}$ nur dann gleich V_i bzw. V_a, wenn von dem Umlaufweg (Spule–V_i-Pfeil bzw. Spule –V_a-Pfeil) kein Strom umfaßt wird; denn dann ist (in Rechtsschraube)

$$\oint \boldsymbol{H} \cdot \mathrm{d}\boldsymbol{s} = -\int_A^B \boldsymbol{H}_{\text{sp}} \cdot \mathrm{d}\boldsymbol{s} + V_i = 0 \quad \text{(Bild 3.61 a), d.h.,} \quad \int_A^B \boldsymbol{H}_{\text{sp}} \cdot \mathrm{d}\boldsymbol{s} = V_i;$$

$$\oint \boldsymbol{H} \cdot \mathrm{d}\boldsymbol{s} = \int_A^B \boldsymbol{H}_{\text{sp}} \cdot \mathrm{d}\boldsymbol{s} - V_a = 0 \quad \text{(Bild 3.61 b), d.h.,} \quad \int_A^B \boldsymbol{H}_{\text{sp}} \cdot \mathrm{d}\boldsymbol{s} = V_a.$$

1) Siehe Fußnote Seite 269!

Schließt man die Spule in sich ($A = B$) und umfaßt dabei die Ströme Iw (Bild 3.61 c), so zeigt der magnetische Spannungsmesser

$$\oint \boldsymbol{H}_{\mathrm{sp}} \cdot \mathrm{d}\boldsymbol{s} = V_a - V_i = Iw = \Theta \text{ an.}$$

Man beachte, daß bei Anordnung Bild 3.61 b auch die magnetische Spannung V_a' gemessen wird; denn es ist gleichermaßen

$$\int_A^B \boldsymbol{H}_{\mathrm{sp}} \cdot \mathrm{d}\boldsymbol{s} - V_a' = 0;$$

die umfaßte Stromsumme ist $+Iw - Iw = 0$.

Aufgabe 3.29 Bewegung einer Rechteckschleife im inhomogenen Magnetfeld

Eine rechteckige Rahmenspule (Seitenlängen a, b, Windungszahl w), die, wie in den Bildern 3.62 a und b angegeben, um den Winkel α geneigt ist, wird in x-Richtung mit einer konstanten Geschwindigkeit v bewegt. Die magnetische Induktion B ändert sich in x-Richtung nach dem im Bild 3.62 b angegebenen Verlauf ($x_0 > a$).

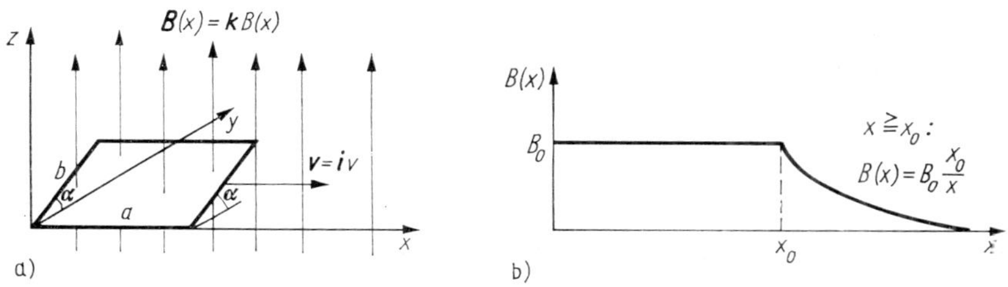

Bild 3.62

Berechne die induzierte Spannung in Abhängigkeit vom Ort x, an dem sich die vordere Spulenkante befindet!

Die Berechnung soll von einem Beobachter erfolgen, der in einem Koordinatensystem ruht,

a) in dem die Geschwindigkeit v der Spule bestimmt wird,

b) in dem die Spule ruht (Beobachter auf der Spule).

c) Gib den Spannungsverlauf in Abhängigkeit von der Lage x der Spule an!

Lösungshinweis

Zu a) Wir lösen die Gl. (3.27), indem wir für jede Spulenseite die induzierte Spannung berechnen und die einzelnen Spannungswerte vorzeichenbehaftet addieren. Für die Abhängigkeit der induzierten Spannung von der Spulenlage x unterscheide verschiedene Lagebereiche ($x \leqq x_0$, $x \geqq x_0$ usw.)!

Zu b) Für den Beobachter auf der Spule ist $v = 0$, der vom Spulenrand umfaßte Fluß jedoch zeitlich nicht konstant. Er berechnet also eine Spannung auf Grund der Ruheinduktion. Die zeitliche Veränderung des Flusses ergibt sich aus den im Koordinatensystem a) gegebenen Größen v und $B(x)$.

Lösung

a) Befindet sich der Beobachter in einem Koordinatensystem, in dem B zeitlich konstant und die Geschwindigkeit der Spule v festgestellt wird, so berechnet er eine induzierte Umlaufspannung nach (3.27)

$$E = \oint \boldsymbol{E} \cdot \mathrm{d}\boldsymbol{s} = \oint (\boldsymbol{v} \times \boldsymbol{B}) \cdot \mathrm{d}\boldsymbol{s}.$$

Der Vektor der induzierten Feldstärke $\boldsymbol{E}$ steht senkrecht auf der Ebene, in der die Vektoren $\boldsymbol{v}$ und $\boldsymbol{B}$ liegen (Bild 3.63a). Die Richtung von $\boldsymbol{E}$ ist auch die physikalische Orientierung der EMK (Antriebsrichtung auf positive Ladung). Die Umlaufspannung ergibt sich aus der Integration dieser Feldstärke über die einzelnen Seitenlängen des Rechtecks. Längs der Seiten a wird kein Anteil zur Umlaufspannung induziert (das skalare Produkt ist Null!). Längs der Seiten b sind infolge der Spulenneigung um den Winkel α nur die y-Komponenten $vBb \cos \alpha$ maßgeblich, wobei für B der Wert an der Stelle x bzw. $x-a$ einzusetzen ist. Die Umlaufspannung (in Rechtsschraube zu $\boldsymbol{B}$, Bild 3.63a) wird also bei w Windungen

$$E = E_{x-a} - E_x = wvb \cos \alpha \cdot (B_{x-a} - B_x).$$

Wir werten dieses Ergebnis für verschiedene Bereiche der Spulenlage aus:
Für die Lage der vorderen Spulenkante im Bereich $0 \leqq x \leqq x_0$ gilt $B_x = B_{(x-a)} = B_0$, damit $E = 0$. In diesem Bereich ist das Feld homogen.

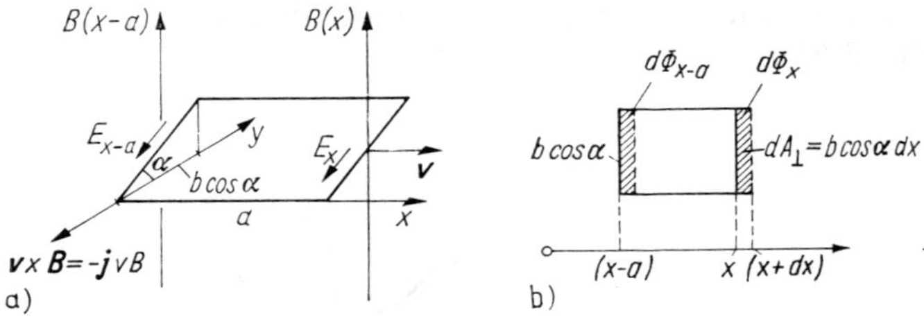

Bild 3.63

Für $x_0 \leqq x \leqq x_0 + a$ gilt $B_{(x-a)} = B_0$ und $B_x = (x_0/x)\, B_0$, damit

$$E = wvb \cos \alpha B_0 \left(1 - \frac{x_0}{x}\right).$$

Für $x \geqq x_0 + a$ gilt

$$B_{(x-a)} = \frac{x_0}{x-a} B_0 \quad \text{und} \quad B_x = \frac{x_0}{x} B_0.$$

Damit wird

$$E = wvb \cos \alpha B_0 x_0 \frac{a}{x(x-a)}.$$

b) Für den Beobachter auf der Schleife ruht diese natürlich. Dafür stellt er eine zeitliche Änderung des von der Schleife umfaßten Flusses Φ fest. Somit rechnet er zweckmäßigerweise hier mit der Beziehung (3.23c):

$$E = -w \frac{\mathrm{d}\Phi}{\mathrm{d}t}.$$

Die zeitliche Änderung des von der Spule umfaßten Flusses kann man durch die gegebenen Größen v und $B(x)$, die der Beobachter in a) feststellt, ausdrücken:
Die Spule ändert bei einer Bewegung mit der Geschwindigkeit v ihre Lage in x-Richtung in der Zeit $\mathrm{d}t$ um $\mathrm{d}x$ (Bild 3.63b). Dabei wird der Teilfluß $\mathrm{d}\Phi_x$ von ihr neu umfaßt, während an der Stelle $x - a$ der Teilfluß $\mathrm{d}\Phi_{(x-a)}$ ausgeschlossen wird. Wegen dieser

zeitlich-örtlichen Abhängigkeit des von der Spule umfaßten Flusses können wir schreiben:

$$\frac{d\Phi}{dt} = \frac{d\Phi}{dx}\frac{dx}{dt} = \frac{d\Phi}{dx}v.$$

Mit $d\Phi = d(\boldsymbol{B} \cdot \boldsymbol{A}) = \boldsymbol{B} \cdot d\boldsymbol{A} = \boldsymbol{B}\,dx\,b\cos\alpha$ wird $d\Phi_{(x-a)} = B_{(x-a)}\,dx\,b\cos\alpha$ bzw. $d\Phi_x = B_x\,dx\,b\cos\alpha$, und mit $d\Phi = d\Phi_{(x-a)} - d\Phi_x$ ergibt sich

$$E = wvb\cos\alpha\,\frac{1}{dx}(B_{(x-a)}\,dx - B_x\,dx)$$

$$= wvb\cos\alpha\,(B_{(x-a)} - B_x).$$

Das Ergebnis ist das gleiche wie unter a).

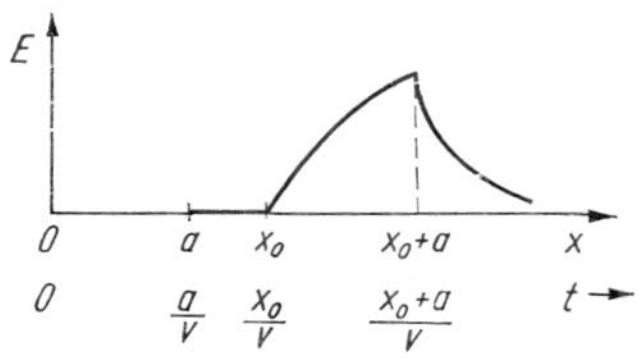

Bild 3.64

Diskussion

Für die grafische Darstellung des Spannungsverlaufs (Bild 3.64) beziehen wir die Betrachtung auf die rechte Spulenkante. Solange die Spule im homogenen Feldteil bewegt wird, bleibt die resultierende Spannung Null; denn es findet keine zeitliche Änderung des umfaßten Flusses statt. Erst wenn die rechte Spulenkante die Stelle $x = x_c$ überschreitet und damit in den inhomogenen Feldbereich tritt, setzt ein $d\Phi/dt$ und damit eine Spannung ein. Sie verläuft proportional $(1 - x_0/x)$ ansteigend, da $d\Phi/dt$ wächst, und zwar so lange, wie sich ein Teil der Spule noch im homogenen Feldbereich befindet. Sobald aber auch die linke Spulenkante die Stelle $x = x_0$ überschritten hat und nun die Bewegung beider Spulenseiten im inhomogenen Feldbereich stattfindet, wird $d\Phi/dt$ wieder kleiner. E nimmt jetzt proportional $ax_0/[x(x - a)]$ ab. Man kann längs der Abszisse statt des Ortes, an dem sich die vordere Spulenkante befindet, auch die Zeit auftragen; denn aus der bei gegebener Geschwindigkeit zurückgelegten Strecke berechnet sich die dazu benötigte Zeit nach $t = x/v$, wenn zur Startzeit $t = 0$ die Lage $x = 0$ ist. Für diese Abszisse stellt das Diagramm (Bild 3.64) den zeitlichen Verlauf der in der Spule induzierten Spannung dar.

Aufgabe 3.30 Spulendrehung im Radialfeld

Eine Rechteckspule (Seiten a, b) mit w Windungen wird in einem Radialfeld mit konstanter Winkelgeschwindigkeit ω gedreht (Bild 3.65). Berechne die in der Spule induzierte Spannung und skizziere ihren zeitlichen Verlauf!

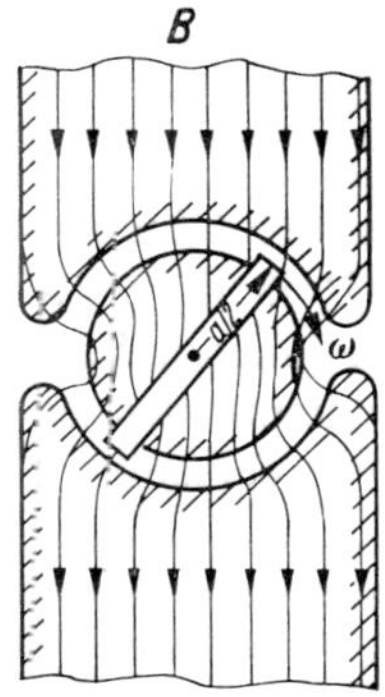

Bild 3.65

Lösungshinweis

Ausbildung des Feldes in radialer Richtung erhält man, wenn man den Magnetfluß in einem Eisenkreis führt und nur einen möglichst schmalen Luftspalt für die Bewegung der Drehspule offenläßt. Diese Form des Magnetkreises hat den großen technischen Vorteil, daß infolge des kleinen magnetischen Widerstands für gleichen Fluß eine viel geringere MMK erforderlich ist als bei homogenem Feld ohne den (mitrotierenden) Eisenzylinder (z.B. Bild 3.69).

Lösung

Da $\boldsymbol{B}$ im Luftspalt radial und die Geschwindigkeit $\boldsymbol{v}$ tangential gerichtet sind, stehen $\boldsymbol{v}$ und $\boldsymbol{B}$ im Luftspalt immer senkrecht aufeinander. Da die Leiterteile der Länge b, in denen die Induktion vor sich geht, auch senkrecht zur $(\boldsymbol{v}, \boldsymbol{B})$-Ebene verlaufen, wird in (3.27) $(\boldsymbol{v}\times\boldsymbol{B})\cdot\boldsymbol{b} = vBb$. Da die gegenüberliegenden „b-Seiten" (Bild 3.66) entgegengesetzte $\boldsymbol{v}$-Richtungen bez. des Vektors $\boldsymbol{B}$ haben, sind die induzierten Spannungen entgegengesetzt und addieren sich bei Umlauf in der Schleife. Bei w Windungen wird also mit $v = \omega a/2$ und $ab = A$

$$E = 2wvBb = w\omega abB = \omega AwB = \omega BA_w.$$

$A_w = wA$ ist das Produkt aus Windungszahl und Spulenfläche. Diese Größe wird „Windungsfläche" genannt. AB ist der maximale Fluß, den die Schleife umfaßt.

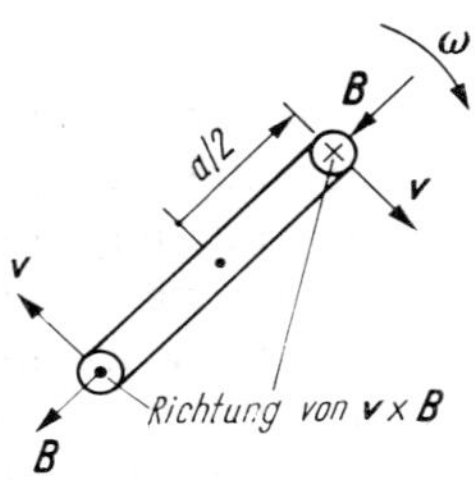

Bild 3.66

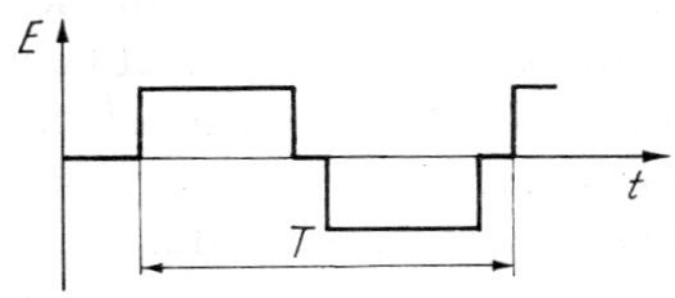

Bild 3.67

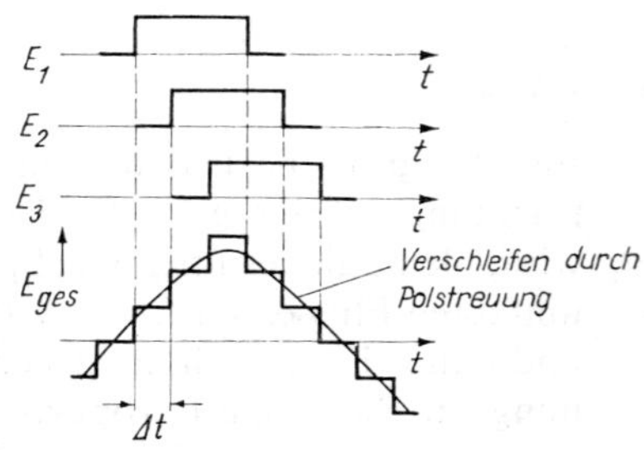

Bild 3.68

Außerhalb des Luftspalts bewegt sich kein Teil der Spule im Magnetfeld. Also ist in diesem Drehwinkelbereich $E = 0$. Es ergibt sich also bei einer vollen Umdrehung der Spule ein rechteckförmiger Spannungsverlauf mit Umpolung nach jeweils halber Umdrehung (Bild 3.67).

Diskussion

Da bei technischen Wechselstrommaschinen eine sinusförmige Wechselspannung angestrebt wird, muß die hier betrachtete Konstruktion noch abgeändert werden. Durch Reihenschaltung vieler Einzelwindungen, die gegeneinander gleichmäßig um einen kleinen Winkel versetzt sind, so daß in jeder Windung der Spannungsverlauf nach Bild 3.67 um die kleine Zeitspanne Δt später einsetzt, erzielt man durch Überlagerung (Reihenschaltung aller Windungen) eine in Intervallen von Δt ansteigende bzw. abnehmende Spannung (Bild 3.68). Bei weiterer Verfeinerung der Windungsfolge und bei entsprechender Formung der Pole (Feldinhomogenitäten an den Polrändern) läßt sich ein Verschleifen der Spannungskurve zu einem sinusförmigen Verlauf herbeiführen. Ist n die Anzahl der Umdrehungen je Sekunde, so folgen in 1 s n Perioden aufeinander, und die Frequenz des wechselnden Spannungsverlaufs ist $f = n$. Man kann sie erhöhen, indem man mehrere Polpaare so anordnet, daß längs des Umfangs Nord- und Südpol abwechseln. Bei p Polpaaren stellt sich dann eine Frequenz $f = pn$ ein.

Aufgabe 3.31 Spulendrehung im homogenen Magnetfeld

Eine rechteckige Spule (Windungszahl w) wird in einem homogenen Magnetfeld mit einer konstanten Winkelgeschwindigkeit ω um eine Achse, die senkrecht zum Feld gerichtet ist, gedreht (Bild 3.69). Berechne die in der Spule induzierte Spannung, und diskutiere das Ergebnis vom Standpunkt eines Beobachters außerhalb bzw. auf der Spule!

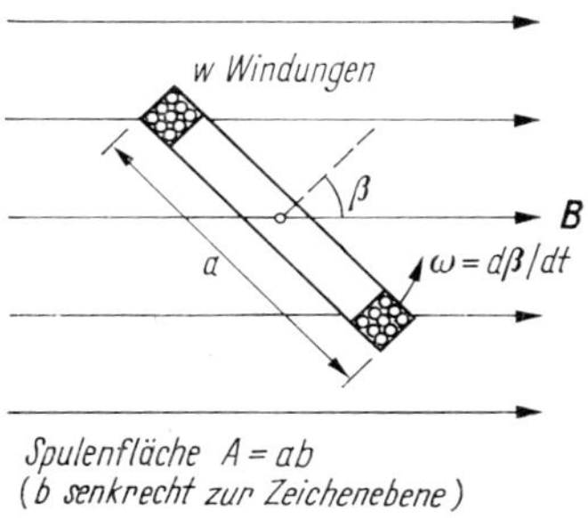

Bild 3.69

Lösungshinweis

In Aufgabe 3.29 ergab sich, daß bei Verschiebung einer Schleife im homogenen Feld keine induzierte Umlaufspannung meßbar ist. Anders verhält es sich jedoch bei Drehung einer Schleife. Hier kompensieren sich nämlich die Spannungen gegenüberliegender Spulenseiten nicht, sondern addieren sich infolge der entgegengesetzten Geschwindigkeitsrichtungen. Wir gehen bei der Berechnung der Umlaufspannung von Gl. (3.27) aus, wobei zu beachten ist, daß hier die Leiterteile, in denen Beiträge zur Umlaufspannung induziert werden, immer senkrecht zur $(\boldsymbol{v}, \boldsymbol{B})$-Ebene stehen, daß sich aber der Winkel zwischen $\boldsymbol{v}$ und $\boldsymbol{B}$ mit dem Drehwinkel β ändert.
Ein Beobachter auf der Leiterschleife stellt keine Bewegung, sondern ein $\partial B/\partial t$ innerhalb der Schleife fest. Es leistet also nur das 1. Glied von Gl. (3.28) einen Beitrag.

Lösung

Zur Berechnung mit Hilfe der Gl. (3.27) betrachten wir Bild 3.70a. Wir erkennen, daß der Winkel zwischen $\boldsymbol{v}$ und $\boldsymbol{B}$ für die untere Spulenseite gleich β und für die obere gleich $180°$ $+\beta$ ist. $|\boldsymbol{v} \times \boldsymbol{B}|$ wird also $vB \sin \beta$ bzw. $vB \sin (\beta + 180°) = -vB \sin \beta$, d.h., beide Spannungen haben entgegengesetzte Richtung (⊗ bzw. ⊙) und addieren sich somit bei Bildung des Umlaufs in der Schleife. Es wird also aus Gl. (3.27) mit den Bezeichnungen im Bild 3.70b

$$E = E_0 + E_u = 2E_0 = 2vbBw \sin \beta .$$

Nun ist die Winkelgeschwindigkeit ω definiert durch die Winkeländerung $\mathrm{d}\beta$ je Zeiteinheit $\mathrm{d}t$:

$$\omega = \frac{\mathrm{d}\beta}{\mathrm{d}t}.$$

Also wird bei $\omega =$ konst. und mit $v = \mathrm{d}s/\mathrm{d}t$, $\mathrm{d}s = (a/2)\,\mathrm{d}\beta$

$$\beta = \omega t \quad \text{und} \quad v = \frac{a}{2}\frac{\mathrm{d}\beta}{\mathrm{d}t} = \frac{a}{2}\,\omega .$$

Mit $ab = A$ (Spulenfläche) ergibt sich

$$E = \omega A w B \sin \omega t .$$

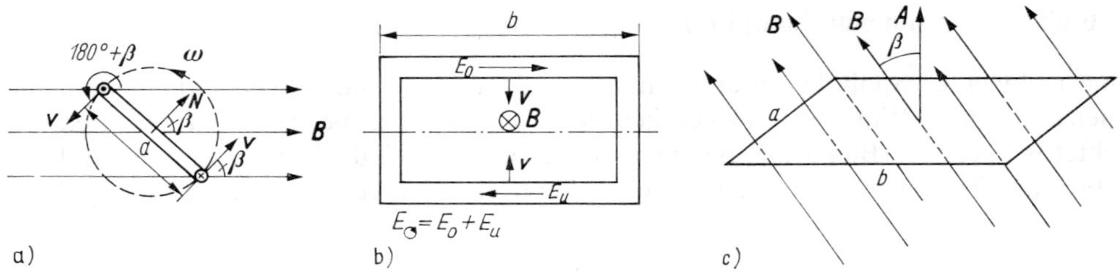

Bild 3.70

a) Beobachter außerhalb der Schleife; Schleife dreht sich, Magnetfeld ist zeitlich konstant
b) Beobachter auf der Schleife; innerhalb der Schleife ändert sich B zeitlich

Für den Beobachter auf der Schleife ruht diese (vgl. Aufg. 3.29). Er stellt jedoch eine ständige Richtungsänderung des Vektors $\boldsymbol{B}$ fest (Bild 3.70c). Für ihn existiert eine zeitliche Änderung des von der ruhenden Spule umfaßten Flusses (Ruheinduktion):

$$E = -w\frac{\mathrm{d}\Phi}{\mathrm{d}t} = -w\frac{\mathrm{d}}{\mathrm{d}t}(\boldsymbol{B}\cdot\boldsymbol{A}) = -wBA\frac{\mathrm{d}}{\mathrm{d}t}(\cos\beta) = wBA\sin\beta\frac{\mathrm{d}\beta}{\mathrm{d}t}.$$

Mit $\mathrm{d}\beta/\mathrm{d}t = \omega$, also $\beta = \omega t$ wird

$$E = \omega A w B \sin\omega t.$$

Diskussion

Die beiden Beobachter gelangen zu dem gleichen Ergebnis, haben jedoch „verschiedene" Begründungen (1. bzw. 2. Summand in Gl. (3.28)).

Aufgabe 3.32 Ruhe- und Bewegungsinduktion

Eine Rechteckspule (Seiten a, b: Windungszahl w) wird unter der Neigung α mit der Geschwindigkeit $v(t) = \mathrm{d}x/\mathrm{d}t$ aus ihrer Anfangslage ($x = 0$) durch ein in Bewegungsrichtung unbegrenztes homogenes Magnetfeld $B(t)$ bewegt (Bild 3.71).

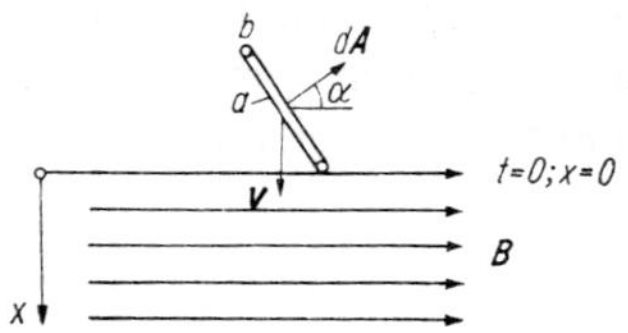

Bild 3.71

Berechne die in der Spule induzierte Spannung, wenn Geschwindigkeit und Flußdichte zeitabhängig sind!
Es soll gelten:

$$v = v_0\frac{t}{T} \quad \text{bzw.} \quad B = B_1\left(\frac{t}{T}\right)^2.$$

Lösungshinweis

Man betrachte den Vorgang aufgelöst in 2 Zeitabschnitte, die durch t_1, den Zeitpunkt völligen Eintauchens der Spule in das Magnetfeld, abgegrenzt sind. Je nach dem Standort der Betrachtung, auf der Schleife oder im Koordinatensystem des Magnetfeldes, sind die Gln. (3.22) bzw. (3.28) anzuwenden (vgl. Aufg. 3.29). Bei Anwendung von (3.28) betrachten wir die Spule zu einer bestimmten Zeit in einer zugeordneten Lage und berechnen in Ruhestellung die induzierte Spannung bei zeitlicher Änderung der Induktion und bei Bewegung in zeitlich zugeordnetem Induktionswert.

Lösung

Wir betrachten den Vorgang von dem Koordinatensystem aus, in dem $v(t)$ und $B(t)$ gegeben sind. Dann stellen wir fest:
Es bewegen sich Leiter im Magnetfeld, und außerdem ändert sich innerhalb der bewegten Schleife die Flußdichte zeitlich. Wir wenden Gl. (3.23) an:

$$E = -\int \frac{\partial \boldsymbol{B}}{\partial t} \cdot \mathrm{d}\boldsymbol{A} + \oint (\boldsymbol{v} \times \boldsymbol{B}) \cdot \mathrm{d}\boldsymbol{s}.$$

Wir unterteilen den Zeitverlauf der induzierten Spannung in 2 Zeitbereiche: $t_1 \geqq t \geqq 0$ und $t > t_1$, wobei t_1 der Moment ist, in dem die Oberkante der Spule ins Magnetfeld „eintaucht". Diese Zeit t_1 ergibt sich aus $x_1 = \int_0^{t_1} v \, \mathrm{d}t = a \cos \alpha$ (Bild 3.72b). Mit gegebener Zeitfunktion $v(t)$ wird $t_1 = \sqrt{(2aT \cos \alpha)/v_0}$. Für $t > t_1$ ergibt die Verschiebung der Spule keine induzierte Spannung, da das Magnetfeld homogen ist und in der oberen Spulenkante die gleiche Spannung induziert wird wie in der unteren Kante (vgl. Aufgabe 3.29). Von diesem Moment an ergibt nur das 1. Glied einen Beitrag. Bei w Windungen der Spule ist also

$$E(t > t_1) = -w \int \frac{\partial B}{\partial t} \, \mathrm{d}\boldsymbol{A} = -w \int \frac{\partial B}{\partial t} \, \mathrm{d}A_\perp .$$

Da das $\boldsymbol{B}$-Feld homogen ist, kann man mit $A_\perp = ab \cos \alpha$ (Bild 3.72b) schreiben

$$E(t > t_1) = -wA_\perp \frac{\mathrm{d}B}{\mathrm{d}t} = -2wab (\cos \alpha) \frac{B_1 t}{T^2}$$

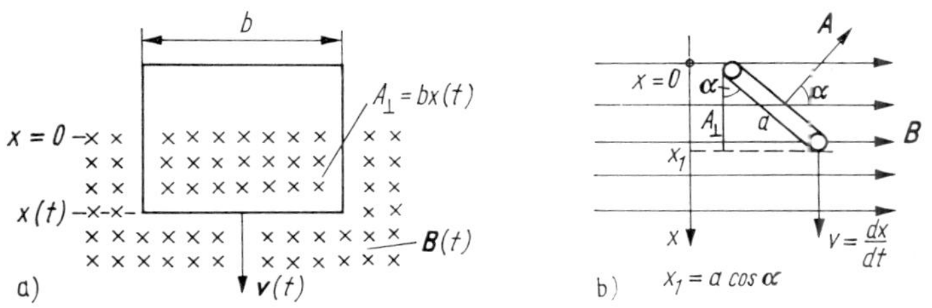

Bild 3.72

Mit obigem Ausdruck für t_1 wird

$$E(t > t_1) = -wB_1 v_0 b \, (t_1/T)^2 \, (t/T).$$

In der *Eintauchphase* $t_1 \geqq t \geqq 0$ gibt es einen zusätzlichen Anteil durch Bewegungsinduktion:
Zur Zeit t in diesem Intervall ist die vom Fluß durchsetzte Spulenfläche $A(t) = bx(t) = b \int_0^t v(t') \, \mathrm{d}t'$ (Bild 3.72a). In dem Term der Bewegungsinduktion ist der Vektor $\boldsymbol{v}$ stets senkrecht zu $\boldsymbol{B}$ gerichtet, und $\mathrm{d}\boldsymbol{s}$ längs der Spulenseite b liegt bei Bezugsrichtung in Rechtsschraube zu $\boldsymbol{B}$ entgegen der Richtung des Vektors $\boldsymbol{v} \times \boldsymbol{B}$, so daß bei örtlich konstantem B längs b gilt $\oint (\boldsymbol{v} \times \boldsymbol{B}) \cdot \mathrm{d}\boldsymbol{s} = -vBb$; bei w Windungen also ergeben beide Terme

$$E(t \leqq t_1) = -wb \frac{\mathrm{d}B}{\mathrm{d}t} \int_0^t v \, \mathrm{d}t' - wv(t) \, B(t) \, b. \tag{a}$$

Mit gegebenen Zeitfunktionen wird daraus

$$E(t \leqq t_1) = -2wB_1v_0b\,(t/T)^3.$$

Der Ausdruck (a) wird auch von einem Beobachter im Koordinatensystem, in dem die Schleife ruht, als reine Ruheinduktion ermittelt. Dieser stellt keine Bewegung eines Leiters im Magnetfeld fest, statt dessen zu einer bestimmten Zeit t erstens eine zeitliche Veränderung der Flußdichte in einem begrenzten Teil der von der Spule umrandeten Fläche $A = ab$, wobei der Vektor $\boldsymbol{B}$ örtlich konstant ist und mit dem Flächenvektor einen Winkel α einschließt (Bild 3.73 a). Zweitens stellt er fest, daß dieser sich zeitlich ändernde Fluß einen immer mehr anwachsenden Flächenteil durchsetzt. Diese beiden Feststellungen modifizieren (3.22):

$$E = -w\frac{\mathrm{d}\Phi}{\mathrm{d}t} = -w\frac{\mathrm{d}}{\mathrm{d}t}[\boldsymbol{B}(t)\cdot\boldsymbol{A}(t)] = -w\frac{\mathrm{d}B}{\mathrm{d}t}\cos\alpha A\,(t) - wB\,(t)\cos\alpha\frac{\mathrm{d}A\,(t)}{\mathrm{d}t}.$$

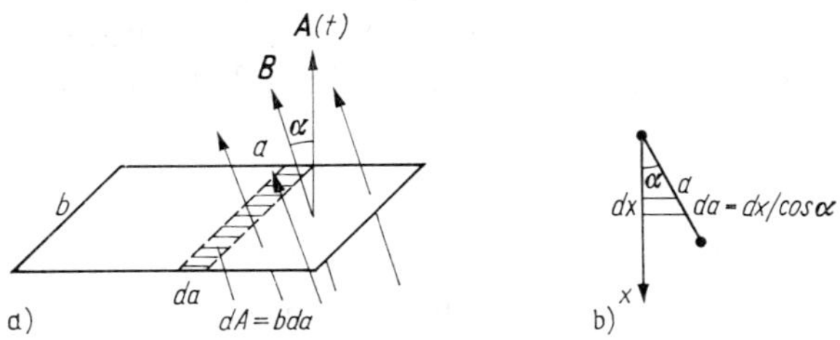

Bild 3.73

Nun ist mit den Angaben in den Bildern 3.73 a und b $\mathrm{d}A = b\,\mathrm{d}a$; $\mathrm{d}a = \mathrm{d}x/\cos\alpha = v\,\mathrm{d}t/\cos\alpha$; also

$$\frac{\mathrm{d}A}{\mathrm{d}t} = \frac{bv}{\cos\alpha} \quad \text{und} \quad A(t) = \int b\,\mathrm{d}a = \frac{b}{\cos\alpha}\int_0^t v\,\mathrm{d}t'.$$

Damit wird in Übereinstimmung mit (a)

$$E(t) = -wb\frac{\mathrm{d}B}{\mathrm{d}t}\int_0^t v\,\mathrm{d}t' - wB\,(t)\,bv\,(t).$$

Aufgabe 3.33 Ruhe- und Bewegungsinduktion

Eine Rechteckspule mit w Windungen dreht sich in einem homogenen Magnetfeld (wie Bild 3.69), welches sich jedoch – im Unterschied zur Aufgabe 3.31 – zeitlich kosinusförmig ändert:
$B = \hat{B}\cos\omega_1 t$ ($\omega_1 = 2\pi f_1$ Winkel- oder Kreisfrequenz; f_1 Frequenz).
Berechne die in der Drehspule induzierte Spannung, und diskutiere das Ergebnis bezüglich einer Änderung der Winkelgeschwindigkeit der Spule $\omega = \mathrm{d}\beta/\mathrm{d}t$ und der Winkelfrequenz ω_1 des Feldes.

Lösungshinweis

Vergleiche Aufgabe 3.31! Hier ist das „vollständige" Induktionsgesetz (3.28) anzuwenden, da auch bei ruhender Spule eine Spannung induziert wird.
Wir betrachten die Spule zu einer bestimmten Zeit t in einer bestimmten Lage (Winkel β, Bild 3.69) und berechnen die induzierte Spannung bei Stillstand mit zeitlicher Änderung des Flusses sowie bei zeitlich konstantem Flußwert und Bewegung der Spule mit $\omega = \mathrm{d}\beta/\mathrm{d}t$ (s. auch Aufg. 3.32).

Lösung

Die induzierte Spannung ergibt sich bei w Windungen nach (3.28) zu

$$E(t) = -w \int \frac{\partial \boldsymbol{B}}{\partial t} \, \mathrm{d}\boldsymbol{A} + w \oint (\boldsymbol{v} \times \boldsymbol{B}) \, \mathrm{d}\boldsymbol{s},$$

wobei das „+"-Zeichen für das Rechtsdreibein $\boldsymbol{v} - \boldsymbol{B} - \mathrm{d}\boldsymbol{s}$ als Bezugsrichtung gilt, während für den 1. Term die Rechtsschraube zu $\boldsymbol{B}$ das Vorzeichen bestimmt. Beide Bezugsrichtungen stimmen in diesem Fall überein (Bild 3.70b).
Das $\boldsymbol{B}$-Feld ist homogen und $\boldsymbol{B} \cdot \boldsymbol{A} = BA \cos \beta$ (Bild 3.69). Im 2. Term ergibt für einen Umlauf in Rechtsschraube zu $\boldsymbol{B}$: $\oint (\boldsymbol{v} \times \boldsymbol{B}) \, \mathrm{d}\boldsymbol{s} = 2vBb \sin \beta$ (Bild 3.70a und b).
Also wird (vgl. bezüglich des 2. Terms Lösung in Aufg. 3.31):

$$E(t) = -wab \cos \beta \, \frac{\mathrm{d}B}{\mathrm{d}t} + 2wvBb \sin \beta .$$

Mit $v = \omega a/2$ (Bild 3.70a), $B = \hat{B} \cos \omega_1 t$, $\beta = \omega t$ und $ab = A$ (Spulenfläche) wird

$$E(t) = w\omega_1 A\hat{B} \sin \omega_1 t \cos \omega t + w\omega A\hat{B} \cos \omega_1 t \sin \omega t .$$

Setzen wir noch $\hat{B}A = \hat{\Phi}$, maximaler Fluß, den die Spule in Stellung $\beta = 0$ und $B = \hat{B}$ umfassen kann (Rechengröße), so wird

$$E(t) = w\hat{\Phi} \, (\omega_1 \sin \omega_1 t \cos \omega t + \omega \cos \omega_1 t \sin \omega t) .$$

Daraus folgt für
$\omega = 0$: Spulenstillstand; nur Ruheinduktion

$$E(t) = w\omega_1 \hat{\Phi} \sin \omega_1 t ,$$

$\omega_1 = 0$: $B =$ konst. (wie Aufg. 3.31): $E(t) = w\omega\hat{\Phi} \sin \omega t$,
$\omega_1 = \omega$: Überlagerung beider Erscheinungen: $E(t) = w\omega\hat{\Phi} \sin 2\omega t$.

Aufgabe 3.34 Wirbelströme, Lamellierung

Beschreibe das Auftreten von Wirbelströmen

a) in einem zylindrischen Eisenanker, der in einem Magnetfeld rotiert (Bild 3.74)
b) in dem Eisenkern einer Spule, die von einem zeitlich veränderlichen Strom durchflossen wird, und begründe die Lamellierungsmaßnahmen zur Herabsetzung der Wirbelstromeinflüsse in diesen Eisenkörpern!

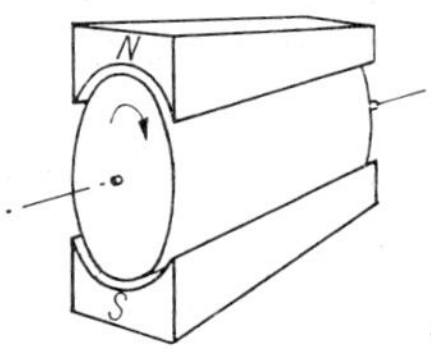

Bild 3.74

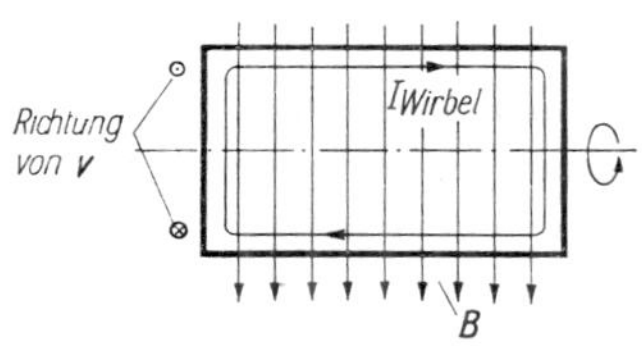

Bild 3.75

Lösung

a) Eine solche Anordnung tritt uns z. B. bei dem Rotor einer Gleichstrommaschine entgegen. Wie wir in Aufgabe 3.30 kennenlernten, hat der zylindrische Eisenkern den Zweck, den für die rotierenden Windungen notwendigen Luftspalt möglichst klein zu halten, um bei vorgegebener Durchflutung einen hohen Fluß zu erzielen. Die Induktionserscheinung in den Windungen erfolgt nach dem Prinzip: Relativbewegung eines Leiters gegenüber einem zeitlich konstanten Magnetfeld. Rotiert nun, wie es in vielen Anordnungen der Fall ist, der zylindrische Eisenkern, der dann gleichzeitig der Träger der Leiterwindungen ist, so gilt für ihn das gleiche wie für die Windungen. Ebenfalls aus leitendem Material bestehend, bewegt er sich relativ zum zeitlich konstanten Magnetfeld. Also wird auch in ihm eine Umlaufspannung induziert, die im leitenden Kern einen sog. Wirbelstrom antreibt. Die Spannung ist dort am größten, wo $\boldsymbol{v} \times \boldsymbol{B}$ maximal ist, also an der Oberfläche unter den Polen (Bild 3.75). Diese Ströme sind normalerweise unerwünscht, da sie den Kern erwärmen. Man kann sie weitgehend unterdrücken, indem man den Kern lamelliert, d.h. ihn aus einzelnen, dünnen Kreisscheiben schichtet, die gegeneinander durch eine dünne, aufgeklebte Papierschicht oder durch eine Lackhaut isoliert werden. Jetzt kann nur noch in jedem Blech ein verhältnismäßig kleiner Wirbelstrom entstehen, da für die Umlaufspannung die Blechdicke maßgebend ist und der Widerstand der Strombahn in dem dünnen Blech viel größer ist. Das bewirkt also insgesamt eine wesentliche Herabsetzung der Wirbelstromverlustleistung (proportional I^2_{Wirbel}, vgl. Aufg. 3.26d).

b) Natürlich können auch in ruhenden Leitern bei zeitlich veränderlichem Magnetfeld Wirbelströme entstehen, wenn die Leiter geschlossen sind.
Diese Verhältnisse liegen in Spulen- und Transformatorenkernen vor. Wenn die Wicklung von einem zeitlich veränderlichen Strom durchflossen wird, ruft sie nach dem Durchflutungsgesetz im Kern einen zeitlich veränderlichen Fluß hervor, der wiederum nach dem Induktionsgesetz von einer elektrischen Feldstärke umwirbelt wird. Im Eisen, einem elektrischen Leiter, wird in Richtung dieser elektrischen Feldstärke ein Leitungsstrom, der hier unerwünschte Wirbelstrom, fließen (vgl. Aufgaben 3.25 und 3.26). Um die damit durch Erwärmung des Eisens verbundenen Leistungsverluste zu vermindern, schichtet man auch hier den Kern aus einzelnen dünnen, gegeneinander isolierten Kernblechen. Die Schichtung erfolgt senkrecht zur Flußrichtung, damit also in Richtung des Wirbelstromes. Weil mit wachsender Frequenz der zeitlichen Änderung die Blechdicke immer weiter herabgesetzt werden muß, geht man bei Hochfrequenz auf „Massekerne" über. Das sind Kerne, die aus einer Mischung feinsten Eisenpulvers mit Isolierharz gepreßt werden.

3.3 Selbst- und Gegeninduktion

Ein Strom ist stets in sich geschlossen und wird immer von einem magnetischen Fluß umwirbelt. Bei zeitlicher Änderung wird der Fluß wiederum von einem induzierten elektrischen Feldstärkefeld umwirbelt. Diese Wirbelverkoppelung ist so gerichtet, daß der Feldstärkewirbel den flußerzeugenden Stromkreis selbst oder auch einen anderen elektrischen Kreis beeinflußt, in ihm eine EMK induziert, die bei Gleichstrom nicht auftritt. Diese „selbstinduzierte" bzw. in oder von einem anderen Stromkreis „gegeninduzierte" Spannung wird durch einen Zweipol „Selbstinduktivität", im eigenen Stromkreis bzw. durch einen Vierpol, „Gegeninduktivität", zwischen den beiden beteiligten Stromkreisen zum Ausdruck gebracht. Durch die Schaltsymbole für (Selbst-)Induktivität L und Gegeninduktivität M werden für die Berechnung elektrischer Stromkreise die induzierten Spannungen in die Rechnung einbezogen, ohne daß bei gegebenem L bzw. M eine Flußberechnung durchgeführt werden muß.

Selbstinduktivität

Definition von L (*statische Induktivität*, Gleichstrominduktivität):

$$L = \frac{\Psi}{I}. \tag{3.29}$$

Ψ ist der Induktionsfluß [s. Gl. (3.24)], der mit dem Strom I verkoppelt ist und von dem Stromkreis mit dem Strom I, eventuell durch mehrfache Umschlingung, umfaßt wird. Schließt man bei Ψ den Fluß Φ_i im Inneren des stromdurchflossenen Leiters aus und berücksichtigt nur den äußeren Fluß Φ_a, so spricht man von der *äußeren Induktivität*

$$L_a = \Psi_a/I.$$

Genaugenommen ist $\Psi = \Psi_i + \Psi_a$, also $L = L_i + L_a$ ($L_i = \Psi_i/I$ *innere Induktivität*). Da aber im allgemeinen $L_i \ll L_a$ ist, gilt dann $L \approx L_a$.

Differentielle Induktivität L_d

Definition:

$$L_d = \frac{d\Psi}{dI}, \tag{3.30}$$

d.h., L_d ist proportional der Steigung der Tangente an die Kurve $\Psi(I)$.
Mit Gl. (3.29) wird

$$L_d = L + I\frac{dL}{dI}. \tag{3.30a}$$

Tafel 3.6 gibt im Überblick die Gleichungen zur Berechnung von L und deren Vereinfachungen bei bestimmten Annahmen an.

Tafel 3.6 Berechnung von Induktivitäten

Allgemein

$$L = \frac{\Psi}{I} = \frac{\sum_{\nu=1}^{w} \Phi_\nu}{I} \tag{3.29}$$

↓ Annahme 1:
Alle w Windungen umfassen gleichen Fluß Φ
$\Psi = w\Phi$

$$L = \frac{w\Phi}{I} \tag{3.29a}$$

↓ Annahme 2:
Magnetischer Widerstand angebbar
$R_m = \frac{\Theta}{\Phi} = \frac{Iw}{\Phi}$

$$L = \frac{w^2}{R_m} \tag{3.29b}$$

Induzierte Spannung

Mit $\Psi = LI$ wird mit $I(t) \equiv i$ und mit stromabhängigem L aus Gl. (3.23b)

$$e_{\text{ind}} = -\frac{d\Psi}{dt} = -\left(L\frac{di}{dt} + i\frac{dL}{di}\frac{di}{dt}\right) = -L_d\frac{di}{dt}. \tag{3.31}$$

Für L = konst. wird mit Gl. (3.30a) $L_d = L$ und

$$e_{\text{ind}} = -L\frac{di}{dt}. \tag{3.32}$$

e_{ind} wirkt bei $di/dt > 0$ dem Strom *entgegen*. Wird also an den Klemmen einer stromdurchflossenen Schleife (Induktivität L) der Spannungsabfall u in Richtung des Stromes i positiv eingeführt, so wird mit den Bezugsrichtungen für u und i nach Bild 3.76:

$$u = \frac{d\Psi}{dt} = L\frac{di}{dt}. \tag{3.34}$$

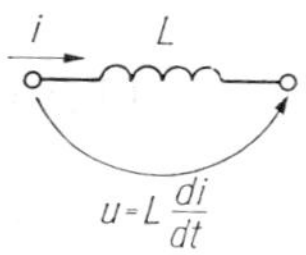

Bild 3.76

Zusammenschaltung mehrerer Induktivitäten *ohne* magnetische Verkoppelung:

Reihenschaltung

$$L = \Sigma L_\nu, \tag{3.36a}$$

Parallelschaltung

$$\frac{1}{L} = \Sigma\frac{1}{L_\nu}. \tag{3.36b}$$

Notwendige Bedingung für den Strom durch eine Induktivität:

> Der Strom durch eine Induktivität kann sich nicht sprunghaft ändern. Er muß stetig sein.

Maschengleichungen für eine Spule mit Induktivität L (Induktionsfluß Ψ), Widerstand R, bei zeitlich sich änderndem Strom i:
Klemmenspannung

$$u = \frac{d\Psi}{dt} + Ri = L\frac{di}{dt} + Ri. \tag{3.35}$$

Aufgabe 3.35 Induktivität einer Paralleldrahtleitung und einer Koaxialleitung

Mit den Ergebnissen der Berechnung der Magnetfelder einer Paralleldrahtleitung in Aufgabe 3.5 und einer Koaxialleitung in Aufgabe 3.6 sollen die Induktivitäten je Längeneinheit ohne Berücksichtigung der Magnetfelder innerhalb der Leitungen, d. h. die äußeren Induktivitäten, berechnet werden.
Berechne als Beispiele die Induktivität je Kilometer Leitungslänge für eine Freileitung (Leiterradius 2 mm, Abstand 30 cm) und für ein Koaxialkabel (Mantelradius 6 mm; Innenleiterradius 0,5 mm)!

Lösungshinweis

Auf Grund der Definitionsgleichung (3.29) berechnen wir den Fluß für eine Leiterlänge l bei einem vorgegebenen Strom und dividieren durch diesen Strom. Auf Grund der Linearität ($\mu = \mu_0 =$ konst.) kürzt sich der vorgegebene Strom heraus.

Lösung

Paralleldrahtleitung: In Aufgabe 3.5 ergibt sich der Fluß zwischen den Leitern (Länge l, Radius R, Abstand d)

$$\Phi = I \frac{\mu_0 l}{\pi} \ln\left(\frac{d}{R} - 1\right).$$

Mit (3.29) wird die Induktivität je Längeneinheit

$$\frac{L}{l} = \frac{\mu_0}{\pi} \ln\left(\frac{d}{R} - 1\right).$$

Beispiel: Freileitung $R = 2$ mm; $d = 30$ cm $\cdot L/l \approx 2$ mH/km.

Koaxialleitung: In Aufgabe 3.6 wird die Abhängigkeit der magnetischen Feldstärke von Achsabstand r einer Koaxialleitung mit Innenleiterradius r_i und Außenleiterradius r_a berechnet. Für den hier interessierenden Zwischenraum ergibt sich

$$H(r) = I/(2\pi r), \quad r_i \leqq r \leqq r_a.$$

Damit wird für eine Leitungslänge l der Fluß

$$\Phi = \int \boldsymbol{B} \cdot \mathrm{d}\boldsymbol{A} = \mu_0 \int \boldsymbol{H} \cdot \mathrm{d}\boldsymbol{A} = \mu_0 \int H \, \mathrm{d}A_\perp.$$

$\mathrm{d}A_\perp$ ist das an der Stelle r von H senkrecht durchsetzte Flächenelement. Da $H(r)$ sich längs l nicht ändert, kann für $\mathrm{d}A$ ein Streifen $\mathrm{d}A = l\,\mathrm{d}r$ angesetzt werden (vgl. Bild 3.56). Damit wird

$$\Phi = \frac{\mu_0 I l}{2\pi} \int_{r_i}^{r_a} \frac{\mathrm{d}r}{r} = I \frac{\mu_0 l}{2\pi} \ln \frac{r_a}{r_i}.$$

Mit (3.29) wird $L = \Phi/I$ und die Induktivität je Längeneinheit

$$\frac{L}{l} = \frac{\mu_0}{2\pi} \ln \frac{r_a}{r_i}.$$

Beispiel: $r_a = 6$ mm; $r_i = 0{,}5$ mm (Koaxialkabel): $L/l = 0{,}5$ mH/km.

Aufgabe 3.36 Induktivität einer Eisenkernspule

Gegeben ist ein Eisenkern aus Dynamoblech in M-Schnitt (Bild 3.31 a). Der Spulenkörper (Bild 3.31 b) über dem Mittelschenkel ist mit $w = 300$ Windungen vollgewickelt. Der Luftspalt δ kann 0; 0,1; 0,35; 0,5 und 1 mm betragen[1]). Das Magnetfeld in den Schenkeln wird homogen angenommen.

a) Berechne die Abhängigkeit der Induktivität L vom Luftspalt δ und stelle sie normiert dar (Abmessungen Bild 3.31 a, $\mu_r =$ konst. $= 1200$)!

[1]) Luftspalt 0 mm wird durch abwechselndes „Einfädeln" der Kernbleche von beiden Seiten des Spulenkörpers erreicht.

b) Berechne die Abhängigkeit des Stromes I vom Luftspalt δ für eine Flußdichte $B = 1\ \text{V·s/m}^2$ im Luftspalt und stelle $I(\delta)$ normiert dar!
c) Welcher Drahtdurchmesser ist zu wählen (Füllfaktor $k = 0{,}6$), und wie groß ist der ohmsche Widerstand der Spule (Drahtlänge = w · mittlere Windungslänge; Abmessungen Bild 3.31 b)?
d) Wie groß ist die Spannung zwischen den Klemmen der Spule, wenn bei $\delta = 0$ und $\delta = 1$ mm der in b) berechnete Strom zeitlinear im Zeitintervall $\tau = 0{,}5$ m abgeschaltet wird?

Lösungshinweis

a) Tafel 3.6; μ = konst. heißt: $\Psi(I)$ ist durch eine Gerade durch den Nullpunkt darstellbar.
b) Mit Lösung a) ist die Rechnung einfacher als die $\Phi(I)$-Berechnung, z.B. nach Aufgabe 3.14.
c) Vergleiche Aufgabe 1.15!
d) Da die Induktivität L bekannt ist, kann man sich die bei Anwendung der Gl. (3.23c) erforderliche Φ-Berechnung ersparen.

Lösung

a) Wegen der Homogenität des Feldes können wir hier (3.29b) (Tafel 3.6) anwenden. Dabei kann man infolge der Symmetrie des Eisenkreises, von der Spule aus gesehen, die Berechnung des magnetischen Widerstands vereinfachen wie in Aufgabe 3.16 (s. auch Skizze im Bild 3.22). Bezeichnen wir mit R_{me} den magnetischen Widerstand der Spule im Eisen und R_{ml} den des Luftspalts, so ist der gesamte magnetische Widerstand

$$R_m = R_{me} + R_{ml}.$$

Für beide Anteile können wir wegen angenommener Homogenität des Feldes die Dimensionierungsgleichung (3.18a) in Tafel 3.2 ansetzen.
Mit mittlerer Eisenlänge l_e, Eisenquerschnitt im Mittelschenkel A, Luftspalt δ und $\mu_e = \mu_0\mu_r$ wird

$$R_m = \frac{l_e}{\mu_e A} + \frac{\delta}{\mu_0 A} = \frac{l_e}{\mu_e A}\left(1 + \mu_r \frac{\delta}{l_e}\right)$$

und

$$L = \frac{w^2}{\dfrac{l_e}{\mu_e A}\left(1 + \mu_r \dfrac{\delta}{l_e}\right)}.$$

Für die Normierung benutzen wir als Bezugsinduktivität diejenige, die bei dem Luftspalt $\delta = 0$ mm vorliegt. Sie lautet

$$L_0 = w^2 \mu_e A / l_e.$$

Damit wird mit der mittleren Eisenlänge $l_e = 155$ mm und $\mu_r = 1200$ (Bilder 3.31a und 3.32)

$$\frac{L}{L_0} = \frac{1}{1 + \mu_r \dfrac{\delta}{l_e}} = \frac{1}{1 + 1200\,\dfrac{\delta}{155\ \text{mm}}} = \frac{1}{1 + 7{,}74\ \delta/\text{mm}}.$$

Diese Funktion ist im Bild 3.77a angegeben, wobei z.B. $L/L_0 = 1/2$ bei $\mu_r\delta/l_e = 1$, d.h. bei $\delta = 0{,}13$ mm wird. Für die vorgegebenen Luftspalte $\delta = 0$; 0,1; 0,35; 0,5 und 1 mm sind die Werte L/L_0 im Diagramm eingetragen.

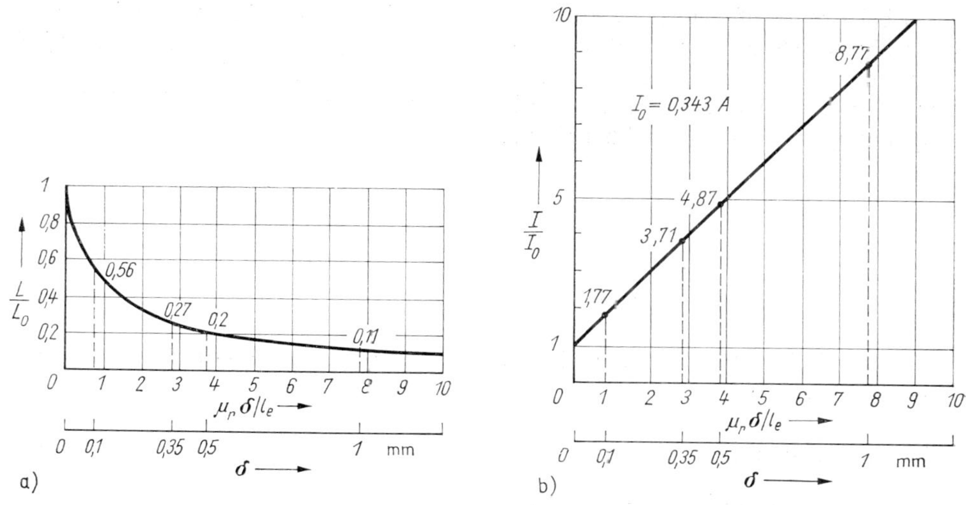

Bild 3.77

L_0 wird mit $w = 300$ und $A = 5{,}2\ \text{cm}^2$ (Bild 3.31 a)[1])

$$L_0 = \frac{w^2 \mu_0 \mu_r A}{l_e} = 0{,}455 H.$$

b) Auf Grund der Definitionsgleichung (3.29) für die Induktivität ergibt sich sofort $I = \Psi/L$. Mit (3.24a) ist $\Psi = wBA$ und mit Ergebnis a) für L ergibt sich die Abhängigkeit $I(\delta)$ zu

$$I = \frac{wBA}{L_0}\left(1 + \mu_r \frac{\delta}{l_e}\right) = I_0\,(1 + 7{,}74\ \delta/\text{mm}),$$

wobei $I_0 = I\,(\delta = 0) = wBA/L_0$ ist.
Für $B = 1\ \text{V}\cdot\text{s/m}^2$ wird $I_0 = 0{,}343$ A.
$I/I_0 = f(\delta)$ ist im Bild 3.77 b angegeben. Die Werte für die gegebenen Luftspalte sind eingetragen.

c) Es sind $w = 300$ Windungen im Wickelfenster $F = (38{,}6 \times 10{,}1)\ \text{mm}^2$ (Bild 3.31 b) unterzubringen. Bei einem Füllfaktor $k = 0{,}6$ ergibt sich ein gesamter Kupferquerschnitt $k \cdot F = 234\ \text{mm}^2$, je Windung also $0{,}78\ \text{mm}^2$, und ein Drahtdurchmesser von 1 mm. Um den Widerstand der Spule zu berechnen, braucht man die Drahtlänge $l = wl_m$ (l_m mittlere Windungslänge). Aus Bild 3.31 b ermittelt man $l_m = 2\,(30{,}7 + 37{,}9)$ mm $= 13{,}72$ cm.
Damit wird $l = 411{,}6$ m und mit $\varrho = 17{,}5\ \text{m}\Omega\cdot\text{mm}^2/\text{m}$ wird $R = 9{,}2\ \Omega$.

d) Die Klemmenspannung ergibt sich aus dem ohmschen Spannungsabfall und der induzierten Spannung (Bild 3.78) zu

$$u = Ri + L\frac{\mathrm{d}i}{\mathrm{d}t}.$$

Dabei ist $i = I\,(1 - t/\tau) = I\,(1 - 2t/\text{ms})$.

[1]) Infolge der Blechisolation ist der Kernquerschnitt A_k größer als der effektive Eisenquerschnitt $A_e = k_e A_k$. Der Füllfaktor $k_e = 0{,}9 \ldots 0{,}97$ je nach Isolation. Dies wird hier vernachlässigt ($k_e = 1$).

Da bei 1 mm Luftspalt der Strom $I = 3$ A beträgt (Bild 3.77b), wird mit $R = 9{,}2\ \Omega$ der ohmsche Spannungsabfall maximal etwa 28 V, die induzierte Spannung ist jedoch etwa eine Größenordnung höher. Für diese gilt $u_L = -LI/\tau$. Die Ströme in b) wurden mit der Annahme $B =$ konst., also $\Psi =$ konst. berechnet. Damit ist die induzierte Spannung $u_L = -\Psi/\tau$ unabhängig vom Luftspalt.

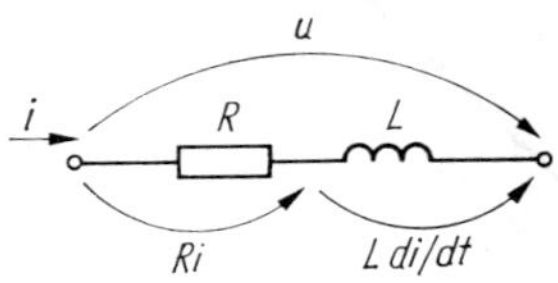

Bild 3.78

Mit $\Psi = L_0 I_0 = 0{,}455\ \text{V·s/A} \cdot 0{,}343\ \text{A} = 0{,}156\ \text{V·s}$ wird $u_L = -0{,}156\ \text{V·s} \cdot 2 \cdot 10^3\ \text{s}^{-1} = -312$ V.

Die Gesamtspannung wird

$$u = RI(1 - 2t\ \text{ms}) - 312\ \text{V}.$$

Bei $\delta = 0$ ist $I = I_0 = 0{,}343$ A, und bei $\delta = 1$ mm ist $I = 3$ A; $R = 9{,}2\ \Omega$.
Also wird für $0 \leqq t \leqq 0{,}5$ ms:

$$\delta = 0: \quad u = -(308{,}8 + 6{,}4\ t/\text{ms})\ \text{V}$$

$$\delta = 1\ \text{mm}: u = -(284{,}4 + 55{,}2\ t/\text{ms})\ \text{V}.$$

In beiden Fällen nach $t = 0{,}5$ ms steigt die Spannung bis -312 V an.

Diskussion

Zu a) Der magnetische Fluß fällt bei $I =$ konst. anfangs mit zunehmendem Luftspalt relativ rasch ab, da zunächst eine Luftspaltänderung den magnetischen Gesamtwiderstand sehr stark beeinflußt. In gleicher Weise wird die Induktivität kleiner, was auch aus Gl. (3.29), $L = \Psi/I$, folgt.

Zu b) und c) Soll bei wachsendem Luftspalt und damit größer werdendem magnetischem Gesamtwiderstand der Fluß bzw. die Flußdichte konstant gehalten werden, so kann dies nur durch Erhöhung der MMK, d.h., hier durch Erhöhung des Erregerstroms geschehen [Gl. (3.6a)]. Bei konstantem Spulenwiderstand bedingt das wiederum eine Vergrößerung der angelegten Spannung.

Zu d) Die Rechnung zeigt, daß hier die Selbstinduktionsspannung nicht vom Luftspalt abhängt. Die induzierte Spannung ist nämlich nicht nur von der zeitlichen Änderung des Stromes i, sondern von der des Produkts Li abhängig. Letzteres ist aber nach Gl. (3.29) gleich dem Induktionsfluß, der voraussetzungsgemäß konstant ist ($B =$ konst. $\rightarrow \Phi =$ konst.).

Bei einer Berechnung der Induktivität unter Beachtung des nichtlinearen $B(H)$-Verlaufs von Dynamoblech (z.B. Bild 3.23) ist zu beachten, daß a) ohne Zusatzangaben nicht lösbar ist, denn $L = \Psi/I$ ist vom Strom abhängig. Geometrisch gedeutet ist L proportional der Steigung der Sekante in einem Punkt des $\Psi(I)$-Verlaufs, der allgemein Hysteresecharakter aufweist. Mit zunehmendem Luftspalt wird der $\Phi(V)$-Verlauf immer stärker linearisiert (z.B. Bild 3.32), und dann kann man von annähernder Unabhängigkeit der Induktivität vom Strom sprechen (Überwiegen des Luftspaltwiderstands). Dies soll in der nächsten Aufgabe untersucht werden.

Aufgabe 3.37 Nichtlineare Induktivität

Gegeben die Eisenkernspule nach Aufgabe 3.36. Im Gegensatz zu Aufgabe 3.36 soll μ_r nicht konstant sein, sondern die Abhängigkeit $B(H)$ des Eisenblechs soll wie im Bild 3.23a verlaufen.

a) Berechne durch Wahl verschiedener B-Werte die Abhängigkeit der Induktivität L vom Strom bei den in Aufgabe 3.36 angegebenen Luftspalten δ und stelle diese grafisch dar!
b) Ermittle daraus $L/L_0 = f(\delta)$ für $I =$ konst. ($I = 0{,}1$ A und $I = 0{,}5$ A), wobei L_0 der jeweilige Wert für L bei $\delta = 0$ ist!
c) Kann der Verlauf $L/L_0 = f(\delta)$ für $B =$ konst. (z.B. $B = 1\ \mathrm{V{\cdot}s/m^2}$) „linear“ berechnet werden wie in Aufgabe 3.36a?

Lösungshinweis

Man könnte aus der gegebenen $B(H)$-Kennlinie des Eisenblechs $\mu_r = B/(\mu_0 H)$ berechnen (s. Bild 3.23b). Dies ist jedoch i.allg. wertlos, da man den Arbeitspunkt der Spule im Betriebsfall nicht kennt und man nicht weiß, welchen B-Wert man wählen soll. So wie man also nicht mit einem μ_r-Wert als Materialkonstante rechnen kann, erhält man auch nicht die Induktivität der Eisenkernspule wie in Aufgabe 3.36. Vielmehr muß man bei Anwendung der nichtlinearen Spule – wie bei nichtlinearen Widerständen – mit Kennlinien (z.B. $L = f(I)$ für $\delta =$ konst. oder $L = f(\delta)$ für $I =$ konst.) arbeiten. Diese Kennlinien sollen hier berechnet werden.

a) Wir müssen nach (3.29) und (3.29a) Φ für vorgegebene I-Werte (oder umgekehrt I für vorgegebene Φ- (bzw. B-) Werte) und daraus L berechnen.
Aus den Erfahrungen der Aufgabe 3.18 (Tafel 3.4) gehen wir von B-Werten aus und berechnen I, wobei der zu B gehörige H-Wert aus dem B,H-Verlauf oder aus der Wertetabelle, u.U. durch eine Interpolation wie im BASIC-Programm (Tafel 3.5), ermittelt wird.
b) Diese Kennlinien kann man aus der Kennlinienschar a) entnehmen.

Lösung

a) Wie in Aufgabe 3.16 erläutert, können wir auch im nichtlinearen Fall den verzweigten Eisenkreis vereinfachen, indem die beiden Schenkel aufeinanderklappen, so daß ein unverzweigter magnetischer Kreis mit der mittleren Eisenlänge $l_e = 155$ mm, dem Luftspalt δ und dem überall gleichen Querschnitt $A = 5{,}2\ \mathrm{cm^2}$ entsteht (Bild 3.79). Nach (3.29a) ist $L(I) = w\Phi/I = wBA/I$. Die Beziehung zwischen B und I erhalten wir aus der Maschengleichung $H_e l_e + H_L\delta = Iw$, wobei $H_L = B_L/\mu_0$ und $B_L = B_e$ ist. Also $H_e l_e + B_e\delta/\mu_0 = Iw$.

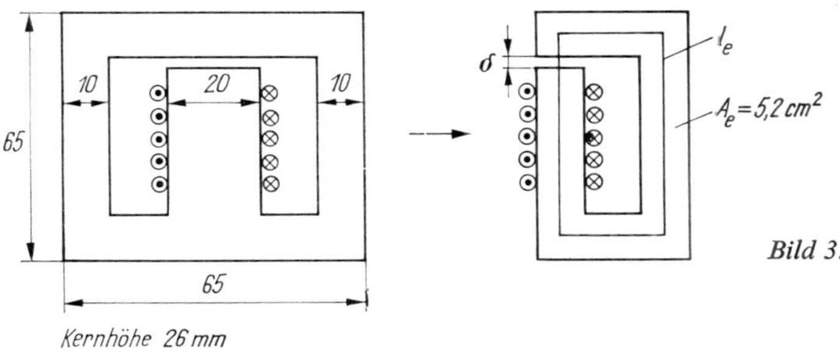

Bild 3.79

B_e, H_e und I sind unbekannt, wobei B_e und H_e über Diagramm (Bild 3.23a) verbunden sind. Wir wählen also nicht I, sondern B_e, ermitteln daraus H_e und berechnen I. Diese Berechnung erfolgt für B-Werte, z.B. von 0,2 bis 1,6 $\mathrm{V{\cdot}s/m^2}$. Damit erhält man $B(I)$ und $L(I)$ für $\delta =$ konst. Der Berechnungsablauf ist in Tafel 3.7 angegeben. Da

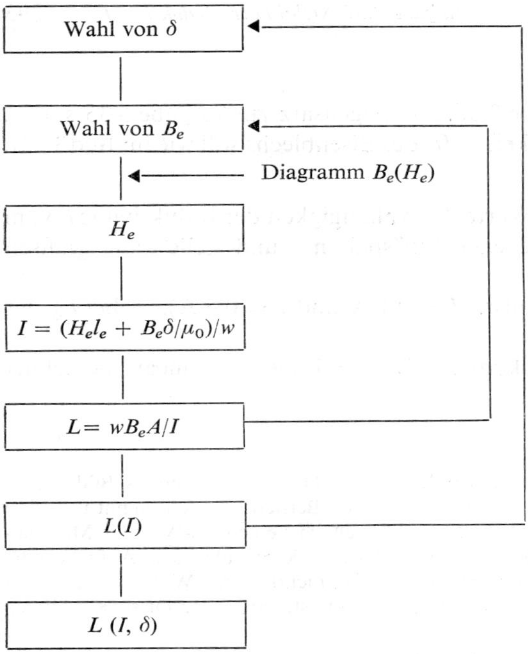

Tafel 3.7

Tafel 3.8 Programm BP 7

```
9 REM   ***************************************************
10 REM ****      NICHTLINEARE INDUKTIVITAET            *****
11 REM ****              AUFGABE 3.37                  *****
12 REM ***************************************************
20 DIM H(20), B(20)
30 PRINT "EINGABE DER B(H)-FUNKTION DURCH 20 WERTEPAARE"
35 PRINT "LFD NR.    H IN A/M      B IN VS/M*M  "
40 FOR I=1 TO 20
45     PRINT I;"        ";: INPUT H(I), B(I)
50 NEXT I
80 PRINT
82 PRINT "EINGABE DER EISENKERN-ABMESSUNGEN "
85 INPUT "MITTLERE EISENLAENGE E IN MILLIMETER ";E
90 INPUT "EISENQUERSCHNITT Q IN QUADRATZENTIMETER ";Q
95 INPUT "WINDUNGSZAHL W ";W
105 INPUT "LUFTSPALTBREITE DELTA IN MILLIMETER ";D
115 PRINT: PRINT "B IN VS/M*M   L IN H     I IN AMP."
120 FOR B=0.2 TO 1.6 STEP 0.2
130      GOSUB 400
140      I=(H*E*.001 + 796*D*B)/W
150      L=B*Q*0.0001*W/I
160      PRINT B;"     ";L;"     ";I
170 NEXT B

240 PRINT: INPUT "ENDE ODER WEITER ? <E/W> ";A$
250 IF A$="W" GOTO 105
260 END
400 REM
401                                    REM  ZUORDNUNG B --> H
410 IF ABS(B) > B(20) THEN PRINT "B=";B;" ZU GROSS": GOTO 240
420 FOR I=1 TO 20
425      IF B(I) > ABS(B) GOTO 440
430 NEXT I
440 H=H(I-1) + (H(I) - H(I-1))*(ABS(B) - B(I-1))/(B(I) - B(I-1))
450 RETURN
```

dies für 5 δ-Werte durchgeführt werden soll, lohnt sich die Aufstellung eines Computerprogramms. In Tafel 3.8 ist entsprechend dem Ablaufplan (Tafel 3.7) ein BASIC-Programm BP 7 angegeben, wobei die Eingabe der B- und H-Werte (Zeilen 20 bis 50) und die Ermittlung von $H(x)$ für $B(x)$ im Unterprogramm (Zeilen 400 bis 450) vom Programm (Tafel 3.5) übernommen wurden.

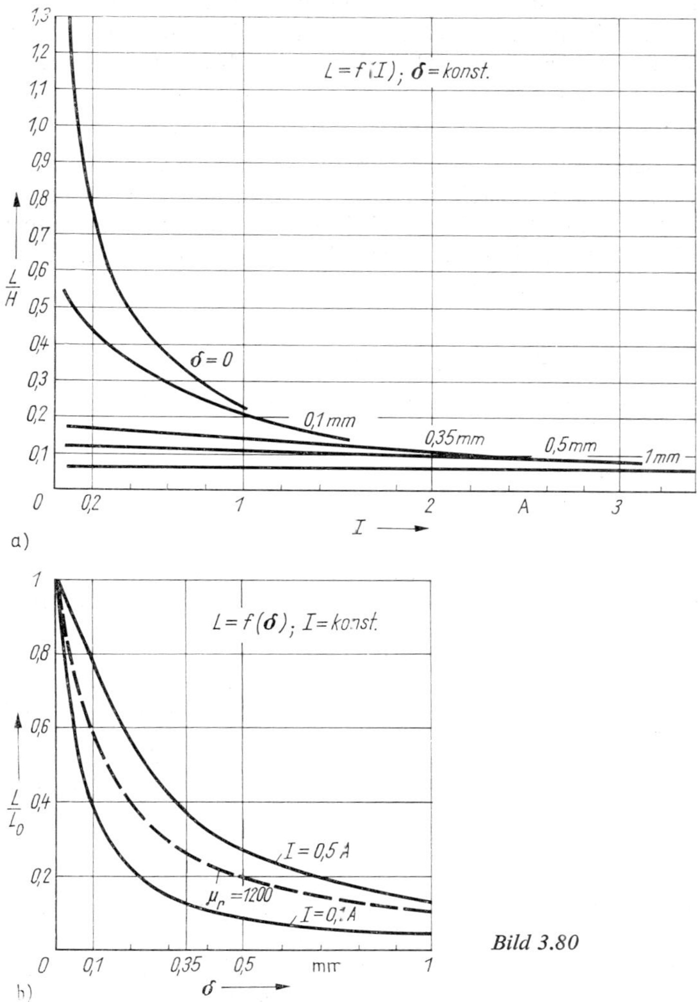

Bild 3.80

Es ergeben sich für $l_e = 155$ mm, $A_e = 5{,}2\ \text{cm}^2$, $w = 300$ die Verläufe Bild 3.80a. Man erkennt, daß sich bei zunehmendem Luftspalt die Induktivität immer weniger mit I ändert: Während bei Luftspalt $\delta = 0$ und B-Änderungen von 0,2 bis 1,4 V·s/m² die Induktivität L auf $\frac{1}{27} \approx 4\,\%$ absinkt, sinkt die Induktivität bei $\delta = 0{,}1$ mm etwa auf $\frac{1}{3}$. Bei den Luftspaltwerten 0,35 mm, 0,5 mm und 1 mm ändert sich die Induktivität um 41 %, 33 % bzw. nur noch um 20 %. Während (s. Aufgabe 3.36) bei $\mu_r = 1200\ L_0 = 455$ mH ist, ergeben sich hier für die gleiche Spule bei $B = 0{,}2$ bis $1{,}6\ \text{V·s/m}^2$ L-Werte von 6 H bis 55 mH, wobei Ströme von 5 mA bis 4,5 A fließen.

Man erkennt daraus, daß die Annahme einer vom Strom unabhängigen Induktivität von Eisenkernspulen ohne oder auch mit relativ kleinem Luftspalt i. allg. unberechtigt ist. Jedoch werden solche Spulen häufig in bestimmten Betriebszuständen eingesetzt, so daß ein oft stark eingeschränkter Variationsbereich von Strom oder Fluß angegeben werden kann, für den dann eine lineare Induktivität mit einem mittleren μ_r-Wert angenommen wird.

b) Die relative Änderung des Induktivitätswertes mit dem Luftspalt ist vom jeweils vorgegebenen Stromwert abhängig, wie die Darstellung im Bild 3.80b zeigt. Die Verläufe ergeben sich aus den 5 Punkten der Kennlinienschar Bild 3.80a für I = konst. Gestrichelt ist der in Aufgabe 3.36 mit $\mu_r = 1200$ berechnete Verlauf eingetragen.

Linear betrachtet (s. Gleichung für L/L_0 in Aufg. 3.36) ist der Abfall des Verlaufs um so steiler, je größer μ_r ist. Das ist aber bei kleinem Strom – also kleinem B-Wert – der Fall.

c) Bei unveränderter Flußdichte muß mit steigendem Luftspalt (also abnehmender Induktivität) der Strom immer mehr ansteigen (Bild 3.77b), so daß $\Psi = LI$ konstant bleibt. Da also der „Arbeitspunkt" auf der B_e, H_e-Kennlinie sich mit dem Luftspalt nicht ändert, kommt die Nichtlinearität nicht zur Wirkung, und man kann mit dem in diesem Punkt „aktuellen" μ_r-Wert wie in Aufgabe 3.36a rechnen.

Aufgabe 3.38 Induktivität bei Strom- und Spannungseinspeisung

In eine Induktivität mit Eisenkern und einem variablen Luftspalt erfolgt eine zeitlich sinusförmige

a) Stromeinspeisung $i = \hat{I} \sin \omega t$

b) Spannungseinspeisung $u = \hat{U} \sin \omega t$.

Wie verändern sich in beiden Fällen der Fluß und die Klemmenspannung bzw. der Strom bei Veränderung des Luftspalts? Der ohmsche Widerstand R der Spule sei vernachlässigbar, μ_r des Eisenkerns soll konstant angenommen werden („lineare" Induktivität).

Lösungshinweis

Beachte den Unterschied zwischen Gleichspannung und zeitlich veränderlicher Spannung. Bei Gleichspannung wird der Strom und damit der Fluß durch den Widerstand R bestimmt, ist also unabhängig vom Luftspalt: $I = U/R$. Bei zeitlich sich ändernder Spannung wird der Strom außerdem noch (und meist überwiegend) durch die induzierte Gegenspannung begrenzt, die nach dem Induktionsgesetz vom *zeitlich sich ändernden* Fluß bestimmt wird. Der Widerstand R soll hier vernachlässigt werden, um das Wesentliche im Verhalten des Flusses zu erkennen.

Lösung

a) *Sinusförmige Stromeinspeisung:* Strom und Fluß sind einander proportional, z. B. $\Phi = \Theta/R_m$ oder (3.29) $\Psi = LI$. Bei zeitabhängigem Strom (L = konst.) verläuft der Fluß zeitlich wie der Strom $L\hat{I} \sin \omega t = \hat{\Psi} \sin \omega t$ mit $\hat{\Psi} = L\hat{I}$. Wird nun L durch Vergrößerung des Luftspalts kleiner (R_m wird größer), so wird $\hat{\Psi}$ kleiner, da $\hat{I}$ unverändert bleiben soll. Da auch $\mathrm{d}i/\mathrm{d}t$ unverändert bleibt, ändert sich die Klemmenspannung (3.34) proportional L

$$u = L\, \mathrm{d}i/\mathrm{d}t = \omega L \hat{I} \cos \omega t = \hat{U} \cos \omega t\,.$$

Die Amplitude $\hat{U} = \omega L \hat{I}$ ändert sich wie L, und zeitlich erfolgt eine Verschiebung gegenüber dem Strom. Da $\cos \omega t = \sin(\omega t + \pi/2)$ ist, „eilt" die Spannung u dem Strom i um $\pi/2$ „voraus" (Phasenverschiebung, s. Bild 3.53b).

b) *Sinusförmige Klemmenspannung:* Im Gegensatz zu a) bleibt bei Veränderung des Luftspalts hier $\hat{U}$ konstant. Die Beziehung zwischen u und $\Phi(\Psi)$ ist durch das Induktionsgesetz gegeben: $u = \mathrm{d}\Psi/\mathrm{d}t$, also wird $\Psi(t) = \int u\, \mathrm{d}t = -(\hat{U}/\omega) \cos \omega t$.

Mit $\cos\alpha = \sin(\pi/2 - \alpha) = -\sin(\alpha - \pi/2)$ wird $\Psi(t) = (\hat{U}/\omega)\sin(\omega t - \pi/2) = \hat{\Psi}\sin(\omega t - \pi/2)$, d.h., zeitlich „eilt" der Fluß der Spannung um $\pi/2$ „nach". Die Beziehung zwischen $\hat{U}$ und $\hat{\Psi}$, $\hat{U} = \omega\hat{\Psi} = \omega(L\hat{I})$, sagt aus: Die Klemmenspannung „erzwingt" einen Fluß unabhängig vom magnetischen Widerstand (Luftspalt). Wird L durch Luftspaltvergrößerung kleiner, so muß $\hat{I}$ so weit ansteigen, bis $\omega L\hat{I} = \hat{U}$ erfüllt ist.

Grenzfall: Die Spule ohne Eisenkern weist bei unveränderter Klemmenspannung den gleichen Fluß auf wie die Spule mit Eisenkern ohne Luftspalt. Dabei ist allerdings der Strom etwa μ_r-mal so groß.

Das Verhalten des Flusses bezüglich unveränderter Klemmenspannung ändert sich mehr oder weniger, wenn der unvermeidliche ohmsche Widerstand R nicht vernachlässigt werden kann. Es gilt dann (2.35) (Bild 3.78) $u = \mathrm{d}\Psi/\mathrm{d}t + Ri$. Mit zunehmendem Luftspalt wird die Stromamplitude immer größer, somit das Glied Ri, und das erste Glied $\mathrm{d}\Psi/\mathrm{d}t$ muß kleiner werden, d.h., $\hat{\Psi}$ nimmt etwas ab!

Aufgabe 3.39 Netzwerkgleichungen für Schaltungen mit L Gegeninduktivität

Gegeben seien die Schaltelemente und die anliegende zeitabhängige Spannung u der Schaltung Bild 3.81.

Stelle das Gleichungssystem des Netzwerks auf, und bilde aus diesem die Differentialgleichung

a) für den Strom i_2 durch den Zweig R_2 und L_2

b) für den Gesamtstrom i!

Lösungshinweis

Verfahre sinngemäß nach RP 1, Punkte 1 bis 4, oder nach RP 2, Punkte 1 und 2, unter zusätzlicher Beachtung der Gl. (3.34) mit Zählpfeilzuordnung!

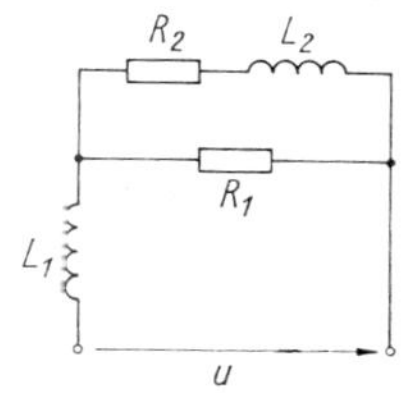

Bild 3.81

Lösung

Die Zweigstromanalyse benötigt 3 Netzwerkgleichungen (2 Maschen- und 1 Knotengleichung). Da wir bei der Maschenstromanalyse eine Gleichung (Knotengleichung) einsparen, wählen wir diese. Als Maschenströme schließen wir die beiden gesuchten Zweigströme über den Mittelzweig (Bild 3.82) und erhalten die beiden Differentialgleichungen (DGl.)

$$R_1 i + L_1\frac{\mathrm{d}i}{\mathrm{d}t} - R_1 i_2 = u \qquad \text{(I)}$$

$$-R_1 i + (R_1 + R_2)\, i_2 + L_2\frac{\mathrm{d}i_2}{\mathrm{d}t} = 0. \qquad \text{(II)}$$

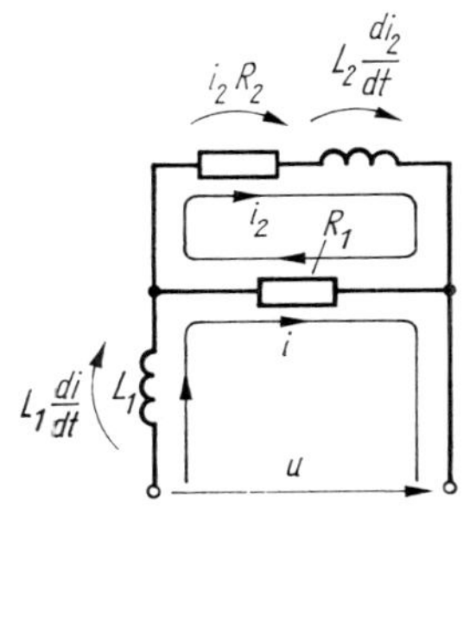

Bild 3.82

Um eine DGl. für i zu erhalten, lösen wir (I) nach i_2 auf und setzen dies in (II) ein. Das ergibt

$$R_2 i + \left(L_1 \frac{R_1 + R_2}{R_1} + L_2\right) \frac{di}{dt} + \frac{L_1 L_2}{R_1} \frac{d^2 i}{dt^2} = u \frac{R_1 + R_2}{R_1} + \frac{L_2}{R_1} \frac{du}{dt}.$$

Analog können wir verfahren zur Gewinnung der DGl. für i_2. Wir lösen (II) nach i auf und setzen diesen Ausdruck in (I) ein:

$$R_2 i_2 + \left(L_1 \frac{R_1 + R_2}{R_1} + L_2\right) \frac{di_2}{dt} + \frac{L_1 L_2}{R_1} \frac{d^2 i_2}{dt^2} = u.$$

Zur Lösung solcher sog. gewöhnlichen Differentialgleichungen gibt es besondere Methoden. In der Elektrotechnik ergeben sie sich immer bei zeitabhängigen Erregungen, sobald im Netzwerk ein C oder L auftritt, d.h. elektrische und magnetische Felder einbezogen sind. Für sinusförmige Vorgänge, die in der Elektrotechnik häufig angestrebt werden (z.B. technischer Wechselstrom), sind rationelle Lösungsverfahren entwickelt, die in weiteren Lehr- und Arbeitsbüchern erläutert sind [2] [3].

Gegeninduktivität

Definition: Von Gegeninduktion spricht man, wenn 2 (oder mehrere) Kreise über ein Magnetfeld miteinander verkoppelt sind. Die Gegeninduktivität ist der Parameter, der diese Verkoppelung zum Ausdruck bringt:

$$M_{21} = \frac{\Psi_{21}}{I_1}. \qquad (3.38\,a)$$

Ψ_{21} ist der Induktionsfluß durch den Kreis *2*, der vom Strom I_1 im Kreis *1* herrührt. Jede Windung ν des Kreises *2* umfaßt unter Umständen einen anderen Teil, $k_{1\nu} \leqq 1$, des vom Kreis *1* erzeugten Flusses Φ_{11}:

$$\Psi_{21} = \sum_{\nu=1}^{w_2} k_{1\nu} \Phi_{11}.$$

Analog ist

$$M_{12} = \frac{\Psi_{12}}{I_2} \qquad (3.38\,b)$$

definiert.

Für lineare magnetische Kreise gilt

$$M_{21} = M_{12} \quad (\textit{Umkehrungssatz}). \qquad (3.42)$$

Beziehung zwischen 2 magnetisch gekoppelten Induktivitäten L_1, L_2 und der Gegeninduktivität $M_{21} = M_{12} = M$ (Linearität, d.h. μ = konst.):

$$M = k \sqrt{L_1 L_2}; \qquad (3.42\,a)$$

k ist der Kopplungsfaktor.

Wie bei der Induktivität (Tafel 3.6) machen wir 2 vereinfachende Annahmen, die in der Praxis häufig gelten.

Annahme 1

Alle Windungen der Spulen L_1 und L_2 sollen jeweils gleichen Fluß umfassen, d.h., für jede Windung ist der Flußkopplungsfaktor gleich:

$$k_{1\nu} = k_{1\mu} = k_1 \quad \text{und} \quad k_{2\nu} = k_{2\mu} = k_2 .$$

Dann ergeben sich die Induktionsflüsse der Spule *2* bzw. der Spule *1* zu

$$\Psi_{21} = w_2 k_1 \Phi_{11} \quad \text{und} \quad \Psi_{12} = w_1 k_2 \Phi_{22}$$

und damit

$$M_{21} = \frac{w_2 k_1 \Phi_{11}}{I_1} \quad \text{und} \quad M_{12} = \frac{w_1 k_2 \Phi_{22}}{I_2}; \tag{3.39}$$

$\Phi_{\nu\nu}$ ist der Fluß, den der Strom I_ν in der eigenen Spule ν erzeugt.

Annahme 2

Man kann magnetische Widerstände angeben. Dann gilt mit Annahme *1*

$$\Phi_{11} = \frac{I_1 w_1}{R_{m1}} \quad \text{und} \quad \Phi_{22} = \frac{I_2 w_2}{R_{m2}};$$

$R_{m\nu}$ ist der magnetische Widerstand für den Fluß $\Phi_{\nu\nu}$.
Damit wird aus Gl. (3.39)

$$M_{21} = \frac{k_1 w_1 w_2}{R_{m1}} \quad \text{und} \quad M_{12} = \frac{k_2 w_1 w_2}{R_{m2}} \tag{3.41}$$

und mit (3.29b) in Tafel 3.6 und (3.42)

$$M = \sqrt{M_{12} M_{21}} = \sqrt{k_1 k_2}\,\sqrt{L_1 L_2} = k\,\sqrt{L_1 L_2} \tag{3.42a}$$

$$k = \sqrt{k_1 k_2}\,. \tag{3.42b}$$

Mehrere stromdurchflossene, magnetisch verkoppelte Spulen

Der Induktionsfluß durch die Spule μ, die vom Strom I_μ durchflossen wird und mit n stromdurchflossenen Spulen magnetisch verkoppelt ist, ergibt sich zu

$$\Psi_\mu = L_\mu I_\mu + \sum_{\mu \neq \nu}^{n} M_{\mu\nu} I_\nu . \tag{3.44c}$$

$M_{\mu\nu}$ ist positiv, wenn die Ströme I_μ in L_μ und I_ν in L_ν gleich orientiert sind, d.h., wenn beide zu den Orientierungspunkten hin- oder von diesen wegfließen, anderenfalls ist $M_{\mu\nu}$ negativ einzusetzen.
Beachte: Flußüberlagerungen zu einem gesamten Induktionsfluß sind nur statthaft bei Linearität des magnetischen Mediums (μ_r = konst.). Ansonsten ist der Einfluß des Mediums bei jedem Teilfluß anders, und es besitzt wiederum andere Parameter bei Summe oder Differenz der Teilflüsse. Bei Nichtlinearität muß mit den magnetischen Feldgrößen bei gleichzeitiger Wirkung aller Quellen (Ströme) gerechnet werden.

Induzierte Spannung

Nach Gl. (3.34) ist die in der Spule μ induzierte Spannung

$$u_\mu = -e_{\text{ind}\,\mu} = \frac{\mathrm{d}\Psi_\mu}{\mathrm{d}t}.$$

Mit Gl. (3.44c) wird mit kleinen Buchstaben für zeitabhängige Ströme und Spannungen

$$u_\mu = L_\mu \frac{\mathrm{d}i_\mu}{\mathrm{d}t} + \sum_{\nu \neq \mu} M_{\mu\nu} \frac{\mathrm{d}i_\nu}{\mathrm{d}t}. \tag{3.46a}$$

Ist der Strom in der eigenen Spule (i_μ) Null, so entfällt das 1. Glied. Dann wird z. B. vom Strom i_ν in der Spule L_ν eine Spannung in der Spule L_μ induziert:

$$u_\mu = M_{\mu\nu} \frac{\mathrm{d}i_\nu}{\mathrm{d}t}. \tag{3.45a}$$

Für 2 Spulen L_1 und L_2 mit Gegeninduktivität M und gleicher Orientierung der Ströme i_1 und i_2 ist

$$u_1 = \frac{\mathrm{d}\Psi_1}{\mathrm{d}t} = L_1 \frac{\mathrm{d}i_1}{\mathrm{d}t} + M \frac{\mathrm{d}i_2}{\mathrm{d}t}$$

und (3.47)

$$u_2 = \frac{\mathrm{d}\Psi_2}{\mathrm{d}t} = L_2 \frac{\mathrm{d}i_2}{\mathrm{d}t} + M \frac{\mathrm{d}i_1}{\mathrm{d}t}.$$

Sind beide *Spulen in Reihe* geschaltet (galvanische und magnetische Verkoppelung), so wird mit $i_1 = i_2 = i$ und $u = u_1 + u_2$

$$u = (L_1 + L_2 + 2M) \frac{\mathrm{d}i}{\mathrm{d}t}.$$

Die Gesamtinduktivität der Reihenschaltung mit magnetischer Verkoppelung ist also

$$L = L_1 + L_2 \pm 2M. \tag{3.48}$$

Das Minuszeichen gilt bei entgegengesetztem Wickelsinn. Vergleiche mit Gl. (3.36a)!
In Erweiterung der Gln. (3.46) ergeben sich unter Einbeziehung der Spulenwiderstände R_1 und R_2 und mit einer Bezugspfeilfestlegung für u_2 und i_2 an den Klemmen der Spule *2* im Sinne eines aktiven Zweipols die üblichen „Transformatorgleichungen" (Bild 3.83):

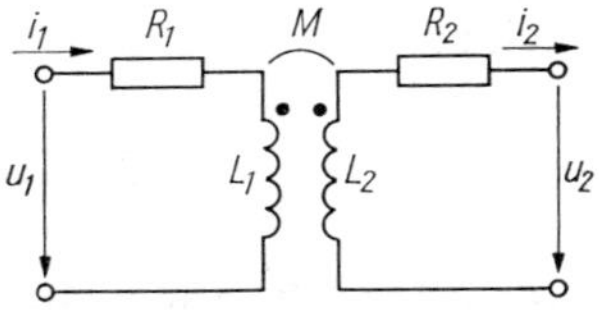

Bild 3.83

$$u_1 = i_1 R_1 + \frac{\mathrm{d}\Psi_1}{\mathrm{d}t} = L_1 \frac{\mathrm{d}i_1}{\mathrm{d}t} + i_1 R_1 - M \frac{\mathrm{d}i_2}{\mathrm{d}t}$$

$$u_2 = i_2 R_2 + \frac{\mathrm{d}\Psi_2}{\mathrm{d}t} = M \frac{\mathrm{d}i_1}{\mathrm{d}t} - \left(L_2 \frac{\mathrm{d}i_2}{\mathrm{d}t} + i_2 R_2\right). \tag{3.49}$$

Berechnung von Stromkreisen mit Kapazitäten, Induktivitäten und magnetischen Verkoppelungen

Wir nehmen an, daß zeitabhängige Spannungen bzw. Einströmungen dem Netzwerk aufgeprägt werden. Durch die Kondensatoren fließen also Verschiebungsströme [Gl. (2.48), Tafel 2.1], und es werden Spannungen induziert [Gln. (3.34) und (3.47)].

Lösungsprogramm

1. Führe bei Zweigstromanalyse (vgl. RP 1) in jeden Zweig einen Strom bzw. bei der Maschenstromanalyse (vgl. RP 2) in jede unabhängige Masche einen Maschenstrom ein!
2. Trage bei magnetisch gekoppelten Spulen zweckmäßigerweise zunächst die Spannungsabfälle über den einzelnen Spulen nach Gl. (3.46a) ein, und stelle dann die unabhängigen Maschengleichungen und (bei Zweigstromanalyse) die unabhängigen Knotengleichungen auf! Man kann auftretende Integrale durch Differenzieren der betreffenden Gleichung beseitigen und erhält ein Differentialgleichungssystem (DGl.-System).
3. Eliminiere aus diesem DGl.-System die unerwünschten Variablen! Man erhält eine Differentialgleichung für die gesuchte Variable.
4. Löse diese Differentialgleichung!

Aufgabe 3.40 Reihenschaltung von Induktivitäten ohne und mit magnetischer Verkoppelung

3 gleiche flache Spulen (Induktivität L_0) sind in Reihe geschaltet und so angeordnet, daß

a) sich die Flüsse in den Spulen nicht überlagern
b) sie durch dichte koaxiale Lage den gemeinsamen Fluß völlig umfassen, wobei
   b_1) alle Spulen gleichen Wickelsinn haben
   b_2) eine Spule entgegengesetzten Wickelsinn zu den anderen aufweist.

Berechne die Gesamtinduktivitäten der Anordnungen!

Lösungshinweis

Wir gehen von der Definitionsgleichung für L aus und betrachten die Relation der Induktionsflüsse der 3 Anordnungen, wobei wir einen Strom I durch die Reihenschaltung annehmen.

Lösung

a) Jede Spule erzeugt bei einem Strom I einen Fluß Φ_0, bei w_0 Windungen also einen Induktionsfluß $\Psi_0 = w_0\Phi_0$, der die anderen Spulen nicht durchsetzt. Insgesamt weist die Reihenschaltung den gesamten Induktionsfluß $\Psi = 3\Psi_0$ auf, und es ist $L = 3\Psi_0/I = 3L_0$, wobei $\Psi_0/I = L_0$ gegeben ist. Das ist (3.36a) $L = \Sigma L_\nu$. Das Ergebnis ist unabhängig vom Wickelsinn der Spulen, da sie sich ja gegenseitig nicht beeinflussen!

b_1) Die 3 eng gekoppelten Spulen erzeugen den 3fachen gemeinsamen Fluß einer Spule $3\Phi_0$, der von allen Windungen der 3 Spulen umfaßt werden soll ($k = 1$). Die gesamte Windungszahl ist aber $3w_0$. Also wird der gesamte Induktionsfluß $\Psi = 3w_0 3\Phi_0 = 9\Psi_0$, und damit wird $L = 9\Psi_0/I = 9L_0$.
Das gleiche Ergebnis liefert (3.29b): $L = w^2/R_m$. Die 3fache Windungszahl $w = 3w_0$ liefert die 9fache Induktivität (wenn R_m für beide Anordnungen gleich bleibt). Auch in Erweiterung der Beziehung (3.48) auf 3 miteinander magnetisch und galvanisch verkoppelte Spulen kommt man zu gleichem Ergebnis:
Bei 3 Spulen gibt es nicht nur eine Gegeninduktivität $M_{12} = M_{21}$, sondern auch $M_{23} = M_{32}$ und $M_{13} = M_{31}$. Also wird

$$L = L_1 + L_2 + L_3 \pm 2M_{12} \pm 2M_{13} \pm 2M_{23}. \qquad \text{(x)}$$

Nun ist hier $L_1 = L_2 = L_3 = L_0$, und mit (3.42a) ist $M_{12} = M_{13} = M_{23} = kL_0$, wobei $k = 1$ sein soll. Also wird $L = 9L_0$ bei gleichem Wickelsinn.

b$_2$) Hier kompensieren sich 2 Spulen. Es bleibt nur die Wirkung einer Spule. Es wird also $L = L_0$. In Gl. (x) ergibt sich für M_{13} und M_{23} das negative Vorzeichen, da $k = -1$ ist, und für M_{12} das positive Vorzeichen, da Spulen *1* und *2* gleichen Wickelsinn aufweisen sollen ($k = +1$). Also wird $L = 3L_0 + 2L_0 - 4L_0 = L_0$.

Aufgabe 3.41 Gegeninduktivität einer Ringspule mit 2 Wicklungen

Die Ringspule des Bildes 3.84 trägt 2 übereinanderliegende Wicklungen mit w_1 bzw. w_2 Windungen ($k = 1$).

a) Wie groß ist die Gegeninduktivität M?

b) Wie groß ist der Maximalwert der in w_2 induzierten Spannung, wenn der die Windungen w_1 durchfließende Strom $i_1 = \hat{I}_1 \sin \omega t$ ist ($\omega = 2\pi f$)?

c) Berechne a) und b) für $w_1 = 500$; $w_2 = 1200$; $r_a = 8$ cm; $r_i = 5$ cm; $h = 1{,}5$ cm; $\hat{I}_1 = 20$ mA; $f = 800$ Hz; $\mu_r = 15$ (Preßmassekern)!

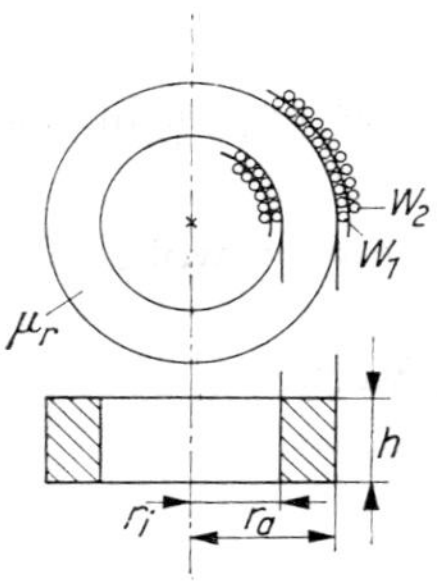

Bild 3.84

Lösungshinweis

Die Gegeninduktivität ist definiert als Quotient des Induktionsflusses durch die Spule *2* und des Stromes in der Spule *1*, der diesen Fluß erzeugt. Da hier alle Windungen w_1 und w_2 den gleichen Fluß umfassen ($k = 1$), ist der Induktionsfluß bei einem angenommenen Strom I_1 leicht zu berechnen. Es muß jedoch beachtet werden, daß die Flußdichte nicht überall gleich groß ist (s. Aufgabe 3.7).
Man kann infolge der Vereinfachungen die Berechnung auch mit Hilfe der Dimensionierungsgleichungen der Gegeninduktivität, allerdings unter Beachtung der Feldinhomogenität (vgl. Aufg. 3.7), durchführen.

Lösung

a) $$M_{21} = \frac{\Psi_{21}}{I_1}; \qquad \Psi_{21} = w_2 \Phi_1.$$

Die Flußberechnung in Aufgabe 3.7 für die gleiche Anordnung ergibt

$$\Phi_1 = \mu \frac{I_1 w_1 h}{2\pi} \ln \frac{r_a}{r_i}.$$

Damit wird

$$M_{21} = M = \frac{w_1 w_2 \mu_0 \mu_r h}{2\pi} \ln \frac{r_a}{r_i}.$$

Wir können M auch mit Hilfe der Dimensionierungsgleichung (3.41) berechnen, $M_{21} = M = w_1 w_2 / R_m$ mit $k = 1$, wobei (3.18a) in Tafel 3.2 $R_m = l/(\mu A_\perp)$ nur bei homogenem Feld gilt, also nur für einen schmalen Eisenring. Wir betrachten den magnetischen Widerstand des Ringkerns als eine Parallelschaltung sehr vieler und sehr schmaler konzentrischer Ringkernteilwiderstände, innerhalb derer eine konstante Flußdichte angenommen werden kann (s. Bild 3.10b). Daher addieren (integrieren) wir Leitwerte ($1/\mathrm{d}R_m = \mathrm{d}G_m$). Auf einen solchen Teilwiderstand ist deshalb Gl. (3.18a) anwendbar:

$$\mathrm{d}G_m = \frac{\mu\,\mathrm{d}A_\perp}{l} = \frac{\mu_0\mu_r h\,\mathrm{d}r}{2\pi r}; \qquad G_m = \frac{1}{R_m} = \frac{\mu_0\mu_r h}{2\pi}\int_{r_i}^{r_a}\frac{\mathrm{d}r}{r} = \frac{\mu_0\mu_r h}{2\pi}\ln\frac{r_a}{r_i}.$$

Damit wird in Übereinstimmung mit obigem Ergebnis

$$M = \frac{w_1 w_2 \mu_0 \mu_r h}{2\pi}\ln\frac{r_a}{r_i}.$$

b) Nach Gl. (3.45a) ist

$$e_{21} = -M\frac{\mathrm{d}i_1}{\mathrm{d}t} = -M\frac{\mathrm{d}}{\mathrm{d}t}(\hat{I}_1\sin\omega t) = -\omega M\hat{I}_1\cos\omega t$$

$$e_{21} = -\frac{w_1 w_2\mu_0\mu_r h\omega\hat{I}_1}{2\pi}\left(\ln\frac{r_a}{r_i}\right)\cos\omega t = -\hat{E}_{21}\cos\omega t,$$

also

$$\hat{E}_{21} = \frac{w_1 w_2\mu_0\mu_r h\omega\hat{I}_1}{2\pi}\ln\frac{r_a}{r_i} = \omega M\hat{I}_1.$$

c) Mit gegebenen Werten berechnet man $M = 12{,}68$ mH und $\hat{E}_{21} = 1{,}27$ V.

Aufgabe 3.42 Gegeninduktivität, Umkehrbarkeit

a) Weise für den Eisenkreis (Bild 3.85) nach, daß bei $\mu_r =$ konst. $M_{12} = M_{21}$ ist! Die Magnetfelder in den einzelnen Schenkeln werden homogen angenommen.
b) Wie müssen die Spulen in Reihe geschaltet werden, damit M positives Vorzeichen erhält?
c) Berechne L_1, L_2 und den Maximalwert der induzierten Spannung bei Reihenschaltung gemäß b) mit folgenden Werten: $l = 4$ cm, $A = 5$ cm², $w_1 = 200$, $w_2 = 500$, $\mu_r = 1200$, $i = \hat{I}\sin\omega t$, $\hat{I} = 0{,}1$ A, $\omega = 2\pi f$, $f = 50$ Hz!
Welcher Spannungswert ergibt sich bei Umpolung einer Spule?

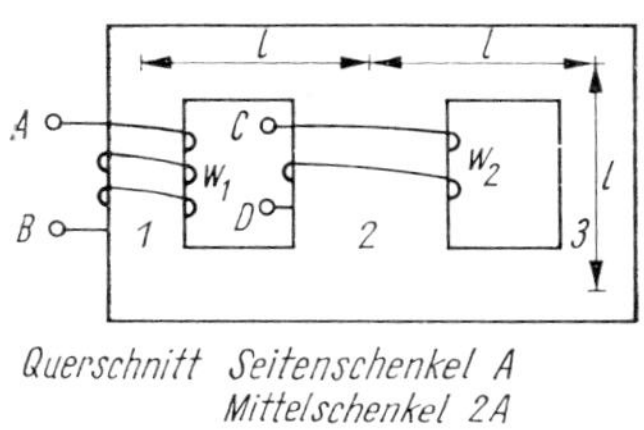

Bild 3.85

Lösungshinweis

Man kann M_{12} und M_{21} mit Definitionsgleichungen (3.38a) bzw. (3.38b) berechnen, indem man in die Spule *1* bzw. *2* einen Strom I einspeist und den Induktionsfluß durch die andere Spule berechnet.
Oder man wendet (3.41) an, da $\mu_r =$ konst. sein soll, und berechnet die magnetischen Widerstände von der Spule *1* bzw. *2* aus gesehen. Die Koppelfaktoren k_1 bzw. k_2 geben die jeweilige Flußteilung $k_1 = \Phi_{21}/\Phi_{11}$ bzw. $k_2 = \Phi_{12}/\Phi_{22}$ an.

Lösung

a) Wir wenden (3.41) an:

$$M_{21} = k_1 \frac{w_1 w_2}{R_{m1}}.$$

R_{m1} ist der magnetische Widerstand, den ein von der Spule *1* erzeugter Fluß im Eisenkreis vorfindet.
Magnetischer Widerstand der Seitenschenkel $R_S = 3l/(\mu A)$ und des Mittelschenkels $R_M = l/(\mu 2A) = R_S/6$.
Damit wird $R_{m1} = R_S + R_M \parallel R_S = R_S + (R_S/6) \parallel R_S = 8/7\, R_S$.
Flußteilung: Der von Spule *1* erzeugte Fluß Φ_{11} geht zum Teil durch Spule *2*.
Es gilt

$$k_1 = \frac{\Phi_{21}}{\Phi_{11}} = \frac{R_S}{R_M + R_S} = \frac{6}{7}.$$

Also wird

$$M_{21} = \frac{3 w_1 w_2}{4 R_S}.$$

Umgekehrt ist

$$M_{12} = k_2 \frac{w_1 w_2}{R_{m2}}.$$

Mit

$$R_{m2} = R_M + R_S/2 = \tfrac{2}{3} R_S \quad \text{und} \quad k_2 = \tfrac{1}{2}$$

wird

$$M_{12} = \frac{3 w_1 w_2}{4 R_S} = M_{21}.$$

b) Die Reihenschaltung muß so erfolgen, daß sich die Flüsse beider Spulen in Schenkeln *1* und *2* addieren. Das ist dann der Fall, wenn die Klemmen *B* und *D* verbunden werden.

Beachte: In Schenkel *3* subtrahieren sich dann die beiden Teilflüsse von Spule *1* und Spule *2*. Wäre also über Schenkel *3* eine 3. Spule, so wäre je nach Stromrichtung und Wicklungssinn dieser Spule entweder M_{13} oder M_{23} mit Minuszeichen zu versehen!

c) Es ist nach (3.29 b)

$$L_1 = \frac{w_1^2}{R_{m1}} = \frac{7 w_1^2}{8 R_S}; \qquad L_2 = \frac{w_2^2}{R_{m2}} = \frac{3 w_2^2}{2 R_S}.$$

Damit wird (3.48) $L = (L_1 + L_2 + 2M)$.
Mit gegebenen Zahlenwerten sind $R_S = 1{,}6 \cdot 10^5 \text{A/V·s}$; $L_1 = 0{,}219$ H; $L_2 = 2{,}34$ H; $M = 0{,}469$ H; $L = 3{,}5$ H.
Mit (3.34) wird $u = L\,\mathrm{d}i/\mathrm{d}t = \omega L \hat{I} \cos \omega t = \hat{U} \cos \omega t$; $\hat{U} = \omega L \hat{I} \approx 110$ V. Bei Umpolung einer Spule erhält M das Minuszeichen. Dann wird $L = 1{,}62$ H und $\hat{U} \approx 51$ V.

Aufgabe 3.43 Gegeninduktivität bei Nichtlinearität

Das Kernblech der gekoppelten Spulen im Bild 3.85 hat eine $B_e(H_e)$-Kennlinie entsprechend Bild 3.23a.

a) Zeige durch Berechnung von M_{21} und M_{12}, daß die Umkehrbarkeit nicht erfüllt ist! Als Beispiel soll im Mittelschenkel bei einem Strom durch die Spule *1* eine magnetische Feldstärke von 50 A/m auftreten. Kern- und Wicklungsdaten: $A = 5\ \text{cm}^2$, $l = 4$ cm, $w_1 = 200$, $w_2 = 500$.

b) Berechne die Induktivität der Reihenschaltung beider Spulen in gleichem Wickelsinn zum Fluß!

Lösungshinweis

a) Ausgehend von einer magnetischen Feldstärke berechnen wir schrittweise unter Zuhilfenahme der $B_e(H_e)$-Kurve bzw. der Tabelle im Bild 3.23a den Fluß durch den Mittelschenkel Φ_2, die magnetische Feldstärke und Induktion in den Seitenschenkeln und schließlich den Strom I_1 in Spule *1* (vgl. Aufgabe 3.18, Tafel 3.4). Daraus läßt sich mit (3.38a) M_{21} berechnen. Den berechneten Strom I_1 speisen wir nun als I_2 in Spule *2* ein und berechnen über die Feldgrößen B_e und H_e den Fluß durch Spule *1*. Das ergibt mit (3.38b) M_{12}.

b) Bei Reihenschaltung beider Spulen muß man beachten, daß bei Nichtlinearität nicht mit Teilflüssen beider Spulen und Überlagerung von Teilflüssen gerechnet werden darf. (3.44c) und (3.48) sind dann nicht anwendbar! Man muß von der Definitionsgleichung von L (3.29) ausgehen und $\Psi = \sum_{w} \Phi_\nu$ berechnen, wobei Φ_ν kein Teilfluß, sondern der Fluß durch die Windung ν ist. Hier (homogene Felder) kann man die Summe in 2 „Windungspakete" w_1 und w_2 aufteilen. Bei numerischer Lösung gibt es Probleme wie in Aufgabe 1.64 bei nichtlinearen Stromkreisen. Es muß daher die grafische Lösungsmethode angewandt werden (vgl. Aufg. 3.17).

Lösung

a) Es gelten folgende Gleichungen für den Eisenkreis (die Indizes 1, 2, 3 bezeichnen den Schenkel, in dem die entsprechende Größe auftritt (Bild 3.85):

a_1) Strom durch Spule *1* (Bild 3.86a)

Masche 1–2: $I_1 w_1 = H_1 3l + H_2 l$ (1)

Masche 2–3: $H_3 3l - H_2 l = 0; \quad H_3 = H_2/3$ (2)

Knoten: $\Phi_1 = \Phi_2 + \Phi_3;\ B_1 A = B_2 2A + B_3 A;\ B_1 = 2B_2 + B_3$ (3)

Berechnung von $M_{21} = w_2 \Phi_2 / I_1$. (4)

Rechenschritte:

1. Ermittle aus $B_e(H_e)$-Tabelle B_2 für gegebenen Wert von $H_2 = 50$ A/m!
2. $\Phi_2 = B_2 2A$
3. $H_3 = H_2/3$ aus (2)
4. Ermittle B_3 aus Bild 3.23!
5. $B_1 = 2B_2 + B_3$ aus (3)
6. Ermittle H_1!
7. $I_1 = (3H_1 + H_2)\, l/w_1$ aus (1)
8. Berechne M_{21} aus (4), 2. und 7.!

Auswertung:

Gegeben $H_2 = 50$ A/m $= 0{,}5$ A/cm, daraus $B_2 = 0{,}4\ \text{V·s/m}^2$, $\Phi_2 = 4 \cdot 10^{-4}$ V·s und $H_3 = 16{,}7$ A/m. Durch Interpolation der Tabellenwerte erhält man $B_3 = 0{,}234\ \text{V·s/m}^2$. Damit wird $B_1 = 1{,}03\ \text{V·s/m}^2$. Durch Interpolation ergibt sich $H_1 = 371$ A/m und damit $I_1 = 0{,}233$ A und $M_{21} = 0{,}858$ H.

a_2) Strom durch Spule *2*:
Der von Spule *2* erzeugte Fluß teilt sich je zur Hälfte auf beide Seitenschenkel. Es existiert also überall gleiche magnetische Induktion B und Feldstärke H. Damit gilt die Maschengleichung (Durchflutungsgesetz)

$$I_2 w_2 = H4l.$$

Da wir $I_2 = I_1$ (s. a)) setzen, ist $H = I_1 w_2/4l$ berechenbar.

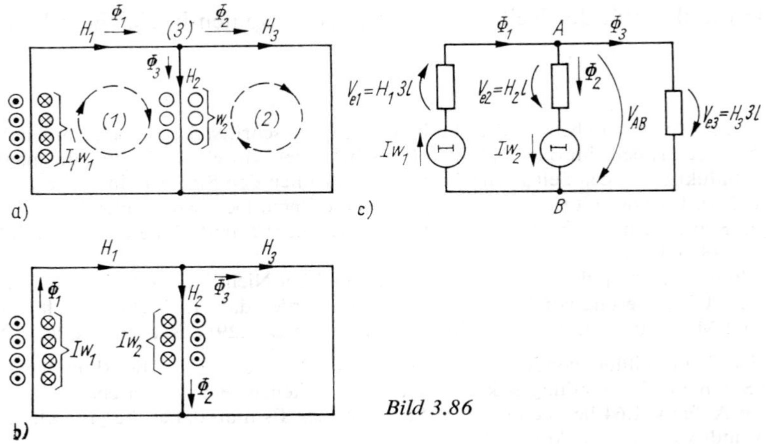

Bild 3.86

Berechnung von $M_{12} = w_1 \Phi_1 / I_2$
1. $H = I_1 w_2/4l$
2. Ermittle B aus Bild 3.23!
3. $\Phi_1 = BA$
4. Berechne M_{12} aus 3. und Pkt. 7. in a_1)!

Auswertung:
Mit $I_1 = 0{,}233$ A wird $H = 728$ A/m. Durch Interpolation erhält man den zugehörigen B-Wert: $B = 1{,}22$ V·s/m². Damit werden $\Phi_1 = 6{,}1 \cdot 10^{-4}$ V·s und $M_{12} = 0{,}524$H.
Ergebnis: $M_{12} \neq M_{21}$, die Umkehrbarkeit ist wegen der Nichtlinearität nicht erfüllt. Das bedeutet z. B. nach (3.45a), daß bei einer Stromänderung in Spule *1* eine *andere* Spannung an den Klemmen der Spule *2* entsteht als umgekehrt an den Klemmen der Spule *1*, wenn *gleiche Stromänderung* in Spule *2* eingespeist wird. Bei $\mu_r =$ konst. (Aufg. 3.42) sind diese Spannungen gleich, ganz gleichgültig, wie das Windungsverhältnis und die Kopplung ausgelegt sind!

Man mache sich diesen Inhalt des Umkehrungssatzes auch im Zusammenhang mit der Tatsache klar, daß man bei einem Transformator entsprechend dem Windungszahlverhältnis Spannungen in der einen Richtung herauf- und in der Gegenrichtung heruntertransformieren kann! Das ist eben der Unterschied zwischen Strom- und Spannungseinspeisung, wie sie in Aufgabe 3.38 untersucht wurde.

Ermittelt man in den einzelnen Schenkeln in dem gewählten Betriebszustand ($I = 0{,}233$ A) die μ_r-Werte ($B/\mu_0 H$), so erhält man Unterschiede von nahezu einer Größenordnung; von $\mu_r =$ konst. kann also keine Rede sein!

b) Wie im Lösungshinweis betont, kann nicht (3.48) nach Berechnung von L_1, L_2 und M angewandt werden; denn dies würde eine Addition von Parametern bei unterschiedlichen Betriebsbedingungen bedeuten. Nach (3.29) ist $L = \Psi/I$. Hier ist die Summe der Induktionsflüsse durch Spulen *1* und *2*: $\Psi = w_1\Phi_1 + w_2\Phi_2$. Wir müssen also die Flüsse Φ_1 und Φ_2 in den Schenkeln *1* und *2* bei Strom I durch beide Spulen ermitteln. Zur numerischen Berechnung schreiben wir wie im Fall a_1) die Netzwerkgleichungen mit den Feldgrößen H und B auf, allerdings mit dem Unterschied, daß auch Spule *2* einen Strom im Sinn der Flußverstärkung führt (Bild 3.86b). Dann ergeben sich, wie man durch Vergleich mit Bild 3.86a erkennt, durch Iw_2 modifizierte Gleichungen (1) und (2), lediglich (3) ändert sich nicht:

Masche 1–2: $I(w_1 + w_2) = H_1 3l + H_2 l$ (1′)

Masche 2–3: $-Iw_2 = H_3 3l - H_2 l$ (2′)

Knoten: $B_1 = 2B_2 + B_3$. (3′)

Man erkennt aus dem Vergleich (2) und (2′), daß hier nicht nach H_3 explizit aufgelöst werden kann (Schritt 3 in a_1), also nicht das einfache Rechenschema von a_1) durchführbar ist. Es liegt das gleiche Problem vor wie in Aufgabe 1.64 mit mehreren Nichtlinearitäten und 2 EMK (Bild 1.120). Dort wurde schon darauf hingewiesen, daß das nichtlineare Gleichungssystem mit Matrizenoperationen berechnet werden muß. Dort wurde statt dessen die Aufgabe grafisch gelöst. Das soll hier auch geschehen, wobei wir einen Strom $I = 0{,}1$ A vorgeben. Wir gehen dabei genauso vor wie in Aufgabe 3.17 (Bilder 3.34, 3.35).

Aus Ersatzschaltbild 3.86c ergeben sich für die 3 parallelen Zweige die $\Phi(V)$-Beziehungen

Schenkel 1: $V_{AB} = Iw_1 - V_{e1}(\Phi_1) = 20\text{ A} - V_{e1}(\Phi_1)$ (a)

Schenkel 2: $V_{AB} = -Iw_2 + V_{e2}(\Phi_2) = -50\text{ A} - V_{e2}(\Phi_2)$ (b)

Schenkel 3: $V_{AB} = V_{e3}(\Phi_3)$. (c)

Die Zusammenschaltung der 3 Schenkel muß die Bedingung erfüllen

$$\Phi_1 = \Phi_2 + \Phi_3. \quad \text{(d)}$$

Konstruktionsschritte:

1. Konstruiere aus gegebener $B_e(H_e)$-Kennlinie (bzw. Tabellenwerten) nach Bild 3.23a die $\Phi(V_e)$-Kennlinien für die 3 Schenkel! Dabei ergibt sich $\Phi_{1,3} = B_e A$ und $V_{e1,3} = H_e 3l$ für die Seitenschenkel bzw. $\Phi_2 = B_e 2A$ und $V_{e2} = H_e l$ für den Mittelschenkel. Für die V-Achse benötigen wir Werte bis zu der gegebenen MMK $I(w_1 + w_2) = 70$ A bei $I = 0{,}1$ A (Bild 3.87a).
2. Konstruiere die Kennlinien $\Phi = f(V_{AB})$ der 3 Zweige entsprechend (a), (b) und (c): $\Phi_1(V_{AB})$, $\Phi_2(V_{AB})$, $\Phi_3(V_{AB})$ (Bild 3.87b)!
3. Überlagere gemäß (d) die beiden Kennlinien $\Phi_2(V_{AB})$ und $\Phi_3(V_{AB})$! Dies ergibt eine Kennlinie $\Phi_2 + \Phi_3$ (Bild 3.87b).
4. Schnittpunkt S im Bild 3.87b mit der Kennlinie $\Phi_1(V_{AB})$ erfüllt (d) und ergibt bei Konstruktion auf Millimeterpapier $\Phi_1 = 5{,}6 \cdot 10^{-4}$ V·s, $\Phi_2 = 10{,}5 \cdot 10^{-4}$ V·s und $\Phi_3 = -5 \cdot 10^{-4}$ V·s (Knotengleichung hinreichend genau erfüllt) und $V_{AB} = -34$ A.

Damit ergibt sich

$$L = (w_1\Phi_1 + w_2\Phi_2)/I = 6{,}37\text{ H}$$

(vgl. mit linearer Berechnung in Aufgabe 3.42!).

Bemerkung: Aus den ermittelten Flüssen berechnen wir die Flußdichten $B_1 = 1{,}12\ \text{V·s/m}^2$, $B_2 = 1{,}05\ \text{V·s/m}^2$ und $B_3 = -10^{-4}\ \text{V·s/m}^2$. Für diese Werte entnehmen wir aus der Tabelle im Bild 3.23a $H_1 = 5$ A/cm, $H_2 = 4$ A/cm und $H_3 = -3{,}3$ A/cm. Setzen wir diese Werte in (1) bis (3) ein, so werden diese mit etwa 10% Abweichung erfüllt. Bei Umpolung, z.B. der Spule *2*, ist in (1'), (2'), (b) Iw_2 durch $-Iw_2$ zu ersetzen und Bild 3.87b entsprechend umzuzeichnen. L ist dann neu zu ermitteln.

Man erkennt durch Vergleich der Aufgaben 3.42 und 3.43 den wesentlich größeren Aufwand bei Beachtung der Nichtlinearität der Eisenkennlinie.

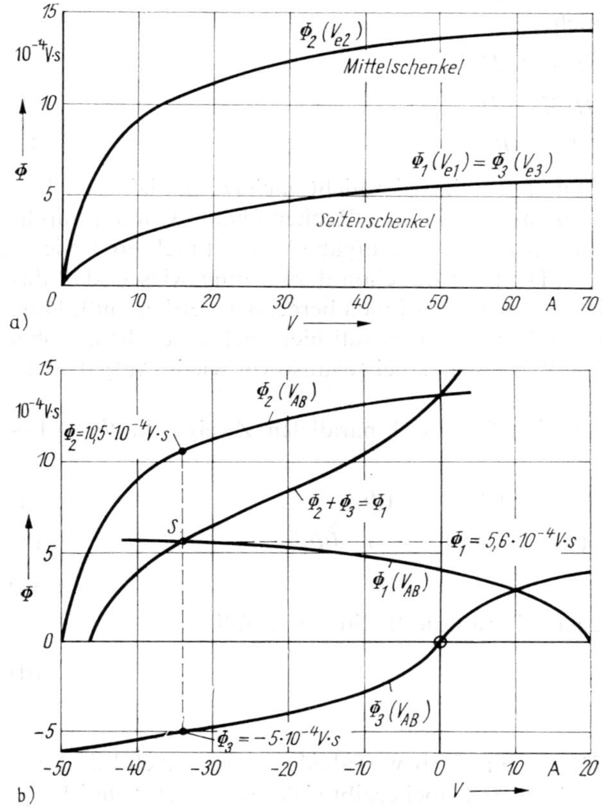

Bild 3.87

Aufgabe 3.44 Gegeninduktivität zweier paralleler Doppelleitungen

Berechne die Gegeninduktivität je Längeneinheit zweier paralleler Doppelleitungen *1 – 1'* und *2 – 2'* in der Anordnung Bild 3.88 in Luft (Leiterabstände *a*, *b*, *c* und *d*)!

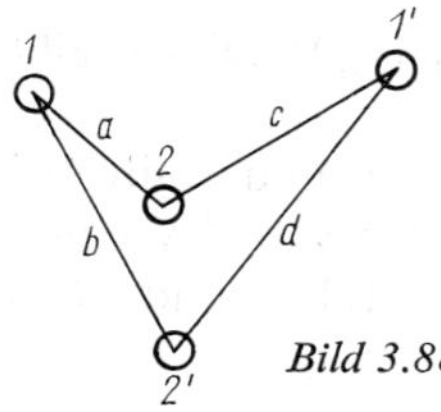

Bild 3.88

Lösungshinweis

Wir wählen eine Doppelleitung als Hin- und Rückleiter eines Stroms I und berechnen den Fluß durch die Fläche, die das andere Leitungspaar für die Länge l umrandet. Da ein lineares Medium für das Magnetfeld vorliegt, können wir die Flüsse beider Leiter getrennt berechnen und überlagern.

Lösung

Wir speisen in das Leitungspaar *1 – 1'* einen Strom I bzw. $-I$ ein und berechnen von beiden Leitern den Fluß Φ durch die Ebene zwischen den Leitern *2 – 2'*. Im Bild 3.89 sind die beiden Flußröhren Φ_1 und Φ_2 eingetragen, die durch die Leiter *2 – 2'* (Radien a, b bzw. c, d) begrenzt werden. Diese Flüsse berechnen sich bei einem Leiterabschnitt der Länge l zu

$$\Phi_1 = \int \boldsymbol{B} \cdot \mathrm{d}\boldsymbol{A} = \mu_0 \int \boldsymbol{H} \cdot \mathrm{d}\boldsymbol{A} = \mu_0 \int_a^b Hl\,\mathrm{d}r.$$

Wir integrieren über den Querschnitt $l\,(b - a)$. Der Fluß durch diesen Querschnitt ist derselbe wie durch die Fläche zwischen den Leitern *2 – 2'*.

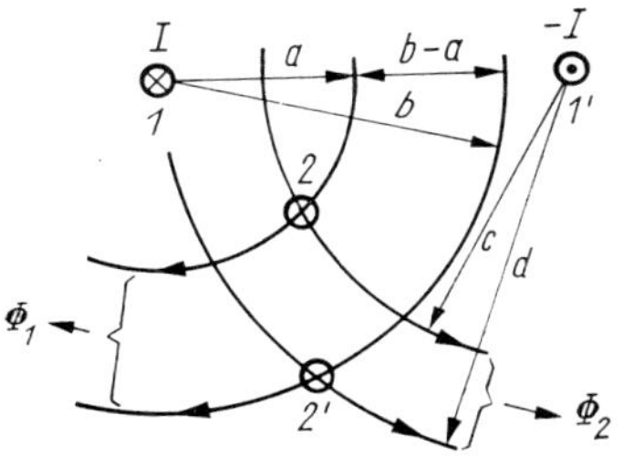

Bild 3.89

Mit (3.13) $H = I/(2\pi r)$ wird

$$\Phi_1 = \frac{\mu_0 Il}{2\pi} \int_a^b \frac{\mathrm{d}r}{r} = \frac{\mu_0 Il}{2\pi} \ln \frac{b}{a}$$

und analog

$$\Phi_2 = -\frac{\mu_0 Il}{2\pi} \ln \frac{c}{d}.$$

Mithin ist

$$\Phi = \Phi_1 + \Phi_2 = \frac{\mu_0 Il}{2\pi} \ln \frac{bd}{ac}.$$

Also ergibt sich die Gegeninduktivität je Längeneinheit zu

$$\frac{M}{l} = \frac{\Phi}{I}\Big/ l = \frac{\mu_0}{2\pi} \ln \frac{bd}{ac}.$$

Man kann leicht überprüfen durch Einspeisung des Stromes in *2 – 2'*, daß $M_{12} = M_{21} = M$ ist. M ist ein Maß für das Übersprechen, denn die in *2 – 2'* induzierte Spannung bei zeitlich sich änderndem Strom i in *1 – 1'* ist $e_{\text{ind}} = M\,\mathrm{d}i/\mathrm{d}t$.

Aufgabe 3.45 Transformatorgleichungen

Setze in den Maschengleichungen der Gegeninduktivität Gln. (3.49) die Widerstände R_1, R_2 und R_a gleich Null und berechne aus den entstehenden Gleichungen die zwischen den Klemmen der Spule *1* wirksame Kurzschlußinduktivität!

Lösungshinweis

Ausgehend von den Gln. (3.49) benutze zur Berechnung der Ersatzinduktivität die Beziehungen zwischen Selbstinduktionsspannung und Änderungsgeschwindigkeit des Stromes sowie zwischen Gegen- und Selbstinduktivität gekoppelter Spulen!

Lösung

Mit Gl. (3.34) ergibt sich für die Ersatzinduktivität zwischen den Klemmen der Spule *1* folgende Beziehung:

$$u_1 = L_{ers} \frac{di_1}{dt}, \tag{a}$$

Mit $R_1 = R_2 = R_a = 0$ und $u_2 = 0$ (Kurzschluß) werden die Gln. (3.49):

$$u_1 = L_1 \frac{di_1}{dt} - M \frac{di_2}{dt} \tag{b}$$

$$0 = M \frac{di_1}{dt} - L_2 \frac{di_2}{dt}. \tag{c}$$

Aus (c) ergibt sich

$$\frac{di_2}{dt} = \frac{M}{L_2} \frac{di_1}{dt}.$$

Damit wird (b):

$$u_i = \left(L_1 - \frac{M^2}{L_2}\right) \frac{di_1}{dt}$$

und mit Gl. (3.42a)

$$u_1 = \left(L_1 - \frac{k^2 L_1 L_2}{L_2}\right) \frac{di_1}{dt} = L_1 (1 - k^2) \frac{di_1}{dt}.$$

Aus Vergleich mit (a) folgt $L_{ers} = L_1 (1 - k^2)$.
Der Ausdruck $1 - k^2$ wird als Streufaktor σ definiert.

Diskussion

Wir können 2 Extremfälle unterscheiden. Setzt man $k = 0$, dann geht das Ergebnis in $L_{ers} = L_1$ über. Zwischen den Klemmen der Spule *1* ist nur noch die eigene Induktivität wirksam, da die Kopplung mit Spule *2* Null wurde. Für $k = 1$ ($\sigma = 0$) dagegen wird $L_{ers} = 0$. Das ist eine notwendige Folge daraus, daß die beiden Koppelflüsse Φ_1 und Φ_2 jetzt gleich groß (kein Streufluß), aber entgegengerichtet sind und sich in ihrer Wirkung gegenseitig aufheben.

Aufgabe 3.46 Induktivität eines Variometers

Ein Variometer (2 galvanisch in Reihe geschaltete Spulen, koaxial angeordnet, von denen eine senkrecht zur Achse drehbar ist, Bild 3.90), dessen beide Spulen gleiche Induktivität aufweisen, besitzt in der einen Extremlage eine Gesamtinduktivität von 0,4 mH, nach Drehung einer Spule um 180° hat sie eine Gesamtinduktivität von 1,2 mH. Berechne den Kopplungsfaktor aus den Angaben über die Gesamtinduktivität in den Endstellungen!

Lösungshinweis

Gl. (3.48) ergibt die Indukitvität des Variometers. In einer Extremlage ist der Kopplungsfaktor k_1, in der anderen (180°-Drehung) ist er $-k_1$, da sich die Flüsse einmal addieren, im anderen Fall subtrahieren.

Lösung

Mit Gln. (3.48) ist für $L_1 = L_2 = L$

$$L_{min} = 2L - 2M = 0{,}4 \text{ mH}$$

und

$$L_{max} = 2L + 2M = 1{,}2 \text{ mH}.$$

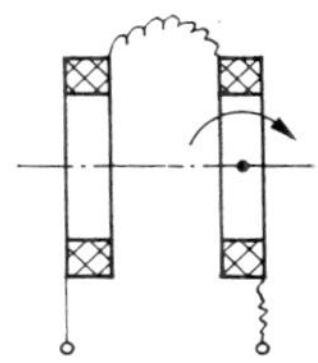

Bild 3.90

Aus der Summe bzw. der Differenz beider Gleichungen ergibt sich:

$$4L = 1{,}6 \text{ mH} \quad \text{und} \quad 4M = 0{,}8 \text{ mH}.$$

Mit Gl. (3.42a) wird

$$k = \frac{M}{L} = \frac{0{,}2 \text{ mH}}{0{,}4 \text{ mH}} = 0{,}5.$$

Aufgabe 3.47 Transformator

Es seien 2 mit dem Kopplungsfaktor $k = 1$ gekoppelte Spulen ohne Spulenwiderstände gegeben (z.B. ein Transformator, Bild 3.91). In die Spule *1* werde ein Strom $i_1 = \hat{I}_1 \sin \omega t$ eingespeist.

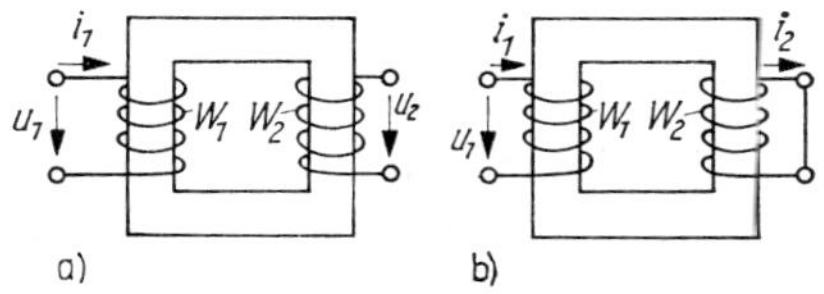

Bild 3.91

Berechne das Verhältnis

a) der Maximalwerte der Spannungen u_1 und u_2, ausgedrückt durch die Windungszahlen w_1 und w_2 der beiden Spulen, wobei der an Spule *2* angeschlossene Widerstand $R_a = \infty$ sein möge („sekundärer Leerlauf", Bild 3.91 a),
b) der Maximalwerte der Ströme i_1 und i_2, ausgedrückt durch w_1 und w_2, wobei die Spule *2* an ihren Klemmen kurzgeschlossen sei, Bild 3.91 b!
Diskutiere die Ergebnisse!

Lösungshinweis

Wende die Maschensätze der Gegeninduktivität [Gl. (3.49)] auf die Anordnung in den Bildern 3.91 a bzw. b an!

Lösung

a) Für $R_1 = R_2 = 0$ und den Fall des sekundären Leerlaufs $i_2 = 0$ werden die Gln. (3.49) mit (3.24a) zu:

$$u_1 = w_1 \frac{\mathrm{d}\Phi_1}{\mathrm{d}t}; \qquad u_2 = w_2 \frac{\mathrm{d}\Phi_2}{\mathrm{d}t}.$$

Da nun bei $k = 1$ durch beide Spulen ein gemeinsamer Fluß geht, gilt

$$\Phi_1 = \Phi_2 = \Phi.$$

Bei sinusförmigem Speisestrom i_1 ist der Fluß auch sinusförmig (lineares Verhalten vorausgesetzt, μ_r = konst., vgl. Bild 3.53):

$$\Phi(t) = \hat{\Phi} \sin \omega t.$$

Hiernach wird

$$u_1 = w_1 \frac{\mathrm{d}\Phi(t)}{\mathrm{d}t} = w_1 \omega \hat{\Phi} \cos \omega t = \hat{U}_1 \cos \omega t$$

und

$$u_2 = w_2 \frac{\mathrm{d}\Phi(t)}{\mathrm{d}t} = w_2 \omega \hat{\Phi} \cos \omega t = \hat{U}_2 \cos \omega t.$$

Bildet man den Quotienten beider Gleichungen, so erhält man:

$$\frac{\hat{U}_1}{\hat{U}_2} = \frac{w_1}{w_2}.$$

b) Gemäß Bild 3.91 b ist bei sekundärem Kurzschluß $u_2 = 0$. Die 2. der Gln. (3.49) wird daher mit $R_2 = 0$:

$$M \frac{\mathrm{d}i_1}{\mathrm{d}t} = L_2 \frac{\mathrm{d}i_2}{\mathrm{d}t}.$$

Da alle zeitabhängigen Größen das gleiche Zeitgesetz beschreiben und zeitliche Verschiebungen die Berechnung der Maximalwertverhältnisse nicht berühren, wird $\omega M \hat{I}_1 = \omega L_2 \hat{I}_2$. Daraus folgt mit Gl. (3.42a) für $k = 1$ und mit Gl. (3.29b), Tafel 3.6:

$$\frac{\hat{I}_1}{\hat{I}_2} = \frac{L_2}{M} = \sqrt{\frac{L_2}{L_1}} = \frac{w_2}{w_1}.$$

Diskussion

Zu a) Das gefundene Verhältnis der Spannungsmaximalwerte beruht auf idealisierenden Annahmen. Es wird in praktischen Fällen um so besser erreicht, je näher man den hier gemachten Voraussetzungen ($R_1 = R_2 = 0, k = 1, R_a = \infty$) kommt. Es muß also z.B. bei einem Transformator angestrebt werden, die Wicklungswiderstände und den Streufluß möglichst klein zu halten. Je mehr wir uns dem Leerlauffall ($R_a = \infty$) nähern, um so kleiner ist die Abweichung des Spannungsamplitudenverhältnisses von dem Verhältnis der Windungszahlen; denn mit wachsender Belastung wachsen auch die Spannungsverluste I_1R_1 bzw. I_2R_2.

Zu b) Aus dem Ergebnis folgt für den idealisierten Fall $i_1w_1 = i_2w_2$, d.h., die Differenz der beiden Amperewindungszahlen ist Null. Dieser Zustand wird im praktischen Fall um so besser erreicht, je kleiner ΦR_m, der magnetische Spannungsabfall im magnetischen Kreis, ist.

Aufgabe 3.48 Gleichungen für Netzwerke mit *R*, *C*, *L* und *M*

Stelle das für die Berechnung des Netzwerks (Bild 3.92) nach der Zweigstromanalyse notwendige Gleichungssystem auf!

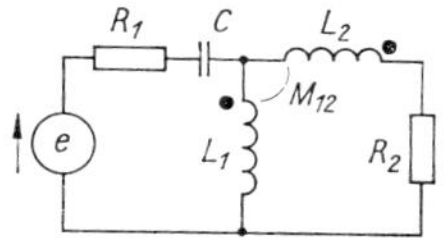

Bild 3.92

Lösungshinweis

Verfahre nach dem Lösungsprogramm zu Gln. (3.49)! Die Spulenorientierung (Wickelsinn) ist durch einen Punkt gekennzeichnet, der angibt, daß M positives Vorzeichen erhält, wenn in beiden Spulen die Ströme gleiche Bezugspfeilrichtung zu den Punkten haben.

Lösung

Gemäß dem zu Gln. (3.49) angegebenen Lösungsprogramm:

1. Siehe Bild 3.93!
2. u_1 und u_2 in Bezugspfeilrichtung von i_2 bzw. i_3 eingeführt:

$$u_1 = L_1 \frac{di_2}{dt} - M_{12} \frac{di_3}{dt}$$

$$u_2 = L_2 \frac{di_3}{dt} - M_{12} \frac{di_2}{dt}.$$

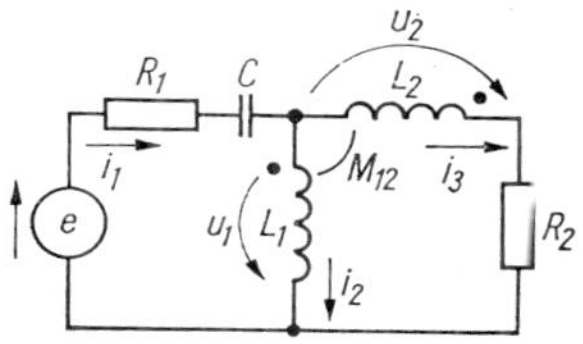

Bild 3.93

Minuszeichen der M-Glieder, da die Ströme i_2 und i_3 gegensätzlich zu den Spulenorientierungen eingeführt sind.

Gleichungssystem:

(I) $$e = i_1 R_1 + \frac{1}{C}\int i_1\,dt + u_1 = i_1 R_1 + \frac{1}{C}\int i_1\,dt + L_1 \frac{di_2}{dt} - M_{12}\frac{di_3}{dt}$$

(II) $$0 = u_1 - i_3 R_2 - u_2 = (L_1 + M_{12})\frac{di_2}{dt} - i_3 R_2 - (L_2 + M_{12})\frac{di_3}{dt}$$

(III) $$0 = i_1 - i_2 - i_3.$$

Aufgabe 3.49 Gleichungen für Netzwerke mit *R*, *C*, *L* und *M*

Stelle das für die Berechnung des Netzwerks (Bild 3.94) nach der Maschenstromanalyse notwendige Gleichungssystem auf!

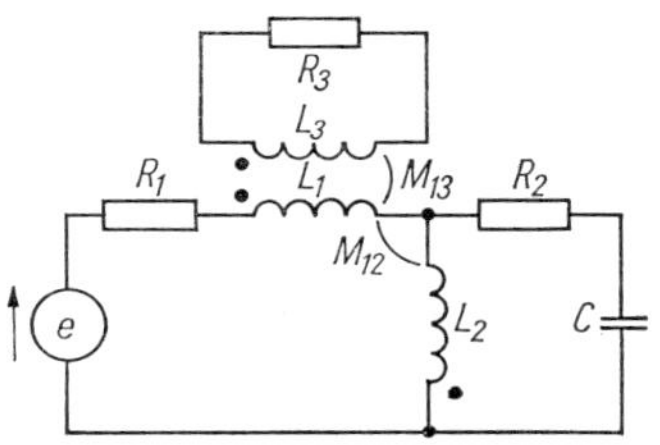

Bild 3.94

Lösungshinweis

Verfahre wie in Aufgabe 3.48!

Lösung

Nach LP zu (3.49):

1. Siehe Bild 3.95!
2. u_1, u_2 und u_3 in Richtung der Strombezugspfeile eingeführt:

$$u_1 = L_1 \frac{di_1}{dt} - M_{12} \frac{di_1}{dt} - M_{12} \frac{di_2}{dt} + M_{13} \frac{di_3}{dt}.$$

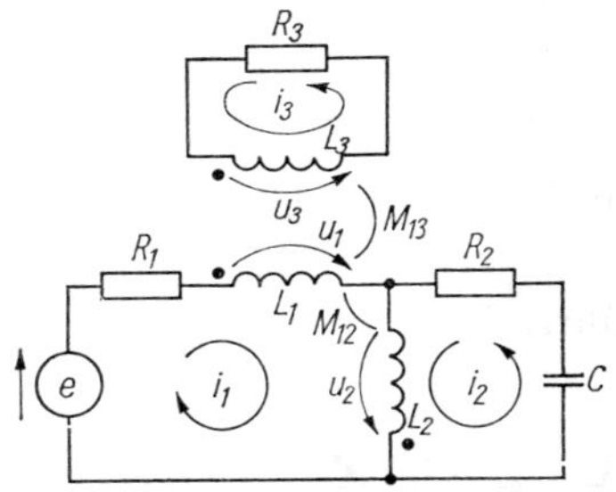

Bild 3.95

Beachte dabei: i_1 fließt als Maschenstrom auch durch Spule *2* und trägt mit gegeninduzierter Spannung in Spule *1* bei!

$$u_2 = L_2 \frac{di_1}{dt} + L_2 \frac{di_2}{dt} - M_{12} \frac{di_1}{dt}$$

$$u_3 = L_3 \frac{di_3}{dt} + M_{13} \frac{di_1}{dt}.$$

Gleichungssystem:

(I) $$e = i_1 R_1 + u_1 + u_2$$

$$= i_1 R_1 + (L_1 + L_2 - 2M_{12}) \frac{di_1}{dt} + (L_2 - M_{12}) \frac{di_2}{dt} + M_{13} \frac{di_3}{dt}$$

(II) $$0 = i_2 R_2 + \frac{1}{C} \int i_2 \, dt + u_2$$

$$= (L_2 - M_{12}) \frac{di_1}{dt} + i_2 R_2 + \frac{1}{C} \int i_2 \, dt + L_2 \frac{di_2}{dt}$$

(III) $$0 = i_3 R_3 + u_3 = M_{13} \frac{di_1}{dt} + i_3 R_3 + L_3 \frac{di_3}{dt}.$$

3.4 Energie und Kräfte im magnetischen Feld

Energie

Aus der allgemeinen Gleichung für die in einem Zweipol umgesetzte Energie (s. Tafel 1.1)

$$W = \int ui \, dt \qquad (1.15)$$

wird für die in einem Magnetfeld gespeicherte Energie mit Gl. (3.34)

$$W = \frac{LI^2}{2} = \frac{\Psi I}{2}. \tag{3.53}$$

Für magnetisch gekoppelte Spulen gilt Gl. (3.44c), und die im Feld der Spule μ gespeicherte Energie wird

$$W_\mu = \frac{L_\mu I_\mu^2}{2} + \frac{1}{2} \sum M_{\mu\nu} I_\nu I_\mu.$$

Bei 2 Spulen ist die insgesamt gespeicherte Energie

$$W = W_1 + W_2 = \frac{L_1 I_1^2}{2} + \frac{L_2 I_2^2}{2} + M I_1 I_2. \tag{3.53 b}$$

Für die Energiedichte ergibt sich analog Gl. (2.55)

$$\frac{\mathrm{d}W}{\mathrm{d}V} = \frac{\mu H^2}{2} = \frac{B^2}{2\mu} = \frac{BH}{2}. \tag{3.54}$$

Der Flächeninhalt der Hysteresisschleife ist proportional dem Energieverlust der Ummagnetisierung.

Kräfte

Die Kraftwirkungen im magnetischen Feld kann man analog denen im elektrischen Feld durch die Tendenz der Feldstärkelinien, sich zu verkürzen (Längszug) und sich möglichst weit voneinander zu entfernen (Querdruck), anschaulich deuten.
Eine Flußröhre versucht also, einen möglichst großen Querschnitt einzunehmen und sich möglichst zu verkürzen, d.h., den magnetischen Widerstand möglichst zu verkleinern. Aus der Beziehung $L = \Psi/I = w^2/R_m$ kann man die Tendenz der Kräfte erkennen, die Induktivität der Anordnung zu vergrößern.
Die allgemeine Gleichung für diese Aussage ist

$$F = \frac{I^2}{2} \frac{\mathrm{d}L}{\mathrm{d}x}. \tag{3.56}$$

Vergleiche die analoge Beziehung (2.59) im elektrostatischen Feld!

Die verschiedenen Kraftwirkungen auf Trennflächen sowie auf bewegte Ladungen und Stromleiter im Magnetfeld sind in Tafel 3.9 angegeben.
Für die Kraft auf ein Stromelement

$$\mathrm{d}\boldsymbol{F} = I(\mathrm{d}\boldsymbol{s} \times \boldsymbol{B}), \tag{3.63}$$

ergibt sich die Richtung nach dem Rechtsdreibein ($I\,\mathrm{d}\boldsymbol{s}$, $\boldsymbol{B}$, $\boldsymbol{F}$) entsprechend Bild 3.96.

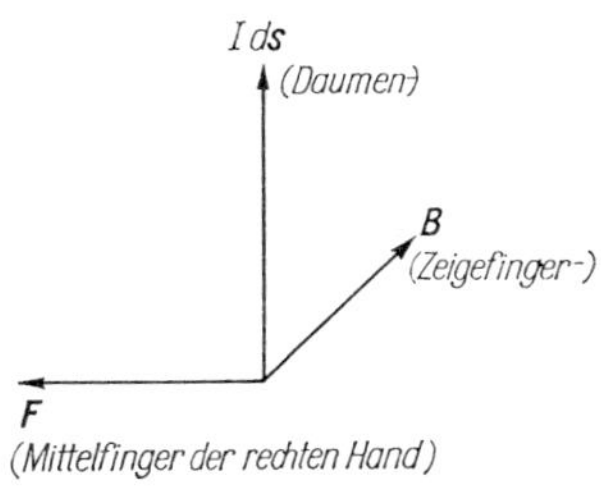

Bild 3.96
Rechte-Hand-Regel zur Ermittlung der Richtung der Kraft auf ein Stromelement

Tafel 3.9 Kraftwirkungen im Magnetfeld

$$F = \frac{I^2}{2}\frac{\mathrm{d}L}{\mathrm{d}x} \quad (3.56)$$

Kraft ist bestrebt, Induktivität zu vergrößern

Kraft auf Trennflächen

Kraft wirkt senkrecht auf Trennfläche zwischen 2 Medien verschiedener Permeabilität μ_1 und μ_2 in Richtung zum Medium mit kleinerem μ

Annahme: Feldlinien verlaufen

senkrecht ... parallel

zur Trennfläche dA

senkrecht: $(B_1 = B_2 = B)$

$$\mathrm{d}F = \frac{B^2}{2}\left(\frac{1}{\mu_2} - \frac{1}{\mu_1}\right)\mathrm{d}A \quad (3.58)$$

parallel: $(H_1 = H_2 = H)$

$$\mathrm{d}F = \frac{H^2}{2}(\mu_1 - \mu_2)\,\mathrm{d}A$$

$\mu_2 = \mu_0$ (Luft) $\ll$ μ_1 (Eisen)

$$\mathrm{d}F = \frac{B^2}{2\mu_0}\mathrm{d}A \quad (3.59)$$

$$\mathrm{d}F = \frac{\mu_1 H^2}{2}\mathrm{d}A$$

Tragkraft eines Elektromagneten

$$F_{/\mathrm{N}} \approx 40\,(B/_{\mathrm{V\cdot s/m^2}})^2\,A_{/\mathrm{cm^2}} \quad (3.60\,\mathrm{a})$$

Kräfte auf bewegte Ladungen und Ströme

Kraft auf bewegte Ladung q

$$\boldsymbol{F} = q\,(\boldsymbol{v} \times \boldsymbol{B}) \quad (3.61)$$

Lorentzkraft

← $q\boldsymbol{v} = I\,\mathrm{d}\boldsymbol{s}$ (2.69)

Kraft auf Stromelement

$$\mathrm{d}\boldsymbol{F} = I\,(\mathrm{d}\boldsymbol{s} \times \boldsymbol{B}) \quad (3.63)$$

← $\mathrm{d}\boldsymbol{s} \perp \boldsymbol{B}$ gerader Stromfaden der Länge l

$$F = IBl$$

← I entsteht durch Induktion

Kraft auf induzierten Strom

Ruheinduktion
Durch di/dt → dΦ/dt entsteht Wirbelstrom im Leiter; zwischen beiden Strömen entsteht Kraftwirkung

Bewegungsinduktion
Kraft ist bestrebt, die Relativgeschwindigkeit zwischen Magnetfeld und Leiter, in dem Strom induziert wird, zu verringern,
Triebscheibe (Motor)
Bremsscheibe

Die Kraft zwischen *parallelen geradlinigen Stromfäden* I_1 und I_2 mit Abstand a wird mit Gl. (3.63) berechnet.
Es ergibt sich für die Kraft auf die Länge l der Ströme

$$F = \frac{\mu_0 I_1 I_2 l}{2\pi a}. \tag{3.64}$$

Aus Gl. (3.63) leitet man auch das *Drehmoment* M_d auf eine stromdurchflossene Rechteckschleife der Fläche A im homogenen Magnetfeld $\boldsymbol{B}$ ab:

$$M_d = IBA \sin(\boldsymbol{B}, \boldsymbol{A}). \tag{3.65}$$

Für ein Radialfeld mit w Windungen gilt dann

$$M_d = IwBA. \tag{3.66}$$

Mit $BA \sim \Phi_{err}$ (Erregerfluß) und $I = I_A$ (Ankerstrom) gilt für den Motor

$$M_d = K\Phi_{\text{err}} I_A; \tag{3.66a}$$

K Konstruktionskonstante.

Eine auf Grund eines Drehmoments (3.65) in einem Magnetfeld bewegte stromdurchflossene Schleife erfährt nach (3.27) die Induktion einer Spannung, die dem Strom entgegengerichtet ist. Die Klemmenspannung wird somit bei einem Radialfeld ($\boldsymbol{v} \perp \boldsymbol{B}$) und einem Widerstand R

$$U = E_{\text{ind}} + RI = vlB + RI. \tag{3.68}$$

Damit wird der Leistungsumsatz

$$UI = E_{\text{ind}} I + RI^2 = vlBl + RI^2 = P_{\text{mech}} + P_{\text{wärme}}. \tag{3.69}$$

Aufgabe 3.50 Magnetische Feldenergie

In dem Stromkreis des Bildes 3.97 fließt bei geöffnetem Schalter der Strom I. Zur Zeit $t = 0$ wird der Schalter geschlossen. Berechne die Wärmeenergie, die im Widerstand R insgesamt während der Zeit $t \geqq 0$ entsteht, und erkläre das Ergebnis!

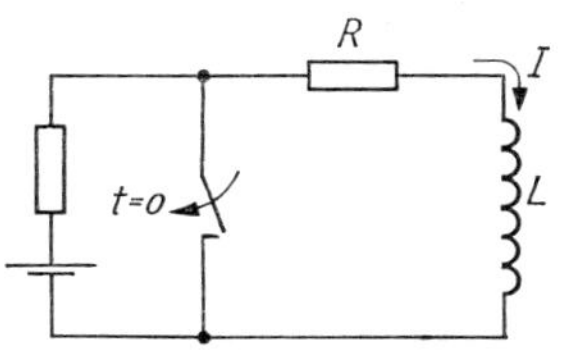

Bild 3.97

Lösungshinweis

Mit dem Schließen des Schalters wird die Stromeinspeisung zur Induktivität beendet. Der Strom durch L kann sich nicht sprunghaft ändern. Die Zeitfunktion des Stroms berechnet sich aus Maschengleichung für $t \geqq 0$. Die Gesamtenergie erhält man durch zeitliche Integration der Leistung zwischen den Grenzen $t = 0$ und $t = \infty$.

Lösung

$$W = \int_0^\infty i^2(t)\, R \,\mathrm{d}t.$$

Den Zeitverlauf des Stromes i für $t \geqq 0$ erhält man durch Auflösung der Maschengleichung

$$Ri + L\frac{\mathrm{d}i}{\mathrm{d}t} = 0.$$

Die Lösung erfolgt nach Trennung der Variablen i und t durch Integration, und zwar ebenso, wie in Aufgabe 2.24 derselbe Gleichungstyp für die Kondensatorspannung gelöst wurde:

$$\frac{\mathrm{d}i}{i} = -\frac{R}{L}\,\mathrm{d}t.$$

Mit $\tau = L/R$ und der Integrationskonstanten I_0 ergibt die Integration von $t = 0$ bis t mit den entsprechenden Grenzwerten I_0 bzw. i

$$i = I_0 \exp(-t/\tau).$$

Damit wird

$$W = I_0^2 R \int_0^\infty \mathrm{e}^{-2t/\tau}\,\mathrm{d}t = \frac{LI_0^2}{2}.$$

Diskussion

Die Erwärmung des Widerstands erfolgt auf Kosten der im Magnetfeld gespeicherten Energie. Die gesamte Wärmeenergie muß gleich dieser Feldenergie sein. Das Ergebnis liefert die Bestätigung, wie ein Vergleich mit Gl. (3.53) zeigt.

Aufgabe 3.51 Magnetische Feldenergie

Wie groß ist die Energiedichte eines starken, homogenen Magnetfeldes ($B = 1{,}5\ \mathrm{V{\cdot}s/m^2}$) in Luft?

Lösungshinweis

Benutze zur Lösung der Aufgabe Gl. (3.54)! Vergleiche das Ergebnis mit dem der Aufgabe 2.31!

Lösung

Gl. (3.54) gibt die Energiedichte in einem sehr kleinen Teilvolumen an. Für ein ausgedehntes homogenes Magnetfeld in Luft schreiben wir diese Gleichung daher:

$$\frac{W_m}{V} = \frac{BH}{2} = \frac{B^2}{2\mu_0}.$$

Nach Einsetzen der Zahlenwerte wird:

$$\frac{W_m}{V} = \frac{2{,}25\left(\dfrac{\mathrm{V{\cdot}s}}{\mathrm{m^2}}\right)^2}{2\cdot 1{,}256\cdot 10^{-6}\,\dfrac{\mathrm{V{\cdot}s}}{\mathrm{A{\cdot}m}}} = 0{,}896\cdot 10^6\,\frac{\mathrm{W{\cdot}s}}{\mathrm{m^3}} = 0{,}896\,\frac{\mathrm{W{\cdot}s}}{\mathrm{cm^3}}.$$

Diskussion

Hier, ebenso wie in Aufgabe 2.31, geben die Zahlenbeispiele etwa die stärksten Felder an, die mit normalem technischem Aufwand erreichbar sind. Ein Vergleich der Energiedichten beider Felder zeigt, daß sie im magnetischen Feld etwa um den Faktor $2\cdot 10^4$

größer ist. Daher ist es auch verständlich, daß sich mit Hilfe von Magnetfeldern in der Technik Kraftwirkungen von viel größerem Ausmaß verwirklichen lassen als mit Anordnungen, die auf der Wirkung des elektrostatischen Feldes beruhen. (Vergleiche folgende Anwendungsmöglichkeiten: dielektrisches Feld – elektrostatisches Meßinstrument; Magnetfeld – Lasthubmagnet, Motor!)

Aufgabe 3.52 Dreheiseninstrument

Bild 3.98 zeigt die prinzipielle Anordnung eines Dreheisenmeßwerks in Flachspulenausführung.

a) Zeichne qualitativ den zugehörigen Feldverlauf!
b) Erkläre die Wirkungsweise des Instruments!

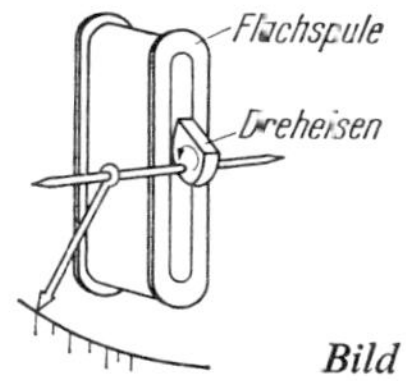

Bild 3.98

Lösungshinweis

Zu a) Beachte bei der Darstellung des Feldverlaufs die Aufgabe 3.2!
Zu b) Erläutere die Wirkungsweise des Instruments an Hand des Feldverlaufs am Dreheisen und mit Hilfe der Gln. (3.59) und (3.56).

Lösung

a) Die Flußdichtelinien sind in sich geschlossen, durchsetzen den Spuleninnenraum und schließen sich über den Außenraum. Wegen der gegenüber Luft viel höheren magnetischen Leitfähigkeit des Dreheisenstücks verläuft ein verhältnismäßig großer Teil der Feldlinien durch dieses Eisenstück. Damit wird der Feldverlauf gegenüber einer eisenlosen Spule geändert. (Vergleiche rechte und linke Seite des Feldes im Bild 3.99!) An der Grenze von Materialien mit sehr verschiedener magnetischer Leitfähigkeit (z.B. wie hier zwischen Weicheisen und Luft) verlaufen die Flußdichtelinien nahezu senkrecht zur Grenzfläche, d.h., sie treten senkrecht in das Weicheisenstück ein und verlassen es ebenso (Bild 3.99).

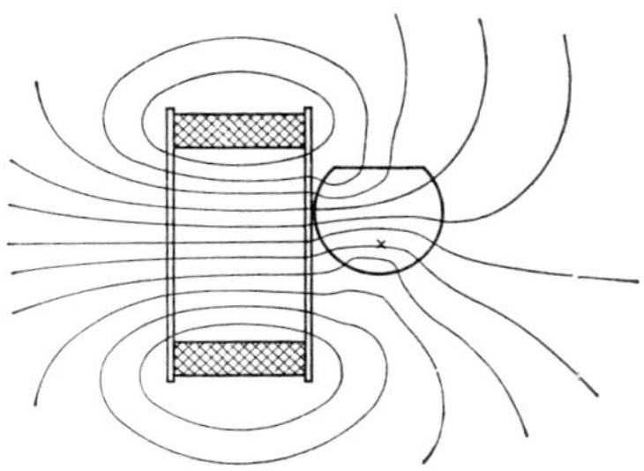
Bild 3.99

b) An jeder Stelle des Umfangs des Weicheisenstücks greifen Kräfte in Richtung zum Medium mit kleinerer Permeabilität senkrecht zur Trennfläche an. Wegen der Inhomogenität des Feldverlaufs sind die Kräfte dort größer, wo die Feldliniendichte größer ist. Damit ergibt sich insgesamt eine resultierende Kraft mit Richtung in das Spuleninnere (Bild 3.99), die sich als Drehmoment auf das exzentrisch gelagerte Weicheisenstück auswirkt. Damit wird der magnetische Widerstand der Spule verringert, d.h., die Induktivität wird vergrößert. Gemäß (3.56) tritt so lange ein Drehmoment auf, wie eine Vergrößerung der Induktivität möglich ist. Durch die Drehung wird eine Feder gespannt, die eine Gegenkraft erzeugt und den Ausschlag für einen bestimmten Strom begrenzt. Die Drehung des Weicheisens bringt man über einen Zeiger an einer Skale zur Anzeige. Die Skaleneinteilung läßt sich durch die Formgebung des Weicheisens beeinflussen. Die Richtung des Drehmoments ist wegen

$F \sim B^2$ ($\sim I^2$) unabhängig von der Feld- bzw. Stromrichtung, so daß diese Instrumente sowohl für Gleich- als auch für Wechselstrom benutzt werden können. Bei Wechselstrom muß für einen ruhigen Zeigerausschlag die Frequenz wesentlich höher sein als die mechanische Eigenfrequenz des Drehsystems.

Aufgabe 3.53 Neutrales Relais, grafische Ermittlung der Kraftkennlinie

Gegeben sei ein Relais (Bild 3.100) mit einer Eisenweglänge $l_e = 10$ cm und einem überall gleich großen Eisenquerschnitt $A = 1$ cm². Die Kennlinie $B = f(H)$ für das Kernmaterial ist bekannt (Bild 3.101). Konstruiere die Kraftkennlinie $F = f(Iw)$ für einen gegebenen Luftspalt $l_L = 0{,}5$ mm! Von einer Streuung im Luftspalt soll abgesehen werden.

Lösungshinweis

In Aufgabe 3.16 (Bild 3.32) wird Kennlinienscherung $B = f(V)$ auf Grund eines Luftspalts konstruiert. Hier ist dies für die Hystereseschleife durchzuführen und die Kennlinie $F(V)$ durch Quadrierung gemäß (3.59) zu ermitteln.

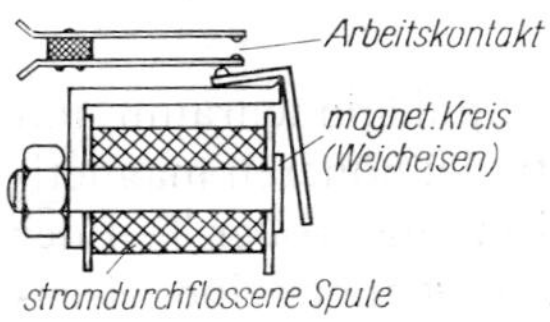

Bild 3.100

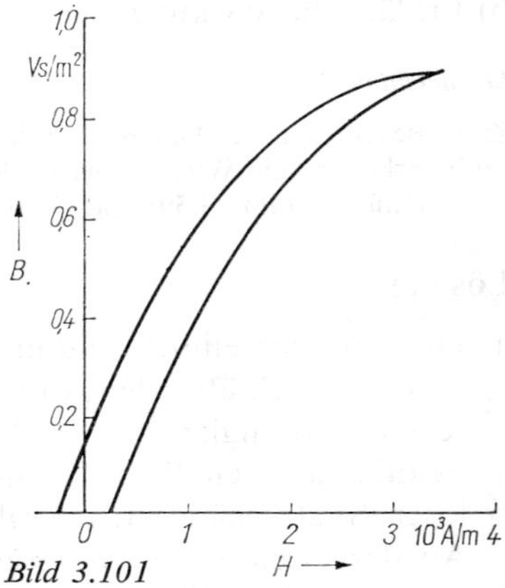

Bild 3.101

Lösung

Die vorgegebene Eisenkennlinie $B = f(H)$ zeichnen wir zunächst in die magnetische Fluß-Spannungs-Kennlinie $\Phi = f(V)$ des magnetischen Kreises mit Luftspalt 0 mm um. Bei angenommenen homogenen Feldern ist $\Phi = BA$ und $V = Hl_e$. Das „Umzeichnen" ist durch eine Maßstabsänderung auf Abszisse und Ordinate zu vollziehen. Dabei lassen wir jedoch im Hinblick auf die erforderliche Kraftberechnung nach (3.59) bzw. (3.60a) die Flußdichte B als Strömungsgröße bestehen. In das so entstehende Bild 3.102 tragen wir noch die linear verlaufende magnetische Fluß-Spannungs-Kennlinie des angegebenen Luftspalts ein, indem wir für einen beliebigen B-Wert den zugehörigen magnetischen

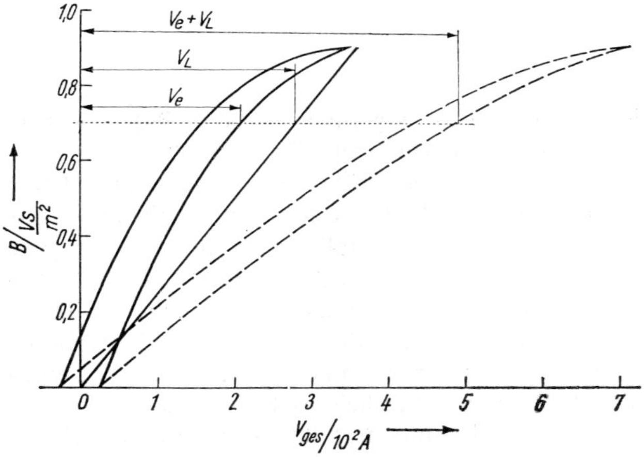

Bild 3.102

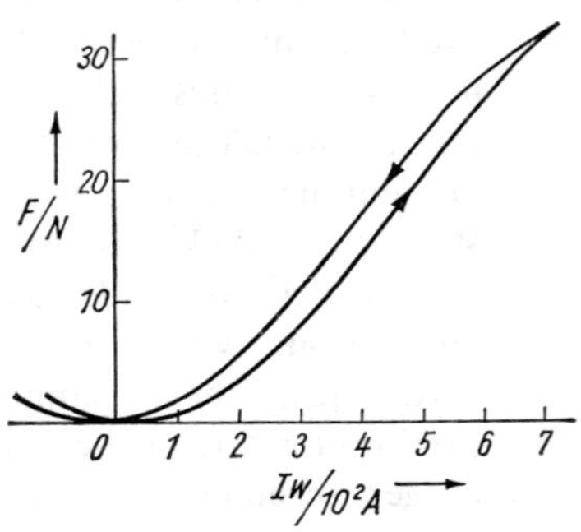

Bild 3.103

Spannungsabfall V_L berechnen, z.B. $B = 1$ V·s/m^2; $H = B/\mu_0 \approx 8 \cdot 10^5$ A/m, d.h., bei $l_L = 0{,}5$ mm ist $V_L = Hl_L = 400$ A. Durch diesen Koordinatenpunkt ziehen wir die Ursprungsgerade. Mit ihr scheren wir dann die Kennlinie des Eisens und erhalten somit die im Bild 3.102 gestrichelt angegebene Kennlinie des gesamten Kreises bei einem Luftspalt von 0,5 mm. Aus ihr entnehmen wir die zu den verschiedenen Werten von $V_{ges} = Iw$ gehörigen B-Werte, mit denen wir dann die an der Trennfläche Eisen–Luftspalt wirkende Kraft nach Gl. (3.60a) berechnen. Im Bild 3.103 wurden diese Werte $F = f(Iw)$ für den auf- und absteigenden Zweig der Kreiskennlinie grafisch dargestellt.

Diskussion

Nach Gl. (3.59) ist die Kraft, die an der Eisen-Luft-Grenzfläche wirksam wird, proportional B^2. Daher ist auch die Kraftwirkung unabhängig von der Fluß- bzw. Stromrichtung im elektromagnetischen Relais stets positiv (daher die Bezeichnung „neutrales Relais"). Der Verlauf $F = f(Iw)$, der im Bild 3.103 für die positive Stromachse konstruiert wurde, kann für ihren negativen Teil durch Spiegelung an der Ordinatenachse fortgesetzt werden. Der eigentümlich kelchartige Verlauf beruht auf der Proportionalität $F \sim B^2$; denn der untere, nahezu lineare Teil der magnetischen Kreiskennlinie bewirkt in diesem Bereich einen nahezu quadratischen Verlauf der Kraft F.

Aufgabe 3.54 Trennflächenkräfte, Frequenzverhalten einer Membran bei sinusförmiger Anregung

Zeige grafisch und beweise mathematisch, daß bei sinusförmiger Erregung der Eisenmembran eines Kopfhörers (Bild 3.104)

a) eine Kraft mit doppelter Frequenz entsteht, wenn das Eisen keine Vormagnetisierung aufweist ($I_0 = 0$; $\Phi = f(V)$-Kennlinie des Eisens, als Gerade angenähert)
b) die Kraft mit gleicher Frequenz wie der Strom wechselt, wenn der magnetische Kreis in bestimmter Höhe vormagnetisiert wird!

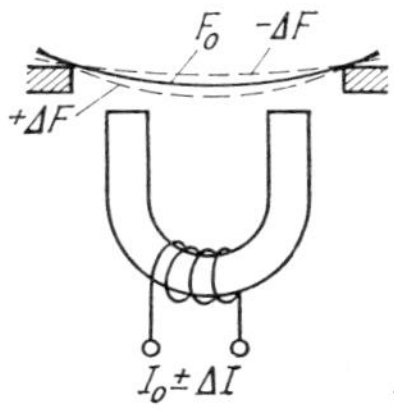

Bild 3.104

Lösungshinweis

Bei linearer Näherung der Eisenkennlinie ist auch die Gesamtkennlinie unter Einbeziehung des Luftspalts eine Gerade (vgl. Aufg. 3.53). Damit wird die Kennlinie $F(I)$ eine quadratische Parabel. Den zeitlichen Kraftverlauf bei sinusförmigem Stromverlauf erhalten wir grafisch durch Spiegelung an der $F(I)$-Kennlinie und mathematisch mit (3.59).

Lösung

1. Grafische Lösung s. Bild 3.105!

Bei linearer $B = f(V)$-Kennlinie ist die Kennlinie $F = f(Iw)$ eine quadratische Parabel (vgl. Aufgabe 3.53). Zwar ist die Kraftrichtung im Fall a) wie im Fall b) stets positiv orientiert; aber während ohne Vormagnetisierung die Membran eines Kopfhörers (oder der Anker eines Relais) innerhalb einer Stromperiode 2mal angezogen wird (Kurven *a*), wird mit Vormagnetisierung (entsprechend dem Strom I_0, Bild 3.104) die Kraft F_0 bei $+\Delta I$ erhöht (stärkere Durchbiegung der Membran) und bei $-\Delta I$ erniedrigt (geringere Durchbiegung als bei F_0), so daß die Membran bei einer Stromperiode um eine Mittellage einmal durchschwingt (Kurven *b*). Vom schwingungstechnischen Standpunkt aus (z.B. akustische Wandlung der Schwingung durch eine Telefonmembran) ist die Änderung des Kraftverlaufs um den arithmetischen Mittelwert maßgebend. Diese Änderung erfolgt bei a) doppelt so oft wie bei b).

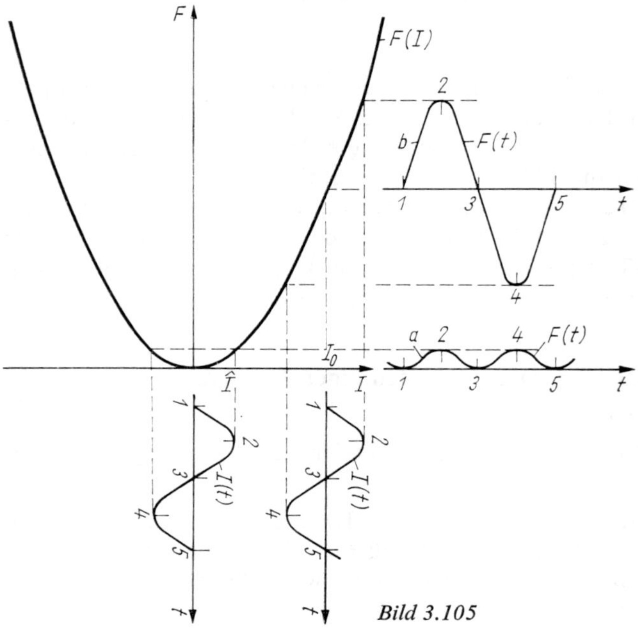

Bild 3.105

2. Mathematische Lösung
Nach Gl. (3.59) ist

$$F = \frac{B^2}{2\mu_0} A .$$

Mit den Gln. (3.6a) und (3.18) kann man bei angenommener linearer Beziehung zwischen B und H im Aussteuerbereich um den Arbeitspunkt setzen: $F = \text{konst.}\, I^2$.

a) Ändert sich der Strom sinusförmig ($i = \hat{I} \sin \omega t$) und findet keine Vormagnetisierung statt ($I_0 = 0$), dann wird $F(t) = c \sin^2 \omega t$, wobei alle konstanten Größen im Faktor c zusammengefaßt wurden. Durch Umformung mit Hilfe der trigonometrischen Formeln erhält man:

$$F(t) = c \sin^2 \omega t = \frac{c}{2} (1 - \cos 2\omega t) .$$

Wie sich leicht nachprüfen läßt, drückt diese Funktion die grafische Lösung a) im Bild 3.105 aus. Sie stellt eine negative Kosinusfunktion mit gegenüber $i(t)$ doppelter Frequenz dar, die um ihren eigenen Amplitudenwert in positiver Richtung verschoben ist. Liegt die Frequenz $f = \omega/2\pi$ im akustischen Bereich, so hört man die Schwingungen eine Oktave höher.

b) Mit Vormagnetisierung ist $i(t) = I_0 + \hat{I} \sin \omega t$. Damit wird ($c'$ Konstante)

$$F(t) = c' (I_0 + \hat{I} \sin \omega t)^2 = c' (I_0^2 + 2I_0\hat{I} \sin \omega t + \hat{I}^2 \sin^2 \omega t)$$

$$= c' \left(I_0^2 + 2I_0\hat{I} \sin \omega t + \frac{\hat{I}^2}{2} - \frac{\hat{I}^2}{2} \cos 2\omega t\right).$$

Wählt man nun den vormagnetisierenden Gleichstrom $I_0 \gg \hat{I}$, dann tritt das Glied mit der doppelten Frequenz gegenüber demjenigen der Grundfrequenz zurück. Es wird dann

$$F(t) \approx c' (I_0^2 + 2I_0\hat{I} \sin \omega t).$$

Diese Funktion entspricht der Kurve *b* im Bild 3.105. Sie stellt eine mit der Amplitude $c'2I_0\hat{I}$ zeitlich sinusförmig sich ändernde Kraft dar, die um die konstante Kraft $c'I_0^2$ in positiver Richtung verschoben ist. Die Tonwiedergabe ist also echt.

Aufgabe 3.55 Zugkraft eines Magneten

Ein hufeisenförmiger Magnet (effektiver Eisenquerschnitt $A_e = 15\ \text{cm}^2$, mittlere Eisenlänge $l_e = 30$ cm, 2 Spulen mit je 500 Windungen) soll eine Eisenplatte mit der Masse von 50 kg im Abstand $\delta = 1$ cm anziehen (Bild 3.106).
Welcher Strom ist erforderlich? Wie groß ist die Kraft, mit der der Magnet die Platte hält? Wie groß sind Stromdichte und Wärmeleistung in den Spulen (Wickelfenster einer Spule $A_w = 20\ \text{cm}^2$, Kupferfüllfaktor $k = 0{,}6$, mittlere Windungslänge $l_m = 28$ cm)?
Auf Grund des großen Luftspalts treten eine Ausweitung des Flusses im Luftspalt auf den doppelten Querschnitt des Eisenjochs und eine Streuung des erzeugten Flusses von 20% auf (Bild 3.107).

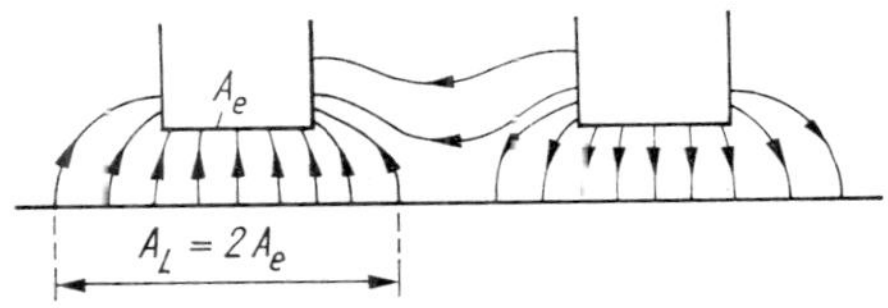

Bild 3.107

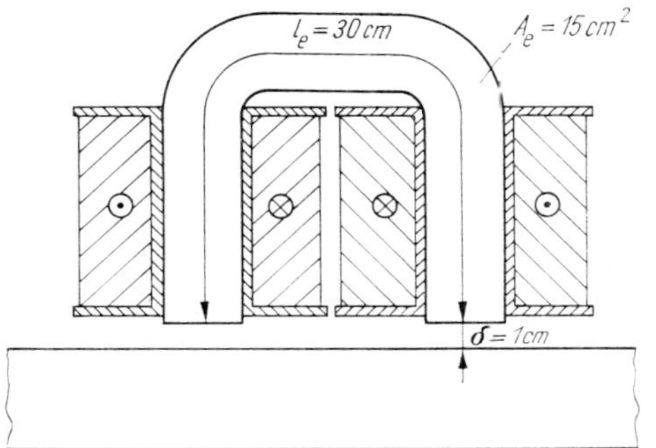

Bild 3.106

Trotz der dadurch sich ergebenden Feldinhomogenitäten werden längs der einzelnen Strecken im Joch und Luftspalt homogene Felder angenommen. Der magnetische Widerstand der Eisenplatte soll vernachlässigbar sein. Die Eisenkennlinie des Jochs ist in Bild 3.23a gegeben.

Lösungshinweis

Die erforderliche Anziehungskraft ergibt sich aus der anzuhebenden Masse und der magnetische Fluß aus (3.60a). Die Stromberechnung erfolgt aus der Maschengleichung mit Hilfe der Eisenkennlinie des Jochs (Kurve und Tabelle im Bild 3.23a). Dabei ist zu beachten: Der Nutzfluß ergibt sich als Differenz von erzeugtem Fluß und Streufluß (vgl. Bild 3.27). Der Luftspaltquerschnitt ist aufgeweitet. Zur Spulenerwärmung vgl. Aufgaben 1.15 und 3.36c!

Lösung

Die vom Magneten erzeugte Kraft muß die Gewichtskraft der Eisenplatte überwinden. Diese ist das Produkt von Masse m und Erdbeschleunigung g, also $F = mg = 50$ kg $\times$ 9,81 m/s² = 490,5 N. Für diese Kraft ergibt sich nach (3.60a) im Luftspalt bei einem Flußquerschnitt je Pol $A_L = 2A_e$ (Bild 3.107) eine erforderliche Induktion

$$B_L = \left(\frac{F/\mathrm{N}}{40A/\mathrm{cm}^2}\right)^{1/2} \mathrm{V{\cdot}s/m^2},$$

wobei der gesamte Flußquerschnitt $A = 2A_L = 4A_e$ ist. Damit wird

$$B_L = \sqrt{490{,}5/(40 \cdot 60)}\ \mathrm{V{\cdot}s/m^2} = 0{,}45\ \mathrm{V{\cdot}s/m^2}.$$

Die Maschengleichung (Durchflutungsgesetz) für den Magnetkreis lautet bei homogenen Feldern

$$H_e l_e + H_L 2\delta = 2Iw,$$

wobei H_e die Feldstärke im Eisenjoch ist und in der Eisenplatte die magnetische Feldstärke vernachlässigbar sein soll. Aus dem ermittelten Wert für B_L erhalten wir $H_L = B_L/\mu_0$ und B_e im Joch. H_e ergibt sich dann aus der $B_e(H_e)$-Kennlinie. Im Eisenjoch ist diese Nutzflußdichte auf Grund des halben Querschnitts doppelt so groß wie im Luftspalt. Der Gesamtfluß muß jedoch größer sein als der Luftspaltfluß, da 20% des Gesamtflusses als Streufluß nicht zur Eisenplatte gehen. Damit wird

$$B_e = 2 \cdot B_L/0{,}8 = 1{,}13\ \mathrm{V{\cdot}s/m^2}.$$

Aus der Tabelle im Bild 3.23a ergibt sich $H_e = 5{,}17$ A/cm. Mit diesem H_e und mit $H_L = B_L/\mu_0 = 3583$ A/cm und der erforderlichen Amperewindungszahl ergibt sich aus obiger Maschengleichung

$$2Iw = (5{,}17 \cdot 30 + 3583 \cdot 2)\ \mathrm{A} = 7321\ \mathrm{A}.$$

Also bei $2w = 10^3$ wird $I = 7{,}3$ A.
Nach Anziehen der Platte ($\delta = 0$, $A = 2A_e$) ist bei unverändertem Strom die Feldstärke $H_e = 2Iw/l_e = 244$ A/cm. Bei dieser Feldstärke beträgt die Induktion $B_e = 1{,}78$ V·s/m² und die Kraft $F \approx 3800$ N.
Bei 500 Windungen je Spule mit Wickelfenster A_w steht ein Drahtquerschnitt von $A_D = kA_w/w = 0{,}6 \cdot 20/500\ \mathrm{cm}^2 = 2{,}4\ \mathrm{mm}^2$ zur Verfügung, woraus sich der Drahtdurchmesser 1,75 mm und ein Widerstand je Meter Drahtlänge $R/l = \varrho/A_D = 17{,}5/2{,}4\ \mathrm{m\Omega/m} = 7{,}29\ \mathrm{m\Omega/m}$ ergeben. Die Drahtlänge je Spule beträgt $l = wl_m = 500 \cdot 28\ \mathrm{cm} = 140$ m, der Widerstand also $R = 7{,}29 \cdot 140 \cdot 10^{-3}\ \Omega = 1{,}02\ \Omega$ und damit die Wärmeleistung des Magneten bei 7,3 A $P = 2I^2R = 108{,}7$ W.

Aufgabe 3.56 Induktivitätsberechnung aus der Energie des magnetischen Feldes

Durch Berechnung der magnetischen Energie im Inneren eines stromdurchflossenen Leiters (Länge l, Kreisquerschnitt mit Radius R) mit (3.54) soll die innere Induktivität des Leiters L_i mit (3.53) ermittelt werden.
Was ergibt sich damit für die Gesamtinduktivität ($L = L_i + L_a$) einer Paralleldrahtleitung mit Drahtabstand $d \gg R$ unter Berücksichtigung der Lösung von Aufgabe 3.35?

Lösungshinweis

Nach Definitionsgleichung (3.29) müßte man für die innere Induktivität den Induktionsfluß im Inneren des Leiters berechnen, was relativ kompliziert ist, da in jedem Feldpunkt Strömungs- und Flußlinien existieren und miteinander verkettet sind. Hier bewährt sich die Berechnung der Induktivität über den Energieinhalt des Magnetfeldes im Leitervolumen V. Er berechnet sich nach $W = LI^2/2 = \frac{1}{2}\int \mu H^2 \,\mathrm{d}V$.

Lösung

Im Inneren des stromdurchflossenen Leiters existiert ein zylindersymmetrisches $\boldsymbol{H}$-Feld (s. Aufg. 3.6a), wobei jede $\boldsymbol{H}$-Linie (Kreis mit Radius $r \leqq R$) einen Teilstrom $I\,r^2/R^2$ umfaßt:

$$H(r) = \frac{Ir}{2\pi R^2}.$$

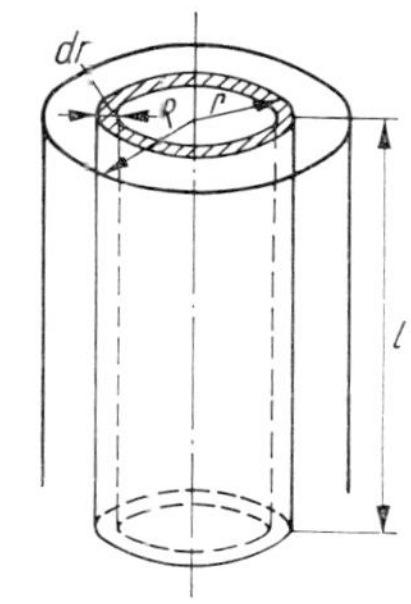

Bild 3.108

Die magnetische Energie in einem Hohlzylinder (Bild 3.108) mit dem Volumenelement $\mathrm{d}V = 2\pi r l \,\mathrm{d}r$ ist nach (3.54)

$$W = \frac{1}{2}\int \mu_0 H^2 \,\mathrm{d}V = \frac{\mu_0 I^2 l}{4\pi R^4}\int_0^R r^3 \,\mathrm{d}r = \frac{\mu_0 I^2 l}{16\pi}.$$

Mit (3.53) wird für die innere Induktivität L_i

$$\frac{L_i I^2}{2} = \frac{\mu_0 I^2 l}{16\pi}, \quad \text{d.h.,} \quad L_i = \frac{\mu_0 l}{8\pi}.$$

L_i ist uanbhängig vom Radius des Leiters!

Bei einer Doppelleitung ergibt sich die doppelte innere Induktivität, und die äußere Induktivität ist gemäß Lösung Aufgabe 3.35

$$L_a = \frac{\mu_0 l}{\pi} \ln \frac{d}{R}.$$

Also wird je Längeneinheit

$$\frac{L}{l} = \frac{\mu_0}{\pi}\left(\ln\frac{d}{R} + \frac{1}{4}\right) \approx 0{,}4\left(\frac{1}{4} + \ln\frac{d}{R}\right) \text{mH/km};$$

d Abstand der Leitungen.

Bei $d/R = 150$ wie im Beispiel Aufgabe 3.35 ist L_i 5% von L_a.

Aufgabe 3.57 Kräfte auf Ströme im Magnetfeld

a) Beweise, daß eine Kraft auf den halbkreisförmig gebogenen Leiter im homogenen Magnetfeld (Bild 3.109) genauso groß ist wie auf einem geraden Leiter mit der Länge des Kreisdurchmessers!

b) Erläutere das Ergebnis, und erweitere das Problem auf beliebig gekrümmte Leiter zwischen den Punkten C und D!

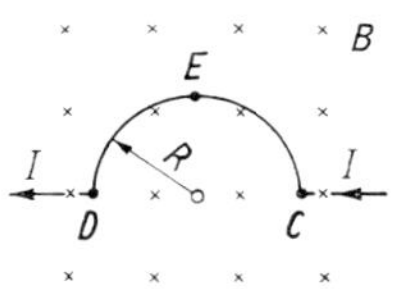

Bild 3.109

Lösungshinweis

Auf einen im Magnetfeld befindlichen stromdurchflossenen Leiter wirkt eine Kraft (3.63). Die Richtungszuordnung der bei dieser Erscheinung beteiligten Größen gibt Bild 3.96 wieder. Feld und Leiter stehen in dem gegebenen Beispiel an jeder Stelle des Leiters aufeinander senkrecht. Die Kraft, die mit Feld- und Leiterrichtung ein Rechtsdreibein bildet, ändert jedoch längs des Leiters wegen seiner Krümmung kontinuierlich ihre Richtung. Wir müssen daher zunächst die Teilkraft auf ein Leiterelement ansetzen und diese Teilkräfte summieren. Wegen ihrer Richtungsabhängigkeit muß dies vektoriell geschehen. Wir können jedoch auch längs des kreisförmig gekrümmten Leiters jeweils Paare von Leiterelementen finden, deren resultierende Kraft immer gleiche Richtung hat. Dadurch vereinfacht sich die Summierung (Integration) aller dieser resultierenden Kräfte.

Lösung

a) Nach (3.63) ist

$$\boldsymbol{F} = I \int_C^D \mathrm{d}\boldsymbol{s} \times \boldsymbol{B}.$$

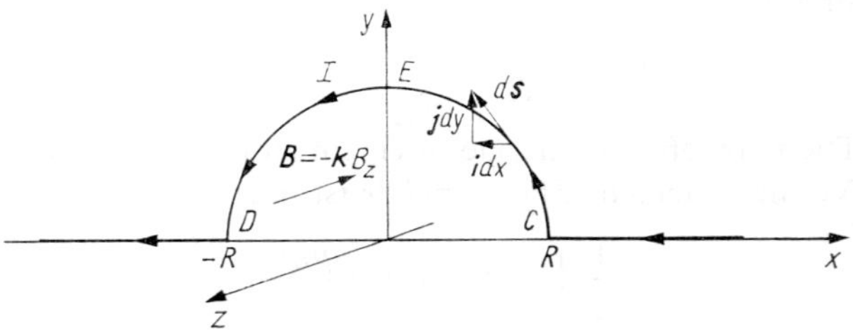

Bild 3.110

Im Bild 3.110 ist ein kartesisches Koordinatensystem in den Mittelpunkt des Kreises gelegt, und es ist

$$\boldsymbol{B} = -\boldsymbol{k}B_z; \qquad \mathrm{d}\boldsymbol{s} = \boldsymbol{i}\,\mathrm{d}x + \boldsymbol{j}\,\mathrm{d}y, \quad \text{und mit} \quad \boldsymbol{i} \times \boldsymbol{k} = -\boldsymbol{j}; \qquad \boldsymbol{j} \times \boldsymbol{k} = \boldsymbol{i}$$

wird

$$\boldsymbol{F} = IB_z \int_C^D (-\boldsymbol{i}\,\mathrm{d}y + \boldsymbol{j}\,\mathrm{d}x).$$

Der Weg s geht von C über E nach D längs eines Kreisbogens. Es wird also

$$\int_C^D \mathrm{d}y = \int_C^E \mathrm{d}y + \int_E^D \mathrm{d}y = \int_0^R \mathrm{d}y + \int_R^0 \mathrm{d}y \quad \text{und} \quad \int_R^{-R} \mathrm{d}x = -2R.$$

Daraus folgt

$$\boldsymbol{F} = IB_z\,[-\boldsymbol{i}R + \boldsymbol{i}R - \boldsymbol{j}2R] = \pm\boldsymbol{i}F_x + \boldsymbol{j}F_y.$$

Die entgegengesetzt gleich großen x-Komponenten der Kraft wirken auf der rechten Bogenhälfte nach links und auf der linken Bogenhälfte nach rechts, suchen also den Bogen zusammenzudrücken. Es gibt bei starrem Leiter keine verschiebende Wirkung in x-Richtung. Es verbleibt die Kraftkomponente in negativer y-Richtung

$$\boldsymbol{F} = -\boldsymbol{j}IB_z 2R.$$

Oder man betrachtet jeweils 2 Leiterelemente $I\,\mathrm{d}\boldsymbol{s}$ in Punkten mit gleicher y-Koordinate (gleicher Winkelabweichung α von C bzw. D, Bild 3.111). Deren Teilkräfte $\mathrm{d}\boldsymbol{F}_1$ und $\mathrm{d}\boldsymbol{F}_2$ ergeben immer eine Kraft entgegen der positiven y-Richtung mit dem Betrag

$$\mathrm{d}F = 2\,\mathrm{d}F_1 \sin\alpha.$$

Mit Gl. (3.63) wird für $\mathrm{d}s = R\,\mathrm{d}\alpha$:

$$\mathrm{d}F_1 = IB_z R\,\mathrm{d}\alpha \quad \text{und} \quad \mathrm{d}F = 2IB_z R \sin\alpha\,\mathrm{d}\alpha.$$

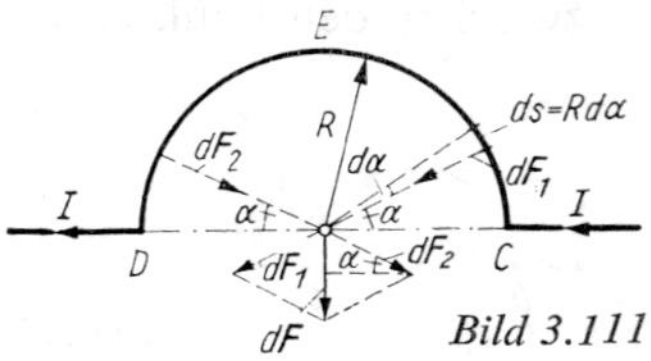

Bild 3.111

Da wir immer 2 gegenüberliegende Leiterelemente berücksichtigt haben, führen wir die Integration nur zwischen den Winkeln $\alpha_1 = 0$ und $\alpha_2 = \pi/2$ durch. Die Kraft auf den gesamten Leiterbogen beträgt daher:

$$F = \int_0^{\pi/2} 2IB_zR \sin\alpha \, d\alpha = 2IB_zR\,(-\cos\alpha)_0^{\pi/2} = 2IB_zR.$$

Das ist aber die gleiche Kraft, die auf einen von I durchflossenen Leiter der Länge $2R$ ausgeübt wird, wenn Leiter und Feldrichtung senkrecht zueinander liegen, wie es hier im Beispiel für die Sehne des Leiterbogens der Fall ist.

b) Bei beliebigem Weg zwischen C und D in der x,y-Ebene und homogenem Magnetfeld $\boldsymbol{B} = \boldsymbol{k}B_z$ muß sich (wie obige vektorielle Zerlegung zeigt) die Überlagerung aller $IB_z\,dy$ kompensieren (Punkte C und D auf der x-Achse), so daß nur die $IB_z\,dx$-Elemente eine verschiebende Wirkung ausüben können, d. h., es ergibt sich immer die gleiche Lösung.

Aufgabe 3.58 Kraft auf das Schaltmesser eines Trennschalters

Am Ende einer im Verhältnis zum Leiterabstand a sehr langen Paralleldrahtleitung befindet sich ein Trennschalter mit der Schaltmesserlänge l. Der Abstand des Schaltmessers von der Leitung betrage nach beiden Seiten b (Bild 3.112).

a) Berechne die Kraft, die das Magnetfeld des Stromes I auf das Schaltmesser ausübt, allgemein und zahlenmäßig für $I = 50$ kA, $a = 50$ cm, $l = 30$ cm! (Der Leitungsdurchmesser sei klein gegenüber dem Abstand a.)

b) Skizziere den Kraftverlauf längs des Schaltmessers!

Lösungshinweis

Zur Kraftberechnung benötigen wir Betrag und Richtung der Flußdichte längs des Trennmessers (ohne Berücksichtigung des Eigenfelds eines dort fließenden Stromes). Hierzu sei auf die Aufgabe 3.5 verwiesen. Dort wurde eine beiderseits unendlich lange Doppelleitung angenommen. Hier muß jedoch berücksichtigt werden, daß die Doppelleitung nicht in beiden Richtungen unendlich lang, sondern durch den Schalter einseitig begrenzt ist. Wir ermitteln zunächst die magnetische Feldstärke als Funktion des Ortes. Mit ihr können wir die Teilkraft auf ein Längenelement des Schaltmessers finden und erhalten die Gesamtkraft aus der Integration der Teilkräfte.

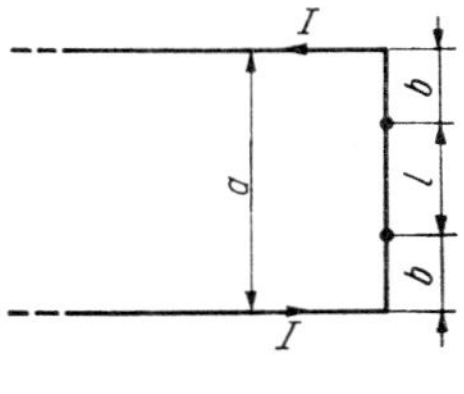

Bild 3.112

Lösung

a) Im Bild 3.113 ist die Anordnung in ein x,y,z-Koordinatensystem so gelegt, daß $I\,d\boldsymbol{s}$ in x-Richtung weist ($d\boldsymbol{s} = \boldsymbol{i}\,dx$). Die eingetragenen Feldstärkelinien $\boldsymbol{H}_1$ und $\boldsymbol{H}_2$ zeigen, daß längs des Schaltmessers die magnetischen Feldstärken beider Leiter in z-Richtung weisen, also skalar überlagert werden können. Damit wird die Teilkraft nach (3.13) mit $\boldsymbol{i} \times \boldsymbol{k} = -\boldsymbol{j}$

$$d\boldsymbol{F} = I\,(d\boldsymbol{s} \times \boldsymbol{B}) = I\,(\boldsymbol{i}\,dx \times \boldsymbol{k}\mu_0 H) = -\boldsymbol{j}I\mu_0\,H\,dx,$$

d. h., die Kraft ist nach außen gerichtet und bestrebt, die Induktivität der Anordnung zu vergrößern, denn wenn sich der Kraft folgend die Schleife vergrößern würde, würde der gleiche Strom einen größeren Fluß umfassen (der magnetische Widerstand kleiner werden), vgl. Gln. (3.56) und (3.29).

Die Berechnung von $H(x)$ einer unendlich langen Doppelleitung erfolgte in Aufgabe 3.5. An der Schnittstelle der einseitig unendlichen Leitung ist sie auf Grund des Überlagerungssatzes halb so groß, was auch durch Berechnung mit Biot-Savartschem Gesetz wie in Aufgabe 3.9 überprüft werden kann. Längs des Schaltmessers ist die magnetische Feldstärke

$$\boldsymbol{H} = \boldsymbol{k}\,\frac{I}{4\pi}\left(\frac{1}{x} + \frac{1}{a-x}\right).$$

Also wird

$$\mathrm{d}\boldsymbol{F} = -\boldsymbol{j}\mu_0\,\frac{I^2}{4\pi}\left(\frac{1}{x} + \frac{1}{a-x}\right)\mathrm{d}x.$$

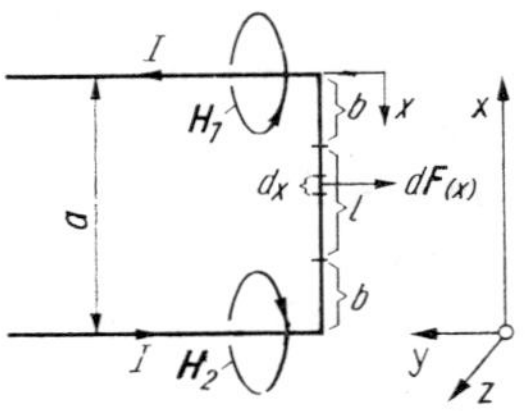

Bild 3.113

Die Integration über die Länge l des Schaltmessers, d.h. zwischen den Grenzen b und a–b, ergibt die Gesamtkraft mit dem Betrag

$$F = \frac{\mu_0 I^2}{4\pi}\int_b^{a-b}\left(\frac{1}{x} + \frac{1}{a-x}\right)\mathrm{d}x = \frac{\mu_0 I^2}{4\pi}\,[\ln x - \ln(a-x)]_b^{a-b}$$

$$= \frac{\mu_0 I^2}{4\pi}\,[\ln(a-\mathrm{b}) - \ln b - \ln b + \ln(a-b)] = \frac{\mu_0 I^2}{2\pi}\ln\frac{a-b}{b}.$$

Mit den gegebenen Zahlenwerten und $b = (a-l)/2 = 10$ cm erhält man für F

$$F = 693\,\frac{\mathrm{W{\cdot}s}}{\mathrm{m}} = 693\ \mathrm{N}.$$

Das Zahlenbeispiel zeigt, daß elektrodynamische Kräfte von recht beachtlicher Größe auftreten können. Dieser Umstand muß natürlich bei der Konstruktion derartiger Schaltmittel gebührend berücksichtigt werden.

b) Wie wir in a) feststellten, ändert sich die Teilkraft $\mathrm{d}F(x)$ wie die magnetische Feldstärke $H(x)$. Der Verlauf der Gesamtfeldstärke ergibt sich aus der additiven Überlagerung der Einzelfeldstärken H_1 und H_2 (gestrichelt im Bild 3.114). $\mathrm{d}F(x)$ verläuft demnach qualitativ wie $H_1 + H_2$ (ausgezogene Linie).

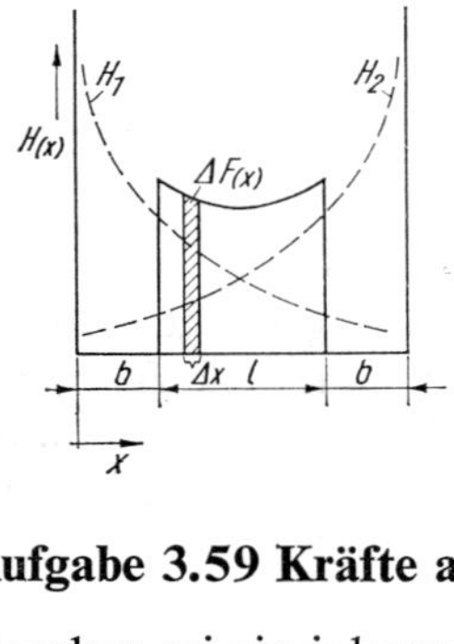

Bild 3.114

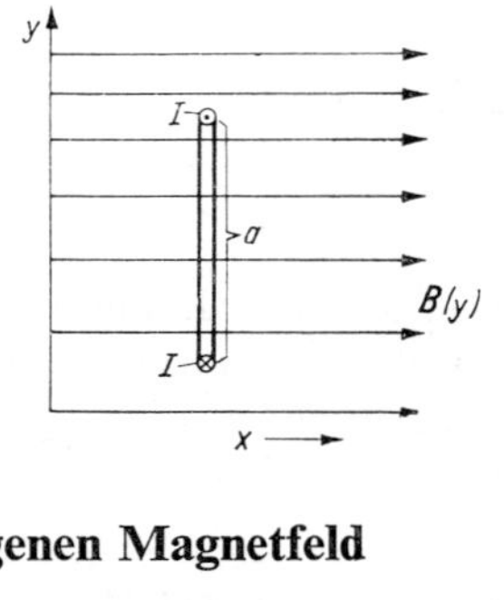

Bild 3.115

Aufgabe 3.59 Kräfte auf Ströme im inhomogenen Magnetfeld

Gegeben sei ein inhomogenes Magnetfeld in Richtung x (Bild 3.115): $\boldsymbol{B} = \boldsymbol{i}B(y)$. Beim Fortschreiten in y-Richtung um 2 cm soll die Flußdichte B um $3 \cdot 10^{-2}$ V·s/m² zunehmen. Welche Größe und Richtung hat die Kraft auf eine rechteckige, vom Strom I

durchflossene Drahtschleife, deren eingeschlossene Fläche ab vom magnetischen Fluß senkrecht durchsetzt wird,

a) allgemein?
b) Wie groß ist diese Kraft in N für $a = 10$ cm; $b = 15$ cm; $I = 10$ A?

Lösungshinweis

Alle Leiterteile bilden mit der Feldrichtung rechte Winkel. Die Teilkräfte wirken bei vorgegebener Stromrichtung auf die Schleife nach außen. Bei Ermittlung der Richtung der Kräfte auf die einzelnen Seiten der Rechteckschleife erkennen wir, daß bei homogenem Fremdfeld die Kräfte lediglich eine die Schleife ausdehnende Wirkung besitzen. Bei inhomogenem Feld muß jedoch, wie die Betragsermittlung der Kräfte auf die einzelnen Seiten zeigt, eine die Schleife verschiebende Kraft resultieren.

Lösung

Die beiden Leiterseiten a sind den gleichen Feldbedingungen unterworfen (Bild 3.116b). Auf sie wirken daher gleich große Kräfte, jedoch in entgegengesetzter Richtung, da die Stromrichtungen gegensätzlich sind. Diese Kräfte haben auf die Schleife ausweitende, aber keine verschiebende Wirkung. Die Leiterseiten b befinden sich an Orten verschieden großer Flußdichte. Die auch in diesem Fall entgegengerichteten und bei vorgegebener Stromrichtung nach außen wirkenden Kräfte sind verschieden groß und ergeben daher eine Resultierende, deren Betrag die Differenz beider Einzelkräfte ist und die in die Richtung maximaler Flußdichtezunahme weist.

a) Nach Bild 3.116 und Gl. (3.63) ergibt sich die resultierende Kraft auf die Seiten b

$$\boldsymbol{F} = \boldsymbol{F}_1 + \boldsymbol{F}_2 = I[-\boldsymbol{k}b \times \boldsymbol{i}B_{y1}] + I[\boldsymbol{k}b \times \boldsymbol{i}B_{y1+a}].$$

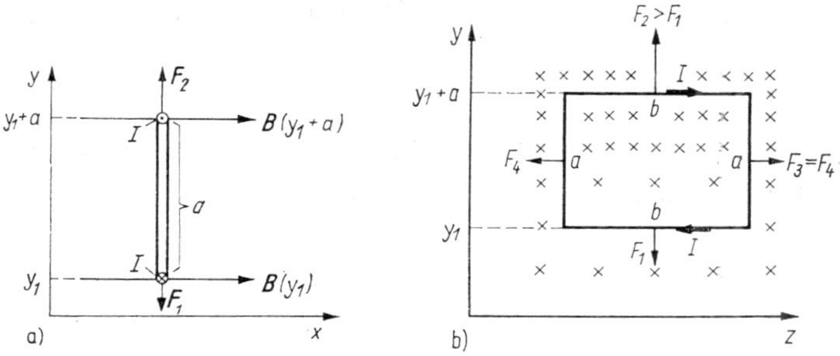

Bild 3.116

Mit $\boldsymbol{k} \times \boldsymbol{i} = \boldsymbol{j}$ wird

$$\boldsymbol{F} = \boldsymbol{j}Ib\,[B_{y1+a} - B_{y1}] = \boldsymbol{j}Ib\,\Delta B.$$

Dabei ist $\Delta B = (\mathrm{d}B/\mathrm{d}y) \cdot a$. $\mathrm{d}B/\mathrm{d}y$ ist gegeben zu $3 \cdot 10^{-2}\ \mathrm{V{\cdot}s/m^2}/2 \cdot 10^{-2}\ \mathrm{m} = 1{,}5\ \mathrm{V{\cdot}s/m^3}$, und mit $a = 0{,}1$ m wird $\Delta B = 0{,}15\ \mathrm{V{\cdot}s/m^2}$.

b) Aus a) ergibt sich die Betragsgleichung $F = Ib \cdot 0{,}15\ \mathrm{V{\cdot}s/m^2}$. Setzen wir $I = 10$ A und $b = 0{,}15$ m ein, so wird $F = 0{,}225\ (\mathrm{W{\cdot}s/m}) = 0{,}225$ N.

Aufgabe 3.60 Drehmoment auf Stromschleife im Magnetfeld

In einem homogenen Magnetfeld befindet sich eine rechteckige Spule (Seiten a, b; Windungszahl w). Sie sei um ihre senkrecht zur Feldrichtung stehende Mittelachse drehbar gelagert und werde vom Strom I durchflossen (Bild 3.117). Berechne das infolge der an den Leitern angreifenden Kräfte zur Wirkung kommende Drehmoment M_e!

In welcher Lage der Spule ist es am größten, wie weit dreht sich die Spule, und was müßte man tun, um eine dauernde Drehung aufrechtzuerhalten?

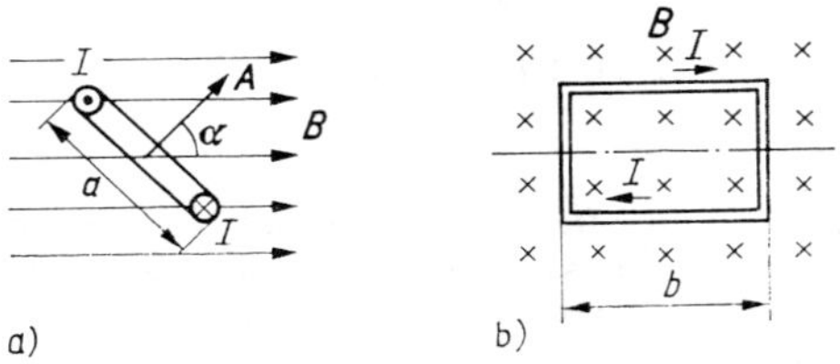

Bild 3.117

Lösungshinweis

Diese Aufgabe dient der Ableitung der Gl. (3.65). An allen 4 Seiten der Spule greifen Kräfte an. Stelle daher die gleichen Überlegungen an wie in Aufgabe 3.59! Bestimme Größe und Richtung der Kraftkomponenten mit Hilfe (3.63) und des Vektorbildes 3.96, und bilde aus ihnen das Drehmoment!

Lösung

Die Kräfte auf die Seiten a leisten keinen Beitrag zum Drehmoment, da sie in Richtung der Drehachse liegen (vgl. Bild 3.116). Sie sind entgegengesetzt gleich groß, heben sich also in ihrer Wirkung auf die Schleife auf. Die an den Seiten b angreifenden Kräfte $\boldsymbol{F}$ sind senkrecht zu $I\,\mathrm{d}\boldsymbol{s}$ und $\boldsymbol{B}$ gerichtet. Im Bild 3.118 ist $\boldsymbol{A}$ der Vektor der Fläche $A = ab$. Die Vektorrichtung von $\boldsymbol{A}$ ist so festgelegt, daß der Strom mit $\boldsymbol{A}$ eine Rechtsschraube bildet. Er schließt mit $\boldsymbol{B}$ den Winkel α ein. Bild 3.118 zeigt die Richtung der Kräfte $\boldsymbol{F}$ gemäß Rechtsdreibein (Bild 3.96). $F' = F \sin \alpha$ ist die für das Drehmoment maßgebende Kraftkomponente.

Bei w Windungen der Spule ist nach (3.63) für $I\,\mathrm{d}\boldsymbol{s} \perp \boldsymbol{B}$ und $B =$ konst. der Betrag der Kraft

$$F = wIBb, \quad \text{also} \quad F' = wIBb \sin \alpha .$$

Mit dem Dreharm $a/2$ ergeben beide F' ein gleichgerichtetes Drehmoment. Insgesamt wird daher das ausgeübte Drehmoment (Gl. (3.65))

$$M_a = 2F' \frac{a}{2} = wIBab \sin \alpha = wIBA \sin \alpha .$$

Die Vektorgleichung dazu lautet $\boldsymbol{M}_a = Iw\,(\boldsymbol{A} \times \boldsymbol{B})$.

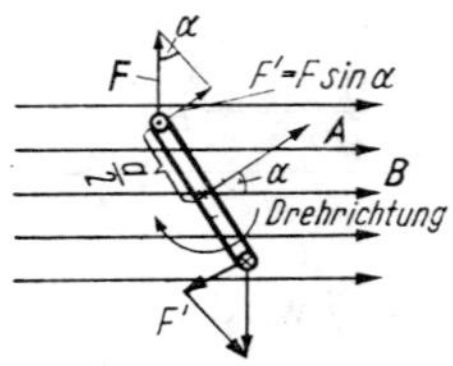

Bild 3.118

Diskussion

Die abgeleitete Gl. (3.65) zeigt, daß das Drehmoment von dem Winkel abhängt, den der Flächenvektor $\boldsymbol{A}$ mit $\boldsymbol{B}$ einschließt. Es ist maximal bei $\alpha = 90°$, d.h., wenn das von der Spulenfläche umfaßte Fremdfeld Null ist. Bei der Spulenlage $\alpha = 0°$ (umfaßter Fluß maximal) suchen die Kräfte die Spule lediglich auszudehnen (Lösungshinweis für Aufgabe 3.59). Bis zum Erreichen dieser Lage ändert sich bei einem homogenen Feld das Drehmoment sinusförmig. Das ist häufig unerwünscht. Ein konstantes Drehmoment erhält man offenbar, wenn man dafür sorgt, daß in jeder Lage der Flächenvektor $\boldsymbol{A}$ und die Feldrichtung $\boldsymbol{B}$ senkrecht aufeinander stehen. Dann gilt für jede Lage der Spule $\sin\alpha = 1$, und Gl. (3.65) geht in $M_a = wIBA$, Gl. (3.66), über. Man erreicht dies mit einem Feld, das radial zur Drehachse der Spule gerichtet ist (Radialfeld). Ein solches Feld läßt sich angenähert im Luftspalt zwischen einem zylindrischen Eisenkern und konzentrisch dazu geformten Polschuhen eines (Permanent-) Magneten erzeugen (Bild 3.119). Man trifft es in der Praxis bei Drehspulinstrumenten an, wo man eine dem Winkelausschlag proportionale Anzeige wünscht (s. Aufgabe 3.61). Außerdem erzielt man durch den zylindrischen Eisenkern eine wesentliche Herabsetzung des magnetischen Widerstands und damit eine bedeutende Vergrößerung des Drehmoments (Motoren).

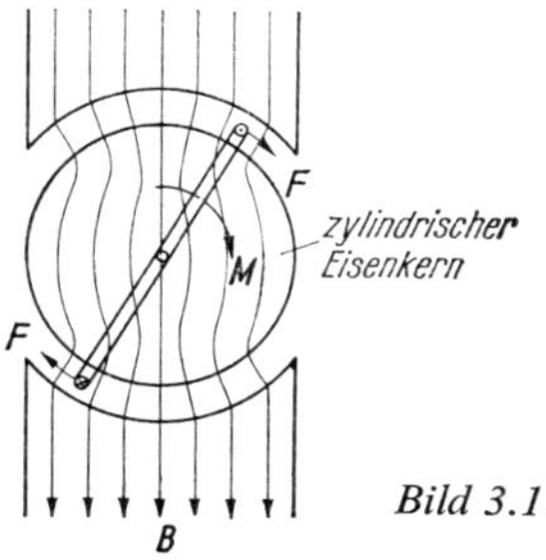

Bild 3.119

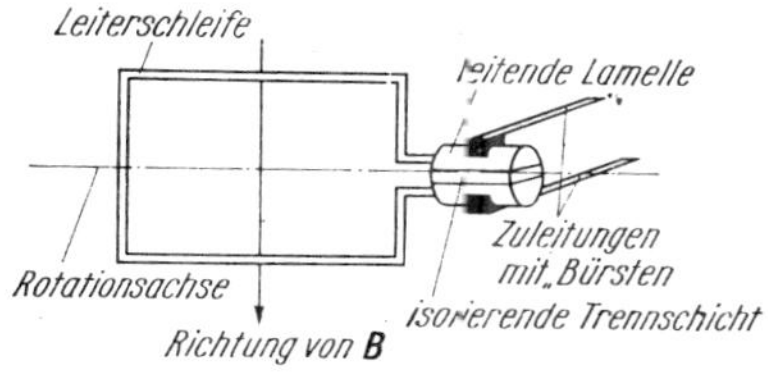

Bild 3.120

Ein Weiterdrehen der Spule über den Winkel $\alpha = 0°$ hinaus erzwingt man durch Umpolen des Stromes in dieser Spulenlage. Dann kehren sich bei gleicher $\boldsymbol{B}$-Richtung die Kräfte um, und die Spule dreht sich nach Überwinden der nunmehr labilen Lage bei $\alpha = 0°$ um eine weitere halbe Umdrehung, wonach wieder auf die vorherige Stromrichtung umgepolt werden muß. Diese Umpolungen erreicht man automatisch, indem man die Enden der Drehspule mit gegeneinander isolierten, leitenden Lamellen auf der Drehachse verbindet, auf denen als Stromzuführung und -wegführung sogenannte Bürsten schleifen (Kollektor, Kommutator, Bild 3.120).

Aufgabe 3.61 Drehspulinstrument

Die rechteckige Drehspule eines Drehspulinstruments umschließt eine Spulenfläche von 3 cm × 1,5 cm. Die Windungszahl beträgt $w = 600$. Diese Spule dreht sich in einem Luftspalt mit Radialfeld der Flußdichte $B = 0{,}4\ \text{V·s/m}^2$ (Bild 3.119). Das vortreibende Moment (M_v) auf die Spule wird durch ein rücktreibendes Moment (M_r) zweier an den Spulen angreifenden Spiralfedern kompensiert, wobei $M_r = \text{konst.}\ \alpha$ gelten soll. Bei einem Spulenstrom von 20 mA soll ein Ausschlag von 90° erreicht werden. Welches Moment je Grad (M_r/α) muß jede der beiden gleichen Richtfedern haben?

Lösungshinweis

Das Drehmoment wurde in Aufgabe 3.60 berechnet. Aus dem dortigen Ergebnis erkennt man, daß das Drehmoment von dem Produkt aus Spulenfläche und Windungszahl, also von der Windungsfläche, von dem Spulenstrom und der Flußdichte im Luftspalt, abhängig ist. Dieses Drehmoment hat ohne Gegendrehmoment immer eine Drehung der Spule bis zu einer Lage, in der $M_v = 0$ wird, zur Folge. Wenn aber zusätzlich ein M_r, z.B. mechanisch durch eine Feder, aufgebracht wird, erfolgt die Drehung nur so weit, bis $M_v = M_r$ ist. Wird später der Strom abgeschaltet ($M_v = 0$), wirkt nur noch M_r auf die Spule, und zwar rücktreibend, bis $M_r = 0$ geworden ist (Nullage der Drehspule).

Lösung

Aus der Bedingung $M_v = 2M_r$, wenn $M_r = C\alpha$ (C Federkonstante) das rücktreibende Moment jeder Feder ist, wird nach Aufgabe 3.60

$$IBAw = 2C\alpha.$$

Daraus ergibt sich die gesuchte Größe zu

$$\frac{M_r}{\alpha} = C = \frac{IBAw}{2\alpha}.$$

Mit den gegebenen Zahlenwerten wird für jede Feder

$$C = \frac{M_r}{\alpha}$$

$$= 1{,}2 \cdot 10^{-5} \frac{\mathrm{W \cdot s}}{^\circ} = 1{,}2 \cdot 10^{-5} \frac{\mathrm{N \cdot m}}{^\circ}.$$

Diskussion

Aus der Beziehung $\alpha = IBAw/(2C)$ erkennt man: Wenn C und B Konstanten und damit unabhängig von α sind, wird $\alpha = \text{konst} \cdot I$. Die Skale des Instruments muß also eine lineare Stromteilung aufweisen.

Aufgabe 3.62 Elektrodynamisches Meßinstrument

Beschreibe an Hand des prinzipiellen Aufbaus im Bild 3.121 die Wirkungsweise eines eisenlosen elektrodynamischen Meßinstruments! Zeige, daß das Drehmoment unter bestimmten Voraussetzungen proportional dem Produkt der beiden Spulenströme I_1 und I_2, proportional einem Strom oder dem Quadrat eines Stromes sein kann und daß eine solche Anordnung als Leistungsmesser verwendbar ist.

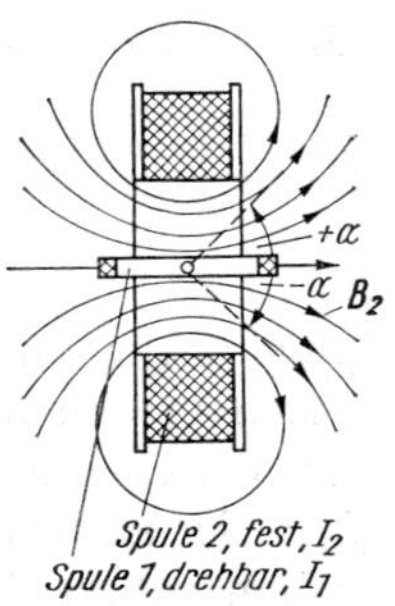

Bild 3.121

Lösungshinweis

In den Aufgaben 3.60 und 3.61 wurde das Drehmoment auf eine im Magnetfeld befindliche Spule berechnet und diskutiert. Der grundsätzliche Unterschied zum Drehspulinstrument ist hier der, daß die Flußdichte B nicht von einem Permanentmagneten herrührt, sondern von der stromdurchflossenen Spule *2*. Es sind nun verschiedene konstruktive und schaltungstechnische Voraussetzungen zu erfüllen, um den in der Aufgabe gestellten Forderungen entsprechen zu können.

Lösung

Das vortreibende Drehmoment der Drehspule ist bei einem Radialfeld (***B*** immer in radialer Richtung zur Drehachse der Spule) nach den Aufgaben 3.60 und 3.61:

$$M_v = I_1 B_{12} A_1 w_1.$$

Hierbei gilt für das Dynamometer (Bild 3.121):
I_1 ist der Strom durch die Spule *1* (Windungszahl w_1 und Fläche A_1); B_{12} ist die Flußdichte an der Stelle des Stromes I_1, herrührend von der Spule *2*. Liegt kein Radialfeld

vor, so ist das Drehmoment winkelabhängig (z.B. Aufgabe 3.60). Das ist wegen des Skalenverlaufs meist unerwünscht.

Will man weiterhin $M_d \sim I_2$ erreichen, so muß $B_{12} \sim I_2$ sein. Das ist für größere Strombereiche nur in Luft exakt zu erreichen. Der Eisenkreis mit dem zylindrischen Eisenkern des Drehspulinstruments (Bild 3.119) muß also verschwinden. Zwei Schwierigkeiten sind damit verbunden: Erstens wird B_{12} sehr klein, und es besteht unter Umständen die Gefahr eines Einflusses des Erdfelds. Zweitens muß man durch besondere konstruktive Gestaltung der Spulen erzwingen, daß B_{12} wenigstens in einem bestimmten Winkelbereich α radiale Richtung in bezug auf die Spule *1* einnimmt. Das kann man annähernd im Bereich $\alpha = \pm 45°$ erreichen.

Nunmehr gilt $B_{12} = c_1 I_2$ (Durchflutungsgesetz; c_1 ist eine Konstruktionskonstante). Bei einem rücktreibenden Moment, $M_r = c\alpha$, das wie bei einem Drehspulinstrument (Aufgabe 3.61) mit einer Spiralfeder hervorgerufen wird, ergibt sich die Ruhelage der drehbaren Spule infolge des Gleichgewichts

$$M_v = M_r.$$

$$c_1 I_2 I_1 A_1 w_1 = c\alpha; \qquad \alpha = c_2 I_1 I_2, \quad \text{wobei} \quad c_2 = \frac{c_1 A_1 w_1}{c}$$

eine Konstruktionskonstante ist.

Der Ausschlagwinkel ist also proportional dem Produkt beider Ströme.

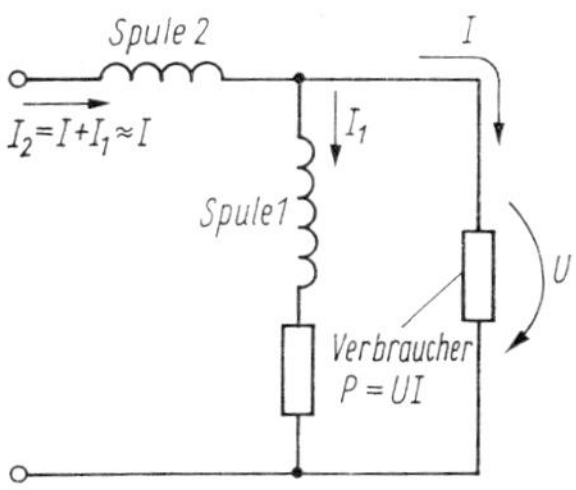

Bild 3.122

Diskussion:

- Hält man z.B. I_2 konstant, so wird $\alpha \sim I_1$ (wie bei dem Drehspulinstrument; Empfindlichkeit ist dann mit I_2 regelbar).
- Schaltet man beide Spulen in Reihe, so ist $I_1 = I_2 = I$, und es wird $\alpha = c_2 I^2$. In diesen Schaltungen kann das Dynamometer als Strom- oder Spannungsmesser für Gleich- bzw. Wechselstrom verwendet werden.
- Schaltet man Spule *2* in Reihe zu einem Verbraucher und Spule *1* mit einem entsprechenden Vorwiderstand parallel zu diesem (Bild 3.122), so ist I_2 nahezu gleich dem Verbraucherstrom I und $I_1 = U/R_1$, also proportional der Verbraucherspannung. R_1 ist der Widerstand der drehbaren Spule *1* einschließlich des Vorwiderstands. Der Ausschlagwinkel wird

$$\alpha = c_2 I_1 I_2 = \frac{c_2}{R_1} IU = c_3 P,$$

also proportional der Verbraucherleistung. Das Instrument ist in dieser Schaltung als Leistungsmesser zu verwenden. Die Skalenteilung für P ist linear, wenn B unabhängig vom Winkel α ist und radiale Richtung hat.

Aufgabe 3.63 Kraft im Feld mehrerer Stromleiter

6 parallele Ströme (3 Paralleldrahtleitungen) durchsetzen senkrecht die x,y-Ebene (Bild 3.123). Gesucht sind Betrag und Richtung der Kraft je Leiterlänge l auf den Leiter mit dem Strom I_6.
Im Bild 3.123 ist das Koordinatensystem durch den Leiter *6* gewählt, so daß die x,y-Koordinaten der anderen Leiter die Abstände vom Leiter *6* (als Vielfache einer Strecke a) angeben. Es ist $I_1 = I_2 = I$; $I_3 = I_4 = 2I$; $I_5 = I_6 = 3I$.

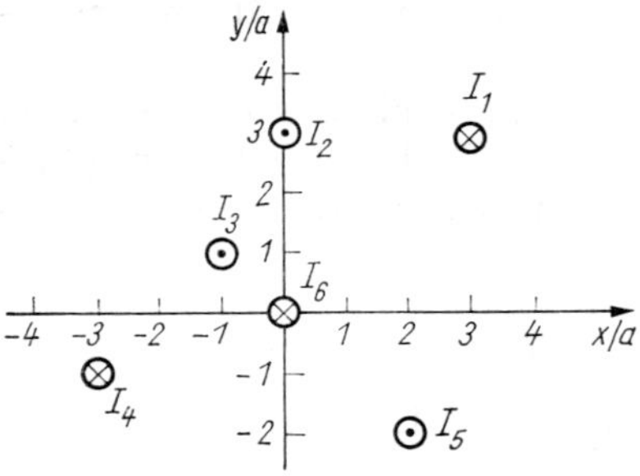

Bild 3.123

Lösungshinweis

(3.63) gibt die Kraftgleichung an. Wir benötigen $\boldsymbol{B} = \mu_0 \boldsymbol{H}$ im Koordinatennullpunkt, herrührend von den Strömen I_1 bis I_5. Es ist eine vektorielle Überlagerung durchzuführen. Dazu müssen wir die bekannte Betragsgleichung (3.13) $H = I/(2\pi r)$ zur Vektorgleichung so erweitern, daß sie die Richtung von $\boldsymbol{H}$ senkrecht zum Radiusvektor $\boldsymbol{r}$ in Rechtsschraube zum Strom (hier also in der x,y-Ebene) angibt. Damit kann man eine einfache Summengleichung für $\boldsymbol{H}$ angeben, die allgemein gilt und für unser Beispiel ausgewertet werden kann.

Lösung

Die allgemeine Gleichung für die Kraft auf den Stromleiter I_6 ist mit (3.63) ($\boldsymbol{B}$ ist längs l konstant)

$$\boldsymbol{F} = I_6 (\boldsymbol{l} \times \boldsymbol{B}).$$

Im Koordinatensystem Bild 3.123 ist $\boldsymbol{l} = \boldsymbol{k}l$, und die $\boldsymbol{H}$-Vektoren liegen alle in der x,y-Ebene.

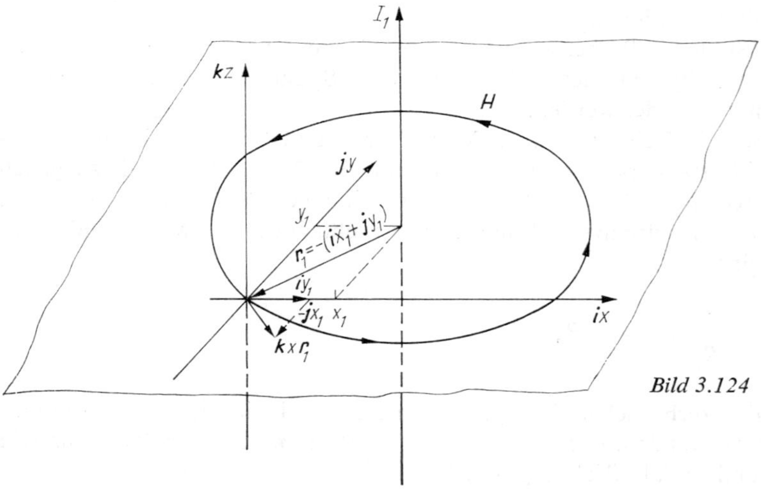

Bild 3.124

Damit gilt

$$F = I_6 \mu_0 l (k \times H).$$

Zur Berechnung von $H = \sum_{\nu=1}^{5} H_\nu$ benötigen wir die Vektorgleichung für das H-Feld eines geraden Stromes I. Die Betragsgleichung (3.13) lautet $H = I/(2\pi r)$, wobei r der Abstand des Stromes I vom Feldpunkt mit den Koordinaten x und y ist. Im Bild 3.123 liegt der interessierende Feldpunkt im Nullpunkt, also ist der Vektor $r = -(ix + jy)$ (Bild 3.124) und $r = \sqrt{x^2 + y^2}$. H liegt senkrecht zu r in der x,y-Ebene. Diese Richtung erhalten wir, wenn wir das Kreuzprodukt des Einheitsvektors k mit dem Einheitsvektor des Radius r, dieser ist r/r, bilden, denn der Vektor $k \times r$ hat den Betrag r und liegt senkrecht zu k und r in der x,y-Ebene in Rechtsschraube zum Strom I, dessen Bezugsrichtung mit k übereinstimmt.
Also ist

$$H = \frac{I (k \times r)}{2\pi r^2}.$$

Mit $k \times i = j$ und $k \times j = -i$ ist das Kreuzprodukt $k \times r = k \times (-ix - jy) = (iy - jx)$.
Damit wird für n Ströme mit den Koordinaten x_ν, y_ν

$$H = \sum_{\nu=1}^{n} \frac{I_\nu}{2\pi r_\nu^2} (iy_\nu - jx_\nu).$$

Setzen wir für die einzelnen Ströme I_1 bis I_5 (wobei I_1 und I_4 mit Minuszeichen zu versehen sind, da deren Bezugsrichtung entgegen k angegeben ist) die gegebenen Koordinaten $I_\nu, (x_\nu, y_\nu)$ ein:

$$-I(3a, 3a); \quad I(0, 3a); \quad 2I(-a, a); \quad -2I(-3a, -a); \quad 3I(2a, -2a),$$

so ergibt sich

$$H = \frac{I}{2\pi a}\left(-i\frac{1}{6} + j\frac{1}{6} + i\frac{1}{3} + i + j + i\frac{1}{5} - j\frac{3}{5} - i\frac{3}{4} - j\frac{3}{4}\right)$$

$$H = \frac{I}{120\pi a}(i37 - j11).$$

Die Kraft wird mit $I_6 = -3I$

$$F = -\frac{3I^2\mu_0 l}{120\pi a}[k \times (i37 - j11)] = -\frac{I^2\mu_0 l}{40\pi a}(i11 + j37).$$

Betrag: $F = 0{,}31 I^2 \mu_0 l/a$,
Winkel: 253,4° (3. Quadrant, da Minuszeichen).

Aufgabe 3.64 Kraft auf induzierte Ströme

Eine Aluminiumscheibe dreht sich im Luftspalt eines Magneten (Bild 3.125).

a) Zeige allgemein auf Grund der Vektorgleichungen (3.27) und (3.63) mit den Richtungszuordnungen, welche Wirkungen in der Scheibe auftreten!

b) Was folgt daraus für eine Wirkung, wenn bei ruhender Scheibe der Magnet in Gegenrichtung zur Scheibendrehung in a) bewegt wird?

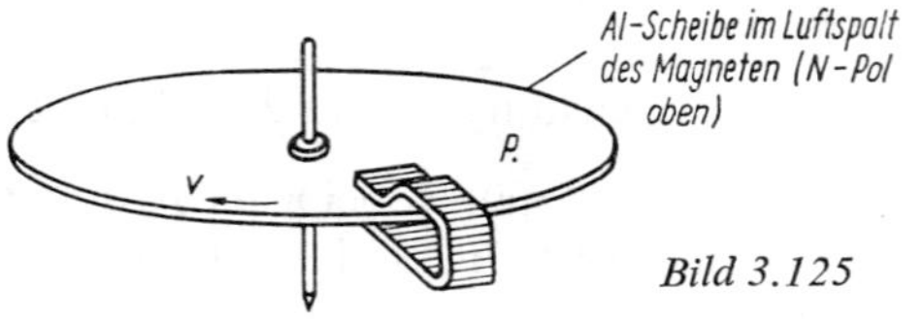

Bild 3.125

Lösungshinweis

Die beiden Gesetze (3.27) und (3.63) verknüpfen eine logische Kette physikalischer Erscheinungen, die durch Rechtsdreibeine für die Kreuzprodukte dargestellt werden kann.

Lösung

In beiden Fällen a) und b) wird eine Spannung induziert, deren Entstehung unterschiedlich interpretiert wird. Die Spannung kann in der leitenden Scheibe einen Strom antreiben, der seinerseits im gleichen Magnetfeld eine Kraft auf die Scheibe erzeugt.
Die Vorgänge a) und b) kann man als e i n e n Vorgang, von verschiedenen Koordinatensystemen aus betrachtet, ansehen. Er wird im Fall a) von einem „Beobachter A auf dem Magneten" und im Fall b) von einem „Beobachter B auf der Scheibe" beschrieben. Für Beobachter A ruht der Magnet, und die Scheibe bewegt sich (Punkt P läuft auf den Magneten zu), für Beobachter B ruht die Scheibe, und der Magnet bewegt sich auf den Punkt P zu.

a) In dem im Magnetfeld mit Geschwindigkeit v (im Bild 3.125 nach links) bewegten Leiterteil wird eine Feldstärke $\boldsymbol{E} = \boldsymbol{v} \times \boldsymbol{B}$ induziert, die radial nach außen gerichtet ist (Bild 3.126a). Diese treibt einen Strom an, der sich in der Scheibe außerhalb des Magnetfeldes schließt und im Gebiet des Magnetfeldes eine Kraft $\boldsymbol{F} = \int I\,(\mathrm{d}\boldsymbol{r} \times \boldsymbol{B})$ auf die Scheibe erzeugt, die entgegen der Geschwindigkeitsrichtung, d.h. bremsend, wirkt (Bild 3.126b): *Bremsmagnet* z.B. bei Instrumenten, insbesondere Zählern.

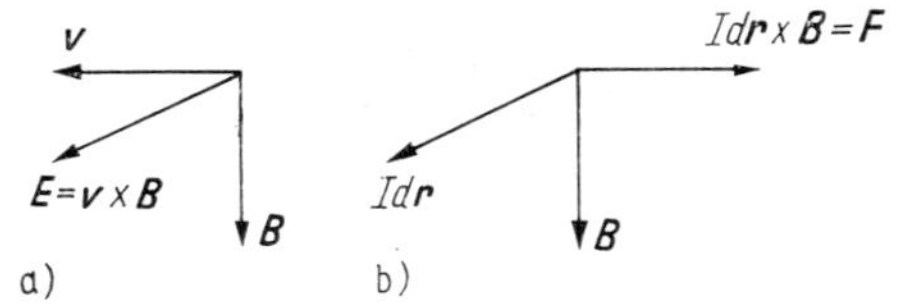

Bild 3.126

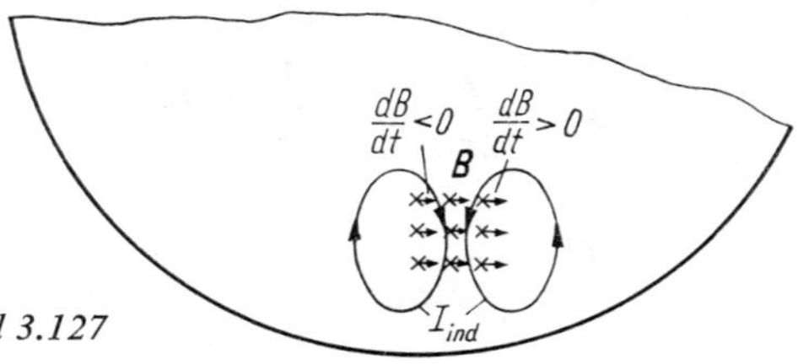

Bild 3.127

b) Bewegt sich der Magnet, so stellt man auf der Scheibe fest, daß in Gebietsteilen, auf die der Magnet sich hinbewegt, $\mathrm{d}B/\mathrm{d}t > 0$ ist, und daß in Gebietsteilen, die der Magnet verläßt, $\mathrm{d}B/\mathrm{d}t < 0$ ist (Bild 3.127). Berücksichtigen wir das Minuszeichen in (3.22) und die Rechtsschraube zum Fluß als positive Zählrichtung für die EMK, so entsteht ein von dieser EMK angetriebener induzierter Strom in Rechtsschraube um Gebiete mit $\mathrm{d}B/\mathrm{d}t < 0$ und in Linksschraube um Gebiete mit $\mathrm{d}B/\mathrm{d}t > 0$, womit das gleiche Strömungsfeld, also die gleiche Kraftwirkung auf die Scheibe wie in a) entsteht. Diese Kraft auf die ruhend betrachtete Scheibe ist eine *Antriebskraft*. Die Scheibe läuft dem Magnetfeld hinterher. Sie kann nie synchron zum Magneten umlaufen, da dann keine Spannung mehr induziert würde. Die Scheibe muß immer einen „Schlupf" besitzen, der so groß ist, daß eine hinreichende Spannung für den zum Drehmoment erforderlichen Strom induziert wird.

Dies ist das Prinzip des Asynchronmotors: Eine in sich geschlossene Wicklung auf einem drehbaren Anker wird von einem magnetischen Drehfeld durchsetzt, welches in der Wicklung einen Strom induziert, der den Anker zwingt, hinter dem Feld herzulaufen.

Die auf verschiedenen Koordinatensystemen ruhenden Beobachter A und B machen die gleiche Aussage: *Die Relativgeschwindigkeit zwischen Scheibe und Magnetfeld nimmt ab.*

Aufgabe 3.65 Rähmchendämpfung von Meßinstrumenten

Die Verkoppelung von Induktionsgesetz und elektrodynamischem Kraftgesetz, wie sie in der vorigen Aufgabe bei der Wirkung der Brems- und Triebscheibe erläutert wurde, tritt auch bei der sog. Rähmchendämpfung auf, die bei empfindlichen Instrumenten angewandt wird.
Die Spule eines Drehspulinstruments sei auf einen dünnen Aluminiumrahmen gewickelt. Dieser bewirkt bei Bewegung der Spule im Luftspalt eines Magneten ein Bremsmoment. Das Rähmchen (Bild 3.128a) dreht sich mit Winkelgeschwindigkeit ω in einem Radialfeld $\boldsymbol{B}$ (Bild 3.128b). Berechne das Bremsmoment allgemein und mit folgenden Zahlenwerten: $a = 2{,}5$ cm, $b = 0{,}5$ cm, $l = 3$ cm, $\delta = 0{,}25$ mm, $B = 0{,}2\ \text{V·s/m}^2$, $\varrho_{AL} = 30\ \text{m}\Omega\text{·mm}^2/\text{m}$, $\omega = \text{d}\alpha/\text{d}t = 90°/\text{s}$, d.h., in 1 s erfolgt eine Drehung um 90°!

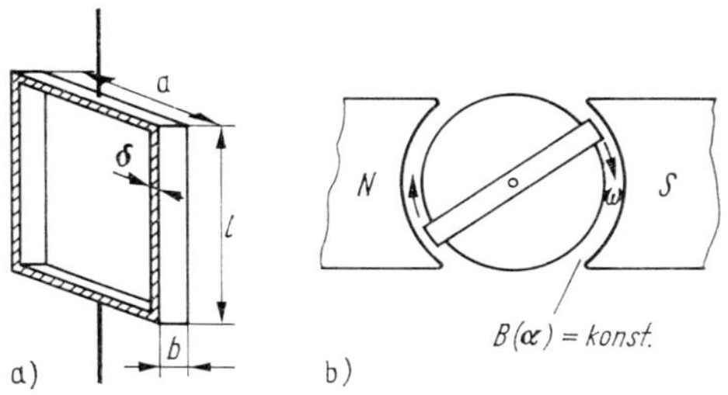

Bild 3.128

Lösungshinweis

Die Gegenkraft tritt erst bei Bewegung des Rähmchens auf; denn erst dann entsteht ein induzierter Strom auf Grund der Bewegungsinduktion. Dieser verursacht mit dem Magnetfeld eine Kraft auf das Rähmchen, die entgegen der Winkelgeschwindigkeit wirkt (vgl. Rechtsdreibeine in Aufgabe 3.64).

Lösung

Die auftretenden Erscheinungen kann man anschaulich in einer logischen Kette mit den verbindenden Gesetzen aufreihen (Richtungszuordnung der Vektoren $\boldsymbol{v}$, $\boldsymbol{B}$, $\boldsymbol{E}$, $\boldsymbol{F}$ siehe Bild 3.126):

$$(v) \underset{(1)}{\to} E_{\text{ind}} \underset{(2)}{\to} I_{\text{ind}} \underset{(3)}{\to} F \underset{(4)}{\to} M_d .$$

Dabei gelten

(1) $$E_{\text{ind}} = \int_s (\boldsymbol{v} \times \boldsymbol{B})\, \text{d}\boldsymbol{s};$$

$v = \omega r = \omega a/2$, s Umlauf des Rähmchens,

(2) $$I_{\text{ind}} = E_{\text{ind}}/R;$$

R Rähmchenwiderstand,

(3) $$\boldsymbol{F} = \int_s I_{\text{ind}} (\mathrm{d}\boldsymbol{s} \times \boldsymbol{B});$$

s Umlauf des Rähmchens,

(4) $$M_d = Fa/2.$$

Zu (1): $\boldsymbol{v}$ und $\boldsymbol{B}$ stehen immer senkrecht zueinander und sind konstant, $\mathrm{d}\boldsymbol{s}$ steht immer senkrecht zu $\boldsymbol{v}$ und $\boldsymbol{B}$ im Luftspalt, also längs der beiden Seiten l (Bild 3.128). Also wird

$$E_{\text{ind}} = 2vBl = \omega Bal;$$

$al = A$ (Rähmchenfläche).

Zu (2): Der Widerstand für den induzierten Kurzschlußstrom ist mit (1.12), Tafel 1.1,

$$R = \varrho_{Al} \frac{2(l + a)}{b\delta},$$

also wird

$$I_{\text{ind}} = \frac{\omega BAb\delta}{2(l + a)\varrho_{Al}}.$$

Zu (3): $\mathrm{d}\boldsymbol{s}$ ist im Luftspalt senkrecht zu $\boldsymbol{B}$ gerichtet. Außerhalb des Luftspalts längs der Seiten a tritt keine Kraft auf. Da wir längs des Umlaufs s integrieren, ergibt sich die Kraft auf beide Längsseiten l

$$F = I_{\text{ind}} B2l.$$

Zu (4):

$$M_d = Fa/2 = I_{\text{ind}}\, Bla = \frac{\omega b\delta A^2 B^2}{2(l + a)\varrho_{AL}}.$$

Charakteristisch ist die Proportionalität der Gegenkraft (des Gegendrehmoments) mit der Geschwindigkeit wie bei einer Reibungskraft, und zu beachten ist die quadratische Abhängigkeit von der Luftspaltinduktion.
Aus den allgemeinen Gleichungen berechnen wir mit gegebenen Werten die einzelnen Größen, um deren Größenordnungen zu erfahren. Mit $\omega = \pi/2\text{s}$ wird

$$E_{\text{ind}} = 0{,}236\ \text{mV}; \qquad R = 2{,}64\ \text{m}\Omega; \qquad I_{\text{ind}} = 89{,}4\ \text{mA}; \qquad F = 1{,}07 \cdot 10^{-3}\ \text{N}$$

und damit $M_d = 1{,}34 \cdot 10^{-3}$ N·cm. Es sind also relativ kleine Kräfte und Drehmomente; denn 10^{-3} N ist etwa die Kraft, die die Masse 0,1 g im Gravitationsfeld der Erde erfährt.

Aufgabe 3.66 Ladungsbewegung im elektromagnetischen Feld

Eine positive Ladung q wird mit Startgeschwindigkeit $\boldsymbol{v}_0$ in einem elektromagnetischen Feld ($\boldsymbol{B}$, $\boldsymbol{E}$) emittiert.

a) Gib die allgemeine Vektorgleichung für die Kraft an, die auf eine mit der Geschwindigkeit $\boldsymbol{v}$ bewegte Ladung q mit der Masse m in einem elektrischen und magnetischen Feld $\boldsymbol{E}$ und $\boldsymbol{B}$ wirkt (Bewegungsgleichung)!

b) Beschreibe qualitativ durch Diskussion der in a) gewonnenen Kraftgleichung die Bahn, längs der das Teilchen (q; m) fliegt, und berechne charakteristische Parameter der Bahn für den Fall, daß (Bild 3.129)

b₁) $\boldsymbol{B} = \boldsymbol{i}B_x$; $\quad \boldsymbol{E} = 0$; $\quad \boldsymbol{v}_0 = \boldsymbol{k}v_z$

b₂) $\boldsymbol{B} = \boldsymbol{i}B_x$; $\quad \boldsymbol{E} = 0$; $\quad \boldsymbol{v}_0 = \boldsymbol{i}v_x + \boldsymbol{k}v_z$

b₃) $\boldsymbol{B} = \boldsymbol{i}B_x$; $\quad \boldsymbol{E} = -\boldsymbol{j}\mathsf{E}_y$; $\quad \boldsymbol{v}_0 = \boldsymbol{k}v_z$

gegeben sind! Eine Berechnung der Bahn soll nicht durchgeführt werden, nur anschauliche Deutung auf Grund der Kraftgleichungen.

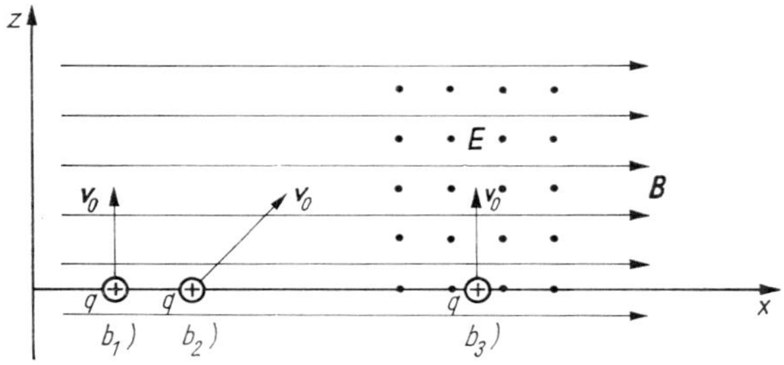

Bild 3.129

Lösungshinweis

a) Die Kraftgleichungen sind getrennt in den Tafeln 2.2 und 3.9 angegeben.
b) Durch Interpretation der Bewegungsgleichung a) kann man für die 3 Feldtypen b_1), b_2), b_3) eine Bahn skizzieren, und durch spezielle Auswertung der Gleichung können typische Parameter der Bahn berechnet werden.

Lösung

a) (2.1) und (3.61) ergeben eine überlagerte Kraft

$$\boldsymbol{F} = m\,\frac{\mathrm{d}\boldsymbol{v}}{\mathrm{d}t} = q\,(\boldsymbol{E} + \boldsymbol{v} \times \boldsymbol{B}).$$

Man erhält aus der Vektorgleichung 3 Differentialgleichungen, wenn man jeden Vektor in seine Komponenten zerlegt (z.B. $\boldsymbol{v} = \boldsymbol{i}v_x + \boldsymbol{j}v_y + \boldsymbol{k}v_z$ usw.), das Kreuzprodukt ausrechnet (wobei $\boldsymbol{i}\times\boldsymbol{j} = \boldsymbol{k}$, $\boldsymbol{i}\times\boldsymbol{k} = -\boldsymbol{j}$ und $\boldsymbol{j}\times\boldsymbol{k} = \boldsymbol{i}$ ist) und die Glieder mit $\boldsymbol{i}$ rechts und links gleichsetzt, desgleichen die Glieder mit $\boldsymbol{j}$ und mit $\boldsymbol{k}$. Die Lösung dieses Gleichungssystems ergibt die mathematische Gleichung für die Bahnkurve. Sie ist i.allg. recht kompliziert.

b₁) $\boldsymbol{v}$ und $\boldsymbol{B}$ bilden einen rechten Winkel, also wird im Startpunkt ($\boldsymbol{v} = \boldsymbol{v}_0 = \boldsymbol{k}v_z$, $\boldsymbol{E} = 0$) $\boldsymbol{F} = q\,(\boldsymbol{k}v_z \times \boldsymbol{i}B_x)$; mit $\boldsymbol{k}\times\boldsymbol{i} = \boldsymbol{j}$ ergibt sich $\boldsymbol{F} = \boldsymbol{j}qv_0B_x$. Die Kraft wirkt senkrecht zur Geschwindigkeit $\boldsymbol{v}$, kann diese also betragsmäßig nicht verändern, d.h., die kinetische Energie des Ladungsträgers bleibt konstant. Die Geschwindigkeits*richtung* ändert sich, bleibt aber immer senkrecht zu $\boldsymbol{B}$ in der y,z-Ebene ($\boldsymbol{v} = \boldsymbol{j}v_y + \boldsymbol{k}v_z$, Bild 3.130). Die Kraftrichtung bleibt immer senkrecht zu $\boldsymbol{v}$ und damit auch die Ablenkung. Die Beschleunigung ist eine Zentralbeschleunigung, die Bahn ein Kreis mit dem Radius R, die Zentripetalkraft $F = qv_0B_x$ muß gleich der Zentrifugalkraft $F = mv_0^2/R$ sein. Damit ergibt sich der Bahnradius aus $qv_0B_x = mv_0^2/R$; $R = mv_0/(qB_x)$ (Bild 3.130). Für einen Umlauf benötigt die Ladung eine Zeit T. Damit ist die Geschwindigkeit $v_0 = 2\pi R/T$, und dies eingesetzt ergibt $T = 2\pi m/(qB_x)$.

b$_2$) Der Unterschied zu b$_1$) ist, daß $\boldsymbol{v}_0$ außer der z-Komponente noch eine x-Komponente in Richtung $\boldsymbol{B}$ aufweist. Die Komponente v_z bewirkt die gleiche Bahn wie in b$_1$), und die Bewegung in x-Richtung entsprechend der v_x-Komponente wird durch das $\boldsymbol{B}$-Feld nicht beeinflußt, da für diese Komponente das Kreuzprodukt $\boldsymbol{i}v_x \times \boldsymbol{i}B_x = 0$ ist. Die Bahn der Ladung ergibt sich also aus der Überlagerung eines Kreises mit dem Radius $R = mv_z/(qB_x)$ und einer gleichmäßig fortschreitenden Bewegung in x-Richtung, d.h., es ergibt sich eine Spiralbahn (Bild 3.131). Die Steigung der Spirale a ergibt sich aus der Laufzeit T für einen Umlauf (s. b$_1$)) und der Geschwindigkeit v_x zu $a = v_x T = v_x 2\pi m/(qB_x)$.

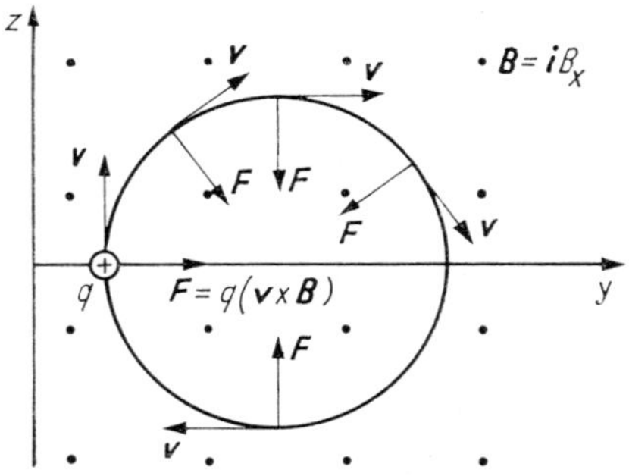

Bild 3.130

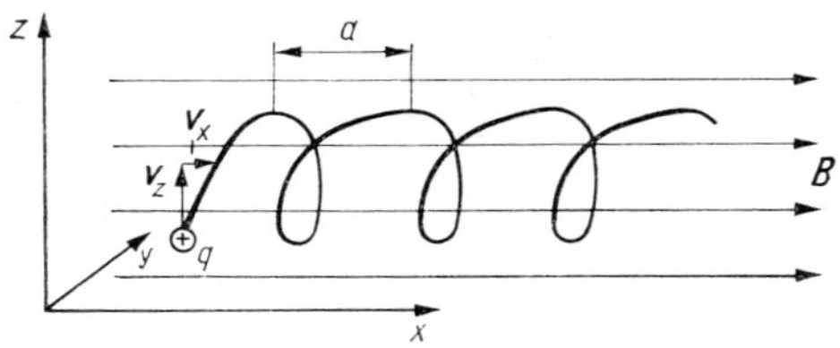

Bild 3.131

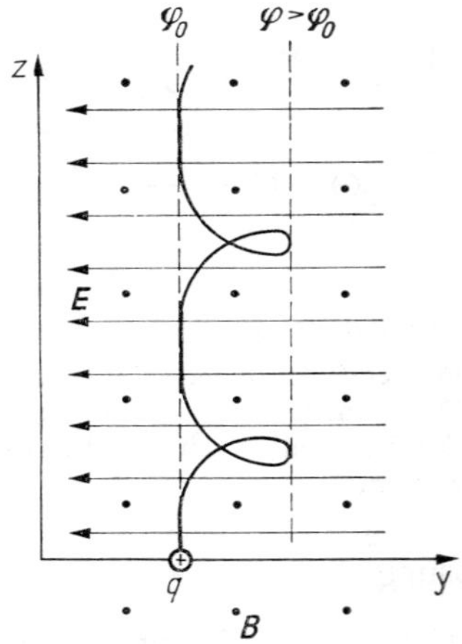

Bild 3.132

b$_3$) Für diesen Fall soll die Vektorgleichung a) in ihre 3 Komponenten zerlegt werden. Wir setzen

$$\boldsymbol{v} = \boldsymbol{i}v_x + \boldsymbol{j}v_y + \boldsymbol{k}v_z; \qquad \boldsymbol{B} = \boldsymbol{i}B_x \quad \text{und} \quad \boldsymbol{E} = -\boldsymbol{j}\mathsf{E}_y$$

und erhalten

$$m\frac{\mathrm{d}v_x}{\mathrm{d}t} = 0$$

$$m\frac{\mathrm{d}v_y}{\mathrm{d}t} = -q\mathsf{E}_y + qv_z B_x$$

$$m\frac{\mathrm{d}v_z}{\mathrm{d}t} = -qv_y B_x.$$

Die 1. Gleichung ergibt v_x = konst., und diese Konstante ist Null, da $\boldsymbol{v}_0$ nur eine z-Komponente besitzt und wie in b$_1$) die Bewegung nur in der y,z-Ebene stattfindet. Die beiden anderen Gleichungen kann man durch Elimination von v_z nach v_y auflösen und umgekehrt. Das ergibt Differentialgleichungen 2. Ordnung, die hier nicht näher betrachtet werden sollen. Vielmehr soll das grundsätzliche Verhalten der Ladung diskutiert werden (Bild 3.132):

Die Ladung startet in z-Richtung mit $\boldsymbol{v}_0 = \boldsymbol{k}v_z$ und erfährt 2 Kräfte in y-Richtung (2. Gleichung), $-jq\mathsf{E}_y$ durch das elektrische Feld und $+jqv_zB_x$ durch das magnetische Feld. Ist $\mathsf{E}_y = v_0B_x$, so kompensieren sich die Kräfte, es gibt keine Ablenkung ($v_y = 0$), die Ladung fliegt geradlinig mit $\boldsymbol{v}_z = \boldsymbol{v}_0$ in z-Richtung, was auch die 3. Gleichung ergibt. Ist $v_0B_x > \mathsf{E}_y$, so überwiegt die Wirkung des magnetischen Feldes, die Ladung wird in y-Richtung abgelenkt ($v_y > 0$), läuft dabei gegen die Feldkraft des elektrischen Feldes auf höhere Potentialwerte $\varphi > \varphi_0$, verliert an Geschwindigkeit und gewinnt potentielle Energie, d. h., der Krümmungsradius der Bahn wird gemäß b$_1$) kleiner. Es kann zu einer Schleifenbildung kommen, die Ladung „fällt" den Potentialberg wieder herunter, v wird größer, die Bahnkrümmung wird größer, bis sie auf den Potentialwert φ_0 des Startpunktes (allerdings an einer anderen z-Koordinate) kommt, dort ist wieder $\boldsymbol{v} = \boldsymbol{k}v_0$, und der Vorgang beginnt erneut. Dies ist eine Zykloidenbahn, die je nach der Relation von v_0B_x und E_y verschiedene Formen annehmen kann. Die Ladung erfährt also unter Einfluß des elektromagnetischen Feldes einen dauernden Austausch von kinetischer und potentieller Energie.

Aufgabe 3.67 Leistungsumsatz beim Motor

Ein Nebenschlußmotor für $U = 220$ V soll bei $n = 1400$ U/min an der Antriebsscheibe mit einem Durchmesser von $D = 30$ cm eine Umfangskraft von $F = 150$ N erzeugen. Der Ankerwiderstand beträgt $R_A = 2\,\Omega$ und der Widerstand der Erregerwicklung $R_{\text{err}} = 300\,\Omega$.

a) Gib die allgemeinen Beziehungen an für die Abhängigkeit zwischen
- Geschwindigkeit v, Winkelgeschwindigkeit ω und Drehzahl n
- mechanischer Leistung P_{mech}, Drehmoment M_d und ω
- Maschengleichung und Leistungsbilanz für eine im radialen Magnetfeld durch Strom I mit Geschwindigkeit v bewegte Schleife!
- Finde daraus die Beziehung zwischen Strom und Drehmoment M_d!

b) Berechne das vom Motor erzeugte Drehmoment M_d und die abgegebene Leistung, den Ankerstrom I_A, die Wärmeleistung im Motor, die vom Motor aufgenommene Leistung (Reibung vernachlässigt) und den Wirkungsgrad!

Lösungshinweis

Siehe Aufgaben 3.60, 3.30 und die Gln. (3.65)ff.!

Lösung

a) • Definition $\omega = \mathrm{d}\alpha/\mathrm{d}t$. Ist T die Zeitdauer für eine Umdrehung ($\alpha = 2\pi$), so wird $\omega = 2\pi/T$. Bei einem Radius r ist $v = r\,\mathrm{d}\alpha/\mathrm{d}t = \omega r$.
Unter „Drehzahl" versteht man die Anzahl der Umdrehungen je Zeiteinheit, bei N Umdrehungen also $n = N/(NT) = 1/T$; damit wird $\omega = 2\pi n$ und $v = 2\pi rn$.
- $P_{\text{mech}} = \mathrm{d}W/\mathrm{d}t = Fr\,\mathrm{d}\alpha/\mathrm{d}t = Fv = M_d\omega$ mit $Fr = M_d$.
- Auf stromdurchflossenen Leiter (Länge l, Widerstand R) im Magnetfeld $\boldsymbol{B}$ (Bild 3.133a) entsteht eine Kraft $\boldsymbol{F} = I\,(\boldsymbol{l} \times \boldsymbol{B})$, die eine Geschwindigkeit $\boldsymbol{v}$ der Leiter hervorrufen kann. Dadurch entsteht im Leiter eine induzierte Feldstärke $\boldsymbol{E} = \boldsymbol{v} \times \boldsymbol{B}$, die $I\,\mathrm{d}s$ entgegengerichtet ist (Vektordreibeine, Bild 3.133b). Damit ergibt sich die Maschengleichung für eine Wicklung (Bild 3.133a)

$$U = E_{\text{ind}} + RI \tag{3.68}$$

und durch Multiplikation mit I der Leistungsumsatz

$$UI = E_{ind}I + RI^2. \tag{3.69}$$

Das letzte Glied ist die Wärmeverlustleistung in der bewegten Schleife, und das Produkt $E_{ind}I$ ist die abgegebene mechanische Leistung; denn mit (3.27) ist $E_{ind} = vBl$, also wird $E_{ind}I = vBlI = vF_{mech} = P_{mech}$ mit (3.63).

• Mit $E_{ind}I = P_{mech} = M_d\omega$ ergibt sich aus obiger Leistungsbilanz

$$UI = M_d\omega + RI^2.$$

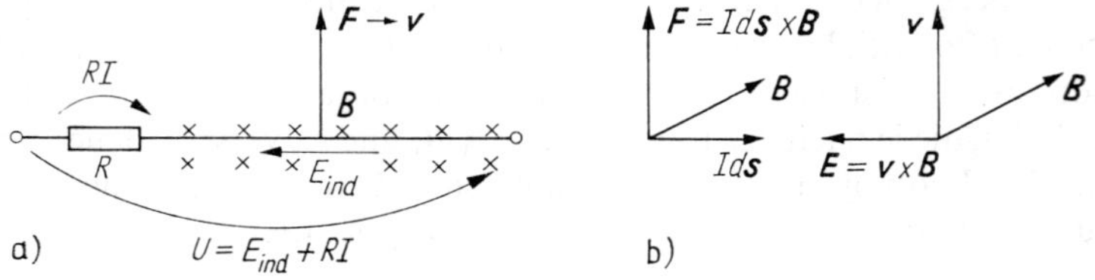

Bild 3.133

b) *Drehmoment:* $M_d = FD/2 = 11{,}25$ N·m.
Abgegebene Leistung: $P_{mech} = M_d\omega = M_d 2\pi n = 1649{,}3$ N·m/s $= 1{,}65$ kW.
Ankerstrom I_A*:* Für den Ankerstrom ($I = I_A$, $R = R_A$) ergibt sich aus obiger Leistungsbilanz

$$UI_A = P_{mech} + I_A^2 R_A.$$

Daraus folgt

$$I_A = \frac{U}{2R_A} (+) \sqrt{\left(\frac{U}{2R_A}\right)^2 - \frac{P_{mech}}{R_A}} = (55\,(+)\,46{,}9)\text{ A} = 8{,}1\text{ A}.$$

Der 2. sehr hohe Stromwert (große Wärmeleistung) ergibt sich daraus, daß bei vorgegebenem M_d und ω nur das Produkt $\Phi_{err}I_A$ (bzw. $E_{ind}I_A$) festgelegt ist, welches mit kleinem I_A und großem Wert für Φ_{err} oder umgekehrt mit großem Strom und kleiner Erregung erfüllt werden kann. Kleine Erregung bedeutet jedoch hohe Leerlaufdrehzahl $n_0 \gg n$, also schlechtes Drehzahlverhalten. Dieser Betrieb ergäbe einen indiskutablen Wirkungsgrad!

Wärmeleistung der Erregung und im Anker

$$P_w = I_A^2 R_A + U^2/R_{err} = (131{,}2 + 161{,}3)\text{ W} = 292{,}5\text{ W}.$$

Aufgenommene Leistung

$$P_{ges} = P_w + P_{mech} = 1{,}94\text{ kW}.$$

Wirkungsgrad

$$\eta = P_{mech}/P_{ges} = 85\,\%.$$

Anhang

Naturkonstanten

Elementarladung	$q = e = 1{,}602 \cdot 10^{-19}\ \mathrm{A \cdot s}$
Elektronenmasse	$m = 9{,}11 \cdot 10^{-35}\ \mathrm{W \cdot s^3 \cdot cm^{-2}}$
Erdbeschleunigung	$g = 9{,}81\ \mathrm{m \cdot s^{-2}}$
Influenzkonstante	$\varepsilon_0 = 8{,}86 \cdot 10^{-12}\ \mathrm{A \cdot s \cdot V^{-1} \cdot m^{-1}}$
Induktionskonstante	$\mu_0 = 4\pi \cdot 10^{-7}\ \mathrm{V \cdot s \cdot A^{-1} \cdot m^{-1}} = 1{,}256 \cdot 10^{-6}\ \mathrm{V \cdot s \cdot A^{-1} \cdot m^{-1}}$

Materialkenngrößen

Spezifischer elektrischer Widerstand bei 20 °C in $\Omega \cdot \mathrm{mm^2 \cdot m^{-1}}$:

Leitungskupfer	$17{,}8 \cdot 10^{-3}$
Aluminium	$30 \cdot 10^{-3}$
Konstantan	0,5
Eisen (rein)	$86 \cdot 10^{-3}$

Temperaturkoeffizient bei 20 °C:

Kupfer	$\alpha_{Cu} = 3{,}9 \cdot 10^{-3}\ \mathrm{K^{-1}}$
Konstantan	$\alpha_K = -5 \cdot 10^{-5}\ \mathrm{K^{-1}}$
Manganin	$\alpha_M = 10^{-5}\ \mathrm{K^{-1}}$

relative Permeabilität der Ferromagnetika	$\mu_r \gg 1$ (100 bis 10000)
relative Permeabilität der Nichtferromagnetika	$\mu_r = 1$
spezifische Wärme des Wassers	$c = 4{,}19\ \mathrm{J \cdot g^{-1} \cdot K^{-1}}$

Umrechnung von Einheiten

$1\ \mathrm{W \cdot s} = 1\ \mathrm{N \cdot m} = 1\ \mathrm{J}$	$1\ \mathrm{kWh} = 3{,}6\ \mathrm{MJ}$
$1\ \mathrm{N} = 1\ \mathrm{kg \cdot m \cdot s^{-2}}$	$1\ \mathrm{kcal} = 4{,}19\ \mathrm{kJ}$[1]
	$1\ \mathrm{kp} = 9{,}81\ \mathrm{N} \approx 10\ \mathrm{N}$[1]

[1]) Die Einheiten p und cal sind keine SI-Einheiten und sind daher nicht mehr zulässig.

Gegenüberstellung analoger Größen und deren Beziehungen

Strömungsfeld

$$S = \mathrm{d}I/\mathrm{d}A_\perp$$

$$I = \int \boldsymbol{S} \cdot \mathrm{d}\boldsymbol{A}$$

$$\begin{array}{ccccc} & I & \longleftrightarrow & \boldsymbol{S} & \\ I/U = G = 1/R & \updownarrow & & \updownarrow & \boldsymbol{S} = \varkappa \boldsymbol{E} \\ & U & \longleftrightarrow & \boldsymbol{E} & \end{array}$$

$$U = \int \boldsymbol{E} \cdot \mathrm{d}\boldsymbol{s}$$

Elektrostatisches Feld

$$D = \mathrm{d}\Psi/\mathrm{d}A_\perp$$

$$\Psi = \int \boldsymbol{D} \cdot \mathrm{d}\boldsymbol{A}$$

$$\begin{array}{ccccc} & \Psi(Q) & \longleftrightarrow & \boldsymbol{D} & \\ Q/U = C & \updownarrow & & \updownarrow & \boldsymbol{D} = \varepsilon \boldsymbol{E} \\ & U & \longleftrightarrow & \boldsymbol{E} & \end{array}$$

$$U = \int \boldsymbol{E} \cdot \mathrm{d}\boldsymbol{s}$$

Magnetisches Feld

$$B = \mathrm{d}\Phi/\mathrm{d}A_\perp$$

$$\Phi = \int \boldsymbol{B} \cdot \mathrm{d}\boldsymbol{A}$$

$$\begin{array}{ccccc} & \Phi & \longleftrightarrow & \boldsymbol{B} & \\ \Phi/V = 1/R_m & \updownarrow & & \updownarrow & \boldsymbol{B} = \mu \boldsymbol{H} \\ & V & \longleftrightarrow & \boldsymbol{H} & \end{array}$$

$$V = \int \boldsymbol{H} \cdot \mathrm{d}\boldsymbol{s}$$

Literatur

[1] Lunze, K: Einführung in die Elektrotechnik, Lehrbuch. 13. Aufl. Berlin: Verlag Technik 1991
[2] Lunze, K: Theorie der Wechselstromschaltungen, Lehrbuch. 8. Aufl. Berlin: Verlag Technik 1991
[3] Lunze, K: Berechnung elektrischer Stromkreise, Arbeitsbuch. 15. Aufl. Berlin: Verlag Technik 1990